고속철도 분기기
High-Speed Railway Turnouts

고속철도 분기기

High-Speed Railway Turnouts

초판 1쇄 인쇄일 2022년 12월 8일
초판 1쇄 발행일 2022년 12월 15일

지은이 Ping Wang(王平)
옮긴이 서사범
펴낸이 최길주

펴낸곳 도서출판 BG북갤러리
등록일자 2003년 11월 5일(제318-2003-000130호)
주소 서울시 영등포구 국회대로72길 6, 405호(여의도동, 아크로폴리스)
전화 02)761-7005(代)
팩스 02)761-7995
홈페이지 http://www.bookgallery.co.kr
E-mail cgjpower@hanmail.net

ISBN 978-89-6495-258-0 93530

High-Speed Railway Turnouts

고속철도 분기기

Ping Wang 저 / 서사범 역

설계 이론 및 응용

원저자 서문

이 책은 2011년에 '고속철도 분기기 : 설계이론과 응용'의 초판을 발행한 이후로 분기기 설계, 제작 및 유지보수 분야의 기술자들에게 호평을 받았다. 초판은 2013년에 중국의 국가신문출판광전총국에서 독창적인 책 출판의 '삼백' 연구과제로 선정되었다(격년으로 개최되며, 인문학과 사회과학, 과학과 기술과 문학 및 아동도서 부문에 대하여 각각 100편씩 독창성이 뛰어난 저서를 선정한다). 초판은 중국에서 개발된 고속분기기의 설계이론을 요약하였다.

중국 고속철도는 2014년 말에 250km/h 이상의 고속분기기가 5000 틀 이상이었으며, 6년의 최장 서비스 시간과 함께 영업 킬로미터가 16,000km에 달했다. 중국 고속철도 분기기는 과거에 많은 어려움을 겪었다. 특히 짧은 건설 기간 때문에 제작과 시공품질의 저하에 노출됐다. 이 문제에 직면하여 관계 당국은 상주 감독시스템, CP III에 기초한 현장부설, 검수(檢收) 및 정밀조정과 같이 품질을 보장하기 위해 상응하는 조치를 취했다. 저하된 안정성과 안전은 또한 고속열차가 특정 분기기를 주행할 때 발생했으며, 그래서 이 문제는 유지보수직원이 적기에 원인을 알아내지 못하였으므로 임시로 한동안 속도제한으로 제어하였다. 적절한 전문가의 논증과 분석을 통하여 문제가 최종적으로 해결되었다. 어떤 분기기는 레일균열이 걱정거리이었으며, 이것은 레일 탐상의 향상, 분기기 감시시스템의 개발 및 RAMS 관리의 도입으로 분기기의 신뢰성과 안전성을 향상함으로써 해결되었다. 이 개정판은 고속분기기의 제작, 부설, 유지보수 및 관리 분야의 이론과 기술을 보충하고 고속분기기 수명주기 동안 높은 선형맞춤(smoothness)을 유지하기 위한 수단을 공들여 취하도록 위에서 말한 실행에 근거하여 저술했다. 이 개정판은 고속분기기의 기술성능을 상세히 도입하고, 결함과 손상의 관련 원인을 정밀하게 분석하며, 어떠한 기술적인 문제에 대해서도 합리적인 해결책을 마련하고 고속분기기의 충분한 관리에 이바지하는 것을 목적으로 한다. 게다가, 중국 고속철도의 안전한 운영을 위하여 이론적 · 기술적 지원을 제공하고 세계의 다른 국가들에게 어떤 식으로든 유익하기를 희망한다.

고속분기기의 높은 선형맞춤은 고속열차의 주행 안전, 안정성 및 승차감을 보장하는 핵심기술이다. 이 특징은 설계에서 제작, 부설 및 유지보수까지 모든 부분에서 제어되어야 한다. 분기기의 선형맞춤은 주로 열차하중, 온도 하중에 견디어내면서 그리고 기준선/분기선의 전환 동안 낮은 동적 힘, 강한 통제 및 높은 신뢰성으로 반영된다. 주로 네 가지의 틀림이 있다. 즉, 복잡한 차륜-레일 관계로 유발된 구조적인 틀림, 레일, 체결장치 및 도상의 나쁜 상태에 기인한 기하구조 틀림(선형 틀림), 부품의 제작과 조립 잘못 및 전환 불충분에 기인한 상태 틀림 및 고르지 않은 궤도지지 강성에 기인한 동적 틀림. 이들의 틀림은 열차시스템과 더불어 작용하고 분기기에서 열차의 통과 동안 분기기 구조의 동적 응답과 동적 특성에 영향을 줄 것이다. 따라서 분기기 통과의 안전성, 안정성 및 승차감에 영향을 줄 뿐만 아니라 분기기 구조의 안정성, 내구성 및 사용수명에 영향을 미칠 것이다. 이 책은 분기기의 높은 선형맞춤에 중점을 두는 이론, 구조설계, 제작과 부설기술 및 유지보수 방침을 도입할 것이다. 초판의 내용에 추가하여 장대레일 분기기의 설계이론, 교량 위 장대레일 분기기의 설계방법, 고속분기기의 제작과 부설기술, 사용 중인 고속분기기에 대한 틀림 제어의 전형적인 사례 및 고속분기기의 유지보수와 유지보수 기술이 개정판에서 상세히 서술될 것이다.

이 책은 14개의 장으로 이루어져 있다.

제1장은 고속분기기의 구조유형, 주된 기술요건 및 구조 특성을 소개하고 중국, 독일, 프랑스 등에서의 고속분기기의 기술 특성을 비교한다.

제2장은 주로 설계와 응용 조건, 평면선형의 유형, 평면선형 설계에 관한 전통적인 기본 파라미터 방법 및 질점 운동에 근거한 평면선형 설계를 서술하고, 중국 고속분기기의 개발과정 동안 강체 운동과 차륜-레일 진동에 기초하여 개발된 분기기 선형 설계방법과 설계 소프트웨어를 소개한다.

제3장은 분기기 특수레일의 구조 유형, 선택의 원리와 방법 및 구조설계와 응력분석을 제시하고 중국 고속철도용 레일의 기술요건과 제조 과정을 요약한다.

제4장은 이 책의 핵심인 분기기 차륜-레일 관계의 설계이론과 방법을 논의한다. 차량-분기기 시스템 동역학은 틀림의 충격을 평가하기 위한 주된 도구이며 분기기 구조의 낮은 동적 힘 설계, 분기기에서 열차의 통과 동안 과도한 동적 지표 원인의 분석 및 분기기 제작, 조립, 부설 및 유지보수에 관련된 기술적인 지표의 공식화를 위한 이론적인 기반이다. 이 장은 또한 분기기 구간에서 열차 이동에 따른 차륜-레일접촉 관계의 변화 법칙, 분기기의 3D 탄성체 다(多)-점(點) 전동접촉 분석이론, 차량-분기기 동역학 및 평가에서 그것의 적용을 논의한다. 게다가, 주행 안정성(riding quality)에 대한 차륜-레일 관계의 영향을 이해하도록 설계자를 돕기 위해 단일 자유도 윤축에 기초한 동적 파라미터의 설계방법을 이 장에서 소개한다.

제5장은 분기기 구간의 궤도 구성과 종 방향 분포의 구성 법칙, 레일체결장치의 궤도 강성의 합리적인 배치 및 궤도를 따른 균질한 강성 설계를 위한 방법과 공학적인 방법을 소개한다.

제6장과 제7장은 종 방향 온도 힘의 작용을 받는 트랜스-구간(trans-section, 跨區間) 장대레일 선로에 대한 고속분기기의 계산이론과 설계방법을 다룬다. 특히 제6장은 장대레일 분기기의 구조적인 특성, 분석이론, 응력 변형 및 변화구간 장대레일 선로의 설계에서 장대레일 분기기에 대한 설계 검증과 설계 원리를 소개한다.

제7장은 장대레일 분기기와 교량 간 종 방향 상호작용의 법칙 및 열차-분기기-교량시스템의 동적 상호작용의 법칙을 소개하고, 장대레일 분기기를 교량 위에 부설할 때 침목과 교량 보의 상대적인 위치에 관하여 권고된 설계 요건을 제시한다.

제8장은 분기기의 기준선/분기선에서 전환에 대한 견인과 전환 장치 및 전환원리, 전환 힘에 대한 설계방법과 동정(動程)뿐만 아니라 중국 고속 분기기에서의 전환 힘을 줄이고 부족 변위를 완화하는 데 적용할 수 있는 공학적인 수단을 소개한다.

제9장은 상판(床板), 체결장치, 분기기 침목 및 분기기의 그 밖의 하부 구조 구성요소에 관한 설계방법을 소개한다.

제10장은 앞에서 언급한 이론들과 방법들이 타당함을 보여주기 위한 실내와 실외 시험 기술을 묘사한다.

제11장은 고속분기기의 제작설비와 제작 과정, 레일과 상판의 핵심 생산과정 및 승인 기술을 논의한다.

제12장은 고속분기기의 수송, 부설, 검사 및 승인에 관한 기술을 소개한다.

제13장은 중국 고속철도의 운영에서 발생한 몇 가지 전형적인 분기기 손상의 사례와 함께 고속분기기 통과의 안전성과 안정성에 대한 열등한 차륜-레일 관계, 기하구조 및 결함이 있는 부품의 영향을 분석하며, 향후 원인을 분석하고 대책을 수립할 때 유지보수 직원에게 참고가 되는 관련 개선책을 제공한다.

제14장은 중국 고속철도와 분기기의 관리시스템과 유지보수 표준, 검사와 감시 기술 및 유지관리와 보수용 기계와 방법을 소개한다. 끝으로 중국 고속분기기의 관리에서 RAMS, LCC 및 정보화 기술과 같은 특정 선도적인 기술의 적용과 장래 전망을 소개한다.

이 책은 중국 국립자연과학재단의 고속철도 기초연구를 위한 공동기금이 지원한 핵심 연구과제 '고속철도 궤도구조의 검사를 위한 비판적 이론과 방법'(U1234201) 및 저명한 젊은 학자를 위한 국립자연과학기금이 지원한 성과 '고속철도 궤도구조의 운영 안전에서 과학적 핵심 문제에 관한 연구'(51425804)가 공동 후원하였다.

필자는 많은 참고문헌, 현장 사례 및 관련 데이터에 관하여 이바지한 상하이 철도국의 Li Zhenting 씨, 중국철도공사의 교통국 기반시설부 고속철도과의 Wu Xishui 씨와 Liu Bingqiang 씨, 중국철도과학원(CARS)의 보조연구원인 Wang Shuguo 씨에게 감사드린다.

이 책의 편집은 서남교통대학교 철도공학 그룹의 필자의 직원에게 지원을 받았다. 필자는 박사와 대학원생들에게 많은 신세를 졌다. 분기기 구간에서 3D 탄성체 다(多)-점(點) 전동접촉이론에 관한 연구에 대해 Xu Jingmang 박사, 분기기 강성의 균질화에 관한 연구에 대해 Chen Xiaoping 박사, 열차-분기기-교량시스템의 동역학에 관한 성과에 대해 Chen Rong 박사, 분기기-교량 종 방향 상호작용에 관한 연구에 대해 Yang Rongshan 박사, 기초슬래브와 종 방향으로 결합한 궤도에 대한 분기기-교량 종 방향 상호작용에 관한 연구에 대해 Ren Juanjuan 박사, 분기기 전환에 관한 분석에 대해 Cai Xiaopei 박사, 분기기 평면선형에 관한 분석에 대해 Zhou Wen 박사, 분기기 구간의 궤도 선형 틀림에 관한 동적 분석에 대해 Quan Shunxi 박사, 분기기 평면선형에 관한 분석에 대해 Cao Yang 박사, 크로싱에서 차륜-레일 관계에 관한 분석에 대해 Xhao Weihua 박사 및 분기기 동적 시뮬레이션에 관한 분석에 대해 Ma Xiaochuan 박사. 게다가, 대학원생인 Zhang Mengnan, Sun Hongyou 등은 본문 검토, 그림 작성, 표 작성, 방정식 편집과 번역 및 교정에서 큰 노력을 하였다.

이 책은 영어와 중국어로 동시에 출판될 것이다. 필자는 출판 작업에서 도움을 준 서남교통대학교 출판부와 네덜란드의 Elsevier B. V에 대해 고마움을 표한다. 필자는 또한 이 책에 도움을 주고 관심이 있는 철도공학의 저자 동료들과 출판사들에 대해 감사드린다.

필자는 영어 원고의 교정에서 많은 도움을 준 Chen Rong 박사, Zhao Caiyou 박사 및 Xu Jingmang 박사를 특별히 언급하고 싶다.

고속분기기의 독자적인 개발은 중국에서 비교적 새롭다. 그러므로 관련 설계이론과 유지보수 기술은, 실제는 점차로 개선할 필요가 있다. 특정 연구는 아직도 진행 중이다. 장래에 업그레이드될 것인 이 책은 독자 모두에게 만족스럽지 않을지도 모른다. 필자의 제한된 시간과 지식으로 본문, 특히 일부의 영어 표현은 오류가 있거나 깊지 않거나 상세하지 못할지도 모른다. 모든 부정확에 대하여 독자의 귀중한 지적과 적극적인 논의를 부탁드린다.

Wang Ping(王平)
서남(西南)교통대학교
청두(成都), 중국
2015

역자 서문

잘 알려진 것처럼 철도는 궤도 위를 주행하는 열차로 여객과 화물을 수송하는 육상교통기관입니다. 철도에서 차량과 궤도는 하나의 시스템으로 구성되어 철도의 중추적인 기능을 발휘하는 불가분의 관계에 있으며, 열차가 안전하고 승차감이 좋게 효율적으로 주행할 수 있게 하는 궤도의 기술은 오직 철도만의 특유한 전문기술입니다.

철도기술이 도로교통기술과 크게 다른 차이점은 첫째로 열차가 자동차와 다르게 오직 궤도가 안내하는 경로만을 따라서 안전하게 주행하도록 차량의 차륜에는 반드시 플랜지가 있다는 점이며, 둘째로 철도네트워크에서 진로를 바꾸려는 열차가 궤도를 갈아타기 위해서는 이러한 차륜플랜지 때문에 반드시 분기기가 필요하다는 점입니다. 만약에 이와 같은 분기기가 없었다면, 철도는 열차가 단일노선만을 왕복 운행하는 셔틀철도나 국지적인 철도로서만 존재함에 따라 오늘날처럼 발달하지 못하였을 것입니다.

이러한 분기기의 기술은 철도기술 중에서도 특히 주행속도, 안전 및 승차감의 면에서 매우 중요하며, 궤도기술 정수(精髓)의 집합체라고도 할 수 있습니다. 역자는 대략 반세기 전인 1970년대의 철도청설계사무소 근무 시절에 국내에서는 최초로 노스 가동 크로싱을 적용한 18번과 20번 분기기(20번 분기기는 용산역 구내 북부에 시험부설)를 설계한 바 있으나, 그때의 아날로그 재래철도 시대와는 다르게 고속철도와 디지털 시대인 요즈음에는 세계적으로 첨단기술의 발전과 함께 분기기의 기술이 상전벽해의 느낌이 들 정도로 과학적이고 전문화된 공학기술로서 매우 눈부시게 발달하였습니다.

그런데 국내의 분기기 기술도 외형상으로는 이러한 세계적인 추세에 발맞추어 상당히 발전하여 왔음에도, 내면적으로 분기기만의 전문서적은 아쉽게도 전무한 실정입니다. 그러하던 차에 역자는 우리나라보다 고속철도 후발주자이면서도 세계최장의 고속철도연장을 가진 중국에서 발간된 분기기 전문서적(고속철도 분기기의 설계; 이론과 응용)을 접함에 따라 매우 기뻤습니다. 그래서 분기기의 선진기술을 국내의 기술자들에게 전파하여 기술발전에 도움이 되도록 하기 위하여 당해 서적을 번역하였습니다.

한편, 영문원본에 게재된 일부의 외래어 명칭이 우리나라와 다르므로 이 책에서는 혼란을 피하고자 될 수 있으면 우리나라에서 사용하는 용어로 바꿔 번역하되, 예를 들어 포인트(switch), 텅레일(switch rail), 노스레일(point rail), 가드레일(check rail), 멈춤쇠(jacking block), 캔트(superelevation), 경사(cant)처럼 ( ) 안에 원본의 영문용어를 함께 병기했으며, 반면에 우리나라에서 영문원본과 다르게 사용하는 용어의 해당 영문 표기는 원본 용어와의 혼란을 피하고자 이 책에서는 생략했으니 《선로공학》 등을 참조하시기 바랍니다. 한편, 'guiding rail'은 내용에 따라 '안내레일'이나 '리드레일'로 번역했습니다. 그리고 리드곡선(transition lead curve)과 같은 경우나 번역상 원본의 뜻을 명확히 할 필요가 있는 경우에도 ( ) 안에 영문원본의 영문 표기를 하고, 일부는 한자를 추가로 병기했습니다. 또한, 그밖에도 중요하다고 생각되는 용어나 기타 외래어 등도 참고로 영문을 병기했습니다.

이 책의 일부 내용이 비록 국내실정과 맞지 않을지라도, 교량 위 장대레일무도상분기기와 전환설비를 포함하여 분기기 기술의 일반원리와 설계이론, 게다가 제작 · 조립 · 부설 · 유지보수 등을 망라한 분기기의 최신 기술을 이해하는 데 크게 도움이 될 것으로 생각됩니다. 또한 일반적인 궤도기술 측면에서도 도움이 되리라 생각됩니다.

역자는 대략 반세기 이상에 걸쳐 궤도기술업무에 종사해온 철도기술자로서 오로지 국내의 분기기와 궤도기술의 발전에 조금이라도 일조하겠다는 일념으로 아무런 경제적 이득이 없음에도 많은 시간을 소비하면서 심혈을 기울여 이 책을 번역하였습니다. 특히 노안으로 눈이 침침하고 눈의 피로가 극심함에도, 오직 상기와 같은 스스로 기술자의 사명감으로 이를 참으면서 번역했습니다. 이에 따라 노안의 시력이 더 저하되었습니다만, 이 책의 번역으로 후배 궤도기술자들의 기술력 향상과 함께 철도기술의 발전에도 도움이 될 것이라는 생각이 들어 보람도 느낍니다.

그런데, 이 번역본의 해당 원본인 영문본이 중국에서 한문본을 영어로 번역하여 발간한 책이므로 한문본 → 영문본 → 한글본의 이중 번역과정에서 한문본의 원래 의미가 다소 바뀌었을지도 모르고, 더욱이나 역자가 한글로 다시 번역한 문장이 매끄럽지 못하거나 번역의 오류, 용어의 부적합 등과 같은 미비점이 혹시 있을지도 모르니, 이에 관하여 여러분의 많은 지적과 조언을 부탁드립니다.

끝으로 철도산업의 발전과 분기기기술 등 철도기술의 발전을 위하여 수고하시는 모든 분들, 그리고 이 책의 영문원본 복사자료를 제공하여 주신 삼표레일웨이 기술연구소장 박준택 상무님과 개발2팀장 윤병현 차장님께 감사드립니다. 아울러 궤도기술서적 판매량과 관련하여 영리적으로 매우 불리한 여건임에도, 궤도기술의 발전을 위하여 오랜시간에 걸쳐 저작권자와 국내 번역판 출판 협의 · 원문 출판사와의 독점 저작권 계약 등 이 책이 발간되도록 수고를 많이 하신 도서출판 북갤러리 관계자들께 감사의 말씀을 드립니다.

2020. 5. 온수골에서

공학박사 · 철도기술사 徐士範

목차

제3장 구조 선택과 레일 설계

제4장 차륜–레일관계 설계

제5장 분기기 구간 궤도 강성의 설계

제6장 장대레일 분기기의 구조설계

제7장 교량 위 장대레일 분기기의 설계

제8장 고속분기기의 전환 설계

제9장 고속분기기의 하부 구조와 부품의 설계

제10장 고속분기기 설계의 이론적 검증

제11장 고속분기기의 제작기술

제12장 부설 기술

제13장 운용 중인 고속분기기의 틀림 제어

제14장 유지보수와 관리

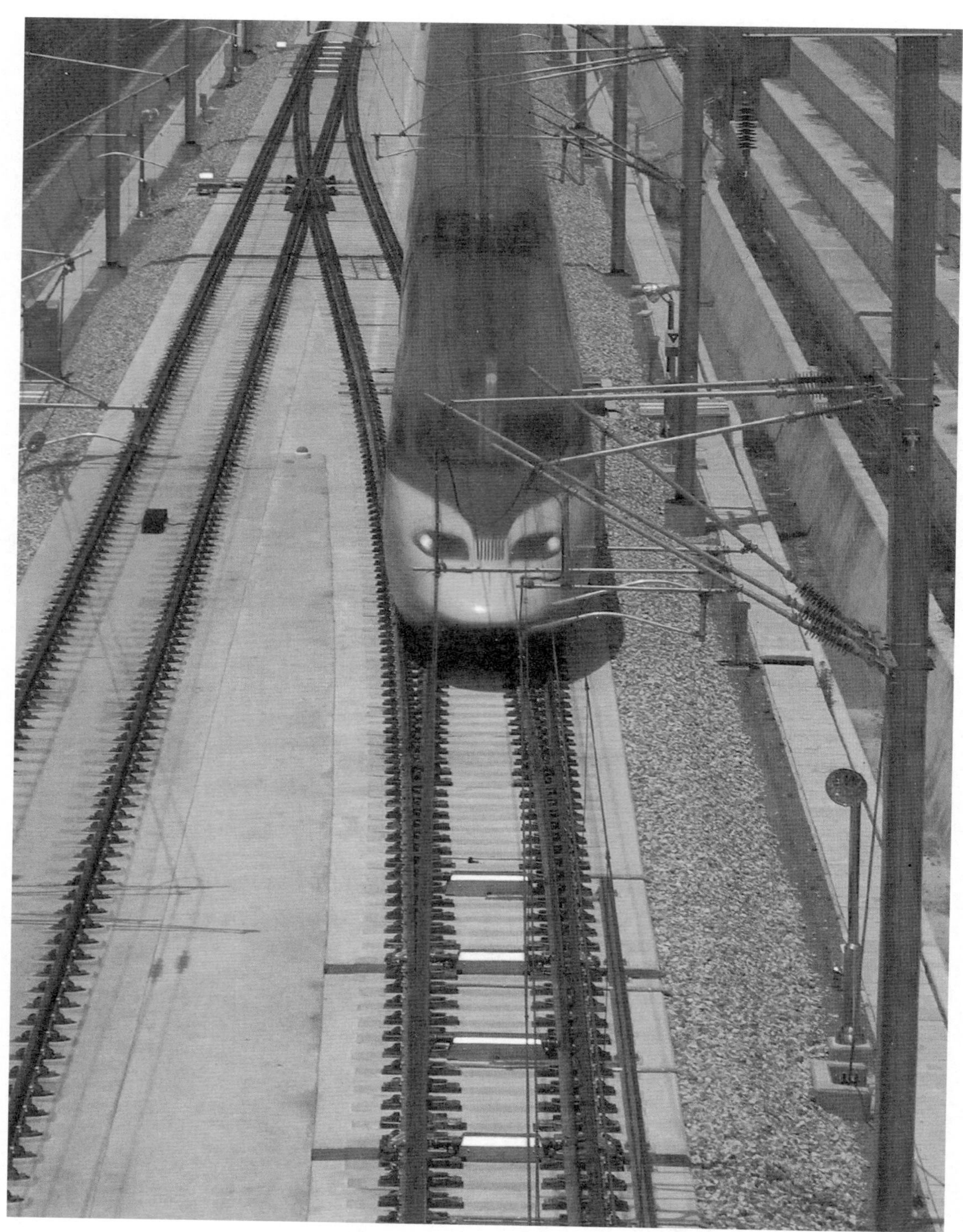

※ 경부고속철도 제2단계 건설구간의 콘크리트 분기기(독일제)

제1장 유형과 구조

분기기(turnout)는 철도차량이 궤도를 갈아타거나 다른 궤도를 교차할 수 있게 하는 궤도설비(trackside installation)이다. 분기기는 철도궤도시스템(railway track system)에서 중요한 구성 부분이다. 실제로, 분기기는 통합시스템(integrated system)이다. 분기기는 유지 관리하기가 어렵고 열차의 운행 속도와 안전에 영향을 미치는 매우 중요한 설비이다. 게다가, 분기기는 선로의 약점으로 간주되고 고속철도(HSR) 건설에서 핵심기술 중의 하나이다[1, 2].

1.1 주요 유형[3]

고속분기기(high−speed turnout)는 기준선(main line)에서 250km/h 이상의 속도를 내는 분기기를 지칭한다. 이들의 분기기 중에, 분기선(diverging line)에서 160km/h 이상의 속도를 내는 분기기는 분기선의 고속분기기로 알려져 있으며, 그 밖의 분기기보다 더 큰 번수(番數, number)와 더 긴 길이를 갖고 있다.

1.1.1 구성

고속분기기는 레일, 레일 아래 기초(sub−rail foundation, 예를 들어 레일체결장치, 침목 및 자갈도상이나 자갈이 아닌 도상), 전환설비(conversion equipment), 모니터링 시스템, 분기기히터 및 양끝의 궤도 강성 과도구간(transition)으로 구성된다[4].

분기기는 구조적 복잡성 때문에 일반적으로 편개(片開, simple) 분기기로 설계되며, 포인트(switch), 크로싱(crossing) 및 리드부(transition lead curve)의 세 부분으로 구성된다.

1.1.2 분류

주된 유형(main types);

1. 기준선(main line)에서 250km/h와 350km/h용 분기기
2. 분기선(diverging line)에서 80, 120, 160 및 220km/h용 분기기
3. (기능에 따라) 본선(main line), 건넘선(crossover) 및 연결선(connecting line)의 분기기. 본선의 분기기는 열차가 본선을 통하여 도착(receiving)−출발선(departure track)에 접근할 수 있도록 정거장 입구(throat of station)에 부설된다. 건넘선의 분기기는 **그림 1.1**에 나타낸 것처럼 정거장 입구 바깥

그림 1.1 (A) 건넘선 분기기의 배치도. (B) 상선과 하선 간에서 궤도를 변경하는 EMU열차

쪽으로 멀리 떨어져서 부설되며 열차가 상선과 하선 간에서 경로(route)를 전환(switch)할 수 있게 한다. 연결선의 분기기도 정거장 입구 바깥쪽에 부설되며 열차가 두 고속철도 선로 간에서 궤도를 갈아탈 수 있게 한다. 전술한 세 유형의 분기기의 분기선 허용통과속도는 각각 80km/h, 80~160km/h 및 120~220km/h이다.

4. (하부기초에 따라) 자갈분기기(ballasted turnout)와 무도상분기기(ballastless turnout). 자갈분기기는 프리스트레스트 콘크리트 침목을 이용하며, 무도상분기기는 매설 콘크리트침목이나 슬래브를 사용할 수 있다. 두 분기기는 같은 레일을 사용한다.
5. (분기기의 번수에 따라) 18번, 30번, 42번 및 62번 분기기. 프랑스와 독일에서 분기선의 분기기는 다양한 궤도간격(track distance)을 가진 선로에 부설될 때, 비정수(非整數, nonintegeral number)(예를 들어, 39.113)를 가질 수도 있다.
6. (크로싱의 유형에 따라) 가동 노스 크로싱(swing nose crossing) 분기기 또는 고정(fixed) 크로싱 분기기. 중국의 모든 고속분기기는 가동 노스 크로싱을 갖는 반면에 일부 국가에서는 250km/h용 일부 분기기에 고정 크로싱이 사용될지도 모른다.
7. (레일경사에 따라) 1:40 또는 1:20의 레일경사(rail cant) 분기기. 고속분기기의 레일경사는 독일과 중국에서는 1:40이고 프랑스에서는 1:20이다.
8. 게다가, 고속철도에서는 기본적으로 60kg/m 레일, 표준궤간, 장대레일 궤도가 채택되며, 따라서 고속분기기는 일반적으로 레일, 궤간 또는 이음매 유형에 따라 분류되지 않는다.

고속분기기(high-speed turnout)는 예를 들어 '60kg/m 레일 350km/h 무도상 18번 편개(片開, simple) 분기기'와 같이 통상적으로 레일 유형, 기준선에서의 허용속도, 레일 아래 기초(sub-rail foundation) 및 분기기 번수를 조합하여 이름을 붙인다.

1.2 기술 요구사항

고속분기기는 복잡한 시스템이다. 분기기는 궤도구조(track structure, 레일, 레일체결장치, 침목 및 자갈도상이나 콘크리트도상 등)의 기술, 성토와 교량 위 장대레일궤도의 인터페이스기술, 차륜-레일 관계, 전기전환(electrical conversion) 및 궤도회로(track circuit)뿐만 아니라 정밀한 기계제작의 여러 분야 간의 기술, 기계화 궤도부설과 유지보수, 제어점검(control survey) 및 정보화된 관리를 수반한다[5].

1.2.1 우수한 기술성능

고속분기기는 다음의 기술 요구사항을 충족시켜야 한다.

1. 높은 속도(high speed)

고속분기기(high-speed turnout)는 분기기의 기준선에서 일반 선로구간과 같은 허용통과 속도를 가져야 하며, 통상적인 교통에 영향을 주지 않고 분기선에서 비교적 높은 허용통과 속도를 가져야 한다. 기준선과 분기선의 설계속도는 안전을 고려하여 각각 10%와 10km/h의 안전여유(safety margin)를 가져야 한다.

2. 높은 안전성(high safety)

고속분기기는 총괄제어(總括制御)전기차량(electric multiple unit, EMU) 열차가 기준선/분기선에서 설계속도로 주행할 때 다음의 요구사항을 충족시켜야 한다.

a. 하중감소율과 탈선계수와 같은 지표(indicator)는 일반선로구간(section)에서와 같다.

b. 텅레일(switch rail)과 가동 노스레일(swing nose rail)의 벌림(spread)은 차륜과의 충돌(collision)을 피하는 데 충분하다.

c. 전환설비(conversion equipment)는 절연구간 결함(이 경우에 모든 신호등은 적색이다)이나 신호이상이 발생되지 않도록 정상적으로 작동된다.

d. 가동레일(moveable rail)은 밀착된 구간에 어떠한 이물질(inclusion)이 생긴 경우에도 탈선이 일어나지 않고, 또는 이물질로 인해 전철간(轉轍桿, switch rod)이 뒤틀리지 않도록 단단히 쇄정된다.

e. 모니터링 시스템(monitoring system)은 비정상적인 전환(conversion), 과도한 밀착(closure) 및 레일 파손과 같은 운행 안전에 관한 결함과 보이지 않는 위험을 발견하는 고속분기기 필수 구성요소이다.

f. 분기기 히터(turnout heater)는 정상 작동을 보장하도록 추운 겨울철에 포인트와 크로싱에서 눈이나 얼음의 축적을 방지하기 위하여 추운지방에서 설치된다.

3. 높은 평온성(平穩性)(high stability)

EMU열차가 분기기의 기준선/분기선에서 정상속도로 주행하고 있을 때, 열차가 크게 흔들리지 않을 것이며, 그러므로 분기기에서 일반선로구간과 같은 승차감을 제공한다. 차체 횡 가속도(lateral carbody acceleration)는 분기기에서 종합검측열차나 궤도검측차의 통과 동안에 일차 한계(즉, 중국 고속철도에 대해 계획된 예방보수의 표준에 따라 0.6m/s^2)를 초과하지 않아야 한다.

4. 우수한 승차감(excellent comfort)

수직적으로 일반선로구간에서와 같은 승차감이 제공될 수 있으며, EMU열차가 기준선/분기선에서 정상 속도로 주행할 때, (교량 끝부분에서 발생할 수 있는) 저킹(jerking, 역주 : 급작스러운 움직임, jerk = 시간에 따른 가속도의 변화율; 단위 m/s^3)이 발생하지 않고, 분기기 구간에서 불균일한 궤도 총체 강성(剛性)으로 인한 어떠한 과도한 수직진동도 발생되지 않아야 한다. 차체 수직가속도(vertical carbody acceleration)는 분기기에서 종합검측열차나 궤도검측차의 통과 동안에 일차 한계(즉, 중국 고속철도에 대해 계획된 예방보수의 표준에 따라 1.0m/s^2)를 초과하지 않아야 한다.

5. 높은 신뢰성(high reliability)

고속철도는 주간에 배타적인 운행을 하며, 야간에만 '선로차단(skylight)' 유지보수를 위하여 점유(occupy)된다. 그러므로 고속분기기는 전환 고장(conversion faults)이나 밀착검지실효(失效)(invalid closure detection) 등이 없이 높은 신뢰성을 가져야 한다.

6. 높은 선형품질(high smoothness)

고속분기기를 포함하는 모든 고속철도 궤도구조는 선형품질(smoothness)에서 높은 성능을 가져야 한다. 분기기의 선형 틀림(방향(줄), 고저(면) 등)과 밀착 틈은 허용한계 이내이어야 한다. 부족 전환변위(scant switching displacement)는 궤간의 편차(deviation of gauge)에 영향을 미치지 않아야 하며, 차륜-레일 관계로 유발된 구조적 틀림이 승차감에 영향을 미치지 않아야 한다.

7. 높은 정밀성(high accuracy)

분기기는 수천 개의 부품으로 구성되며, 각각의 부품은 어떤 제작 오차를 가질지도 모른다. 조립 기하구조(assembly geometry)의 높은 선형품질(smoothness)과 밀착(closure)을 위하여 제작, 조립 및 부설은 매우 정확하여야 한다(중국 고속철도에 계획된 예방보수 기준에 따라 최적으로 0.2mm).

8. 높은 안정성(high stability) 및 보다 적은 유지보수(less maintenance)

고속분기기는 고속열차와 온도 등의 작용 하에서 높은 강도 여유(high margin of strength)가 요구되며, 이는 비교적 큰 잔류변형(residual deformation)이 발생하기 어렵고, 더 높은 구조적인 안정성과 더 적은 유지보수 작업량을 특징으로 한다.

9. 용이한 유지보수(easy maintenance)

운행시간, 통과톤수의 증가, 분기기의 품질저하(deterioration)로 인해 과도한 틀림이나 심하게 손상된 부품이 있는 분기기는 최대한 빠른 시간 내에 정상운행을 재개하도록 '선로차단' 시간('skylight' period) 동안에 즉시 보수하거나 교체하여야 한다. 고속분기기의 구조설계(structural design)는 실현가능한 기술적 고려사항에 의거하여 향후의 유지보수를 용이하게 할 것이다.

1.2.2 높은 비용효과

분기기의 레일(텅레일, 노스레일 등)은 전환 작동(conversion operation) 중 차륜들을 안내할 때 큰 차륜-레일 작용력을 받을 것이다. 그러므로 이들 레일은 얇은 횡단면 때문에 마모나 손상을 입으며 이것은 짧은 사용수명(service life)과 빈번한 교체(replacement)로 귀착된다. 고속분기기는 사용 수량이 많다. 고속철도의 정거장은 일반적으로 30km마다 배치될 것이며, 각각의 정거장은 적어도 4~8틀(조)의 분기기가 부설될 것이다. 그러므로 고속분기기(high-speed turnouts)는 유지보수비를 절감하도록 비용-효율(cost-effective)이 높아야 한다.

1.2.3 뛰어난 적응성

고속분기기는 서로 다른 지리적 조건으로 또는 추운 지방에서 자갈궤도(ballast track)나 무도상궤도(ballastless track)에 부설될 수 있으며, 그러므로 그들은 가급적 기후와 환경에 부합되어야 한다. 중국의 고속철도는 성토보다는 주로 교량 위에 건설된다. 수많은 교량이 있으므로 고가(高架)의 정거장이 필요하다. 그래서 분기기는 교량(bridge) 위에 부설되며, 어떤 정거장은 터널(tunnel)에도 있을 수 있다. 이것은 서로 다른 기초(foundation)에 대한 분기기의 적응성(adaptability)을 필요로 한다.

1.3 기술 특성[6]

1.3.1 시스템 통합

고속분기기는 다음과 같은 두 가지 주요 부분을 갖는다. 즉, 토목설비(레일, 레일체결장치, 분기기침목 및 레일 아래 기초)와 전기설비(예를 들어 전환시스템, 모니터링시스템 및 분기기히터). 양쪽 모두 분기기의 작동과 높은 기술적 성능을 위하여 극히 중요하다. 그들은 단순한 토목구조라기보다는 높은 정밀성의 전기기계 설비이어야 한다.

게다가 고속분기기는 궤도구조(track structure, 예를 들어 레일과 레일체결장치, 무도상궤도 및 장대레일)의 최신기술(latest technology)을 통합하며, 설계, 제조, 수송, 부설 및 유지보수의 최근 연구 성과를 결합한다. 그러므로 고속분기기는 어느 정도까지는 한 나라의 고속 궤도구조의 최신기술을 나타낸다.

1.3.2 이론 근거와 실용적 시험

분기기는 고속열차의 주행안전과 안정성에 관한 핵심설비로서 차륜-레일 관계, 궤도 강성, 장대레일궤도 등의 이론을 이용하여 설계되어야 한다. 분기기는 실물차량을 이용한 단계적인 속도상승 동적시험(stepwise speed-up dynamic test)과 장기주행시험(long-term running test)에 합격할 때만 생산과 적용에 받아들여질 수 있다.

1.3.3 최신기술의 제작과 부설

고속분기기는 높은 기술성능을 위하여 현대적인 설비{예를 들어 길고 큰 CNC(역주 : 컴퓨터수치제어) 플레이너형 밀링 머신(planer type milling machine), CNC 톱 드릴, 대형 프레스, 고급의 레일용접기, 대규모 호이스트 기계, 고정밀의 조립대}, 기술 및 탐상장비(detection equipment)를 이용하여 제작되어야 한다. 게다가, "세부사항이 성패(成敗)를 좌우한다(detail is everything)"는 고품질 분기기의 개념을 확립하여야 하며, 원재료, 구매 부품 및 생산과정에 대하여 엄격한 품질관리시스템을 공식화하고, 이렇게 하여 공장중심의 통합공급(factory-centered integrated supply)과 상주감독시스템을 형성하여야 한다.

부설은 고기술성능(high technical performance)을 보장하기 위한 핵심 공정이다. 성공적인 부설은 고속분기기가 사용에 들어간 직후에 허용속도에 도달될 수 있음을 의미한다. 따라서 기계화되고 표준에 따른 시공공정과 전문팀이 요구된다.

1.3.4 과학적 유지보수와 관리

고속철도는 주간에 배타적 운행에 이용되며 야간의 '선로차단(skylight)'시간 동안에만 보수된다. 그러므로 고속분기기는 분기기의 높은 기술성능, 보다 적은 보수 및 질서정연하고 제어가 가능한 기본작동을 위해 정보화된 과학적인 유지보수방법이 요구되며, 신뢰성지향(reliability-oriented)의 고속분기기용 현대적인 보수장비가 개발되어야 한다.

1.4 세계 각국이 개발한 고속분기기의 개관

1.4.1 프랑스

Cogifer는 1975년 이래 SNCF의 가장 친밀한 파트너로 되었다. 1981년에 목침목을 이용한 제1세대의 고속분기기가 설계되고 제작되었다. 그동안에 분기선의 270km/h용 단일 3차 포물선곡선형(single cubic parabola curve type) 46번과 65번 고속분기기도 개발되었다. 제2세대는 단일포물선곡선이 '원 + 완화' 곡선으로 바뀌었고 콘크리트침목과 자갈도상을 적용하였으며 1990년에 기준선에서 501km/h의 세계속도기록을 달성하였다. 제3세대는 현재 최대 300km/h로 파리~마르세유 철도에 널리 사용된다. 제4세대는 제3세대에 의거한 니켈크롬(NiCr) 감마제 코팅과 조절 가능 롤러를 채용하며, 이것은 330km/h 이상의 새로운 철도에 사용될 것이다(**그림 1.2**). 프랑스 고속분기기의 기술은 많은 시험 후에 철저하게 개량되었다. 약 1,200틀의 Cogifer 고속분기기가 세계의 철도에 사용되었으며 그 중에서 200틀 이상이 중국철도선로(Zhengzhou~Xi'an, Hefei~Nanjing, Hefei~Wuhan)에 사용되었다[7, 8]

1. 평면선형(plane line type)

프랑스의 고속분기기는 65번, 46번, 29번, 26번, 21번 및 15.3번 시리즈를 포함하며, 분기선의 속도는 각각 230km/h, 170km/h, 160km/h, 130km/h, 100km/h 및 80km/h이다. 보통은 고속분기기의 분기선에 '원(circular) + 완화(easement)'곡선 선형(curve line type)이 채택되며 나머지 분기기에는 원곡선(circular curve)이 적용된다.

그림 1.2 프랑스의 고속분기기 : (A) 포인트, (B) 크로싱

설계제어지수(design controlling indexes);

- 만일 $V_{\text{diverging}}$ = 70~170km/h이면; 불균형 원심가속도 $\alpha \le 0.65\text{m/s}^2$, 부족캔트 ≤ 100mm 및 부족캔트의 변화속도 ≤ 236mm/s; 또는
- 만일 $V_{\text{diverging}}$ = 170~230km/h이면; 불균형 원심가속도 $\alpha \le 0.56\text{m/s}^2$, 부족캔트 ≤ 85mm 및 부족캔트의 변화속도 ≤ 260mm/s.

2. 포인트(switch)

프랑스의 텅레일(switch rail)은 평평한 복부의 특수단면 모노블록 레일(중국의 AT 레일에 해당)로 만들며, 주로 담금질하지 않은(untempered) UIC60D 레일(강도 880 Mpa)이다. 장대레일 분기기에서 텅레일의 신축변위를 줄이기 위하여 다음의 고려사항을 적용하여야 한다. (a) 분기기 레일체결장치의 종 저항력은 궤도저항력보다 작지 않아야 한다. (b) 레일체결장치 1조의 체결력은 12kN보다 커야 한다. (c) 가능한 한 텅레일의 자유 부분의 길이를 줄여야 한다. (d) 텅레일의 좁은 후단(後端) 끝에는 수정된 Nabla 체결 클립(fastener)(**그림 1.3A**)또는 Vossloh의 USK2/SKL24 클립(clip)(**그림 1.3B**)이 사용되어야 한다.

프랑스에서 텅레일의 전환은 미끄럼마찰 대신에 구름마찰에 의존하며, 무(無) 윤활(潤滑) 또는 롤러가 있는 미끄럼 상판(slide plate, **그림 1.4**)을 이용한다. 따라서 그것은 전환 저항, 부족 변위(scant displacement) 및 전환 힘(switching force)을 줄이고, 견인지점(traction point)을 늘리며, 마지막 견인지점과 텅레일 후단 간의 거리를 짧게 하고 중간의 연결봉(connecting rod)들로 텅레일의 선형을 유지한다.

그림 1.3 텅레일의 후단에서의 절충 체결 클립 : (A) 나블라 절충 체결 클립, (B) 보슬로 절충 체결 클립

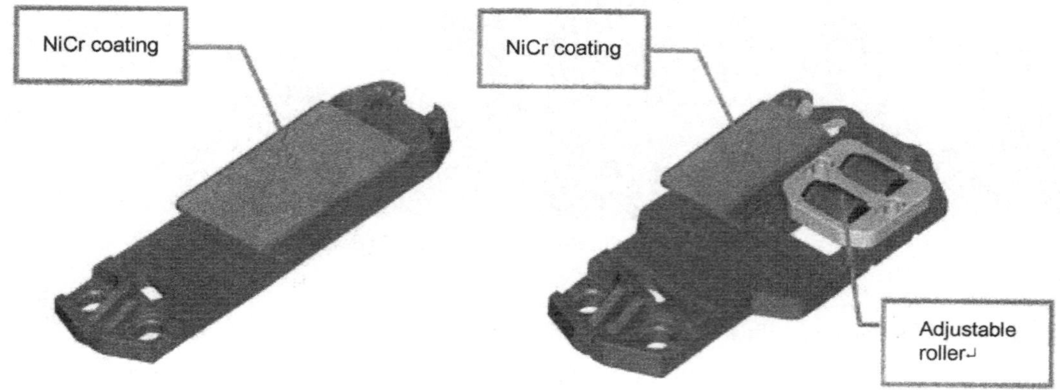

그림 1.4 감마(減摩) 미끄럼 상판

프랑스 고속분기기는 대략 n형상의 탄성 클립(elastic clip)으로 고정되며(**그림 1.5**), 이것의 체결력(fastening force)은 보통의 레일체결장치와 동등하다. 이들의 클립은 레일의 기울어짐을 방지하도록 기본레일(stock

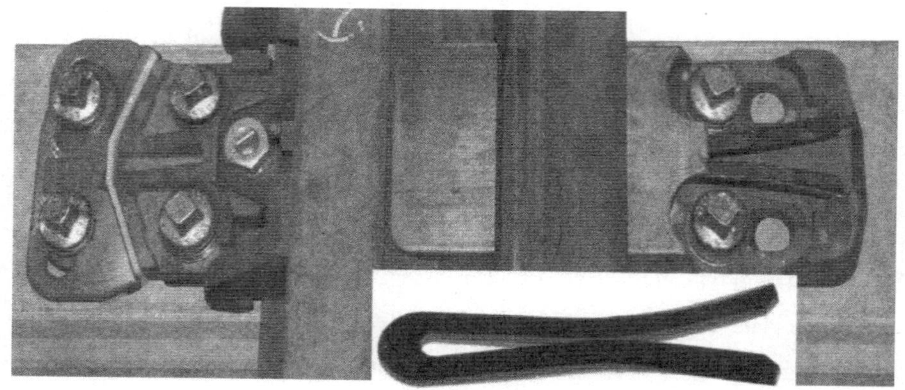

그림 1.5 프랑스 분기기용 탄성 클립

그림 1.6 노스레일의 수평 히든첨단 구조

rail)의 안쪽을 확실하게 고정시킬 수 있다. 그들은 특수도구로 다루기가 쉽다.

프랑스에서는 열차의 사행동(hunting movement), 레일저부의 경사(cant) 및 임계속도(critical speed) 사이의 관계에 의거한 윤축 동역학적(wheelset dynamics) 관점을 고려하여 250km/h 이상의 고속분기기에서 1:20의 경사가 바람직하다고 제안된다. 이 방법으로 설계 등가 답면(踏面) 기울기(equivalent conicity of tread)와 마모된 윤곽(프로파일)의 최대 등가 답면 기울기가 각각 0.1과 0.15 이내로 제어된다.

3. 크로싱(crossing)

프랑스에서 노스레일(point rail)과 텅레일(switch rail)은 같은 재료로 만들어진다. 노스레일들은 긴 노스레일과 짧은 노스레일에 (공장에서) 헉(Huck) 볼트나 (현장에서) 고강도 볼트로 끼워 넣어 조립된다. 크로싱에서 열차 통과 시의 횡 틀림(lateral irregularity)을 줄이기 위하여 **그림 1.6**에 나타낸 것처럼 노스레일에 대하여

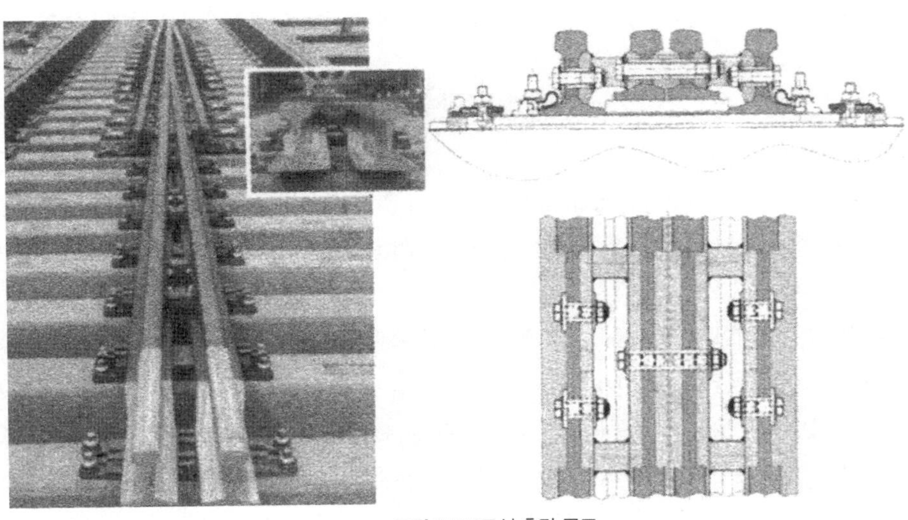

그림 1.7 크로싱 후단 구조

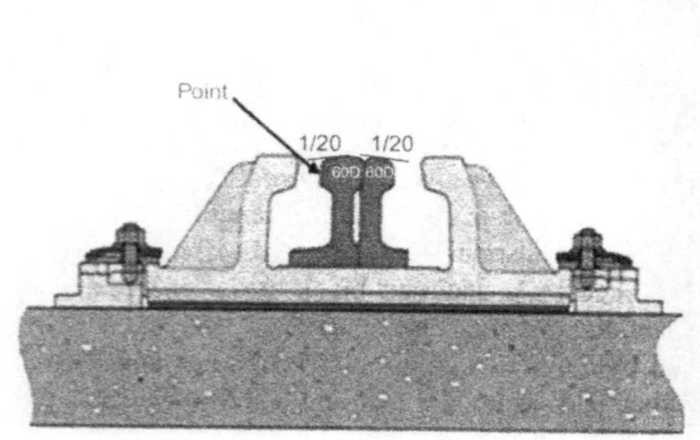

그림 1.8 강체 '크레들'형 크로싱

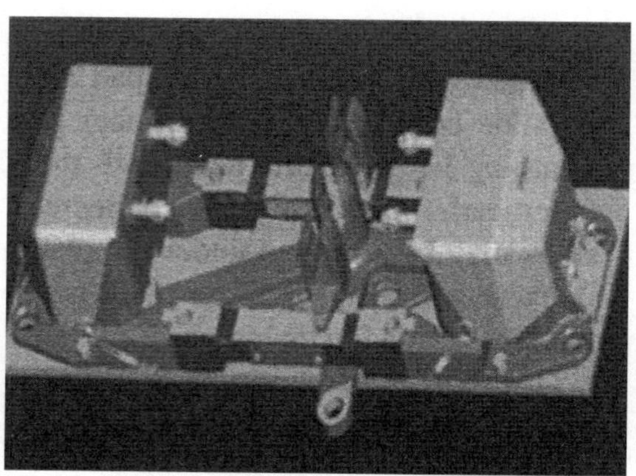

그림 1.9 노스레일의 브래킷

수평 히든첨단(hidden tip point) 구조가 채택된다.

긴 간격재(filler)는 크로싱 후단에 위치한다. 특히 노스레일과 윙레일의 각 측면에 3개의 간격재가 배치되며 탄성 슬리브-형(elastic sleeve-type) 잠금 볼트(locking bolt)로 결합된다(**그림 1.7**). 분기기 후방의 긴 레일들의 볼트들에 분포된 레일 종 방향 힘들은 대략 동일하며, 긴 윙레일을 통하여 리드곡선(transition lead curve)의 레일로 전달될 수 있다.

프랑스 고속분기기의 윙레일(wing rail)은 **그림 1.8**에 나타낸 것처럼 일체 주조(一體鑄造, solid) 고(高)망간강으로 만든 '크레들(cradle)' 구조(중간에 노스레일이 놓이는 모노블록 윙레일들)이다. 선단(先端)은 플래시 용접으로 공장에서 보통레일과 함께 용접되며, 후단(後端)은 A74 레일과 함께 용접된다. 이 구조는 안정적이며 노스레일(point rail)과 윙레일이 기울어지지 않을 것이다. 노스레일의 첫 번째 견인지점(traction point)의 전기설비는 노스레일을 잡아당기기 위해 바닥에서 돌출된다. 노스레일을 받아들이기 위한 3개의 U형상 브래킷이 설치되며, 이것은 미끄럼 상판(slide bed) 위에서 미끄러지듯이 움직일 수 있고(**그림 1.9**), 노스레일의 보다 큰 신축 변위(expansion displacement)를 허용한다. 노스레일에 대한 견인지점은 상대적으로 높으며 따라서 레일이 기울어지지 않음직하다.

4. 레일체결장치(fastening)

프랑스 고속분기기는 일반선로구간(section)에서와 같이 주로 나블라 클립(Nabla clip)으로 체결된다. 분기기 레일은 사용 중에 마모가 거의 없고 궤간 변화가 크지 않기 때문에 분기기 구간의 궤간은 조정할 수 없다.

중국의 자갈분기기는 레일 밑의 9mm 고무패드와 타이플레이트 밑의 4mm 고무패드를 가진 고지퍼(Cogifer) 채택 SKL-12 좁은 클립으로 설계되었다. 미끄럼 상판에서는 플레이트 밑에 9mm 고무패드만 주어진다(레일패드는 없다). 후단(heel)의 부동(不動, nonbreathing) 구간에서 레일과 플레이트 밑에는 각각 4.5mm 고무패드가 있다. 타이플레이트는 2열의 ϕ24 고장력 볼트로 침목에 연결된다. 0~10mm의 수직조정능력을 가진 높이 조정 블록(riser block)은 플레이트 밑에 마련될 수도 있다. 게이지 블록은 배치되지 않는다. 궤간

그림 1.10 자갈분기기의 레일체결

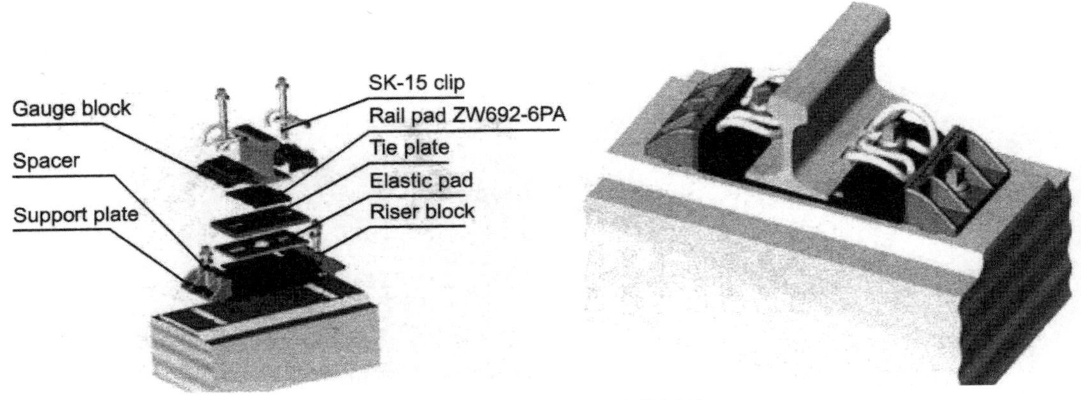

그림 1.11 무도상분기기의 레일체결장치

은 **그림 1.10**에 나타낸 것처럼 −4 내지 +2mm의 조정범위로 타이플레이트의 끝에서 초승달모양(quadrant)의 블록으로 조정된다.

중국의 무도상분기기는 레일 아래에 6mm 고무패드와 플레이트 아래에 12mm 탄성패드를 가진 코지페(Cogifer) 채택 W300 레일체결과 보슬로(Vossloh)의 SKL−15 클립으로 설계되었다. 주철 숄더(shoulder, 턱)는 침목 위의 V형 홈과 협력한다. −4 내지 +26mm의 수직조정능력을 가진 높이 조정 블록(riser block)은 플레이트 아래에 설치된다. 절연 게이지 블록은 **그림 1.11**에 나타낸 것처럼 스페이서(spacer)와 협력하여 −4 내지 +8mm의 조정범위로 궤간을 조정할 수 있다.

프랑스의 자갈분기기는 다른 나라와는 달리 레일체결장치의 높은 강성(stiffness)과 도상(bed)의 낮은 강성으로 특징지어진다. 분기기의 패드 강성은 침목과 레일의 수직 변위가 각각 0.5∼0.7mm와 1mm 이내로 제어될 수 있다는 원리에 따라 결정된다. 분기기 도상은 균등한 입도와 양질의 화강암 자갈로 이루어지며(**그림 1.12**), 이것의 탄성은 40∼60kN/mm의 침목 지지 강성과 같다. 포인트와 크로싱에서의 정적 패드 강성은 200∼250kN/mm이다. 분기기와 일반선로구간 간의 궤도 강성 과도(過度)구간(transition)은 약 5m 길이이며, 그래서 정(靜)윤하중(static wheel load) 아래에서 레일의 수직 변위는 0.9mm이다(**그림 1.13**).

그림 1.12 프랑스의 균등한 입도의 자갈

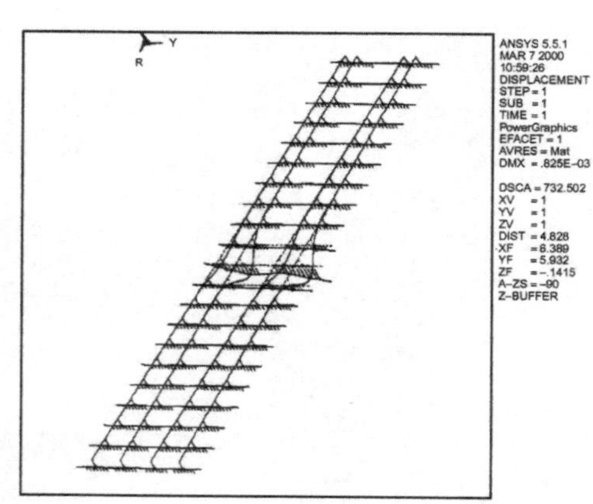

그림 1.13 궤도변위

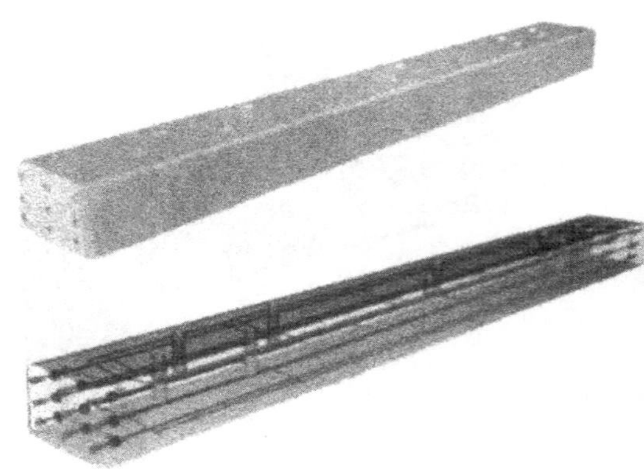

그림 1.14 일체형(solid) 침목

그림 1.15 힌지 연결 침목

프랑스에서의 분기기 레일체결장치의 강성 설정은 많은 장점을 갖고 있다. 그것은 기본레일과 윙레일에 대한 텅레일과 가동 노스레일의 변위를 제어하며, 레일 응력을 줄이고, 분기기에서 동적 궤간 확장을 제어하

그림 1.16 전기설비설치용 절충(compromise)침목

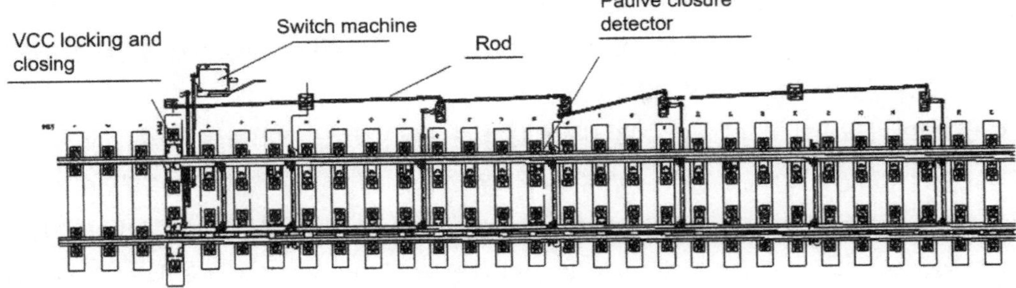

그림 1.17 프랑스 분기기의 '1-기계 다수-지점' 견인방식

며, 체결 클립(fastener)의 체결력 손실을 감소시킬 수 있다. 그러나 레일패드의 지나치게 큰 강성이 단점이다. 동역학의 관점에서 볼 때, 궤도 총체 강성이 클수록 추가의 동(動)윤하중(dynamic wheel load), 레일에 대한 접촉 피로 손상, 침목과 도상의 응력과 변위, 열차가 받는 힘 및 진동가속도가 커져서 분기기 레일의 유지보수에 불리한 영향을 미칠 수 있다.

5. 레일 아래 기초(sub-rail foundation)

±25kN · m의 허용 내하력(耐荷力, carrying capacity)을 가진 모노블록 프리스트레스트 콘크리트 침목(**그림 1.14**)과 함께 자갈도상이 사용되며, 나사산이 없는 원형 철근(양 끝에 고정장치)과 플라스틱 슬리브가 침목

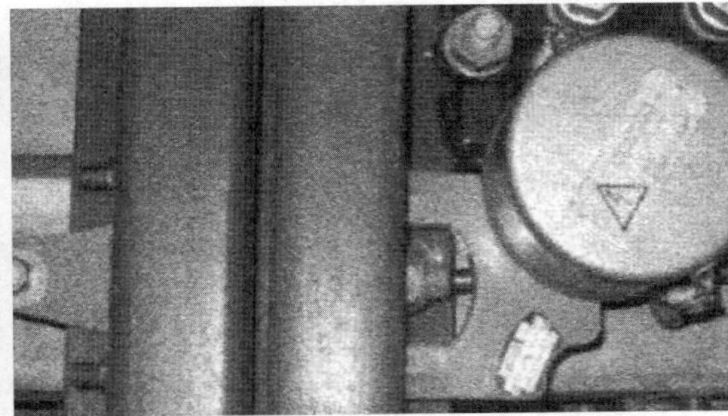

그림 1.18 밀착검지기

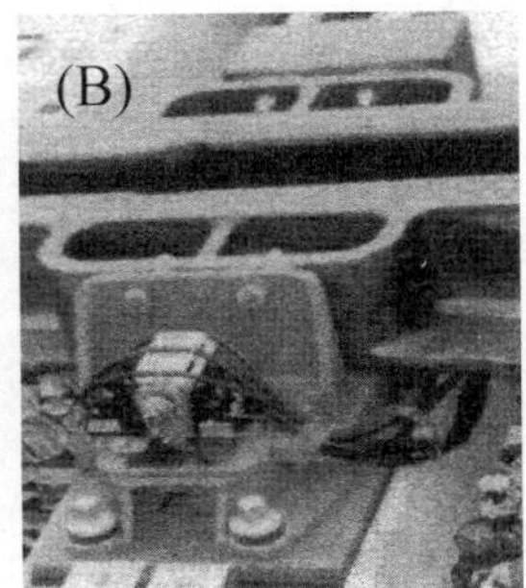

그림 1.19 외부 잠금장치 : (A) 포인트, (B) 크로싱

에 매설되어 있다. 주행하지 않는 쪽의 궤도 기울어짐과 도상 두들김에 대해 긴 분기기침목의 끝을 보호하기 위하여 힌지 연결 침목(hinged tie, 그림 **1.15**, 역주 : 이른바, 분절 침목)이 개발되었지만 좀처럼 사용되지 않는다. 이 문제는 대부분 도상다짐으로 해결된다.

전환시스템의 봉(rod)과 잠금 설비는 자갈궤도에 대한 대형 보선장비의 작업을 용이하게 하도록 모두 분기기침목 위에 설치된다. 그러므로 전기설비 수용 침목은 그림 **1.16**에 나타낸 것처럼 특수단면이거나 그 외의 침목들보다 낮아야 한다. 프랑스의 무도상분기기는 주로 탄성침목(elastic tie)으로 탄성이 마련되는 자갈분기기와 같은 레일체결장치가 있는 부츠(overshoe)형 매설(埋設) 장(長) 침목을 채용한다. 중국의 Zhengzhou~Xi'an 철도는 주로 레일체결장치로 마련되는 탄성과 함께 강(鋼)트러스(steel truss)가 있는 긴 매설침목을 이용한다.

6. 전환설비(conversion equipment)

프랑스의 고속분기기에는 '1-기계(전철기) 다수-지점(one-machine multi-pont)' 견인방식(**그림 1.17**)이 적용되며, 여기서 두 텅레일은 동시에 움직인다. 첫 번째 견인지점(traction point)만 외부 잠금장치(external locking device)를 갖춘다. 그 밖의 견인지점은 직각크랭크와 도관(conduit, 철관)을 통해 동력전철기(switch machine)로 직접 쇄정된다. 동력전철기는 표시봉(indication rod)을 갖지 않지만, 전환(conversion)과 잠금(locking)용 작동봉(operating rod)을 갖고 있다. 닫힌 텅레일(built-in switch rail) 위치설정과 잠금 검지기(positioning and locking detector)는 텅레일과 노스레일의 실제 첨단들 간의 밀착(closure)을 검지하기 위하여 사용된다. 텅레일과 노스레일 중간의 밀착은 그림 **1.18**에 나타낸 것처럼 두 견인지점들 사이에 배치된 밀착검지기(closure detector)로 감지된다.

1-기계 다수-지점 기계적 도관(導管)방식은 좋은 동기화(synchronization)와 작은 설비투자가 특징이다. 포인트에서 외부 잠금장치(external locking device)는 외부의 잠금에 의한 고정모멘트에 따라 텅레일의 연결재(connection iron)들 사이의 접시스프링(belleville spring)으로 연결된다. 장치는 텅레일 신축(±30~40mm까지)에 잘 적응할 수 있으며, 이것은 **그림 1.19**에 나타낸 것처럼 텅레일의 잠금을 확실하게 하며 텅레일의 있

그림 1.20 모니터링 시스템

그림 1.21 가열 부품

음 직한 신축(expansion)을 허용한다. 크로싱의 노스레일은 외부 잠금장치(external locking device) 내에서 자유롭게 신축할 수 있으며(범위; ±10~20mm), 이것은 둘 사이의 유연한 연결 때문이다.

7. 기타 부품(other components)

프랑스 분기기용 모니터링시스템은 원격(remote)형이다. 이 시스템은 경고기능을 갖고 있으며 주로 유지보수에 이용된다. 시스템은 전기신호(예를 들어 전류, 전압, 통신설비, 궤도회로상태 및 동력전철기)와 같은 여러 가지 분기기 데이터와 환경데이터를 모니터한다. 지원으로서, 연선(沿線) 토목설비(engineering equipment)와 핵심부품을 모니터하기 위해 특수 센서가 이용된다. 시스템은 **그림 1.20**에 나타낸 것처럼 모니터링센터, 서버 및 현장포착설비로 구성된다.

프랑스의 고속분기기는 안전하고 신뢰할 수 있는 작동(operation)을 위하여 번수(番數, numbers)와 주변(ambient) 온도에 상관없이 전기히터(electrical heater)를 갖추고 있다. 히터는 날씨, 온도 및 습도에 따라 연선의 컨트롤러로 관제센터에서 또는 수동식으로 다루어진다. 히터는 **그림 1.21**에 나타낸 것처럼 종 방향 부분(part)과 횡 방향 부분 등 두 부분에 설치된다.

텅레일과 가동 노스레일의 앞쪽 반(半)은 미끄럼 상판(slide plate) 아래에 마련된 가열지점으로 횡단의 가열을 적용한다. 뒤쪽의 반은 레일 안쪽의 복부 맨 아래에 마련된 가열지점으로 윙레일과 기본레일을 따라 종방향 가열을 적용한다.

프랑스에서 분기기의 기준선과 분기선은 가드레일(check rail)이 설치된다. 그러나 플랜지웨이 폭(flangeway width)이 크므로 주행 열차가 가드레일과 접촉되지 않을 것이며, 따라서 선로보수와 부설 동안에 탈선(derailment)을 방지할 것이다.

1.4.2 독일

BWG는 독일의 전문적인 분기기제조사이다. 복합곡선 선로와 자갈도상에 채용되는 BWG 고속분기기의 제1세대는 1980년대 중반에 개발되었다. R&D, 시험 및 동적 시뮬레이션의 실행과 추가 진보로 '작은 반경+큰 반경'의 복합곡선 설계는 텅레일에 심각한 마모를 초래한다고 입증되었다. 제2세대는 결국 '완화(easement)+원+완화' 곡선과 1996년에 시작된 운동학적 궤간 최적화 기술(kinetic gauge optimization technology)로 설계되었으며, 무도상궤도(ballastless track) 기초 위 고속분기기의 완전한 기술을 형성하는, 그리고 많은 국가(스페인 등)의 350km/h 고속철도 건설수요를 충족시키는 고탄성 고무패드(rubber pad) 시스템이 개발되었다. BWG는 중국철도Shanhaiguan교량그룹주식회사와 합작투자를 수립하였으며, 그리고 **그림 1.22**에 나타낸 바와 같이 중국고속철도용으로 수천 틀(組)의 고속분기기가 생산되었다.

1. 평면선형(plane line type)

독일의 고속분기기는 50번, 42번, 39.113번, 23.7번, 19.2번 및 14번 시리즈를 포함하며, 분기선의 속도는 각각 220km/h, 160km/h, 100km/h 및 80km/h이다. 독일 고속분기기는 복합곡선에서 현재 사용되는 '완화+원+완화'곡선으로 발달하였다. 설계된 불균형 원심가속도는 0.5m/s^{2}보다 크지 않고, 설계 증량(design

그림 1.22 중국의 고속분기기 : (A) 자갈궤도, (B) 콘크리트궤도

increment)은 0.4m/s^3보다 작으며, 기점(origin)에서는 1.0m/s^3보다 작다. 이 '3−곡선' 선형의 경우에 열차는 진동의 중첩을 피하도록 각 곡선에서 1초 이상 주행해야 한다. 건넘선 분기기는 4m의 궤도 간격으로 설계되며, 두 궤도 간의 간격이 더 크면 직선 구간이 삽입된다. 직선 구간의 길이는 130km/h 이하의 분기기에 대하여 0.15V이고(※ 역자가 추가 : 여기서 0.15V는 열차가 0.15초 동안 이동한 거리를 나타내고, V는 열차가 통과하는 속도를 나타낸다) 130km/h 이상에 대하여 0.4V이며, 따라서 열차 현가장치(suspension system)에 대하여 충분한 조정시간(regulation time)을 제공하고 안락한 승차감을 보장한다.

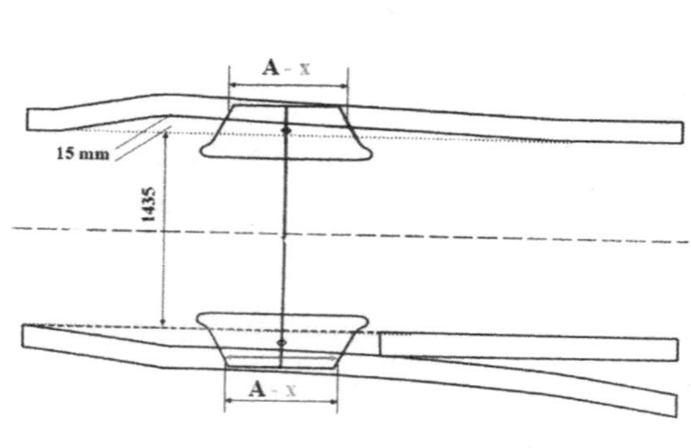

그림 1.23 독일 분기기에 대한 FAKOP 기술

그림 1.24 텅레일후단의 리테이너

그림 1.25 롤러가 있는 미끄럼 상판의 탄성 클립

2. 포인트(switch)

독일 분기기의 텅레일(switch rail)은 1,175 MPa의 인장강도를 가진 모노블록 60E1A1 레일(R350HT 경두 레일)로 만든다. 기본레일은 레일저부에서 1:40 경사(cant)를 주며, 텅레일은 전체 길이의 레일 상면에서 1:40의 경사가 주어진다. 후단은 비틀지 않고 리드곡선(transition lead curve)의 레일두부 작용면(working surface)과 같은 높이로 용접된다.

독일 분기기는 특별 운동학적 궤간최적화(special kinetic gauge optimization, 독일어로 fahrkinematische Optimierung, FAKOP) 기술을 적용한다. 텅레일의 상면 폭 30mm에서 기본레일이 구부러져 **그림 1.23**에 나타낸 것처럼 15mm만큼 궤간을 확장한다. 이 설계는 궤도의 두 레일에 대한 횡 틀림(방향 틀림)을 고르게 하고, 분기기에서 주행하는 열차의 사행동(蛇行動, hunting movement)을 효과적으로 덜어주며 텅레일의 견고성과 마모저항을 증가시킨다.

그림 1.26 노스레일

그림 1.27 18번 분기기의 후단

그림 1.28 42번 분기기의 크로싱

독일 분기기는 텅레일의 신축변위를 제어하기 위하여 큰 체결력과 종 저항력을 가진 보슬로(Vossloh) 레일체결장치를 적용한다. 텅레일의 후단은 가동 길이를 짧게 하기 위하여 좁은 레일체결장치로 고정되며, **그림 1.24**에 나타낸 것처럼 신축변위를 완화하기 위하여 하나 이상의 리테이너(retainer, 위치제한장치)를 설치한다.

롤러가 있는 감마(減摩) 미끄럼 상판(**그림 1.25**)은 전환(轉換) 저항력(switching resistance)을 줄이기 위하여 사용되며, 여기서 클립은 기본레일을 체결하기 위하여 상판의 두 측면에 배치된다.

3. 크로싱(crossing)

독일 노스레일(point rail)의 앞부분은 **그림 1.26**에 나타낸 것처럼 보통레일과 같은 재질의 강편(鋼片,

그림 1.29 18번 분기기에 대한 견인봉의 설치

그림 1.30 42번 분기기에 대한 견인봉의 설치

그림 1.31 분기기의 저킹 방지 유압장치

bloom)을 기계 가공한 일체(一體)구조(integrated structure)이며, 뒷부분은 크로싱 후단의 두 레일과 맞대기 용접(butt weld)된다. 18번 분기기에 대한 크로싱 후단에서의 간격재(필러)는 **그림 1.27**에 나타낸 것처럼 고강도 볼트로 연결된다. 42번 분기기에 대한 전장(全長, full-length) 일체형 대(大) 상판은 크로싱 아래에 설치되며, 윙레일과 노스레일 사이뿐만 아니라 노스레일들 사이에 길고 큰 간격재들로 볼트 연결된다. 게다가 횡 볼트 연결은 일반구간의 장대레일 궤도의 힘에 견디어내고 **그림 1.28**에 나타낸 것처럼 전철간(轉轍桿)과 윙레일 복부 구멍 간의 충돌(jamming)을 방지하기 위하여 사용된다.

독일 윙레일은 보통레일을 기계 가공하여 만들며, 바깥쪽은 클립으로 체결된다. 18번 분기기에서는 **그림 1.29**에 나타낸 것처럼 윙레일 밑에서 견인하는 방식을 채택한다. 42번 분기기의 견인봉은 윙레일 복부의 구멍을 통과하며(**그림 1.30**), 윙레일 저부는 절삭되지 않고, 구조적으로 단순하며, 견인지점은 노스레일 복부에 위치한다. 이 배치는 노스레일 기울어짐의 위험이 없이 노스레일에 대해 바람직한 견인력으로 이어진다. 그러나 윙레일 복부의 너무 큰 구멍은 레일의 강도를 줄인다.

독일 분기기의 가동 노스 크로싱(swing nose crossing)은 긴 가동(moveable)길이를 갖고 있다. 노스레일(point rail)은 노스레일과 윙레일(wing rail)이 접촉될 때 저킹(jerking)을 방지하는 데 적절한 장치(예를 들어, 볼록한 고정 블록)가 설치된다. 게다가, 저킹 방지의 목적을 위하여 멈춤쇠(jacking block)의 고정 면과 노스레일 저부의 상부 경사면 사이의 틈은 맘춤쇠가 레일복부에 밀착될 때 약 1mm이다. 무도상분기기용 저킹 방지 유압장치도 또한 **그림 1.31**에 나타낸 것처럼 사용되며, 효과적인 것으로 판명되었다. 노스레일이 잘 전환될 때 장치는 봉을 통과시키고 노스레일을 안전하게 고정시킬 것이다.

가동 노스(swing nose) 분기기는 가드레일(check rail)을 갖지 않는다.

4. 레일체결장치(fastening)

독일 분기기의 레일체결장치는 주로 보슬로 클립(Vossloh clip, **그림 1.32**)을 이용한다. 체결 클립(fastener)과 레일 사이에서는 궤간(gauge)을 조정할 수 없다. 그러나 타이플레이트 볼트 구멍의 편심 슬리브(sleeve)를 이용하여 궤간을 조정할 수 있다(조정범위; −12 내지 +12mm). 두 개의 고무 스프링(**그림 1.33**)은 고탄

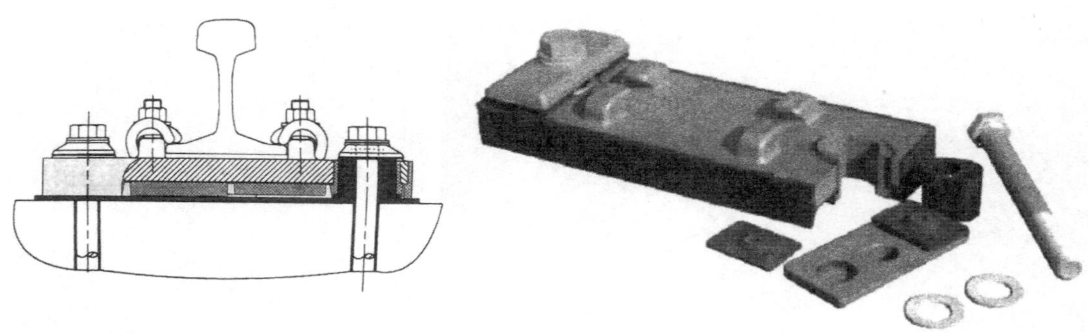

그림 1.32 레일체결장치

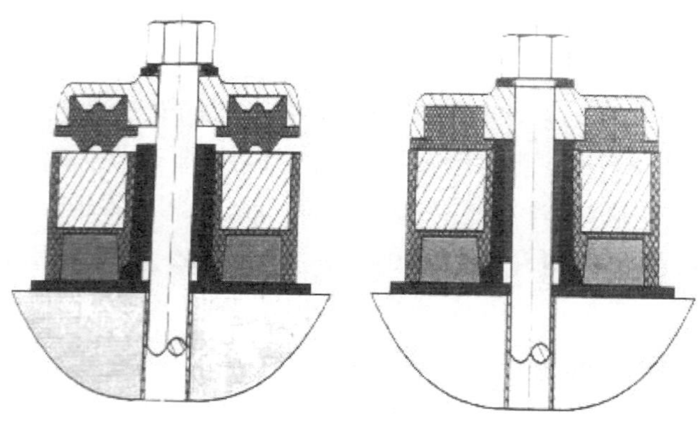

그림 1.33 탄성 좜쇠

성 플레이트에 볼트를 견고하게 체결하는 데 이용된다. 타이플레이트와 탄성 패드는 일체형성(一體形成, integrated) 탄성 기판(基板, substrate) 구조로 가황 처리(vulcanized)된다. 플레이트 아래의 패드는 무도상궤도에 대하여 −4 내지 +26mm의 수직조정을 실현할 수 있는 높이 조정 블록(riser block)이 있다.

그림 1.34 가황 처리된 탄성 기판의 구조

그림 1.35 힌지 연결 분기기 침목의 연결구조

독일 분기기에 대한 궤도 강성은 레일저부 최대응력이 75 MPa이라는 원칙에 따라 결정된다. 설계 수직 정적강성은 17.5kN/mm이다. 분기기의 수직 강성은 탄성 기판(가황 처리된 플레이트-패드 구조)에 따라 정해진다. 기판은 기판 바닥에 설치된 서로 다른 형상의 얼마간의 강성 베어링 블록으로 고무의 변형을 제한하며 그에 따라 궤도의 총체 강성과 분기기의 체결지지 강성이 균등해진다(**그림 1.34** 참조). 탄성 기판의 동적/정적 강성비(剛性比)는 약 1.2~1.3이다. 플레이트의 탄성은 −15 내지 −20℃에서 안정적으로 유지된다. 일반선로구간(section)의 패드 강성이 분기기보다 더 큰 경우에는 충격을 완화하기 위하여 분기기의 앞쪽과 분기기 장(長)침목의 뒤쪽에 탄성 과도(過度)구간(elastic transition)이 주어져야 한다. 과도구간은 일반적으로 2~6단계(order)의 탄성 등급 차이를 가진다. 과도구간 길이는 열차가 0.5초 주행한 거리와 같다.

5. 레일 아래 기초(sub-rail foundation)

독일에서 자갈분기기의 기초는 힌지 연결 콘크리트침목(hinged concrete tie, 역주 : 이른바, 분절 침목)을 주로 적용한다. 3.2m 이상의 침목은 **그림 1.35**에 나타낸 것처럼 유연하게 힌지가 있으며, 따라서 고속 교통

그림 1.36 강제(鋼製) 분기기침목

그림 1.37 매설 장(長)침목이 있는 분기기

에 기인하여 장(長)침목의 주행하지 않은 쪽이 기울어지고 도상(bed)에 세게 부딪치는 경우의 도상자갈 분쇄(ballast pulverization)의 문제뿐만 아니라 분기기 전체를 운반할 때의 과부하(overload) 문제를 풀 수 있다. 이것은 다짐 성능(tamping performance)에 영향을 줄 수 있으므로, 중국에서는 그 대신에 장(長)콘크리트침목이 사용된다.

독일의 분기기는 또한 전철간(switch rod)을 사용할 수 있게 하는 강(鋼)침목도 설치하며(**그림 1.36**), 따라서 전철간은 도상다짐 동안 철거되지 않을 것이다. 딱딱한 미끄럼방지 고무패드는 침목바닥에 설치되며 이것은 고탄성 레일체결장치와 협력하여 침목을 안정시킨다. 따라서 강침목은 동적 틀림을 일으키지 않을 것이다.

독일 궤도는 초기의 궤도유형{1972년에 Rheda역에 부설된 장(長)침목 매설식 일체(一體) 도상}에서 현재의 Rheda2000 무도상궤도로 상당히 발전하여왔다. 그동안에 콘크리트기초 위의 침목은 노반 위의 매설 형에서 강(鋼)트러스 파셜(partial) 프리스트레스트 콘크리트형(**그림 1.37**)으로 발달하였다. 침목과 도상슬래브(track bed slab)는 분기기에 대하여 안정된 기초(foundation)를 구성한다. 중국에서는 사전제작 슬래브식(prefabricated-slab type) 무도상궤도 기초(ballastless track foundation)도 개발되어 왔으며, 여기서는 레일체결장치를 설치하기 위한 볼트구멍을 확보해둔다. 이 구조유형은 짧은 건설기간에는 유리하지만, **그림 1.38**에 나타낸 것처럼 구멍간격과 도상슬래브 평탄성의 면에서 상당히 까다롭다.

6. 전환설비(conversion equipment)

독일의 고속분기기는 각각 작동되는 외부 잠금장치(external locking device)를 가진 '다수(多數)-지점 다수-전환' 견인방식을 적용한다. Siemens S700K 전기 동력전철기(switch machine)나 Lorenz의 L700H 전기-유압 동력전철기가 사용된다. 밀착검지기(closure detector)는 견인봉의 각 쌍 사이에 설치된다.

외부 잠금장치는 예전의 제비꼬리(swallow-tail)형에서 롤러가 있는 갈고리 형(rollered hook type)으로 완전히 바뀌었으며 이것은 **그림 1.39**에 나타낸 것처럼 텅레일의 신축에 따라 자동적으로 조정될 수 있다. 잠금갈고리(locking hook)의 합력은 잠금 동안 텅레일 횡단면의 중심을 통하여 지나갈 것이다. 이렇게 하여 텅레

그림 1.38 슬래브분기기

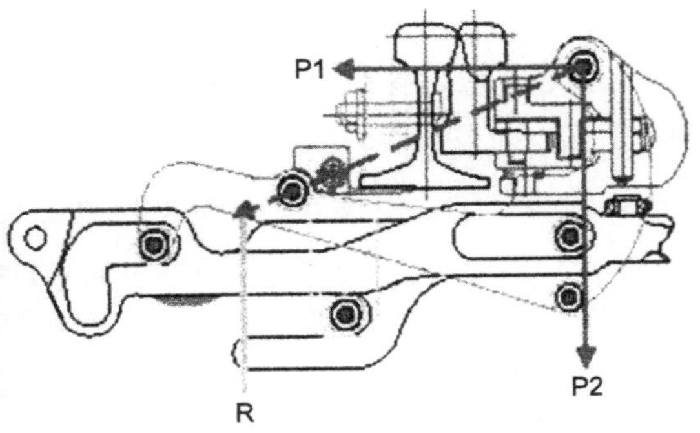

그림 1.39 외부 잠금장치

일과 잠금 갈고리는 좋은 응력상태에 있다. 이 장치를 사용함으로써 구름마찰(rolling friction) 덕택으로 전환저항력(switching resistance)이 줄어든다. 18번 분기기에 대한 이 장치는 텅레일에서 ±30mm의 신축에 적용할 수 있다.

독일은 분기기의 여러 견인지점(traction point)에서 동시의 전환을 위해 다음과 같은 많은 기술적인 수단을 취한다. 즉, 텅레일의 앞쪽부분에 대한 견인봉들이 같은 동정을 갖는 경우에 같은 유형의 동력전철기 적용; 서로 다른 동정을 가진 동력전철기(switch machine)들에 대해 같은 작동시간을 설정; 제어회로를 통하여 극히 짧은 시간(ms) 내의 피크전류를 피함과 동시에 동력전철기들이 순차적으로 시동되도록 허용; 텅레일과 노스레일의 동시 잠금 해제와 잠금을 보장하도록 서로 다른 동력전철기 동정과 분기기 벌림(spread)에 따라 외부 잠금의 동정을 조정.

7. 기타 부품(other components)

독일의 Rodamaster2000 분기기모니터링시스템(**그림 1.40**)은 분기기 데이터(텅레일의 위치, 동력전철기의 전류와 전압, 각각의 견인지점에서의 전환 힘과 전환시간, 최소 플랜지웨이, 레일의 종 방향 힘, 레일 온

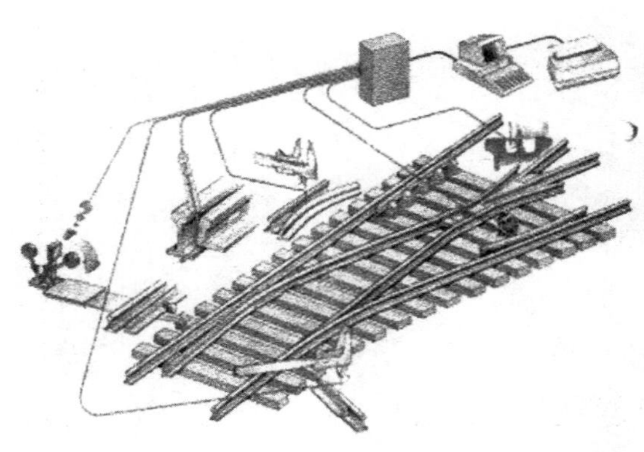

그림 1.40 분기기 모니터링 시스템

그림 1.41 분기기히터

도 및 히터), 신호시스템 및 궤도회로시스템을 모니터하기 위하여 채용된다. 이 시스템은 분기기와 기계적으로 연결되지 않으며, 그래서 그것은 분기기의 정상적인 작동에 영향을 미치지 않는다. 게다가, 모니터 된 분기기 데이터를 유지관리센터로 전송할 수 있다.

독일의 모든 고속분기기는 전기히터(**그림 1.41**)를 갖고 있다. 텅레일과 노스레일에 대한 금속가열봉은 테두리(hoop)가 레일 저부에 있는 클램핑 판(clamping plate)의 도움으로 기본레일의 안쪽에 설치되며, 가열지점의 맨 끝은 두 침목 사이의 레일 저부에 고정된다. 도선(導線, lead)은 자갈선로의 기계화 보선 작업 시에 임시 철거될 수 있다.

1.4.3 중국

중국의 중장기적(中長期的) 철도망계획(2004년 1월 발행)에 따르면, 2020년까지 중국에 18,000km 이상의 고속철도가 건설될 것이며, 따라서 수천 틀(組)의 분기기가 필요하다. 이 요구를 충족시키기 위해서는 다음과 같은 노력이 요구된다. 즉, 자주적인 고속분기기 개발, 프랑스에서 기술도입 및 독일 고속분기기를 제작하기 위한 합작투자의 설립. 중국의 예전 MOR(역주 : 철도부)은 2005년에 분기기R&D팀을 설립하였다. 중국은 독창적인 혁신을 통해 250km/h와 350km/h 여객선로 전용의 18번, 42번 및 62번 분기기에 대한 이론 연구, 시스템설계, 표준 체계화, 공장 내 시험제작, 조립, 검수(檢收), 현장부설 및 동적 시험 등 일련의 기술문제를 극복하였다. 약간의 제품이 생산을 위하여 검증되고 승인되었다. 2014년까지 거의 5,000 틀(조)의 분기기가 5년 이상의 안전과 안정 주행을 위한 가장 긴 예상시간을 가지고 중국 고속철도(예를 들어 Wuhan~Guangzhou, Shanhai~Hangzhou 및 Harbin~Dalian)에 부설되었다. 이에 따라 중국 고속철도는 실행 가능한 것으로 입증되었지만 기술적으로 색다르다[11, 12].

1. 평면선형(plane line type)

분기선의 승차감을 개선하기 위하여 설계속도는 최대 10km/h의 여유를 가져야 한다. 분기선에서 80km/h용의 18번 분기기에 대해서는 반경 1,000m 단곡선 선형(single curve line type)이 이용된다. 분기선에서

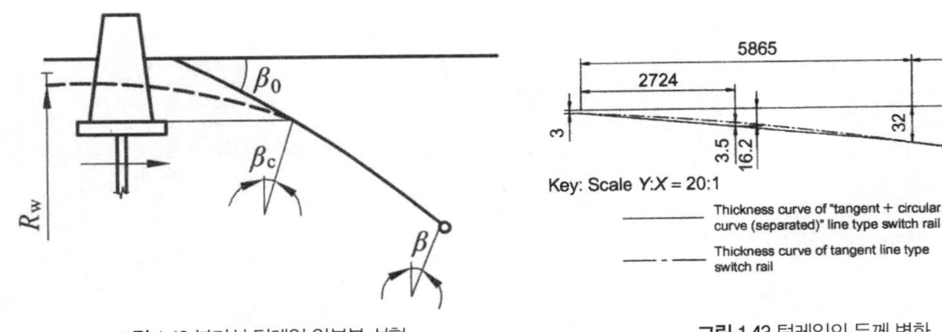

그림 1.42 분리식 텅레일 앞부분 선형

그림 1.43 텅레일의 두께 변화

160km/h용의 42번 분기기에 대해서는 '반경 5,000m 원+완화(easement)'곡선 선형이 이용된다. 그리고 분기선에서 220km/h용의 62번 분기기에 대해서는 '반경 8,200m 원+완화'곡선 선형이 이용된다. 이들은 중국의 고속분기기 시리즈이다. 같은 분기기번수에 대하여 250km/h와 350km/h 고속분기기는 같은 평면선형과 치수를 갖는다. 텅레일의 앞부분은 **그림 1.42**에 나타낸 것처럼 분리 반(半)−접선(separated semi−tangent line)이다. 18번 분기기의 원곡선은 기본레일에서 11.95mm 떨어져 있으며 텅레일의 26mm 상면 폭에서 기본레일에 비스듬히(obliquely) 접한다(tangent). 이 선형은 기준선과 분기선의 승차감을 손상시킴이 없이 텅레일의 견고성을 크게 향상할 수 있으며(**그림 1.43**에 나타낸 것처럼 최대 3.5mm만큼 두껍게 한다), 따라서 마모저항이나 사용수명을 향상한다.

2. 포인트(switch)

중국의 텅레일의 경우에 작은 횡 휨 강성을 가진 UIC60D40 레일은 평평한 복부의 특수단면 레일(예를 들어, **그림 1.44**에 나타낸 것과 같은 AT 레일)이 사용된다. 이 레일은 U75V나 U71MnK로 만든다. 한편, 텅레일의 전환 힘(switching force)이나 부족 변위(scant displacement)를 완화하기 위해 롤러가 있는 미끄럼 상판(slide bedplate, **그림 1.45**)이 사용되며, 대략 n 형상의 탄성 클립(elastic clip)은 기본레일 안쪽의 레일저부를

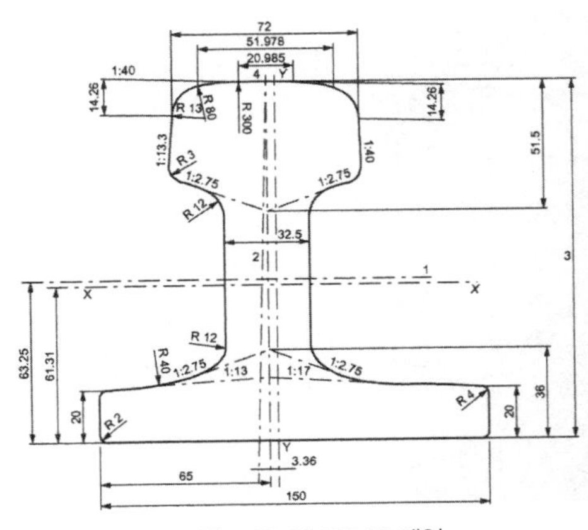

그림 1.44 UIC60D40 레일

그림 1.45 롤러가 있는 미끄럼 상판

그림 1.46 텅레일의 후단에서 힘 전달 부품 : (A) 간격재(필러), (B) 리테이너

눌러서 기본레일의 옆으로 기울어짐 저항력을 높이기 위하여 사용된다.

중국 분기기의 차륜–레일 관계를 개선하기 위해 텅레일 상면의 낮춤 값이 최적화되며, 기본레일에 대한 윤하중(wheel load)의 갈아탐 범위(transition scope)가 짧아지고 15~40mm의 상면 폭을 가진 부분을 향하여 이동된다. 이 설계는 동역학 시뮬레이션과 운영 시연을 통해 기준선의 주행안전성과 안전성에 이바지함이 입증되었다. 텅레일의 후단에는 부설 레일의 온도에 따라 여러 가지 힘 전달 부품(예를 들어, 간격재와 리테이너(위치제한장치). **그림 1.46**)이 설치되며, 이것은 텅레일의 신축변위를 줄인다. 이 설계는 중국의 북쪽과 남쪽에서 큰 연간 레일 온도 차가 있는 철도에 적합하다.

3. 크로싱(crossing)

중국의 분기기는 **그림 1.47**에 나타낸 것처럼 UIC60D40 레일로 만든 특수단면의 윙레일(wing rail)과 가동노스레일(swing nose rail)을 적용한다. 독창적인 광폭(廣幅)두부 특수단면 레일(즉, 중국의 특수단면 윙레일

그림 1.47 크로싱

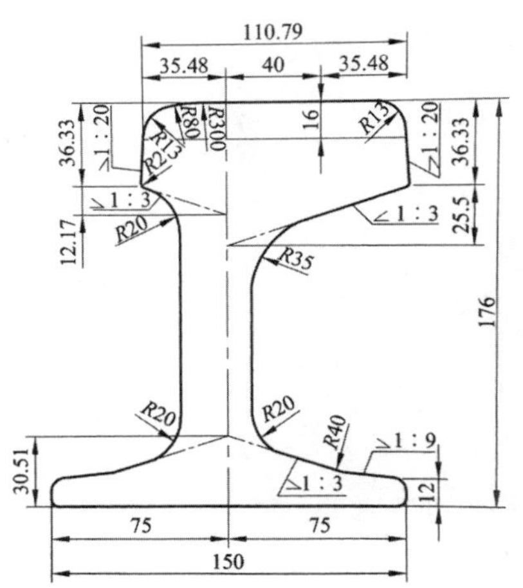

그림 1.48 특수단면 윙레일

이나 TY레일, **그림 1.48** 참조)이 개발되었다. 이 윙레일은 좋은 횡 안정성(lateral stability)을 갖고 있으며 전환설비(conversion equipment)에 대해 충분한 설치공간을 남긴다.

브래킷(bracket)-형 노스레일(point rail) 잠금 갈고리(locking hook)는 노스레일의 첫 번째 견인지점(traction point)에 설치된다. 전환점(switching point)이 위로 이동(rise)하기 때문에 밀착상태를 확실하게 검사할 수 있으며, 레일복부에 대하여 과도한 기계 가공에서 생기는 기울어진 노스레일과 약화된 윙레일에 기인하는 플랜지전환 방식(flange conversion mode)의 검지실패를 제거한다(**그림 1.49**).

수평 히든첨단(horizontal hidden tip point) 구조(**그림 1.50**)가 적용되며, 이것은 횡 차륜-레일 힘을 줄이고 분기기의 주행 안전성과 안정성을 향상시킬 수 있다.

4. 레일체결장치(fastening)

중국 분기기의 경우에 각각 다른 운행상태 하에서 서로 다른 레일 아래 기초에 대해 합리적인 강성은 분기

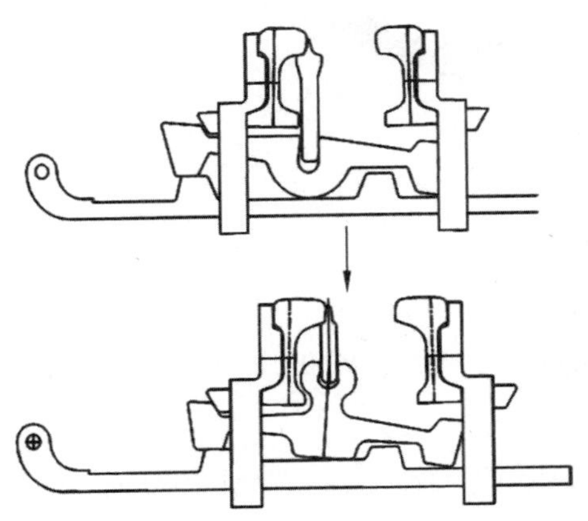

그림 1.49 노스레일 첫 번째 견인지점의 브래킷-형 잠금 후크 구조

그림 1.50 노스레일의 수평 히든첨단구조

그림 1.51 레일체결장치

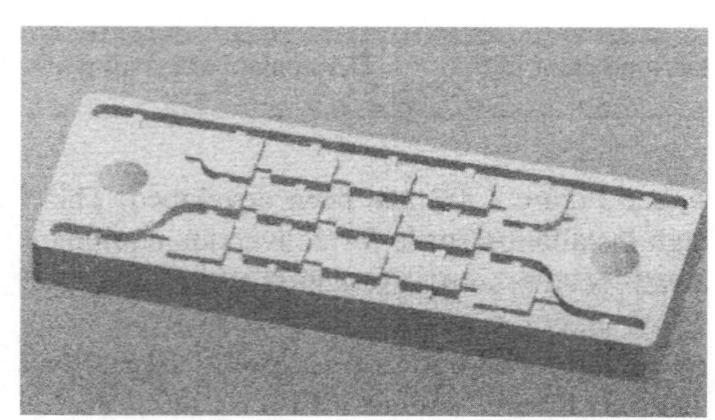

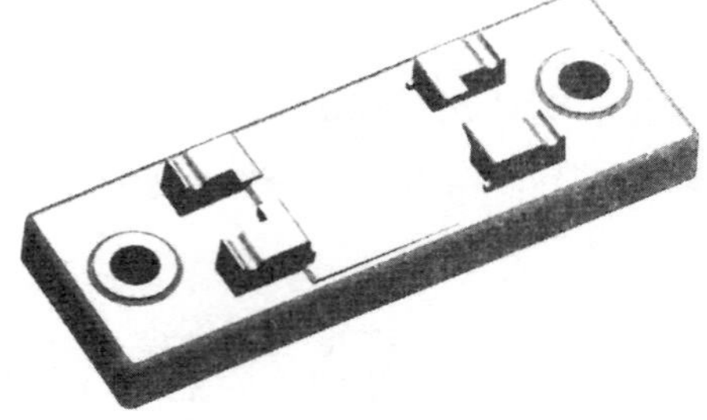

그림 1.52 블록(blocky) 탄성 패드

기 동역학(turnout dynamics) 분석이론에 따라 결정된다. 예를 들어, 레일체결장치의 수직 강성은 비(非)화물 무도상궤도에 대하여 25±5kN/mm, 화물 무도상궤도에 대하여 40±10kN/mm, 비(非)화물 자갈궤도에 대하여 50±10kN/mm, 화물 자갈궤도에 대하여 60±10kN/mm. 그러므로 '높은 강성(레일패드)+낮은 강성(플레이트 패드)'의 설계원리(design principle)가 확립되었다.

중국의 분기기용 레일체결장치의 구성물을 **그림 1.51**에 묘사한다. 게이지블록과 편심 슬리브(sleeve)는 분기기궤간을 조정하기 위하여 채용된다(조정범위 : −8 내지 +8mm). 높이 조정 블록(riser block)은 플레이

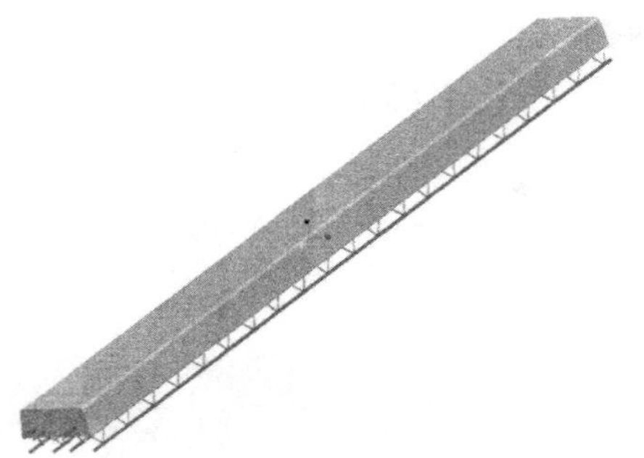

그림 1.53 매설 분기기침목

그림 1.54 사전제작 분기기슬래브

트 아래에 설치된다(수직 조정범위 : −4 내지 +26mm). 자갈분기기와 무도상분기기는 같은 레일체결장치를 이용한다.

분기기는 연결(junction) 레일, 공유(shared) 플레이트 및 공유 침목을 가질 수도 있으며, 이것은 승차감에 영향을 미치는 불균등한 궤도 총체 강성(track integral stiffness)을 초래할 것이다. 이 문제를 해결하고 분기기와 일반선로구간 간에 균등(均等)한 강성(剛性) 과도(過度, transition)를 실현하기 위하여 새로운 그래프트-수정(graft-modified) 카본블랙-충전 고무(carbon black-filled rubber)와 블록(blocky) 구조(**그림 1.52**)가 적용된다. 모든 패드는 설계에 따라 동일한 두께, 서로 다른 강성 및 낮은 동적-정적 강성비(stiffness ratio≤1.35)를 가질 것이다. 한편, 가황처리(vulcanized) 플레이트-패드 구조와 완충작용(buffering) 앵커볼트가 있는 레일체결장치는 낮은 강성의 경우에 횡 변형에 저항할 수 있다.

5. 레일 아래 기초(sub-rail foundation)

중국의 분기기는 자갈궤도기초 위에 프리스트레스트 장(長)침목을 이용한다. 게다가, 자갈분기기 침목의 횡단면에 대한 강선(steel bar, 역주 : 제9.1.1항에 따르면 프리텐셔닝 방법을 이용하므로 '강선'으로 번역)의 수량과 배치는 강선들의 중심과 횡단면의 중심이 겹치도록 최적화되며, 이는 장(長)침목의 크리프를 완화한다. 무도상궤도 기초는 신뢰할 수 있게 콘크리트도상과 연결될 수 있는 강-트러스 매설 분기기침목(**그림 1.53**)이 설치되며, 그러므로 구조적으로 안정되고 건설에서 편리하다. 대안으로 매설된 볼트슬리브가 있는 분기기슬래브(**그림 1.54**)가 이용되며, 따라서 높은 위치설정 정밀도와 빠른 시공속도를 실현할 수 있다. 세 가지 분기기침목구조는 고속분기기가 다양한 레일 아래 기초에 적용될 수 있도록 한다.

6. 전환설비(conversion equipment)

중국의 분기기는 '다수–기계 다수–지점' 견인(**그림 1.55**)이 적용된다. 즉, 62번 분기기의 긴 54m 텅레일의 동시 전환을 실현하기 위해 서로 다른 동정을 가진 동력전철기(switch machine)들이 사용되며 견인지점(traction point)들이 제어 하에 순차적으로 작동된다. 모든 견인지점에는 갈고리(후크)–형 외부 잠금 방식이

그림 1.55 자갈분기기와 무도상분기기의 다수–기계 다수–지점 견인

그림 1.56 갈고리(후크)–형 외부의 잠금장치

그림 1.57 밀착검지기

그림 1.58 분기기히터

그림 1.59 분기기모니터링시스템

채용되며(**그림 1.56**), 이것은 강력한 잠금 힘과 높은 안전으로 특징지어지고, 따라서 극단적인 경우에 고속열차가 유발한 바람이 초래한 얼음덩어리, 자갈 등으로 전철간이 뒤틀려졌을 때조차 노스레일과 윙레일 사이뿐 사이뿐만 아니라 텅레일과 기본레일 사이에서 신뢰할 수 있는 잠금을 효과적으로 유지할 수 있다. 텅레일의 허용 신축 변위는 40mm이고, 노스레일의 허용 신축 변위는 20mm이다.

밀착검지기(closure detector)는 열차가 분기기에서 주행할 때 텅레일과 기본레일 간의 동적 밀착(dynamic closure)을 점검하기 위하여 분기기에 설치된다. 장치는 **그림 1.57**에 나타낸 것처럼 침목의 자유공간(free space)을 점유(occupy)하지 않을 것이며 분기기 보수를 위한 기반(基盤, information)을 제공할 수 있다.

7. 기타 부품(other components)

중국의 분기기는 고효율과 단순한 설치로 특징지어지는 분기기 가열시스템(**그림 1.58**)이 설치된다. 가열시스템은 눈이 오거나 얼음이 어는 날에 미끄럼 상판에서 얼음이나 눈을 자동으로 제거할 수 있다. 따라서 전환 실패(conversion failure)를 일으키는 눈이나 얼음을 자동적으로 제거하므로 교통장애가 없을 것이며 혹독한 날씨조건에서 정상적인 운행을 보장한다.

분기기모니터링시스템(**그림 1.59**)은 여전히 시험 중이며 텅레일/노스레일의 결함과 손상, 전환(conversion) 파라미터(예를 들어, 레일 밀착, 동력전철기의 전환 힘, 동적 힘, 진동가속도, 동력전철기의 작동 전압, 전류 및 동력전철기의 유압) 및 분기기 궤간 등을 모니터링 하는 것을 목표로 삼는다. 모니터링 데이터는 PDL(passenger line) 종합유지보수 센터로 직접 전송될 수 있으며, 이것은 정보화된 실시간 모니터링을 실현하고, 일상검사의 작업부담을 크게 줄이며, 안전적용의 성능을 향상시키고, 고속분기기의 신뢰성 중심 유지보수(reliability-centered maintenance)에 대한 기초를 쌓는다.

1.4.4 기타 국가

1. 일본

일본은 1964년에 18번 고속분기기를 개발하기 시작하였고, 1992년에 38번 분기기를 부설하였다. 일본의

그림 1.60 크로싱

그림 1.61 롤러가 있는 상판

윙레일은 일체 주조(一體鑄造, solid) 고(高)망간강으로 만든 프레임구조이며, 긴/짧은 노스레일도 일체 주조 고망간강으로 주조된다. 이 구조는 다소 안정적이며, 짧은 노스레일 뒤쪽에 미끄럼이음매(slip joint)가 설치된다. 즉, 노스레일은 단일 탄성 굽힘 가능 레일구조이다. 두 노스레일은 선형을 유지하도록 봉으로 연결되며 내부 잠금장치가 설치된다. 무단계의 궤간 조정(variable gauge adjustment)을 위하여 강성 클립과 2-층 타이플레이트가 적용된다. 고무패드는 탄성 레일체결장치용 스프링와셔로 대체된다. 타이플레이트 아래의 플라스틱패드는 목침목 파먹음(cut)을 방지한다.

많은 국가들의 분기기는 분기기 구조를 보강하기 위하여 일반선로구간(section) 레일과 함께 장대레일을 형성한다. 한편으로, 일본은 정거장 입구(throat)의 양쪽 끝에 대한 신축이음매를 개발하였으며, 그래서 일반선로구간 장대레일궤도의 종 방향 힘(축력)이 분기기로 전달되지 않을 것이다. 그러므로 **그림 1.60**에 나타낸 것처럼 크로싱의 후단에는 긴 윙레일이 설치되지 않을 것이다. 노스레일은 작은 신축변위가 있는 보통의 짧은 레일과 약간 비슷하다. 텅레일은 신축변위를 합리적으로 제한하기 위하여 후단에 간격재(filler)가 설치된다. 일본의 분기기는 **그림 1.61**에 나타낸 것처럼 롤러가 있는 미끄럼 상판으로 텅레일의 전환 저항을 줄인다. 한편, 다양한 유형의 분기기히터(예를 들어 가열형, 온풍형 및 온수형)가 사용된다.

2. 영국

영국의 Balfour Beatty가 제작한 장대레일 분기기는 주로 고정(fixed) 크로싱과 가동 노스(swing nose) 크로싱을 포함한다. 이들의 분기기는 35t의 최대 설계 차축중량과 250km/h의 최대 주행속도와 함께 객화혼합

그림 1.62 고정 크로싱

그림 1.63 조립 크로싱

그림 1.64 가동 노스 크로싱

그림 1.65 다공 간격재(필러)

교통에 널리 적용된다. 장대레일 분기기는 미국과 그 외의 나라들로 한 번 수출되었다.

고정 크로싱 분기기는 더욱이 일체 주조 고망간(solid high manganese)유형(**그림 1.62**)과 보통레일 조립유형(**그림 1.63**)으로 분류된다. 고망간 고정 크로싱은 크롬기반매체를 통하여 후단에서 보통레일과 용접되며, 장대레일궤도에 부설될 수 있다.

영국의 가동 노스 크로싱은 독일의 것과 유사한 구조, 즉 모노블록 합금강 철차(轍叉, frog)이다(**그림 1.64**). 저부에서 단조된 전환(switching) 플랜지는 전철간(轉轍桿)과 연결된다. 긴 윙레일 구조는 레일의 종 방향 힘(축력)을 더 좋게 전달하기 위하여 사용된다. 윙레일 끝의 간격재(filler)는 노스레일을 윙레일에 연결하기 위해서뿐만 아니라 두 노스레일을 연결하기 위하여 사용된다. 게다가 힌지 연결 분기기 침목도 사용된다.

일반적으로, 팬드롤(Pandrol) e 클립이나 패스트(Fast) 클립이 적용되며, 일반구간과 같은 레일체결시스템을 갖는다. 텅레일은 후단에 간격재(filler)가 설치되며, 이 간격재는 레일복부의 전체단면에 접하고 작은 전단변형과 함께 4개의 짧은 볼트로 고정된다. 각각의 간격재 볼트에 대하여 너무 큰 종 방향 힘(축력)에 기인하는 볼트의 전단변형을 방지하도록 **그림 1.65**에 나타낸 것처럼 리드곡선구간(transition lead curve)의 레일이 전달한 종 방향 힘(축력)을 나누기 위하여 텅레일의 후단에 보통 4~5쌍의 간격재가 배치된다. 텅레일은 갈고리(후크)-형 외부 잠금장치(external locking device)로 쇄정된다. 잠금장치는 강력한 잠금 능력을 갖고 있지만, 쇄정된 상태에서 자유로이 신축할 수 없으며, 따라서 텅레일 후단의 간격재는 힘을 전달하기 위하여 텅레일의 신축변위를 효과적으로 제어하도록 강화된다.

※ 경부고속철도 제2단계 건설구간에 시험 부설한 국산 콘크리트 분기기(이후 호남고속철도에 적용)

제2장 평면선형 설계

분기기 설계는 일반기본설계도 설계(general layout design)와 구조 설계(structural design) 등 두 가지 과업으로 나뉜다. 통상적으로, 일반기본설계도 설계를 먼저 하게 되고, 주어진 주요 치수에 의거하여 부품의 구조설계가 뒤따른다. 일반기본설계도 설계는 분기기의 주요 치수, 궤간, 분기기침목의 배치와 수량 및 레일 길이를 결정한다.

분기기의 일반기본설계도 설계와 구조 설계는 기본적인 운행요건(basic riding requirements)을 충족시킴에 더하여 다음과 같은 원리(principle)들을 따라야 한다.

1. 모든 경우에, 열차가 규정속도(specified speed)로 분기기에서 주행할 때 충분한 안전성, 안정성(riding quality) 및 승차감(comfort)이 확보되어야 한다.
2. 분기기 각 부분의 궤간과 간격 치수는 가장 불리한 조건 아래에서도 철도차량의 순조로운 통과(unrestricted passage of rolling stock)를 허용하여야 한다.
3. 분기기의 모든 부품과 관련 부속물은 어떠한 경우에도 건축한계(construction clearance)를 침범하지 않아야 한다.
4. 전환설비(conversion equipment)는 정확하게 설치되어야 한다. 절연이음매는 연동신호(interlocking signal)를 올바르게 표시하도록 알맞게 배치되어야 한다.
5. 분기기 부품은 충분한 강도와 강성을 가져야 하며, 대량생산이 가능할 뿐만 아니라 최대한으로 단순하고, 비싸지 않으며, 경제적이어야 한다. 게다가, 부설과 유지보수가 용이하도록 분기기부품의 호환성이 향상되어야 한다.
6. 보다 적은 토지점유를 위하여 분기기 길이는 가능한 한 짧아야 한다.

게다가 고속분기기는 고기술 성능(high-tech performance), 좋은 경제성(economic efficiency), 적응성(applicability) 등을 가져야 한다[16, 17].

2.1 설계조건

고속분기기 설계에는 주행조건, 차량구조, 궤도에 대한 기술조건 및 부설조건이 고려되어야 하며, 다양한 하중의 요건, 온도 및 부설 기초가 충족되어야 한다. 게다가 분기기는 전체선로(full line)의 기술조건과 조화되어야 한다[18].

2.1.1 운영조건

1. 허용통과속도(permissible speed)

중국 고속분기기의 기준선 허용 통과속도는 최고 운행 속도 250km/h와 350km/h의 두 가지 유형으로 나뉘며, 각각 250km/h 여객선로(PDL)와 350km/h 고속철도(HSR)에 사용된다.

중국 고속분기기의 분기선 허용 통과속도는 80km/h, 160km/h 및 220km/h의 세 가지 유형으로 나뉘며, 각각 정거장 진입을 위한 본선 분기기, 건넘선 분기기 및 연결선 분기기에 사용된다.

따라서 중국의 고속분기기(high-speed turnout)는 기준선(main line)과 분기선(diverging line)의 속도에 따라 6가지 유형으로 나뉜다.

설계계산 속도는 설계 안전요건에 따라 기준선에 대하여 10%, 분기선에 대하여 10km/h를 추가하며, 시험속도는 설계계산 속도 이상이어야 한다.

2. 설계 차축하중(design axle load)

설계 차축하중은 정적 차축하중에다 10%의 여유를 더한 것과 같다(평형력). 동력분산 고속 EMU는 차축하중에 대해 170kN 이상, 즉 10%의 여유를 고려하여 187kN으로 취해지며 비(非)화물 250km/h 여객선로와 350km/h 고속철도에 이용된다(190kN 이하의 차축하중을 가진 동력집중 고속 EMU와 동등).

250km/h 객화혼합철도에 대해서는 EMU와 화차의 최대속도가 각각 250과 120km/h이다. 화차의 차축하중은 설계 제어값(design control value)으로 230kN을 넘지 않고 10%의 여유를 고려하여 250kN으로 취해진다.

따라서 분기기 구조 강도는 각각 190과 250kN의 차축하중으로 계산될 것이다.

3. 수송량(transport volume)

분기기는 전반적으로 적어도 20년의 사용수명(service life), 또는 6억 톤 이상의 수송량에 상당하는 사용수명을 가져야 한다. 250km/h 객화혼합 선로의 화물수송을 고려하면 분기기는 총 수송량, 즉 6억 톤 이상의 수송량에 기초하여 속도향상(speed-up) 분기기와 동등한 사용수명을 가져야 한다. 비(非)화물 250km/h 여객선로와 350km/h 고속철도는 여객수송으로 한정되므로, 일반적으로 연간수송량의 총중량(total weight of annual transport volume)은 3천만 톤 이상이다. 이를 위해, 분기기의 사용수명은 6억 톤의 수송량에 상당하는 20년 이상이어야 한다.

그러나 분기기의 텅레일(switch rail)과 노스레일(point rail)은 마모되기 쉬우며, 따라서 텅레일과 노스레일의 사용수명은 전체사용수명보다 짧아질 수도 있다.

2.1.2 차량조건

열차 편성(train configuration)과 현가장치 및 구동장치와 차륜 답면(踏面, tread)의 크기 등과 같은 설계파라미터(design parameter)가 고속분기기의 설계에 포함되어야 한다. 중국의 고속철도에 적용되는 CRH(역주 : 중국철도 고속) EMU 열차는 CRH_1, CRH_2−200, RH_2−300, CRH_3, CRH_4 및 CRH380을 포함한다. EMU의 편성은 5M + 3T, 4M + 4T 및 6M + 2T를 포함한다. **그림 2.1**에서 보는 것처럼 LMA(역주 : Life Maximized Adherence) 마모윤곽(프로파일) 답면이 적용되며, 차륜배면(背面)간거리{wheel back to back, 역주 : 우리나라의 차륜내면(內面)간 거리에 해당. 이후로는 '차륜내면간 거리'로 번역}는 1,353mm이다.

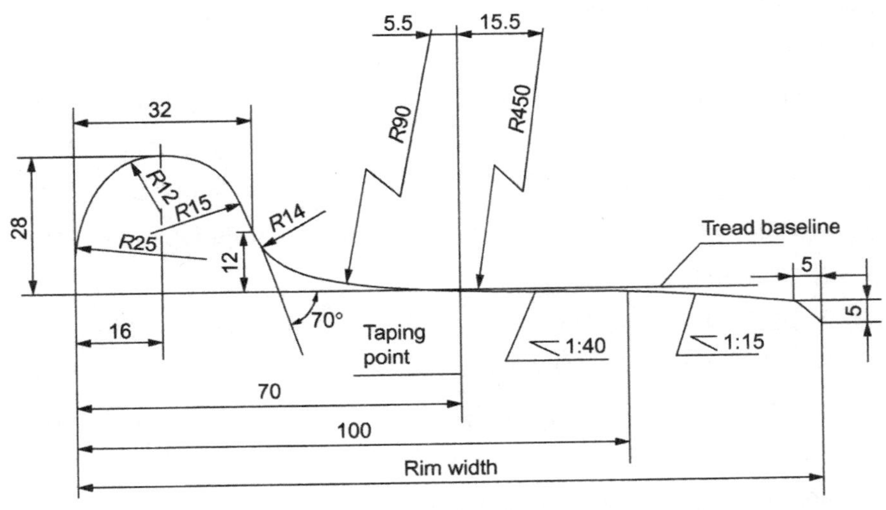

그림 2.1 LMA 차륜 답면의 윤곽(프로파일)

2.1.3 궤도설계기술조건

1. 궤간(track gauge)

중국철도의 표준궤간은 레일 상면 아래 16mm(유럽철도에서는 레일 상면 아래 14mm)에서 측정하여 1,435mm이다. 분기기에서의 차량의 내접(內接, inscribing) 요건에 따라서, 궤간은 강제(compulsory) 내접 조건에서 열차의 통과를 허용한다. 쐐기형 내접(wedging inscribing)은 허용되지 않는다. 중국 고속분기기의 경우에 분기선의 속도에 대한 설계요건에 따라 큰 반경의 리드곡선이 사용되며, 따라서 궤간확장이 불필요하다. 독일 고속분기기의 경우에 주행열차의 사행동을 줄이기 위하여 텅레일의 상면 폭 30mm에서 15mm의 궤간확장이 마련되며, 18번 분기기에 대한 궤간확장의 변화율은 2.7mm/m이다. 이것은 분기기에서 고속 EMU의 주행 안정성을 향상시키는 데 유효함이 입증되었다.

2. 레일경사(rail cant)

레일경사에는 1:40과 1:20의 두 가지가 있다. 일반적으로, 고속분기기의 레일경사는 일반선로구간(section)과 같다. 입증된 바와 같이 만약 두 구간이 서로 다른 레일경사를 갖는다고 예상된다면, 분기기 끝에 완만한 과도(過度)구간(transition) 조치를 취하여야 한다. 독일, 일본, 중국의 고속철도와 분기기는 모두 분기기의 양단에 과도구간이 없이 모두 1:40 레일경사를 채용한다. 그러나 전환(switch)되는 텅레일(switch rail)과 노스레일(point rail)에 대해서는 1:40 레일경사가 레일 상면(rail top)에서 마련되어야 한다.

3. 캔트(superelevation)

리드곡선(transition lead curve)의 캔트는 부족캔트(deficient superelevation)를 완화시킬 수 있으며 분기선(diverging line)의 주행 안정성(riding quality)을 향상시킨다. 그러나 분기기의 캔트에 대한 일련의 어려움이 사전에 해결되어야 한다.

a. 열차가 기준선(main line)에서 주행할 때 건축한계(construction clearance)에 따른 제한. 리드곡선의 바깥쪽 레일은 15mm 이하로 캔트가 붙여지며, 따라서 부족캔트에 대한 감소 영향이 사소하다.

b. 레일(텅레일/기본레일, 노스레일/윙레일)들의 높이차에 따른 제한. 텅레일과 노스레일의 가동부분(moveable parts)은 일반적으로 캔트를 붙일 수 없으며, 따라서 곡선 텅레일과 곡선 크로싱의 부족캔트에 대한 경감효과는 없다.

c. 캔트를 붙인 리드곡선에 관하여 말하자면, 캔트를 붙인 과도구간(transition)은 텅레일 후단의 뒤쪽과 크로싱의 앞쪽에 배치되어야 하며, 레일체결장치로 고정된다. 그러나 레일체결장치는 비교적 복잡하며, 따라서 캔트를 붙인 고속분기기는 지배적이지 않다.

4. 두 궤도 사이의 간격(distance between two tracks)

두 궤도의 중심 간격은 중국에서 350km/h에 대하여 5m, 250km/h에 대하여 4.6m이다. 분기기 유형을 단순화하기 위하여 분기기 번수, 선로 유형 및 분기선의 허용속도와 관련된 주요 평면의 치수가 일관되어야 한다. 따라서 4.6m의 간격이 적용된다.

5. 레일 재질과 중량(rail material and weight)

고속철도용 레일은 높은 안전성능, 직진도 및 기하구조(선형) 정확도를 가져야 한다. 높은 안전성능은 깨끗한 강(鋼) 품질(pure steel), 손상되지 않은 표면, 레일저부의 낮은 잔류 인장응력, 우수한 연성과 용접성능, 용이한 생산, 안정된 품질 및 높은 신뢰성을 필요로 한다. 레일의 높은 기하구조 정확도와 높은 직진도는 고속철도의 평온한 주행(riding quality)에서 아주 중대하다. 기하구조 공차, 레일 끝부분과 레일본체의 직진도, 뒤틀림 및 기타의 표준은 고속철도 레일용 기술사양에서 엄하게 명시된다. 용접이음을 최소화하기 위하여 고속분기기에는 100m 강(鋼)레일이 이용되어야 하지만, 특별한 경우에 25나 50m 강 레일이 이용가능하다.

고속철도 레일의 재료는 강(鋼)의 충분한 기술성숙도(mature), 일관된 내구성, 완전한 품질, 우수한 용접품질을 가져야 하며, 분기기에 대한 적용성이 있어야 한다. U71MnK 레일(인장강도 880MPa)은 중국 350km/

h 고속철도에 적용된다. U75V 레일(인장강도 980MPa)은 화물수송의 필요성을 고려하여 250km/h 고속철도용으로 선택된다. 분기기레일과 일반구간의 레일은 용접의 용이성을 위하여 동종 레일이어야 한다.

중국 철도의 본선은 50과 75kg/m 레일과 함께 주로 60kg/m 레일을 이용한다. 60kg/m 레일은 또한 기존의 철도나 건설 중인 철도에도 널리 사용된다. 그러므로 고속분기기에도 선용(選用)된다. 중국 60kg/m 레일(CHN60)과 UIC 60kg/m 레일은 다른 레일두부윤곽(프로파일)을 가졌지만, 차륜과 레일의 사용수명뿐만 아니라 차륜-레일 기하구조 접촉, 동적 상호작용 및 용접조건에 대하여 작은 영향을 미친다는 것을 연구가 보여준다. 중국 고속철도 궤도와 분기기에는 중국의 레일 제작조건을 고려하여 CHN60 레일이 선택된다.

분기기에 사용되는 60D40 AT 레일, TY 레일과 같은 특수단면 레일의 재료는 일반구간용 레일의 재질(material)과 일치하여야 한다. 양끝에서 보통 레일과 용접된 레일은 중국 단면 유형의 60kg/m 레일로 기계가공되거나 열처리되어야 한다.

6. 레일체결장치(fastening)

고속철도는 고속, 큰 교통밀도 및 우수한 궤도선형에 대한 까다로운 요구사항이 있으며, 따라서 레일체결장치는 다음과 같은 성질을 가져야 한다.

a. 궤간의 강한 신뢰성

b. 충분한 복진(匐進) 저항(anticreeping)

c. 간단한 구조, 좋은 신뢰성 및 적은 유지보수

d. 좋은 감쇠성능

e. 좋은 절연성능

f. 레일의 수직과 횡 종단선형(고저와 방향)의 좋은 조정능력

g. 부품의 높은 정확도와 조립된 궤도의 우수한 선형품질

고속분기기(high-speed turnout)용 레일체결장치는 또한 상기에 더하여 약간의 특수한 기술요건을 충족시켜야 한다.

a. 고속분기기의 특수한 구조(예를 들어, 상판)를 고려한다. 이중 탄성 분리식 레일체결장치(double-elasticity positive fastening)가 선호된다.

b. 모든 분기기 부품은 탄성 체결 클립(fastener)으로 확실하게 고정되어야 한다.

c. 체결되지 않는 가동(moveable) 텅레일과 노스레일의 위치는 궤간과 고저선형이 조정될 수 있어야 한다.

7. 장대레일선로(continuous welded rail track)

새로운 고속철도에서는 높은 궤도선형품질(track smoothness)을 달성하기 위하여 트랜스 구간(跨區間) 장대레일 선로(trans-sectional CWR track, ※ 제6장 본문의 역주 참조)를 한 번에 부설하는 기술을 채택한다. 따라서 고속분기기는 장대레일 분기기로 설계되어야 한다.

8. 전환설비(conversion equipment)

전환설비는 전환, 잠금 및 표시(indication) 기능을 가져야 한다. 전환 기능의 경우에 궤도를 갈아타도록 차량을 안내하기 위하여 전환설비의 도움으로 텅레일 또는 가동 노스레일을 움직여 분기기의 개통 방향을 바꾼다. 전환설비는 확실한 전환 동정을 가질 수 있으며, 따라서 분기기의 동정은 전환설비의 동정과 일치되어야 한다. 잠금 기능은 전환설비가 분기기 전환 후에 잘못된 밀착을 방지하도록 분기기를 쇄정하여야 한다는 사실과 관련된다. 표시 기능은 분기기 전환 후에 전환설비가 정위(定位, 기준선 개통)와 반위(反位, 분기선 개통)를 나타내어야 한다는 사실과 관련된다. 전환설비에는 전기적. 전기-유압, 기계적 및 전기-공압 유형이 있다. 상기의 앞쪽 두 유형이 일반적으로 사용된다.

a. 견인방식(traction mode)

분기기 전환을 위한 견인방식에는 '다수-기계(전철기) 다수-지점'과 '1-기계 다수-지점' 견인방식이 있다. 1-기계 다수-지점 견인방식에서는 분기기 전환에 기계적 도관(導管, conduit, 철관)이 적용된다. 이 방식은 동시화 성능이 좋고, 동력전철기(switch machine)가 보다 적으며, 그리고 고장이 감소된다. 그러나 도관과 프랭크샤프트는 진동 하에서 마모되기 쉬우며, 이것은 분기기에 대한 밀착 조정의 어려움으로 귀착된다. 게다가, 첫 번째 견인지점(traction point)만 외부 잠금장치(external locking device)가 설치되며, 따라서 과도한 마모의 경우에 안전상의 위험요소가 있다.

다수-기계 다수-지점 견인방식은 일반적으로 개별 움직임의 외부 잠금 방식이다. 즉, 각각의 견인지점에는 외부 잠금장치가 설치되며, 따라서 높은 안전성능을 갖고 있다. 그러나 각각의 동력전철기 전환(conversion)은 동기화(synchronized)하기가 쉽지 않고 동력전철기 수가 많으므로 총 고장 횟수도 많다(※ 역자가 문구 조정). 예전의 속도향상 분기기의 경험에 따라 다수-기계 다수-지점 견인 방식이 중국 고속 분기기의 설계에 적용된다.

b. 기술성능의 요건(requirements for technical performance)

전환설비는 100만 시간 이상의 시험수명(test life)을 가져야 하며, 분기기의 전체사용수명과 일치하도록 실제 수명이 20년 이상이어야 한다. 동력전철기는 수동 장치가 있어야 하며, 수동 시에는 반드시 모터의 전원을 확실하게 차단해야 한다(※ 역자가 문구 조정). 3상 380V 교류 전원을 사용한다. 제어장치와 어댑터는 옥외에 배치되지 않을 것이다. 텅레일과 노스레일에 대한 첫 번째 견인지점은 작동봉과 잠금봉으로 쇄정될 것이다.

동력전철기(switch machine)는 전원이 켜진 후에 다음의 절차에 따라 정확하게 기능을 하여야 한다. 즉, 원래의 표시 접촉의 멈춤, 잠금 해제, 전환, 잠금 및 새로운 표시 접촉에 연결.

c. 기계적 파라미터(mechanical parameter)

작동봉(operating rod)의 동정(throw); 분기기에 따름

정격 전환 힘(rated switching force); 3,000~5,000N

최대 견인력(maximum traction force); 6,000N

잠금봉(locking rod)의 잠금 유지 힘(retention force); ≥ 20,000N

작동봉의 잠금 유지 힘(잠금 힘); ≥ 90,000N

동력전철기 작동봉의 동정은 분기기 전환(conversion)에 대한 동시화(synchronization)와 잠금 요건(locking requirement)을 충족시키도록 텅레일의 동정에 좌우된다. 동력전철기의 전환 힘(switching force)은 분기기의 실제 정렬(lining) 힘과 양립될 수 있어야 한다.

d. 전기적 파라미터(electrical parameter)

전력공급; 3상 380V AC(단선(single line)에 대한 허용 전기저항 ≥ 54Ω), 50Hz

작동시간; 8s

동력전철기(switch machine)는 내부에 제어 회로 배선이 있어야 하고 그에 상응하는 표시판이 있어야 한다. 동력전철기의 작동시간은 진로설정(route setting)에 영향을 주는 주요지표이며, 최소 요구사항은 사용조건으로 결정된다.

e. 잠금 방식(locking mode)

동력전철기에는 개별 움직임(separate movement)의 외부 잠금장치(external locking device)가 사용되어야 하며, 견인봉의 위치는 도상다짐과 유지보수를 쉽게 수행할 수 있어야 한다. 외부 잠금장치의 잠금 용량(locking capacity)은 신뢰할 수 있는 잠금을 위한 안전여유와 관련된다. 그것은 텅레일과 노스레일의 첫 번째 견인지점(traction point)에서 35mm 이상이며, 양쪽에 관한 잠금 용량 편차는 2mm 이하이다. 외부 잠금장치는 장대레일 분기기의 텅레일과 노스레일의 신축 조건에 적응할 수 있어야 한다.

f. 밀착검지(closure detection)

만일 견인지점의 외부 잠금 중심선에서 텅레일과 기본레일 사이, 또는 노스레일과 윙레일 사이에 4mm 이상의 틈(gap)이 있다면, 잠금장치가 잠금이나 분기기 연결 표시(connection indication)를 하지 않을 것이다. 텅레일과 노스레일의 접촉지역에서 인접한 두 견인지점 사이에 5mm 이상의 틈이 있을 때는 분기기 연결 표시를 하지 않을 것이다. 그러므로 견인지점에서의 잠금장치(locking device)는 밀착검지의 기능을 가져야 한다. 밀착검지기(closure detector)는 견인지점들의 사이에 설치되어야 한다. 분기기 연결 표시는 '가동 레일의 위치가 부정확한 상태인 분기기(trailed turnout)'에 대하여 확실하게 차단(cut off)되어야 한다.

g. 설치장치(install device)

전환설비(conversion equipment)용 설치장치의 사용수명은 20년 이상이어야 한다. 설치장치는 기준선과 분기선에 적용될 수 있어야 한다.

9. 분기기히터(turnout heater)

장치는 가스가열, 뜨거운 물 순환, 파이프라인의 뜨거운 공기전도, 염수주입 및 전기가열로 작용한다. 강설이나 온도변화의 경우에 분기기히터가 자동적으로나 수동으로 작동되기 시작할 것이다. 중국의 전기가열방식(electrical heating mode)은 주로 고속분기기에 적용된다. 가열부품의 공간은 설계에서 확보되어야 한다.

10. 모니터링 시스템(monitoring system)

동력전철기의 전류, 전압, 전환시간 및 전환 힘, 텅레일과 노스레일의 밀착, 레일 온도 등을 모니터하기 위해 기술적으로 성숙되고 신뢰할 수 있는 분기기 모니터링시스템이 적용되어야 한다. 게다가, 모니터링시스템은 여객선로의 종합유지보수시스템에 통합될 것이며 여객선로 분기기의 유지보수를 위하여 실시간의 정확한 데이터를 제공하도록 원격시험과 진단기능을 달성할 수 있다.

11. 궤도회로(track circuit)

현재는 분기기가 일반적으로 병렬식 회로를 갖고(circuited in parallel) 있다. 궤도회로 원리에 따라 레일의 절연이음매는 두 레일이 서로 다른 극성을 갖도록 분기기의 특정한 부분에 설치될 것이며, 분기기의 모든 부분에서 차량을 단락시킬 수 있다. 절연이음매는 직선궤도(기준선)에서이든 곡선궤도(분기선)에서이든 설치될 수 있다. 절연구간을 나누는 절연이음매 양끝의 레일들은 서로 다른 극성을 가질 것이다. 만일 인접하는 레일들의 극성이 같다면, 극성들이 바로잡히도록 레일에 대한 절연이음매의 설치위치가 (직선궤도에서 곡선궤도로, 또는 이와 반대로) 바뀌어야 한다. 자동폐색구간(automatic blocking section)에서 분기기레일의 절연은 연속 차내 신호(continuous cap signal)를 갖춘 정거장에 대하여 연선 설비로부터 기관차로 연속적으로 신호를 보내도록 (편개 분기기에 대하여) 분기기의 곡선궤도(분기선)에 마련되어야 한다. 두 레일에 대한 절연이음매는 서로 마주 보는(相對, butted) 유형이 선호된다. 서로 엇갈린(相互, staggered) 연결의 경우에 서로 엇갈린 부분은 2.5m를 넘지 않아야 한다{두 레일이 여기서 동일한 극성을 가지므로 이 지역은 사구간(死區間, dead section)이라고 불린다}. 그렇지 않으면, 최소 축거를 가진 단일 차체가 우연히 사구간에서 정지하였을 때 차량이 단락시킬 수 없고, 궤도회로는 신호를 정확하게 나타낼 수 없으며, 따라서 사고가 발생될 수 있다. 일반적인 분기기 전체배치도의 배선설계에서 절연이음매가 기준선과 분기선 모두에 설치될 수 있다는 것을 고려하여야 한다. 회로가 있는 분기기의 부품, 예를 들어 봉(rod)들은 절연장치가 필요하다. 고속분기기에 대한 절연이음매는 접착되어야 한다.

2.1.4 부설조건

1. 온도조건(temperature)

고속분기기는 자갈궤도와 무도상궤도의 노반, 터널입구, 교량 또는 기울기(slope) 구간에 놓일 수 있다; 그러므로 고속분기기는 적응성이 높아야 한다. 중국은 북쪽과 남쪽 간에 큰 온도 차가 있다. 연간 레일 온도 차(annual track temperature difference)는 북쪽의 심하게 추운 지역은 약 100℃, 중부평원의 추운 지역에서 약 90℃, 그리고 남쪽의 따뜻한 지역에서 약 80℃이다. 그러므로 고속분기기는 온도 차가 서로 다른 지역의 부설조건에 적응하여야 한다.

2. 정거장 평면(station layout)

정거장의 장대레일 분기기(CWR turnout) 그룹(群)에 대하여는 두 분기기 사이의 직선 길이의 영향이 고려되어야 한다. 앞쪽이 이어진 본선의 두 분기기에서 두 분기선(diverging line)을 동시에 통과하는 열차가 있는 경우에 두 분기기 사이에 삽입된 레일의 최소길이는 50m이다. 정거장 현장의 길이 때문에 제한되면 그것은

33m일 것이다. 만일 열차가 두 분기선을 동시에 통과하지 않거나, 분기기들의 앞쪽과 뒤쪽이 연결되면, 그 것은 25m일 것이다. 앞쪽과 뒤쪽이 서로 이어진 도착(receiving)–출발선(departure track)의 분기기들에 대하여는 12.5m일 것이며 또는 그 밖의 배치에 대하여 25m일 것이다.

3. 레일 아래 기초(sub–rail foundation)

중국의 250km/h 여객선로는 주로 자갈궤도이고, 350km/h 여객선로는 주로 무도상궤도이다. 따라서 고속 분기기는 양쪽 궤도유형에 적용될 수 있어야 한다. 금속부품(레일부재와 기계설비)은 자갈분기기와 무도상분기기에 대하여 일관되어야 하며, 레일체결장치의 강성은 설계 요구사항에 따라 조정될 수 있다. 자갈분기기는 대형 보선장비의 작업이 가능하도록 전철간(轉轍桿, switch rod)을 침목 안에 넣기 위해 강침목을 부설할 수도 있다.

4. 분기기의 궤도 하부구조(track substructure)

고속분기기는 일반적으로 노반(성토) 위에 부설되도록 설계된다. 고가(高架)의 정거장에서 만일 분기기가 교량에 부설된다면 열차–분기기–교량 공진(resonance)에 기인하는 주행안전성과 안정성에 대한 영향을 피하기 위하여 그리고 분기기, 교량 및 교대의 종 방향 상호작용의 결과로서 생기는 분기기의 과도한 응력과 변형을 방지하기 위하여 설계에 교량구조, 경간 및 분기기–교량 상대적인 위치에 대한 요구사항이 포함되어야 한다. 일반적으로, 고속분기기는 급격한 온도변화와 기초의 과도한 부등침하(differential settlement)에 기인하는 분기기의 기하구조(선형) 불량을 방지하기 위하여 터널 입구에 또는 성토와 교량 사이 또는 그 밖의 서로 다른 구조물들 사이의 과도(過度)구간(transition)에 부설되지 않아야 한다.

5. 선로 기울기(track gradient)

일반적으로, 자갈분기기는 6‰보다 큰 기울기구간(slope)에는 부설되지 않아야 하고, 무도상분기기는 열차의 과도한 견인력(traction force)이나 제동력(braking force)에 기인하는 장대레일분기기의 과도한 응력이나 변형을 방지하기 위해 12‰보다 큰 기울기구간에 부설되지 않아야 한다(※ 이 항의 자갈분기기와 무도상분기기는 영문원본에 각각 자갈궤도와 무도상궤도로 되어있어 역자가 이를 교정).

6. 그 밖의 부설조건(other laying conditions)

고속분기기는 일반적으로 원곡선, 완화곡선, 또는 종곡선에 부설되지 않아야 한다. 이들 지역에 설치해야 한다고 입증된 경우에는 평면선형(배치도, layout)과 구조설계를 별도로 수행하여야 한다.

침하(settlement)의 정도가 큰 기초(즉, 연약지반)에 부설하기로 되어 있는 고속분기기에 대하여는 보강을 위하여 시트파일(sheet–pile) 노반이 적용될 것이며, 분기기의 종 방향과 횡 방향에서의 서로 다른 침하는 고속분기기의 과도한 선형 틀림(geometry declination)을 방지하도록 제어되어야 한다.

2.2 평면선형

분기기의 평면선형(plane line type) 설계는 분기선(diverging line)의 허용통과속도에 따라 연결부분(connecting parts)의 평면선형을 결정하고, 분기선의 텅레일(switch rail) 마모저항과 주행안정성(traveling quality)에 따라 텅레일의 평면선형을 결정하여야 한다. 또한 연결부분의 평면선형에 의거하여 크로싱의 평면선형을 결정하여야 한다.

2.2.1 설계요건

분기기의 허용통과속도(permissible speed)는 분기기 부품의 강도, 평탄성(smoothness, 선형품질) 및 평면형식(line type)에 지배되며. 따라서 분기기의 평면선형(geometry type)은 열차의 안전과 안정된 주행 및 승차감을 위하여 극히 중요하다[20].

1. 분기선의 통과속도(speed in the diverging line)

편개(single) 분기기의 분기선에서의 허용통과속도는 주로 포인트(switch)와 리드곡선(transition lead curve)에 대한 허용통과속도로 결정된다.

a. 영향 인자(influential factors)

분기선에서의 속도는 많은 인자에게 영향을 받는다. 특히 리드곡선은 캔트가 붙여있지 않고 일반적으로 작은 곡선반경을 가지므로 열차의 불균형 원심가속도(unbalanced centrifugal acceleration)가 비교적 크다. 게다가, 열차가 기준선에서 분기선으로 접근할 때 열차가 방향을 바꾸는 순간에 열차는 레일과 충돌할 것이다. 이 순간에 차체의 부분적인 동적 에너지가 레일의 압축력과 차량 주행 장치의 횡 탄성변형으로 이끄는 퍼텐셜 에너지(potential energy)로 바뀔 것이다. 이것은 동적에너지 손실(dynamic energy loss)로 알려져 있다. 과도한 동적 에너지 손실은 승차감과 분기기 구조의 안정성(stability)에 영향을 미치고 사용수명을 줄일 것이다. 따라서 동적 에너지의 손실은 허용한계 이내로 제한되어야 한다.

게다가 가드레일(check rail)의 어택 각(angle of attack), 차륜-레일 관계, 레일이음매, 분기기 선형 및 구조강도와 같은 기준선에서의 속도에 영향을 주는 몇 가지의 인자는 분기선에서의 속도에 대하여 영향을 미칠 것이다.

b. 속도향상 수단(means for speedup)

분기선에서의 속도는 주로 리드곡선의 반경을 확대하고 분기기에 대한 차륜의 어택 각을 줄임으로써 증가된다. 효과적인 방법은 큰 번수(number)의 분기기를 이용함으로써 리드곡선의 반경을 증가시키는 것이다. 그러나 보다 큰 분기기 번수는 보다 긴 분기기와 긴 정거장 현장을 의미한다. 그러므로 큰 번수의 분기기는 마음대로 이용될 수 없다. 주어진 분기기번수에 대한 리드곡선의 반경은 곡선 텅레일과 곡선 크로싱의 적용과 같은 평면설계를 최적화함으로써 확대될 수 있다. 가변의 곡률을 사용한 리드곡선은 불균형 원심가속도와 변화율뿐만 아니라 차륜-레일 충돌(collision)에 기인하는 동적에너지 손실을 줄일(ease) 수 있다. 그러나 이것은 큰 번수의 분기기에 대해서만 실현가능하다.

캔트(superelevation)를 붙인 리드곡선은 불균형 원심가속도와 그것의 증가를 줄일 수 있지만 사실은 캔트 값이 대단히 작고 분기기의 공간(space)에 의해 제한된다. 따라서 이 수단은 주행조건을 개량할 수는 있지만 {예를 들어, 역(逆)캔트 방지}, 분기선의 속도를 증대시킬 수는 없다.

분기선에서의 속도는 궤간의 불필요한 확장을 방지함, 접선(tangent) 곡선 텅레일을 적용함, 가드레일(check rail)의 완충 구간(buffer segment)과 동일한 각도를 가진 윙레일(wing rail)을 선택함, 그리고 리드곡선(transition lead curve)에서의 속도와 어울리게 함으로써 증가될 수도 있다.

게다가, 분기선에서의 속도는 텅레일 후단 이음매(union at the heel, 힐 이음매)와 분기기의 보통이음매를 제거함, 외부 잠금장치를 적용함, 포인트와 크로싱의 차륜–레일 관계를 최적화함, 궤도 강성을 최적화함, 텅레일과 가동 노스레일의 부족전환변위(scant switching displacement)를 완화함(mitigating), 이중의 탄성 굽힘 가능 노스레일을 이용하여 짧은 노스레일의 후단에서의 사(斜)이음매(diagonal joint)를 없앰, (탄성 클립, 레일 버팀대, 봉, 앵커 등으로) 기울어짐에 대한 레일의 저항력과 횡 변위에 대한 궤광(軌框, track panel)의 저항력을 높임 등과 같이 분기기 구조를 강화함으로써 증가시킬 수 있다.

2. 기준선의 통과속도(speed in the main line)

이 속도는 평면선형의 영향을 적게 받지만, 주로 포인트와 크로싱에서의 차륜–레일 관계(wheel–rail relation)에 따라 결정된다.

a. 영향 인자(influential factors)

만일 분기기가 기준선에 가드레일(check rail)을 갖고 있다면 열차가 분기기 앞쪽에서 접근하고 있을 때 차륜플랜지가 크로싱에서 가드레일의 완충 구간(buffer segment) 작용면과 부딪칠 것이다. 유사하게, 윙레일(wing rail)의 완충 구간은 어느 정도의 어택 각(angle of attack)을 가질 것이다. 따라서 기준선 속도의 면에서 같은 문제가 일어날 것이다. 크로싱의 설계에서 기준선과 분기선(diverging line)의 윙레일은 대칭으로 같은 어택 각을 갖는다.

차륜이 크로싱의 윙레일에서 노스레일로 이동할 때 차륜이 윙레일을 떠나는 동안 원추형의 마모된 윤곽(프로파일) 답면은 접점(contact point)이 바깥쪽으로 이동됨에 따라 낮아질 것이다. 그다음에 차륜은 노스레일로 이동한 후에 점차적으로 원래 높이로 돌아갈 것이다. 이것은 또한 역방향의 통과에도 적용할 수 있다. 차륜이 크로싱을 통과할 때는 크로싱의 수직과 횡 방향 구조적 틀림을 극복하여야 하며, 이것은 열차의 진동과 사행동을 일으킬 것이다. 차륜이 기본레일에서 텅레일로 갈아탈 때 차륜에서 유사한 진동이 발생될 것이며, 분기기에서의 속도증가를 제한한다. 그러므로 설계는 최적화된 레일두부윤곽(프로파일), 텅레일과 노스레일의 적절한 레일 상면 낮춤 및 적절한 레일경사를 포함한다.

보통의 선로구간에서 만일 레일체결장치의 구조와 강성이 균등하다면, 선로를 따른 궤도 총체 강성(track integral stiffness)은 기본적으로 같다. 그러나 분기기에서는 수 개의 레일이 하나의 타이플레이트 또는 하나의 침목을 함께 쓸 수 있고 또는 두 레일이 간격재(filler)로 연결될 수 있으므로 궤도 총체 강성은 선로를 따라서 달라질 수 있으며, 이것은 열차가 분기기를 통과할 때 열차의 극심한 진동으로 귀착되고 주행 안정성

(riding quality)과 승차감(comfort)에 영향을 미친다. 따라서 레일체결장치의 강성은 분기기의 종 방향을 따라서 궤도 총체 강성이 균일하도록 설계에서 조정되어야 한다.

일반선로 구간에서처럼 분기기의 궤간, 방향(줄) 및 고저(면)와 수평틀림도 주행 안정성과 안전성에 영향을 미칠 것이다. 분기기 구조(turnout structure)의 특수한 성질의 관점에서 주행 안정성과 안전성에 영향을 미치는 다음과 같은 상태의 틀림이 분기기에 존재할 수 있다. 즉, 분기기 제작과 조립의 낮은 정밀도에 기인하는 텅레일 또는 노스레일과 미끄럼 상판 간의 틈, 윙레일 또는 기본레일 중간의 밀착지역에서의 틈 및 멈춤쇠의 틈. 이 때문에 분기기에 대한 제작, 부설 및 유지보수 표준이 강화되어야 한다.

근년에 기준선에서의 허용속도를 결정하기 위하여 중국에서 분기기 동역학 이론(dynamic theory)이 개발되었다. 안전성의 지표(예를 들어 탈선계수, 하중감소율, 레일응력 및 텅레일의 벌림)와 안정성 지표(예를 들어, 열차의 수직과 횡 진동가속도)를 연구하고, 분기기 구조와 설계 요구사항의 적합성을 평가하며, 게다가 분기기 구조 설계의 최적화에 관한 지침과 관련 표준을 제정하기 위하여 분기기의 구조설계에 따라 열차가 기준선에서는 설계속도 + 10%, 분기선에서는 설계속도 + 10km/h로 분기기를 통과할 것이다.

b. **속도향상 수단**(means for speedup)

효과적인 방법은 새로운 구조와 분기기 부품에 대해 새로운 재료를 적용하고, 구조를 점차적으로 강화하며, 제작과 조립 정밀도를 향상시키는 것이다. 두 번째로, 분기기의 평면과 구조에 대하여 합리적인 유형과 치수는 기준선에서의 속도에 영향을 미치는 인자를 없애거나 줄이도록 결정되어야 한다. 마지막으로, 분기기의 궤도 강성은 기준선에서 속도에 영향을 주는 동적 틀림(dynamic irregularity)을 없애도록 균일하여야 한다.

2.2.2 리드곡선

포인트와 그로싱을 연결하는 선로는 직선 연결선(straight connecting line)과 곡선 연결선(curved connecting line, 리드곡선이라고도 함)으로 구성된다. 직선 연결선의 구조는 일반선로구간(section)의 직선 선로구조와 같지만, 곡선 연결선은 기하구조 유형과 구조에서 일반선로구간의 곡선과 다르다[20, 21].

리드곡선(transition lead curve)의 평면선형(plane line type)은 원곡선, 완화곡선 및 복합곡선으로 구성된다.

1. 원곡선(circular curve)

원곡선형(circular curve type) 리드곡선은 직선 텅레일 및 곡선 텅레일과 함께 이용될 수 있으며, 설계, 제작, 부설 및 유지보수하기가 용이하므로 일반적으로 이용된다[22].

원곡선이 직선 텅레일과 함께 이용되는 경우에, 리드곡선의 접선(接線)지점은 텅레일 후단에 또는 후단의 뒤쪽에 적절하게 설정될 수 있다(**그림 2.2**). 이 곡선형은 분기선에서 저속인 작은 번수의 분기기에 일반적으로 이용되며, 크로싱은 전형적으로 직선형이다.

원곡선이 곡선 텅레일과 함께 이용되는 경우에, 리드곡선과 곡선 텅레일의 반경은 같거나 같지 않을 수 있

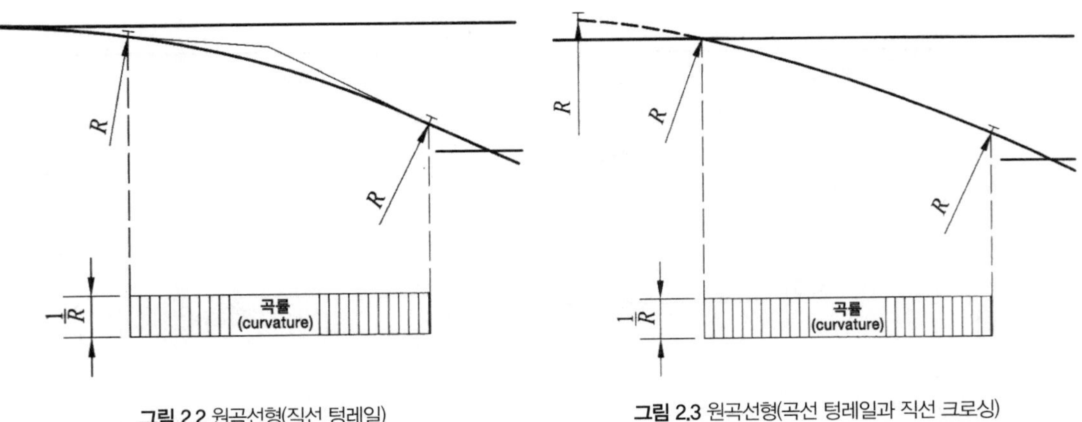

그림 2.2 원곡선형(직선 텅레일)

그림 2.3 원곡선형(곡선 텅레일과 직선 크로싱)

다. 곡선 텅레일의 곡선과 기본레일 작용면은 접선(接線, tangent), 할선(割線, secant) 또는 분리형(separated type)일 수 있다. 크로싱은 **그림 2.3**과 **그림 2.4**에 나타낸 것처럼 직선이거나 곡선일 수 있다. 이 곡선형은 12번과 18번 분기기와 같이 분기선에서 속도가 높은 분기기에 주로 이용된다. 곡선 텅레일과 곡선 크로싱을 가진 분기기의 리드곡선은 상대적으로 더 큰 반경을 가질 수 있다. 만일에 리드곡선 종점이 크로싱의 후단 부근에 있고 크로싱이 직선형이라면, 리드곡선의 뒤쪽 부분은 직선 크로싱 앞쪽의 적절한 위치와 교차될 것이며, 이것을 뒤쪽 할선(rear secant) 원곡선이라고 한다(**그림 2.5**). 그것은 곡선반경을 증가시키기 위하여 할선 곡선 텅레일과 함께 이용된다. 그러나 리드곡선에는 빗각(斜角, inclination angle)이 있으며, 따라서 그것은 주로 작은 번수의 분기기에 이용된다.

2. 완화곡선(easement curve)

완화곡선은 2차(quadratic)와 3차(cubic) 포물선(parabola), 나선(螺線, spiral), 또는 사인곡선(sinusoid)일 수 있다. 완화곡선은 설계, 제작, 부설 및 유지보수의 어려움을 고려하여 고속열차가 분기선으로 주행할 큰 번수의 분기기에 적용될 수 있다. 이 곡선형은 원심가속도의 점진적인 변화와 승차감(passenger's comfort)의 향상에 유리하다. 3차 포물선은 완화곡선의 가장 간단하고 가장 흔한 유형이다[23, 24].

완화곡선은 단일 형(single type)과 이중 형(double type)으로 나뉜다. 후자는 복합곡선형이다. 단일포물선은 텅레일의 선단(先端)에서 시작하는 포물선(**그림 2.6**)이나 텅레일의 선단에서 끝나는 포물선(**그림 2.7**)을 포함한다. 전자의 완화곡선 유형의 경우에 직선 크로싱이 채용될 수 있다. 텅레일은 완화곡선 유형으로서 열차가 분기기의 뒤쪽에서부터 주행할 때 작은 어택 각을 갖는다. 그러나 텅레일은 긴 약한 단면 때문에 극심하게 측면이 마모되고 스폴링(spalling)될 수 있으며, 따라서 이 곡선은 드물게 채용된다. 후자의 완화곡선 유형의 경우에 직선 크로싱이든지 곡선 크로싱이 채용될 수 있다. 두 분기기를 연결하는 건넘선 분기기를 건설할 때는 두 완화곡선의 시점을 연결함으로써, 또는 직선 구간을 삽입함으로써 주행 안정성(riding quality)이 향상될 수 있다. 텅레일의 마모저항은 전자의 완화곡선보다 더 좋다. 단일 완화곡선형은 제작과 유지보수의 어려움 때문에 텅레일에서 거의 사용되지 않는다.

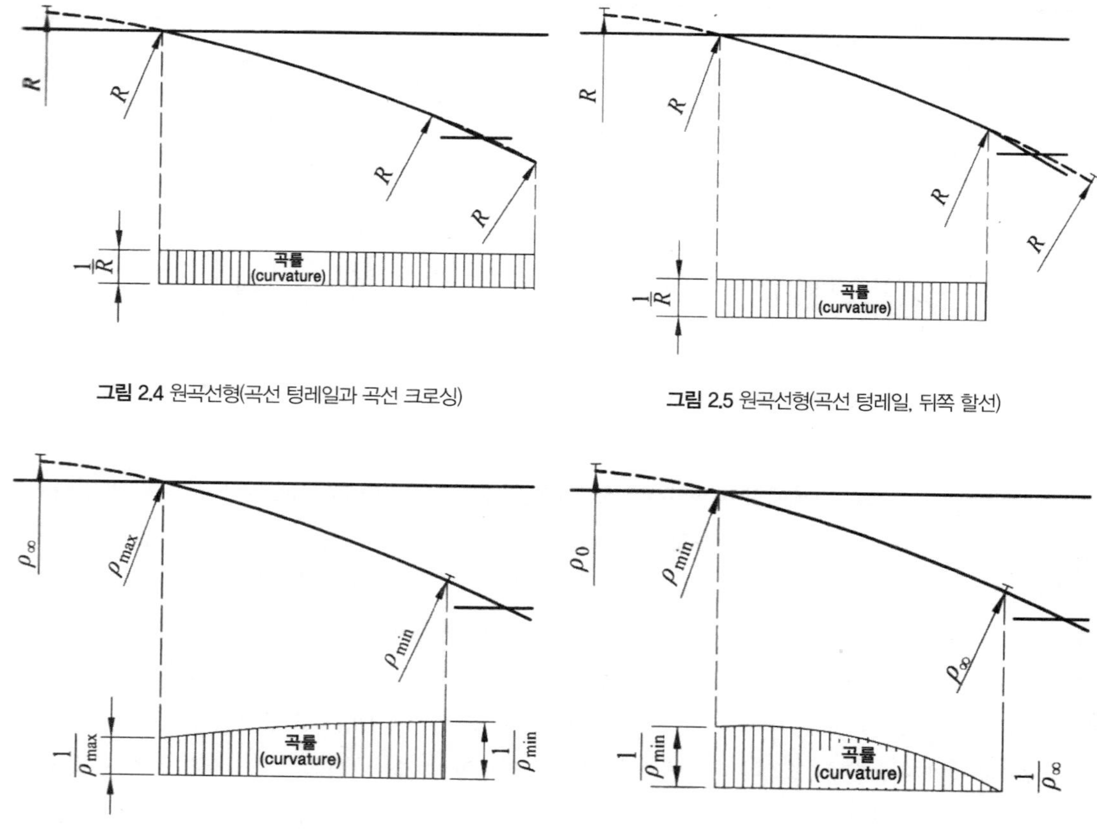

그림 2.4 원곡선형(곡선 텅레일과 곡선 크로싱)

그림 2.5 원곡선형(곡선 텅레일, 뒤쪽 할선)

그림 2.6 단일 완화곡선(분기기 앞쪽에서 시작)

그림 2.7 단일 완화곡선(분기기 뒤쪽에서 시작)

3. 복합곡선형(compound curve type)

복합곡선은 서로 다른 곡률(curvature)을 가진 곡선으로 구성되며, 복합원곡선(**그림 2.8**), 이중-완화곡선형(**그림 2.9**), '원 + 완화'곡선형(**그림 2.10**) 및 '완화 + 원 + 완화'곡선형(**그림 2.11**)을 포함한다. 복합곡선은 직선이나 곡선 텅레일과 함께 이용될 수 있다. 만일 복합곡선의 공통 접선지점(common tangent point)이 텅레일 후단 또는 뒷부분에 설정된다면 서로 다른 번수의 분기기들은 같은 포인트 구조가 주어질 수 있다. 이 선형은 독일 고속분기기에 흔히 이용된다[25].

복합원곡선(compound circular curve)은 서로 다른 반경의 몇몇 원곡선으로 구성되며, 주로 작은 번수의 분기기에 이용된다. 큰 반경의 원곡선은 열차가 분기기 뒤쪽에서부터 주행할 때의 어택 각(angle of attack)을 줄이기 위하여 사용된다. 작은 반경의 원곡선은 대개 텅레일의 측면 마모를 줄이고 견고성을 높이기 위하여 사용된다. 이 선형은 분기선(diverging line)의 매끈함(regularity)이 좋지 않으므로 고속분기기에서 좀처럼 이용되지 않는다.

이중완화곡선(double easement curve)들은 일반적으로 종점들에서 연결된다. 앞쪽 완화곡선은 포인트에서부터 시작되고, 뒤쪽의 완화곡선은 크로싱에서부터 시작된다. 이 곡선형은 열차가 분기기에 접근할 때 어택

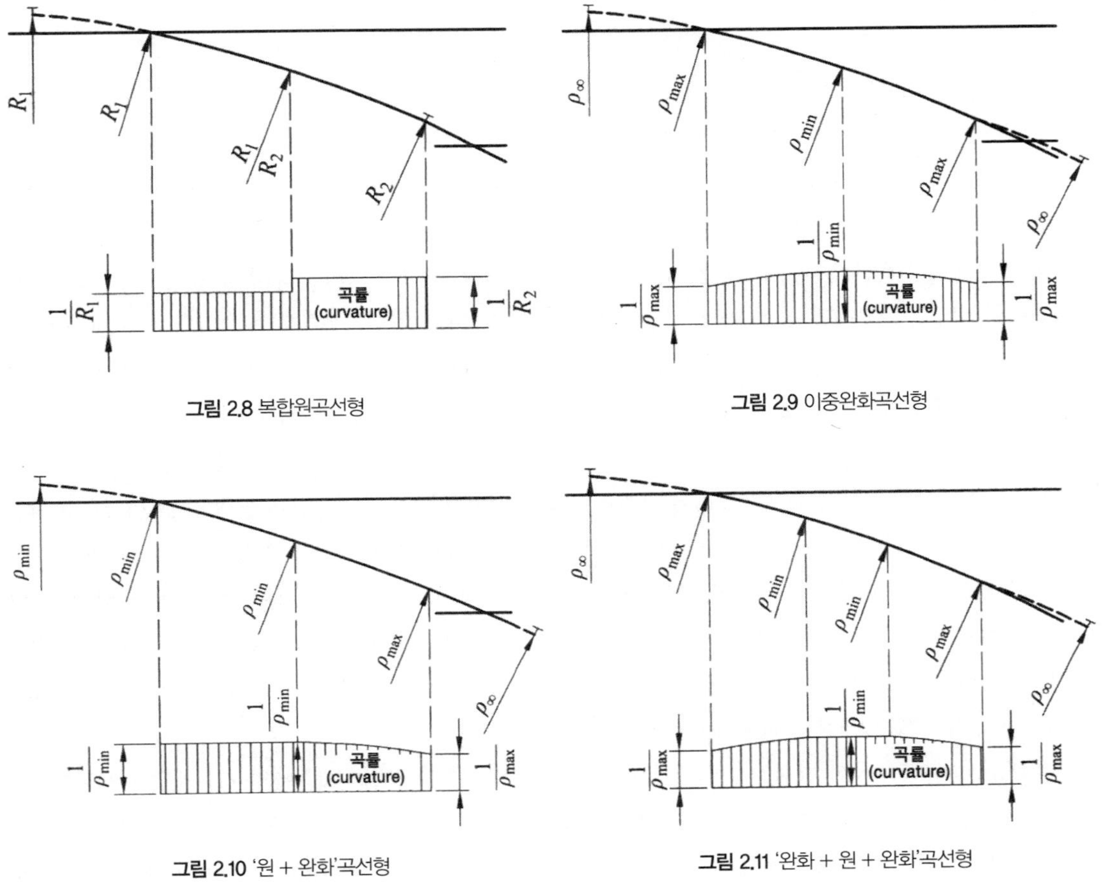

그림 2.8 복합원곡선형

그림 2.9 이중완화곡선형

그림 2.10 '원 + 완화'곡선형

그림 2.11 '완화 + 원 + 완화'곡선형

각을 줄일 수 있으며, 흔히 큰 번수의 분기기에 이용된다. 분기기 길이의 제한, 텅레일의 설계와 제작 어려움 및 선단(先端)에서 과도하게 길고 약한 단면 때문에 이중완화곡선의 시점은 일반적으로 연결되지 않을 것이다[26].

'원 + 완화'곡선형은 포인트에 이용되며, 여기서 텅레일은 단순한 설계와 용이한 제작, 전단에서 보다 짧은 약한 단면 및 높은 마모 저항력이 특징이다. 이 완화곡선은 리드곡선(transition lead curve)과 크로싱에 적용된다. 그것은 분기선에서 승차감을 향상시킬 수 있으며, 주로 프랑스와 중국에서 이용된다.

'완화곡선 + 원곡선 + 완화곡선' 선형에서 완화곡선은 포인트와 크로싱에 이용되며, 원곡선은 리드곡선에 이용된다. 이 선형은 주로 프랑스에서 큰 번수의 고속분기기에 사용된다. 그들은 기본레일의 굽힘(bending)이 뒤따르는 궤간확장기술(gauge widening technology)과 함께 텅레일의 견고성과 마모저항을 향상시킨다. 그러나 다른 나라에서는 좀처럼 이용되지 않는다.

곡선에 대한 진동 중첩을 방지하기 위하여 복합곡선(compound curve)의 각 성분의 길이는 열차가 1초 동안 주행할 수 있는 거리보다 더 커야 한다. 따라서 복합곡선의 선형은 분기기의 길이와 분기선의 속도에 부합되어야 한다.

2.2.3 텅레일

텅레일(switch rail)은 포인트에서 중요한 부품이며, 위치정렬(lining)을 통하여 열차를 기준선이나 분기선으로 안내한다. 텅레일의 평면선형은 직선형과 곡선형으로 나뉜다[27].

예전에 중국에서 사용된 12번 이하의 분기기는 **그림 2.12**에 나타낸 것처럼 모두 직선 텅레일을 이용하였다. 직선 텅레일은 좌(左) 분기기와 우(右) 분기기 모두에 사용될 수 있을 뿐만 아니라 용이한 제작과 교체, 앞쪽의 첨단에서 적은 깎음 양, 큰 횡 강성, 텅레일의 비교적 작은 스윙(swing)과 후단 플랜지웨이(heel end flangeway), 견고한 단면 및 강한 마모 저항이 특징이다. 그러나 이러한 종류의 텅레일의 작용면(working surface)은 일직선으로 되고, 실제 첨단각, 입사각(入射角, switch angle) 및 충격각이 같다. 따라서 열차는 텅레일에서 큰 충격력을 초래하고, 분기선(diverging line)에서의 고속주행에 불리하다.

1996년에 중국철도의 속도향상 이후로 직선 텅레일(straight switch rail)은 새로운 12번 이상 분기기의 기준선에, 곡선 텅레일(curved switch rail)은 분기선에 적용되어왔다. 곡선 텅레일은 어택 각(angle of attack), 이 비교적 작고 리드곡선(transition lead curve)의 반경이 크며 열차가 분기선에 출입할 때 비교적 안정적이므로 고속 통과에 유리하다. 그러나 곡선 텅레일은 복잡한 제작 공정, 앞쪽 끝부분의 큰 깎음(cutting) 양 및 좌(左)와 우(右)분기기의 비(非)호환성이 특징이다. 곡선 텅레일의 선형(線形, line type)은 **그림 2.13~2.17**에 나타낸 것처럼 접선(接線, tangent), 반(半)–접선(接線, semi–tangent), 할선(割線, secant), 반–할선(semi–secant) 및 분리(分離) 반–접선(separated semi–tangent) 유형이다[28].

접선(接線, tangent) 곡선 텅레일의 작용면(working surface)은 이론적인 시점에서 기본레일에 접한다. 사실은 실제 첨단(actual point)을 강화하고 텅레일을 짧게 하기 위하여 텅레일의 단면 폭이 5mm인 부분의 앞에 100~300mm 길이의 직선부분을 취한다(직선부분은 텅레일 곡선부분에 접선이 아니다). 접선 곡선 텅레일에 대한 리드곡선의 반경은 같은 변수를 가진 직선 텅레일을 적용하는 편개 분기기와 비교하여 상당히 증가될 것이며, 분기기의 전체 길이는 상당히 짧아질 수 있다. 차륜플랜지와 궤간선 간의 정상적인 간격(표준궤간, 차륜플랜지 두께 및 차륜배면간거리)의 경우에 곡선 텅레일은 실제첨단에서 더 작은 어택 각과 궤간 확장(gauge widening) 량을 가질 수 있으며, 더 좋은 안정성을 제공한다. 그러나 이 선형은 더 긴 텅레일을 필요로 하고, 더 긴 약한 부분을 가지며, 좌와 우 분기기의 텅레일은 서로 간에 교환될 수 없다. 이 선형은 예

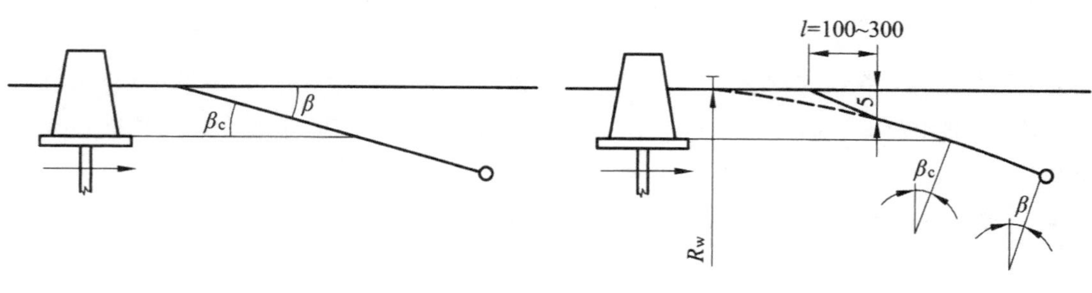

그림 2.12 직선 텅레일

그림 2.13 접선 곡선 텅레일

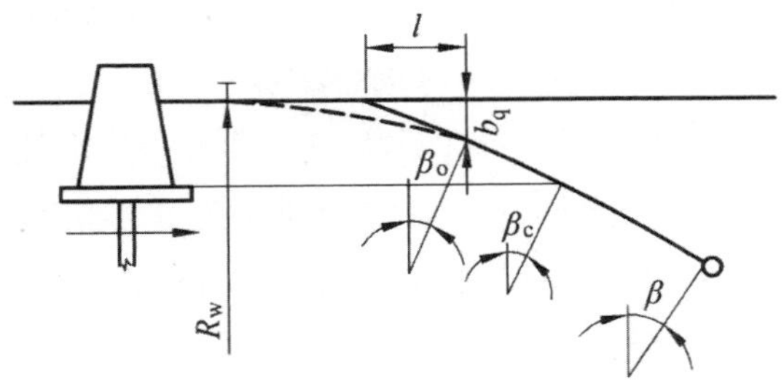

그림 2.14 반–접선 곡선 텅레일

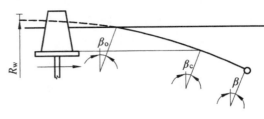

그림 2.15 할선 곡선 텅레일

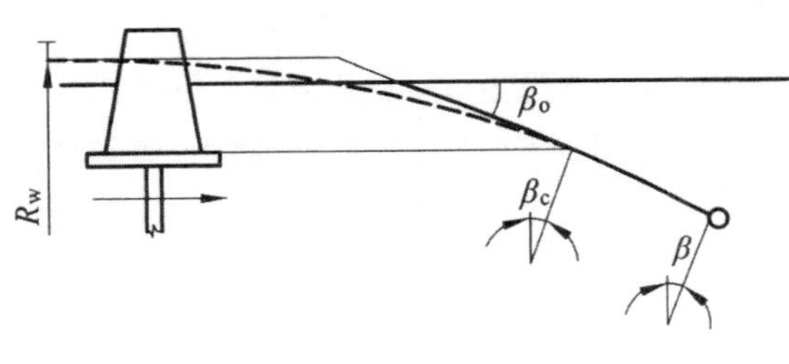

그림 2.16 반–할선 곡선 텅레일

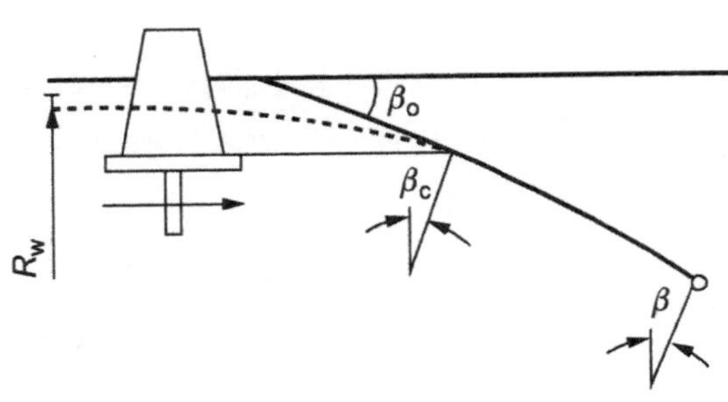

그림 2.17 분리 반–접선 곡선 텅레일

전에 중국의 속도향상분기기에 사용되었다. 그러나 만일 열차가 분기기 앞쪽부터 분기선에서 주행한다면, 바깥쪽차륜과 곡선 텅레일 간의 빽빽한 접촉과 긴 약한 부분에 기인하여 텅레일은 심한 측면마모와 스폴링(spalling)의 경향이 있으며, 이것은 평균사용수명에 영향을 미친다. 따라서 현재 덜 선호된다.

반–접선(semi–tangent) 곡선 텅레일도 이론적 시점에서 기본레일에 접한다. 그러나 접선은 텅레일의 어떤 한 단면(전형적으로 40mm 미만의 상면 폭)에서 설정되며 앞쪽의 끝부분은 직선일 것이다. 접선 곡선 텅레일과 유사하게 리드곡선의 반경은 증가되고, 분기기 전장은 짧아질 것이다. 텅레일과 텅레일 깎음 부분은 접선형의 것들보다 더 짧지만, 직선형의 것들보다 더 길다. 텅레일의 실제 첨단에서의 궤간은 직선 텅레일에서의 것보다 더 작지만, 접선 곡선 텅레일에서의 것보다 더 크다. 좌(左)와 우(右) 분기기의 텅레일은 서로 간에 교환될 수 없다. 정상적인 상태에서 텅레일의 어택 각은 반–접선 부분의 것과 같지만, 접선 곡선 텅레일의 것보다 더 크다. 따라서 이 선형은 안정성이 열등하지만 더 견고한 텅레일 때문에 유리한 마모저항이 특징이다. 일반적으로, 이 선형은 접선 곡선 텅레일보다 성능이 뛰어나며 따라서 중국에서 널리 이용된다.

할선(割線, secant) 곡선 텅레일은 이론적 시점에서 기본레일 바깥쪽의 직선에 접한다(음의 할선). 할선 곡선 텅레일은 같은 변수를 가진 접선이나 반–접선과 비교하여 상대적으로 더 큰 리드곡선반경과 더 짧은 분기기전장을 가진다. 텅레일의 실제첨단에서의 궤간은 직선 텅레일과 반–접선 곡선 텅레일에서의 것보다 더 작지만, 접선 곡선 텅레일에서의 것보다 더 크다. 텅레일의 실제첨단은 작은 실제 첨단 각과 어택 각 때문에 마모되기 쉽다. 게다가, 열차가 분기선에서 분기기 뒤쪽에서부터 주행할 때 흔들리기 쉽다. 좌와 우 분기기에서의 텅레일은 서로 간에 교환될 수 없다. 이 곡선 텅레일은 중국의 초기 재래식분기기에 적용되었지만, 종합적인 비교 결과, 그러한 텅레일은 두드러진 장점이 없으며, 현재 좀처럼 이용되지 않는다.

반-할선(semi-secant) 곡선 텅레일은 기본레일에 할선이다. 반-접선 곡선 텅레일과 마찬가지로 접선은 텅레일의 어떤 한 단면에서 설정되며, 앞쪽의 끝부분은 직선을 취한다. 이 선형은 다음과 같은 특징을 갖고 있다. 즉, 이들 유형 중에서 가장 짧은 텅레일과 약한 부분 및 최소 이론적 분기기 전장. 반-할선 곡선 텅레일은 할선 텅레일과 비교하여 어택 각과 견고성이 증가된다. 선형은 리드곡선(transition lead curve)의 반경을 최대로 증가시키고, 큰 기관차에 대한 내접상태를 개선하거나 분기기전장을 최소화하기 위해 통상적으로 분기선에서의 저속용 작은 번수의 분기기에 이용된다.

분리 반-접선(separated semi-tangent) 곡선 텅레일은 이론적 시점(theoretical origin)에서 기본레일 안쪽의 직선에 접한다(tangent). 접선은 텅레일의 어떤 한 단면에서 설정되며, 앞쪽 끝부분(front tip)은 직선을 취한다. 이 선형은 다른 선형의 곡선 텅레일과 비교하여 리드곡선의 더 작은 반경과 더큰 어택 각을 가진다. 그럼에도 불구하고, 이 선형은 최대의 견고성과 마모용량을 갖는다. 이 텅레일은 중국의 객화혼합철도에서 더 긴 사용수명을 갖고 있으며 널리 이용된다.

텅레일 평면선형(plane line type)의 선택은 분기기 기하구조 제어, 주행 안정성, 텅레일의 마모저항력, 간단한 가공과 제작기술, 용이한 유지보수, 교체 및 원재료 등으로 결정된다. 만일, 분기기 크기와 리드곡선의 반경에 대한 제한이 없고 열차가 안정되게 주행한다면, 분리 반-접선 곡선 텅레일은 객화혼합철도의 주행조건에 가장 적합하다. 그리고 이 선형은 중국 고속철도의 곡선 텅레일에 사용된다.

2.2.4 분기기 각 부분의 간격 치수[29]

분기기의 각 부위에서 레일의 정확한 구조적 공간(간격)은 차량 윤축의 원활한 통과를 보장하기 위한 필요조건이다. 만약에 간격(clearance)이 맞지 않는다면 차륜이 레일과 충돌될 수 있거나 레일마모가 악화될 수 있으며, 탈선까지도 일어난다.

1. 계산방법과 파라미터(calculation methods and parameters)

분기기 간격(turnout clearance)의 계산에서는 가장 불리한 조합방법이 채용된다. 즉, 분기기의 간격에서는 영향 인자의 가장 불리한 조건이 고려될 것이다. 계산방법은 최악의 조건 아래에서 당해 부위에 대한 윤축(wheelset)의 안전한 통과를 보장할 수 있다. 그러나 이 경우에 간격은 너무 크거나 작을 수 있으며, 따라서 열차가 분기기를 통과할 때 상당히 흔들릴 것이다. 이 경우에 분기기 각 부분의 간격은 확률통계 방법(probabilistic method)으로 결정될 수 있다.

분기기 각 부분의 간격을 계산하는 데에 있어 궤간과 윤축 치수의 최대치/최소치에 더하여 동하중 하에서의 궤간이나 윤축 탄성변형의 영향도 고려될 수 있다.

중국의 차량(rolling stock)과 표준궤간(standard gauge)에 대한 분기기 각 부분의 간격 계산에 사용된 파라미터는 **표 2.1**에 주어진다.

EMU 차륜(wheel)이 평균적 윤축보다 더 높은 제조정밀도와 더 짧은 보수주기를 필요로 하므로 상기의 파라미터들이 고속철도에 대해 모두 실용적인 것은 아니지만 상기의 표에 나타낸 것처럼 최악의 값들을 거의 나타내지 않을 수 있다. 게다가, 고속분기기는 구조적 안정성(structural stability)에서 다른 것들보다 성능이 좋고 더 엄격한 보수기준이 뒤따르며, 더 작은 동적(dynamic)과 정적 궤간편차(static gauge deviation)를 갖는다. 그러므로 고속철도 분기기 각 부분에 대한 간격(clearance)의 계산에 제시된 파라미터 값이 축적되고 개선되고 있다

표 2.1 분기기 간격의 계산을 위한 파라미터

번호	파라미터		기호	계산치(mm)
1	최대 궤간		S_{max}	1,456
2	최소 궤간		S_{min}	1,433
3	최대 차륜 내면 간 거리		T_{max}	1,336
4	최소 차륜 내면 간 거리		T_{min}	1,350
5	최대 플랜지 두께	증기기관차	d_{max}	33
		기타 차량		32
6	최소 플랜지 두께	기관차와 차량	d_{min}	23
		EMU 동륜		22
7	하중 작용으로 인해 윤축이 휘어졌을 때 차륜 내면 간 거리의 동적 증가	증기기관차	ε_1	2
		기타 차량		0
8	하중 작용으로 인해 윤축이 휘어졌을 때 차륜 내면 간 거리의 동적 감소	증기기관차	ε_2	0
		기타 차량		2
9	궤간의 동적 확장량		ε_3	2~4
10	양(+)의 궤간 허용공차		ε_4	3
11	음(−)의 궤간 허용공차		ε_5	2
12	가드레일의 횡 마모치		δ_h	2

2. 포인트에서의 간격(clearances at the switch)

포인트에서의 간격은 기준선/분기선의 포인트 후단(heel)에서의 플랜지웨이, 곡선 텅레일의 최소 플랜지웨이 및 포인트의 동정을 포함한다.

a. 포인트 후단에서의 플랜지웨이(flangeway at the switch heel)

기준선의 포인트 후단에서의 플랜지웨이는 가장 불리한 조건 하에서 윤축의 안전한 주행을 보장하여야 한다. 즉, 한쪽의 플랜지(flange)는 **그림 2.18**에 나타낸 것처럼 반대쪽 플랜지가 기준선의 텅레일에 밀착되었을 때 분기선 텅레일의 후단(heel)에 충격을 주지 않고 순조롭게 레일 사이로 통과할 수 있어야 한다. 이것은 다음과 같이 나타낼 수 있다.

$$t_h \geq (S_h + \epsilon_3 + \epsilon_4) - (T_{min} - \epsilon_2) - d_{min} \tag{2.1}$$

여기서, S_h 는 표준궤간(standard gauge)에 주어진 기준선(main line)의 포인트 후단에서의 간격이며, t_h = 70mm이다(역주 : **그림 2.18**에서 t_o는 식 (2.1)의 t_h라고 생각됨).

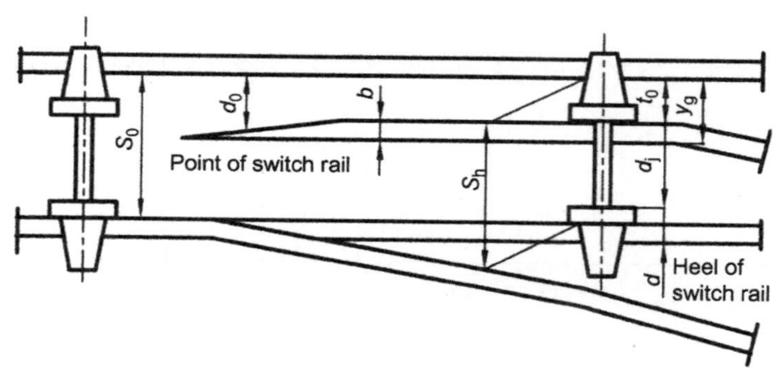

그림 2.18 포인트에서의 간격

곡선 텅레일(curved switch rail)에 대한 포인트 후단에서의 플랜지웨이는 일반적으로 직선 텅레일(straight switch rail)에 대한 포인트 후단에서의 플랜지웨이보다 작지 않아야 한다. 포인트 후단에서 플랜지웨이의 폭은 텅레일의 길이를 결정하는 제어인자이다. 그러므로 윤축이 안전하게 주행할 수 있다면, 텅레일의 길이를 불필요하게 증가시키지 않도록 플랜지웨이가 너무 넓지 않아야 한다.

b. 포인트의 동정(throws of switch)

포인트의 동정(動程)은 텅레일이 반전(反轉)의 위치에 있을 때 윤축이 비(非)작동 텅레일의 표면에 횡 응력을 가하지 않음을 보장하여야 한다. 즉,

$$d_0 \geq t_h + b_0 + (S_0 - S_h) \tag{2.2}$$

여기서, b_0 는 전철간(rod) 중심에서 텅레일의 레일두부 폭(railhead width)이고, S_0 는 전철간 중심에서의 궤간이다.

전철간(轉轍桿, switch rod)에서의 실제 동정은 동력전철기(switch machine)의 동정에 좌우된다. 첫 번째 견인지점(traction point)에서의 동정은 160mm로 취해진다. 그 밖의 견인지점에서의 동정과 텅레일의 벌림(spread)은 텅레일의 첫 번째 전철간에서의 동정과 텅레일 길이에 근거하여 얻어질 수 있으며, 벌어져 있는 텅레일의 선형에 좌우된다.

c. 곡선 텅레일의 최소 플랜지웨이(minimum flangeway of curved switch rail)

곡선 텅레일(curved switch rail)의 최소 플랜지웨이는 가장 불리한 조건 하에서 윤축(wheelset)의 안전한 주행을 보장하여야 한다. 즉, 윤축의 한쪽 차륜 플랜지가 기준선의 텅레일에 밀착되었을 때 다른 쪽 차륜 플랜지가 텅레일의 비(非)작동 표면에 충격을 주지 않고 안전하게 통과할 수 있어야 한다. 즉,

$$t_{\min} = (S + \epsilon_3 + \epsilon_4) - (T_{\min} - \epsilon_2) - d_{\min} \tag{2.3}$$

여기서, S는 최소 플랜지웨이에서의 궤간이다.

최소 플랜지웨이는 곡선 텅레일의 길이를 결정하는 제어요소 중의 하나이며, 포인트 후단에서의 플랜지웨이와 마찬가지로 너무 넓게 정하지 않아야 한다. 텅레일의 길이를 줄이기 위해 실제 경험에 따라 최소 플랜지웨이를 65mm로 취할 수 있다.

3. 크로싱과 가드레일에서의 간격(clearances at the crossing and check rail)

크로싱과 가드레일에서의 간격은 크로싱의 조사 간격(check gauge), 크로싱 협로(狹路, throat, 윙레일 굽힘점)에서의 플랜지웨이, 크로싱에서의 플랜지웨이, 가드레일의 직선 구간에서의 플랜지웨이 및 윙레일과 가드레일의 완충 구간(buffer segment)에서의 플랜지웨이를 포함한다.

a. 크로싱 조사 간격(crossing check gauge)

크로싱 조사 간격은 윤축에 대하여 가장 불리한 조건 하에서 노스레일(point rail)의 작용면(working surface)과 가드레일(check rail) 간의 간격을 보장하여야 한다. 윤축이 레일 위를 주행하는 경우에 반대쪽의 차륜이 가드레일로 방해받을 때는 차륜이 철차(轍叉, frog)에 충격을 줄 것이다. 한편, 조사 간격(check gauge)은 가장 불리한 조건 하에서 윙레일(wing rail)의 작용면과 가드레일 간의 간격을 보장하여야 한다. 주행하고 있는 윤축은 **그림 2.19**에 나타낸 것처럼 윙레일과 가드레일 간에서 방해받지 않아야 한다. 즉,

$$\begin{aligned} D_1 &\geq (T_{\max} + \epsilon_1) + d_{\max} \\ D_2 &\leq T_{\min} - \epsilon_2 \end{aligned} \tag{2.4}$$

$D_1 \geq 1,391$mm와 $D_2 \leq 1,348$mm는 계산으로 구해진다(역주 : **그림 2.19**에서 D_1과 D_2는 이 수치를 고려해 서로 맞바꿔야 한다고 생각됨). 두 값은 각각 분기기의 유지보수에 대한 최소와 최대 허용치(allowable value)이며, 양이나 음의 허용오차(tolerance)가 없다.

크로싱에서 궤간확장의 경우에, 가드레일의 직선 구간은 조사 간격(check gauge)과 크로싱 플랜지웨이를

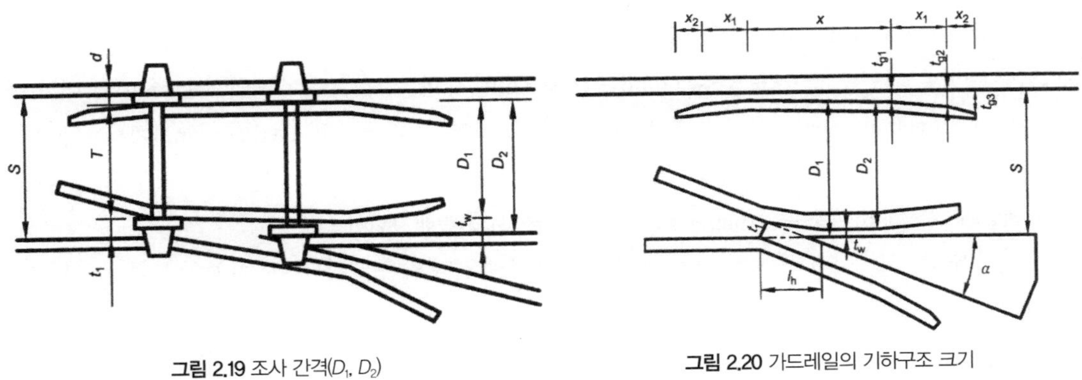

그림 2.19 조사 간격(D_1, D_2)

그림 2.20 가드레일의 기하구조 크기

유지함에 부응하여 확대되어야 한다.

b. 가드레일(check rail) 직선 구간(straight section)의 플랜지웨이(flangeway)

플랜지웨이는 **그림 2.20**에 나타낸 것처럼 크로싱(crossing)에서 조사 간격(check gauge)에 대한 필요조건 $D_1 \geq$ 1,391mm를 충족시켜야 한다. 즉,

$$t_{g1} \leq S - D_1 - \delta_h \tag{2.5}$$

계산된 값은 43mm이다. 크로싱에서 궤간확장(gauge widening)의 경우에 가드레일의 직선부분에서의 플랜지웨이도 또한 확장되어야 한다.

c. 크로싱에서의 플랜지웨이(flangeway at the crossing)

가드레일(check rail)의 직선 부분에서 주어진 플랜지웨이에 대하여 크로싱 플랜지웨이는 최소 차륜 내면간 거리(wheel back−to−back)를 가진 윤축의 자유로운 통과를 허용할 것이며, 조사 간격(check gauge)에 대한 필요조건 $D_2 \leq$ 1,348mm를 충족시킬 수 있다. 즉,

$$t_w \geq S - (D_2 + t_{g1}) \tag{2.6}$$

계산된 값은 45mm이라고 하나, 설계에서는 일반적으로 46mm가 취해진다. 최대 크로싱 플랜지웨이 폭은 노스레일과 윙레일의 마모를 낮추도록 채택되어야 한다.

d. 크로싱 협로(狹路, throat, 윙레일 굽힘점)에서의 플랜지웨이

플랜지웨이(flangeway)는 가장 불리한 조건 하에서 윤축의 안전한 통과를 보장하여야 한다. 즉, 한쪽에 대한 차륜은 반대쪽의 차륜이 기본레일과 밀접하게 접촉되어 있을 때, 윙레일의 협로(윙레일 굽힘점)에서 윤축이 굽힘점에 충격을 주지 않고 레일 사이로 통과할 수 있어야 한다. 즉,

$$t_1 \geq (S + \epsilon_3 + \epsilon_4) - (T_{\min} - \epsilon_2) - d_{\min} \tag{2.7}$$

계산 결과는 포인트 후단에서의 플랜지웨이의 것과 같다. 그러나 실용상 68mm로 취한다. 크로싱에서의 궤간확장(gauge widening)의 경우에 크로싱의 협로(윙레일 굽힘점)에서의 플랜지웨이는 그에 따라서 확장되어야 한다. 가동 노스 크로싱(swing nose crossing)에 대한 이 값은 노스레일(point rail)에 대한 첫 번째 견인지점(traction point)에서의 동정(throw)을 확보하도록 고정 크로싱(fixed crossing)에서보다 훨씬 더 크다.

e. 윙레일과 가드레일 완충 구간(buffer segment)의 끝에서의 플랜지웨이

이 플랜지웨이는 크로싱의 협로(윙레일 굽힘점)에서의 플랜지와 같은 조건하에서 윤축의 통과를 허용하여야 한다. 즉,

$$t_{g2} = t_1 \tag{2.8}$$

이 값도 실용상 68mm로 취해진다. 크로싱에서 궤간확장의 경우에, 윙레일과 가드레일의 완충 구간에서의 플랜지웨이는 그에 따라서 확장되어야 한다.

f. 윙레일과 가드레일 벌림 구간(spread sections)의 끝에서의 플랜지웨이

이 플랜지웨이는 최대 허용 궤간에서 윙레일과 가드레일 끝에서의 벌림(spread)에 충격을 가하지 않고 윤축의 안전한 통과를 보장하여야 한다.

$$t_{g3} \geq (S_{\max} + \epsilon_3) - (T_{\min} - \epsilon_2) - d_{\min} \tag{2.9}$$

계산된 값은 88mm이지만, 실용상의 값은 90mm로 취해진다. 크로싱에서 궤간확장의 경우에, 이 플랜지웨이도 확장되어야 한다.

g. 가동 노스레일(swing nose rail)의 동정(動程, throw)

가동 노스레일의 동정은 윤축이 노스레일의 작용면(working surface)에 충격을 가하는 것을 방지하도록 노스레일의 각 부분에서 충분한 플랜지웨이가 확보됨을 보장하여야 한다. 게다가, 노스레일의 실제 동정은 전환설비(conversion equipment)의 동정과 일치하여야 한다. 일반적으로, 노스레일에 대한 첫 번째 견인지점에서의 동정은 90mm로 취해진다. 그러나 이 값은 외부 잠금장치의 설치를 용이하게 하기 위하여 120mm까지 증가되어 왔다.

2.2.5 기하구조 치수

1. 포인트(switch)

곡선 텅레일(curved switch rail)이 있는 포인트(switch)의 기하구조 치수(geometric sizes)는 주로 곡선 텅레일과 직선 텅레일(straightd switch rail)의 길이, 기본레일(stock rail)의 앞쪽 끝부분(先端)과 뒤쪽 끝부분(後端)의 길이 및 곡선 텅레일의 반경을 포함한다.

a. 곡선 텅레일의 반경(radii of curved switch rails)

곡선 텅레일의 반경은 다음과 같은 절차에 따라 리드곡선(transition lead curve)의 반경 및 크로싱의 번수와 기하구조 유형과 함께 결정되어야 한다. 첫째로, 분기선에서 요구된 허용속도와 차량에 대한 내접(內接, inscribing) 요구사항에 따라 바람직한 곡선반경을 결정하고, 그것을 반올림한다. 두 번째로, 크로싱의 확정된 유형(직선이나 곡선)으로 분기기의 번수를 구한다{주; 중국은 정수(整數)의 분기기를 선호하는 반면에 그 외의 나라들에서는 분기기가 크로싱 각의 비율이나 탄젠트 값으로 나타내어질 수 있으며, 그러므로 정수가 아닌 숫자가 사용될 수 있다}. 마지막으로, 곡선반경의 실현가능성을 검토한다. 직선 크로싱의 경우에 크로싱 앞쪽 직선 부분의 길이는 다음을 충족시켜야 한다.

$$K = \frac{S - R_w(1-\cos\alpha) + f_1}{\sin\alpha} \geq K_{\min} \tag{2.10}$$

여기서, R_w는 원곡선의 반경, α는 크로싱 각, f_1은 텅레일의 할선(割線, secant) 거리(접선유형에 대하여는 0, 분리형에 대하여는 음수), $K_{\min}$은 크로싱 앞쪽에서 요구된 최소 직선부분이다{필요조건; 리드곡선의 후단이 가드레일까지 확장되지 않는다면, 이음매레일 분기기의 경우에 크로싱 전단(前端)에서 이음매판을 설치하기 위한 충분한 공간을 마련할 수 있어야 한다. 이 경우에 최대 고정축거(rigid wheel base)를 가진 차량이 크로싱을 통하여 안전하게 통과할 수 있다. 더욱이, 곡선반경을 조정함으로써 바람직한 범위 이내에서 크로싱 앞쪽의 직선부분을 유지할 수 있어야 한다}.

곡선 크로싱의 후단(後端) 벌림(heel spread)은 다음을 충족시켜야 한다.

$$P_m = R_w(1-\cos\alpha) - f_1 - S \geq P_{m\,\min} \tag{2.11}$$

여기서, $P_{m\,\min}$은 곡선 크로싱의 후단 벌림이다{필요조건; 이음매레일 분기기의 후단에서 이음매판 또는 이음매레일 분기기용 간격재(필러)를 설치하는 데 충분한 공간을 마련할 수 있어야 한다. 그리고 곡선반경(curve radius)이나 크로싱 각(crossing angle)을 조정함으로써 바람직한 범위 이내에서 크로싱의 후단에서 벌림을 유지할 수 있어야 한다}.

만일 분기기가 단(單)원곡선형의 분기기가 아니라면 계산검토를 위한 식도 또한 상기의 두 식으로 유도될 수 있다.

분기기 번수(turnout number, N)와 크로싱 각(crossing angle)의 관계는 다음의 식으로 나타낼 수 있다.

$$N = \cot\alpha \tag{2.12}$$

b. 텅레일의 첨단각(angle of point of switch rail)

텅레일 첨단(尖端)의 극히 얇음을 피하고 적절한 강성을 유지하기 위하여 곡선 텅레일은 일반적으로 곡선의 이론적 시점 이후의 일정 거리(segment)의 지점을 텅레일의 실제 시점으로 선택하며, 이 거리가 길수록 텅레일의 첨단각(angle of point)이 커지고, 강성이 커진다. 그러나 텅레일의 너무 큰 첨단각은 분기기 뒤쪽에서부터 주행하는 열차의 심한 흔들림으로 이끌 수 있으며 게다가 텅레일 첨단에서의 궤간과 궤도 선형을 유지함을 더 어렵게 할 수 있다. 따라서, 곡선 텅레일 첨단각의 선택은 다음을 충족시켜야 한다; 분기기 뒤쪽에서부터 주행하는 최대 차륜-레일 간격을 가진 차륜이 텅레일 부위에 충돌하여 형성된 평면각은 허용어택각보다 더 크지 않아야 한다; 그리고 텅레일의 첨단에서의 궤간 확대는 한계를 넘지 않아야 한다.

상기를 충족시키기 위해서는 텅레일의 최대 할선(割線, secant) 거리(f_1)와 텅레일 곡선의 실제 시점(actual origin)에서의 레일두부 폭(b_q)이 제어되어야 한다.

c. 곡선 텅레일의 길이(length of curved switch rails)

(열린, 떨어져 있는) 곡선 텅레일과 기본레일(stock rail) 사이의 최소 플랜지웨이(flangeway)는 후단에 위

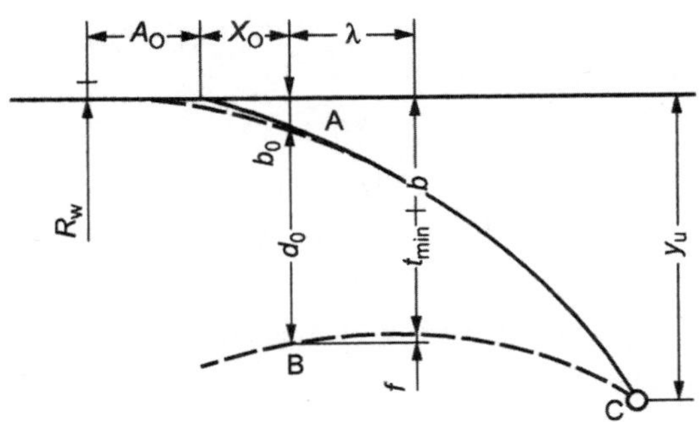

그림 2.21 반-접선 원곡선 텅레일

치하지 않고, 텅레일의 중간에 위치해야 한다.

최소 플랜지웨이는 곡선 텅레일의 길이를 계산하기 위한 제어인자로 간주되어야 한다. 두 가지 계산방법이 일반적으로 인정된다. 하나는 최소 플랜지웨이 $t_{\min}$에 의거하여 곡선 텅레일의 최단(最短)길이를 구하는 것이다. 다른 하나는 텅레일(switch rail) 후단(switch heel)의 지거(支距, offset)를 가정함으로써 텅레일의 길이를 계산하고, 최소 플랜지웨이를 가진 위치를 구하며, 최소 플랜지웨이가 바람직한지의 여부를 검토하는 것이다. 상기의 두 방법은 근사(近似)-삼각형 비례관계(sub-triangular proportional relationship)에 의거하며 그 외 선형의 곡선 텅레일의 길이를 계산하는 데 적용할 수 있다.

그림 2.21에 나타낸 반-접선 원곡선(semi-tangent circular-curved) 텅레일에 대한 텅레일의 첨단에서의 입사각(入射角, switch angle)은 다음과 같다.

$$\beta_0 = \cos^{-1}\left(\frac{R_w - b_q}{R_w}\right) \tag{2.13}$$

곡선 텅레일의 이론적 시점과 실제 첨단 간의 거리는 다음과 같다.

$$A_0 = R_w \tan(\beta_o/2) \tag{2.14}$$

곡선 텅레일이 열린 위치에 있을 때 최소 플랜지웨이에서의 텅레일의 상면 폭이 b라고 주어지면, 이 부분에서 곡선의 종거(縱距, rise)는 다음과 같다.

$$f = (d_0 + b_0) - (t_{\min} + b) \tag{2.15}$$

최소 플랜지웨이와 첫 번째 견인지점(traction point) 간의 거리는 다음과 같이 개산(概算)된다.

$$\lambda \approx \sqrt{2R_w f} \tag{2.16}$$

$M = t_{\min} + b - \{(A_o + x_0 + \lambda)^2/2R_w\}$이 주어지면, 곡선 텅레일(curved switch rail)의 최단(最短) 길이는 다음과 같다.

$$l_{0\,\min} = \frac{x_0 M - d_o(\lambda + x_0)}{M - d_0} \tag{2.17}$$

만일 텅레일이 탄성 굽힘 가능 후단구조(flexible heel structure)를 가졌다면, 텅레일의 길이는 계산된 값보다 1.5~2.5m 더 길어야 한다. 실제 길이에 대한 텅레일의 실제 입사각(入射角, switch angle)은 다음의 식으로 구할 수 있다.

$$\beta = \beta_o + \frac{l_0 - A_0}{R_w} \cdot \frac{180}{\pi} \tag{2.18}$$

포인트 후단(switch heel)의 실제 지거(支距, offset) y_u는 그것으로 구해지며, 다음 식으로 나타낸다.

$$y_u = R_w(1 - \cos\beta) \tag{2.19}$$

곡선 텅레일의 포인트의 경우에 실제 첨단에서 후단까지 곡선 텅레일의 수평 투영은 직선 텅레일의 길이로 취할 수 있으며, 이에 따라 두 텅레일의 실제 첨단과 후단이 가지런해진다. 직선 텅레일의 길이는 다음과 같다.

$$l'_0 = \frac{b_q}{\tan\beta_0} + R_w(\sin\beta - \sin\beta_0) \tag{2.20}$$

d. 기본레일의 앞쪽 끝부분 길이(front length of stock rail)

기존의 분기기가 동일 번수를 가진 새로운 분기기로 교체될 때 두 분기기는 전장이 같아야 한다. 기본레일의 앞쪽 끝부분 길이(front length)가 동일한 새 분기기가 선호된다. 만일 새 분기기가 더 긴 앞쪽 끝부분(front end)을 가졌다면, 텅레일의 첨단각을 줄임으로써 또는 리드곡선(transition lead curve)의 반경을 확장함으로써 q값(역주 : **그림 2.22** 참조)을 알맞게 줄이는 것이 권고되며, 이것은 운행 조건(riding quality)을 유리하게 개선한다. 또는 만일 새 분기기가 더 짧은 앞쪽 끝부분을 가졌다면, 앞쪽 끝부분은 이음매 분기기의 경우에 이음매판의 1/2 또는 텅레일의 10~15mm 신축 범위(expansion range)보다 짧을 수 없고, 장대레일 분기기의 경우에 용접부의 열 영향 영역보다 그리고 텅레일의 20~25mm 신축 범위보다 더 짧을 수 없다.

기본레일(stock rail)의 앞쪽 끝부분 길이는 기본레일 앞부분의 침목 간격에 대한 예기치 않은 변화를 막도록 분기기침목의 알맞은 배치를 고려하여야 한다. 그렇지 않으면, 다짐과 보수작업이 영향을 받을 수도 있다. 선로의 안정성(stability)과 관련하여 보다 큰 q값은 분기기 앞쪽에서 이음매의 안정성에 도움이 되고, 분기기 궤간과 선형맞춤을 유지하며, 텅레일과 기본레일을 밀착시킨다.

모든 고속분기기는 트랜스구간(trans-sectional, 跨區間) 장대레일궤도에 적용된다. 분기기레일은 일반선로구간 레일과 용접될 것이다. 그러므로 분기기 앞쪽의 기본레일은 약 600~1,500mm로 단축될 수 있다. 한편, 텅레일의 첨단으로부터 바로 뒤 침목까지의 거리는 텅레일의 신축과 롤러가 있는 미끄럼 상판을 위하여 충분한 공간이 확보되어야 함을 고려하여야 하며, 이것은 120mm로 취해질 수 있다. 중국 고속분기기에 대한 기본레일의 앞쪽 끝부분 길이는 대체로 1,995mm로 취해진다.

e. 기본레일의 뒤쪽 끝부분 길이(rear length of stock rail)

기본레일의 뒤쪽 끝부분(rear) 길이 q'는 텅레일의 후단(後端, heel) 구조, 침목 배치 및 분기기의 레일 배열(track distribution)에 대한 요구조건을 충족시켜야 한다. 장대레일 분기기의 경우에는 텅레일 후단의 해당 부분에서 기본레일의 최대 추가 신축 힘이 발생할 수 있으므로 기본레일의 뒤쪽 끝부분 길이는 이 부분에서 기본레일에 대한 용접 이음(welded joint)의 파손을 방지하도록 알맞게 연장될 수 있다.

2. 가동 노스 크로싱(swing nose crossing)

고정 크로싱의 주요 치수는 크로싱의 전단(前端, toe) 길이(n)와 후단(heel) 길이(m)를 포함하는 반면에 가동 노스 크로싱의 주요 치수는 협로(윙레일 굽힘점) 폭, 긴/짧은 노스레일의 길이 및 윙레일의 플랜지웨이 폭을 포함한다.

a. 크로싱 협로(throat, 윙레일 굽힘점) 폭(width)

가동 노스 레일이 있는 예각(銳角) 크로싱의 협로(윙레일 굽힘점) 폭은 가동 노스레일의 이론적 첨단에서의 동정(throw)이며, 따라서 동력전철기의 동정(90~165mm)의 허용범위 내에 있어야 한다. 지나치게 넓은 협로는 크로싱 길이를 불필요하게 증가시킬 수 있다. 고속분기기용 노스레일의 이론적 첨단의 위치는 전기부품의 벌림(spread) 동정과 침목배치에 좌우된다. 노스레일의 이론적 첨단의 벌림에 대하여 선택한 값은 약 100~120mm이다. 중국의 62번 분기기의 경우에 견인지점(traction point)에서의 레일두부 폭을 줄이고 노스레일이 너무 빨리 힘을 받는 것을 방지하기 위하여 크로싱의 이론적 협로 폭은 117mm로 취해지며, 다음의 분기기침목 중심의 100mm 이내에 위치한다. 게다가 수평 히든첨단(hidden tip point) 구조를 이용하여, 견인지점에서 10mm 정도의 레일두부 폭을 보장할 수 있으며, 전기설비의 검사를 용이하게 하고 윙레일 저부에서의 깎음 양을 줄인다. 짧은 윙레일의 후단에서의 플랜지웨이의 폭(t_{g2})(즉, 이 부분에서 긴 노스레일의 벌림 범위)은 68mm보다 작아서는 안 되며 짧은 윙레일의 후단에서의 벌림(t_{g3})은 90mm보다 작아서는 안 된다. 장대레일 분기기에서의 온도 힘의 전달에 적응하기 위해, 현재는 주로 긴 윙레일 구조를 채택하며, 윙레일은 협로(윙레일 굽힘점)로부터 노스레일 끝의 다공(多孔, porous) 간격재까지 구부려져 있다. 게다가 윙레일 후단에서의 플랜지 폭은 약 150mm이며, 간격재 크기에 의하여 제한된다.

b. 긴 노스레일의 길이(length of long point rail)

긴 노스레일의 길이에 대한 선택의 필요조건은 다음과 같다. 노스레일의 신축과 복진에 기인하여 첨단이 협로(윙레일 굽힘점) 밖으로 내미는 것을 방지하기 위하여 노스레일의 실제 첨단은 5~10mm의 상면폭을 가진 부분에 또는 협로로부터 100mm 떨어진 곳에 설정하여야 한다. 전철간 중심과 노스레일의 탄성 굽힘 가능의 중심 사이의 거리는 과도하거나 역방향의 전환을 방지하기 위하여 6m보다 짧지 않아야 한다. 탄성 굽힘 가능의 중심에서부터 노스레일 후단까지의 거리는 이음매레일의 경우에 후단에서 이음매를 설치하기에,

그리고 장대레일 분기기의 경우에 힘 전달 다공 간격재를 설치하기에 충분하여야 한다. 분기기침목은 적정하게 배치되어야 한다. 긴 노스레일의 탄성 굽힘 가능 부분(flexible part)의 깎음 양(cutting amount)은 텅레일의 탄성 굽힘 가능의 중심을 참조하여 계산될 수 있다.

c. 짧은 노스레일의 길이(length of short point rail)

단일 탄성 굽힘 가능 노스레일의 경우에, 만일 짧은 노스레일의 선단이 긴 노스레일의 레일 두부 깎음의 시점부터 시작된다면, 끝부분(distal end)은 긴 노스레일의 탄성 굽힘 가능의 중심(flexible center)에 맞추어야 한다. 만일 크로싱 후단에서의 기본레일이 사(斜)이음매(diagonal joint, 역주 : 크로싱 후단의 사이음매는 **그림 1.27**, **그림 3.2** 및 **그림 3.9** 참조)의 역할을 한다면, 짧은 노스레일의 끝에서의 뾰족한 각도는 노스레일 작용면(working surface)의 끼인각(夾角)과 같을 수 있다. 만일 크로싱 후단에서의 뾰족한 레일이 사(斜)이음매의 역할을 한다면, 짧은 노스레일의 끝에서의 굽힘(bending) 각도는 노스레일의 작용면의 끼인각과 같을 수 있다. 짧은 노스레일의 끝에서의 미끄럼 양(slippage)은 다음과 같다.

$$\Delta l \approx \frac{p'_m t_1}{x_m} \tag{2.21}$$

여기서, p'_m은 긴 노스레일의 굽힘 가능 부분의 중심(flexible center)에서의 지거(支距, offset distance)이고, x_m은 긴 노스레일의 굽힘 가능 부분의 중심과 크로싱 협로(윙레일 굽힘점) 간의 거리이며, t_1은 크로싱 협로의 폭이다.

d. 가드레일의 길이(length of check rails)

직선 크로싱에서 가드레일의 직선부분의 길이는 크로싱 협로(윙레일 굽힘점)에서부터 50mm의 상면 폭을 가진 철차(轍叉, frog, 역주 : 노스)까지의 길이에다 양쪽 끝에 대해 각각 100~300mm를 더한 것과 같다.

완충 구간(buffer segment)의 길이는 양쪽 끝에서의 플랜지웨이 폭에 따라 결정되어야 하며, 벌림 구간의 길이는 약 100~150mm이다. 일반적으로, 가드레일의 완충 구간에서의 어택 각(β_c)은 뾰족한 레일의 어택 각과 같다.

기준선에서의 통과속도가 분기선에서의 통과속도보다 훨씬 큰 분기기의 경우에, 직선 가드레일의 어택 각(angle of attack)을 줄이도록 길이가 서로 다른 가드레일을 기준선과 분기선에 설치할 수 있다. 가드레일 직선부분의 양쪽 끝에서의 굽힘점은 레일 브레이스(rail brace)의 설치가 용이하도록 가능한 한 분기기침목에 위치시켜야 한다. 가드레일의 양쪽 끝은 지지되지 않는 대신에 분기기침목 위에 위치하여야 한다. 만일 상기의 요구가 충족될 수 없다면 직선 구간의 보정량(roundoff)이 조정될 수 있거나 완충 구간의 어택 각이 적당하게 수정될 수 있거나 또는 벌림 구간의 길이(length of the spread section)가 조정될 수 있다.

3. 분기기 기본설계도의 치수 계산(general plan of turnout)

분기기 일반계획의 주요 치수는 분기기의 앞부분 길이(a){분기기의 선단 레일 이음부 중심에서부터 분기기의 중심까지}, 분기기의 뒷부분 길이(b){분기기 중심에서부터 분기기의 후단 레일 이음부 중심까지}, 분기기의 이론적 총길이(theoretical total length) (L_t, 역주 : **그림 2.22**에서는 L_i){텅레일의 이론적 첨단과 철차(轍

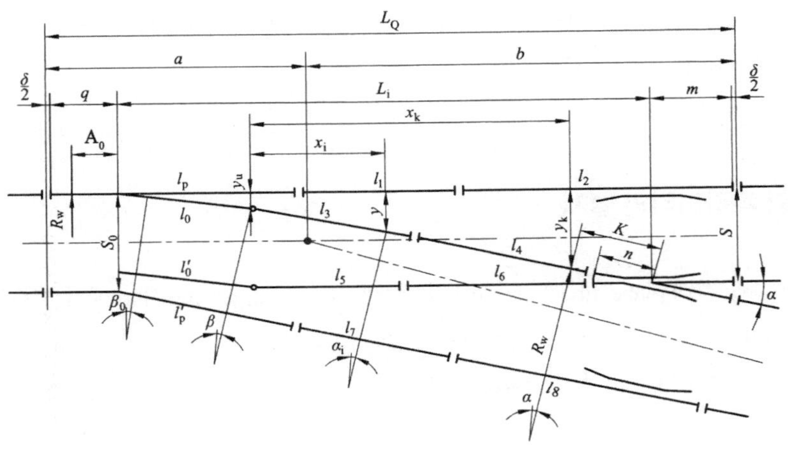

그림 2.22 분기기 기본설계도에서의 치수 계산의 도시(圖示)

叉)의 이론적 첨단 간의 거리} 및 분기기의 실제적 총길이(L_Q){분기기의 선단과 후단 레일 이음부 중심 간의 거리}를 포함한다. 접선과 반-접선 곡선 텅레일 및 직선 크로싱의 계산에 대하여 **그림 2.22**를 참조하라.

리드곡선의 바깥레일(exterior track)의 작용면(working surface)을 기준선 중심선(main line centerline)에 투영하면 다음이 구해진다.

$$L_t = R_w \sin\alpha + K\cos\alpha - A_0 \tag{2.22}$$

그리고 그것을 기준선 중심선의 수직선(vertical line)에 투영하면,

$$S = R_w(1-\cos\alpha) + K\sin\alpha \tag{2.23}$$

이에 따라, 분기기의 주요 치수는 다음의 식들로 구할 수 있다.

$$K = \frac{S - R_w(1-\cos\alpha)}{\sin\alpha} \geq K_{\min} \tag{2.24}$$

$$R_w = \frac{S - K\sin\alpha}{\cos\alpha} \tag{2.25}$$

$$L_Q = q + L_t + m + \delta \tag{2.26}$$

$$b = \frac{S}{2\tan(\alpha/2)} + m + \frac{\delta}{2} \tag{2.27}$$

$$a = L_Q - b \tag{2.28}$$

방정식들은 주어진 조건에 따라 선택할 수 있다. 그 밖의 평면선형(plane line type)의 기본설계도(general plan)에서의 치수의 계산들은 유사하다.

2.3 평면선형 파라미터의 설계

분기기의 평면선형 설계(plane line type design)에서는 분기선(diverging line)에서 주행하는 열차가 유발하는 횡력(lateral force)의 악영향을 나타내기 위해 다음과 같은 세 가지 기본 파라미터(fundamental parameter)가 사용될 수 있다. 즉, 동적 에너지 손실, 불균형 원심가속도 및 불균형 원심가속도 증가[1].

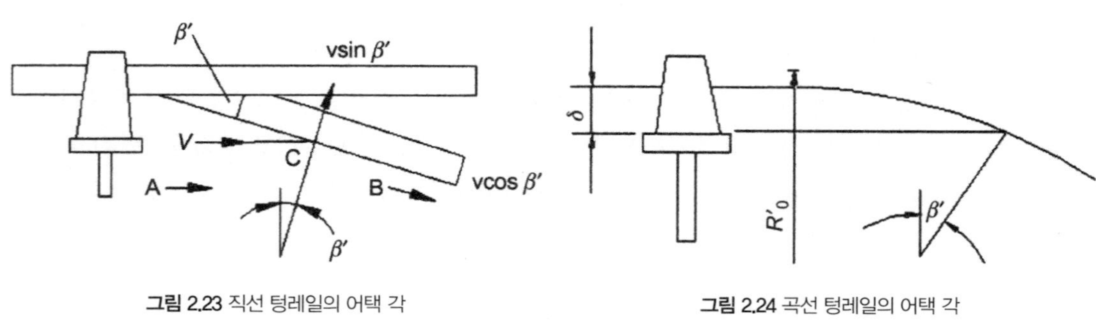

그림 2.23 직선 텅레일의 어택 각

그림 2.24 곡선 텅레일의 어택 각

2.3.1 질점운동(particle motion)에 기초한 방법

1. 동적 에너지 손실(dynamic energy loss)

차체의 질량(mass of carbody)은 충돌(collision) 전후에 일정하고, 차체는 충격 부위(impact area)에 작용하는 질점(質點, particle)으로 근사적으로 간주하며, 충격 후의 분기기의 탄성변형이 무시된다고 가정하면, 차량–레일 충돌 시의 운동에너지손실은 차체 주행속도 손실의 제곱에 정비례할 것이다.

그림 2.23에 나타낸 것처럼, 지점 C에서 윤축(wheelset)과 직선 텅레일의 충돌 후에 주행방향은 $\overrightarrow{AC}$ 에서 $\overrightarrow{CB}$ 로, 주행속도(running speed)는 V 에서 $V\cos\beta'$(여기서 β'는 어택 각)로 강제적으로 바뀌며, 속도손실(speed loss)은 $V\sin\beta'$이다. 그러므로 충돌 시의 운동에너지손실은 다음과 같다.

$$\Delta\omega = \frac{1}{2}V^2\sin^2\beta' \tag{2.29}$$

차량이 분기기 뒤쪽으로부터 직선 텅레일의 포인트로 접근할 때, 어택 각(β')이 입사각(β)과 같으므로 운동 에너지손실(dynamic energy loss)은 다음과 같다.

$$\omega = V^2 \sin^2 \beta \tag{2.30}$$

그림 2.24는 차량이 직선부분으로부터 접선 원곡선 텅레일과 부딪힐 때 플랜지와 궤간선 간의 간격(clearance) δ가 곡선반경 R과 어택 각(angle of attack) β'에 어떻게 관련되는지를 묘사한다.

$$\delta = R(1 - \cos\beta') = 2R\sin^2\frac{\beta'}{2} \tag{2.31}$$

β'는 일반적으로 작으며 다음과 같이 근사치를 계산할 수 있다.

$$\beta' = \sin^{-1}\sqrt{\frac{2\delta}{R}} \tag{2.32}$$

이것을 운동에너지 손실 계산공식(dynamic loss equation)에 대입하면 다음과 같이 된다.

$$\omega = \frac{2\delta}{R}V^2 \tag{2.33}$$

할선(割線, tangent)과 분리 접선(接線, separated tangent) 원곡선(circular curved) 텅레일의 경우에, {식(2.34)로} 어택 각을 계산함에 있어 할선이나 분리 값의 보정 f(할선에 대하여 양, 분리에 대하여 음)가 고려되어야 한다. 반-접선 텅레일의 경우에, 만일 플랜지와 궤간선 간의 간격이 반-접선 곡선의 시점에서 텅레일의 상면 폭보다 작다면, 어택 각은 직선 텅레일에 따라 계산되어야 한다.

$$\beta = \sin^{-1}\sqrt{\frac{2\delta \pm f}{R}} \tag{2.34}$$

분기기 앞부분에서 시작하는 3차 포물선 완화곡선(cubic parabola easement curve)의 텅레일의 경우에, 플랜지와 궤간선 간의 간격(clearance) δ, 완화곡선 종점에서의 반경 R 및 완화곡선의 길이 l_0가 주어지면, β는 다음과 같다.

$$\beta = \sqrt[3]{\frac{9\delta^2}{2Rl_0}} \tag{2.35}$$

분기기 앞부분에서 끝나는 3차 포물선 완화곡선의 텅레일의 경우에,

$$\beta = \frac{l_0}{2R} - \sqrt[3]{\frac{9\delta^2}{2Rl_0}} \tag{2.36}$$

할선(割線, secant) 또는 분리 완화곡선(separated easement curved) 텅레일(switch rail)의 경우에, 원곡선

텅레일과 유사하게, 할선과 분리(separation) 값의 보정(correction)이 고려되어야 한다.

열차가 분기선에서 주행할 때 차륜-레일 충돌(wheel-rail collision)의 과도한 운동에너지손실을 방지하기 위하여 ω는 허용치 ω_0 이내로 제한되어야 한다.

중국 분기기의 경우에 허용 설계 운동에너지손실은 $\omega_0 = 0.65\text{km}^2/\text{h}^2$이다.

열차의 사행동(蛇行動, hunting movement) 때문에 차륜 플랜지와 궤간선 간의 간격이 일정하지 않으므로 측정된 운동에너지손실(dynamic energy loss)도 일정하지 않다. 특히 곡선 텅레일 분기기가 많이 적용됨에 따라, 그 계산은 직선 텅레일 분기기처럼 간단하지 않고 직관적이지 않다. 그런데도 운동에너지손실은 중국 분기기의 설계에 포함된다. 그렇기는 하지만, 그것은 사소하며 제어 파라미터로 볼 수 없다. 파라미터는 독일, 프랑스 및 일본의 고속분기기에 대한 설계에서 근본적으로 제외된다.

텅레일에서 안내 힘의 지표(indicator of guidance force)는 텅레일의 어택 각(angle of attack)과 마모를 억제하기 위하여 오스트리아의 분기기 설계에서 도입된다. 그러나 이 파라미터는 텅레일의 충격력(impact force)의 부정확한 계산 때문에 다른 나라들의 설계에 아직 적용되지 않고 있다.

2. 불균형 원심가속도(unbalanced centrifugal acceleration)

불균형 원심가속도는 열차가 리드곡선(transition lead curve)에서 주행할 때에 발생할 것이며, 다음의 식으로 계산된다.

$$\alpha = \frac{v^2}{R} - \frac{gh}{S} \quad (\text{m/s}^2) \tag{2.37}$$

여기서,

v = 속도(m/s)

R = 리드곡선의 반경(m)

g = 중력가속도(m/s²)

h = 리드곡선의 캔트(cant)(mm)

S = 궤간(mm)

리드곡선에 캔트가 붙여지지 않았을(not superelevated) 때는 계산에서 상기 방정식의 오른쪽에 대해 첫 번째 항만 취해진다.

열차의 안정적인 분기기 통과(riding quality)와 만족스러운 승차감을 확보하기 위하여 α는 허용치 α_0보다 작아야 한다. 중국에서는 α의 허용한계치 α_0를 $\alpha_0 = 0.5 \sim 0.65\text{m/s}^2$로 권고한다. 이 지표는 속도와 분기기의 리드곡선 반경 간의 직접적인 연계를 만들며, 원곡선 상의 승차감을 반영할 수 있다. 그러므로 다른 나라들에서 분기기의 설계에 포함된다. 승차감을 향상시키기 위하여 높은 번수(number)의 분기기에 대한 불균형 원심가속도는 0.5m/s^2로 취할 수 있다. 불균형 원심가속도가 부족캔트(deficient superelevation) Δh에 관련되므로, 후자는 가끔 설계에 포함될 수 있다. 표준궤간 분기기의 경우에 부족캔트와 불균형 원심가속도 간의 관계는 $\Delta h = 153\alpha$로 근사치를 계산할 수 있으며, 허용부족캔트는 75~100mm이다(중국에서는 75mm로 취함).

3. 불균형 원심가속도의 증가(increment of unbalanced centrifugal acceleration)

차량이 직선에서 원곡선(circular curve)으로 진입할 때는 불균형원심가속도가 점차적으로 바뀔 것이다. 단위 시간당 증가율(increment rate)은 $\psi = d\alpha / dt$이다. ψ는 허용치 ψ_0 내에 있어야 하며, 중국에서는 ψ = 0.5m/s^{3}로 규정한다. 불균형원심가속도의 변화는 차량 전체 축거의 범위 내에서 완료된다고 근사하게 가정할 수 있다. 만일에 리드곡선에 캔트가 붙여져 있지 않다면, ψ는 다음과 같을 것이다(※ 역자가 식 보완).

$$\psi = \frac{d\alpha}{dt} = \frac{v^2/R - gh/S}{l/v} = \frac{v^3}{Rl} - \frac{ghv}{lS} \quad (\mathrm{m/s^3}) \tag{2.38}$$

여기서, l은 차량 전체 축거(軸距, wheel base, 값은 나라마다 다르다. 예로서, 프랑스 17m, 독일 19m, 중국 18m)이며, v는 열차속도(m/s)이다.

높은 번수를 가진 분기기의 경우에는 텅레일이 비교적 길기 때문에 불균형 원심가속도의 변화가 차량 전체 축거(wheel base) 이내에서 완료되지 않을 수 있다. 이 이유로 때문에 불균형원심가속도 변화율의 허용한계는 1.0 m/s^{3}까지일 수 있다.

큰 번수의 완화곡선분기기의 경우에 식 (2.38)의 l은 완화곡선의 길이(length of easement curve)이다. 이 상황에서는 더 엄격한 표준이 뒤따를 수 있으며, 불균형 원심가속도 변화율의 허용한계는 중국에서 0.4m/s^{3}로 명시된다.

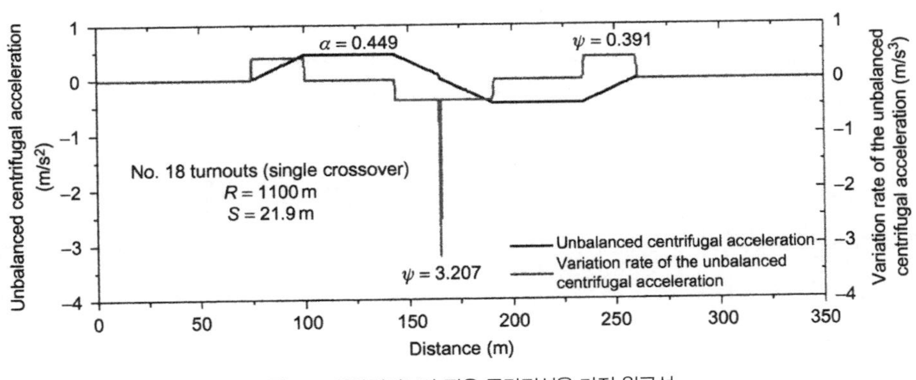

그림 2.25 차량길이보다 짧은 중간직선을 가진 원곡선

2.3.2 강체운동(rigid body motion)에 기초한 방법

열차가 분기선(diverging line)에서 주행할 때, 윤축은 직선에서 곡선으로 진입하거나 곡선에서 복합곡선(compound curve)의 다른 곡선으로 진입할 수 있다. 이 과정 동안에 α(불균형 원심가속도)와 ψ(증가율)는 차량에게 영향을 받으면서 점차적으로 바뀔 것이다. 그러므로 실제로 차량길이의 영향이 계산 결과에 포함될 것이다.

2.3.2.1 적용사례

예로서, 18번 분기기를 취해보자. 원(圓) 리드곡선 반경은 1,100mm이고, 차량 길이는 25.5m이며, 분기선 통과속도가 80km/h일 경우에. 두 분기기 간의 중간직선의 길이가 차량 길이보다 긴/짧은 경우에 대하여 차량 길이를 고려한 불균형원심가속도의 변화율을 **그림 2.25**와 **그림 2.26**에 나타낸다.

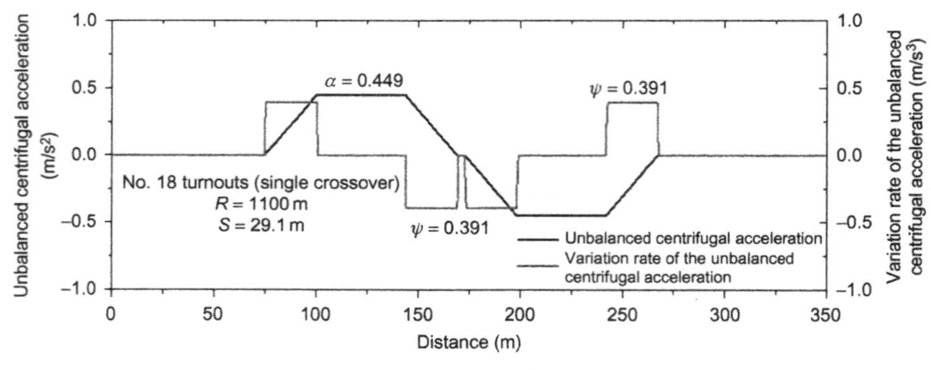

그림 2.26 차량길이보다 긴 중간직선을 가진 원곡선

차량길이를 고려하였으므로 최대 불균형원심가속도는 질점운동에 기초한 기본파라미터방법에 따른 계산 결과와 동일하지만, 원곡선에 접근할 때 불균형원심가속도가 점차적으로 바뀌며, 원곡선에 대한 불균형원심가속도의 변화율(variation rate)은 무시할 수 없다. 만일 중간 직선이 차량길이보다 더 짧고 차량이 반대방향의 두 원곡선 상에서 주행하고 있다면, 불균형원심가속도의 계산된 변화율은 허용한계를 초과할 것이다.

결론적으로, 분기기의 평면선형 설계에서 두 건넘선 분기기의 마주보고 있는 곡선이 연결될 때, 두 분기기의 진동 중첩(superposition)을 방지하기 위하여 두 맞은편 완화곡선들의 시점이 직접 연결되거나 두 곡선 사이에 임의 길이의 직선 구간이 삽입될 수 있다. 삽입된 직선 구간의 길이는 진동주기(vibration period)의 반으로 결정될 것이며, 불리한 조건에서 적어도 $L \geq 0.4\,V_{diverging}$, 또는 $L \geq$ 20m(즉, 차량 전체 축거 이상)이어야 한다.

2.3.3 설계 소프트웨어[30]

서남(西南)교통대학교(Southwest Jiaotong University)는 분기기의 평면선형(plane line type) 파라미터를 설계하고 계산하기 위하여 **그림 2.27**에 나타낸 것과 같은 분기기 평면선형 계산 소프트웨어(TPLCS)를 개발하였다. TPLCS는 계산된 값으로 {분기기 선형, 상응하는 불균형 원심가속도(unbalanced centrifugal acceleration)와 변화율(variation rate), 게다가 침목배치를 포함하여} 일련의 도표를 그릴 것이다.

기지(旣知)나 미지(未知)의 분기기번수(N)에 대해 기본적인(fundamental) 파라미터가 주어지면, 단(單) 원곡선(single circular curve), 복합(複合) 원곡선(compound circular curve), 원곡선 + 완화곡선(easement

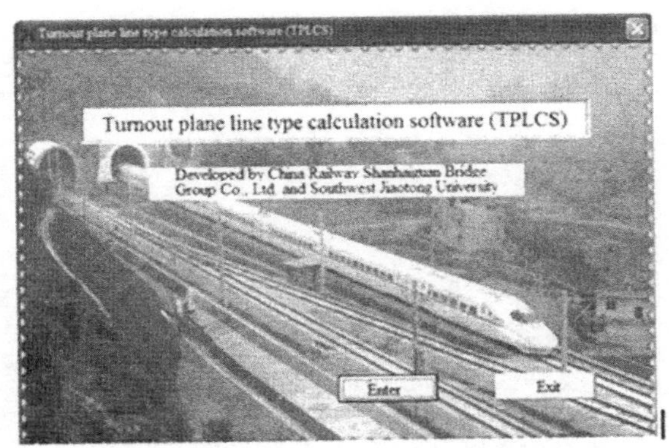

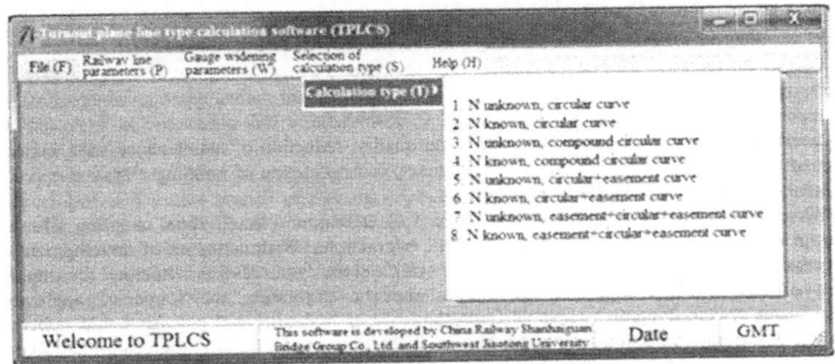

그림 2.27 분기기 평면선형 계산 소프트웨어

curve), 또는 완화곡선 + 원곡선 + 완화곡선의 분기기 평면선형은 불균형 원심가속도와 불균형 원심가속도의 변화율이 제한 범위 내에 있고, 곡선이 진동주기(vibration period) 이내에서 열차의 주행거리보다 더 긴 것을 조건으로 분기선에서의 속도, 두 궤도 간의 간격, 원곡선의 반경, 곡선의 확정된 부분의 미리 정해진 길이 등에 기초하여 이 소프트웨어로 계산될 수 있다. 이 소프트웨어는 텅레일의 다섯 가지 삭정 유형, 즉 반(半)-접선(semi-tangent), 접선(接線, tangent), 반-할선(割線, semi-secant), 할선(割線, secant) 및 분리 반-접선(separated semi-tangent)을 포함하여 원곡선 텅레일과 완화곡선 텅레일에 대하여 설계되었다. 분기기침목은 기준선에 대하여 수직으로, 부채꼴로, 또는 크로싱의 선단과 후단의 각도 이등분선(angle bisector)에 수직으로 부설될 수 있다.

2.4 차륜-레일시스템 진동에 기초한 평면선형 평가방법[30, 31]

2.4.1 차륜-레일시스템 동역학 이론

차륜-레일시스템의 동역학(dynamics)은 철도에 대한 기본적인 과학과 기술의 핵심으로서 열차와 궤도 간의 동적 상호작용과 관련된다. 그것은 주행안전과 안정, 유지보수 부하의 경감, 고정과 가동설비 사용수명의

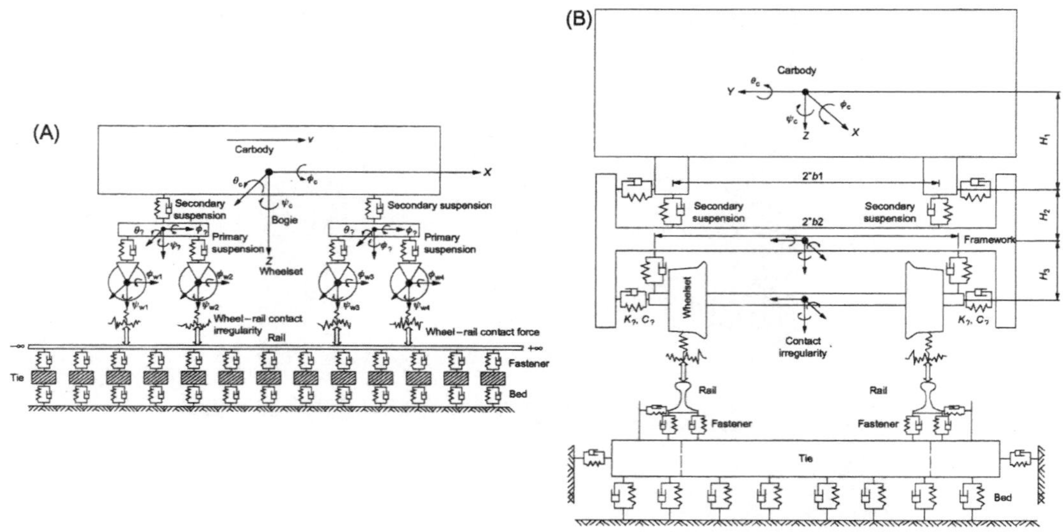

그림 2.28 차륜–레일시스템 동역학의 모델 : (A) 종단면 개략도, (B) 단면 개략도

향상 및 건축물진동과 환경소음의 경감과 관련되는 공사 중 진동(engineering vibration)에 관한 이론적 근거를 제공한다.

차륜–레일시스템의 동역학은 차륜–레일 상호작용에 근거하여 열차와 궤도 시스템의 수직방향, 횡 방향 및 종 방향 연성(連成) 진동(coupling vibration)을 연구한다. 수 세기에 걸친 계산 기술의 발달과 진보로 차륜–레일시스템의 동역학은 계산이론과 계산방법의 향상을 보였으며, 적용범위를 확장하였다. 차륜–레일시스템의 동역학은 운행 안전(ride safety)과 안정성을 분석하고 평가함에 있어, 열차와 궤도구조를 설계하고 최적화함에 있어, 그리고 궤도선형의 설계와 유지보수를 관리함에 있어 중요한 역할을 한다. 의심할 여지없이 그것은 분기기 평면선형 설계를 관리하는 데 이용될 수 있다.

분기기 평면선형(turnout plane line type)에서, 분기기 리드곡선과 텅레일의 선형은 안정성과 안전에 영향을 주는 지배적 인자이다. 그러나 궤도 강성, 차륜–레일관계, 기하구조 및 분기기의 상태 틀림은 이차적이며 계산모델에서 적당하게 단순화될 수 있다. **그림 2.28**을 참조하라. 계산모델은 열차가 분기선에서 주행할 때, 횡 진동가속도(lateral vibration acceleration)의 응답(response)을 시뮬레이션하는 데, 게다가 각종 선형의 장단점을 비교하는 데 이용될 수 있다.

2.4.2 다(多)강체(multi–rigid–body) 동역학 분석 소프트웨어

컴퓨터 소프트웨어와 하드웨어기술의 급속한 진보 및 이들 기술의 지속적인 상호작용, 다(多)강체 동역학(multi–rigid–body dynamics) 및 컴퓨터 그래픽의 급속한 진보는 현대적 생산품의 구조적인 설계를 위한 이론과 방법의 혁신과 향상을 증진시킨다.

1960년대 이후로 고전역학(classical mechanics)에 기초한 다(多)강체 시스템 동역학은 역학의 새로운 부

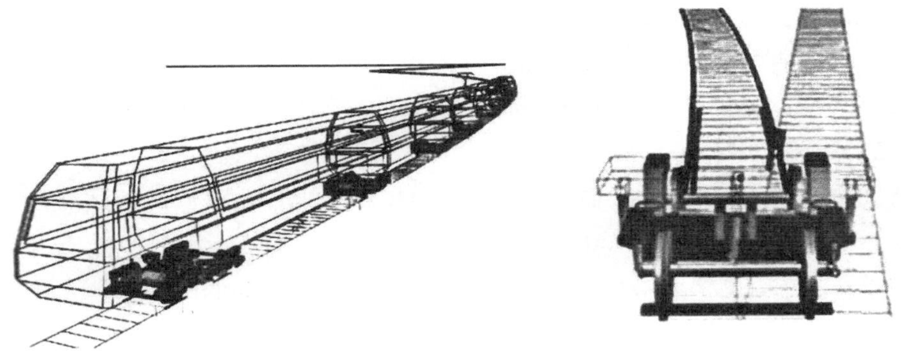

그림 2.29 분기기 평면선형 설계에서 SIMPACK 소프트웨어의 적용

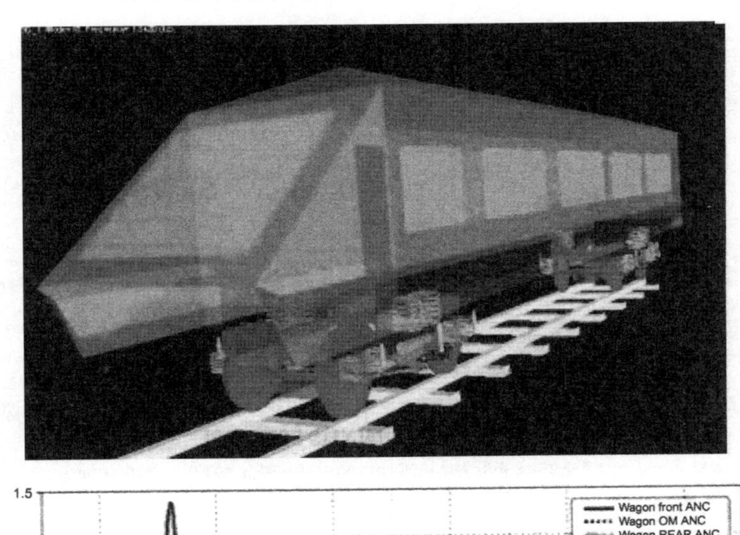

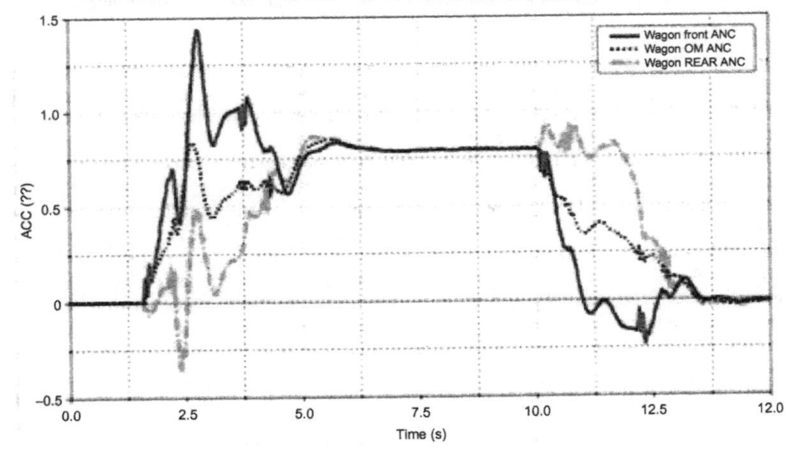

그림 2.30 곡선에서 주행할 때의 성능을 분석함에 있어 ADAMS 소프트웨어의 적용

문으로 발달하였다. 다(多)강체 시스템 동역학 소프트웨어(예를 들어 SIMPACK, MSC.ADAMS, DADS 및 NUCARS)는 많은 국가에서 차량 운동학(car kinematics)과 동역학(dynamics)에서 널리 연구되고 적용되어 왔다.

SIMPACK(2009년에 SIMPACK AG로 개명)은 기계적 시스템과 M&E(기계-전기) 시스템 운동학과 동역학의 시뮬레이션 분석을 위하여 INTEC Gmbh가 설계한 다물체(多物體) 동역학 분석소프트웨어 패키지(multi-body dynamics analysis software package)이다. 소프트웨어는 분기기 평면선형 설계에서 널리 적용된다. **그림 2.29**를 참조하라.

ADAMS(기계시스템의 동역학 자동 분석)는 미국의 (MSC와 합병된) MDI가 개발한 가상 시제품(virtual prototype) 분석소프트웨어이다. ADAMS/Rail(철도) 모듈은 **그림 2.30**에 나타낸 것처럼 주로 차륜-레일 시스템 동역학 분석에 이용되며, 곡선이나 분기기에 대한 주행 성능을 분석함에 있어 성공적으로 이용되었다.

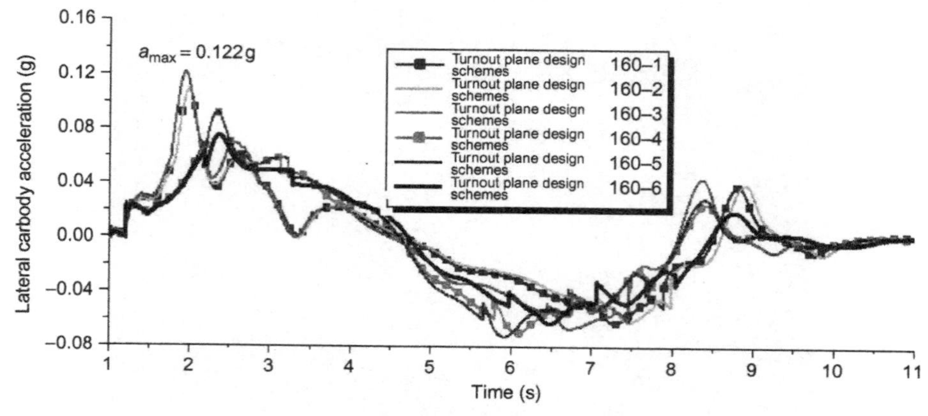

그림 2.31 차체 횡 가속도에 대한 분기기 평면설계방안의 영향

DADS(동역학 분석과 설계 시스템)은 세계적으로 사용된 다물체(多物體) 동역학 시뮬레이션 소프트웨어(multi-body dynamics simulation software)이다.

NUCARS(새로운 그리고 미경험의 차량 분석型 시뮬레이션)는 철도차량의 순간적 또는 안정 상태 응답(steady-state response)을 시뮬레이션하기 위하여 설계된 다물체(多物體) 동역학 시뮬레이션 프로그램이다. 새로운 그리고 미경험의 차량에 대한 동역학 성능 확인기술을 강화하도록 컴퓨터 시뮬레이션 기술로 새로운 차량의 동적 특성(dynamic property)을 연구하기 위해 미국철도협회(AAR)의 연구센터가 1984년에 특수기술위원회를 설립했다. 이 위원회가 개발한 차량동역학시뮬레이션 계산프로그램(car dynamics simulation calculation program)은 NUCARS라고 불린다.

2.4.3 적용사례

1. 리드곡선(transition lead curve) 설계방안(design scheme)의 비교

중국의 고속분기기(분기선에서 160km/h의 속도)용 평면선형(plane line type) 설계에서는 **표 2.2**에 주어진 것과 같은 6개의 방안이 차륜-레일시스템 동역학 모델(dynamics model, **그림 2.28**)로 비교됐다. 차체 횡 진동가속도(lateral carbody vibration acceleration)는 **그림 2.31**에서 비교된다.

표 2.2 분기기 평면선형의 설계방안

방안	분기기 번수	리드곡선의 선형	원곡선의 반경 (m)	분기기의 앞부분 길이 (m)	분기기의 뒷부분 길이 (m)
1	44	원 + 완화	4,550	56.447	101.226
2	42	원 + 완화	5,000	60.573	96.627
3	41	원 + 완화	4,000	53.010	94.328
4	37	완화 + 원 + 완화	4,000	68.052	85.134
5	36.3	완화 + 원 + 완화	4,000	68.819	83.521
6	38	완화 + 원 + 완화	4,550	71.336	89.732

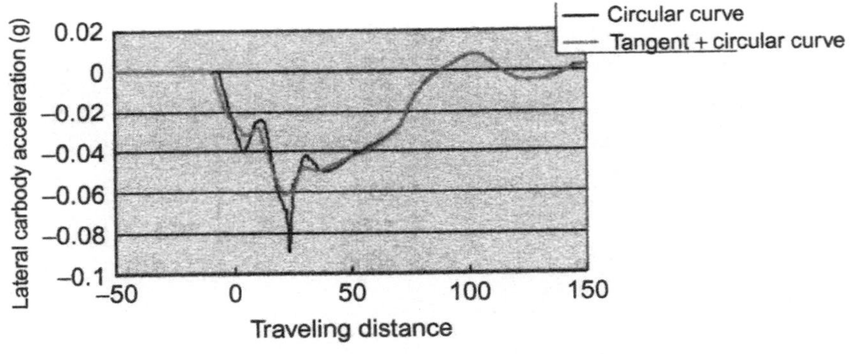

그림 2.32 차체 횡 가속도에 대한 텅레일 선형방안의 영향

차체 횡 가속도에 더하여 탈선계수(derailment coefficient)와 윤하중(輪荷重) 감소율(rate of wheel load reduction)과 같은 안전지표(safety indicator)도 비교될 수 있다. 비교를 통하여 직선 구간과 원곡선 간에 완화곡선(easement curve)의 삽입 후는 '완화 + 원 + 완화' 곡선에 대한 횡 가속도, 탈선계수, 차체의 윤하중감소율이 '원 + 완화' 곡선보다 작다는 것을 나타내었다. 방안 6의 차체 횡 가속도, 탈선계수 및 윤하중감소율과 같은 동적지표(dynamic indicator)는 가장 적다. 동역학(dynamics)의 관점에서 평면선형(plane line type)에 대해서는 이 설계방안(design scheme)이 가장 좋다. 그러나 텅레일의 마모성능을 고려하면, 중국의 분기기(분기선에서 160km/h의 속도)용으로 방안 2, 즉 42번 분기기가 선택된다.

2. 텅레일 선형의 비교(comparison of line type of switch rails)

예를 들어, 중국의 18번 분기기를 취해보자. 텅레일의 두 가지 선형이 고려된다. 즉, 반경이 1,100m인 접선(tangent) 곡선 텅레일 및 11.95mm 떨어진 텅레일의 상면 폭 26.8mm에서 반-접선(semi-tangent)이고 반경이 1,100m인 반-접선 곡선 텅레일. 두 선형의 차체 횡 가속도(lateral carbody acceleration)는 NUCARS

소프트웨어를 이용한 동적시뮬레이션(dynamic simulation)을 통하여 구해진다. 비교 결과에 대하여는 **그림 2.32**를 참조하라.

계산된 결과에 따라 EMU 열차가 18번 분기기의 뒷부분으로부터 분기선에서 80km/h로 주행할 때의 두 가지 텅레일선형에 대한 차체의 횡 가속도, 하중감소율, 차륜-레일 횡력, 마모지수 등을 비교함으로써 반-접선 텅레일 방안(semi-tangent switch rail scheme)이 접선 방안보다 상당히 뛰어난 것으로 밝혀졌다. 게다가, 전자의 방안이 오랫동안 중국의 기존 12번 분기기에 성공적으로 적용되어 왔다. 따라서 이 방안은 중국 18번 고속분기기의 텅레일용으로 채택되었다.

3. 분기기들 사이의 중간직선 길이(length of intermediate straight line)의 비교

예를 들어, 18번 건넘선(crossover) 분기기를 취해보자. 만일 두 분기기들 간의 중간직선의 길이가 각각 21.9, 25.5 및 29.1m이라면, EMU 열차가 분기선에서 80km/h로 주행할 때 차체 횡 가속도는 NUCARS 소프트웨어로 구해진다. 비교 결과에 대하여는 **그림 2.33**을 참조하라.

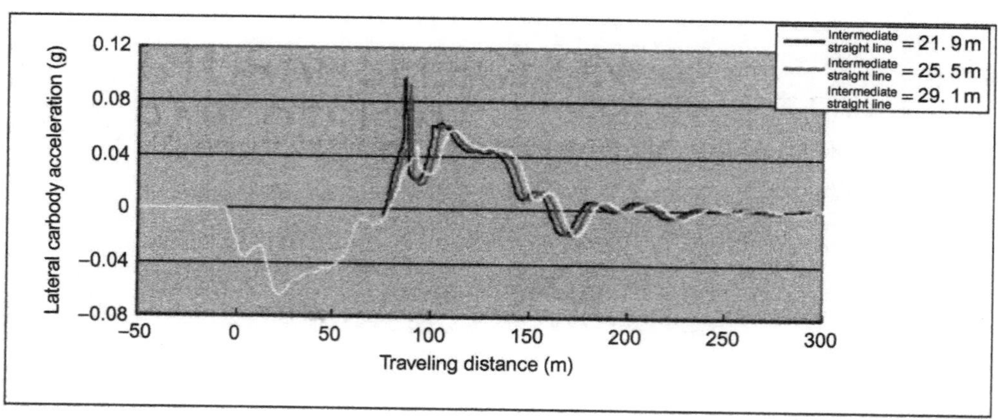

그림 2.33 차체 횡 가속도에 대한 중간직선의 영향

중간직선(intermediate straight line)의 길이 L이 클수록 차체 횡 가속도가 더 작아짐을 **그림 2.33**에서 나타낸다. $L = 0.4\,V_{diverging}$(32m)일 때 두 분기기들의 진동은 거의 중첩되지 않는다. 불리한 조건 하에서 L = 20m일 때 차체진동가속도에 대한 측정치의 절대치도 더 작다.

제3장 구조 선택과 레일 설계

분기기 구조(turnout structure)의 선택(selection)과 설계(design)는 평면선형 설계(layout design) 후에 수행된다. 각 부품의 구조형식(component structure type)의 선택, 부품의 배치(layout)와 수량, 단면 유형, 크기 및 재질의 결정을 포함하는 분기기 구조설계는 차량의 주행조건, 가공 제조의 실제 가능성 및 유지보수 요구조건에 따라 결정될 것이다. 분기기가 다양한 궤도시스템을 통합하므로, 고속분기기의 설계에는 고속철도 궤도 구조를 둘러싼 모든 새로운 기술과 설계이론이 적용되어야 한다.

3.1 선택 원리[32]

먼저, 고속분기기 구조는 고속열차의 운행안전, 안정성 및 신뢰성을 보장해야 한다.

분기기유형(turnout type)은 최소화돼야 하며, 같은 운행조건(running condition)에 적용할 수 있는 부품은 호환성(interchangeability)이 있어야 한다. 고속분기기의 레일 유형은 일관되어야 한다. 350과 250km/h 고속철도에서, 분기기의 번수와 주요 평면 치수는 분기선의 운행 속도(즉, 80, 160, 또는 220km/h)에 대응하여야 한다. 기준선에서 같은 속도를 가진 분기기의 부품은 호환성이 있어야 한다.

게다가, 선택된 분기기 구조는 제작 가능성, 부설 편리 및 유지보수 접근성에 대한 요구조건에 적합하여야 하며, 기술적으로 성숙되고 신뢰할 수 있어야 한다.

3.2 전체 구조 선택

중국의 고속분기기에 대한 구조설계에서는 다음의 구조유형이 연구되었다.

3.2.1 안내레일식 분기기

윤축(wheelset)이 텅레일(switch rail)과 노스레일(point rail)에 의하여 기준선(main line)이나 분기선(diverging line)으로 안내되는 분기기는 안내레일(guiding-rail)식 분기기라고 부른다. 이것은 세계에서 지배적인 분기기 유형이다. 가동 승월(乘越) 크로싱(movable grade-separated crossing)식(式) 분기기의 기준선은

그림 3.1 가동 승월 크로싱식 분기기 : (A) 기준선으로 통과, (B) 분기선으로 통과

일반구간의 선로와 같은 속도이며, 따라서 기준선에는 속도제한이 없다. 그러나 **그림 3.1**에 나타낸 것과 같은 이 유형의 분기기는 열차가 분기선에서 주행할 때 레일을 올라타서 넘어가므로(乘越, climb) 주행안전성, 안정성, 신뢰성이 좋지 못한 것으로 판명되었다. 그러므로 그것은 분기선의 고속분기기에 적용될 수 없다. 따라서 안내레일식 분기기가 적용될 것이다[33].

3.2.2 가동 노스 크로싱

고정 크로싱(fixed crossing)에는 결선(缺線, gap, 궤간선 중단)이 있으며, 이것은 아주 큰 수직(vertical)과 횡 방향의 구조적 틀림(lateral structural irregularity)을 초래할 수 있고 분기기에서 안전성과 안정성에 심하게 영향을 준다. 이 경우에 기준선(main line)의 허용속도가 160km/h 이상인 분기기에는 결선을 제거하기 위하여 가동 크로싱(movable crossing)이 사용되어야 한다. 고정 크로싱은 다른 나라들에서 200km/h 철도에

그림 3.2 단일 탄성 굽힘 가능 노스레일

그림 3.3 이중 탄성 굽힘 가능 노스레일

사용될 수도 있다. 그러나 기술상태, 주행안전 및 승차감의 관점에서 250km/h 이상의 분기기에는 가동 크로싱이 선택된다[34].

가동 크로싱(movable crossing)은 가동 노스 크로싱(swing nose crossing), 가동 윙 크로싱(movable-wing crossing) 및 활동 철차(轍叉) 크로싱(movable-frog crossing) 등 세 가지 유형으로 나뉜다. 가동 노스 크로싱은 고정 윙레일(fixed wing rail)과 가동 노스레일(swing nose rail)을 갖는다. 이 크로싱은 안정적이지만 노스레일(point rail)의 전환을 위하여 더 긴 분기기를 필요로 한다. 이 크로싱은 세계에서 가장 널리 사용되는 가동 크로싱이다. 가동 윙 크로싱은 고정 노스레일과 가동 윙레일을 가지며, 한쪽(single) 윙레일 가동 크로싱과 양쪽(double) 윙레일 가동 크로싱으로 더욱 분류될 수 있고, 비교적 짧은 분기기(고정 크로싱의 분기기와 같은 치수로 설계 가능), 윙레일의 열등한 횡 안정성 및 복잡한 전환과 잠금(switch-and-lock) 메커니즘으로 특징지어진다. 활동 철차 크로싱은 윙레일과 노스레일의 후단이 고정이고(fixed rear), 노스레일의 첨단부는 가동이며(movable point), 더 짧은 분기기 및 노스레일의 더 열등한 선단(先端, front-end) 안정성으로 특징지어진다. 마지막 두 유형은 열등한 구조적인 안정성 때문에 고속분기기에 적용되지 않는다.

3.2.3 탄성 굽힘 가능 노스레일

길고 큰 텅레일과 노스레일의 전환(conversion) 요구조건을 충족시키고 전환 힘(switching force)과 부족 전환변위(scant switching displacement)를 덜기 위하여 텅레일과 노스레일의 후단 앞쪽의 레일저부(약 1.2m)는 횡 휨 강성(lateral bending stiffness)을 줄이고 탄성 굽힘 가능의 중심(flexible center)을 형성하도록 기계 가공될 것이다. 따라서 텅레일과 긴 노스레일은 모두 탄성 굽힘 가능 구조이다.

가동 노스 크로싱의 경우에, 분기선의 짧은 노스레일은 긴 노스레일과 함께 움직일(rotate) 것이다. 작은 번수의 분기기에서, 사(斜)이음매 구조(diagonal joint, **그림 3.2**)는 일반적으로 분기선에 배치되며, 짧은 노스레일은 사(斜)이음매의 역할을 하는 크로싱 후단 레일을 따라 움직일 것이다. 이 구조는 보다 작은 전환 저항력을 가지며, 단일 탄성 굽힘 가능 노스레일이라 불린다. 그러나 분기선이 고속인 분기기의 경우에, 분기선에서의 고속교통을 위하여 높은 레일표면 평탄성(smoothness)의 요구조건을 고려할 때 **그림 3.3**에 나타낸 것처럼 노스레일들을 이중 탄성 굽힘 가능 레일들로 구성하도록 짧은 노스레일은 탄성 굽힘 가능 구조를 채용하는 것이 바람직하며, 그것은 전환 저항력이 비교적 크다.

3.2.4 긴 윙레일

가동 노스 크로싱(swing nose crossing)은 두 가지 윙레일(wing rail) 유형, 즉 긴 윙레일과 짧은 윙레일이 있다. 긴 윙레일의 뒷부분은 **그림 3.4**에 나타낸 것처럼 노스레일(point rail)의 후단까지 연장된다. 노스레일의 앞부분은 윙레일의 레일두부에 밀접하게 접촉된다. 멈춤쇠(jacking block)는 긴 노스레일/짧은 노스레일 뒷부분과 윙레일 사이에 설치된다. 구조의 후단에서 긴 노스레일과 짧은 노스레일은 간격재(필러)로 윙레일과 연결된다. 이 배치의 장점은 좋은 횡 안정성(lateral stability), 보다 작은 신축변위(expansion displace-

그림 3.4 긴 윙레일

그림 3.5 조립 노스레일

ment) 및 분기기 뒤쪽의 장대레일궤도의 온도 힘을 뒤쪽 윙레일을 통하여 안쪽레일로 전달하는 능력을 포함한다. 단점은 복잡한 윙레일 구조와 보다 많은 금속 소비량을 포함한다. 짧은 윙레일의 끝(rear)은 노스레일 앞부분의 밀착지역 부근에서 끝나며 윙레일은 상대적으로 더 짧다(역주 : **그림 1.60** 참조). 크로싱 후단 버팀재(heel support, 역주 : 일본에서는 '크로싱構'라고 함)는 두 레일의 상대 위치를 유지하고 분기기 후단의 온도 힘을 침목으로 전달하도록 노스레일의 끝에 제공된다. 장점은 단순한 구조와 더 적은 금속 소비량이다. 단점은 노스레일의 큰 신축변위이며 이것은 장대레일 분기기 뒤쪽의 모든 온도 힘이 크로싱에 가해질 것이기 때문이다. 짧은 윙레일은 일본에서 적용되어왔지만, 그 외 나라들의 고속분기기에는 긴 윙레일이 적용되어 왔다. 긴 윙레일은 중국의 장대레일 분기기에도 적용되며 좋은 결과를 달성하였다. 그러므로 이 구조는 고속분기기의 설계에서 선호된다.

3.2.5 조립 노스레일

노스레일은 조립(assembled)유형과 일체(一體, solid) 철차(轍叉, frog)유형 등 두 가지 종류의 구조가 있다. 조립 노스레일(point rail)의 긴 노스레일과 짧은 노스레일은 복부가 평평한 특수단면 레일(즉, AT레일) 또는 동등한 단면 레일로 만든다. **그림 3.5**에 나타낸 것처럼, 긴 노스레일과 짧은 노스레일은 긴 노스레일의 완전한 단면에서(또는 단면의 앞에서) 고강도볼트로 접합된다. 노스레일의 끝은 보통의 레일 단면으로 열간단조(forged) 된다. 장점은 간단한 제작방법이다. 단점은 일체(一體) 철차 유형과 비교하여 전체성(全體性, integrity)이 부족한 점이다. 이 구조는 프랑스 고속분기기와 중국의 속도향상 분기기에 적용되어왔다. 일체(一體) 철차(轍叉) 식(式) 노스레일은 윙레일과 같은 재질의 강편(鋼片, bloom)을 단압(鍛壓, forged)하여 만들며, 250mm의 상면 폭을 가진 단면은 보통 레일단면으로 기계 가공되고 긴 노스레일/짧은 노스레일이 함께 용접된다. 이 구조는 독일과 일본의 고속분기기에 적용되어 왔다. 장점은 좋은 구조적 안정성이다. 단점은 복잡한 제작 공정이다. 조립 노스레일은 기술조건과 제작가능성의 관점에서 중국의 고속분기기에 적용되어 왔다.

3.2.6 압연 특수단면 윙레일

중국에서 가동 노스레일(swing nose rail)을 가진 분기기의 역사를 보면, 윙레일(wing rail)의 기술(技術)과 정은 보통레일 기계 가공(common rail machining)에서부터 고망간강 주물(high manganese steel casting), AT레일 형단조(型鍛造, die forging) 및 특수 단면 압연(special section rolling)으로의 발전을 보여준다. 보통레일을 기계 가공하여 만든 윙레일은 중국에서 초기의 속도향상 분기기에 사용되었다. 이 유형의 윙레일은 간단한 제작 공정, 레일저부에서 큰 양의 깎아냄, 부적당한 강도여유(바깥레일들의 레일복부에 보강판이 필요하다), 전환설비에 대해 작은 설치공간(spacing) 및 열등한 횡 안정성으로 특징지어진다. 이것은 독일의 고속분기기에 적용되어 왔다. 그러나 이 구조의 안정된 노스레일에도 불구하고, 중국에서 실물차량의 동적시험으로 입증된 것처럼 윙레일은 횡 변위가 여전히 크다. 고망간강 주조 윙레일은 일본과 프랑스의 고속분기기, 게다가 중국의 초기 가동 노스레일에 사용되었다. 장점은 전기 전환설비에 대해 충분한 공간을 제공하는 능력과 좋은 구조 안정성(특히 강한 전체성)을 포함한다. 단점은 화물교통 조건 하에서 윙레일의 상면에서의 급속한 조기 마모와 현장에서 보통레일과 용접될 때 열등한 성능을 포함한다. 이 윙레일이 중국의 주행조건을 충족시키지 못하므로 이 유형의 윙레일에 관한 연구는 중단되었다. AT레일을 형단조(型鍛造, die forging)하여 특수단면 윙레일을 생산하는 기술은 중국의 고유기술이며, **그림 3.6**에 나타낸 것처럼 지난 10년에 걸쳐 속도향상 분기기에 널리 사용되어 왔다. 장점은 좋은 구조 안정성과 전기설비에 대해 충분한 공간을 제공할 수 있는 능력을 포함한다. 단점은 열처리 후 윙레일의 낮은 강도와 경도, 윙레일의 상면에서 수직마모의 더 높은 위험요소 및 취성(脆性)파괴의 위험요소를 포함한다.

윙레일의 세 가지 유형의 경우에, 가동 노스레일에 대한 첫 번째 견인지점에서의 전철간(轉轍桿)은 레일복부나 레일저부를 통과할 수 있다. 중국의 초기 속도향상 분기기의 경우에, 전철간은 레일복부의 구멍을 통해 관통하였다. 그러나 좋지 못한 분기기 상태의 경우에 큰 진동이 발생할 수 있으며, 이것은 윙레일 구멍의 수직충돌로 이어질 수 있다. 게다가, 장대레일 분기기에서 노스레일의 큰 신축변위의 경우에, 전철간은 레일복

그림 3.6 형단조(型鍛造) 특수단면 윙레일과 파단(破斷)된 노스레일

그림 3.7 압연 특수단면 윙레일

부구멍의 벽과 충돌할 수 있으며, 이것은 구멍의 균열로 이어진다. 따라서 이 기술은 나중에 폐기되었다. 이 설치방식은 독일에서 분기선의 고속분기기에도 적용되어 왔다. 이 설치방식을 이용함으로써, 분기기가 좋은 상태에 있고 진동이 더 작으며, 크로싱 끝부분의 효과적인 연결로 노스레일의 신축변위(expansion displacement)가 감소될 수 있음이 입증된다. 그러나 레일복부의 구멍은 균열될 수도 있다. 중국은 형단조(die-forged) 윙레일에 기초하여 속도향상 분기기용으로 전환(conversion) 플랜지-형 노스레일을 개발하였다. 이 유형의 노스레일의 경우에 노스레일의 저부는 열간 단조 되어 플랜지 플레이트가 만들어지며, 전철간은 레일저부를 지나 플랜지 플레이트에 연결되어 노스레일의 전환을 추진한다. 이 구조는 강한 잠금 능력, 안정된 구조 및 단순한 제작 공정을 특징으로 한다. 그러나 큰 차축 중량, 고속 및 중국의 큰 교통량의 운행조건에서, 일부의 노스레일이 **그림 3.6**에 나타낸 것처럼 전환 플랜지를 따라 파단(破斷)된다. 게다가, 전철간과 플랜지의 연결위치가 상대적으로 낮으므로, 전환 동안 노스레일이 변형되기 쉬우며, 전기 표시봉이 적절한 레일밀착을 검지할 수 없다. 따라서 밀착검지 실패가 분기기의 안전을 위태롭게 한다.

중국은 노스레일에 대한 첫 번째 견인지점(traction point)에서 구조 신뢰성 문제(structural reliability problem)를 해결하기 위해 **그림 3.7**에 나타낸 것처럼 다른 분기기레일들과 같은 재료를 이용하여 압연 특수단면 윙레일(rolled special section wing rail. 요약하여 TY레일)을 개발하였다. 이 유형의 레일은 한편으로는 윙레일의 강도와 안정성을 개량하며, 다른 한편으로 전기적 잠금 블록과 잠금 갈고리(lock hook)에 대해 충분한 공간을 확보하고, 검지실패의 문제를 해결하며, 열처리공정을 폐지함으로써(기계 가공 공정만 필요로 한다) 제작공정을 단순화한다. 그러므로 압연 특수단면 윙레일은 종합적인 비교를 통하여 중국의 고속분기기에 적용한다.

3.2.7 텅레일과 노스레일 끝의 AT레일 열간 단조 성형 후단

압연의 평평한 복부 특수 단면 레일(중국의 AT레일)은 보통 단면의 레일과 비교하여 두꺼운 단면과 우수한 안정성으로 특징지어진다. AT 레일로 만든 텅레일(forged switch rail)은 미끄럼 상판 위에 놓일 때 기본레일 저부를 깎아내지 않고도 기본레일의 상면과 같은 높이로 될 수 있으며, 따라서 텅레일과 기본레일의 강도를 보장한다. 게다가, 대칭의 평평한 복부 특수 단면 레일은 텅레일의 횡 안정성을 개선할 수 있다. 그러므로 이 레일 유형은 세계에 걸쳐 모든 분기기에 널리 이용된다. 고속 텅레일에서 레일 경사가 요구되므로 한쪽으로 경사진(superelevated) AT레일은 가공처리의 양을 줄이기 위하여 사용될 수 있다.

텅레일 후단(後端, heel) 끝부분과 리드곡선 상의 레일 간의 연결을 용이하게 하도록 텅레일의 후단 끝부분은 **그림 3.8**에 나타낸 것과 같은 형상으로 열간 단조(hot-forged) 된다. 60kg/m 표준레일에 대한 성형 부분은 450mm보다 짧지 않아야 하며 과도 부분 길이는 150mm보다 짧지 않아야 한다. 한쪽으로 경사진 텅레일의 경우에 단압(鍛壓) 성형 부분은 1:40의 경사각(deflection angle)으로 기울어질 수 있으며, 경사각의 허용편차는 ±1:320이다. 다른 경우에, 텅레일의 후단은 독일 고속분기기와 마찬가지로 비틀리지 않을 수 있다. 그 대신에 레일두부와 함께 정렬되어야 하며, 그다음에 1:40의 경사각에서 리드곡선 레일과 용접된다. AT레일 조립크로싱의 경우에 후단은 텅레일의 후단에서처럼 가공 처리되어야 한다.

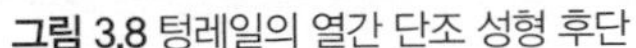

그림 3.8 텅레일의 열간 단조 성형 후단

그림 3.9 분기선에서 마모방지 가드레일

3.2.8 홈이 있는 레일로 만든 가드레일

가동 노스 크로싱에는 고정 크로싱과 같은 결선이 없으므로 가드레일(check rail)이 필요하지 않으며, 노스레일의 궤간선은 연속적이다. 그러나, 곡선반경이 작은 분기기의 경우에, 열차가 분기선에서 주행할 때, 만일 주행하는 윤축이 노스레일의 작용면과 밀착된다면, 노스레일은 큰 횡 차륜-레일 힘의 장기적인 영향으로 측면 마모가 심할 수 있으며, 반면에 기준선이 사용 중일 때는 노스레일이 윙레일과 밀접하게 접촉될 수 없어 기준선에서의 고속주행 시 안정성에 영향을 미치게 된다. 그러므로 분기선에는 마모방지 가드레일이 설치되어야 한다. **그림 3.9**에서 나타내는 것과 같은 가드레일은 중국에서 가동 노스레일을 가진 18번 이하 분기기의 분기선에 설치된다. 기준선에는 가드레일이 설치되지 않으며, 이것은 윤축이 짧은 노스레일과 접촉되지 않을 것이기 때문이다. 큰 번수(18번 이상)의 분기기는 가드레일을 갖지 않는다.

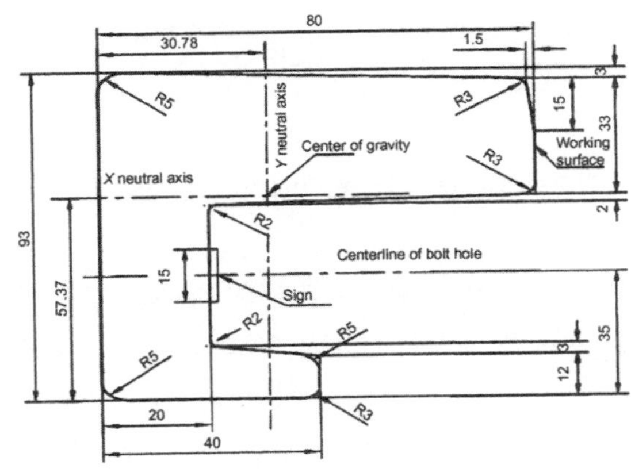

그림 3.10 홈이 있는 33kg/m 레일

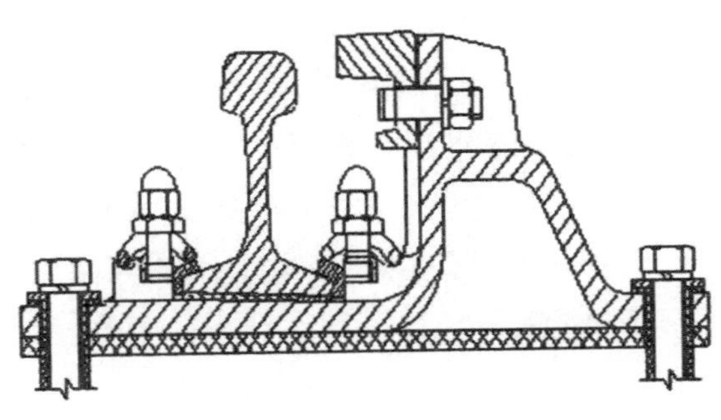

그림 3.11 일체 주조 가드레일

가드레일의 상면(top surface)은 차륜이 가드레일에 올라타는 것을 방지하기 위하여 기본레일보다 12mm 위에 있어야 한다. 과거의 중국 분기기는 기계 가공된 보통레일과 용접된 레일패드로 만든 가드레일(check rail)을 채택했으며, 기본레일은 (미끄럼 상판과 유사한) 핀-형(pin-type) 탄성 패드로 고정됐다. 그러나 이 구조는 용접부 떨어짐(sealing off), 패드파손, 기본레일의 안정되지 않은 체결 등에 영향을 받기 쉽다.

그림 3.10에 나타낸 것처럼 홈이 있는 UIC 33kg/m 압연레일(rolled groove rail)은 공간을 적게 차지하고, 일체 주조(solid) 가드레일 패드(**그림 3.11** 참조)와 잘 어울리며, 기본레일의 안쪽에 탄성 클립의 설치를 허용하므로 최근 몇 년 동안 사용되어왔으며, 가드레일 패드의 강도와 기본레일의 안정성을 향상시킨다. 그러나 일상의 정비와 보수 시에 검사하기가 어렵고 탄성 클립 상의 볼트를 다시 조이기가 어렵다. 따라서 확인조사 장치나 대략 n 모양의 탄성 클립(미끄럼 상판과 유사)이 사용될 것이다.

그래서 중국의 분기기에는 홈이 있는 가드레일(grooved check rail), 일체 주조 가드레일 패드(solid check rail pad) 및 탄성 클립(elastic clip)이 사용된다.

3.3 레일부재의 설계

고속분기기의 특수 레일부재(special rail members)는 텅레일(swtch rail), 노스레일(nose rail), 크로싱 후단(heel)에서의 뾰족한 레일(pointed rail) 및 윙레일(wing rail)을 포함한다. 이들의 레일은 기계 가공(machining)이나 열처리(hot treatment)로 얇은 단면이나 과도적인 단면으로 가공 처리된다. 고속열차의 주행 하의 피로파괴(fatigue fracture)를 피하기 위하여 특수한 설계와 계산이 필요하다.

3.3.1 AT레일의 선택[35]

1. 선택 원리(selection principles)

고속분기기의 AT레일에 대한 선택 원리는 다음을 포함한다.

a. 보다 작은 상면 폭을 가진 텅레일 단면이 전(全, full) 하중을 받을 때 강도 요구조건을 충족시킬 수 있는 충분한 강도와 수직 휨 강성을 갖는다.
b. 좌굴(buckling)의 발생이 적고 보수작업이 적다.
c. 횡 좌굴과 변형을 줄이고 전환 저항력과 부족(scant) 전환변위를 줄이기 위한 강도 요구조건을 충족시킬 수 있는 적절한 횡 휨 강성을 갖는다.
d. 기본레일의 안쪽에 대하여 히든첨단(hidden tip point)과 탄성 레일체결의 설계를 달성하도록 그리고 마모방지구조(예를 들어, 롤러)의 설치와 두꺼운 상판의 이용을 허용하도록 기본레일과의 충분한 높이차를 가진다.
e. 후단(後端, heel)이 보통단면 레일로 단압(鍛壓, forge)됨을 허용하도록 충분한 단면적을 갖는다(단면적의 차이가 클수록 가공처리의 어려움이 더 커진다. AT레일은 60kg/m 보통레일로 단조될 수 있다).

f. 50m나 100m 레일을 생산하는 용량을 가지며 분기선이 고속이고 번수가 큰 분기기의 용접하지 않는 텅레일의 설계 요구조건에 적합하다.

2. 구조 유형(structure type)

CHN60AT 레일은 중국의 고속분기기에 채택되어 왔다. UIC60A 대칭단면 레일(또는 기본레일과 동등한 높이를 가진, EN표준의 60E1T2, 역주 : EN은 European Standards를 의미함)은 프랑스의 최초 고속철도(동남선) 분기기에 채택되었으며, 나중에 UIC60D20AT 레일(또는 1:20 레일경사를 가진, EN표준의 60E1A4)로 교체되었다. Zul−60 레일(또는 경사지게 하지 않은, EN표준의 60E1A1)은 독일의 철도(고속철도 포함)에 채택되었다. 50kg/m 레일 유형에 적용할 수 있는 70S 레일은 초기에 일본 신칸센 분기기에 이용되었지만, 나중에 60kg/m 레일에 적용할 수 있는 80S 레일로 교체되었다. 두 레일과 기본레일의 높이차는 15mm이며, 이것은 기본레일의 탄성 레일체결장치 설치에 적용할 수 없다. 중국 고속분기기의 AT레일은 종합적인 분석을 통하여 CHN60AT, UIC60D40 및 Zul−60 레일 중에서 선택될 것이다. 단면 파라미터의 비교는 **표 3.1**에서 보여준다.

표 3.1 세 가지 AT레일의 단면파라미터의 비교

레일의 유형		CHN60AT	UIC60D	Zul−60
단면적	(m^2)	104	89	93
단위중량	(kg/m)	82	70	73
기본레일과의 높이차	(mm)	24	30	38
I_x	(m^4)	2539	2040	1728
I_y	(m^4)	901	764	744

CHN60AT 레일은 UIC60D와 Zul−60과 비교하여 더 큰 단면적, 단위중량, 높이 및 x축과 y축의 단면2차모멘트를 가진다. 중국 CHN60AT 레일은 객화혼합교통과 화물교통의 기존철도용 및 중량철도용으로 개발되었으며, 속도향상 분기기에도 널리 이용된다. 장점은 강도와 변형에 대한 저항 및 중량철도와 객화혼합교통용 속도향상 철도의 주행 요구조건에 대한 적용기능성을 포함한다. 단점은 (기본레일 안쪽을 체결함에 있어 상판에 대한 클립의 사용을 제한하는) 기본레일과의 부적당한 높이차, 텅레일과 노스레일의 큰 전환저항(switching resistance) 및 큰 부족전환변위(scant switching displacement)와 큰 휨 강성(bending rigidity)을 포함한다. 게다가, 사용 중에 발생하는 변형은 바로잡기가 어렵다.

현재, UIC60D 레일은 텅레일(switch rail)과 노스레일(point rail)을 제작하기 위하여 프랑스에서 널리 이용된다. 이 레일은 1:20 레일경사, UIC60 레일과 30mm(CHN60 기본레일과 34mm)의 높이차를 주며, 텅레일과 노스레일의 (상판과 롤러의 마찰방지와 결합되어) 부족전환변위를 해결할 수 있다.

독일의 Zul−60 레일은 고속분기기의 텅레일과 가동 노스레일에 이용되며, 또한 화차의 225kN 차축하중에 적용할 수 있는 기존철도 분기기에도 흔히 이용된다.

3. 강도 계산(strength calculation)

일본 신칸센의 궤도구조설계에서는 설계하중, 피로하중 및 이상(異常)하중 등의 세 가지 수직하중이 고려되어 왔다. 170kN의 고속열차 차축하중의 경우에, 설계윤하중은 차륜플랫에 기인하여 증가된 동(動)윤하중도 포함한다. 2.0의 속도계수가 주어지면, 설계하중은 255kN{정(靜)윤하중의 세 배}일 것이다. 피로하중은 윤하중의 변동계수를 포함하는 하중을 나타내며, 윤하중 변동의 세 배(3×15%)를 고려하여 124kN으로 취해진다. 이상하중은 실제로 측정된 최대윤하중을 나타내며, 340kN으로 취해진다. 다른 하중에 대하여는 다른 검토방법과 안전율(safety factor)이 적용될 것이다. 예를 들어, 피로하중(fatigue load)은 피로계산에 적용되며, 설계하중에 대한 안전율은 이상하중에 대한 것보다 더 크다.

중국은 주로 허용응력방법(allowable stress method)을 적용한다. 즉, 레일과 궤도 부품의 강도를 계산하는데 특정한 안전율(safety factor)이 사용될 것이다. 준-정적 연속 탄성지지궤도모델(quasi-static continuous, resiliently supported track model)은 강도(强度)계산(strength calculation)에 채용된다. 수직 동하중과 레일의 수직 휨모멘트(bending moment)는 다음의 식으로 구할 수 있다.

$$P_d = P_0(1+\alpha+\beta) \tag{3.1}$$

여기서, α는 속도계수(velocity coefficient)이며, 250km/h 이상의 고속철도에 대해 2.0으로 취해진다. β는 편심하중계(수eccentric load coefficient)이며, 중국 열차에 대해 부족캔트(mm 단위)의 2‰로 취해진다. P_0와 P_d는 각각 정(靜)윤하중과 동(動)윤하중이다. 레일응력 계산에서 수직하중만 고려할 경우에 횡력 증폭계수(lateral force amplification factor)가 적용될 수 있으며, 곡선반경이 2,000m보다 클 때는 1.25로 취해진다.

특수한 구조적 틀림이 있는 고정 크로싱과 그 밖의 부품에 대한 이상하중(abnormal load)은 계산에서 정(靜)윤하중의 4 내지 5배로서 취해질 수 있다.

현재는 궤도의 횡(橫)하중을 계산하기 위한 일반적인 방법이 없다. 일본 신칸센에서는 설계 횡 하중이 68kN으로 취해지며, 이것은 0.8의 탈선계수 허용한계와 정(靜)윤하중의 곱이다. 분기기 동역학 시뮬레이션에 따라 열차가 분기선에서 주행할 때 횡 차륜-레일 동적 작용은 주로 윤축의 사행동(hunting movement)으로 초래된 충격하중이며, 윤축의 횡 운동에 따른 짧은 시간과 가변 위치로 특징지어진다. 열차가 분기선에서 주행할 때 불균형 원심력 때문에 바깥쪽 차륜은 곡선 텅레일과 리드곡선 레일에 밀착될 것이다. 현장에 대한 대규모 동적 시험과 시뮬레이션 분석결과를 종합하면, 화차가 분기기에서 주행할 때 레일에 작용하는 횡력(lateral force)은 70kN, 그리고 EMU 열차의 경우에 50kN으로 취하는 것이 권고된다. 가드레일에 대한 횡력의 경우에, 값은 23t의 차축하중을 가진 화차나 객차에 대하여 100kN, 그리고 25t의 차축하중을 가진 화차에 대하여 120kN으로 취해진다.

종 방향 레일 힘(레일축력)은 주로 열차의 제동력(또는 출발 힘), 장대레일궤도의 온도 힘 및 온도의 추가 힘을 포함한다. 중국에서 레일에 대한 제동력은 강도계산에서 10NPa로 취해지며, 그것은 레일의 온도 힘과 동적 힘에 겹쳐질 것이다. 장대레일궤도의 부동구간은 온도압축력이나 인장력을 받을 것이며, 이 힘은 온도 변화범위와 레일단면적에 정비례한다. 즉 $F = EA\alpha\Delta t$이며, 여기서 E, A, α 및 Δt는 각각 탄성계수, 단면적, 신축계수 및 레일의 온도변화범위이다. 노반과 교량 위 장대레일의 경우에 분기기의 안쪽레일들과 교량의 신축에 따른 추가의 온도 힘이 텅레일의 후단에 인접한 기본레일에 가해질 수 있다. 이 힘은 부동구간 온도 힘의 30~40%로 개산(槪算)된다. 그러므로 분기기레일의 강도를 계산함에 있어, 기본레일의 후단에 대하여 부동구간의 온도 힘과 추가의 힘이 고려되어야 한다. 텅레일과 노스레일의 가동부분에 대하여는 온도 힘이 무시될 수 있다. 그 외의 부분들에 대하여는 부동구간의 온도 힘만이 고려될 것이다.

허용 응력법(allowable stress method)은 레일 강도를 계산하는 데 적용된다. 수직, 횡 및 종 하중 하에서의 응력은 $\sigma \le [\sigma] = (\sigma_s / K)$를 충족시켜야 하며, 여기서 K는 안전율이고(새 레일에 대해 $K = 1.3$, 중고의 레일에 대해 $K = 1.35$), σ_s는 레일의 항복한계(yield limit)(MPa)이다(U71Mnk와 그 외의 저-합금 레일에 대해 $\sigma_s = 457$MPa, U75V와 그 외의 고강도 레일에 대해 $\sigma_s = 550$MPa).

4. 선택비교(selection comparison)

세 가지 AT레일의 강도 및 전환 힘(switching force)과 부족 전환변위에 대한 강도의 영향은 **표 3.2**에 나타낸다. 자갈분기기 미끄럼 상판의 지지강성이 60MN/m이고, 주행속도가 359km/h이며, 2축 대차가 이용된다고 가정하면, 속도계수는 2.0, EMU의 정적 차축하중은 170kN, 횡력 계수는 1.25이다. 18번 분기기의 경우에 텅레일에 대해 세 개의 견인지점(traction point)이 각각 4.2m와 4.2m의 간격으로 선택되며, 상판의 마찰계수는 0.25로 취해진다.

표 3.2에서 CHN60AT, UIC60D 및 Zul-60 레일로 만든 텅레일은 가장 불리한 하중조합(load combination) 하에서 허용강도 범위 내에 있으며, 따라서 세 가지 레일 모두가 고속철도에 채택될 수 있다. UIC60D와 Zul-60 텅레일은 전환저항력(switching resistance)에서 작은 차이가 있지만, 그들의 전환저항력은 CHN60AT 텅레일보다 15% 이상만큼 더 적다. 세 텅레일의 부족 전환변위(scant switching displacement)는 2mm를 넘지만, 뚜렷한 차이는 없다.

표 3.2 세 가지 AT레일의 강도와 전환영향의 비교

레일의 유형		CHN60AT	UIC60D	Zul-60
레일두부에 대한 동응력	(MPa)	180.3	199.6	211.1
레일저부에 대한 동응력	(MPa)	136.5	151.5	165.2
침목에 대한 압력	(kN)	124.7	132.5	138.8
레일의 동적 변위	(mm)	1.56	1.66	1.73
총 전환 힘	(N)	7,452	6,260	6,334
부족 변위	(mm)	2.4	2.1	2.3

CHN60AT와 UIC60D는 레일과 레일 아래 기초의 응력과 변형을 줄이기 위해 선택된다. 분기기 텅레일(turnout blade)의 부족 변위를 제어하기 위해서는 UIC60D와 Zul-60가 선택된다. 전환저항력을 줄이고 이중의 탄성 굽힘 가능 노스레일의 설계를 용이하게 하기 위해서는 UIC60D와 Zul-60가 택하여진다. 기

본레일의 안쪽에 레일체결장치를 적정하게 설치하는 데 충분한 설치공간을 확보하기 위해서는 Zul-60과 UIC60D가 택해진다.

비교를 통하여 UIC60D단면 레일은 중국의 고속분기기용 텅레일과 가동 노스레일(swing nose rail)을 제작하는 데 적용되었다. UIC60D40단면 레일은 분기기에서 1:40의 레일경사(rail cant)와 양립될 수 있도록 선택될 수 있다. 25와 50m 레일은 철강공장의 제작설비와 공정을 업그레이드함으로써 생산될 수 있다. (여객선로에 사용된) U75V와 U71Mnk가 적용될 수 있다.

3.3.2 가동 노스레일 첫 번째 견인지점에서의 각 부품의 설계

가동 노스레일(swing nose rail)의 첫 번째 견인지점(traction point)에서의 토목(engineering)설계와 전기설계는 크로싱 협로(狭路, throat, 윙레일 굽힘점)의 좁은 공간 안에서 노스레일(point rail)의 전환을 허용하고 노스레일, 윙레일 및 전환 잠금장치(switch locking device)를 유지해야 하므로 가장 복잡하다.

1. 노스레일(point rail)에 대한 첫 번째 견인지점에서의 구조

중국 고속분기기의 노스레일은 압연 특수 단면 레일을 기계 가공하여 만들어진다. 노스레일의 실제 첨단(actual point)에서의 레일저부는 **그림 3.12**에 나타낸 것처럼 기계 가공되고 **그림 3.13**에 나타낸 것처럼 전기 전환 잠금 갈고리(electrical conversion lock hook)의 브래킷(bracket) 안에 설치된다.

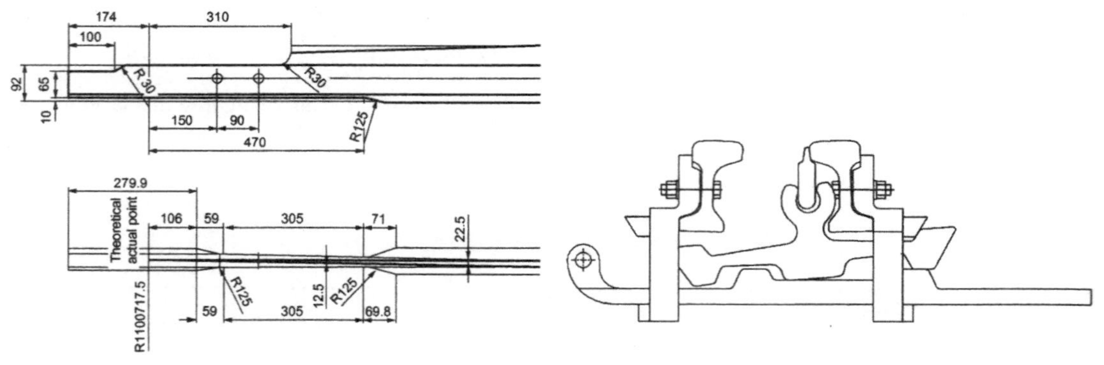

그림 3.12 노스레일 실제첨단의 구조

그림 3.13 잠금 갈고리 브래킷과 노스레일 잠금장치

2. 노스레일(point rail) 상부와 윙레일(wing rail) 간 틈(gap)의 분석

고속분기기의 노스레일, 윙레일 및 전환구조(conversion structure)를 이해하고, 밀착검지(closure detection, 노스레일과 윙레일 밀착)의 신뢰성을 평가하기 위해서는 노스레일의 비틀림(torsion)을 분석하여야 한다. 노스레일의 전환 동안 노스레일 실제 첨단이 윙레일에 밀착되도록 일반적으로 전철간은 잠금 갈고리(lock hook)까지 계속 이동할 것이며 잠금 프레임(locking frame)은 노스레일이 제자리에 있을 때 확실하게

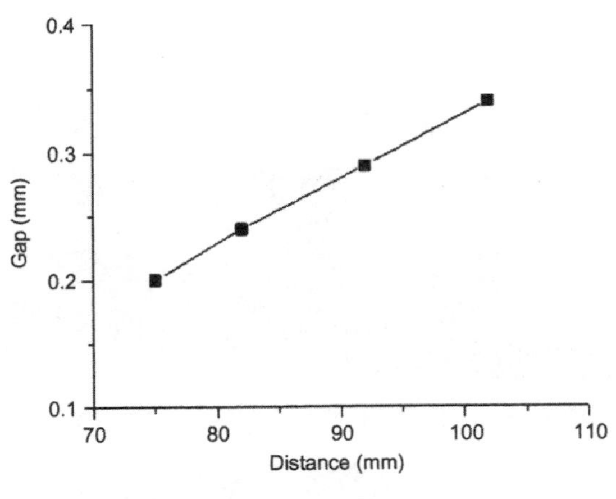

그림 3.14 노스레일 상면과 윙레일 간 틈의 변화

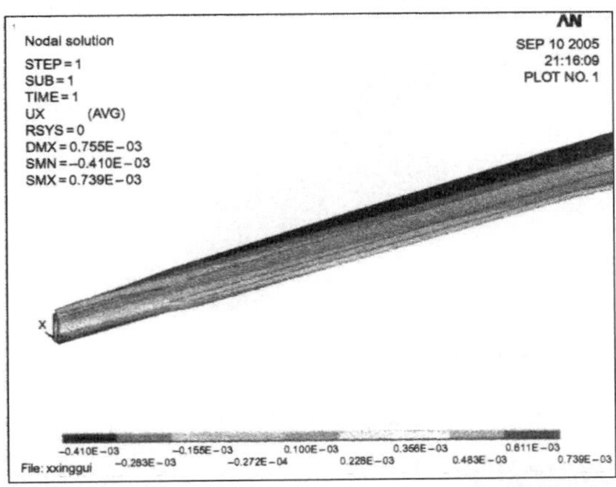

그림 3.15 노스레일의 횡 변위

쇄정된다. 이 상황에서, 노스레일과 윙레일이 밀접하게 접촉되더라도 노스레일은 전환 힘의 편심작용(eccentric action)으로 일그러질 수 있으며, 이것은 노스레일 상면과 윙레일 사이에 틈(gap)을 형성한다. 중국 고속 분기기의 기술조건에서 첫 번째 견인지점(traction point)에서 노스레일과 윙레일 사이의 틈은 0.2mm를 넘지 않아야 한다. 잠금지점(locking point)에 대해 6000N의 최대 전환력(maximum switching force)이 주어지면, 잠금 지점과 노스레일 상면 간의 거리에 따른 틈 값의 변화는 **그림 3.14**에 나타낸 것처럼 구해진다. 노스레일의 횡 변위의 분포는 **그림 3.15**에 나타낸다.

그림 3.14로부터, 잠금 지점(locking point)이 노스레일 상면에 가까울수록 노스레일 상단의 틈은 작아지며, 둘은 대략적인 선형관계에 있다. 잠금 지점이 높아지면(rising) 노스레일의 비틀림(torsion)이 크게 완화되며, 이것은 틈이 제어되는 이유이다. 잠금지점과 노스레일 상면 간의 거리는 0.2mm 틈 요구조건을 충족시키도록 75mm를 넘지 않아야 한다. 전환 동안 노스레일의 응력은 작으며, 약 5.4MPa이다.

3. 윙레일(wing rail)과 잠금 갈고리(lock hook) 강도(strength)의 분석

가장 불리한 조건(즉, 윙레일 저부의 절삭 단면에 가해진 모든 수직과 횡 하중을 윙레일이 받는 경우) 하에서 레일체결장치의 지지지점에서 체결의 수직과 횡 지지 작용을 고려할 때의 응력분포(stress distribution)는 **그림 3.16**에 나타낸다.

잠금 갈고리의 응력을 분석함에 있어, 전환 힘과 열차의 동적 작용은 동시에 고려되어야 한다. 전환과 잠금 동안 잠금 갈고리에 대한 외력은 작으며, 주로 잠금봉의 인장력과 노스레일의 반발력(bounce)을 포함한다. 잠금 상태에서 잠금 갈고리에 대한 외부하중은 잠금 힘과 탄성복원력을 포함한다. 잠금 힘은 주로 전환이 이루어진 후 노스레일의 탄성변형으로 인해 잠금 갈고리에 작용하는 힘을 나타내며, 최대 전환 힘으로 취해질 수 있다. 탄성복원력은 열차가 분기기를 통과할 때 첫 번째와 두 번째 견인지점 간에서 노스레일에 작용하는 횡력이 초래한 노스레일의 탄성변형으로 인해 견인지점에서 잠금 갈고리에 가해지는 힘을 나타낸다. 이 힘은 노스레일 응력의 분석모델로 구할 수 있다. 잠금 갈고리에 대한 수직력은 잠금봉으로 전달되고, 그다음

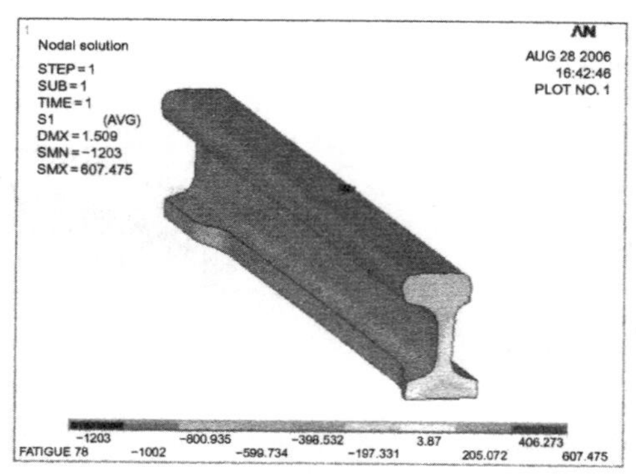

그림 3.16 윙레일의 응력

그림 3.17 노스레일에 대한 첫 번째 견인지점에서 잠금 갈고리의 응력

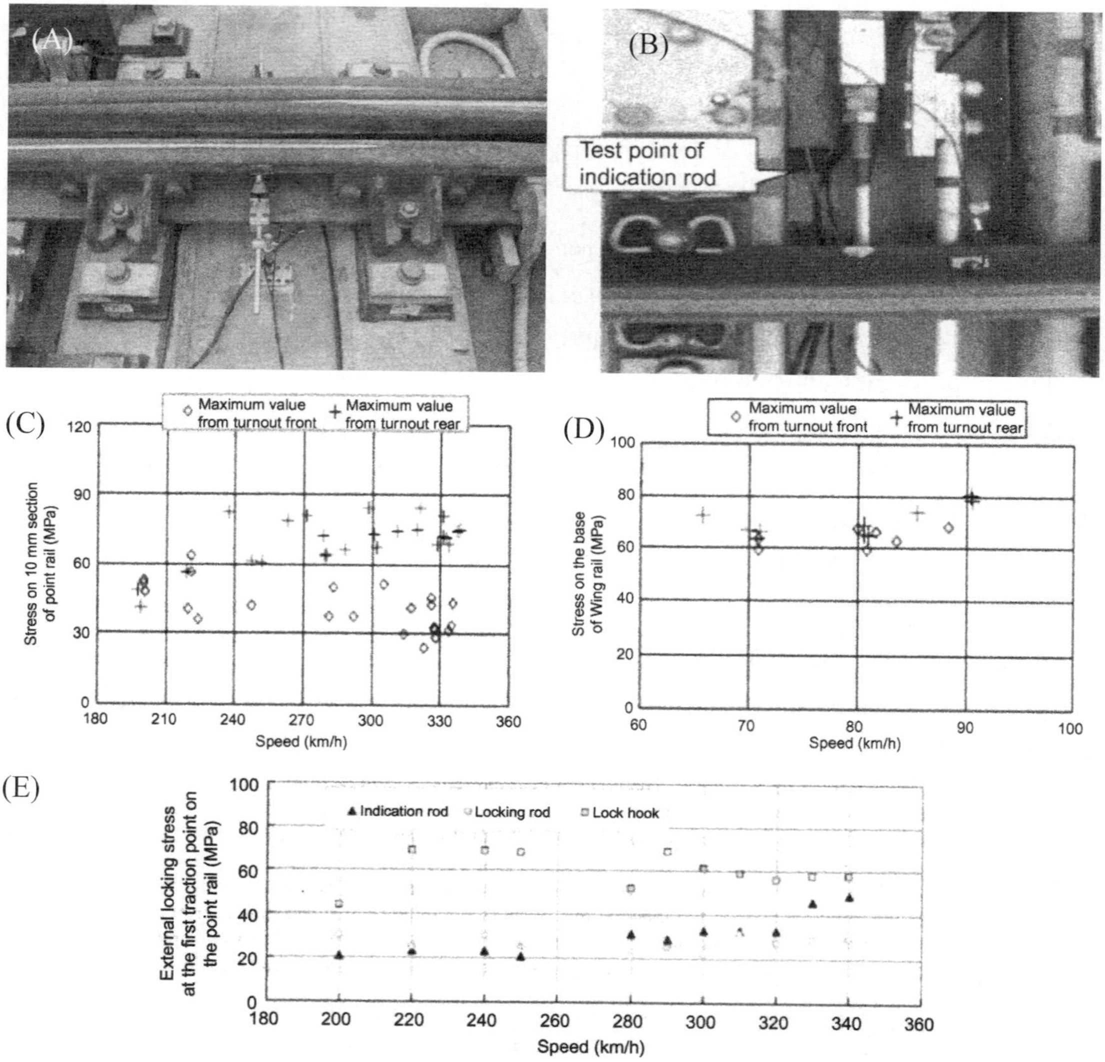

그림 3.18 Wuhan~Guangzhou선의 고속분기기에 대한 시험 : (A) 윙레일의 응력, (B) 전환/표시봉의 응력, (C) 노스레일 응력 시험치, (D) 윙레일 응력 시험치, (E) 잠금 갈고리, 잠금봉 및 표시봉의 응력 시험치

에 잠금 프레임을 경유하여 윙레일로 전달될 것이다. 따라서 잠금 시스템의 수직지지강성은 윙레일의 총체 수직 강성으로 간주될 수 있다. 잠금 갈고리에 대한 횡력은 잠금 블록으로, 그다음에 잠금 프레임으로, 마지막에 윙레일로 전달된다. 따라서 잠금 시스템의 횡 지지강성은 윙레일의 총체 횡 지지강성으로 간주될 수 있다. 잠금 갈고리의 계산된 응력의 분포는 **그림 3.17**에 묘사된다.

가장 불리한 하중 하에서 윙레일과 잠금 갈고리의 강도가 허용한계 이내에 있다고 계산되지만, 계산된 값은 시험치보다 더 크며, 후자는 약 1.5~1.8배이고, 따라서 가장 불리한 하중으로 검산하는 것이 더 안전함을 알 수 있다. 중국 고속철도(Wuhan~Guangzhou)에 대해 시험이 수행되었다. 시험에 따라 EMU열차의 작용 하에서 노스레일, 윙레일, 잠금 갈고리 및 잠금봉에 대한 최대응력은 각각 약 83.8, 80.7, 68 및 31MPa이며, U71Mnk 레일과 A3 강(鋼)의 허용한계 이내이다. 시험 결과에 대하여는 **그림 3.18**을 참조하라.

4. 크로싱 후단(crossing heel)에서의 노스레일(point rail) 강도(strength)의 분석

중국의 고속분기기에 적용된 UIC60D40 레일은 1:40 레일경사(rail cant)를 가지며, 따라서 AT레일 저부의 보다 넓은 부분은 밖으로 향하여 부설된다. 그렇게 함으로써 짧은 노스레일 뒤쪽의 AT레일 저부의 보다 넓은 부분은 57mm만큼 깎아낼 수 있다. 레일단면에 대한 큰 깎아냄 양 때문에 계산으로 강도가 확인되어야

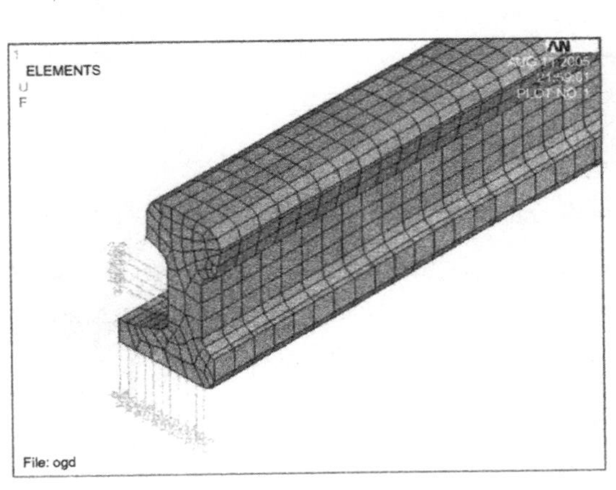

그림 3.19 크로싱 후단에서 노스레일의 계산모델

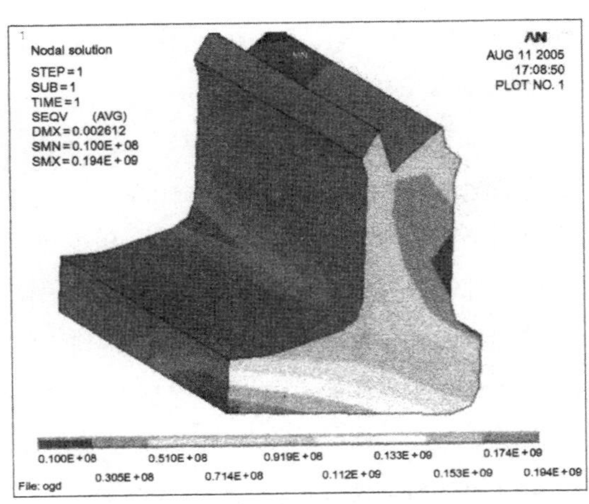

그림 3.20 크로싱 후단에서 노스레일의 응력분포

한다(계산모델에 관하여 **그림 3.19** 참조). 수직과 횡 지지는 레일체결장치의 지지에 따라 마련된다. 80km/h로 분기선에서 주행하는 열차의 계산된 수직과 횡 하중은 **그림 3.20**에 나타내며, 여기서 최대응력은 약 194MPa이며, 레일의 허용 강도한계(allowable strength limit) 이내이다.

3.4 레일에 관한 기술요건[36]

고속철도용 레일은 높은 안전성능, 직진도 및 기하구조 정밀성을 가져야 한다. 높은 안전성능은 깨끗한 강 품질, 온전한(무결함) 표면, 레일저부의 낮은 잔류인장응력, 우수한 연성(延性)과 용접성능, 용이한 생산, 안정적인 품질 및 높은 신뢰성을 필요로 한다.

3.4.1 필요조건

1. 깨끗한 강 품질(pure steel)

고속철도의 레일은 유해원소(harmfulness element)가 엄격히 관리되어야 한다. 예를 들어 P와 S의 함유량은 0.025%를 넘지 않아야 한다. 강(鋼)의 가스 함유량은 엄격히 관리되어야 한다. 예를 들어, 수소와 산소의 함유량은 (2.5×10^{-4})%와 (2.0×10^{-4})%보다 작아야 하며, 레일 완제품의 수소 함유량은 (2.0×10^{-4})%보다 작아야 한다. Mo, N, Cr, Cu, Ti, Sb 및 Sn과 같은 잔류 원소의 함유량은 특정한 한계를 넘지 않아야 한다. 강에서 알루미나를 효과적으로 줄이기 위하여 Al이 없는 탈산이 적용되며 강의 Al 함유량은 $\leq$ 0.004%이어야 한다. 강의 불순물 함유량은 엄격히 관리되어야 한다. A류(類, category) (황화물) 불순물은 2~2.5등급(order)을 넘지 않아야 한다. B류 (산화물), C류 (규산염), D류 (구형 산화물) 불순물은 1.0~1.5등급을 넘지 않아야 한다.

2. 온전한(결함이 없는) 표면(intact surface)

긁힌 자국(scratch), 마모흠집(abrasion), 열 긁힘(thermal scratch), 종 방향 균열 및 가열상태에서 레일표면의 압연스케일 자국(indentation of roll scale)의 최대 허용깊이는 답면(tread)에 대하여 0.35mm, 그 밖의 부분에 대하여 0.5mm이라고 명시된다. 냉각상태에서 레일에 대한 종 방향 균열의 최대 허용깊이는 답면과 레일저부의 하면에서 0.3mm, 그 밖의 부분에서 0.5mm이다.

3. 보다 얇은 탈탄 층(decarburized layer)

레일의 표면 탈탄(脫炭, surface decarburization)은 레일표면의 경도를 낮추고, 내마모성(耐磨耗性)과 박리(剝離, peeling) 저항성능을 떨어뜨릴 것이다. 따라서 레일은 선로가 개통되기 전에 연마열차로 연마되어야 한다. 일반적으로 레일연마열차의 매회(每回)당 연삭량(feed)은 0.2~0.3mm를 넘지 않을 것이며 따라서 레일의 탈탄 깊이는 0.3mm를 넘지 않아야 한다.

4. 레일저부의 낮은 잔류인장응력(residual tensile stress)

교통안전을 위하여, 특히 고속철도 레일에 대하여 레일저부에 대한 잔류인장응력을 제한할 필요가 있다. 중국 고속철도의 레일에 대한 기술 시방서에 따라 레일저부에 대한 최대 종 방향 잔류인장응력은 250MPa보다 크지 않아야 한다.

5. 높은 파괴 인성(靭性)과 낮은 피로균열 성장률

−20℃의 시험온도에서 측정된 파괴인성(fracture toughness) K_{IC} 의 최소치와 평균치는 각각 26과 29MPa/m$^{1/2}$보다 작지 않아야 한다. 피로균열 성장속도(fatigue crack growth rate) da/dN은 시방서를 충족시켜야 한다. ΔK = 10MPa/m$^{1/2}$일 때, $da/dN \leq$ 17m/Gc(역주 : Gc는 10억 사이클(gigacycle)을 의미함), ΔK = 13.5MPa/m$^{1/2}$일 때, $da/dN \leq$ 55m/Gc.

6. 높은 기하구조 정밀성(geometric precision)과 평탄성(선형맞춤)

높은 기하구조 정밀성과 평탄성(선형맞춤)은 속도향상 철도의 원활한 운행(riding quality)을 위하여 극히 중요하다. 기술 시방서는 여객선로와 속도향상 철도에 사용되는 레일에 대한 엄격한 기하구조 공차(geometrical tolerance), 레일두부와 본체의 평탄성(선형맞춤), 뒤틀림 및 그 밖의 지표(indicator)를 포함한다.

3.4.2 레일의 종류, 단면 및 길이

1. 레일의 종류(types of rail)

(단위중량에 따라) **중량레일**(heavy rail)과 **경량레일**(light rail). 중국 고속철도에서는 현재 주로 60kg/m 중량레일이 이용된다.

(단면 유형에 따라) **대칭**(symmetrical)과 **비대칭단면레일**(asymmetrical section rail). 비대칭단면 레일은 주로 60AR, 60D40 및 60TY와 같은 분기기 레일(텅레일, 노스레일, 윙레일 등)을 제작하기 위하여 사용된다.

(화학성분에 따라) **탄소레일**(carbon rail) (합금성분이 없고, 보통레일이라고도 함), **미세합금레일**(micro−alloy rail) (V, Nb 및 Ti와 같은 미량합금 허용) 및 **저−합금레일**(low−alloy rail) (예를 들어, EN320Cr, 강에 0.8∼1.20% Cr을 함유).

(납품(delivery) 상태에 따라) **열간압연레일**(hot rolled rail)과 **열처리레일**(heat−treated rail). 레일의 강도에 상관없이 열간압연 된 상태로 납품된 레일은 열간압연 레일이라고 부른다. 열처리 레일은 공정 조건에 따라 오프라인(off−line) 열처리 레일(냉각 후에 재가열처리)과 온라인(online) 열처리 레일(잔류 압연 열을 이용하여 열처리)로 더욱 세분된다.

(강도에 따라) **780MPa급**(예를 들어, U74), **880MPa급**(예를 들어, U71Mnk), **980MPa급**(예를 들어, U75V 열간압연 레일), **1080MPa급**(예를 들어 EN320Cr 합금레일, 일본의 HH340 온라인 열처리 레일), **1180MPa급** 및 **1280MPa급** 열처리레일. 일반적으로 1180MPa 이상의 강도등급을 가진 레일은 내마모성(耐磨耗性) 레일(wear−resistance rail) 또는 고강도 레일(high−strength rail)이라고 부른다. 현재, 중국의 철도에 U75V와 U71Mnk 레일 및 그들의 열처리 레일이 사용된다. U75V 열간압연 강(hot−rolled steel) 레일의 최소 인장강도는 980MPa이며, 열처리 후에 1230MPa까지 증가될 수 있다. U71Mnk 열간압연 강 레일의 최소 인장강도는 880MPa이며, 이 레일은 중국의 350km/h 고속철도에 사용된다.

2. 레일단면(rail section)

고속철도의 경우에 레일은 상당한 강성과 마모저항을 가져야 한다. 레일의 충분한 강성을 보장하기 위하여 일반적으로 I형상의 레일이 사용된다. 게다가 레일 높이는 바람직한 수평 단면2차 모멘트를 달성하기 위하여 증가될 수 있으며 보다 넓은 레일저부는 요구된 안정성을 보장하기 위하여 선택될 수 있다. 레일단면 설계에서 강성과 안정성을 조화되도록 하기 위하여 레일 높이(H)와 저부 폭(B)의 비율, 즉 H/B는 1.15~1.248이어야 한다.

모든 나라에서 레일두부 답면(踏面, tread)의 설계는 다음과 같은 원리를 따른다.

a. 레일두부(rail head) 답면의 원호(圓弧, arc)는 가능한 한 차륜 답면의 치수(dimension)와 부합되어야 한다, 즉 마모에 가까운 레일두부 답면 원호의 치수를 사용해야 한다.

b. 레일두부와 레일복부 간의 과도영역(transitional area)에서의 응력집중(stress concentration)에 기인하는 균열을 줄이기 위하여 이 부분에는 큰 반경의 복합곡선(compound curve)이 설계될 것이다.

c. 레일저부와 레일복부 간의 과도영역에서도 단면의 안정된 변화를 달성하고 레일저부 경사와의 매끈한 연결을 보장하기 위해 복합곡선이 설계될 것이다.

d. 단면의 안정성을 보장하기 위하여 평저레일(flat-bottom rail)이 적용될 것이다.

중국은 고속철도의 레일단면을 바꾸지 않았으며, 속도향상 철도에도 사용되는 60kg/m의 단면을 적용한다. 상기의 설계원리는 새로운 TY 레일에 고려된다[37].

3. 레일길이(rail length)

긴 길이로 자른 레일은 적은 용접 이음, 레일 끝부분의 높은 직진도, 레일 끝부분의 비파괴시험(NDT) 사각(死角)영역(blind area) 없음 및 궤도 평탄성(선형맞춤)을 향상시키는 능력 등을 특징으로 한다. 그것은 고속철도 건설기술의 중요한 상징(symbol)의 하나이다. 100m 레일은 중국 고속철도에서 사용되며, 50m와 55m AT레일은 분기기에서 사용된다.

3.5 레일의 제작

전통적 제작기술(평로법. 다이 캐스팅(die casting), 공형(孔型) 압연(rolling in passes) 등)로 생산된 레일은 바람직한 강의 순도(純度), 기하구조, 직진도 및 외관 품질을 거의 충족시킬 수 없으며, 그러므로 고속철도에 사용될 수 없다[38]. 현대적 제작기술(예를 들어 전로 제련, 연속 주조, 만능압연기를 이용한 압연 및 수평-수직 복합 똑바로 펴기)의 개발에 따라 정련, 마무리 압연, 마무리 손질, 자동화 품질 검측 및 긴 길이의 레일 생산이 실현됐으며, 고속철도용 레일 제작에 필요한 레일 내재적 품질과 외관 품질을 대폭 향상하였다.

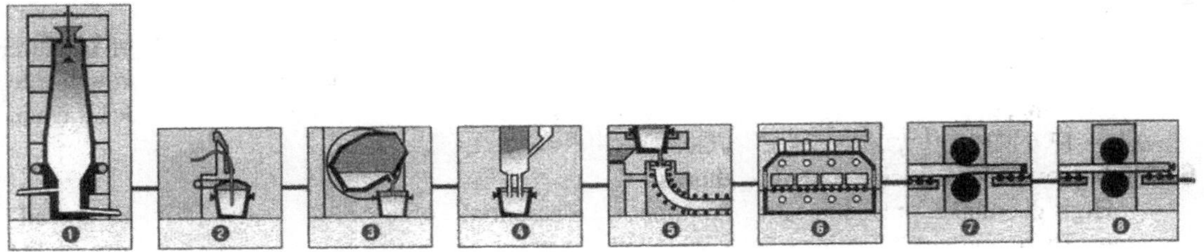

그림 3.21 괴철(블룸) 제련과 연속주조시스템

3.5.1 레일 강의 정련

레일 강의 정련(refining)기술은 (**그림 3.21**에 나타낸 것처럼) 다음의 공정을 포함한다 : 즉, 선철(銑鐵, pig iron) 탈황(脫黃) 사전처리 → 상취(上吹) 전로(轉爐) 제강(top−blown converter steelmaking) → LF(역자가 추가 : ladle furnace) 노외정련(爐外精煉) → VD(vacuum degassing) 또는 RH(역자가 추가 : Ruhrstahl Hereaus) → 강편(鋼片, bloom) 연속 주조. 탈황 사전처리, 노외정련 및 진공 탈기(脫氣, degassing)의 공정은 강을 정련하고, 내부품질을 향상하며, 레일의 사용수명을 연장하기 위해 행한다. 소프트 프레스(soft press)와 전자기 교반(electromagnetic stirring)의 공정은 주조 강편(cast bloom)의 품질향상을 목적으로 한다; 강편 연속 주조는 강의 항복점을 높이며, 더 중요한 (중간 부분은 좋지만, 끝부분이 열등한 다이 캐스팅 강편과는 달리) 레일 강의 균질성을 향상한다.

3.5.2 마무리 압연

레일 마무리 압연(finishing) 기술은 워킹 빔 로(working beam furnace) 가열, HP 물(역주 : 고압수)을 이용

그림 3.22 콤팩트 만능압연기를 이용한 레일 압연

그림 3.23 수평–수직 결합 똑바로 펴기

한 복수-통과 스케일 제거(multi-pass descaling), 만능압연기(universal mill)를 이용한 압연 및 레일의 열간(hot) 사전-굽힘의 공정을 포함한다. 워킹 빔 로(爐)는 레일의 치수 균일성을 보장하도록 강편을 균일하게 가열할 수 있다. HP 물을 이용한 복수-통과 스케일 제거는 레일 외관의 품질을 보장할 수 있다. (**그림 3.22**에 나타낸 것처럼) 만능압연기를 이용한 압연은 레일의 기하구조 정밀성을 향상할 수 있으며 현대적 레일생산을 상징하는 것 중의 하나이다. 사전-굽힘은 잔류응력과 구부러진 레일 똑바로 펴기 소음을 줄이고 작업환경을 개선할 수 있다.

3.5.3 마무리

레일 마무리(conditioning) 기술은 (**그림 3.23**에 나타낸 것처럼) 수평-수직 조합 똑바로 펴기(horizontal-vertical combined straightening), 4면 유압 다시 똑바로 펴기, 표준 길이로 절단함 및 결합된 톱질과 천공 기계를 이용한 구멍 뚫기를 포함한다.

3.5.4 집중화된 탐상

레일탐상(rail detection) 기술은 초음파탐상, 와전류탐상, 레이저-지원 자동 평탄성(선형) 검측 및 레일 기하구조의 자동 검측을 포함한다.

3.5.5 긴 레일의 생산

긴 레일의 생산 동안에 긴 구부러진 레일의 똑바로 펴기와 냉각 톱을 이용한 표준 길이로 절단함의 공정이 행하여지고, 여기서 열간압연 금속 끝의 잔량을 잘라냄으로써 똑바른 중간의 부분이 얻어지며, 전체 레일의 높은 치수 균일성을 실현하고, 레일의 전체 평탄성을 상당히 향상한다. 게다가, 길이가 긴 레일의 생산은 레일의 열간 사전-굽힘을 용이하게 하고, 똑바로 펴기 전의 레일 만곡도(彎曲度)를 줄이며, 똑바로 펴기에 기인하는 잔류응력과 레일의 표면손상을 줄이고, 항복속도를 개선한다. 마지막으로, NDT(비파괴검사) 후에 NDT 사각영역이 존재하지 않으므로 레일 끝부분의 내부품질이 향상될 수 있다. 보다 중요한 것은 긴 길이로 절단한 레일의 사용은 용접이음을 줄이며, 차례로 주행안전 신뢰성과 승차감을 향상시킨다. 그러므로 긴 길이로 절단한 레일은 많은 나라의 고속철도에 채택되어 왔다. 예를 들어 프랑스에서 80m, 일본에서 50m, 독일과 VAL(역주 : 프랑스어 Véhicule Automatique Léger, 영어로 automatic light vehicle의 뜻)에서 120m를 사용한다.

제4장 차륜-레일관계 설계

궤도는 차륜-레일접촉(wheel-rail contact)을 통하여 주행열차와 연결된다. 그러므로 차륜-레일 관계(wheel-rail relation)는 철도차량과 궤도를 연결하며 차륜-궤도 시스템에서 그들의 상호작용을 할 수 있게 한다. 이 관계는 열차의 주행특성(running characteristic)을 특징짓는다. 그것은 대체로 차륜-레일접촉 기하구조 관계(contact geometry relation)와 차륜-레일 크리프 관계(creep relation)로 구성된다.

윤축(wheelset)은 분기기에서 텅레일(switch rail)과 노스레일(point rail)로 안내(guide)된다. 이들 레일의 상면 폭과 높이가 점차적으로 변하므로 차륜-레일접촉은 그에 따라서 바뀔 것이며, 주행 열차의 주행특성에 영향을 줄 것이다. 차륜-레일관계의 설계(design of wheel-rail relation)는 고속분기기에서 열차안전과 안정성을 확보하기 위하여 아주 중요하다.

4.1 차륜-레일접촉 기하구조 관계

4.1.1 계산방법[39, 40]

서로 다른 차륜-레일 외형(wheel-rail profile)의 배합은 서로 다른 차륜-레일접촉 기하구조 관계와 파라미터를 나타낸다. 이들의 파라미터는 차륜-레일시스템의 동적 상호작용(dynamic interaction)에 관한 연구에서 극히 중요하다.

차륜-레일접촉 기하구조 관계는 레일두부 외형(프로파일), 궤도높이, 레일경사, 궤간, 레일의 횡/수직 변위와 비틀림, 답면 형상(프로파일), 차륜 내면 간 거리(wheel back to back)와 차륜의 답면 전동(轉動) 원의 반경 및 차축 중심부터 공칭 답면 전동 원까지의 횡 거리, 게다가 윤축의 횡 이동, 요(yaw) 및 종 방향 이동 차이의 영향을 받는다.

계산의 입력 파라미터는 윤축(wheelset)의 횡 이동량(lateral displacement)과 요 각(yaw angle)을 포함하며, 출력 파라미터는 윤축 중심(重心, center of gravity)의 수직 변위, 답면의 곡률반경, 좌-우 차륜 접점(contact point)에서의 답면 전동 원의 반경과 그들의 차이, 좌-우 차륜 접촉각(contact angle)과 그들의 차이, 윤축의 롤 각(roll angle) 및 왼쪽과 오른쪽 궤도 접점에서의 곡률반경을 포함한다. 모든 차륜-레일접촉 기하구조 파라미터는 윤축의 횡 변위와 요(yaw)의 함수이다.

차륜-레일 윤곽 외형(프로파일)은 매우 많으며, 간단한 해석 식으로 나타낼 수 없을 때는 일련의 이산좌표 점(discrete coordinate point)으로 표시한 후에 수학적 방법으로 하나의 적합 곡선(fitting curve)을 도출하여 차륜-레일 외형을 나타낼 수 있다(※ 역자가 문구 조정). 차륜과 레일에 대한 임의의 지점이 주어지면, 차륜-레일 접점(contact point)은 추적방법(trace method)으로 알아낼 수 있다. 기본가정은 다음과 같다.

1. 차륜과 레일은 강체(剛體, rigid body)에 가까우며, 차륜표면의 어떤 지점도 레일에 박힐 수 없다.
2. 윤축(wheelset)의 두 차륜(wheel)은 동시에 궤도의 레일에 접촉하며. 차륜-레일 분리는 발생하지 않는다.
3. 차륜의 접점(contact point)과 레일의 접점은 같은 공간 위치를 가져야 한다.
4. 차륜-레일 접점에서 차륜과 레일은 공통 접평면(接平面)(common tangent plane)을 가진다.
5. 차륜과 레일의 접촉영역은 하나의 점(point)이나 점(spot)이며, 즉 차륜 답면과 레일 사이에 동일 선상(collinear, 共線)의 접촉이나 동일 평면상(coplanar, 共面)의 접촉이 없다.

차륜-레일접촉 기하구조 관계는 윤축의 요(yaw)나 횡 변위에 적용될 때 공간적인 문제가 될 것이다. 그러나 윤축의 요각(yaw angle)을 따로 떼어 놓을 때는 이 관계가 평면에서만 변할 수 있으므로 평면의 문제로 될 것이다. 차륜-레일접촉 기하구조 파라미터가 윤축 횡 변위의 함수이므로, 접점(contact point)의 위치는 다음과 같은 기하구조 조건을 이용하여 계산될 수 있다. ① 차륜-레일 수직거리는 접점에서 영(0)이며, 그 밖의 지점들에서는 영(0)보다 크다. ② 접점에서의 차륜-레일 윤곽선(프로파일)은 같은 기울기를 가지며, 즉 그들은 공통접선(common tangent)을 갖는다. 두 조건은 동등하다. 차륜-레일 접점은 전자에 의해 특징지어진다.
횡 변위와 요(yaw)가 동시에 발생되는 경우에, 차륜-레일접점은 차륜-레일 윤곽선(프로파일) 상의 점들을 자세히 조사함으로써 밝혀지며, 이것은 최소 수직거리를 가진 점들을 알아내고, 윤축과 레일 간의 최소 거리를 비교하며, 차륜-레일접촉 조건을 충족시키도록 윤축의 롤 각(roll angle)을 조정한다. 이 방법은 평면 문제에 대한 것에 해당된다. 이들의 접점을 이용하여 접촉 파라미터가 밝혀질 수 있다.

4.1.2 레일 윤곽(프로파일)

1. 텅레일(switch rail)

텅레일은 레일두부를 수평으로 깎고 레일저부를 수평과 수직으로 깎음으로써 뾰족한 첨단(尖端)(pointed tip)이 마련된다. 이렇게 하여 윤축(wheelset)은 기본레일과 텅레일 간에서 쉽게 갈아탈(移行, transition) 수 있으며, 두 레일은 완전하게 밀착된다. 게다가, 텅레일의 실제 첨단이 손상되거나 과도한 수직 윤하중(wheel load)을 받는 것을 방지하기 위하여 텅레일이 기본레일보다 낮게 되도록 텅레일의 상면(top)은 수직으로 깎아질 것이다.

히든 첨단(hidden tip point) 구조는 분기기 뒤쪽에서부터 주행하는 윤축과 텅레일의 첨단 간의 충돌을 방지하기 위하여 채택된다. 이 구조에서 텅레일의 첨단은 기본레일보다 약 16~23mm 더 낮으며, 기본레일의 턱 안쪽으로 약 3mm만큼 가려진다(hidden). 그러므로 **그림 4.1** (A)에 나타낸 것처럼 윤축과 기본레일 상면

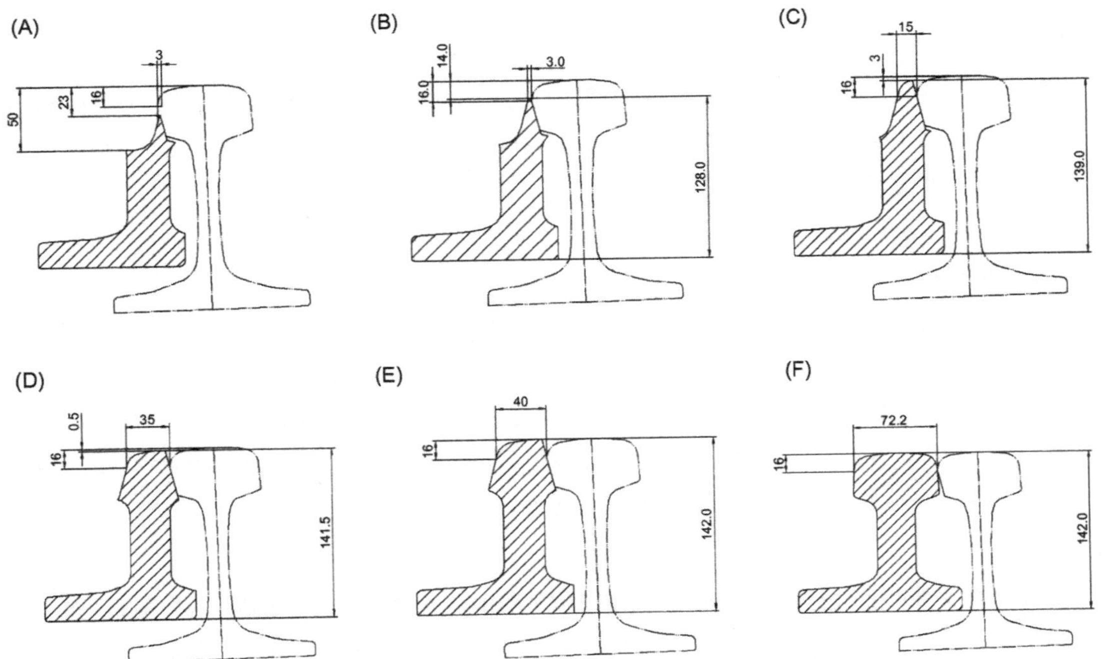

그림 4.1 직선 텅레일의 윤곽(프로파일) : (A) 텅레일의 첨단, (B) 상면 폭 3mm, (C) 상면 폭 15mm, (D) 상면 폭 35mm, (E) 상면 폭 40mm, (F) 상면 폭 71.2mm

의 최대 수직마모에서조차 윤축은 실제 첨단을 충격하지 않을 것이다. 그러나 높이차는 25mm를 넘지 않아야 한다. 즉, 텅레일은 차륜플랜지보다 아래에 있지 않아야 한다. 그렇지 않으면, 텅레일과 기본레일이 분리되었을 때 (분기기 뒤쪽에서부터 주행하는) 차륜 플랜지가 텅레일에 올라탈 수 있다.

텅레일 상면을 수직으로 깎는 도구는 기본레일 상면과 같은 윤곽선(프로파일)을 가져야 한다. 텅레일 상면은 제어 단면에 대한 이론적 중심선의 높이차로 형성된 종 방향 기울기에 따라 수직으로 깎아진다. 이 공정은 교통조건과 텅레일의 사용수명에 영향을 준다. 보통의 분기기를 설계함에 있어, 텅레일 상면의 높이차는 다음과 같은 법칙에 따라야 한다. 윤축은 상면 폭이 20mm인 텅레일단면에서부터 갈아탈 수 있으며, 그다음에 텅레일과 기본레일은 수직 윤하중을 분담할 것이다. 이 단면에 접근하기 전에는 텅레일에 하중이 가해지지 않으며, 기본레일보다 낮았던 텅레일 상면은 상면 폭이 50mm인 단면부터 기본레일과 같은 높이(level)로 될 것이다. 기본레일은 이 단면 이후에 하중을 받지 않는다. 동시에, 최소 차륜 내면 간 거리(wheel back to back)와 플랜지가 마모된 윤축의 한 차륜은 레일에 밀착될 수 있고, 맞은편 차륜의 바깥쪽 타이어(tire)는 기본레일 두부의 측면연결 원호에 겹쳐질 수 있으며, 그러므로 타이어가 궤간을 죄거나 기본레일을 넘지(turn) 않을 것이다. 중국 고속분기기의 경우에, 안정성과 차륜 윤곽(프로파일)의 보다 작은 편차를 고려하면, 이 '규칙(rules)'이 지배적이지 않으며, 윤축은 15~40mm 이내에서 갈아탈 수 있다.

깎음과 굽힘의 공정을 결합하여 깎은 텅레일의 첨단 부분(point)에서의 레일 두부(rail head)는 레일 복부(rail web)로 지지될 수 있고 또한 곡선 텅레일에서는 그 작용면(curved working surface)을 곡선형으로 할 수 있다. 곡선 기본레일도 포인트(switch)에서 궤간, 선형맞춤 및 직선 텅레일과 곡선 기본레일 간의 밀착(closure)을 유지하도록 필요한 구부림을 해야 한다.

그림 4.1은 중국의 350km/h용 18번 고속분기기의 직선 텅레일(straight switch rail) 각(各) 제어단면의 윤곽도(profile of control section)를 보여준다. 곡선(curved)텅레일과 직선 텅레일의 윤곽선(프로파일)은 높이 차 때문에 약간 다를 수 있다.

2. 노스레일(point rail)

중국의 가동 노스레일(swing nose rail)은 (평평한-복부 특수단면으로 만든) 긴 노스레일(point rail)과 짧은 노스레일로 접합된다. 두 레일의 두부와 저부는 더 좋은 결합과 뾰족한 작용면(working surface)을 위하여 깎아져야 한다. 공정은 다음과 같다: 짧은 노스레일의 비(非) 작용면(nonworking surface)에 관한 레일두부를 수평으로 깎고 레일저부를 수평으로 그리고 수직으로 깎는다(가끔 긴 노스레일의 비(非)작용면에 적용한다); '역(逆) V형'으로 긴 노스레일과 조립한다; 그리고 작용면에 대하여 레일두부와 레일저부를 수평으로 깎는다.

레일단면의 깎음 원호에 대한 선택원리는 다음과 같다. 플랜지와 접촉하는 작용면의 깎음 원호의 반경은 원래 레일두부의 측면연결 원호의 반경과 같아야 한다. 더 작은 원호반경은 폭이 좁은 단면(수직 윤하중을 받지 않는다)에서의 레일두부 양 측면(프로파일)에 대해 바람직하다. 플랜지 상면을 연결하는 부분의 깎음 원호

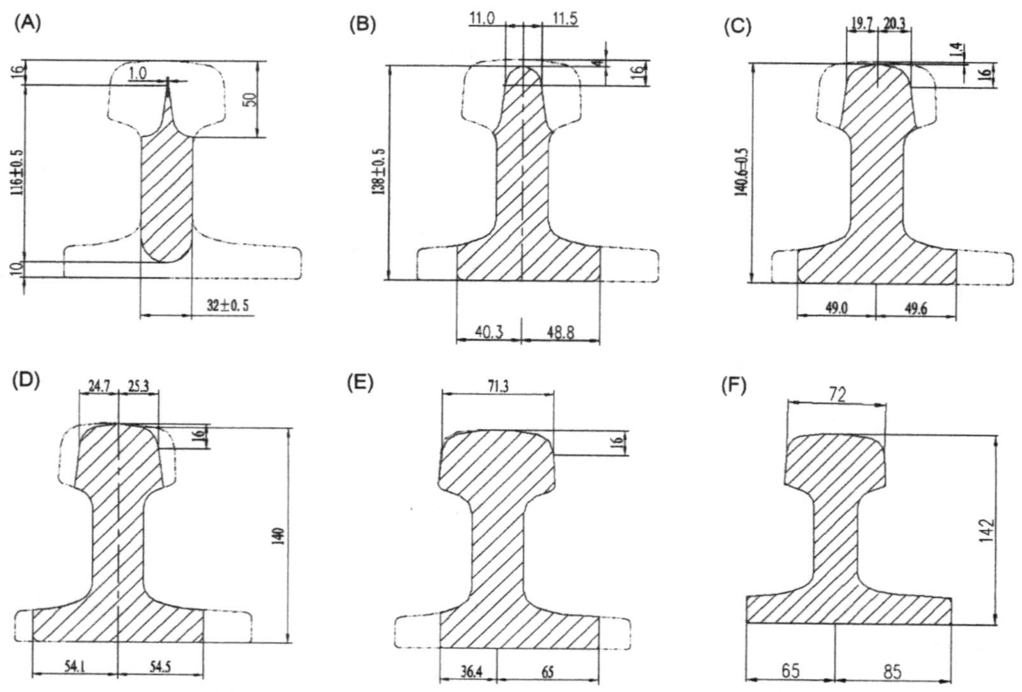

그림 4.2 긴 노스레일의 윤곽(프로파일) : (A) 노스레일의 첨단, (B) 상면 폭 22.5mm, (C) 상면 폭 40mm, (D) 상면 폭 50mm, (E) 상면 폭 71.3mm, (F) 상면 폭 72mm

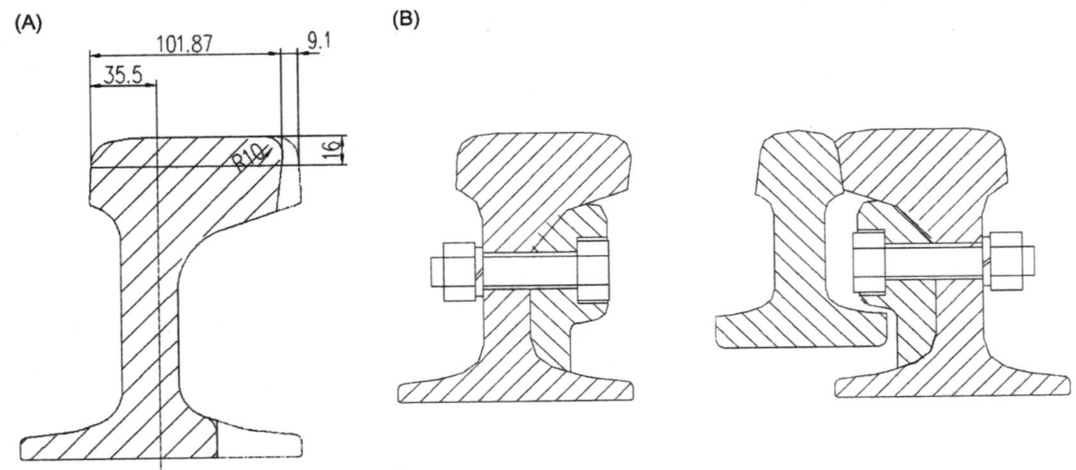

그림 4.3 윙레일 윤곽(프로파일) : (A) 노스레일의 첨단에서의 윙레일 윤곽(프로파일), (B) 노스레일과 윙레일의 상대 위치

의 반경은 플랜지 상부의 원호와 일치해야 한다. 차륜 배면에 접촉하는 작용면의 깎음 원호의 반경은 레일 측면과 차륜 배면에 대하여 더 큰 접촉 면적이 되게 하도록 일반적으로 3~5mm로 취해진다.

텅레일에서와 마찬가지로, 차륜 답면은 상면 폭이 20mm인 노스레일 단면에서부터 노스레일과 접촉되고 상면 폭이 약 50mm인 노스레일 단면에서 윙레일을 완전히 떠날 것이다.

긴 노스레일의 첨단은 텅레일처럼 수직으로 가려질(hidden) 수 있다. 특수단면 윙레일의 경우에 만일 레일 두부가 충분히 넓다면 수평 히든첨단 구조(horizontal hidden tip point structure)가 이용될 것이다. 이 경우에 윙레일의 레일두부는 첨단의 높이차가 알맞게 감소되도록 (턱보다는) 윙레일 두부의 윤곽선(프로파일) 이내에서 밀착된 노스레일의 첨단을 가리도록(hide) 일부를 깎아야 한다. **그림 4.2**와 **4.3**은 중국의 350km/h용 18번 고속분기기의 긴 노스레일과 윙레일 각(各) 제어단면의 윤곽도(프로파일)를 보여준다. 노스레일의 약 9mm가 가려진다.

짧은 노스레일과 긴 노스레일의 접합은 맞춰 넣은 첨단(尖端)(fitted point) 구조나 바짝 붙인 첨단(closed point) 구조를 적용할 수 있다. 맞춰 넣은 첨단구조는 긴 노스레일의 접합 부분 두부를 깎아 빈틈(groove)을 만드는 동시에 짧은 노스레일 두부의 앞부분을 상응하는 형상으로 깎아서 접합한다, 이 구조는 분기선에서 노스레일의 작용면을 연속직선으로 만든다. 그러나 긴 노스레일의 과도한 깎음 때문에 맞춰 넣은 단면에서 레일파손의 위험이 증가한다. 게다가 공정은 상당히 복잡하다. 바짝 붙인 첨단구조의 경우에 짧은 노스레일의 앞쪽 끝은 뾰족하게 깎아지며 긴 노스레일의 두부 측면과 밀착된다. 이 공정은 긴 노스레일의 두부를 깎지 않을 것이므로 단순하다. 그러나 텅레일(switch rail)과 긴 노스레일(long point rail)의 앞부분에는 유사한 구조적 틀림이 형성될 수 있다.

크로싱의 후단(後端, heel)에 뾰족한 레일 식의 사(斜) 이음매를 적용한 단일 탄성 굽힘 가능 노스레일의 경우에, 크로싱 후단의 뾰족한 레일의 앞부분은 뾰족한 모양으로 깎아야 하며 분기선(diverging line)이 개통될 때 짧은 노스레일의 후단과 접촉된다. 크로싱 후단의 뾰족한 레일은 일반적으로 보통레일로 만들어진다.

4.1.3 (윤축 횡 이동이 없을 때의) 차륜-레일접촉 기하구조

텅레일(switch rail)과 노스레일(point rail)은 특수 윤곽형상(프로파일)으로 인해 차륜의 갈아탐(transition) 이전에는 하중을 받지 않으며 이때 차륜은 여전히 기본레일이나 윙레일과 접촉한다. 동시에, 기본레일과 윙레일은 텅레일과 노스레일의 상면 폭에 따라 굽혀져 있다. 그러므로 윤축의 횡 이동이 없더라도 분기기 구간의 차륜-레일접촉 기하구조 관계는 변화가 발생할 것이다. 차륜의 갈아탐 이후로는 텅레일과 노스레일이 전(全)하중을 받는다. 레일 윤곽(프로파일)이 변화됨(두 레일은 기본레일과는 다른 윤곽을 갖는다)에 따라 차륜-레일접촉 기하구조 관계(contact geometry relation)도 변화될 것이다.

정적 차륜-레일접촉 기하구조 관계를 연구함에 있어 레일변위(rail displacement)를 무시하고 텅레일과 기본레일, 노스레일과 윙레일, 긴/짧은 노스레일, 크로싱 후단의 뾰족한 레일과 짧은 노스레일이 밀착되어있다고 가정하면, 밀착돼 있는 레일들의 상부 윤곽(프로파일)은 하나의 특별한 모양을 이룬 윤곽(프로파일)으로 간주할 수 있다. **그림 4.1**은 밀착된 텅레일과 기본레일의 '결합된' 윤곽(프로파일)을 보여준다.

1. 등가 답면 기울기(equivalent tread conicity)[41]

열차가 기준선에서 주행할 때, 왼쪽차륜은 공칭 답면 전동(轉動) 원의 r_0에서 레일과 접촉될 것이다. 오른쪽차륜과 레일 간의 접점은 텅레일과 노스레일의 상면 폭에 따라서 변화될 것이다. 오른쪽차륜-레일접점에서부터 공칭 답면 전동 원까지 거리를 d_R이라고 하면, d_R은 차륜 갈아탐 전의 텅레일과 노스레일의 상면 폭과 같으며 이것은 오른쪽 차륜이 d_R만큼 왼쪽으로 이동하는 것으로 간주할 수 있다. 차륜 갈아탐 후에는 접점이 게이지코너 근처의 위치에서 공칭 답면 전동 원으로 점차 이동하며, 기준선/분기선에서 주행하는 좌측과 우측 차륜의 공칭 답면 전동 원의 반경은 다음의 식으로 계산될 수 있다.

$$\begin{cases} \text{기준선}\ ;\ r_L = r_0 - \lambda y_w, & r_R = r_0 + \lambda(y_w - d_R) \\ \text{분기선}\ ;\ r_L = r_0 - \lambda(y_w + d_R), & r_R = r_0 + \lambda y_w \end{cases} \tag{4.1}$$

여기서, y_w은 윤축의 횡 이동량(lateral displacement of wheelset)이다(역주 : λ = 차륜 답면 기울기).

분기기 구간에서의 등가 답면 기울기와 윤축의 횡 이동량 및 텅레일 또는 노스레일 상면 폭 간의 관계는 전술의 식을 이용하여 다음과 같이 나타낼 수 있다(※ 역자가 수식을 전면 수정).

$$\lambda_w = \frac{r_R - r_L}{2y_w \mp d_R} = \frac{\text{좌우 접점의 전동 원 반경의 차}}{\text{좌우 접점에서 공칭 접점까지 거리의 합}} \tag{4.2}$$

그림 4.4와 **4.5**는 열차가 350km/h용 18번 분기기(레일경사 1:40, CHN 60km/h 레일, 기준선에 가드레일 없음)의 기준선(main line)에서 주행할 때, 텅레일과 노스레일의 상면 폭에 따른 TB, LM 및 LMA 차륜 답면(車輪 踏面, wheel tread)의 등가 답면 기울기의 변화를 묘사한다.

이들의 그림에서 알 수 있듯이, 차륜이 기준선에서 전진할 때 등가 답면 기울기는 윤축의 횡 이동을 고려하지 않은 상태에서 텅레일과 노스레일의 상면 폭(top width)의 넓어짐(widening)에 따라서 변동을 거듭할 것

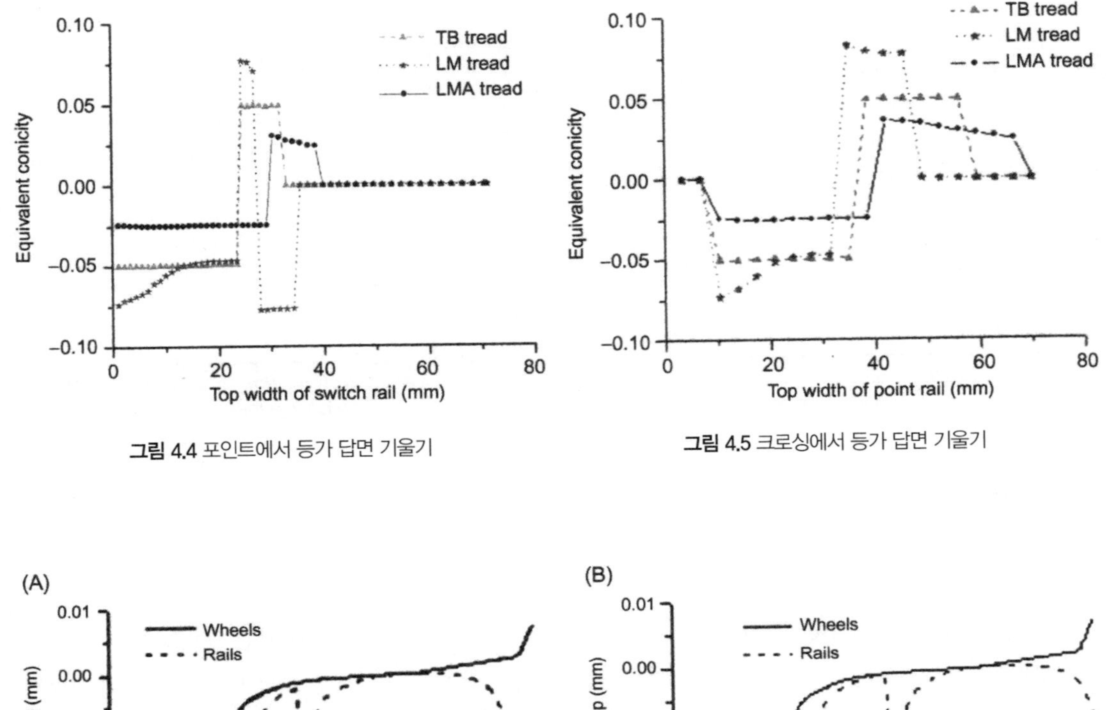

그림 4.4 포인트에서 등가 답면 기울기

그림 4.5 크로싱에서 등가 답면 기울기

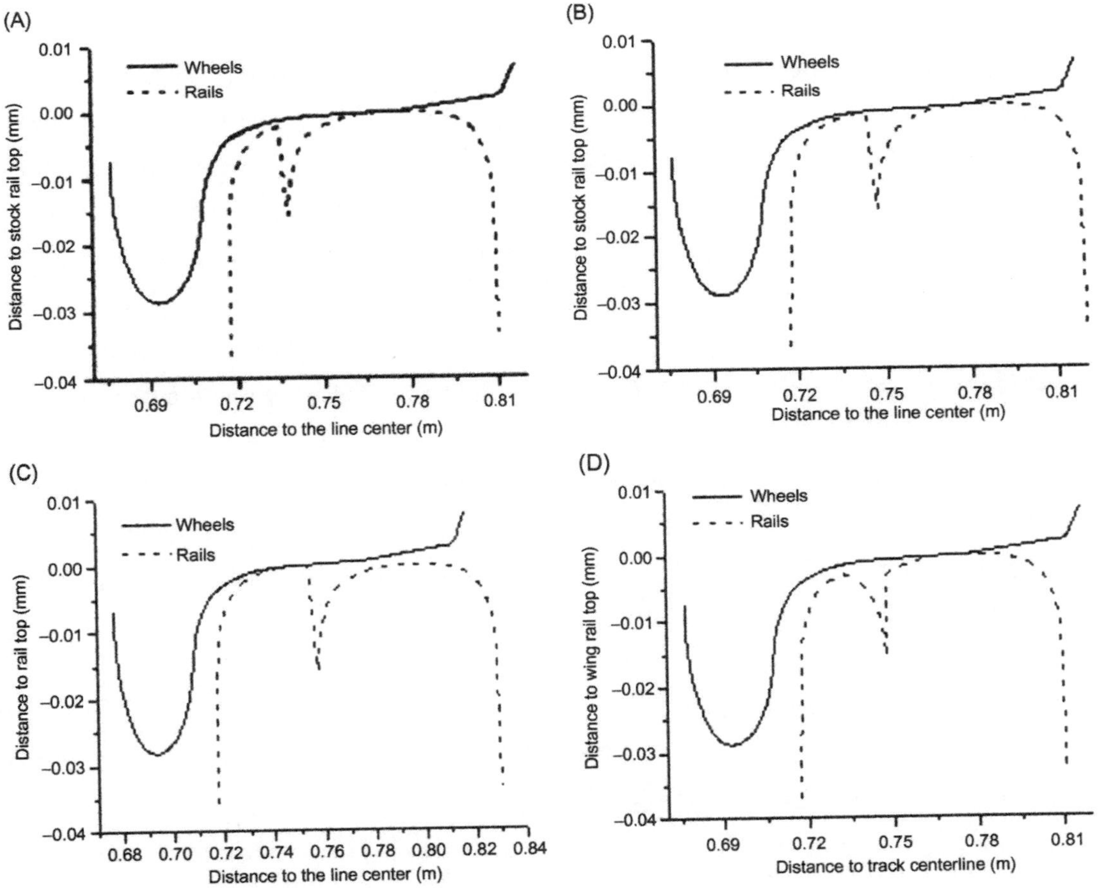

그림 4.6 (A) 텅레일의 상면 폭 20mm에서의 접촉, (B) 텅레일의 상면 폭 30mm에서의 접촉, (C) 텅레일의 상면 폭 40mm에서의 접촉, (D) 노스레일의 상면 폭 30mm에서의 접촉(역주 : (D)는 그림 4.7로 이동시켜야 한다고 생각됨)

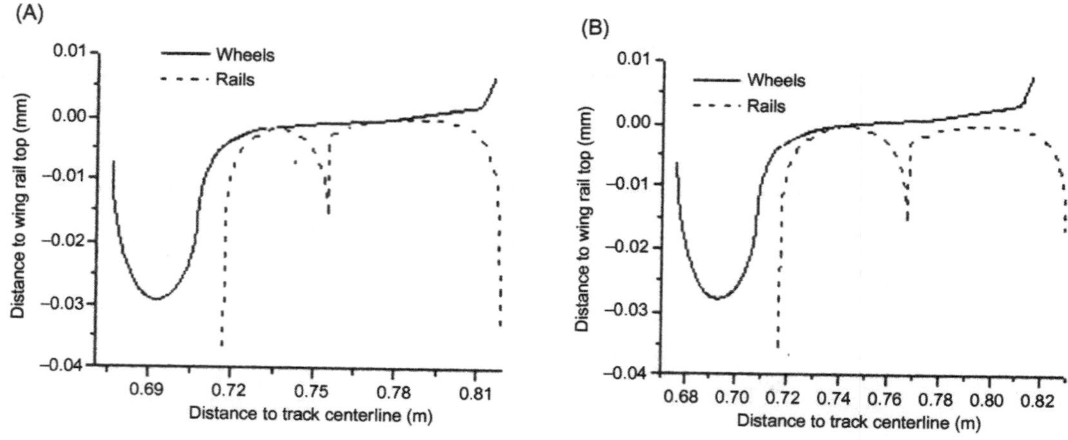

그림 4.7 (A) 노스레일의 상면 폭 40mm에서의 접촉, (B) 노스레일의 상면 폭 50mm에서의 접촉

이다. 최대 등가 답면 기울기는 LM 답면의 경우에 약 0.08, TB 답면의 경우에 0.05, 그리고 LMA 답면의 경우에 (포인트에서) 0.025와 (크로싱에서) 0.035이다. 전술로부터, 차륜이 분기기를 통과할 때 LMA 답면은 최소의 틀림(minimum irregularity)을 수반한다는 것을 알 수 있다. 그것은 선호되는 답면 유형이다.

텅레일과 노스레일이 상면의 윤곽 형상과 상면의 낮춤 값에서 다르므로 상면 폭에 따른 등가 답면 기울기의 변화 경향도 또한 둘 사이에서 서로 다르다. LMA 답면과 상면 폭 20, 30 및 40mm의 텅레일 간, 그리고 LMA 답면과 상면 폭 30, 40 및 50mm의 노스레일 간의 접촉정보는 **그림 4.6**과 **4.7**에서 보여준다.

차륜 답면은 윤하중 갈아탐(transition, 移行)의 임계지점에서 텅레일과 기본레일 및 노스레일과 윙레일과 동시에 접촉될 것이며, 여기서 두 레일이 윤하중(wheel load)을 분담할 것이다. 접점(contact point)에서 차륜–레일 강체 변위와 탄성 압축변형을 고려해 볼 때, 윤하중 갈아탐은 더 이상 임계지점이 아닌 특정 범위로 제한될 것이다. 이 경우에 각각의 레일에 분포된 윤하중은 변위 조정조건(displacement coordination condition)으로 구해질 수 있다.

차륜의 답면 형식이 다른 경우에 텅레일과 노스레일에서 윤하중 갈아탐(transfer, 轉移) 지점의 단면이 다를 것이다. LM 답면이 맨 앞이며, LMA 답면은 맨 뒤이다. 답면 형태가 같은 차륜의 경우에 텅레일과 노스레일의 윤하중 갈아탐 지점이 다를 것이다. 그 이유는 두 레일의 서로 다른 상면 윤곽형상(top profile)과 상면 낮춤 값(height difference), 윙 레일두부의 절삭 등등에 있다.

2. 롤 각도계수(roll angle coefficient)

등가 답면 기울기에서처럼, 윤축의 횡 이동량 및 텅레일과 노스레일의 상면 폭을 고려해 볼 때, 롤 각도계수는 다음과 같이 정의될 수 있다(※ 역자가 수식 보완).

$$\Gamma = \frac{\theta_w}{2y_w \mp d_R} = \frac{\text{윤축롤각}}{\text{좌우 접점에서 공칭 접점까지 거리의 합}} \tag{4.3}$$

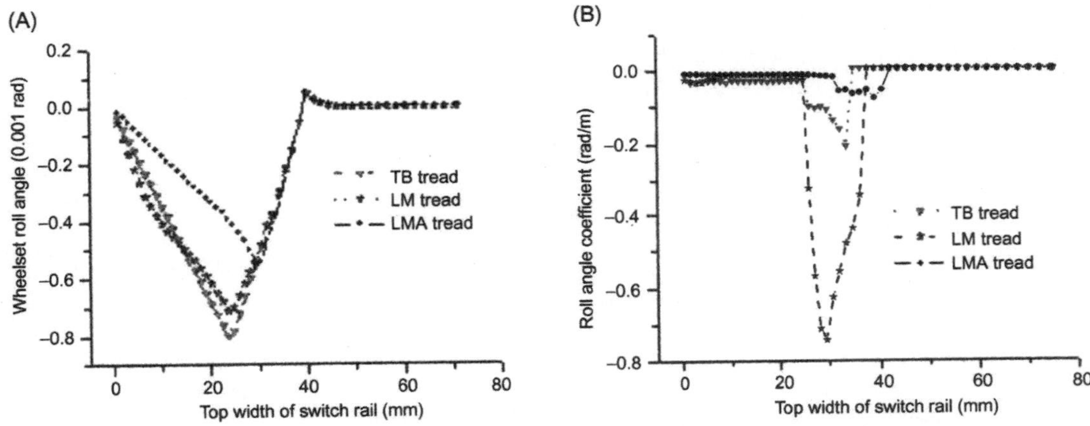

그림 4.8 (A) 텅레일의 상면 폭에 따른 윤축 롤 각의 변화, (B) 텅레일의 상면 폭에 따른 롤 각도계수의 변화

여기서, θ_w은 윤축(wheelset)의 롤 각(roll angle)이다.

열차가 350km/h용 중국 18번 분기기의 기준선에서 주행 중일 때, 포인트와 크로싱에서 텅레일과 노스레일의 상면 폭에 따른 TB, LM 및 LMA 답면의 롤 각과 롤 각도계수의 변화를 **그림 4.8**과 **4.9**에 나타낸다. 설사 횡 변위가 없다고 할지라도 차륜–레일 접점의 변화와 함께 윤축은 포인트와 크로싱에서 롤링(roll)될 것이다. 롤 각이 커질수록 평온성(平穩性, riding quality)은 더 나빠진다. TB 답면이 가장 크며, 순서대로 LM 답면과 LMA 답면이 뒤따른다.

롤 각도계수는 차륜–레일접점에 따른 윤축의 롤 각의 변화율(change rate)을 반영한다. 텅레일과 노스레일의 서로 다른 상면 윤곽(프로파일)의 관점에서 LM 답면이 포인트에서 가장 크며, TB 답면은 노스레일에서 가장 크다. 그러나 LMA 답면은 양쪽의 지점에서 가장 적다. 프랑스의 300km/h용 고속분기기에 대한 윤축의 롤 각은 4/1000 rad 이내로 제어된다.

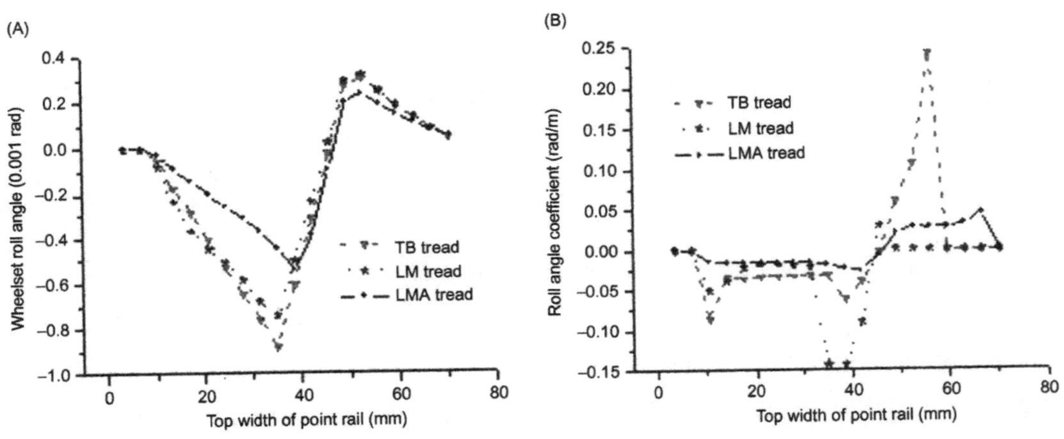

그림 4.9 (A) 노스레일의 상면 폭에 따른 윤축 롤 각의 변화, (B) 노스레일의 상면 폭에 따른 롤 각 계수의 변화

3. 윤축의 중력 강성(gravitational stiffness of wheelset)

등가 답면 기울기에서처럼, 윤축의 횡 변위 및 텅레일과 노스레일의 상면 폭을 고려해 볼 때, 윤축의 중력 강성은 다음과 같이 정의될 수 있다(※ 역자가 수식 보완).

$$K_{gy} = \frac{W}{2y_w \mp d_R}\left[\tan(\delta_R + \theta_w) - \tan(\delta_L - \theta_w)\right] = \frac{\text{윤축의 복원력}}{\text{좌우 접점에서 공칭 접점까지 거리의 합}} \tag{4.4}$$

여기서, W는 윤축의 중량이고, δ_L과 δ_R은 좌측과 우측 차륜의 접촉각이다.

열차가 350km/h용 중국 18번 분기기의 기준선에서 주행 중일 때, 포인트와 크로싱에서 텅레일과 노스레일의 상면 폭에 따른 TB, LM 및 LMA 답면의 윤축의 중력 강성계수(gravitational stiffness coefficient of wheelset)의 변화를 **그림 4.10**에 나타낸다. 텅레일과 노스레일의 동일한 상면 폭이 주어지면, 윤축의 중력 강성이 작을수록, 필요한 복원력(復原力, resiliency)이 적어지고 안정성은 좋아진다. 그림으로부터 중국 고속분기기에 대하여 LMA 답면이 이상적임을 알 수 있다.

유사하게, 텅레일과 노스레일의 다른 답면들 간 접촉각차이계수(contact angle difference coefficient), 윤축의 중력각도강성(gravitational angle stiffness) 및 그 밖의 접촉 기하구조 파라미터(contact geometry parameter)들도 구해진다. 종합적으로, 중국 고속분기기에서 LMA 답면이 차륜–레일관계와 양립될 수 있다.

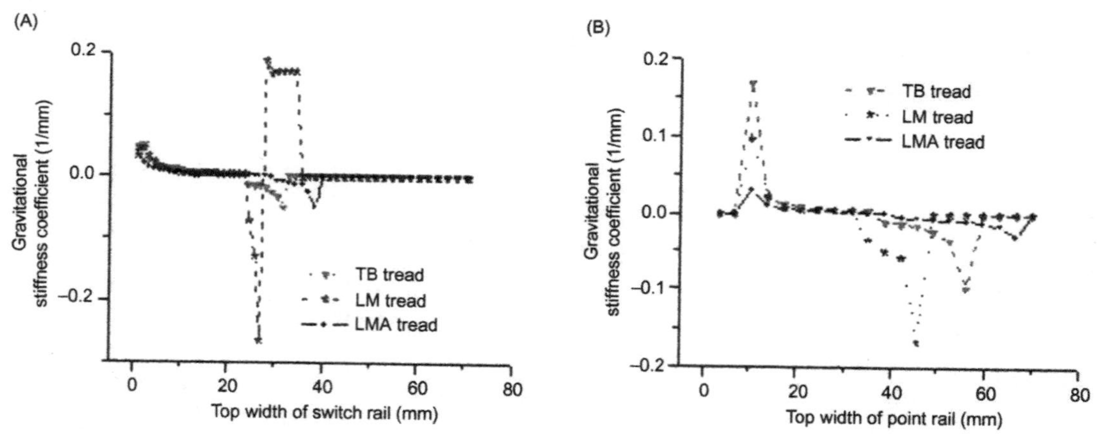

그림 4.10 (A) 텅레일의 상면 폭에 따른 중력 강성계수의 변화, (B) 노스레일의 상면 폭에 따른 중력 강성계수의 변화

4. 구조적 틀림(structural irregularity)

그림 4.11은 분기기에서 텅레일의 상면 폭에 따른, 차륜과 직선 텅레일/기본레일 간의 답면에 대한 차륜–레일 접점(contact point)의 변화를 보여준다. **그림 4.12**는 노스레일의 상면 폭(top width)에 따른, 차륜과 긴

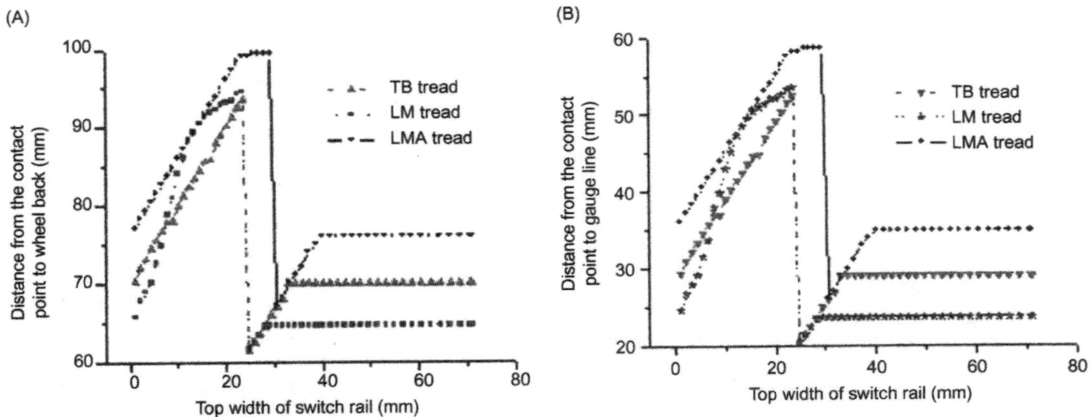

그림 4.11 (A) 텅레일의 상면 폭에 따른 차륜에 대한 접점의 변화, (B) 텅레일의 상면 폭에 따른 레일에 대한 접점의 변화

노스레일/윙레일 간의 답면에 대한 차륜–레일 접점의 변화를 보여준다. 윤하중 갈아탐(wheel–load transition) 이전에 접점이 바깥쪽으로 이동할 것이며, 텅레일과 노스레일의 상면 폭이 증가된다. 그 후에, 접점은 상당히 이동될 것이며, 궤간선(gauge line)으로부터 바깥쪽으로 움직이고, 텅레일과 노스레일의 상면 폭이 증가된다. 차륜과 레일에 대한 차륜–레일 접점의 변화는 같은 법칙을 따른다. 윤축의 횡 변위에 상관없이 초기좌표(initial coordinate)에만 차이가 있다. 반대쪽 차륜과 기본레일에 대한 차륜–레일 접점은 윤축 롤 각의 차이 때문에 (1mm 이내로) 약간 다르다.

이 변화법칙(change rule)은 어떤 한 구간의 경우에 상응하는 분기기 구조의 특성으로 결정되며, 여기서 오른쪽 레일은 **그림 4.13**과 **4.14**에 나타낸 것처럼 수직종단 선형(고저)과 줄(방향) 틀림을 갖는다. 열차–분기기 충격 진동원(impact source of vibration)으로서의 이들의 틀림 또는 구조적 틀림은 점차로 넓어지고 높아지는 텅레일과 노스레일의 이용에 따라 불가피해질 수 있다.

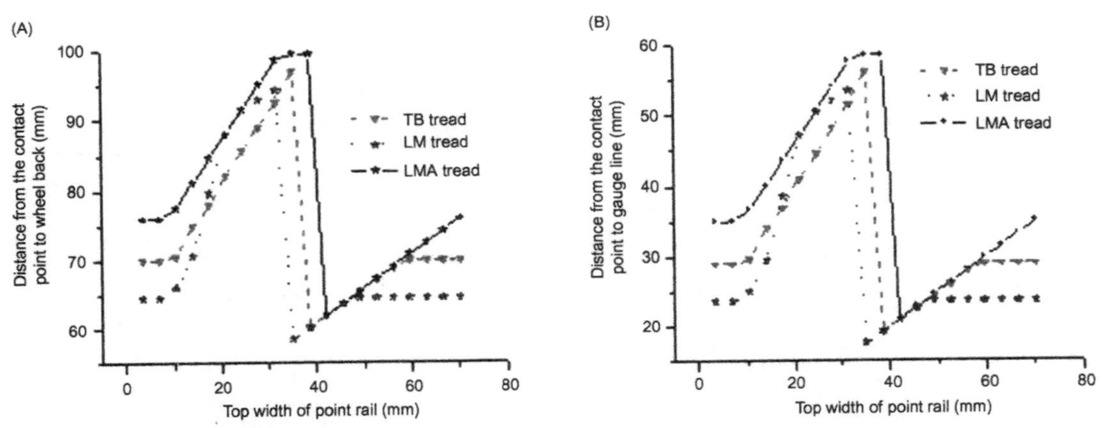

그림 4.12 (A) 노스레일의 상면 폭에 따른 차륜에 대한 접점의 변화, (B) 노스레일의 상면 폭에 따른 레일에 대한 접점의 변화

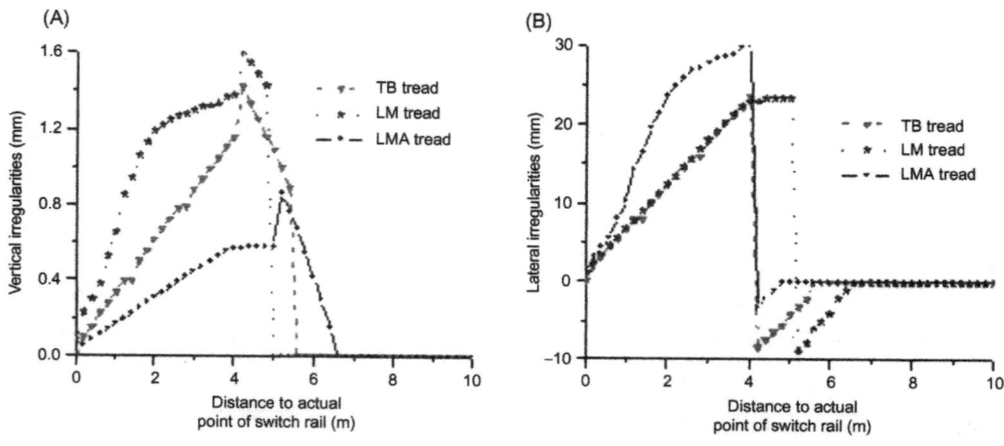

그림 4.13 (A) 포인트에서 수직 틀림(고저 틀림), (B) 포인트에서 횡 틀림(방향 틀림)

이들의 그림에서, 분기기의 횡 틀림(lateral irregularity)은 크고 수직 틀림은 작은 편이다. TB 단면은 가장 큰 틀림을 초래하며, LM 답면이 뒤따르고, 그다음에 LMA 답면이 뒤따른다. 크로싱에서 수직과 횡 틀림의 파장(wavelength)은 노스레일 상면 폭의 빠른 변화에 기인하여 약 2m이며, 텅레일에서의 5~7m보다 훨씬 작다. 그러나 크로싱에서의 틀림 진폭(amplitude)은 텅레일에서의 것과 동등하며, 따라서 크로싱에서의 차륜-레일 수직 충격(vertical impact)은 훨씬 더 클 것이다. 텅레일과 노스레일의 상면 윤곽(프로파일)은 차륜-레일 수직 충격을 줄이고 안전성과 안정성을 향상시키도록 차륜 답면에 따라 합리적으로 설계되어야 한다.

4.1.4 분기선에서의 차륜-레일접촉 기하구조

곡선 텅레일과 직선 텅레일이 유사한 상면 윤곽형상(프로파일)을 가지므로, 차륜-레일접촉 기하구조 관계

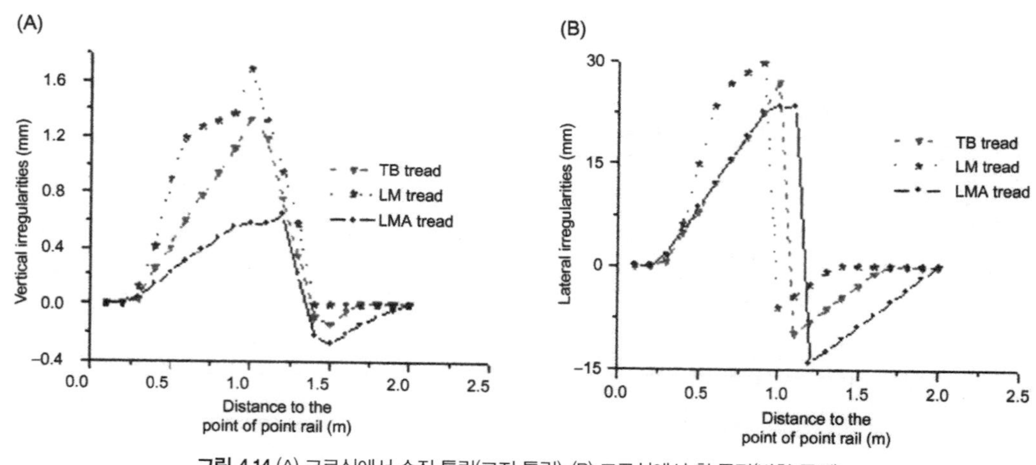

그림 4.14 (A) 크로싱에서 수직 틀림(고저 틀림), (B) 크로싱에서 횡 틀림(방향 틀림)

는 열차가 분기선에서 포인트를 통과할 때 동일한 변화 법칙을 따르며, 상면 높이만 약간 다르다. 노스레일이 짧은 노스레일과 긴 노스레일로 조립(짧은 노스레일의 첨단은 긴 노스레일 두부의 턱 아래에 가려져 있다)된 경우에는 열차가 분기선에서 크로싱을 통과할 때, (긴 노스레일에서 짧은 노스레일로) 윤하중의 갈아탐에 따라 새로운 구조적 틀림이 초래될 수 있다. 예를 들어, LMA 답면을 취하여, 분기선에서와 기준선에서 윤축이 크로싱을 통과할 때의 차륜–레일접촉 기하구조 관계의 비교를 **그림 4.15**에서 보여준다.

긴 노스레일과 짧은 노스레일 및 크로싱 후단에서의 뾰족한 레일의 상면 윤곽(프로파일)의 변화 때문에 수직과 횡의 구조적 틀림(structural irregularity)은 열차가 기준선에서 주행할 때보다 분기선에서 주행할 때 더 크고 변동범위가 더 넓다는 것을 **그림 4.15**에서 보여준다. 구조적 틀림은 분기선에서의 속도를 제한한다. 열차가 분기선에서 주행할 때의 차륜–레일 동적 상호작용을 줄이기 위해서는 이중 탄성 굽힘 가능(double flexible) 노스레일과 일체 철차(一體 轍叉, solid frog) 구조가 이용되어야 한다.

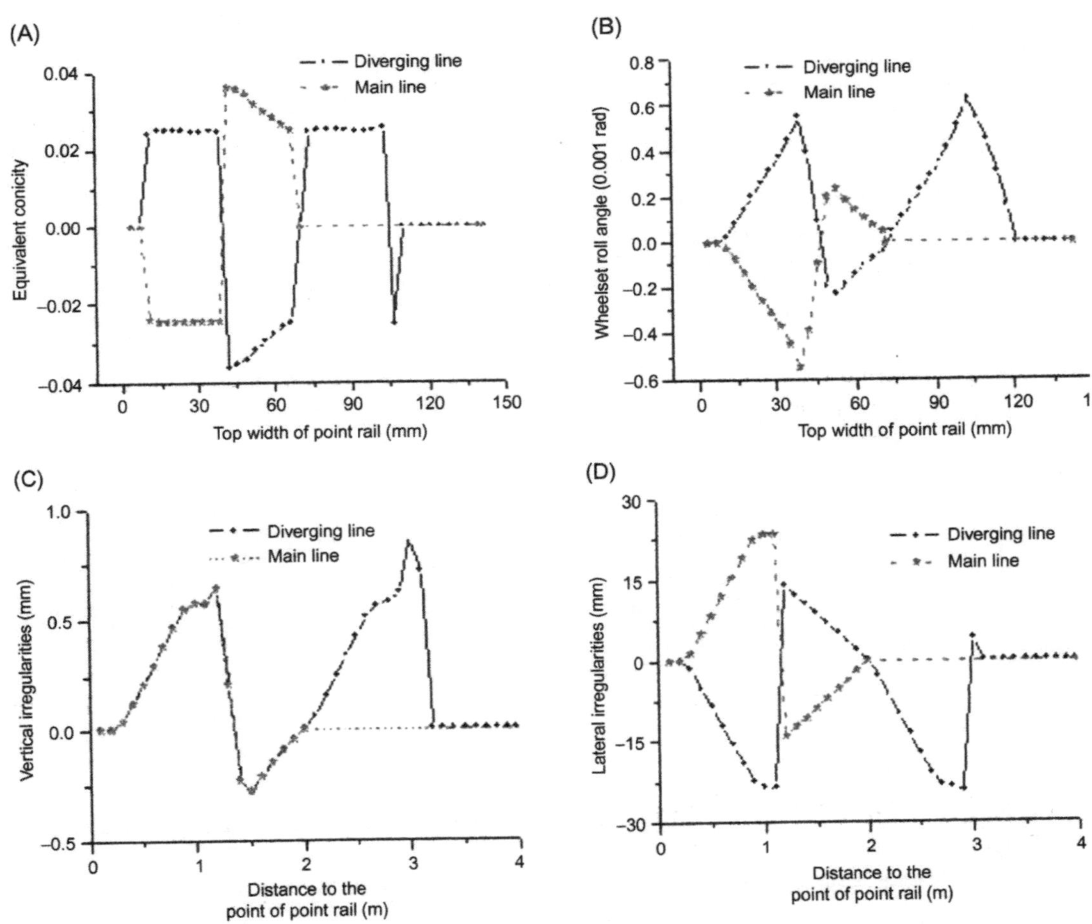

그림 4.15 (A) 노스레일의 상면 폭에 따른 등가 답면 기울기의 변화, (B) 노스레일의 상면 폭에 따른 롤 각의 변화, (C) 크로싱에서 수직 틀림(고저 틀림)의 분포, (D) 크로싱에서 횡 틀림(방향 틀림)의 분포

4.1.5 (윤축이 횡 이동할 때의) 차륜-레일접촉 기하구조

LMA 답면의 차륜이 350km/h용 중국 18번 분기기에서 주행 중일 때, 0~±12mm의 윤축 좌우 횡 이동량을 고려하여, 직선 텅레일의 20, 30 및 40mm와 긴 노스레일의 30, 40 및 50mm의 상면 폭(궤간 선에서 측정)에서 윤축의 횡(橫) 이동량에 따른 차륜-레일접촉 기하구조 관계(geometry relation)의 변화를 다음의 항들에서 나타낸다.

1. 등가 답면 기울기(equivalent tread conicity)

그림 4.16은 윤축(wheelset)의 횡 이동량(lateral displacement)에 따른 포인트와 크로싱의 전형적인 단면에서의 등가 답면 기울기의 변화를 보여준다. **그림 4.17**은 윤축의 횡 이동량에 따른 텅레일과 노스레일의 상면 폭 30mm 단면에서의 차륜-레일 접점(contact point)의 변화를 보여준다.

등가 답면 기울기는 플랜지가 텅레일 및 노스레일과 접촉되어 있지 않을 때 더 작다. 등가 답면 기울기는 차륜-레일 접점이 기본레일과 윙레일에 있을 때 약 0.04이며, 일반선로구간의 0.025보다 약간 더 큰 것은 주로 텅레일과 노스레일의 상면 폭의 영향으로 우측 차륜의 차륜-레일 접점이 바깥쪽으로 이동했기 때문이다. 차륜-레일 접점이 텅레일과 노스레일 위에 있을 때 등가 답면 기울기는 0.022이며 일반구간에서의 것과 엇비슷하다. 차륜이 텅레일과 노스레일의 게이지 코너와 접촉할 때 등가 답면 기울기는 더 크다. 윤축의 횡 이동량이 플랜지와 궤간선 간의 간격보다 클 때, 차륜은 레일에 기어오를 것이다.

윤하중 갈아탐(轉換) 지점(wheel-load transfer point)은 윤축의 횡 이동을 고려할 때 동적 상태에 있다. 텅레일과 노스레일을 향한 윤축 횡 이동량이 클수록 윤하중 갈아탐 지점의 전방이동(advancement)이 커진다. 만일, 분기기에 접근하기 전에 횡 방향 흔들림이 일어난다면, 열차가 분기기를 주행할 때의 횡 진동이 심해질 것이다.

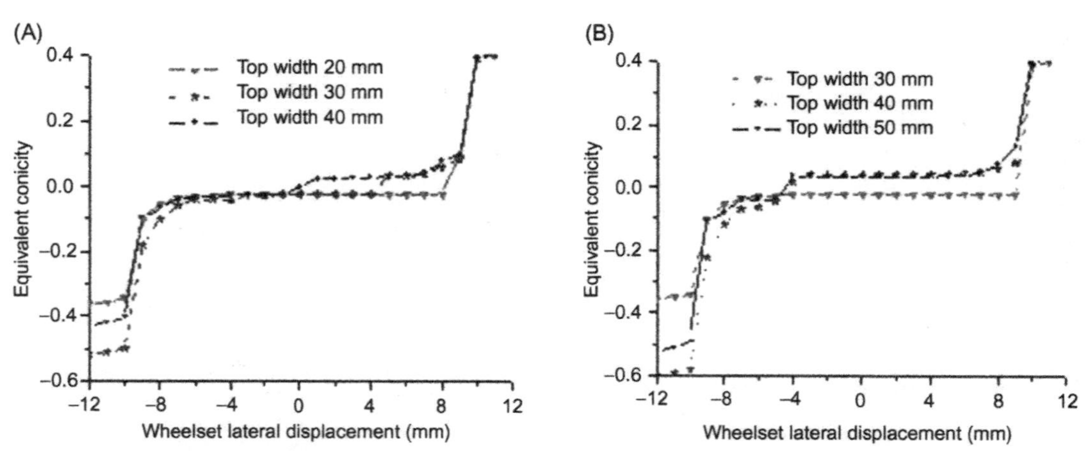

그림 4.16 (A) 텅레일의 전형적인 단면에서의 등가 답면 기울기, (B) 노스레일의 전형적인 단면에서의 등가 답면 기울기

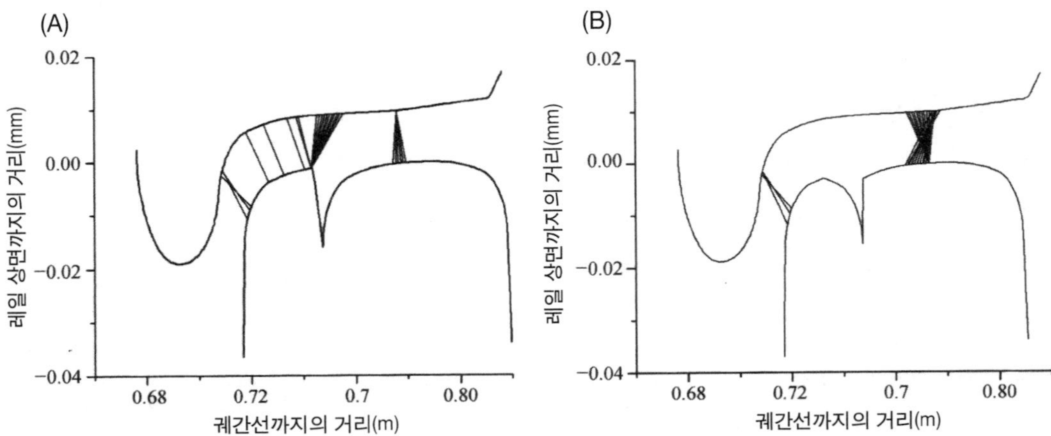

그림 4.17 (A) 텅레일의 상면 폭 30mm에서의 차륜–레일접점의 변화, (B) 노스레일의 상면 폭 30mm에서의 차륜–레일접점의 변화

2. 구조적 틀림(structural irregularity)

그림 4.18과 **4.19**는 윤축의 횡 이동량에 따른 포인트와 크로싱의 전형적인 단면에서의 오른쪽과 왼쪽 레일에 대한 수직과 횡의 구조적 틀림의 변화를 보여준다.

플랜지가 레일에 밀착되어 기어오르는 경향이 있는 경우에는 수직 틀림(고저 틀림)이 크고 음(−)이며, 이것은 레일 상면이 차륜 답면에서 접촉 분리됨을 나타낸다. 수직의 구조적 틀림(구조적 고저 틀림)은 플랜지와 레일이 접촉 분리될 때 작다. 기본레일에 대한 수직의 구조적 틀림은 윤축의 횡 이동량(lateral displacement)에 따라 약간 바뀐다. 롤 각(roll angle)의 변화 때문에 왼쪽 레일에 대한 수직의 구조적 틀림은 약 0.2mm이다. 텅레일과 노스레일에 대한 수직의 구조적 틀림은 텅레일과 노스레일의 높이차와 차륜–레일 접점(contact point)의 변화 때문에 1.3mm 이상일 수 있다.

텅레일과 노스레일의 윤하중 갈아탐(wheel–load transition) 단면의 부근(예를 들어, 텅레일의 상면 폭

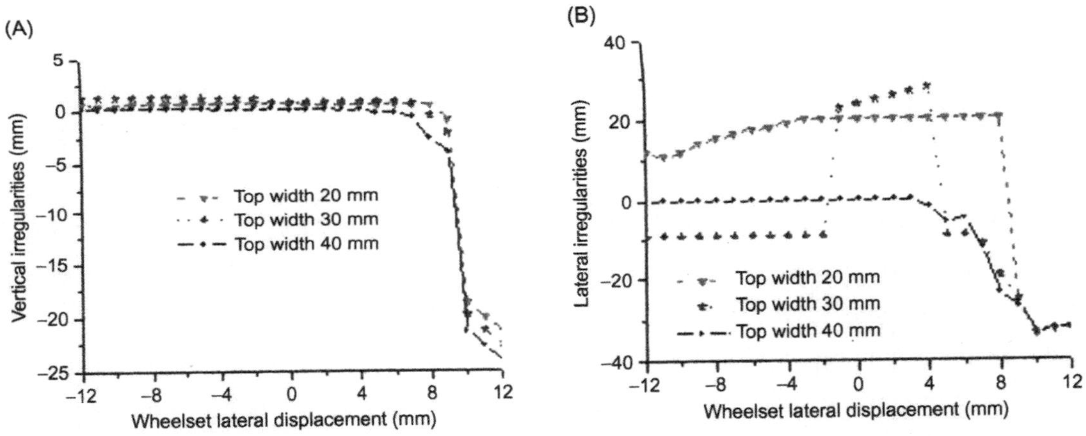

그림 4.18 (A) 텅레일의 전형적인 단면에서의 수직 틀림(고저 틀림)의 변화, (B) 텅레일의 전형적인 단면에서의 횡 틀림(방향 틀림)의 변화

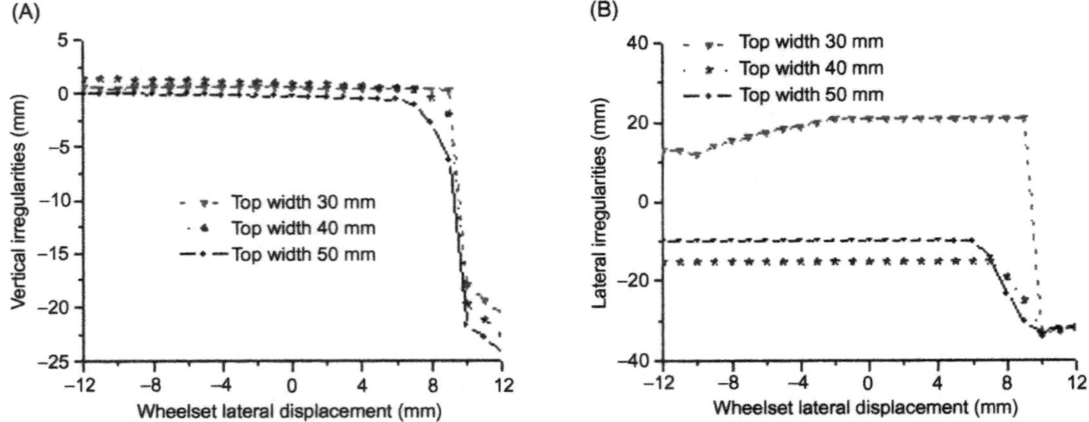

그림 4.19 (A) 노스레일의 전형적인 단면에서의 수직 틀림(고저 틀림)의 변화, (B) 노스레일의 전형적인 단면에서의 횡 틀림(방향 틀림)의 변화

30mm)에서 만일 윤축 횡 이동량이 크다면, 차륜–레일 접점은 텅레일과 노스레일에 있을 것이며, 구조적 횡 틀림(방향 틀림)은 음(−)이다. 만일, 윤축 횡 이동량이 작다면, 차륜–레일 접점은 기본레일과 윙레일에 있을 것이며, 횡 구조적 틀림이 양(+)이다. 이 경우에 틀림은 **그림 4.18** (B)에 나타낸 것처럼 윤축의 횡 변위에 따라 심하게 변동될 것이다.

만일, 크로싱의 분기선에 가드레일이 있다면{가드레일의 직선 플랜지웨이에서의 간격(clearance)은 42mm이다}, 윤축이 노스레일을 향하여 횡으로 이동할 때 차륜배면에 대한 가드레일의 제한 때문에 최대 왼쪽 횡 이동량은 단지 1mm뿐이다. 반면에, 윤축이 가드레일을 향하여 이동할 때는 윤축의 횡 이동량이 제한을 받지 않는다. 그러므로 플랜지는 노스레일의 게이지 코너와 접촉되지 않을 것이다. 게다가, 차륜–레일접촉 기하구조 관계는 윤축의 횡 이동량이 −12 내지 +1mm인 경우와 같다.

4.1.6 (윤축이 횡 이동할 때) 분기기의 종 방향에 따른 차륜–레일접촉 기하구조의 변화

1. 포인트(switch)

LMA 답면의 차륜이 350km/h용 중국 18번 분기기에서 주행 중일 때, 각각 다른 윤축 횡 이동량을 고려하여 포인트에서의 등가 답면 기울기(equivalent tread conicity)와 롤 각(roll angle)의 종 방향 변화를 **그림 4.20**에 나타낸다.

텅레일의 상면 윤곽(프로파일)이 종 방향으로 선로를 따라 변하고 답면 윤곽(프로파일)이 윤축 횡 이동량(wheelset lateral displacement)에 따라서 달라지므로, 분기기 구간에서 차륜–레일접촉 기하구조 분포는 부분적으로 곡면을 구성하며, 이는 선로 위치와 윤축 횡 이동량에 따라 변한다. 만일, 윤축 횡 변위가 크고 플랜지가 레일의 게이지 코너와 접촉된다면, 차륜–레일접촉 기하구조 관계는 극적으로 변할 것이다. 최대 롤 각(roll angle) 및 수직과 횡 구조적 틀림은 윤하중 갈아탐 지점 근처에서 발생할 것이다. **그림 4.21**에서 나타낸 것처럼 윤축 횡 이동량이 클수록 수직과 횡 구조적 틀림이 더 심해지고 차륜–레일시스템 진동이 더 커진

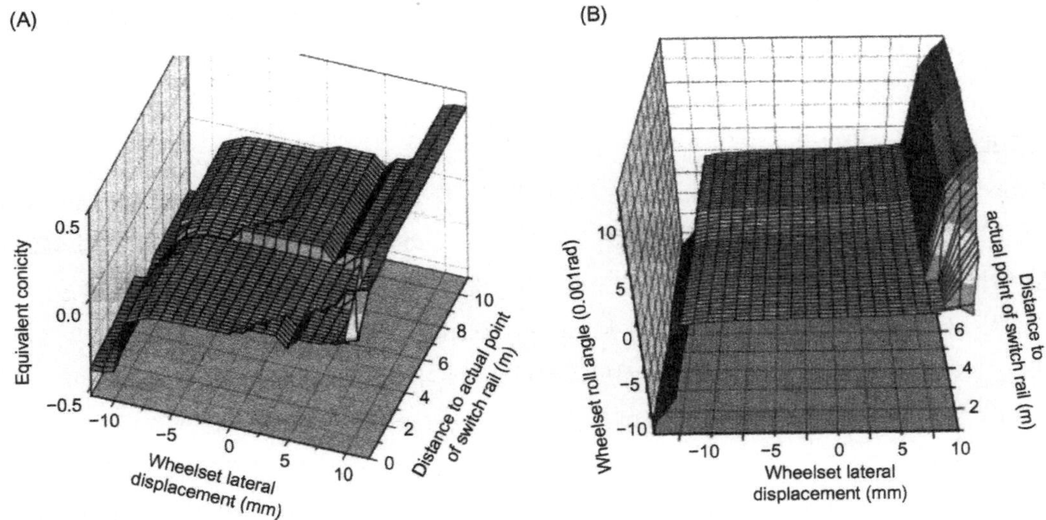

그림 4.20 (A) 포인트에서 등가 답면 기울기의 분포, (B) 포인트에서 롤 각의 분포

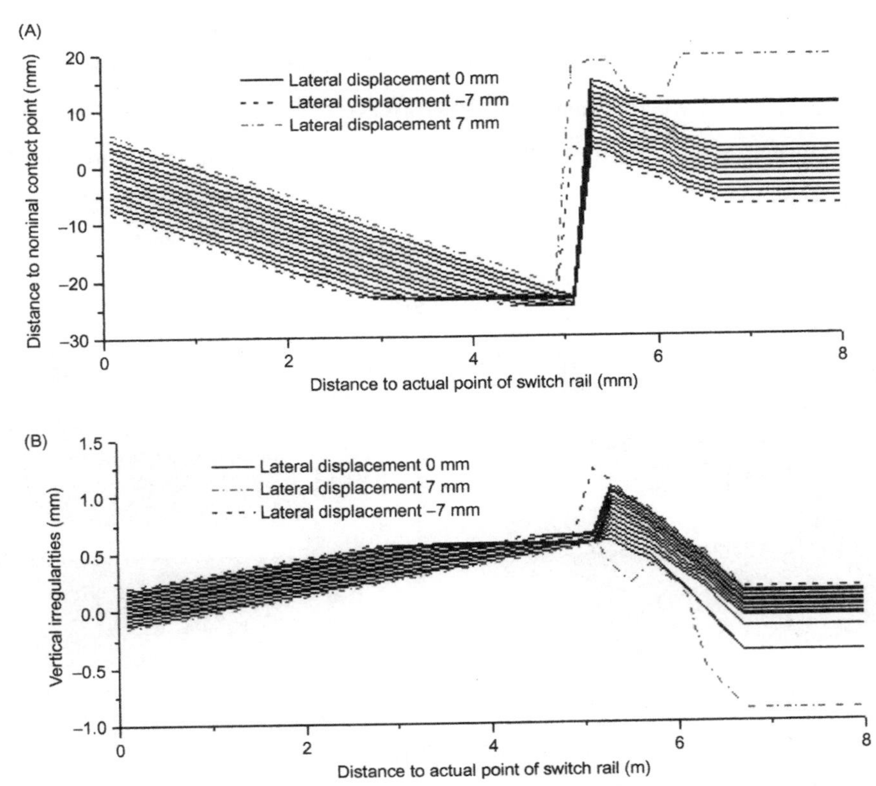

그림 4.21 (A) 포인트에서 윤축 횡 이동량과 선로 위치에 따른 차륜–레일 접점의 변화, (B) 포인트에서 윤축 횡 이동량과 선로 위치에 따른 수직 구조적 틀림의 변화

다. 안정성과 안전은 주행 차량의 윤축 횡 변위를 줄임으로써 향상될 수 있다. 그러므로 유지보수 동안 분기기와 일반선로 구간(section) 사이의 과도 영역의 기하구조(선형) 틀림을 엄격히 제어하여야 한다.

2. 크로싱(crossing)

LMA 답면(tread)의 차륜이 이 350km/h용 중국 18번 분기기에서 주행 중일 때, 각각 다른 윤축(wheelset) 횡 이동량을 고려하여 크로싱에서의 등가 답면 기울기와 롤 각(roll angle)의 종 방향 변화를 **그림 4.22**에서 나타내며, 크로싱에서의 윤축 횡 변위에 따른 구조적 틀림의 변화를 **그림 2.23**에 나타낸다.

크로싱에서의 차륜-레일접촉 기하구조 관계(geometry relation)에 대한 변화 법칙은 텅레일에서의 것과 유사하다. 그러나 두 레일 유형의 서로 다른 상면 윤곽형상(프로파일)(노스레일은 대략적으로 대칭이다)과 선로를 따른 노스레일 상면 폭의 빠른 변화율 때문에 접촉 기하구조 파라미터의 값은 서로 다르다. 모든 이들의 값은 플랜지와 레일 게이지 코너 간의 접촉 후의 윤하중 갈아탐(轉移) 지점 근처에서 급격히 변한다.

포인트에서의 차륜-레일접촉 관계는 텅레일의 실제 첨단에서부터 레일 상면 낮춤의 원점(原點)까지 변한다. 크로싱에서는 노스레일의 상면 윤곽(top profile)이 대략으로 대칭이므로, 차륜-레일접촉 관계는 짧은 거리 내에서, 즉 실제 첨단에서부터 노스레일의 완전한 단면(상면폭; 71mm)까지 변할 것이다. 이 경우에, 크로싱에서의 구조적 틀림은 짧은 파장이지만 포인트에서와 같은 등가 진폭으로 특징지어진다. 그러므로 열차-분기기 연성(連成) 진동(train-turnout combined vibration)을 심화시키고 안정성과 안전에 영향을 줄 수 있는 정적과 동적 틀림의 중첩(superposition)을 방지하기 위하여 기하구조 틀림, 노스레일의 밀착 상태, 미끄럼 상판(slide bedplate), 윙레일, 멈춤쇠 및 이 지역의 레일 아래 기초(sub-rail foundation)의 안정성을 제어하는 것이 필수적이다.

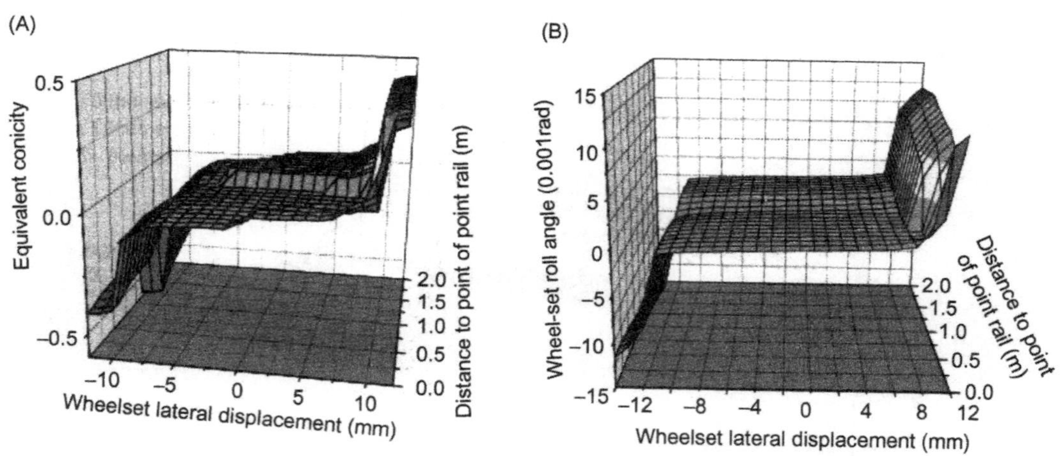

그림 4.22 (A) 크로싱에서 등가 답면 기울기의 분포, (B) 크로싱에서 롤 각의 분포

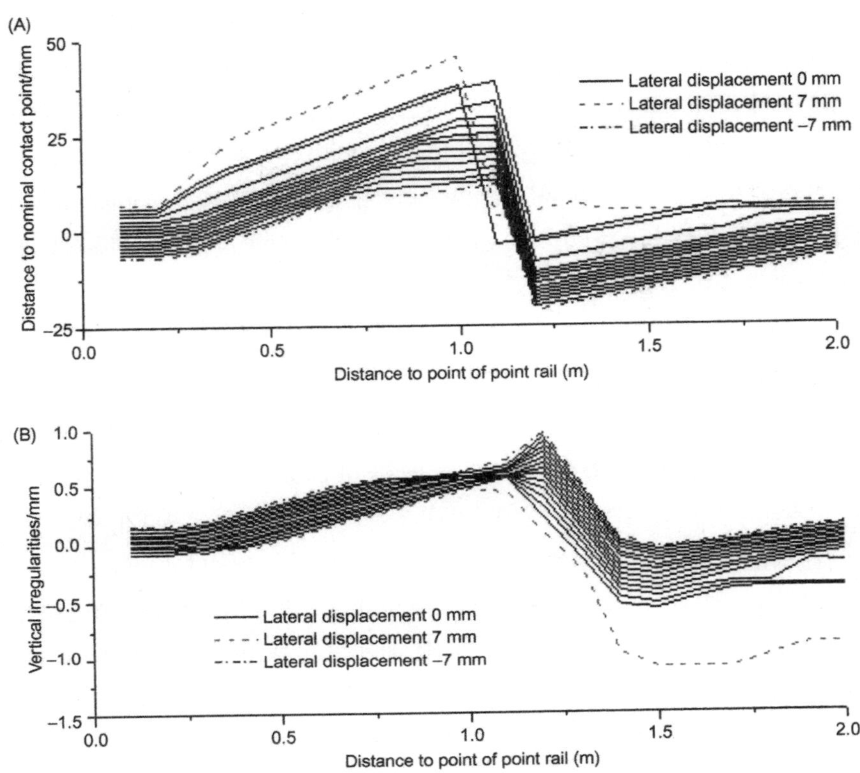

그림 4.23 (A) 크로싱에서 윤축 횡 이동량과 선로 위치에 따른 차륜-레일접점의 변화, (B) 크로싱에서 윤축 횡 이동량과 선로 위치에 따른 수직의 구조적 틀림의 변화

4.2 분기기 구간에서의 차륜-레일 전동접촉이론[42]

차륜-레일 전동(轉動) 접촉(rolling contact)은 차륜-레일시스템의 독특한 거동이며, 차량시스템과 분기시스템 간의 동적 상호작용을 연결한다. 일반선로구간(section)에서의 윤축과 레일 간의 전동접촉은 잘 연구되어왔고, 어떤 이론들은 전통적인 헤르츠 접촉이론의 가정보다 뛰어나며 차륜-레일 등각(等角) 접촉(conformal contact), 플랜지 접촉, 2점 접촉(two-point contact) 등에 효과적으로 적용할 수 있다. 분기기 구간에서의 복잡한 차륜-레일 2점 접촉을 정확하게 시뮬레이션하기 위하여 분기기 구간에서의 차륜-레일 전동접촉의 이론(theory)이 상세하게 분석될 것이다.

4.2.1 헤르츠 이론에 기초한 차륜-레일 전동접촉이론

헤르츠접촉이론(Hertzian contact theory)은 19세기 후반에 하인리히 헤르츠(Heinrich Hertz)가 창시하였다. 그는 두 원통형 렌즈들 사이의 접촉압력에 기인하는 그들 표면의 있음 직한 탄성변형의 영향을 연구하고 있었으며 변형 전후 두 유리렌즈 간 틈의 타원형 경계면 주변부(ellipse interface fringes)에 관심이 있었다. 타원형 접촉영역에 관한 가정이 제시되었다. 헤르츠이론은 도체표면에 대한 전하(電荷) 밀도의 높이분포 특징에서 유추하여 두 탄성고체 간의 접촉면에 대한 접촉압력은 반타원형이라는 가정을 발견하였으며 상세한 이론적 도출로 뒷받침되었다. 헤르츠 접촉이론은 1세기가 넘도록 세월의 시험을 견디어 왔으며 계산 효율성과 정밀성의 높은 성능 덕택에 차륜–레일 동역학에서 법선력(法線力, normal force)의 해법에 널리 적용되어왔다. 게다가, 접선력(接線力, tangential force)을 풀기 위한 전동(轉動)접촉역학의 대부분의 모델은 헤르츠이론에 기초하여 개발되어 왔다.

1. 법선(法線) 접촉(normal contact)[43]

헤르츠 접촉역학은 접촉영역의 크기가 두 물체의 접촉 위치의 주(主) 곡률 반지름보다 훨씬 더 작아야 한다고 요구한다. 다시 말해서, 탄성 반공간의 가설(hypothesis of elastic semi–space)에 따르면, 접촉물체 표면의 거칠기는 고려하지 않으며, 두 물체 사이에서 법선 접촉압력만 전달된다. 게다가, 헤르츠는 접촉영역이 일반적으로 타원형(**그림 4.24**)이며, 두 물체의 접촉영역의 접촉곡률은 일정하다고 믿었다.

계산된 반–세로축 a와 반–가로축 b를 이용한 접촉영역의 법선 접촉 응력의 분포는 헤르츠 접촉역학(Hertzian contact mechanics)의 가정하에 **그림 4.25**에 나타낸 것과 같이 될 것이다. 법선 접촉 응력 p_z은 다음과 같은 식으로 정의된다.

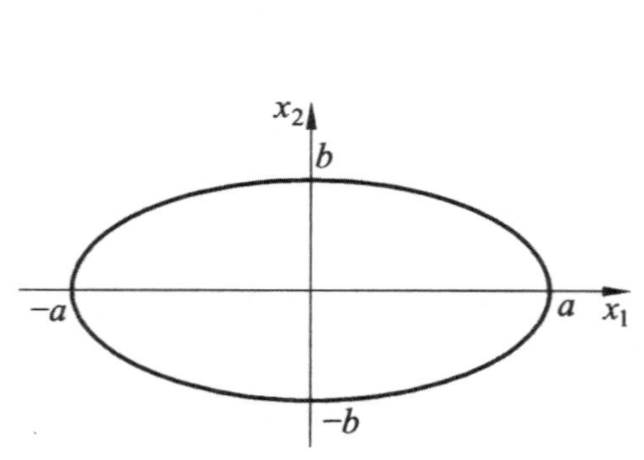

그림 4.24 타원형 접촉영역의 모양

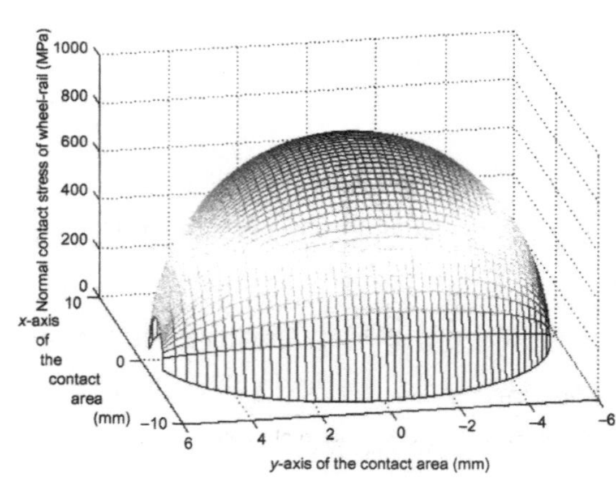

그림 4.25 접촉영역에서 법선 접촉 응력의 분포

$$p_z(x, y) = \frac{3}{2}\frac{N}{\pi ab}\sqrt{1-\left(\frac{x}{a}\right)^2-\left(\frac{y}{b}\right)^2} \tag{4.5}$$

여기서, N은 차륜–레일접촉영역의 법선력(法線力)을 나타낸다.

2. 접선 접촉(tangential contact)

차륜-레일 접선접촉 문제에 기초한 해법은 차륜-레일 크리프이론(creep theory)으로 불리며, Carter 2D 전동(轉動)접촉이론, Johnson-Vermeulen 3D 전동접촉이론, Kalker 선형(linear)크리프이론, Shen-Hedrick-Elkins 크리프이론 및 Kalker 단순화 이론(simplified theory)으로 구성되어 있다.

a. Carter 2D **전동접촉이론**(rolling contact theory) [44]

Carter는 차륜-레일 시스템의 전동접촉 거동을 시뮬레이션하기 위하여 수직 축을 가진 두 원통(cylinder)을 도입하였다. 이용할 수 있는 헤르츠접촉이론의 반(半)공간 탄성체를 가정하기 위하여 Carter는 레일을 모델링하는 원통의 반경은 무한히 길며, 레일 위에서의 차륜 전동은 반공간 물체의 표면 위에서의 원통의 전동(轉動)으로 간주된다고 가정하였다. 이 경우에 차륜-레일접촉영역은 가늘다. 차륜 전동방향을 따른 접촉영역의 폭은 일반적으로 일정하다. 타원형 접촉 면적(elliptic contact area)은 등가(等價) 직사각형 접촉 면적(equivalent rectangular contact area) $2a \times b_{eq}$으로 대체할 수 있으며(**그림 4.26**), 여기서 a는 접촉타원의 반-세로축 길이를 나타내고, b_{eq}는 직사각형 접촉영역의 등가 횡 폭을 나타낸다. 따라서 직사각형 접촉면적의 법선응력분포(normal stress distribution)는 헤르츠접촉이론에 따라 다음과 같이 나타낼 수 있다.

$$p_z(x, y) = \frac{2N}{\pi a b_{eq}} \sqrt{1 - \left(\frac{x}{a}\right)^2} \tag{4.6}$$

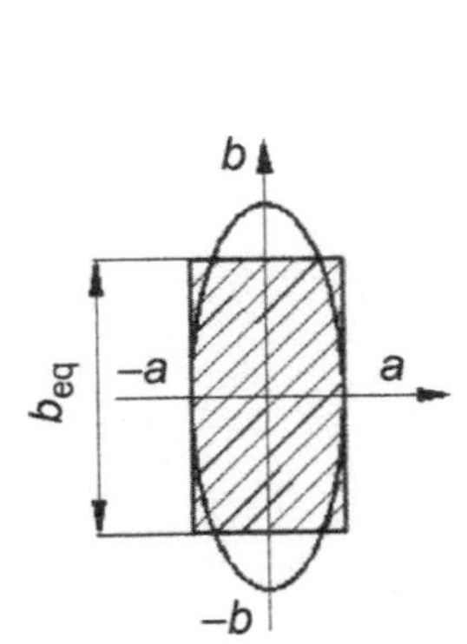

그림 4.26 등가 직사각형 접촉영역의 모양

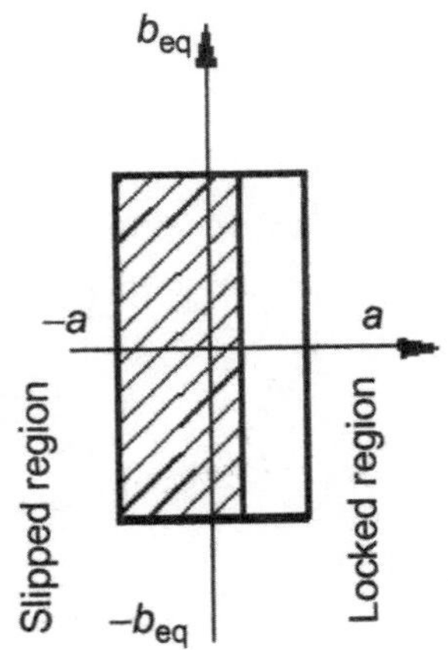

그림 4.27 직사각형 접촉영역의 분할

Carter는 접촉영역의 접선력 분포를 연구하기 위하여 접촉영역이 다음과 같은 두 부분으로 나뉜다고 가정하였다. 즉, **그림 4.27**에 나타낸 것처럼 앞부분(점착영역)과 뒷부분(미끄럼영역). 접선력은 접촉영역의 앞부분에서 제로(0)이지만, 전동(轉動)의 반대방향을 따라서 증가될 것이다. 쿨롬(Coulomb)의 마찰법칙(friction law)에 따르면, 미끄럼은 접선력이 어떤 값까지 증가될 때 발생될 수 있다. Carter는 상기에 기초하여 접촉영역이 대체로 미끄럼 상태에 있다고 가정하였다. 그러므로 **그림 4.27**에 나타낸 것처럼 그러한 상황의 접촉영역에서 접선력의 분포(distribution of tangential forces)는 미끄럼 영역에서의 것을 줄임으로써 구할 수 있으며, 다음과 같은 식으로 나타낸다.

$$p_1(x) = \begin{cases} -sgn(s_1)(2\mu N/\pi a^2)\sqrt{(a^2-x^2)} & x \in \{S\} \\ -sgn(s_1)(2\mu N/\pi a^2)\left[\sqrt{(a^2-x^2)} - \sqrt{(a_1^2-x^2)}\right] & x \in \{A\} \end{cases} \tag{4.7}$$

여기서, S은 미끄럼영역(slipped region)을 나타내고, A는 점착영역(locked region)을 나타내며, μ는 마찰계수(friction coefficient)이다. a_1은 점착영역의 반폭(反幅)으로서 $a_1 = a\sqrt{1-(P_x/fP_z)^2}$ 으로 주어지며, 여기서 P_x는 횡 단위길이 당 총 접선력(total tangential force)이다.

직사각형 접촉면적의 분할(division)은 총 접선력 P_x의 값에 주로 좌우된다. $P_x = fP_z$일 때, 접촉영역은 대체로 미끄럼상태에 있다. $P_x = 0$일 때, 접촉영역은 완전히 점착상태에 있다. Carter 전동접촉모델(rolling contact model)은 2D 전동접촉 문제에만 적합하다. 그러나 이 모델은 전동접촉모델에 관한 가일층(加一層)의 연구를 위한 참조를 제공한다.

b. Johnson−Vermeulen 3D 전동접촉이론(rolling contact theory) [45]

이 이론에서 Carter 2D 전동접촉이론의 적용은 다음과 같은 축 길이비율(axial length ratio)을 이용하여 직사각형 접촉면적에서 타원형 접촉면적으로 확장되었으며, **그림 4.28**에 나타낸 것처럼 점착영역은 타원형이라고 가정된다.

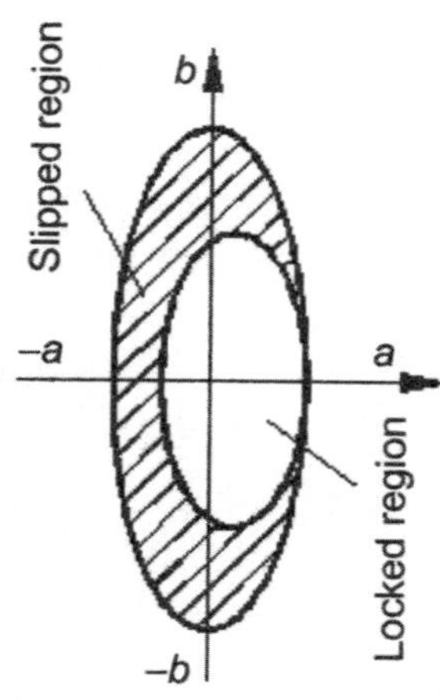

그림 4.28 Johnson−Vermeulen 이론에서 타원형 접촉면적의 분할

$$\left(\frac{a_A}{a}\right)^3 = \left(\frac{b_A}{b}\right)^3 = 1 - \frac{P_x}{fP_z} \tag{4.8}$$

여기서, a_A와 b_A는 각각 점착영역에서 타원의 긴 반(半)–축(軸) 길이와 짧은 반–축 길이이고, P_x는 점착영역에 대한 총 접선력이며, P_z는 점착영역에 대한 총 법선 하중(total normal load)이다.

타원형 접촉면적의 점착 영역에서 접선 탄성 변위 방정식을 알면, 접촉영역의 총 접선력과 크리프율 간의 관계는 다음의 식으로 나타낼 수 있다.

$$T_j = \mu N \begin{cases} \left[(1-\xi^*/3)^3 - 1\right](\xi^*{}_1 + \xi^*{}_2)/\xi^* & |\xi^*| < 3 \\ (\xi^*{}_1 + \xi^*{}_2)/\xi^* & |\xi^*| \geq 3 \end{cases} \tag{4.9}$$

여기서, $\xi^*{}_1$와 $\xi^*{}_2$는 각각 $\xi^*{}_1 = \pi abG\xi_1/\mu N\phi_1$와 $\xi^*{}_2 = \pi abG\xi_2/\mu N\phi_1$로 표준화한 후의 종과 횡 크리프율을 나타내고, ξ^*는 표준화 후의 총 크리프율(total creepage)에 적용되며, $\xi^* = \sqrt{\xi^{*2}_1 + \xi^{*2}_2}$이다.

Johnson–Vermeulen 전동접촉이론은 전동 물체의 스핀(spin)을 무시하며, 종과 횡 크리프만 고려한다. 게다가, 접촉영역의 분할(division of contact area)은 이론에서 만족스럽지 못하며, 잘못될 수조차도 있다.

c. Kalker 선형크리프이론(linear creeping theory)과 그것의 개정(revision) [46]

이 이론에는 크리프 힘(creep force)에 대한 종과 횡 크리프율 및 스핀 크리프율(spin creepage)의 영향이 포함된다. 차륜–레일 전동접촉이 준–안정적 상태의 균일한 헤르츠 전동접촉이라고 가정하면, 부시네스크–셀루티(Bous–sinesq–Cerruti) 힘/변위 방정식과 탄성 변위 차이의 기울기(gradient)를 이용하여 크리프율/크리프 힘 관계를 다음과 같이 정의할 수 있다.

$$\begin{cases} F_1 = -G_c^2 C_{11}\xi_1 \\ F_2 = -G_c^2(C_{22}\xi_2 + C_{23}c\xi_3) \\ F_3 = -G_c^3(C_{32}\xi_2 + C_{33}c\xi_3) \end{cases} \tag{4.10}$$

여기서, F_1. F_2 및 F_3은 각각 x_1, x_2 방향의 크리프 힘 및 크리프 모멘트를 나타낸다. C_{ij}는 Kalker 크리프 계수(creep coefficient)이고, ξ_i는 x_i의 방향의 크리프율(creepage)을 나타내며, 게다가, $c = (ab)^{1/2}$이다. $(i, j = 1, 2, 3)$

이 이론에서는 한계 미끄럼마찰(limit sliding friction)이 쿨롬 마찰법칙으로 정의되지 않는다. 그러므로 이 이론은 작은 크리프의 계산이나 작은 스핀 하에서 차량의 동적시뮬레이션에 적용할 수 있다. Johnson–Vermeulen 3D 전동접촉이론에서 크리프계수와 크리프율/크리프 힘에 대한 공식은 Kalker 선형이론을 이용하여 Shen Zhiyum, J. K. Hedrick 및 J. A. Elkins이 개정하였다. 특히,

$$\begin{cases} \xi^*{}_1 = -c^2 GC_{11}\xi_1/3\mu N \\ \xi^*{}_2 = -\left(c^2 GC_{22}\xi_2 + c^2 GC_{23}\xi_3\right)/3\mu N \end{cases} \tag{4.11}$$

개정 후에, 스핀 크리프율 ξ_3의 영향은 표준화 크리프율 $\xi^*{}_2$에 포함될 수 있다. 그러므로 총 크리프율(total creepage)과 크리프 힘은 다음과 같이 나타낸다.

$$\xi^* = \sqrt{\xi^*{}_1 + \xi^*{}_2} \tag{4.12}$$

$$F^* = \sqrt{F^*{}_1 + F^*{}_2} \tag{4.13}$$

식 (4.12)와 (4.13)을 Johnson-Vermeulen 3D 전동접촉(rolling contact)의 크리프율/크리프 힘 방정식에 대입하면, 다음과 같이 된다.

$$F^* = \begin{cases} \mu N\left[\left(\frac{F}{\mu N}\right) - \frac{1}{3}\left(\frac{F}{\mu N}\right)^2 + \frac{1}{27}\left(\frac{F}{\mu N}\right)^3\right] & \frac{F}{\mu N} < 3 \\ \mu N & \frac{F}{\mu N} \geq 3 \end{cases} \tag{4.14}$$

Shen-Hedrick-Elkins 전동접촉모델은 계산에 스핀 크리프율(spin creeping)을 도입하였다. 그러나 이것은 광범위한 계산을 통해 작은 스핀 크리프 조건에서의 크리프 힘을 계산하는 데 적용할 수 있지만, 큰 스핀 크리프 조건에서는 적용할 수 없다.

d. Kalker 단순화 이론과 이 이론의 수치프로그램 FASTSIM [48]

Kalker 선형 크리프 이론은 미끄럼(slip)이 있는 접촉영역에 적용할 수 없으므로 적용이 제한된다. 이와 관련하여 Kalker는 1973년에 이전의 선형 크리프 이론에 기초하여 보다 진보되고 효과적인 모델, 즉 단순화 이론(simplified theory)을 제언하였다. 이 이론에서는 접촉영역의 임의의 지점에서의 탄성 변위(elastic displacement)는 이 지점에서의 접선력(tangential force)에만 상관관계가 있고, 또한 당해 방향의 변위는 같은 방향의 접선력에만 상관관계가 있다고 가정한다. 그러므로 접촉 타원은 $n_x \times n_y$ 셀(cell)로 나눌 수 있다. x축과 y축의 각 셀의 길이는 각각 Δx와 Δy이다. 각각의 셀에서 미끄럼 량 s는 탄성 변위 u_F와 강성 미끄럼 량 w_F로 구성된다. 즉

$$s(x, y)\Delta x = u_F(x, y) - u_F(x - \Delta x, y) + w_F(x, y)\Delta x \tag{4.15}$$

여기서, $(x - \Delta x)$는 x축에서 이전 셀의 위치를 나타낸다.

셀 (x, y)은 점착 영역에 있으며, 이는 그것의 미끄럼이 $s(x, y) = 0$임을 의미한다. 따라서 이 셀의 표면력(表面力) p_A은 다음과 같다.

$$p_A(x, y) = p_F(x - \Delta x, y) - w_F \Delta x / L \tag{4.16}$$

여기서, L은 선형 이론의 크리프율/크리프 힘 관계로부터 구한 유연도 계수(flexibility coefficient)이다.

헤르츠접촉이론(Hertzian contact theory)과 쿨롬의 마찰법칙(Coulomb's friction law)에 따르면, 셀 (x, y)의 한계 표면력 p_L은 다음과 같을 것이다.

$$p_L(x,y) = 2\mu N(1 - x^2/a^2 - y^2/b^2)/\pi ab \tag{4.17}$$

$p_A < p_L$일 때, 접촉면적에 접착영역이 있으며 그 역도 또한 같다. 미끄럼영역의 표면력(surface force)은 다음과 같다.

$$p_s(x,y) = p_L(x,y)\, p_A(x,y)/|p_A(x,y)| \tag{4.18}$$

접촉면적의 점착영역과 미끄럼영역의 분포와 차륜마모의 계산을 위한 셀의 크리프 힘은 상기의 식들을 이용하여 구할 수 있다.

임의의 크리프와 스핀 하에서 크리프 힘과 크리프 모멘트는 수치방법으로만 풀 수 있다. 먼저, 타원형 접촉면적은 **그림 4.29**에 나타낸 것처럼 차원이 없는 단위 원 접촉으로 전환될 것이다. 단순화 이론의 수치계산은 Kalker가 개발한 FASTSIM으로 실행된다. 그러나 그것은 헤르츠 접촉면적에 국한되어 있다.

4.2.2 비(非)–헤르츠 전동접촉이론

연구자들은 차륜–레일 마모와 전동접촉피로의 예측을 겨냥하여 차륜–레일 전동접촉에 관한 연구의 진보와 함께 그들의 관심을 차륜–레일접촉영역의 정확한 모양과 응력분포(stress distribution)로 바꾸기 시작하였다. 특히 만일 마모된 차륜과 레일이 접촉되어 있다면, 접촉영역에서 접촉하고 있는 두 물체의 반경은 일정하지 않다. 이 경우에 헤르츠접촉이론(Hertzian contact theory)은 적합하지 않을 것이며, 마모된 차륜과 레일 간의 접촉을 모델링하기 위하여 보다 정확한 접촉이론이 요구된다. 적용할 수 있는 비(非)–헤르츠 전동접촉이론(non–Hertzian rolling contact theory)은 Kalker 3D 비(非)–헤르츠 전동접촉이론, 가상의 관입(penetration)에 기초한 전동접촉이론 및 유한요소접촉이론(finite element contact theory)을 포함한다.

1. Kalker 3D 비(非)–헤르츠 전동접촉이론[49]

Kalker는 1990년대에 연속체 역학(continuum mechanics)의 가상일의 원리(principle of virtual work)와 탄성 반(半) 공간의 가정(assumption of elastic half–space)에 기초한 그것의 이중형태(dual form)를 이용해 전동(轉動, rolling)접촉의 문제에 대한 상호보완적인 가상 일의 원리를 도출했으며, 이 제한받지 않는 볼록함수(convex function)를 수학적 2차 계획법(quadratic programming)으로 풀었다. 비(非)–헤르츠접촉이론의 3D 탄성체(elastic body)와 관련 프로그램 CONTACT는 그때 수립되었다.

해결사(solver) CONTACT를 이용하는 Kalker 3D 비(非)–헤르츠 전동접촉이론은 접촉영역의 모양, 법선 응력의 분포, 미끄럼 영역과 점착 영역의 분할 및 접촉표면의 상대적 미끄럼 변위의 분포의 정확한 계산에 적용할 수 있는 이 시점까지 가장 실용적인 전동접촉이론이라고 입증되었다. 그러함에도 불구하고, CONTACT은 효율적인 프로그램이 아니며 차량 동역학 시뮬레이션에 직접 이용될 수 없다; 따라서 이 이론은 다른 공학기술 근사방법을 확인하는 데 가장 자주 사용된다. 게다가, Kalker 3D 비–헤르츠 전동접촉이론은

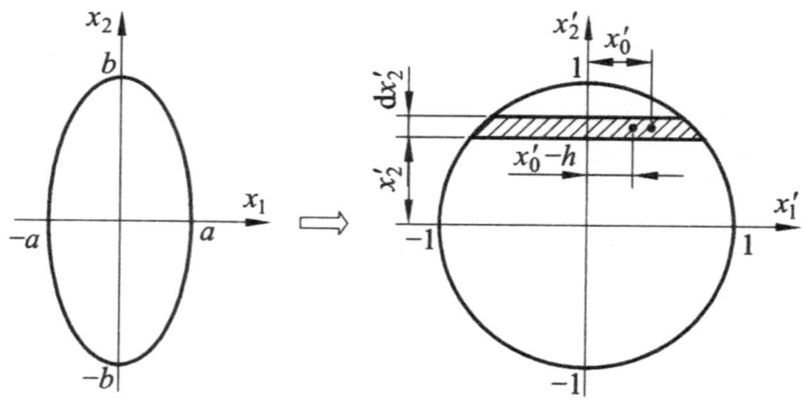

그림 4.29 타원형 접촉영역을 단위 원 접촉영역으로 전환

2D 접촉영역에만 적합하며. 등각접촉(conformal contact)을 유발할 수 있는 플랜지 접촉의 경우에 근사 해법을 도출할 수 있다. 이 때문에 Jin Xuesong(서남교통대학교)은 경계조건의 영향을 포함하도록, 게다가 접촉 표면에 대한 접점(contact point)의 각 쌍의 상대적인 크리프와 적절한 상호보완적 가상 일의 방법을 고려하여 프로그램 CONTACT를 개선하였다. 이들의 노력으로, 차륜–레일접촉과 등각 접촉이 정확히 계산될 수 있다.

2. 유한요소(finite element) 차륜–레일 전동접촉이론[50, 51]

Kalker의 정확한 이론은 헤르츠접촉이론(Hertzian contact theory)의 가정보다 뛰어나며, 게다가 여전히 탄성 반 공간(elastic half–space)의 가정을 충족시킬 것이다. 즉, 접촉영역의 크기는 접촉물체 특유의 크기보다 훨씬 더 작을 것이다. 탄성 반공간의 가정은 표준 차륜 답면과 레일이 접촉될 때 충족되며, 정확한 이론의 계산된 결과는 실제 응력분포에 가깝다. 그러나 마모된 차륜과 레일이 등각 접촉(conformal contact)을 하고 있을 때, 이 가정은 적합하지 않으며, 이 이론으로 산출된 결과는 큰 오차를 가질 수 있다. 게다가, 종래의 차륜–레일 전동접촉이론은 고전적 탄성이론(classic elastic theory)에 기초하고 있으며 과도한 접촉 응력으로 초래된 소성변형(plastic deformation)에 적합하지 않다. 그러므로 고전적 이론의 한계를 극복하려면 개선된 전동접촉이론의 개발을 기다려야 한다.

컴퓨터 기술의 진보는 유한요소 소프트웨어의 전개를 공학적 수치 시뮬레이션으로 끌어올렸다. 유한요소법은 접촉물체(contact body)의 정확한 기하구조 프로파일(geometry profile), 경계 제약(boundary constraint) 및 재료의 탄성변형을 시뮬레이션할 수 있으므로 차륜–레일 전동접촉문제를 만족스럽게 풀 수 있다.

현재, 차륜–레일 전동접촉을 분석하는 데에 있어 유한요소접촉이론의 성공적인 적용은 파라미터 변분원리(parametric variational principle)에 기초한 유한요소 이차 계획법(finite element quadratic programming method) 알고리즘과 임의적 라그랑주 오일러(ALE) 방법(arbitrary Lagrangian Eulerian method)에 기초한 전동접촉이론으로 대표할 수 있다. 유한요소 파라미터 이차 계획법은 다롄(大連, Dalian)공대의 Zhong Wanxie 교수가 제안하였으며, 탄소성(彈塑性) 마찰접촉 문제를 분석하는 데 이용할 수 있다. ALE 방법은

Udo 교수(뮌헨연방방위대학교)가 제안하였으며 (ANSYS/LSDYNA 및 ABUQUS와 같은) 일반상업용 유한요소 소프트웨어에 도입되어 오고, 차륜-레일 전동접촉 거동을 분석하는 데 널리 이용되어 왔다. Martin은 고정 크로싱의 마모상태와 접촉피로손상을 예측하기 위한 이론적 기초를 제공하도록 차륜이 여러 가지 속도로 분기기 앞쪽/뒤쪽에서부터 크로싱을 통과할 때의 인자들(예를 들어 차륜-레일 충격력, 차륜-레일접촉 응력, 내부응력 및 등가 소성변형)을 분석하기 위하여 ABUQUS에 기초한 고정 크로싱에 대한 단일 차륜 전동(轉動)을 이용하는 명시적 동적 분석모델(explicit dynamic analysis model)을 개발하였다.

차륜-레일 전동접촉(rolling contact)은 정적접촉분석(static contact analysis)과 비교하여 더 많은 계산 자원을 필요로 하는 고도의 비선형 동적 문제이다. 이 과정에서 합리적인 모델과 좋은 격자(grid)는 효과적인 계산을 위하여 대단히 중요하다. 수십 톤의 열차 반복하중이 약 $100mm^2$의 접촉영역에 가해질 때, 응력집중과 소성변형률이 접촉영역에서 발생하고, 접촉영역과 비접촉영역 간에 큰 응력 기울기(gradient)로 이어질 것이다. 이 경우에 계산 정확도는 유한요소 격자의 촘촘함에 의존한다. 즉, 더 촘촘한 격자는 보다 높은 정확도의 계산 결과와 관련된다. 이 방법으로 차륜-레일 전동접촉의 문제를 푸는 것은 거대한 계산모델, 저효율 및 예측할 수 없는 오류를 동반할 것이다. 이들의 어려움은 ALE 방법을 채용함으로써 제거될 수 있다. ALE 방법은 차륜-레일 전동접촉을 (**그림 4.30**에 나타낸 것처럼) 차륜의 강체운동과 탄소성 변형으로 분해(break down)한다. 차륜의 강체운동은 전동(轉動, rolling)과 횡 변위로 더욱 나뉠 수 있으며, 오일러방정식(Eulerian equation)으로 모델링할 수 있다. 차륜의 탄소성 변형은 고전적 라그랑주 방정식(Lagrangian equation)으로 모델링할 수 있다.

그림 4.30은 ALE 방법의 과정을 나타낸다. $x = \phi(X, t)$, 연구대상의 초기 형 Ω_0을 현재형 Ω로 매핑(mapping)함과 동시에 참조영역(reference domain) $\hat{\Omega}$를 설정한다. $\chi = \chi(X, t)$, 연구대상의 초기 형 Ω_0을 참조영역의 형 $\hat{\Omega}$로 매핑하며, 여기서 χ는 ALE의 좌표이다. 그리고 참조영역 $\hat{\Omega}$으로 격자 셀(grid cell)의 (재료의 운동으로부터 독립된) 강체(剛體)운동(rigid motion)을 묘사한다.

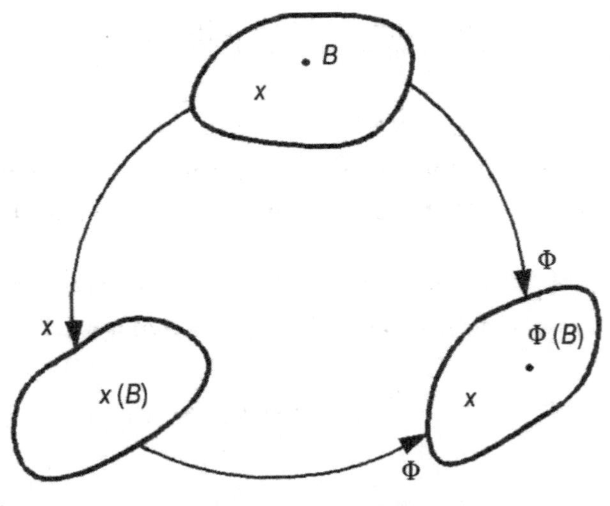

그림 4.30 ALE 방법의 분해

게다가, 참조영역의 지점 χ는 $\hat{\phi}$의 매핑에 의해 공간영역의 지점 x로 매핑된다. 그다음에 유한요소 격자 셀의 변형은 다음과 같이 나타낼 수 있다.

$$x=\hat{\phi}(\chi,t) \tag{4.19}$$

참조영역(reference domain)에서 이 변형(deformation)과 χ의 매핑을 이용하여 연구대상의 재료의 운동(motion of material)은 다음과 같이 정의될 수 있다.

$$x=\phi(\chi,t)=\hat{\phi}(\chi(X,t),t) \tag{4.20}$$

차륜의 강체(剛體)운동(rigid motion)은 오일러방정식(Eulerian equation)을 이용하여 차륜의 전동(轉動)과 횡 변위의 조합으로 모델링되고, 강성변위와 시간 간의 관계로서 정의되며, 여기서 질점 운동의 총 도함수(total derivative of particle motion)는 상응하는 사슬 법칙(rule of relative chain)으로 알아낼 수 있다.

$$\frac{Df}{Dt}=\dot{f}(\chi,t)=\frac{\partial f(\chi,t)}{\partial t}+\frac{\partial f(\chi,t)}{\partial \chi_i}\frac{\partial \chi_i(X,t)}{\partial t}=f_{i[\chi]}+\frac{\partial f}{\partial \chi_i}\frac{\partial \chi_i}{\partial t} \tag{4.21}$$

여기서, 차륜의 강체 병진(竝進) 속도(velocity of rigid lateral displacement)(ν)와 차축 둘레의 각속도(angular velocity) (ω)는 다음과 같이 정의될 수 있다.

$$\nu=\frac{\partial \phi(X,t)}{\partial t}=\frac{\partial \hat{\phi}(\chi,t)}{\partial t}+\frac{\partial \hat{\phi}(\chi,t)}{\partial \chi_i}\frac{\partial \chi_i(\chi,t)}{\partial t} \tag{4.22}$$

$$\dot{\chi}=\frac{\partial \chi(X,t)}{\partial t}=\frac{\partial \chi}{\partial t}|_{\chi}+\omega\times\chi \tag{4.23}$$

운동량 보존의 법칙(law of conservation of momentum)은 참조영역 $\hat{\Omega}$에서 다음과 같은 식이 뒤따를 것이다.

$$\hat{\rho}\frac{D\nu}{Dt}-\hat{\rho}b-\nabla\hat{\sigma}=0 \tag{4.24}$$

표면력과 내력(內力) 평형이론(equilibrium theory)에 대한 임펄스정리(impulse theorem)에 기초한 평형 방정식은 가상일의 변동원리(variational principle of virtual work)로 구할 수 있다.

$$\int_{\hat{\Omega}}\delta\eta\cdot\hat{\rho}\frac{D\nu}{Dt}d\Omega+\int_{\hat{\Omega}}\delta D:\hat{\sigma}d\Omega-\int_{\hat{\Omega}}\delta\eta\cdot\hat{\rho}\,d\Omega-\int_{\hat{\Gamma}_t}\delta\eta\cdot t\,d\Gamma=0 \tag{4.25}$$

접촉 힘(contact force)이 행한 가상일을 포함하면 다음과 같은 식을 얻는다.

$$\int_{\hat{\Omega}} \delta\eta \cdot \hat{\rho}\frac{Dv}{Dt} d\Omega + \int_{\hat{\Omega}} \delta D : \hat{\sigma} d\Omega - \int_{\hat{\Omega}} \delta\eta \cdot \hat{\rho}\, d\Omega - \int_{\hat{\Gamma}_t} \delta\eta \cdot t\, d\Gamma - \int_{\hat{\Gamma}_t} (pd + \tau s) d\Gamma = 0 \quad (4.26)$$

그리고 차륜-레일접촉의 법선력(法線力)과 접선력(接線力)이 한 가상 일은 다음과 같다.

$$W_c = \sigma \int_{\hat{\Gamma}_t} (pd)\, d\Gamma - \sigma \int_{\hat{\Gamma}_t} (\tau s)\, d\Gamma = -\sigma \int_{\hat{\Gamma}_t} (pd + \tau s) d\Gamma \quad (4.27)$$

식 (4.26)과 (4.27)을 결합하면, 다음과 같은 식이 구해진다.

$$\int_{\hat{\Omega}} \delta\eta \cdot \hat{\rho}\frac{Dv}{Dt} d\Omega + \int_{\hat{\Omega}} \delta D : \hat{\sigma} d\Omega - \int_{\hat{\Omega}} \delta\eta \cdot \hat{\rho}\, d\Omega - \int_{\hat{\Gamma}_t} \delta\eta \cdot t\, d\Gamma - \sigma \int_{\hat{\Gamma}_t} (pd + \tau s) d\Gamma = 0 \quad (4.28)$$

차륜-레일 전동접촉의 점착력 문제는 페널티 함수(penalty function)로 풀 수 있다. 임의의 상태 하에서 차륜-레일 전동접촉의 응력 분포(distribution of stress)와 응력 크기(degree of stress)는 상기의 식으로 구할 수 있다.

3. 가상의 관입(theoretical penetration) 원리에 기초한 차륜-레일접촉이론[52~54]

헤르츠접촉이론(Hertzian contact theory)은 마모된 차륜과 레일의 접촉을 계산함에 있어 계산시간을 절약하지만 덜 정확한 결과를 산출한다. 유한요소접촉이론과 Kalker 3D 비(非)-헤르츠 전동접촉이론은 접촉영역의 모양과 분할 및 응력분포를 포함하여 차륜-레일접촉 거동을 보다 정확하게 모델링할 수 있지만, 그들은 시간-소비적이며 차량-궤도시스템 동역학과 차륜-레일마모의 시뮬레이션에 적용할 수 없다. 그러므로 최적의 전동접촉이론을 탐구함에 있어 접촉영역의 유효하고 정확한 해를 위해서는 계산 효율과 정확도가 고려되어야 한다. 소바주(Sauvage)는 헤르츠접촉이론에 기초하여 처음으로 접촉물체의 관입량(penetration) δ를 도출하였다. 이 파라미터는 법선력 N, 상대적 곡률 A와 B 및 접촉물체의 재료 성질로 구해지며, 그것은 접촉하는 물체들의 접촉영역의 크기(dimension)를 결정할 수 있다. 그러나 이 방법으로 구한 접촉영역의 크기가 실제크기보다 더 크다고 널리 알려져 있다. 가상의 관입 영역(penetration area)은 일반적으로 접촉영역의 실제모양을 구하기 위하여 수정이 필요하다. 법선 틈(normal clearance)에 대한 접촉 윤곽(프로파일)의 변동의 경향을 포함함으로써 Ayasse-Chollet(AC) 수정방법(modification method)은 곡선표면 상의 접촉영역에 적용할 수 있다.

가상의 관입방법(theoretical penetration method)에서는 이 과정을 단순화하기 위하여 차륜-레일접촉으로 초래된 탄성변형이 제로(0)이라고, 즉 차륜과 레일이 딱딱한 형태로 서로 관입되며 상응하는 관입영역을 생성한다고 가정된다. 차륜-레일의 탄성압축(elastic compression)이 가상 관입의 과정에서 무시되므로, 밝혀진 관입영역은 실제의 경우보다 더 크다. 그러므로 실제 접촉영역을 알아내는 데 합당한 관입량 δ_0는 **그림 4.31**에 나타낸 것처럼 일반적으로 반복방식을 통해 구해진다.

차륜이 전동(轉動) 반경 R_w과 동일한 회전(turn) 반경을 가진 회전(revolution)의 강체라고 가정하면, 레일

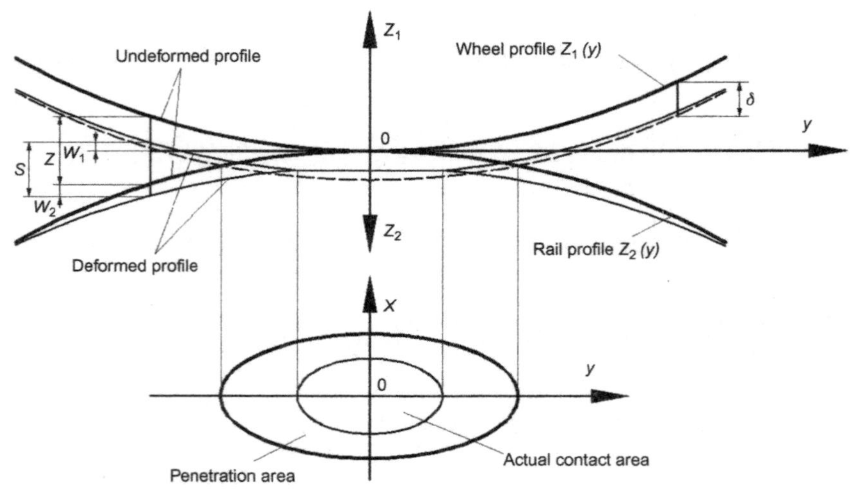

그림 4.31 가상 관입 방법의 다이어그램

의 전동표면은 무한히 긴 원통(실린더)이며, 탄성 반공간의 요구를 충족시킨다. 그때, 차륜–레일접촉영역의 탄성변형은 부시네스크(Boussinesq) 영향함수로 구해질 수 있다. 두 탄성물체 접촉의 시점에서 압축응력이 발생하지 않을 때의 접촉 위치는 강성(剛性) 접점(rigid contact point) o 이며, 차륜–레일 윤곽(프로파일)의 국지적 좌표 $oxyz_1$과 $oxyz_2$의 시점으로 정의된다. 차륜 윤곽(프로파일)은 $z_1(y)$로 나타내어지며, 레일 윤곽(프로파일)은 $z_2(y)$로 나타내어진다. 평면 oyz의 차륜–레일 법선 틈은 $f(y) = z_1(y) + z_2(y)$로 나타내어진다. 게다가, 차륜–레일 윤곽(프로파일) 상의 임의의 지점에서 법선 틈은 다음과 같을 것이다.

$$z(x, y) = f(y) + \frac{x^2}{2R} \tag{4.29}$$

가상의 관입방법은 다음과 같은 가정에 기초한다. 레일 윤곽(프로파일)은 불변이다. 차륜 윤곽(프로파일)은 z축을 따라 δ만큼 횡으로 변위되고 차륜과 레일 윤곽(프로파일)의 강성 관입을 초래하며, 이것은 평면 oyz에 상응하여 관입영역을 형성한다. 변위량 δ는 관입량으로 취해진다. 그러나 실제 상황에서 관입이 없지만, 두 탄성물체 간의 압축 탄성변형이 있으며, 결과로서 생긴 접촉영역은 가상의 관입영역에 놓여있다. 이 경우에, 차륜–레일 윤곽(프로파일) 상의 임의의 지점에서 법선 틈은 다음과 같을 것이다.

$$s(x, y) = z(x, y) - \delta_0 + w_1(x, y) + w_2(x, y) \tag{4.30}$$

여기서, $w_1(x, y)$와 $w_2(x, y)$는 각각 탄성변형(elastic deformation)이 있는 차륜–레일 윤곽(wheel–rail profile)의 임의의 점(any point)에서의 변형량을 나타내며, δ_0는 접촉하는 두 물체의 상호접근량(mutual approach)이다. 그것은 $w_1(x, y) = w_2(x, y) = w(x, y)$인 탄성 반공간의 가정으로부터 구해질 수 있다. 그러므로 식 (4.30)은 다음과 같이 변환될 수 있다.

$$s(x,y)=z(x,y)-\delta_0+2w(x,y) \tag{4.31}$$

접촉경계(contact boundary)에서 차륜-레일 프로파일 상의 임의의 점에 대하여 $s(x,y)=0$이 주어지면, $\delta_0=z(x,y)+2w(x,y)$이다. 강성 접점(rigid contact point)에 대해 $z(0,0)=0$이며, 따라서

$$\delta_0=2w(0,0)=2w_0 \tag{4.32}$$

여기서, 탄성 변형량 $w(x,y)$은 접촉영역의 법선력을 이용하여 밝혀진다.

법선력 N이 주어지면, 탄성변형 $w(x,y)$은 적분을 이용하는 부시네스크(Boussinesq) 영향함수(influence function)로 구해질 수 있다. 특히,

$$w(x,y)=\frac{1-\nu^2}{\pi E}\iint_C \frac{p(x',y')}{\sqrt{(x-x')^2+(y-y')^2}}dx'dy' \tag{4.33}$$

여기서,

$p(x',y')=$ 좌표 점(x',y')에서의 법선력

$\nu=$ 차륜-레일 재료의 푸아송 비

$E=$ 차륜-레일 재료의 탄성계수

식 (4.31)~(4.33)을 종합함으로써 접촉영역(contact area)과 경계(boundary)에서 법선력(normal force)이 $p(x,y)\geq 0$임을 구할 수 있다. 이것은 차륜-레일 프로파일 상의 점이 접촉하고 있음을 의미한다. 즉,

$$\begin{cases} p(x,y)\geq 0 \\ p(x,y)\cdot s(x,y)=0 \end{cases} \tag{4.34}$$

접촉영역 C와 법선 응력분포 $p(x,y)$는 식 (4.34)로 구해질 수 있다. 임의적인 차륜-레일 프로파일의 경우에, 법선 접촉(normal contact)의 문제를 풀기 위해서는 반복법(iteration method)을 채용할 수 있다.

접촉영역의 긴/짧은 반(半)-축(軸) 길이는 강성 접점에서의 상대적 곡률 비율(relative curvature ratio) 즉, $\lambda=A/B$에 좌우되어 고전적 헤르츠접촉이론으로 구해진다. 그러나 가상의 관입 방법에 대한 접촉영역의 긴/짧은 반-축 길이(a_p와 b_p)는 관입량 h_0로 밝혀진다. **그림 4.32**에 나타낸 것처럼, $h_0=a_p^2A=b_p^2B$이다. 접촉영역의 긴/짧은 반-축 길이의 비율은 두 방법에 대하여 동일하지 않음을 발견할 수 있다. 그 이유는 가상의 관입방법에 대한 접촉영역을 계산함에 있어 접촉하는 물체들의 국지적 탄성압축변형의 영향이 무시되기 때문이다. 즉,

$$\frac{b_p}{a_p}=\sqrt{\frac{A}{B}}=\sqrt{\lambda}\neq\frac{b_h}{a_h}=\frac{n}{m} \tag{4.35}$$

프랑스의 두 학자 Ayasse와 Chollet는 접촉하는 두 물체의 초기 상대적 곡률을 수정해야 하는 접점(contact

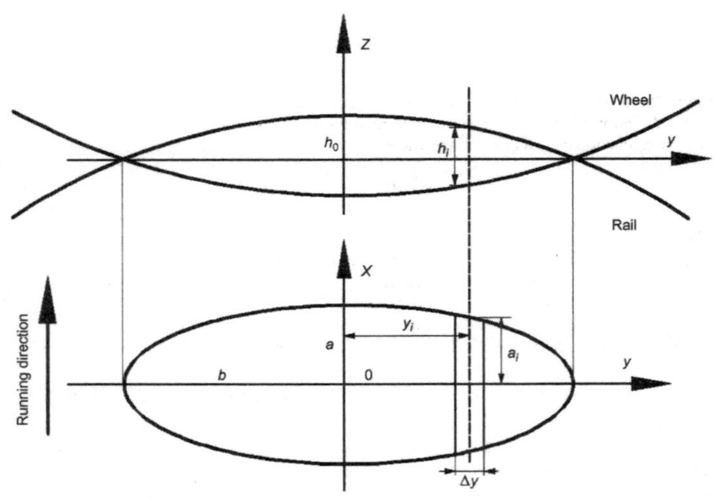

그림 4.32 반(半)-헤르츠 접촉의 다이어그램

point)에서의 상대적 곡률 비율의 수정방법을 제안했다. 수정된 상대적 곡률(revised relative curvature)이 A_c와 B_c이라고 가정하자. 그러면 다음과 같은 조건이 충족될 것이다.

$$\frac{A_c}{B}\text{ or }\frac{A_c}{B_c}\text{ or }\frac{A}{B_c}=\left(\frac{b}{a}\right)^2=\left(\frac{n}{m}\right)^2 \tag{4.36}$$

그들은 상기의 식에 기초하여 두 가지 수정방법을 제안하였다. 즉, 상대적 곡률(relative curvature) A만 보정함과 상대적 곡률 A와 B를 동시에 수정함. 두 방법의 도출 과정(derivation process)은 다음과 같이 상세히 묘사된다.

상대적 곡률 A만 보정함은 상대적 곡률 A가 차륜의 전동 반경에만 관련되므로 가장 단순한 수정방법이다. 식 (4.35)과 (4.36)로 다음과 같은 식이 구해진다.

$$\frac{A_c}{A}=\left(\frac{b_h}{a_h}\right)^2\frac{B}{A}=\left(\frac{n}{m}\right)^2\frac{B}{A}=\left(\frac{b_h}{a_h}\right)^2\frac{1}{\lambda}=\left(\frac{n}{m}\right)^2\frac{1}{\lambda} \tag{4.37}$$

그리고 접촉영역의 긴/짧은 반(半)-축(軸) 길이(semi-axial length)의 비율은 수정 후에 다음과 같을 것이다.

$$\frac{b_p}{a_p}=\sqrt{\frac{A_c}{B}}=\frac{b_h}{a_h}=\frac{n}{m} \tag{4.38}$$

수정(modification) 후에 두 물체(body)들의 관입량(penetration)은 헤르츠접촉이론(Hertzian contact theory)과 결합하여 다음과 같이 나타낼 수 있다.

$$h_0 = a_h^2 A_c = b_h^2 B = \frac{n^2}{r}\frac{\delta}{1+\lambda} \tag{4.39}$$

여기서, h_0는 수정된 가상의 관입량이다. a_h와 b_h는 각각 헤르츠접촉이론으로 구한 타원접촉의 긴 반-축 길이와 짧은 반-축 길이를 나타낸다. A_c는 수정된 상대적 곡률이며, $A_c = (n^2/m^2)B$, 여기서 B는 수정되지 않은 상대적 곡률이다. n, r 및 λ는 상대적 곡률 A 및 B와 관계가 있는 계수이다. δ는 헤르츠접촉이론으로 구해진 관입량이며, 다음과 같은 식으로 정의된다,

$$\delta = r\left[\left(\frac{3}{2}N\frac{1-\nu^2}{E}\right)^2 (A+B)\right]^{1/3} \tag{4.40}$$

상대적 곡률 A와 B를 동시에 수정할 때, 조건 $A_c + B_c = A + B$는 식 (4.37)과 $\lambda = A/B$를 충족시켜야 하며, 다음과 같이 구해진다.

$$\frac{A_c}{A} = \frac{1+\lambda}{\lambda}\frac{\nu^2}{1+\nu^2} \tag{4.41}$$

$$\frac{B_c}{B} = \frac{1+\lambda}{1+\nu^2} \tag{4.42}$$

여기서, $\nu = n/m$.

유사하게, 식 (4.40)~(4.42)를 이용하여 접촉 중인 물체(body in contact)들의 수정된 관입량(modified penetration)은 다음과 같이 구해질 수 있다.

$$h_0 = a_h^2 A_c = b_h^2 B = \frac{n^2}{r}\frac{\delta}{1+\nu^2} \tag{4.43}$$

통상적인 경우, 차륜과 레일 곡률의 주(主)반경은 차륜-레일접촉영역에서 일정하지 않을 수 있다. 특히 마모된 차륜-레일 프로파일의 경우에, 곡률의 주(主)반경은 일정하지 않고, 헤르츠접촉이론의 가정은 적용되지 않으며, 접촉영역의 계산된 모양은 실제모양과 상당히 다르다. Ayasse-Chollet 방법(A-C 방법으로 약칭)에서 있음 직한 차륜-레일접촉영역은 **그림 4.32**에 나타낸 것처럼 차량의 주행방향에 따라 폭 Δy를 가진 몇 개의 긴 스트립(strip)으로 나뉜다. 이 방법은 각각의 개별 스트립에서 접촉하는 물체의 곡률의 주(主)반경이 일정하다고 가정한다. 그러므로 만일 스트립에 대한 관입량이 기지(旣知)라면 스트립의 길이가 구해질 수 있다. 게다가, 스트립에 대한 관입량은 또한 수정된 총 관입량과 차륜-레일 프로파일로 구해질 수 있다. A-C 방법은 또한 헤르츠 접촉의 가정이 주행 방향에 따른 차륜-레일접촉에 충족된다고 가정하지만, 이들의 가정은 주행 방향에 수직인 방향에는 적합하지 않다. 이 경우에 계산된 접촉영역은 타원이 아니다. 따라서 A-C 방법은 또한 반(半) 헤르츠 방법(semi-Hertzian method)이나 SH 방법이라고 불린다.

반(半)-헤르츠접촉이론(semi-Hertzian contact theory)에서 법선력(normal force)과 크리프 힘(creep force)의 유도 과정은 상대적 곡률 A만 수정함의 예를 이용하여 설명될 것이다. 식 (4.39)와 (4.40)에 따르

면, 관입량에 관계되는 차륜-레일접촉 표면의 강성(剛性, rigidity) K는 다음과 같을 것이다.

$$K = \frac{N}{h_0} = \frac{2Eb}{3(1-\nu^2)} \frac{1+\nu}{n^3} \tag{4.44}$$

여기서, 접촉 강성(contact rigidity) K는 계수 λ와 n과만 관계가 있다. 그러므로 상기의 식은 모든 스트립(strip)의 접촉 강성에 적용될 수 있다.

스트립 중심(strip center)에서의 접촉 강성이 접촉표면(contact surface)의 강성의 1.5배라고 주어지면, 스트립 중심에서의 접촉 강성 K_i는 다음과 같을 것이다.

$$K_i = \frac{E\Delta y}{2(1-\nu^2)} \frac{1+\lambda_i}{n_i^3} \tag{4.45}$$

접촉영역의 스트립 중심에서의 법선력의 합은 다음과 같다.

$$N = \sum_{i=1}^{l} K_i h_i \tag{4.46}$$

일반적으로 적당한 관입량 h_{s0}는 초기 법선력의 평형을 만족시키도록 식 (4.46)을 반복함으로써 밝혀진다. 접촉영역의 실제 모양과 법선 응력의 분포는 관입량 h_{s0}으로 구할 수 있다. 다수 지점 접촉의 경우에 차륜-레일의 강성접점(rigid contact point)은 처음에 차륜-레일 기하구조 관계로 구할 수 있으며, 그다음에 초기 관입량을 알아내기 위하여 주된 접점으로서 사용될 것이다. 접점의 위치와 접촉영역의 크기는 법선력과 차륜-레일의 법선 간격으로 구할 수 있다.

차륜-레일접촉영역의 모든 스트립(strip)은 부분적으로 헤르츠 접촉 조건을 충족시킬 수 있다. 그러므로 각각의 스트립에 대한 접선력(tangential force)의 분포와 크기는 Kalker의 수정된 FASTSIM로 구할 수 있으며, 반(半) 헤르츠 접촉영역의 크리프 힘(creep force)은 결과들을 합산함으로써 구해질 수 있다. 헤르츠 이론이 주행 방향에서만 각각의 스트립에 적용될 수 있으므로, FASTSIM 방법은 특히 유연도 계수(flexibility coefficient) L_i와 스핀 크리프(spin creep)의 면에서 수정될 것이다. 구체적으로 말하면, 아래에 나타낸 것처럼 유연도계수 중에 L_1은 수정되고, L_2은 그대로 이며, L_3은 무시될 것이다.

$$L_1 = \frac{8a}{3C_{11}G} = \frac{8a_i}{3C_{11}G(a_i/a)} = \frac{8a_i}{3C_{11}Gk_i} \tag{4.47}$$

스트립(strip)의 접선력(tangential force)을 푸는 데에 있어 수정된 FASTSIM의 주된 차이는 스핀 크리프(spin creep)의 처리방법에 있다. 구체적으로 말하면, 스핀 크리프율(spin creepage)은 차량의 주행 방향(running directions)을 고려하지 않는다. 그 대신에 그것의 영향은 스트립들 사이의 종 방향 크리프율의 차이를 이용하여 분석된다. 유도 과정은 다음과 같이 나타낼 수 있다.

$$\nu_x - y_i\phi\frac{32}{3\pi}\frac{C_{23}}{C_{11}}\sqrt{\frac{n}{m}} \approx \nu_x - \frac{\delta_r}{R_{22}}\frac{32}{3\pi}\frac{C_{23}}{C_{11}}\sqrt{\frac{n}{m}} \approx \nu_x - \frac{\delta_r}{R_{22}} = \nu_{xi} \tag{4.48}$$

반-헤르츠 접촉영역에서 각각의 스트립(strip)에 대한 법선 응력(normal stress)과 접선 응력(tangential stress)은 식 (4.47)과 (4.48)로 구해질 것이다.

$$\begin{cases} \sigma_{zi}(x, y_i) = \dfrac{2N}{\pi ab}\left(1 - \dfrac{x^2}{a_i^2}\right)\dfrac{a_i^2}{a^2} \\ \sigma_{xi}(x, y_i) = \left(\dfrac{3}{8}GC_{11}\nu_x - \dfrac{4}{\pi}\sqrt{\dfrac{n}{m}}GC_{23}\phi y_i\right)\left(\dfrac{a_i - x}{a}\right) \\ \sigma_{yi}(x, y_i) = \left(\dfrac{3}{8}GC_{22}\nu_y + \dfrac{2}{\pi}\sqrt{\dfrac{n}{m}}GC_{23}\phi(a_i + x)\right)\left(\dfrac{a_i - x}{a}\right) \end{cases} \tag{4.49}$$

상대적 곡률 A만을 수정할 때, 상기의 식은 다음과 같이 된다.

$$\begin{cases} \sigma_{zi}(x, y_i) = \dfrac{4E(1+\lambda)}{3\pi n^3(1-\nu^2)}\dfrac{h_i}{a_i}\left(1 - \dfrac{x^2}{a_i^2}\right)k_i^2 \\ \sigma_{xi}(x, y_i) = \dfrac{3}{8}GC_{11}\nu_{xi}\left(\dfrac{a_i - x}{a_i}\right)k_i \\ \sigma_{yi}(x, y_i) = \left(\dfrac{3}{8}GC_{22}\nu_y + \dfrac{2}{\pi}\sqrt{\dfrac{n}{m}}GC_{23}\phi_i(a_i + x)\right)\left(\dfrac{a_i - x}{a_i}\right)k_i \end{cases} \tag{4.50}$$

반-헤르츠접촉(semi-Hertzian contact) 하에서 접촉영역의 모양, 법선 응력과 접선응력의 분포와 크기는 상기의 식들로 구해질 수 있다. 이들의 결과는 차륜-레일 상호작용을 나타내고 차륜-레일시스템 연결 관계를 정확하게 묘사하도록 차량-궤도시스템 동역학(dynamics)을 포함할 수 있다.

4.2.3 분기기 구간의 차륜-레일 전동접촉[42]

1. 차륜-레일 법선(法線) 접촉(wheel-rail normal contact)

차륜-레일 법선 접촉은 두 탄성체(elastic body)가 법선력의 작용 하에서 접촉되어 있을 때의 접촉영역의 실제 모양과 크기 및 접촉영역의 법선 응력 분포(distribution of normal stress)에 초점을 맞춘다. LMA 차륜 답면(tread)과 상면 폭이 35mm인 텅레일의 설계윤곽(design profile) 간의 법선 접촉은 헤르츠 접촉이론, 반(半)-헤르츠 접촉이론, Kalker 3D 비(非)-헤르츠 접촉이론 및 유한요소접촉이론으로 분석된다. **표 4.1**과 **4.2**는 서로 다른 횡 이동량 하에서 접촉영역의 모양과 크기 및 윤축의 법선 응력의 결과를 보여준다.

표 4.1에서 LMA 차륜 답면과 텅레일의 접촉영역의 모양이 윤축 횡 이동량에 따라서 변하는 것을 알 수 있다. 헤르츠 이론(Hertzian theory)의 경우에, 접촉영역은 모든 횡 이동량 하에서 타원형이고, 긴 반(半)축과 짧은 반(半)축 길이는 접점에서 곡률의 반경을 결정한다. 구체적으로 말하면, 윤축 횡 이동량이 0일 때는 접촉영역이 갸름하고, 윤축 횡 이동량이 3~9mm일 때는 횡 이동 동안 접점의 위치에 두드러진 변화가 없으므로 접촉 타원의 모양 변화가 비교적 작다. 반(半)-헤르츠 접촉이론, Kalker 비(非)-헤르츠 접촉이론 및 유한

표 4.1 LMA 답면과 분기기 레일의 접촉영역의 모양

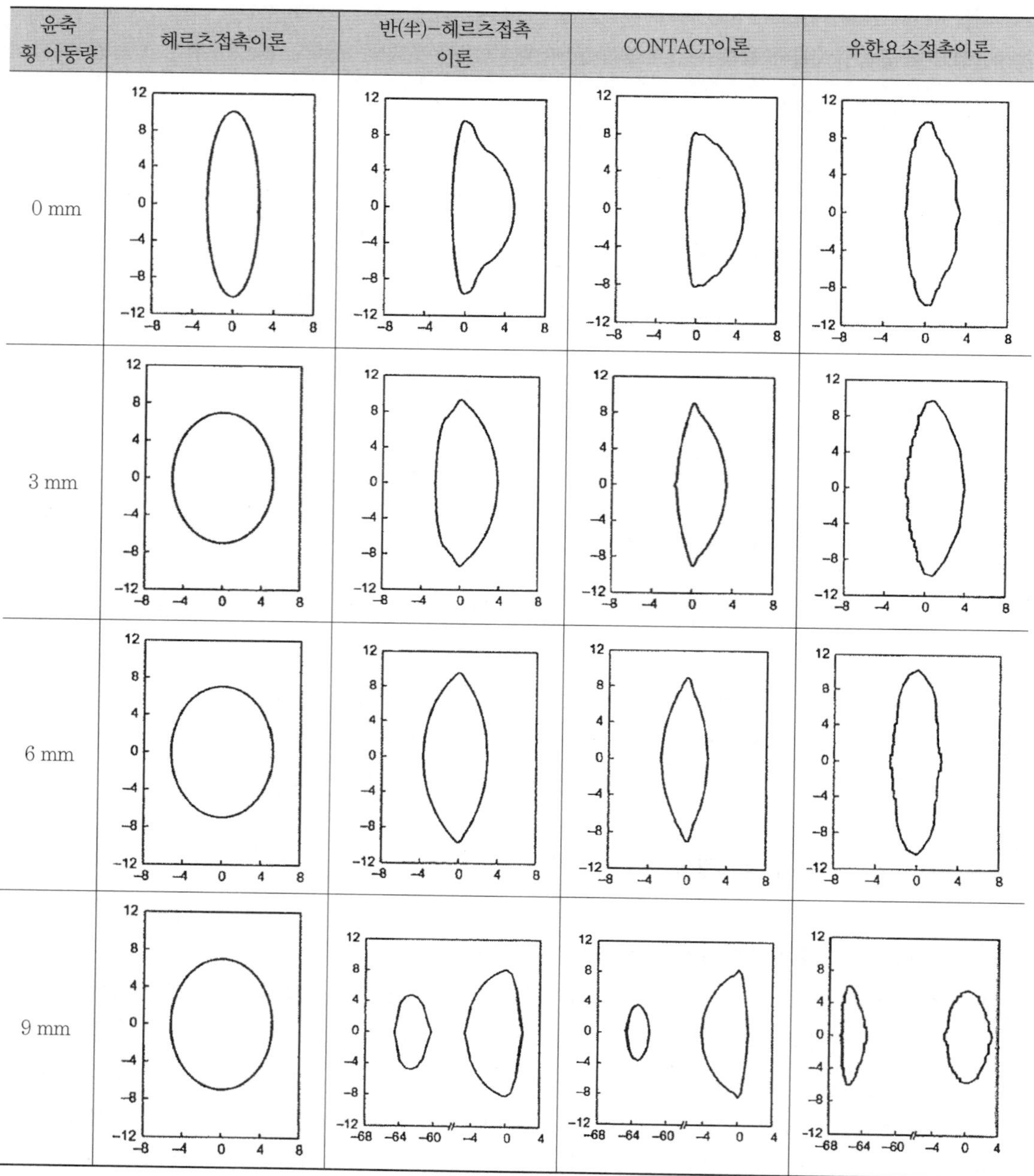

요소접촉이론의 경우에, 접촉영역을 정의할 때 차륜-레일 실제 접촉 윤곽(프로파일)이 고려되므로 결과로서 생긴 접촉영역은 더 이상 타원형이 아니다. 이 점에서 윤축의 횡 이동량이 3mm일 때, 반(半)-헤르츠 접촉이론과 Kalker 비(非)-헤르츠접촉이론으로 구한 접촉영역의 모양은 유한요소접촉이론의 결과와 약간 유사하다. 윤축의 횡 이동량이 9mm일 때는 세 이론들의 계산 결과가 2점(點) 접촉으로 된다. 즉, 오른쪽 차륜이 동

시에 텅레일과 기본레일에 접촉되어 있고, 접촉영역의 모양이 비슷하다. 그러므로 세 가지 이론은 차륜과 텅레일 간 및 차륜과 기본레일 간의 다(多)-지점 접촉을 모델링하는 데 이용될 수 있다.

표 4.2는 동일한 횡(橫) 이동량(lateral displacement)이 주어지면, 헤르츠 접촉이론(Hertzian contact theory)으로 구해진 접촉영역(contact area)의 크기가 가장 크고, 반(半)-헤르츠 접촉이론, 유한요소(finite element)접촉이론 및 Kalker 3D 비(非)-헤르츠 접촉이론의 순서로 뒤따른다는 것을 나타낸다. 그러나 접촉영역의 최대 접촉 응력(contact stress)의 법칙은 반대이다. 여러 가지 윤축 횡 변위 하에서 반(半)-헤르츠 접촉이론과 유한요소접촉이론의 계산 결과는 비슷하지만, Kalker 3D 비(非)-헤르츠 접촉이론과 유한요소접촉이론의 계산 결과는 크게 다르다.

표 4.2 접촉 중인 LMA 답면과 텅레일의 접촉영역의 크기와 접촉 응력

윤축 횡 이동량		헤르츠접촉 이론	반-헤르츠접촉 이론	CONTACT 이론	유한요소접촉이론
0 mm	접촉영역의 크기(mm^2)	81.3	76.0	69.5	71.3
	최대접촉 응력(MPa)	1,788.2	2,042.7	2,121.2	2,053.5
3 mm	접촉영역의 크기(mm^2)	114.0	87.4	59.2	81.0
	최대접촉 응력(MPa)	1,118.1	1,495.5	2,527.4	1,610.5
6 mm	접촉영역의 크기(mm^2)	114.0	79.9	56.6	73.5
	최대접촉 응력(MPa)	1,118.1	1,542.8	3,564.6	1,739.5
9 mm	접촉영역의 크기(mm^2)	114.1	83.9	76.0	78.6
	최대접촉 응력(MPa)	1,118.1	1,430.1	1,695.4	1,854.53

결론적으로, LMA 차륜 답면(wheel tread)과 레일이 접촉되어 있을 때 반-헤르츠접촉이론과 유한요소접촉이론은 접촉영역의 모양과 크기 및 접촉 응력에서 비교적 비슷한 결과를 산출한다. 이것은 두 이론이 차량-분기기결합 동역학에서 차륜-레일 힘을 계산하는 데 더 적합함을 나타낸다.

2. 차륜-레일 접선 접촉(wheel-rail tangential contact)

Shen-Hedrick-Elkins이론, Kalker단순화 이론, Kalker 3D 비(非)-헤르츠 전동접촉이론(CONTACT이론) 및 반(半)-헤르츠접촉이론(SH이론)을 포함하는 얼마간의 전동(轉動)접촉이론(rolling contact theory)들은 분기기 구간에서의 차륜-레일의 접선접촉 거동을 계산하고 분석하는 데 이용된다. 비교분석에서 차륜은 LMA 답면의 차륜이고, 텅레일의 상면 폭 35mm에서의 텅레일과 기본레일의 윤곽(프로파일)이 레일단면으로 취해지며, 윤축 횡 이동량은 0mm이다.

a. 크리프 힘(creep force) 계산의 비교

네 가지 이론들은 각각 크리프 힘과 모멘트에 대한 종 크리프(longitudinal creep), 횡(lateral) 크리프, 스핀(spin)이 없는 단순 크리프(simple creep) 및 단순 스핀 크리프(simple spin creep)의 영향을 연구하기 위하여 도입되었다. **그림 4.33**은 각각 다른 경우에서의 계산 결과를 나타낸다. 분석에서 단순 크리프는 종 크리프율 f_x와 횡 크리프율 f_y가 같음을 의미한다.

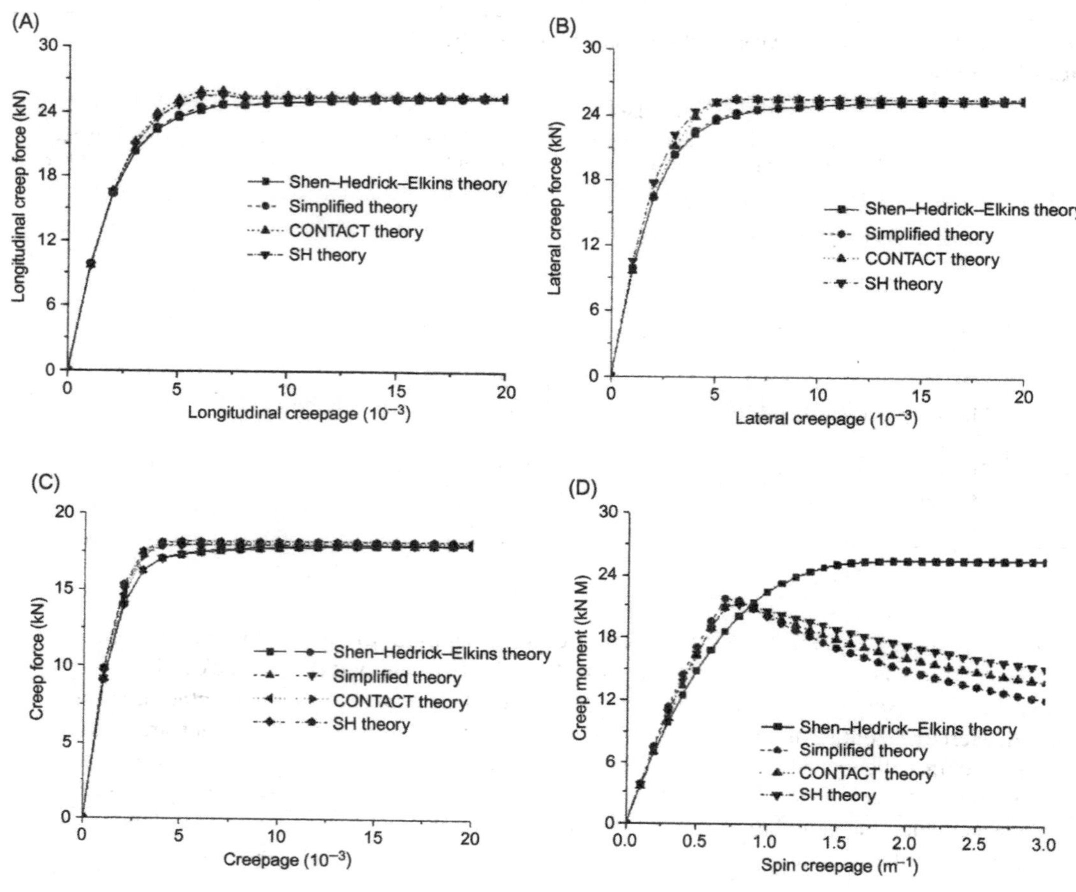

그림 4.33 (A) 종 방향 크리프 힘, (B) 횡 방향 크리프 힘, (C) 스핀이 없는 순수 크리프, (D) 순수 스핀 크리프 모멘트

스핀(spin)이 무시될 때 네 가지 이론으로 구한 크리프 힘이 유사한 법칙을 따른다는 것을 **그림 4.33**에서 알 수 있다. 단순 스핀 크리프의 경우에 단순화 이론(simplified theory), CONTACT이론 및 반(半)-헤르츠 이론은 같은 크리프 힘 분포 법칙을 나타내며, 한편, 스핀 크리프율(spin creepage)이 0.7m^{-1}를 넘어서면, 크리프율이 증가함에 따라 크리프 힘은 떨어질 것이다. 그러나 Shen - Hedrick-Elkins 이론의 경우에, 실제 접촉영역에서 미끄럼 영역과 점착 영역의 분포가 이론에 포함되지 않으므로, 크리프율이 증가함에 따라 크리프 힘이 증가할 수 있으며, 1.6m^{-1}의 스핀 크리프율에서 최고조에 달할 수 있다.

b. 점착 영역(locked region)과 미끄럼 영역(slipped region)의 분포

Shen-Hedrick-Elkins 이론으로는 실제 접촉영역에서 점착과 미끄럼 영역의 분포를 얻을 수 없으므로, 단순 크리프(simple creep)와 단순 스핀 크리프(simple spin creep)의 경우에 접촉영역에서의 점착과 미끄럼 영역의 분포를 분석하기 위하여 그 밖의 세 가지 이론이 연구된다. 관련 있는 계산 결과는 **그림 4.34~4.36**에 나타낸다. 이들의 그림에서 접촉영역의 음영(shadow) 부분은 미끄럼 영역을, 공백(clear) 부분은 점착 영역을 나타낸다.

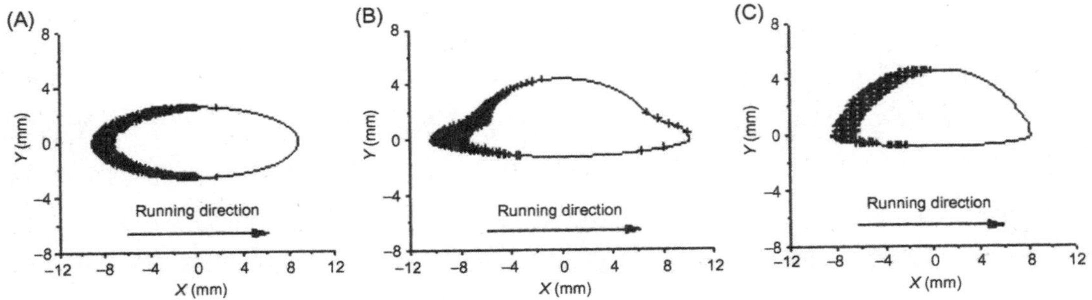

그림 4.34 순수 크리프(작은 크리프, $f_x = f_y = 1.5e^{-4}$, $f_{in} = 0$), (A) 단순화 이론, (B) SH 이론, (C) 정확 이론

모든 이론에 대하여 접촉영역의 끝부분에, 즉 진행방향의 반대쪽에, 스핀이 없는 작은 크리프와 함께 미끄럼영역이 있음을 **그림 4.34~4.36**로부터 알 수 있다. 스핀 크리프(spin creep)의 부재로 인하여 단순화 이론(simplified theory)은 접촉영역의 종축에 관하여 대칭적인 미끄럼 영역을 산출하는 반면에, 반(半)헤르츠 접촉이론과 CONTACT이론은 비대칭 접촉영역을 산출한다. 이들의 이론으로 예측된 접촉영역의 미끄럼영역 크기에 관하여 단순화 이론은 접촉영역 총 크기의 8.0%를 고려하여 5.7mm^{2}를 예측하고, 반(半)헤르츠접

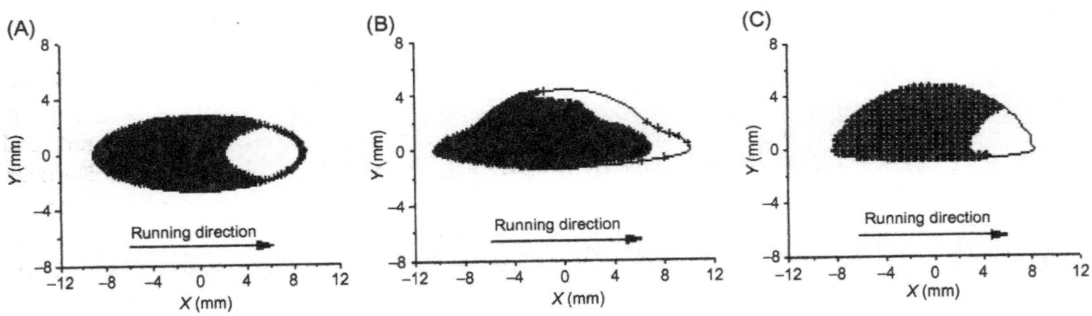

그림 4.35 순수 크리프(큰 크리프, $f_x = f_y = 3e^{-3}$, $f_{in} = 0$), (A) 단순화 이론, (B) SH 이론, (C) 정확 이론

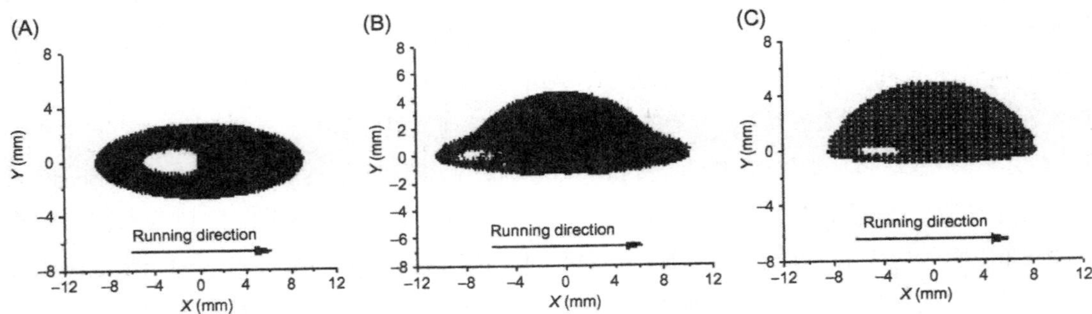

그림 4.36 순수 스핀 크리프($f_x = f_y = 0$, $f_{in} = 1.5$), (A) 단순화 이론, (B) SH 이론, (C) 정확 이론

촉이론은 접촉영역 총 크기의 9.7%를 고려하여 7.4mm^{2}를 예측하며. CONTACT이론은 접촉영역 총 크기의 13.8%를 고려하여 9.1mm^{2}를 예측한다. 스핀이 없는 큰 크리프의 경우에 미끄럼영역은 접촉영역의 크기에서 상당히 커지며, 세 가지 이론으로 구한 모양은 큰 차이를 보인다. 단순 스핀 크리프의 경우에 미끄럼 영역은 접촉영역의 끝부분으로부터 안쪽으로 이동한다. 단순화 이론으로 계산된 미끄럼영역은 접촉영역의 종축에 관하여 대칭이며 반(半)헤르츠접촉이론과 CONTACT이론의 접촉영역은 뒷면에 놓이는 점착영역과 함께 비대칭이다. 그러므로 이들의 이론으로 예측된 접촉영역의 미끄럼영역 크기에 관하여 단순화 이론은 접촉영역 총 크기의 87.8%를 고려해 63.1mm^{2}를 나타내고. 반(半)헤르츠접촉이론은 접촉영역 총 크기의 93.2%를 고려해 70.8mm^{2}를 예측하며. CONTACT이론은 접촉영역 총 크기의 96.7%를 고려해 67.2mm^{2}를 예측한다. 대체로 반(半)헤르츠접촉이론으로 구해진 미끄럼영역의 크기와 분포는 Kalker 3D 비(非)−헤르츠접촉이론의 결과에 더 가깝다.

c. 계산능률(calculation efficiency)의 비교

Shen−Hedrck−Elkins 이론은 접촉영역의 구분을 고려하지 않으며, 따라서 계산시간이 극히 짧다. 단순화 이론은 차륜−레일 접점의 위치를 밝힘으로써 접촉면 형상(shape of contact area)이 밝혀질 만큼 접촉면 형상의 계산이 절약되기 되기 때문에 계산시간이 상대적으로 짧으며, 크리프 힘은 미끄럼/점착영역을 나눔으로써 쉽게 구해질 수 있다. 반(半)−헤르츠 접촉이론은 법선력의 균형과 반복으로 접촉영역의 형상을 구할 필요가 있으며, 접촉파라미터와 각 스트립의 미끄럼/점착 영역을 계산함이 뒤따른다. 그러므로 시간−소비적이다. Kalker 3D 비(非)−헤르츠 접촉이론의 경우처럼, 접촉영역과 미끄럼/점착 영역을 확인하는 과정은 상당히 복잡하며, 경계요소의 계산과 프로그래밍 때문에 더욱 복잡하다.

결론적으로, 반(半)헤르츠접촉이론은 계산정확도에서 단순화 이론을 능가하며, Kalker 3D 비(非)−헤르츠 접촉이론보다 더 효율적이다. 그러므로 그것은 차량−분기기 동역학에서와 분기기레일 마모의 시뮬레이션에서 차륜−레일 결합 접촉모델(wheel−rail coupled contact model)로서 이용될 수 있다.

4.2.4 분기기 구간의 차륜−레일 시스템의 3D 탄성체 반(半)헤르츠전동접촉의 계산방법

현재, 레일 아래 탄성지지(sub−rail elastic bearing)의 영향은 (비효율 때문에 차륜−레일 동역학의 계산에서 배제되는 유한요소접촉이론을 제외하고) 모든 전동접촉이론에 대하여 고려될 수 없다. 그러나 이것은 보통의 궤도에서 단일 차륜과 단일레일 간의 접촉에 거의 영향을 미치지 않을 수 있으며, 그 이유는 이 접촉상태가 Saint−Venant의 원리를 충족시키기 때문이다; 차륜−레일접촉영역을 풀기 위한 정보는 레일 지지 조건과는 관계없다. 그러나 그것은 분기기 구간에서 차륜과 복수의 레일 간의 접촉에 영향을 줄 수 있다. 실제로, 기본레일과 텅레일은 미끄럼 상판으로 지지되며, 여기서 기본레일과 미끄럼 상판 간에는 탄성패드가 삽입되는 반면에 텅레일과 미끄럼 상판은 강성 접촉을 한다. 이 경우에 차륜과 분기기레일이 접촉될 때, 기본레일과 텅레일은 서로 다르게 수직으로 변위될 수 있으며, 상대 변위 불일치(relative displacement discrepancy)를 나타낼 수 있다. 그 불일치는 차륜−레일접촉(contact)을 방해하여 Saint−Venant의 원리를 충족시키지 못하게 한다. 게다가, 두 레일 간에서 횡 변위 불일치가 일어날 수 있다. 이들의 인자는 접점(contact point)의

수, 접촉영역의 형상 및 응력분포를 포함하여 차륜-레일접촉 거동을 크게 바꿀 수 있다. 상기에 의거하여, 차륜과 다수의 레일이 접촉되는 분기기 구간의 접촉문제를 풀기 위해 레일하부 탄성지지와 횡 방향 상대변위를 포함하는 3D 탄성체 전동접촉이론이 개발돼야 한다.

3D 탄성체 전동접촉 거동에 관한 해석 과정은 다음과 같다. 기본레일과 텅레일은 엄격한 제약조건이 있다고 가정한다. 주된 접점의 위치를 밝힌다; (가장 중요한 접촉 레일로서 기본레일을 취하는) 추적선(追跡線) 방법(trace line method)의 원리로 차륜-레일의 주된 접점의 위치를 밝히고 차륜 답면과 텅레일의 윤곽(프로파일) 간의 최소간격 h_{cs}를 계산한다; 그리고 ① 윤하중 P에서, 기본레일 밑의 패드의 압축 변위 d_{cs}와 차륜-레일 탄성 압축량 w_{cs}의 합이 h_{cs}보다 작을 때, 즉 $d_{cs}+w_{cs}<h_{cs}$일 때, 차륜은 분기기 구간의 레일과 1점-접촉되어 있고, 보통의 단일 차륜-레일접촉이 적용될 수 있다. 또는 ② 윤하중 P에서, 기본레일 밑의 패드의 압축 변위 d_{cs}와 차륜-레일 탄성 압축량 w_{cs}의 합이 h_{cs}보다 크거나 같을 때, 즉 $d_{cs}+w_{cs} \geq h_{cs}$일 때, 차륜은 두 분기기 레일과 동시에 접촉되어 있을 것이다. 후자의 경우에 차륜 답면과 텅레일의 윤곽(프로파일) 간에 최소간격을 가진 지점은 제2접점으로 정의된다. 차륜과 텅레일이 접촉을 개시할 때는 기본레일 밑의 패드의 압축변형이 부분적인 윤하중을 감당할 것이며, 기본레일과 텅레일이 나머지를 감당할 것이다. 즉 $P_{sy}=P-P_{cs}$. 게다가, 차륜과 텅레일 간의 탄성 압축량 w_1은 기본레일 밑의 패드의 압축 변위 d_{sy}와 차륜과 기본레일 간의 탄성 압축량 w_{sy}의 합계와 같다. 평형이 이루어질 때까지 전술의 과정에 의거하여 많은 반복을 수행한 후에, 차륜과 텅레일 간 및 차륜과 기본레일 간의 탄성 압축량이 구해질 것이다. 결과는 각각의 접촉영역의 응력분포 형상의 확인을 도울 수 있다. 그 후에, 개선된 FASTSIM 프로그램은 각각의 접촉영역에 대한 크리프 힘의 분포와 크기를 구하는 데 사용될 수 있다. 이것은 차륜과 복수의 레일 간의 접촉에 대한 확인 과정이다. 주된 접점이 텅레일에 위치할 때, 차륜-레일 전동 접촉 거동에 대한 확인 과정은 같다.

4.3 차륜-레일 관계 단순화 모델의 평가[55]

분기기의 차륜-레일 관계에 관한 설계 최적화(design optimization)는 구조적 틀림을 제어하고 열차 진동에 대한 그들의 영향을 경감시키는 것을 목적으로 한다. 유지보수 동안, 틀림의 진폭과 변화율은 제어인자로 간주한다. 그러나 동적 영향은 틀림 형상과 파장 등의 여러 가지 요인이 관련된다. 따라서 열차-분기기 시스템 동역학의 완전한 이론은 틀림이 열차-분기기 시스템에 미치는 동적 영향을 밝히기 위하여 확립되었다. 이 방법은 정확하지만, 시간-소비적이다. 그것은 분명하고 신속한 수단의 설계의 장점과 단점을 알아낼 수 없다. 게다가 사용하기가 어렵다.

차륜-레일 관계(wheel-rail relation)를 정확히 평가하기 위한 (수직 틀림(고저 틀림)이 있는 분기기를 독립된 차륜이 통과하는) 단순한 1-자유도(DOF) 단순 모델은 열차가 틀림이 있는 궤도에서 주행할 때의 부가적인 동하중을 분석하는 데 이용된다. 게다가, (횡 틀림(방향 틀림)이 있는 분기기를 자유로운 윤축이 통과하는) 2-자유도 모델은 사행동의 법칙(rule of hunting motion)을 평가하는 데 이용된다.

4.3.1 수직 틀림(고저 틀림)

1. 스프링 하 질량 진동방정식(unsprung weight vibration equation)

균등한 레일 침하(uniform rail settlement) y_0는 열차가 완전히 매끈한(평탄한) 궤도에서 주행할 때 생길 수 있다. 이 경우에는 부가(附加)의 레일침하나 동(動) 윤하중이 없다. 그러나 열차가 수직 틀림(vertical irregularity, 고저 틀림)이 있는 궤도에서 주행할 때는 동적 평형상태(dynamic equilibrium condition)가 다르다. 그 이전에는 차륜 중심(重心, gravity center)이 원래 레일 면에 계속 평행하다. 그다음에, 고르지 않은 궤도에서 주행할 때 중심이 갑자기 낮아지며(그 양은 틀림 깊이 η_r와 같다), 차륜의 스프링 하(下) 부분(unsprung part)과 국부적인(partial) 궤도에 강제 진동을 발생시키고 부가적인 레일침하 y_d와 부가적인 동(動)윤하중 P_d로 귀착된다. 강제 진동(forced vibration)은 틀림의 종점까지 지속될 것이다. 차륜이 틀림을 벗어날 때, 잔류 수직 진동가속도와 변위 때문에 특정 범위에서 자유진동(free vibration)이 존재할 수 있다. 그러나 이 틀림 유발 진동은 감쇠영향(damping effect)을 받아 결국 없어질 것이다. 그다음에, 레일침하는 y_0로 다시 돌아갈 것이다. D'Alembert의 원리에 따르면, 동적 평형(dynamic equilibrium)은 다음과 같을 때 이루어질 수 있다.

$$R+I-T=0 \tag{4.51}$$

여기서, R은 부가적 침하로 유발된 저항력(counterforce)이며, 동(動)윤하중 P_d와 같다. $P_d=(2k/\beta)y_d$.

여기서, k는 레일 지지의 탄성계수로서, 침목 간격 a에 대한 레일 지지의 탄성계수 D의 비율이다(즉, $k=D/a$). β는 아래 기초와 레일의 강성비이고, $\beta=(k/4EI)^{1/4}$. 여기서 EI는 레일의 수직 휨 강성이다.

I(역주 : 식 (4.51)의 기호인 이 I는 전술한 EI의 I(레일의 단면 2차 모멘트)와 다름에 유의)는 차륜의 스프링 하(下) 부분(unsprung part)과 국부적인(partial) 궤도가 유발한 관성력(inertia force)이다. $I=m_0(d^2(y_d+\eta c)/dt^2)$. 여기서 m_0는 진동하는 질량이며, 스프링 하 질량 q과 비슷하다.

T는 전체진동시스템의 감쇠력(damping force)이며, $T=c(dy_d/dt)$. 여기서 c는 감쇠계수(damping coefficient)이다.

계산 과정을 간단히 하기 위하여 감쇠 항은 생략할 수 있다. 따라서

$$\frac{2k}{\beta}y_d+q\frac{d^2(y_d+\eta_r)}{dt^2}=0 \tag{4.52}$$

$K_r=(2k/\beta)$가 주어지면, 다음과 같은 식을 얻는다.

$$q\frac{d^2y_d}{dt^2}+k_ry_d=-q\frac{d^2\eta_r}{dt^2}=f(t) \tag{4.53}$$

$w_0=\sqrt{(K_r/q)}$가 주어지면, 순간적인 진동은 다음과 같은 식으로 구할 수 있다.

$$y_d(t) = \frac{1}{q\omega_0}\int_0^t f(t)\sin\omega_0(t-\tau)d\tau \tag{4.54}$$

2. 계산파라미터(calculation parameter)

차륜-레일 동역학 연구에 따르면, 낮은 동적 작용의 고속대차는 차량속도가 높아짐에 따라 증가하는 저주파(LF) 차륜-레일 힘을 낮추기 위해 스프링 하(下) 질량(unsprung weight)이 최소화되어야 한다. 이것은 경합금(light alloy) 액슬 박스(軸箱), 일체(一體)차륜(solid wheel) 및 중공(中空)차축(hollow axle)으로 실현될 수 있다. 중국의 고속 EMU는 일체(一體)압연차륜(solid rolled wheel)과 중공차축을 적용하였다. 차륜 전동 원의 직경은 860mm이고, 윤축의 스프링 하 질량은 약 2,400kg이다. 단일 차륜의 스프링 하 질량은 계산에서 1,200kg이다. 중국 고속분기기에 대한 레일체결지지의 강성은 25kN/mm이고, 침목 간격은 600mm이다.

3. 부가적 동적 힘(additional dynamic force)

CHR EMU 열차가 350km/h용 18번 분기기의 기준선을 통과할 때, 윤축 횡 이동량을 고려하지 않은 경우의 포인트와 크로싱에서 형성된 수직 틀림은 상기의 **그림 4.13**과 **4.14**에서 나타냈다. 포인트와 크로싱에서 레일 동적 변위와 차륜의 부가적인 동적 힘은 **그림 4.37**과 **4,38**에 나타낸 것처럼 1-자유도 모델로 계산된다.

위의 그림들에서 볼 수 있듯이, 포인트와 크로싱에서 수직의 구조적 틀림은 심한 차륜-레일 진동으로 귀착된다. 구조적 틀림의 단파장 때문에, 진동은 크로싱에서 훨씬 더 심하다. 포인트에서의 최대 레일 동적 변위는 0.81mm이고, 최대 동(動)윤하중은 60.0kN이다. 크로싱에서의 최대 레일 동적 변위는 약 1.32mm이고, 최대 동(動)윤하중은 약 98.4kN이며, 최대 차륜진동가속도는 약 59.2g이다. 그것은 구조적 틀림이 차륜-레일 동적 응답으로 전달된다는 것을 나타내며, 차륜-레일 관계의 설계를 평가하는 데 이용될 수 있다. 동(動)윤하중은 레일 동적 변위에 정비례하며, 따라서 그들은 부가적인 차륜 동적 힘으로 평가될 수 있는 동일한 변화법칙을 따른다. 포인트에서 수직 틀림은 텅레일의 실제 첨단에서부터 뒤쪽의 6.6m 부분까지 작용할 것이다. 현가장치 댐핑(suspension damping)을 무시하면, 차륜은 그 범위를 넘어서 감쇠되지 않고 자유 진동할 것이다.

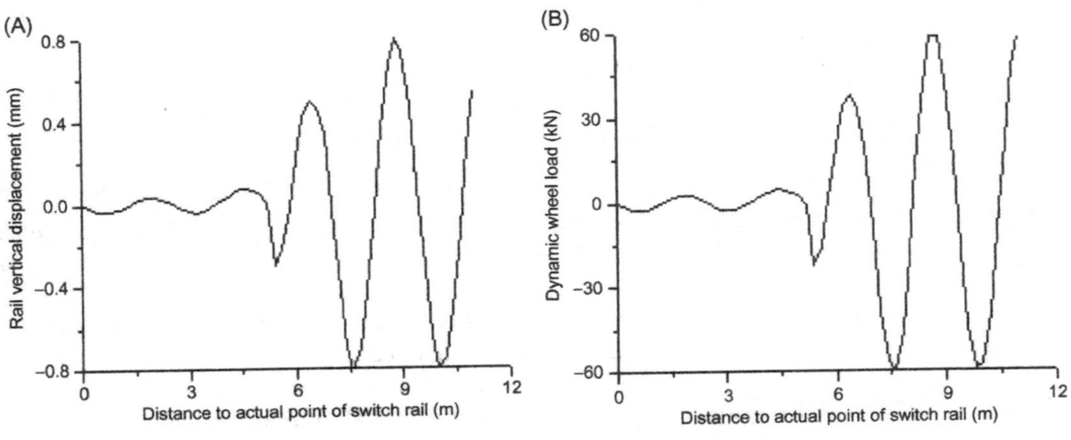

그림 4.37 (A) 포인트에서 레일 동적 변위, (B) 포인트에서 동(動)윤하중

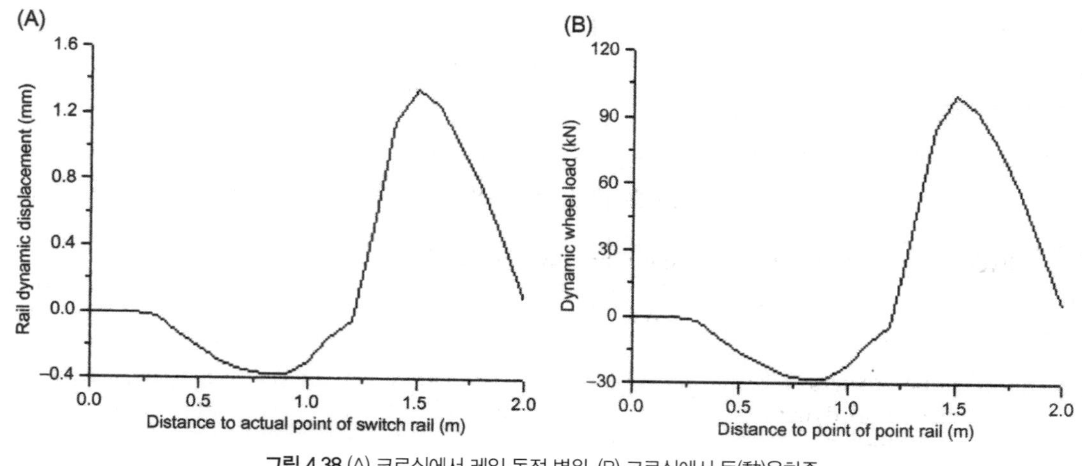

그림 4.38 (A) 크로싱에서 레일 동적 변위, (B) 크로싱에서 동(動)윤하중

4.3.2 횡 틀림(방향 틀림)

윤축은 차축에 프레스로 끼워 맞춘(press-fitted. 壓入) 두 차륜으로 구성된다. 차륜 답면은 테이퍼(taper, 漸減)가 붙여져 있다. 따라서 윤축 기하구조 중심이 종 방향의 궤도중심에 연직이고 윤축의 두 차륜이 전동원의 같은 반경을 가짐을 조건으로 하여 윤축의 기하구조 중심은 궤도를 따라 일직선으로 이동할 수 있다. 그러나 실제로는 각종 힘의 작용 때문에 윤축의 횡 이동이 생길 수 있다. 예를 들어, 포인트와 크로싱에서 차륜−레일 접점은 텅레일과 노스레일이 낮아짐에 따라 기본레일과 윙레일로 이동될 것이며, 텅레일과 노스레일 상면이 넓어짐에 따라 횡으로 움직일 수 있고, 이것은 크리프 힘의 영향을 받아 텅레일과 노스레일을 향한 윤축 횡 이동으로 이어진다. 윤축의 중앙위치가 궤도중심선에서 벗어나 있고 윤축의 두 차륜이 서로 다른 전동 원 중심을 가질 때는 윤축의 기하구조 중심이 지그재그로 움직일 것이다. 분기기 구간에서의 사행동의 법칙은 분기기의 횡 방향 구조적 틀림을 평가하는 데 이용될 수 있다.

1. 윤축 크리프 힘(wheelset creep force)

분기기에서의 차량시스템의 운동을 정확하게 분석하기 위해서는 엄밀한 비선형 운동방정식(nonlinear motion equation)이 필요하다. 그러나 윤축의 진동 가진(加振, excitation)에 대한 횡 방향 구조적 틀림의 영향을 충분히 묘사하기 위하여 단순한 선형운동방정식이 적용될 수 있다. 단순화 모델(simplified model)에서는 그것으로부터 유발된 오차가 허용될 수 있다. 윤축의 운동방정식은 다음과 같은 가정에 기초하여 선형화(linearize)된다.

a. 강성 노반(rigid subgrade) 위의 궤간이 일정한 직선 레일을 따라 자유 윤축(free wheelset)이 등속 운동을 한다.

b. 윤축은 연속적으로 레일과 접촉하는 두 차륜을 가진 강체로 간주된다.

c. 윤축의 운동은 소폭(小幅) 진동에 속하며, 선형 크리프 힘 이론이 성립된다. 게다가, 스핀(spin) 영향이

무시되고, 종과 횡 크리프 힘이 고려되며, 종과 횡 크리프계수는 같다.

표 4.3 차륜–레일 크리프율의 방정식

인자	방향	변수	왼쪽차륜	오른쪽차륜
횡 이동	종 방향	전동 원 반경	$r_0-\lambda y_w$	$r_0+\lambda(y_w-\xi_r)$
		이론적 속도	$\omega(r_0-\lambda y_w)$	$\omega(r_0+\lambda y_w-\lambda\xi_r)$
		미끄럼 속도	$\nu-\omega(r_0-\lambda y_w)=\omega\lambda y_w$	$\omega\lambda(\xi_r-y_w)$
		크리프율	$\omega\lambda y_w/\omega r_0=\lambda y_w/r_0$	$\lambda(\xi_r-y_w)/r_0$
	횡 방향	미끄럼 속도	$\dot{y}_w$	$\dot{y}_w-\xi_r$
		크리프율	$\dot{y}_w/\nu$	$(\dot{y}_w-\xi_r)/\nu$
요(yaw)	종 방향	미끄럼 속도	$b\dot{\psi}_w$	$-b\dot{\psi}_w$
		크리프율	$b\dot{\psi}_w/\nu$	$-b\dot{\psi}_w/\nu$
	횡 방향	미끄럼 속도	$-\nu\tan\psi_w=-\nu\psi_w$	$-\nu\psi_w$
		크리프율	$-\psi_w$	$-\psi_w$

d. 작은 등가 답면 기울기와 작은 변화의 관점에서, 자유 윤축의 답면(tread)은 원뿔형으로 간주할 수 있다. 그때 차륜반경은 접점의 횡 이동량에 비례한다. 중력(重力) 강성이 일으킨 힘(gravitational stiffness induced force)과 중력 각도 강성(gravitational angular stiffness)이 일으킨 토크(torque)는 무시된다.

e. 차축의 두 차륜은 같은 중량을 갖고 있다.

다음이 주어진다 : 윤축은 두 개의 자유도, 즉 횡 이동량 y_w{양(陽, 플러스) = 우측}과 요(yaw) ψ_w(양 = 시계방향)를 갖는다. 공칭 전동(轉動) 반경은 r_0이다. 차륜의 회전 각속도 ω는 일정하다. 윤축의 전진속도는 ν이다. $\nu=\omega r_0$. 등가 답면 기울기는 λ이다. 우측과 좌측 전동 원 간 거리의 반은 b이다. 오른쪽 차륜이 기준선에서 주행할 때 오른쪽 차륜 아래 횡 틀림은 ξ_r이다. 크리프 계수(creep coefficient)는 f이다. 따라서 횡 변위 y_w와 요 ψ_w로 유발된 크리프율(creep ratio)과 크리프 힘은, $\dot{y}_w$와 $\dot{\psi}_w$는 **표 4.3**과 **4.4**의 해당되는 식으로 나타내어질 수 있다.

표 4.4 차륜–레일 크리프율과 크리프 힘

차륜	크리프율		크리프 힘	
	종 방향	횡 방향	종 방향	횡 방향
왼쪽 차륜	$\lambda y_w/r_0+b\dot{\psi}_w/\nu$	$\dot{y}_w/\nu-\psi_w$	$-f(\lambda y_w/r_0+b\dot{\psi}_w/\nu)$	$f\psi_w-f\dot{y}_w/\nu$
오른쪽 차륜	$\lambda(\xi_r-y_w)/r_0-b\dot{\psi}_w/\nu$	$(\dot{y}_w-\dot{\xi}_w)/\nu-\psi_w$	$f\lambda(y_w-\xi_r)/r_0+fb\dot{\psi}_w/\nu)$	$f(\dot{\xi}_r-\dot{y}_w)/\nu+f\psi_\omega$

2. 윤축 진동방정식(wheelset vibration equation)과 그 해법(solution)

윤축중량(wheelset weight)이 M_w이고 단면2차 모멘트가 J_w라고 주어지면, 뉴턴의 운동법칙(Newton's law of motion)에 따라 다음과 같은 식을 얻는다.

$$\begin{cases} M_w \ddot{y}_w = -2f\dot{y}_w/\nu + 2f\psi_w + f\dot{\xi}_r/\nu \\ J_w \ddot{\psi}_w = -2fb^2\dot{\psi}_w/\nu - 2fb\lambda y_w/r_0 + fb\lambda\xi_r/r_0 \end{cases} \tag{4.55}$$

식 (4.55)는 상수계수(constant coefficient)를 가진 2계(階) 비제차(非齊次) 선형미분방정식(second order nonhomogeneous linear differential equation)이다. 횡 틀림은 열차–궤도시스템 진동의 가진 원(excitation source)이지만 해법을 얻는 것은 고사하고 어떠한 1차방정식으로도 나타낼 수 없다. 근사해법(approximation solution)은 뉴마크(Newmark)–β 수치적분법(numerical integration method) 등으로 구할 수 있다.

윤축 사행동의 주파수는 $\omega_w = \sqrt{(\lambda/br_0)\nu}$ 이며, 파장은 $L_w = 2\pi\sqrt{(br_0/\lambda)}$ 이다.

3. 분기기구간에서 윤축 사행동(wheelset hunting motion)

EMU 열차의 윤축중량은 2,400kg이고, 요(yaw)의 관성은 1,350kgm이다. $r_0 = 0.43$m, $b = S/2 = 0.75$m. 크리프 계수(creep coefficient)는 $f = 9.57 \times 106$N이다. 등가 답면 기울기는 0.1이다. 분기기의 횡 방향 틀림은 **그림 4.13**과 **4.14**에 나타낸 것처럼 LMA 답면에 따라 취해진다. 계산을 통하여, 포인트와 크로싱에서 윤축의 사행동과 요(yaw)의 분포 결과는 **그림 4.39**와 **4.40**에서 나타낸다.

위의 그림들에서 볼 수 있듯이, 포인트와 크로싱에서의 구조적 틀림은 분기기 통과 시에 명백한 사행동(hunting movement)을 유발할 것이다. 윤축은 틀림의 범위 내에서 강제 진동을 한다. 그 후에 윤축은 자유 진동을 할 것이다. 횡 방향 틀림은 포인트에서 더 긴 작용범위를 가지며, 최대 윤축 횡 변위는 18.6mm{플랜지–레일접촉이 무시되므로 이 값은 플랜지와 궤간선 간의 간격(clearance)보다 더 크다}이고, 최대 횡 진동가

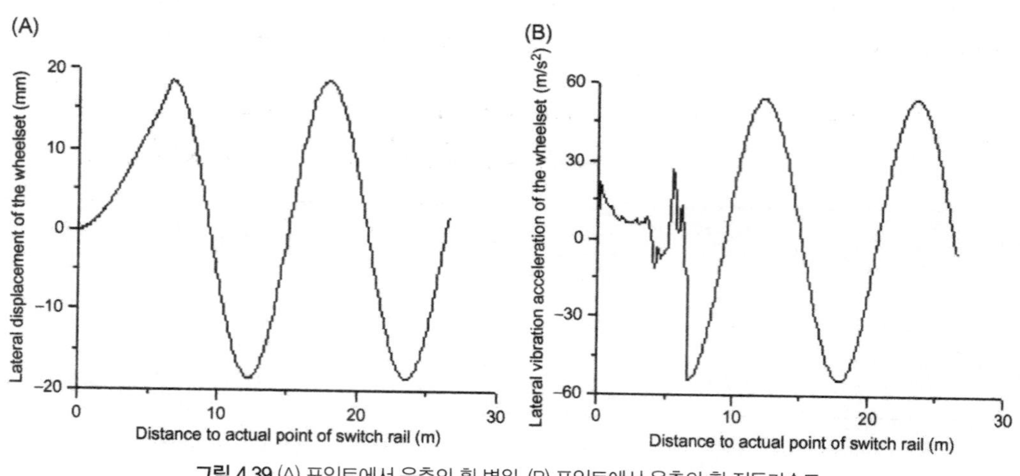

그림 4.39 (A) 포인트에서 윤축의 횡 변위, (B) 포인트에서 윤축의 횡 진동가속도

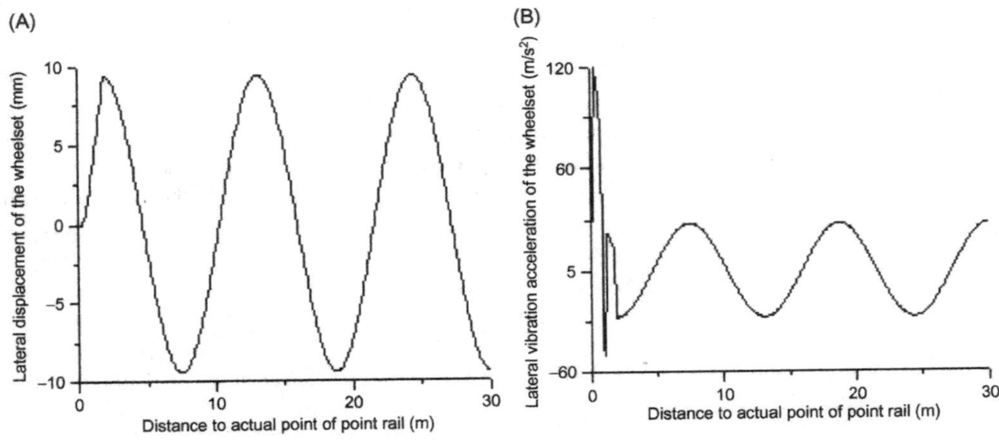

그림 4.40 (A) 크로싱에서 윤축의 횡 변위, (B) 크로싱에서 윤축의 횡 진동가속도

속도는 5.5g이다. 크로싱에서 횡 틀림(방향 틀림) 진폭은 포인트에서의 것과 같다. 그러나 작용범위는 더 작다. 그러므로 최대 윤축 횡 변위는 9.5mm이며, 틀림 범위의 최대 횡 진동가속도는 약 12.1g이고, 자유진동 시의 최대치는 2.8g이다. 결론적으로, 포인트에서 윤축의 횡 방향 안정성은 크로싱에서보다 훨씬 더 좋지 않고, 따라서 플랜지가 레일에 밀착될 것이며, 이것은 레일에 상당한 횡 충격을 가하는 큰 윤축 횡 변위로 이어진다. 이 때문에 윤축의 사행동 진폭(amplitude)은 분기기의 횡 방향 틀림을 평가하는 데 이용될 수 있다.

4.3.3 응용사례

1. 포인트에서 윤하중 갈아탐(wheel load transition) 범위의 전진이동과 단축

보통 분기기의 경우에, 상면 폭이 20mm인 텅레일 단면은 하중을 처음 받는 단면이며, 여기서 기본레일과의 높이차는 3~5mm이다. 상면 폭이 50mm인 단면은 하중을 완전히 받는 단면이며, 여기서 두 유형의 레일들은 같은 레벨에 있다. 고속분기기의 경우에, 포인트에서의 차륜–레일 관계는 처음으로 하중을 받기

표 4.5 포인트에서의 차륜–레일 관계 설계방안의 비교

방안	처음으로 하중을 받는 단면의 폭 (mm)	완전히 하중을 받는 단면의 폭 (mm)	처음으로 하중을 받는 단면에서 텅레일의 낮춤 값 (mm)	동(動)윤하중 (kN)	윤축 횡 변위 (mm)
1	20	50	3	100.8	17.7
2	20	50	4	74.6	18.0
3	20	50	5	83.9	19.6
4	15	50	4	84.7	17.9
5	25	50	4	82.3	18.9
6	20	40	4	78.5	17.9
7	20	60	4	110.8	20.8

시작하는 단면의 높이차, 위치 및 완전히 하중을 받는 단면의 위치 등을 변경함으로써 최적화될 수 있다. 게다가, 설계방안(design scheme)은 동(動)윤하중과 윤축 횡 변위로 평가될 수 있다. **표 4.5**는 일부 설계방안의 비교 결과를 나타낸다.

표 4.5에 주어진 것처럼, 처음으로 하중을 받는 단면과 완전히 하중을 받는 단면이 넓을수록 그리고 처음으로 하중을 받는 단면에서의 낮춤 값이 클수록 윤하중 갈아탐(過渡)이 더 멀리 뒤쪽으로 옮겨지고(shifting backward), 윤축 횡 이동이 더 커지며, 안정성이 더 나빠진다. 그러나 차륜의 부가적인 수직 동적 힘은 윤하중 갈아탐 지점의 뒤쪽으로 옮겨짐과 함께 약간 변화된다. 중국 고속분기기의 경우에 기준선의 안정성은 주로 윤축 횡 변위를 제어함과 직선 텅레일을 15와 40mm의 상면 폭에서 각각 3과 0mm만큼 낮춤으로써 개선된다. 열차가 분기선에서 주행할 때 텅레일의 강도는 동(動)윤하중을 제어함과 곡선 텅레일을 20과 50mm의 상면 폭에서 각각 4와 0mm만큼 낮춤으로써 유지된다.

2. 포인트의 궤간확장 설계(gauge widening design)

독일 고속분기기에는 상기의 **그림 1.22**에 나타낸 것과 같은 궤간확장기술이 적용되며, 텅레일은 20, 34 및 50mm의 상면 폭에서 각각 5.8, 0.3 및 0mm만큼 낮추어진다. 이 설계에서 윤하중 갈아탐(wheel load transition)지점은 앞쪽으로 이동될 것이다. 궤간이 텅레일의 15mm 상면 폭에서 각각 0, 5, 10 및 15mm만큼 확장(텅레일의 이들 부분은 이에 상응하여 15, 20, 25 및 30mm만큼 두껍게 될 것이다)됨을 고려해볼 때, LMA 답면 차륜의 통과 동안 등가 답면 기울기(equivalent tread conicity), 윤축 경사(inclination), 부가적인 동적 힘 및 사행동(蛇行動, hunting motion)의 진폭과 같은 설계파파미터의 비교 결과는 **표 4.6**에 주어진다. 부가적인 동적압력과 윤축 사행동은 **그림 4.41**에 나타낸다.

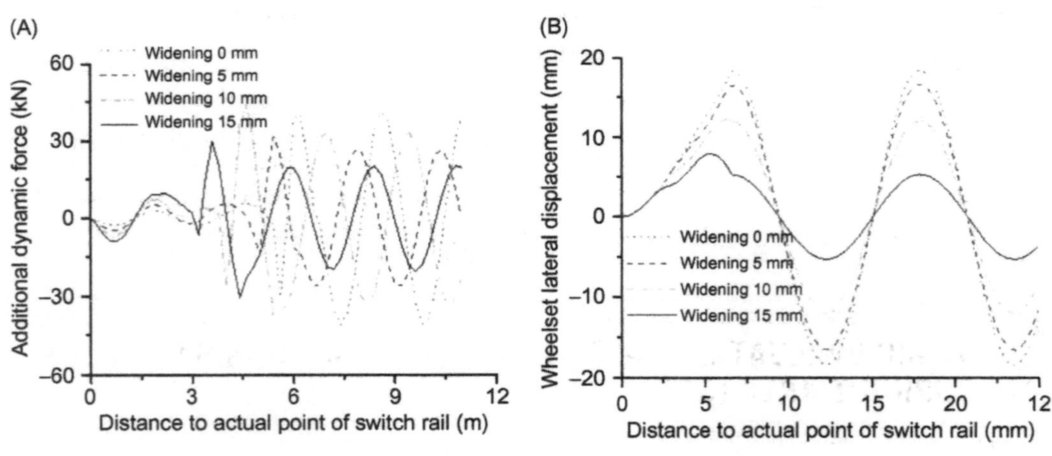

그림 4.41 (A) 부가적인 동적 힘, (B) 윤축의 사행동

표 4.6 분기기의 설계파라미터에 대한 궤간확장량의 영향

궤간확장량 (mm)	0 mm	5 mm	10 mm	15 mm
차륜-레일 접점에서 텅레일의 상면 폭 (mm)	30.4	31.2	30.8	31.4
등가 답면 기울기	0.030	0.028	0.027	0.026
윤축의 경사 (0.001 rad)	0.60	0.50	0.42	0.36
부가적인 동적 힘 (kN)	42.0	32.3	42.9	30.8
윤축 횡 변위 (mm)	18.3	16.5	12.2	7.9

기본레일을 바깥쪽으로 구부리면, 그쪽의 차륜-레일 접점(contact point)도 또한 바깥쪽으로 이동(move)될 것이다. 결과로서 생긴 횡 방향 구조적 틀림(lateral structural irregularity)은 텅레일에서 횡 방향 틀림으로 유발된 윤축에 대한 횡력(lateral force)을 상쇄(offset)시킨다. 그러므로 궤간 확장량이 클수록 윤축 횡 변위가 더 작아진다. 등가 답면 기울기, 윤축 경사 및 그 밖의 기하구조 파라미터도 마찬가지이다. 동(動)윤하중은 궤간 확장에 따라서 상당히 변한다. 그 값은 **표 4.6**에 포함된 것보다 훨씬 더 작다. 그러므로 독일 고속분기기의 경우에 차륜-레일 관계는 궤간을 15mm만큼 확장함으로써 최적화되며, 그것은 텅레일의 15mm 상면 폭에서 기본레일을 15mm만큼 구부림으로써 실현된다.

3. 크로싱의 노스레일에 대한 차륜-레일관계(wheel-rail relation) 설계

크로싱의 노스레일에 대한 차륜-레일관계를 설계함에 있어, 레일 상면의 높이차는 텅레일에서처럼 최적화될 수 있다. 게다가, 상기 **그림 1.48**에 나타낸 것처럼 수평 히든첨단구조(horizontal hidden tip point structure)와 윙레일의 높임이 이용될 수 있다. 노스레일이 5, 20 및 50mm의 상면 폭에서 각각 16, 4 및 0mm만큼 낮추어짐을 고려할 때, 서로 다른 차륜-레일관계 설계방안(design scheme)에 대하여 윙레일을 높인(각각 0.5, 1.0 및 1.5mm의 높임량) 히든첨단구조(각각 5, 7.5 및 10mm의 히든량)의 비교 결과는 **표 4.7**에 나타낸다.

표 4.7 크로싱에서 차륜-레일 관계의 설계방안의 비교

방안	구분		동적 차륜 힘 (kN)	윤축 횡 변위 (mm)
1	노스레일의 높이차의 최적화		118.2	9.7
2	노스레일의 수평 히든첨단량 (mm)	5	116.7	10.2
3		7.5	100.3	9.5
4		10	95.1	9.2
5	윙레일의 높임량 (mm)	0.5	62.8	10.2
6		1.0	17.4	10.3
7		1.5	23..6	10.6

표 4.7에 나타낸 것처럼, 노스레일의 수평 히든첨단(horizontal hidden tip point)량이 클수록 차륜 동적 힘과 횡 이동량은 작아진다. 중국의 고속분기기는 9mm의 수평 히든첨단량을 가진 크로싱 구조설계를 적용하

였다. 이 설계는 프랑스에서도 이용된다. 윙레일의 높임량이 클수록 수직 차륜 동적 힘(vertical wheel dynamic force)은 더 작게 된다. 그런데도 윤축의 횡 변위는 약간 증가되었다. 독일은 2.3mm의 높임량을 가진 윙레일을 적용하였다.

4.4 분기기 구간에서 차륜–레일 동역학에 기초한 동역학 평가[56]

동적 차륜–레일접촉 기하구조 관계(contact geometry relation)는 상기의 분석을 기초로 하여 더욱 깊이 분석될 것이며 열차–분기기 시스템의 진동법칙(vibration rule)을 정확하게 밝히기 위하여 구체적인 열차–분기기 동역학 모델(dynamic model)과 적절한 계산이론(calculation theory)이 개발될 것이다.

4.4.1 열차–분기기 시스템의 동역학 모델

분기기 모델은 분기기의 구조적인 특징을 묘사하고 분기기 각 부품의 진동특성을 나타내며, 관계되는 문제를 푸는 것을 목적으로 한다. 보통의 선로 구간에 대하여 단순화된 단일 궤도구조(single–rail track structure)와는 다른 3D(空間) 이중–층 보(bilayer beam) 구조가 분기기에 적용되어야 한다. 따라서 차륜–레일 시스템에 대한 분석모델은 3D 연성(連成) 진동모델이어야 한다.

1. 차량모델(vehicle model)

분기기 구간의 차량모델에 관해 특별한 요구사항은 없으며, 기존의 것을 이용할 수 있다. 일반적으로 사용된 차량모델은 전체–차량 모델(full–vehicle modeling)과 대차 모델(bogie modeling)을 포함한다. 전체–차량 모델은 상기의 **그림 2.28**에 나타낸 것처럼 분기기에서 주행하는 열차의 동적 특성(dynamic characteristic)을 더 좋게 시뮬레이션하기 위하여 적용된다.

모델링에서 차체와 대차에 대한 주요관심사, 즉 수직과 횡 운동, 롤링(rolling), 피치(pitch) 및 요(yaw)는 같으며, 윤축에 대한 주요관심사는 피치의 생략을 제외하고 같다. 차륜 답면은 테이퍼(taper, 漸減)가 붙여져 있거나 마모된 프로파일을 갖는다. 차륜과 레일은 비선형 헤르츠접촉 힘(nonlinear Hertzian contact force)으로 수직으로 접촉되며, 답면의 크리프 힘과 플랜지 힘으로 수평으로 접촉된다.

2. 가동 노스레일(swing–nose rail) 편개(single) 분기기의 전체 모델[57, 58]

그림 4.42는 가동 노스레일이 있는 분기기의 전체 모델을 나타낸다.

모델은 다음과 같은 가정과 분기기의 구조적인 특징에 의거한다.

a. 각 레일의 진동이 고려된다. 레일은 두 방향으로(횡 방향과 수직방향으로) 휘어질 수 있는 오일러 보(Euler beam)이다. 텅레일, 가동 노스레일 및 윙레일은 단면이 불균일한 보로 간주되는 반면에 그 밖의 레일은 단면이 균일한 보로 간주된다.

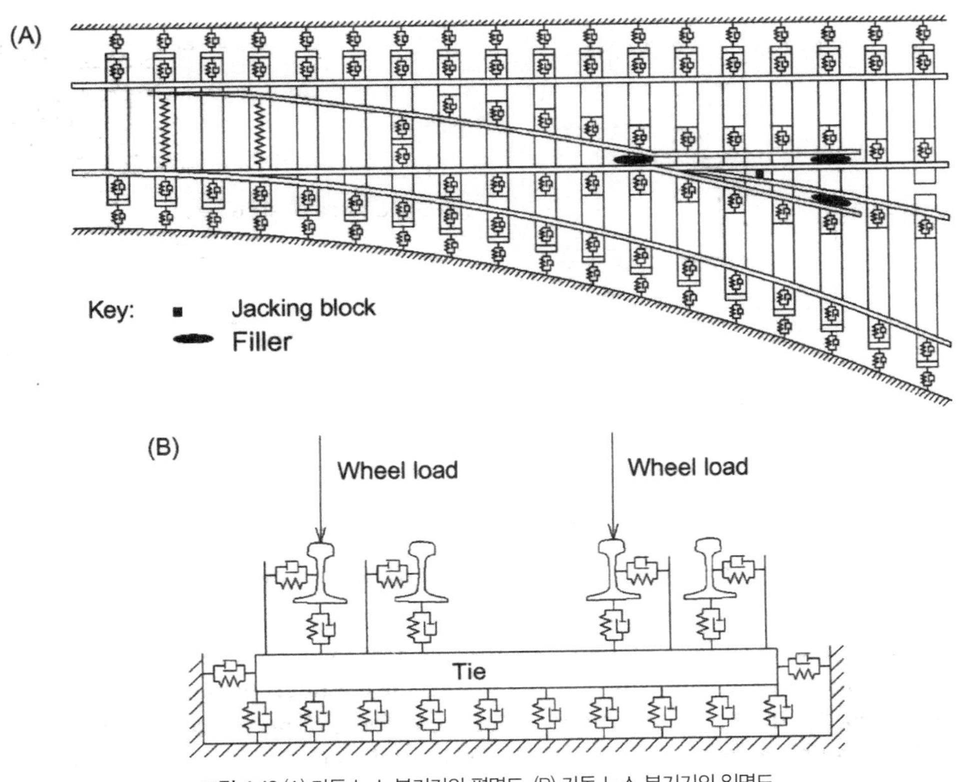

그림 4.42 (A) 가동 노스 분기기의 평면도, (B) 가동 노스 분기기의 입면도

b. 자갈분기기의 경우에, 침목의 편심 하중부하와 휨 변형이 고려되며, 침목은 수직으로 휘어질 수 있는 오일러 보 또는 횡 방향에서 강체(剛體, rigid body)로 간주된다. 무도상분기기의 경우에는 일체(一體) 도상(monolithic bed)의 진동이 고려되어야 하며, 궤도슬래브는 두 방향으로 휘어질 수 있다고 간주된다.

c. 레일체결장치는 레일과 침목을 연결하는 스프링-감쇠 장치로 간주된다. 탄성과 감쇠는 여러 가지 조건에서 다르다. 도상지지도 또한 종 방향에서 침목에 대하여 균일한 도상지지 탄성과 감쇠를 가진 스프링-감쇠 장치로 간주된다.

3. 포인트에서 상세모델(detailed model at the switch)

가동 노스 분기기의 포인트에 대한 상세모델은 **그림 4.43**에서 보여준다.

모델은 다음과 같은 가정과 분기기의 구조적인 특징에 의거한다.

a. 텅레일과 기본레일 간의 비선형 수직력이 고려된다. 텅레일의 실제 첨단에서 텅레일 두부의 턱은 기본레일 두부 아래에 위치하며, 기본레일 두부의 턱과의 사이에 일정한 틈(일반적으로 3mm)이 있다. 텅레일이 기본레일 턱에 밀착하면서 흔들리면(jerk) 기본레일이 텅레일의 수직 변위를 제한하고, 두 레일이 밀착되면 기본레일에 대한 텅레일의 수직 이동을 제한하는 힘이 존재한다(※ 역자가 문구 조정). 수직력의 작용범위는 텅레일의 단면 형상(프로파일)에 따라 변할 것이며, 텅레일과 기본레일의 두부들

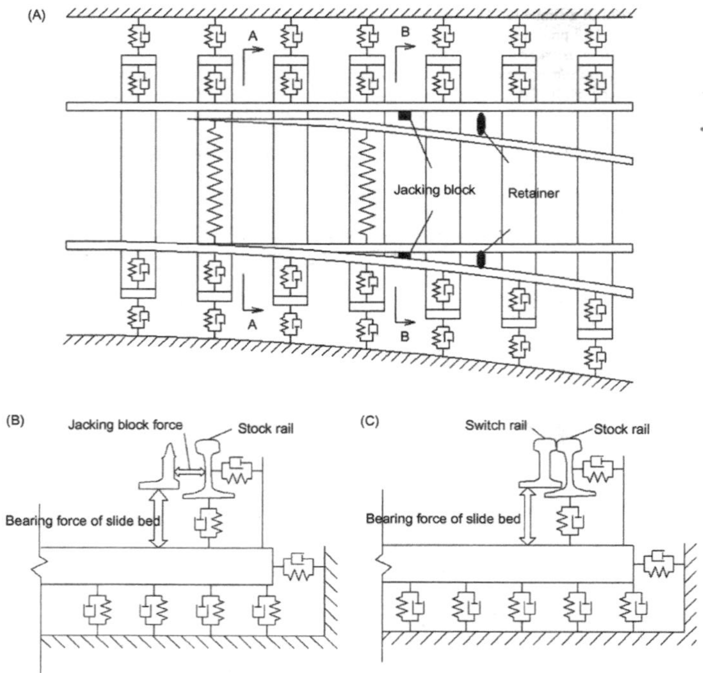

그림 4.43 (A) 포인트에 대한 분석모델의 평면도(역주 : 단면 A–A와 B–B의 기호에서 기본레일 위쪽의 A와 B 기호는 (B) 그림과 (C) 그림을 고려할 때 각각 직선 텅레일 위쪽으로 옮겨야 한다고 생각됨), (B) 단면 A–A, (C) 단면 B–B

사이의 횡 방향 상대적 위치로부터 영향을 받을 수 있다. 이 수직력은 텅레일 두부의 턱이 기본레일 두부 밖에 있을 때 존재하지 않는다.

b. 닫힌 텅레일(closed switch rail)과 기본레일 두부(head)들의 비선형 횡력(nonlinear lateral force)이 고려된다. 닫힌 텅레일에 대한 차륜의 횡력은 기본레일로 전달될 것이다. 유사하게, 텅레일의 횡 변위(lateral displacement)는 기본레일에 의하여 제한될 것이다.

c. 텅레일과 기본레일의 비(非)접촉지역(noncontact area)에서 상대적 횡 변위를 제한하는 멈춤쇠(jacking block)의 영향이 고려된다. 기본레일이 멈춤쇠와 밀접하게 접촉되어 있을 때 횡 방향 멈춤쇠 힘이 존재한다. 이 힘은 횡력을 전달하고 기본레일에 대한 텅레일의 횡 변위를 제한할 것이다.

d. 열린(nonworking) 텅레일의 횡 진동에 대한 전기 전철간(轉轍桿, switch rod)의 제한 작용, 게다가 텅레일과 기본레일 수직 및 횡 변위에 대한 잠금장치의 제한 작용이 고려된다.

e. 텅레일에 대한 미끄럼 상판의 비선형지지 작용이 고려된다. 텅레일이 기본레일에 밀착될 때, 텅레일에 대한 수직력은 미끄럼 상판으로 전달될 것이다. 이렇게 하여 텅레일의 수직 변위가 제한된다.

4. 연결 부분(리드부)의 상세모델(detailed model of connecting part)

가동 노스(swing-nose) 분기기의 연결 부분(※ 역자가 추가 : 리드부)의 상세모델은 **그림 4.44**에 나타낸다. 모델에서 고려한 분기기의 구조적인 특징과 일부 처리 요점은 다음과 같다.

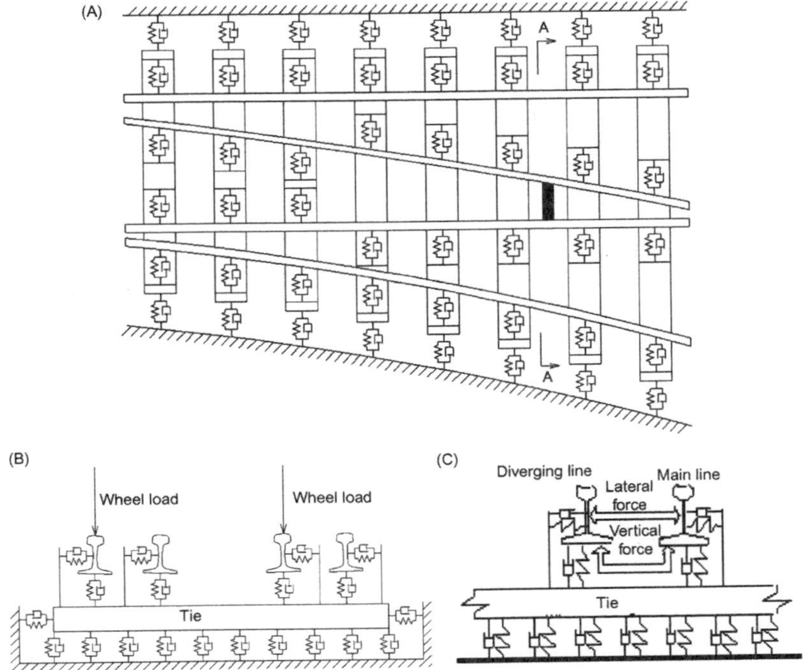

그림 4.44 (A) 분기기 연결 부분에 대한 분석모델의 평면도(역주 : 그림에서 각각 기본레일 밖에 있는 A–A 영문과 해당 기호는 (C) 그림에 따라 각각 두 리드레일들의 위쪽과 아래쪽으로 옮겨야 한다고 생각됨). (B) 입면도, (C) 단면 A–A

a. 열차가 기준선과 분기선에서 주행할 때의 두 가지 상태가 고려된다.

b. 두 레일들 간의 멈춤쇠의 하중전달 효과(load–transfer effect)와 두 레일을 지지하는 큰 상판의 휨 강성(flexible stiffness)이 고려된다.

5. 크로싱의 상세모델(detailed model of the crossing)

그림 4.45는 가동 노스(swing–nose) 분기기의 크로싱의 상세모델은 나타낸다.

모델에서 고려한 크로싱의 구조적인 특징과 일부 처리 요점은 다음과 같다.

a. 노스레일과 윙레일 수직연결 관계(vertical coupling relationship)가 고려되며, 그들 사이의 외부 잠금장치의 수직력, 노스레일과 윙레일의 두부들 간의 비선형 수직력 및 긴 윙레일 끝부분에서의 간격재 수직력을 포함한다.

b. 노스레일과 윙레일 횡 연결 관계가 고려되며, 그들 간의 외부 잠금장치의 횡력(lateral force), 닫힌 노스레일과 윙레일의 두부들 간의 비선형 횡력, 그들 간의 횡 멈춤쇠 힘 및 긴 윙레일 끝부분에서의 간격재 횡력을 포함한다.

c. 노스레일에 대한 상판의 수직지지 영향(vertical supporting effect)과 궤도레일을 지지하는 큰 상판의 휨 강성(flexural stiffness)의 영향이 고려된다.

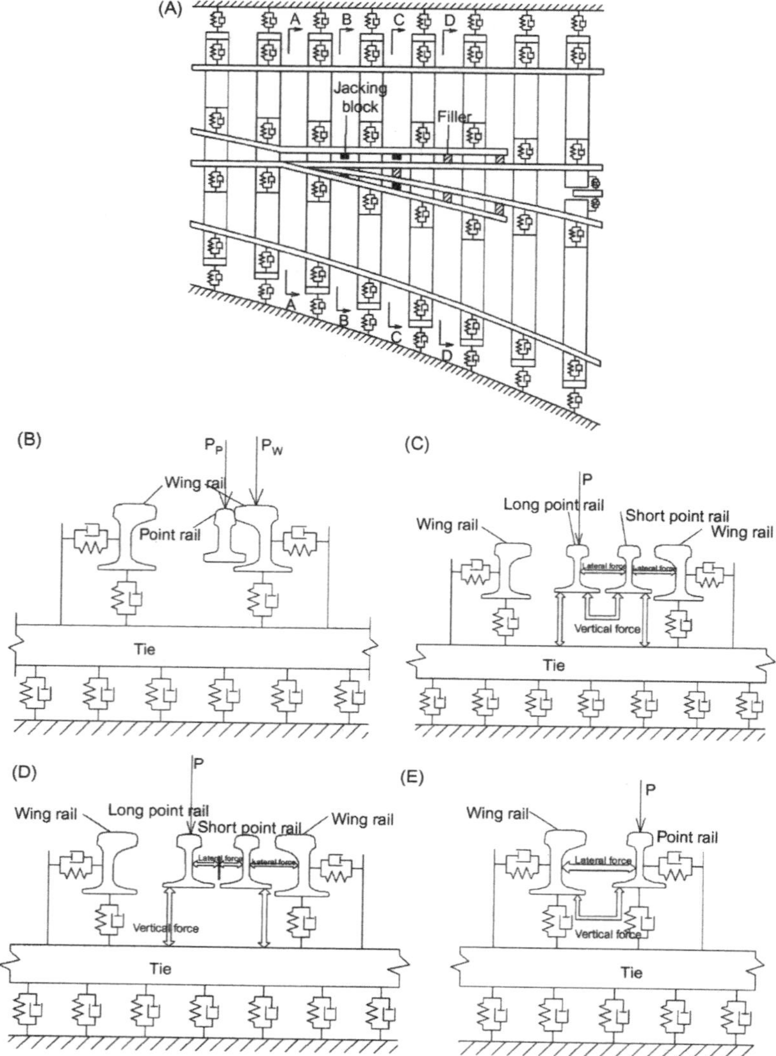

그림 4.45 (A) 가동 노스 분기기의 크로싱에 대한 분석모델의 상면도(역주 : 양쪽 기본레일 바깥에 표시된 단면 A–A~C–C 기호는 (B) 그림~(D) 그림을 고려할 때 각각 양쪽 윙레일 위와 아래쪽으로, D–D 기호는 (E) 그림을 고려할 때 윙레일 위쪽과 짧은 노스레일 아래쪽으로 옮겨야 한다고 생각됨), (B) 크로싱의 A–A 입면도, (C) 크로싱의 B–B 입면도, (D) 크로싱의 C–C 입면도, (E) 크로싱의 D–D 입면도

4.4.2 열차–분기기 시스템의 진동방정식

1. 3D 탄성체(elastic body)의 접촉 메커니즘(contact mechanism)

차륜은 윤하중 갈아탐(wheel load transition) 동안 세 가지 상태를 경험한다. 첫째로, 차륜은 기본레일이나 윙레일에서 작용한다. 이 경우에 차륜 답면(wheel tread)은 한 점에서 레일 상면(rail top)과 접촉되며, 하중이 완전히 기본레일 또는 윙레일에 가해진다(텅레일 또는 노스레일에는 하중이 부하되지 않는다). 둘째는 윤하

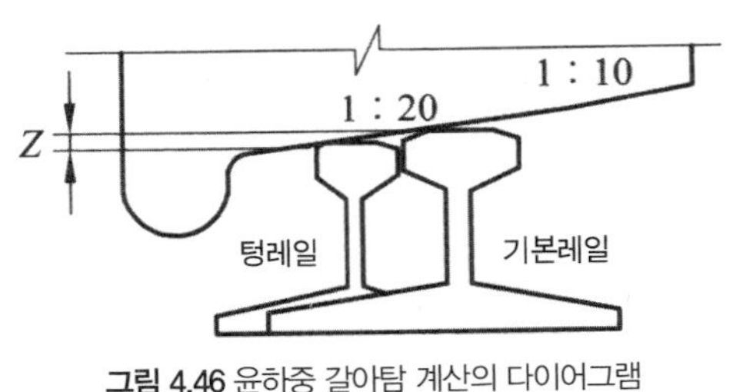

그림 4.46 윤하중 갈아탐 계산의 다이어그램

중의 갈아탐(過渡) 상태이다. 차륜은 차륜 답면과 레일 상면 간의 두 접점으로 기본레일과 텅레일 또는 윙레일과 노스레일에 동시에 작용할 것이다. 하중은 기본레일과 텅레일 또는 윙레일과 노스레일로 분담된다. 두 접점에서의 수직력과 크리프 힘은 따로따로 계산될 수 있다. 셋째로 차륜은 텅레일 또는 노스레일에서 작용한다. 차륜 답면은 한 점에서 레일 상면과 접촉하며, 하중은 전적으로 텅레일 또는 노스레일에 가해진다(기본레일 또는 윙레일에는 하중이 가해지지 않는다) [60].

두 번째 상태에서 두 레일에 대한 윤하중의 분포비율(distribution ratio)은 미지이며, 따라서 **그림 4.46**에 나타낸 것처럼 두 레일에 대한 차륜–레일 접점의 변위조정 조건(displacement coordination condition)이 주어져야 한다. 두 레일의 상면 높이차를 Z라고 하면, Z는 다음의 식과 같이 기본레일(또는 윙레일)의 수직 변위 Z_{2r}, 텅레일(또는 노스레일)의 수직 변위 Z_{1r}, 및 텅레일 선단과 기본레일 간(또는 노스레일과 윙레일 간)의 낮춤 값 Z_{12}로 나타낼 수 있다.

$$Z = Z_{12} + Z_{1r} - Z_{2r} \tag{4.56}$$

차륜과 텅레일(또는 노스레일) 간 및 차륜과 기본레일(또는 윙레일) 간의 접점(contact point)에서의 전동(轉動) 원 반경(rolling circle radius)이 각각 r_1과 r_2이라고 주어지면, $Z \leq r_1 - r_2$일 때의 하중은 텅레일(또는 노스레일)에 가해질 것이다. 이 경우에 차륜과 텅레일(또는 노스레일) 간의 탄성 압축 변위는 $\Delta Z_1 = Z_w + r_1 - r_0 - Z_{12} - Z_{1r}$이고, 차륜과 기본레일(또는 윙레일) 간의 탄성 압축 변위는 $\Delta Z_2 = Z_w + r_2 - r_0 - Z_{2r}$이며, 여기서 z_w는 차륜의 수직 변위이고, r_0는 공칭 전동 원 반경이다. 그때 양 접점에서의 윤하중 분포를 구할 수 있다.

윤하중 갈아탐은 기본레일(또는 윙레일)에 대한 하중이 없어질 때 끝난다.

2. 가진(加振) 하중(excitation load)

분기기 시스템에는 네 가지 유형의 틀림(irregularity)이 존재할 수 있다.

a. 구조적 틀림(structural irregularity)

열차가 분기기에서 주행할 때 차륜은 일직선으로 이동하지 않는다. 텅레일과 노스레일에서 답면(踏面)의 접점이 바깥쪽으로 이동함에 따라 차륜의 중심(重心, gravity center)이 낮아지며, 수직과 횡 방향 구조적 틀림을 일으킨다. 이들의 틀림은 열차가 분기기에서 주행할 때 동적 차륜–레일접촉 관계의 변화에 반영되므로 진동 가진(加振, excitation)의 주된 근원이다.

b. 동적 틀림(dynamic irregularity)

분기기에서 한 레일의 진동은 간격재, 멈춤쇠 및 큰 상판의 사용에 따라 다른 레일에게 속박될 것이다. 탄성 패드의 어떠한 치수 변화도 레일체결장치의 강성변화(stiffness change)에 직접으로 관계되며, 선로의 종방향에서 궤도 강성의 고르지 않은 분포로 이어질 수 있으며, 차륜-레일 상호작용의 변화로 귀착되기까지도 한다. 틀림은 진동 가진의 근원이며, 이것은 모델에서 연결 부분의 영향, 여러 가지 레일체결장치의 각각 다른 강성, 길이와 함께 도상지지 강성의 변화 등으로 나타내어질 수 있다.

c. 상태 틀림(status irregularity)

분기기의 현장적용 상태(field application state)에 따르면, 텅레일과 노스레일의 부족전환변위(scant switching displacement), 텅레일 또는 노스레일과 상판 간의 틈, 전철간 위치에서 지지가 안 된 침목 및 텅레일 또는 노스레일 높이차와 같은 틀림이 분기기에 보통 존재한다. 상태 틀림은 비선형 힘(nonlinear force)의 초기 상태를 설정함으로써 모델링할 수 있다.

d. 기하구조(선형) 틀림(geometry irregularity)

일반구간에서처럼, 궤간, 방향(줄) 및 고저(면)와 수평 틀림을 포함하는 기하구조(선형) 틀림, 게다가 용접 이음부의 단파장 틀림(shortwave irregularity)이 분기기 구간에 존재한다. 틀림은 열차-분기기 시스템의 진동 가진(加振)의 근원이며 궤도 틀림의 입력으로 모델링될 수 있다.

3. 열차-분기기시스템의 진동방정식(vibration equation)

분기기 차륜-레일시스템의 진동 미분방정식(vibration differential equation)은 변분 형식(variation form)의 최소 퍼텐셜에너지의 원리(principle of minimum potential energy)를 사용하여 만들 수 있다.

$$[M]\{\ddot{u}(t)\} + [C]\{\dot{u}(t)\} + \{F(t,u)\} = \{P(t,u,\dot{u})\} \tag{4.57}$$

열차는 시간에 따라 분기기 구조의 각각 다른 위치에 있으며, 각(各) 적분(integration) 시간 단계 내에서 플랜지와 멈춤쇠의 접촉상태와 텅레일에 대한 침목의 지지 상태는 모두 이전의 적분 단계와 다를 수 있다. 이런 의미에서, 강성행렬(stiffness matrix)과 하중 배열(load array)은 시간 종속(time dependent)이다.

4. 진동방정식의 해법(solution of vibration equation)

a. 적분법(integration method)

식 (4.57)이 높은 차수에 따른 비선형 시변동성(nonlinearly time varying)이므로 방정식을 풀기 위해서는 직접 적분법(direct integration method)을 이용하는 것이 더 좋다. 이 방법에서는 운행시간(riding time)이 이산화(離散化)된다. 주어진 시간에 시스템의 진동 변위, 속도 및 가속도가 모종의 법칙에 따라 변한다고 가정하면, 특정 순간의 시스템 응답(system response)은 그 시각 이전의 각(各) 시간 이산점(離散點)(discrete point of time)들에서 변화법칙(change rule)에 따라 얻어진 응답 값들의 조합일 것이다. 따라서 모든 시간 이

산점에 대한 진동방정식은 주어진 초기조건으로 풀 수 있다.

서로 다른 변화법칙은 서로 다른 적분법을 형성할 것이라고 가정된다. 파크(Park) 방법은 과잉현상(over-shoot)이 없는 비선형 문제에서 좋은 LF(저주파수) 정확성과 무조건적 안정성(unconditional stability)을 위하여 선택된다.

세 개의 이전 시점에서의 변위와 속도가 주어지면, 점 $n+1$에서 시스템의 응답은 이 방법으로 얻어질 수 있다. 그러므로 미리 필수조건(변위, 속도 및 가속도)을 얻기 위하여 뉴마크(Newmark)-β 방법이 이용된다.

b. 감소된 자유도(DOF)(reduced degrees of freedom)

동적 분석은 계산작업량이 많으므로, 더 효율적인 계산작업량 절약의 해법이나 방법의 탐구가 동적 연구의 중요한 목적일 것이다. 이 점에서 감소된 자유도가 널리 적용되며, 주종(主從, master-slave) 자유도와 모드 합성법(modal synthetic method)이 가장 일반적이다. 주종 자유도의 경우에, 시스템의 자유도(변위 벡터)는 두 부분, 즉 주(master) 자유도와 종(slave) 자유도로 나뉘며, 후자는 전자에 의존한다. 따라서, 시스템의 운동방정식을 푸는 작업량이 줄어들며, 이 방법을 사용하여 시스템의 자유도를 줄일 수 있다(※ 역자가 추가).

c. 반복 루프(iteration)

진동방정식(vibration equation)의 해법이 비선형 접촉 힘과 비선형 크리프 힘의 반복 루프, 적분 시간 단계의 루프 및 밀착된 플랜지, 밀착된 멈춤쇠의 확인, 텅레일/노스레일과 침목 간의 접촉 및 횡 평면에서 텅레일의 접촉과 기본레일의 접촉의 확인을 포함하므로 진동방정식의 해법은 복잡하다. 과정을 단순화하고 반복의 안정성과 수렴성(convergence)을 유지하기 위해서는 다중루프 구조(multiple iteration structures)를 합리적으로 구성하는 방법을 찾아내는 것이 중요하다.

직접 적분법에서 적분 시간 단계의 루프(循環)는 의심의 여지 없이 가장 바깥쪽 루프 구조여야 한다. 3D 차륜-레일 연결시스템에서 수직 진동이 횡 진동에 미치는 영향은 크지만, 횡 진동이 수직 진동에 미치는 영향은 상대적으로 약하다. 이 때문에 차륜-레일접촉 힘의 반복 루프(가장 안쪽)가 맨 먼저 수행된다. 이 반복의 수렴 후에는 크리프 힘의 수렴이 더 쉬울 수 있으며 플랜지나 멈춤쇠의 밀착상태의 영향을 적게 받는다. 따라서 비선형 크리프 힘의 반복 루프는 하위층의 루프 구조이어야 한다. 동적 연구에 따르면, 열차가 곡선에서 주행할 때 안내는 큰 곡선반경에서 전적으로 크리프 힘으로 유지되며, 급곡선에서는 플랜지 힘으로만 유지된다. 크리프 힘이 주어지면, 안내를 위한 플랜지 힘이나 플랜지-레일접촉의 필연성을 알아내기가 더 쉽다. 그러므로 플랜지-레일접촉의 판단은 크리프 힘 반복 루프의 바깥층 루프이어야 한다. 그 후에, 밀착된 멈춤쇠, 텅레일 아래 모든 지지지점의 접촉상태 및 텅레일과 기본레일접촉의 판단은 동일 루프 구조(둘째로 가장 바깥층의 루프 구조)로 수행될 수 있다. 수치 시험은 이 반복 루프 구조가 합리적이라고 증명했다. 일반적으로 방정식 세트를 약 여섯 번 정도 풀면, 모든 반복 루프가 수렴(收斂, converge)된다(※ 역자가 문구 조정).

d. 프로그래밍(programming)

컴퓨터조력 프로그램인 차량과 분기기 간 공간적 상호작용(SICT, Spatial Interaction between Car and Turnout)은 차륜-레일 연성(連成) 진동모델에 대하여 FORTRAN 언어로 개발되었다. 프로그래밍 동안 메모리를 절약하기 위해 1차원 가변(variable)-대역폭 압축저장이 적용된다. 게다가, 큰 희소(sparse) 행렬을 풀기 위해 개선 웨이브(wave, ※ 역자 추가) 프런트 법(improved advancing front method)이 이용된다.

4.4.3 분기기 동역학 평가지표

1. 안전성(safety)

탈선계수(derailment coefficient)와 윤하중(輪荷重) 감소율(rate of wheel load reduction)은 일반적으로 철도차량 동역학에서 주행안전을 평가하는 데 이용된다.

탈선계수는 특정시간에 차륜에 대한 횡력(lateral force) Q 대 수직력(vertical force) P 의 비율이다. '동적성능평가(dynamic performance evaluation)와 시험평가(accreditation test)에 관한 철도차량 시방서(GB 5599-85)'에 규정된 바와 같이, 레일 올라탐(mounting)에 대한 차륜의 탈선계수는 다음을 충족시켜야 한다.

$$\begin{cases} Q/P \leq 1.2 & (\text{제1 한도, 합격표준}) \\ Q/P \leq 1.0 & (\text{제2 한도, 증대된 안전여유량 표준}) \end{cases} \tag{4.58}$$

상기의 식은 0.05s 이상의 횡력 작용시간(action time of lateral force)을 가진 레일 올라탐 상태(rail-mounting condition)에 적용된다.

윤하중감소율은 윤축 횡력이 0이거나 0에 가깝다고 가정할 때 탈선이 한 차륜에 대한 급격한 하중감소 때문인지의 여부를 평가하기 위한 안전지표(safety indicator)이다. GB 5599-85에 따라 윤하중감소율은 다음을 충족시켜야 한다(역주 : 영문본의 식 (4.59)는 윤축의 중력 강성을 나타내는 식 (4.4)를 중복하여 제시하였으므로 역자가 윤하중감소율 관련 식으로 대체).

$$\begin{cases} \Delta P/\bar{P} \leq 0.65 & (\text{제1 한도, 합격표준}) \\ \Delta P/\bar{P} \leq 0.60 & (\text{제2 한도, 증대된 안전여유량 표준}) \end{cases} \tag{4.59}$$

탈선계수와 윤하중감소율은 차륜 응력(wheel stress)의 평형 조건(equilibrium conditions)으로 구한 윤축 횡력 $H > 0$ 과 $H = 0$ 의 서로 다른 두 조건에서 차륜 탈선을 평가하기 위한 지표라는 점에 유의하여야 한다. 일반적으로, 탈선계수는 주행안전의 지표로서 취해지며, 윤하중감소율은 정적 또는 준-정적 조건(quasi-static conditions)의 지표로서 간주된다. 고속교통 안전을 보장하기 위하여 윤하중감소율은 차량이 30km/h 이상으로 주행할 때 0.8을 넘지 않아야 하다.

2. 평온성(平穩性, riding quality)

승차감(riding comfort, 쾌적도)이나 운행 평온성(riding quality)은 차체진동가속도(carbody vibration acceleration)로 결정될 수 있다. 정확성을 위하여, 진동주파수가 고려될 수 있다. 평가지표(evaluation Indicator)는 나라마다 다를 수 있다. 단기간에 걸쳐 승차감을 분석함에 있어, 통상적으로 차체진동가속도가 지배적인 지표이다. 더 오랜 기간 동안, 가속도의 진폭, 주파수, 지속시간 등이 고려될 것이다. 중국의 차량 운행 평온성(여객 승차감)은 차체진동가속도와 평온성 지표로 결정된다.

표 4.8 중국 기관차의 진동가속도 평온성의 평가 등급

평가 등급	A_{max}(m/s²)		A_w(m/s²)	
	수직	횡	수직	횡
우수	2.46	1.47	0.393	0.237
양호	2.95	1.96	0.586	0.407
합격	3.63	2.45	0.848	0.380

최대 진동가속도 A_{max}와 운전실(cab)의 진동가속도(vibration acceleration) 실효치(effective value) A_w는 중국규정에서 이용된다. 즉, '철도기관차의 동적 성능에 대한 시험평가방법과 표준(TB/T 2369−93)' 및 '고속시험열차의 동력차 강도와 동적성능에 관한 시방서(95J01−L)'. 상세에 대하여는 **표 4.8**을 참조하라.

상기의 표에서 $A_{max} = \overline{A} + 3\sigma_a$이며, 여기서 $\overline{A}$와 σ_a는 각각 모든 피크 가속도의 절대치의 평균과 평균제곱오차이다. 상기 표 중의 A_w는 다음과 같다.

$$A_w = \sqrt{2\int_1^{80} G(f) \cdot B^2(f)\,df}$$

여기서, f는 주파수를 나타내며 $G(f)$는 가속도의 평균 파워 스펙트럼 밀도(average power spectral density)

이다.

$$B(f) = \begin{cases} 0.5\sqrt{f} & (f = 1 \sim 4\ \mathrm{Hz}) \\ 1 & (f = 4 \sim 8\ \mathrm{Hz}) \\ 8/f & (f = 8 \sim 80\ \mathrm{Hz}) \end{cases} \text{(수직 가속도의 주파수 가중함수)}$$

$$B(f) = \begin{cases} 1 & (f = 1 \sim 2\ \mathrm{Hz}) \\ 2/f & (f = 2 \sim 80\ \mathrm{Hz}) \end{cases} \text{(횡 가속도의 주파수 가중함수)}$$

'철도기관차의 동역학 성능 시험평가방법과 표준(TB/T 2360−93)' 및 '철도차량—동역학성능평가와 시험평가에 관한 시방서(GB 5595−85)'는 **표 4.9**에 주어진다. 수직과 횡 안정성의 등급(rating of vertical and lateral stability)은 같다.

표 4.9 중국 기관차와 차량의 평온성 평가 등급

평가 등급	평가	기관차	객차	화차
1급	우수	< 2.35	< 2.5	< 3.5
2급	양호	2.75~3.10	2.5~2.75	3.5~4.0
3급	합격	3.10~3.45	2.75~3.0	4.0~4.25

평온성 지표(indicator) W는 다음의 공식으로 계산한다.

$$W = 7.08 \sqrt[10]{\frac{A^3}{f} F(f)} \tag{4.60}$$

여기서, W는 평온성 지표이고, A는 진동가속도(g)이다. f는 0.5~40Hz의 진동주파수(Hz)이며 $F(f)$는 **표 4.10**에 나타낸 것과 같은 주파수 보정계수이다.

표 4.10 운행 평온성 지표 계산을 위한 주파수 보정계수

수직 진동		횡 진동	
0.5~5.9 Hz	$F(f) = 0.325 f^2$	0.5~5.4 Hz	$F(f) = 0.8 f^2$
5.0~20 Hz	$F(f) = 400 / f^2$	5.4~26 Hz	$F(f) = 650 / f^2$
> 20 Hz	$F(f) = 1$	> 26 Hz	$F(f) = 1$

3. 궤도 작용력(track force)

a. 차륜-레일 수직력(wheel-rail vertical force)

일본의 기존선로용 속도향상 시방서에서 최대윤하중은 (차륜플랫에 기인하는 동적 차륜-레일 충격을 포함하여) 레일부품의 설계하중보다 작아야 한다. 중국에서는 시방서에 기초하여 분기기의 최대 허용동하중이 다음과 같이 결정된다.

$$P_{\max} = 300 \text{ kN} \tag{4.61}$$

b. 차륜-레일 횡력(wheel-rail lateral force)

철도궤도구조는 수직방향 강도의 특정한 여유를 가질 수 있지만, 횡 강도는 매끄러운 선로 선형(layout)의 전제 하에서 경험적으로 결정된다. 그러나 품질이 저하된(degraded) 선로에서 과도한 차륜-레일 횡력은 레일체결장치 파손과 궤도틀림에 이를 수 있으며, 또는 레일 틸팅(tilting)으로 유발된 탈선(derailment) 조차에 이를 수 있다. 이 힘의 한계는 주로 탄성 레일체결장치의 설계 횡 하중으로 결정된다.

일본신칸센에서 이용된 레일체결장치의 설계 횡 하중의 한계는 차축하중(axle load)의 배수로서 취해진다. 여러 가지 곡선반경에 따라 기존 선로에 적용된 계수는 각각 0.4 ($R \geq 800$), 0.6 ($800 > R \geq 600$) 및 0.8 ($R < 600$)이다. 유럽과 미국 철도들의 경우에 차륜-레일 횡력의 한계는 시험 결과에 따라 차축하중의 0.4배로 취해진다. 즉,

$$Q \leq 0.4(P_{st1} + P_{st2}) \tag{4.62}$$

여기서, P_{st1}과 P_{st2}는 정(靜)윤하중이다.

캔트가 없는 리드곡선(transition lead curve)에 대한 불균형 캔트(unbalanced superelevation)를 고려하면, 열차가 80km/h로 18번 분기기의 분기선(반경 : 1,100m)에서 주행할 때 차륜-레일 횡력은 일반구간(반경 :

600m)에서와 같다. 그다음에, 차륜-레일 횡력(lateral force)의 한계는 120kN으로 취해지며, 가드레일의 플랜지 힘과 충격힘에 대한 참조로 간주된다.

c. 윤축 횡력(wheel-axle lateral force)

장대레일 선로의 안정성에 관한 연구는 과도한 윤축 횡력이 궤광의 횡 변위와 장대레일 선로의 동적 불안정(dynamic instability)의 주된 요인이며, 궤도좌굴(track buckling)로 이어질 수 있음을 보여준다. 그러므로 선로의 종횡(縱橫) 저항력을 보장하는 것 외에, 선로에 작용하는 윤축의 최대 횡력을 제한하는 것도 중요한 측면이다.

윤축(wheelset) 횡력의 한계는 처음에 SNCF가 화차의 탈선시험으로부터 구하였다. 단일 윤축의 횡력의 한계에 관한 연구는 프루드홈(Prud'homme)이 수행하였다. 그의 계산방정식은 미국, 유럽, UIC에서 여전히 이용된다.

$$\begin{cases} Q \le 10 + \dfrac{P}{3} & (\text{한계치}) \\ Q \le 0.85\left(10 + \dfrac{P}{3}\right) & (\text{권고치}) \end{cases} \tag{4.63}$$

여기서, P는 차축하중(axle load)(단위; kN)이다.

4. 궤도 변형(track deformation)

a. 텅레일과 노스레일의 틈 벌어짐(spreads of switch rails anf point rails)

열차가 분기기 뒤쪽에서부터 주행할 때 차륜이 텅레일과 노스레일의 실제 첨단(actual points)과 충돌(colliding)하는 것을 방지하기 위하여 중국에서 텅레일과 노스레일의 동적 틈 벌어짐(dynamic spread)은 4mm보다 작아야 한다.

b. 궤도의 동적 변위(dynamic displacement)

궤도 수직 변위 : ≤ ±3mm(기준선과 분기선에서 주행할 때)

레일부재의 횡 탄성변위 : ≤ ±1.5mm(기준선에서 주행할 때)

4.4.4 분기기 동역학 시뮬레이션 평가

분기기 동역학 시뮬레이션평가(dynamic simulation evaluation)의 본질은 컴퓨터 시뮬레이션에 기초하여 분기기에서 주행하는 열차의 동적 거동(dynamic behavior)과 분기기 구조에 대한 그것의 동적 충격(dynamic impact)을 시뮬레이션하기 위한 것이다. 다른 산업에서처럼 시뮬레이션 시스템은 전체생애주기에 걸친 복잡한 시스템의 연구에서 필수적이며, 안전평가에 효과적인 수단이다. 오늘날, 그것은 이론적 분석과 실험연구와 함께 분기기에 관한 연구에서 없어서는 안 될 도구이다.

시뮬레이션은 다음과 같은 기능을 가진다. 분기기의 안전과 안정성을 예측하고, (단계적인 가속시험을 대

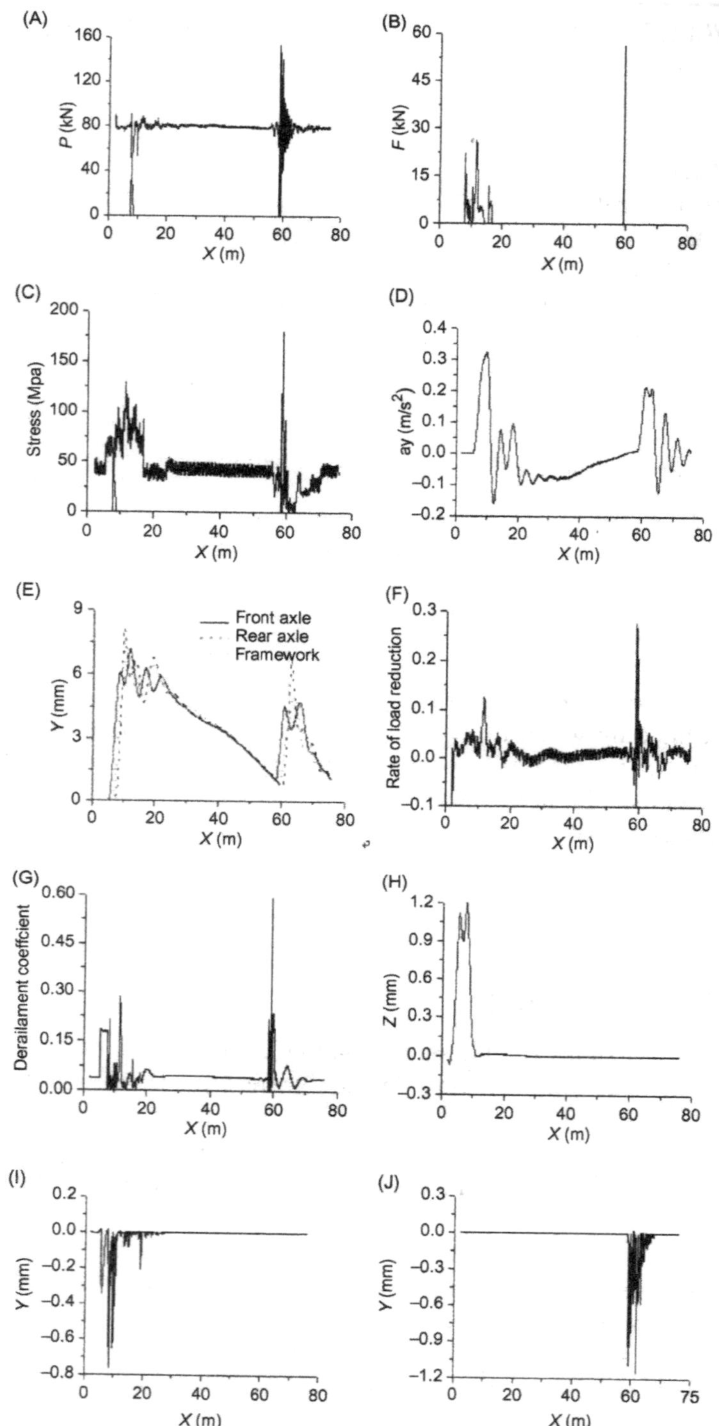

그림 4.47 350km/h용 18번 분기기의 기준선에서 주행하는 EMU 열차에 대한 동적 시뮬레이션의 결과: (A) 앞쪽차축의 동(動)윤하중, (B) 앞쪽차축의 플랜지 힘, (C) 레일에 대한 동응력, (D) 차륜의 횡 진동가속도, (E) 사행동, (F) 앞쪽차축 하중감소율, (G) 탈선계수, (H) 텅레일 첨단의 저크(jerk), (I) 텅레일 첨단의 틈 벌어짐(spread), (J) 노스레일 첨단의 틈 벌어짐

체하는) 분기기의 허용속도(permissible speed)를 결정한다; 분기기 구조의 취약 부분을 발견하고 의견을 제시한다; 제작, 조립, 부설 및 유지보수 시방서, 게다가 시험계획안과 방법에 대한 참조를 제공한다, 그리고 분기기 결함과 열차 흔들림의 원인을 분석하고 해결책을 제공한다.

중국의 350km/h용 18번 무도상 고속분기기에 대하여 기준선과 분기선에서 주행하는 EMU 열차에 대한 동적 시뮬레이션 평가의 결과가 아래에서 주어진다.

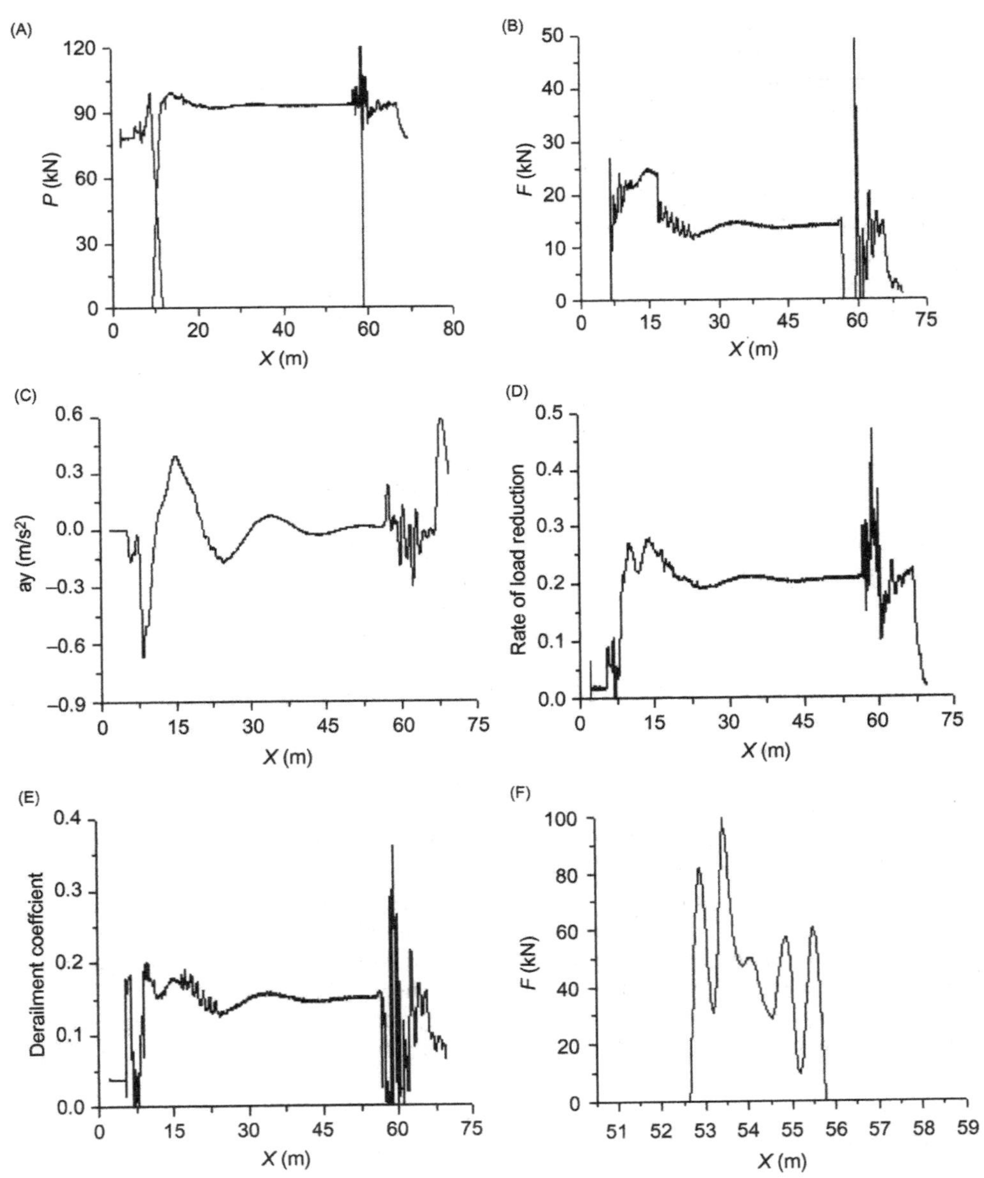

그림 4.48 350km/h용 18번 분기기의 분기선에서 주행하는 EMU 열차에 대한 동적 시뮬레이션의 결과; (A) 앞쪽차축의 동(動)윤하중, (B) 앞쪽차축의 플랜지 힘, (C) 차체 횡 진동가속도, (D) 앞쪽차축 하중감소율, (E) 앞쪽차축의 탈선계수, (F) 가드레일의 횡 충격력

1. 기준선(main line)

385km/h(계산 속도는 설계속도에 10%를 더한 것이다)로 분기선에서 주행하는 CRH2 열차의 동적 응답(dynamic response)은 **그림 4.47**에 나타낸다. 평면선형(plain line type) 차륜-레일 관계 및 궤도 강성은 설계도에 따라 취해지며, 부설기술조건에 기초한 각종 틈의 상태 틀림과 기하구조(선형) 틀림이 시뮬레이션에서 고려된다. 그림의 가로 좌표는 차륜과 분기기 시점 간의 거리를 나타낸다.

그림 4.47은 윤하중의 격렬한 변동이 노스레일에서 일어남을 보여준다. 최대 동(動)윤하중은 155.3kN이며, 요구된 한계(300kN) 아래이다. 앞쪽차축의 안쪽차륜은 약 26.4kN의 최대 충격력을 가지고 특정 범위에서 텅레일에 밀착될 것이다. 약 0.4ms 동안 순간적인 충격력이 상면 폭 35.9mm에 작용할 수 있으므로 노스레일은 56.4kN의 최대 충격력을 갖는다. 텅레일과 노스레일의 최대 동응력은 각각 128.7과 81.8MPa이며, 레일강도의 허용범위 이내이다. 차체의 횡 가속도 진폭은 텅레일과 노스레일에서 0.05g보다 적으며, 횡 안정성의 요구조건을 충족시킨다. 사행동은 사소하다. 하중감소율은 포인트에서 작고, 크로싱에서 0.28(최대)까지에 이르며, 0.8의 허용한계 이내이다. 탈선계수는 포인트에서 작고, 크로싱에서 약 0.58(최대 순간 값)이며, 1.0의 허용한계 이내이다. 텅레일과 노스레일의 최대 틈 벌어짐(spread)은 각각 약 0.78mm와 1.17mm이며, 4.0mm의 허용한계 이내이다. 상기가 주어지면, 고속열차가 350km/h용 18번 무도상분기기의 기준선에서 385km/h로 주행할 때 바람직한 주행안전성과 안정성이 달성될 수 있다.

2. 분기선(diverging line)

90km/h(계산 속도는 설계속도에 10km/h를 더한 것이다)로 분기선에서 주행하는 CRH2 열차의 동적 응답은 **그림 4.48**에 나타낸다. 평면선형(plain line type), 차륜-레일 관계(wheel-rail relation) 및 궤도 강성(track stiffness)은 설계도에 따라 취해지며, 부설기술조건에 기초한 각종 틈 상태 틀림과 기하구조(선형) 틀림이 시뮬레이션에서 고려된다. 그림의 가로 좌표는 차륜과 분기기 시점 간의 거리를 나타낸다.

열차가 분기선에서 주행할 때, 윤하중의 변동(fluctuation of wheel load)은 약 21.3kN으로 작으며, 기준선에서보다 훨씬 더 작다. 텅레일과 노스레일은 각각 21.5와 23.3mm의 상면 폭에서 하중을 받을 것이다. 포인트에서 최대 플랜지 힘은 26.9kN이며, 횡력(lateral force)의 허용한계 내에 있다. 크로싱에서 최대 순간 횡 충격력은 약 49.6kN이다. 포인트에서 차체 횡 진동가속의 진폭은 -1.67 내지 $+0.40\text{m/s}^2$이며, 기준선에서처럼 0.5m/s^2의 범위를 넘어서지만, 분기선에서의 낮은 주행속도 때문에 허용될 수 있다. 크로싱에서의 차체 횡 가속도는 작다. 포인트와 크로싱에서 최대 하중감소율은 각각 0.27과 0.47이며, 0.8의 허용한계 이내이다. 최대 탈선계수(derailment coefficient)는 0.36이며, 1.0의 허용한계 이내이다. 가드레일의 횡 충격력은 가드레일 타이플레이트의 지지력보다 더 작다.

상기가 주어지면, 고속열차가 350km/h용 18번 분기기의 분기선에서 90km/h로 주행할 때 바람직한 주행안전성과 안정성이 달성될 수 있다.

4.4.5 분기기 동역학에 기초한 차륜-레일관계 설계의 평가

1. 포인트에서 윤하중 갈아탐 범위의 전진이동(forward shifting)과 단축(shortening)

상기에서 언급한 것처럼, 포인트에서 윤하중 갈아탐 범위(transition range)를 앞쪽으로 이동시키고 짧게 함으로써 안정성이 향상될 수 있다. 설계방안은 **표 4.11**에 나타낸 것처럼 분기기 동역학에 기초한 평가를 통하여 개선될 수 있다.

표 4.11 차륜-레일 관계 설계방안의 동역학 평가

방안	1	2	3	4	5	6	7
처음으로 하중을 받는 설계 단면 (mm)	15	15	15	15	18	18	18
처음으로 하중을 받는 단면의 낮춤 값 (mm)	3	3	3	4	3	3	4
완전한 하중을 받는 단면 (mm)	35	40	45	40	35	40	35
포인트에서 최대 동(動)윤하중 (kN)	97.5	90.1	87.5	93.7	102.9	95.3	100.2
텅레일에서 처음으로 하중을 받는 단면 (mm)	13.3	15.1	17.0	18.1	14.4	16.3	16.3
포인트에서 최대 플랜지 힘 (kN)	33.1	25.9	23.8	25.6	29.9	27.2	29.8
텅레일에서 최대 동(動)응력 (MPa)	125.0	114.8	119.9	116.7	126.3	112.2	116.7
포인트에서 최대 차체 횡 진동가속도 (m/s^2)	0.42	0.50	0.57	0.56	0.45	0.53	0.50
포인트에서 최대 하중감소율	0.13	0.12	0.13	0.12	0.14	0.12	0.13
포인트에서 최대 탈선계수	0.31	0.28	0.24	0.27	0.30	0.27	0.31
텅레일의 최대 틈 벌어짐 (mm)	1.21	0.53	0.61	0.40	0.87	0.86	0.44

표 4.11은 포인트에서의 여러 가지 설계방안(design scheme)이 차륜-레일시스템의 여러 가지 동적 응답(dynamic response)에 부합됨을 보여준다. 모든 방안의 설계지표(design indicator)가 허용될 수 있지만, 안정성(riding quality)과 관련하여 방안 1이 가장 좋고, 방안 3이 차륜-레일 수직과 횡 동적 힘의 관점에서 선호되며, 방안 6은 텅레일의 강도와 관련하여 가장 이상적이다. 안정성, 차륜-레일 동적 상호작용, 텅레일의 강도, 텅레일의 제작과 치수검사 및 그 밖의 인자를 비교한 후에, 중국에서 방안 2가 적용되었다.

2. 중국, 독일 및 프랑스의 고속분기기에 대한 차륜-레일 관계의 비교

18번 고속분기기의 차륜-레일 관계에 관한 설계는 세 나라가 다르다. **그림 4.49**는 포인트에서 텅레일의 상면 폭(top width)과 함께 낮춤량(depressed amount)의 변화를 보여준다. **그림 4.49**는 크로싱에서 노스레일의 낮춤량을 보여준다.

그림들에서 볼 수 있듯이, 포인트에서의 윤하중 갈아탐 범위(wheel-load transition range)는 중국의 것이 가장 짧고 맨 앞에 있다. 크로싱에서는 중국과 프랑스가 유사한 설계를 적용하지만, 독일에서의 윤하중 갈아탐 범위가 가장 길고, 맨 뒤에 있다. 이들 나라에서 고속분기기의 차륜-레일관계 설계는 분기기 동역학(turnout dynamics) 이론에 기초하여 평가된다. 하중감소율과 차체 횡 가속도의 상대적인 결과는 **그림 4.51**

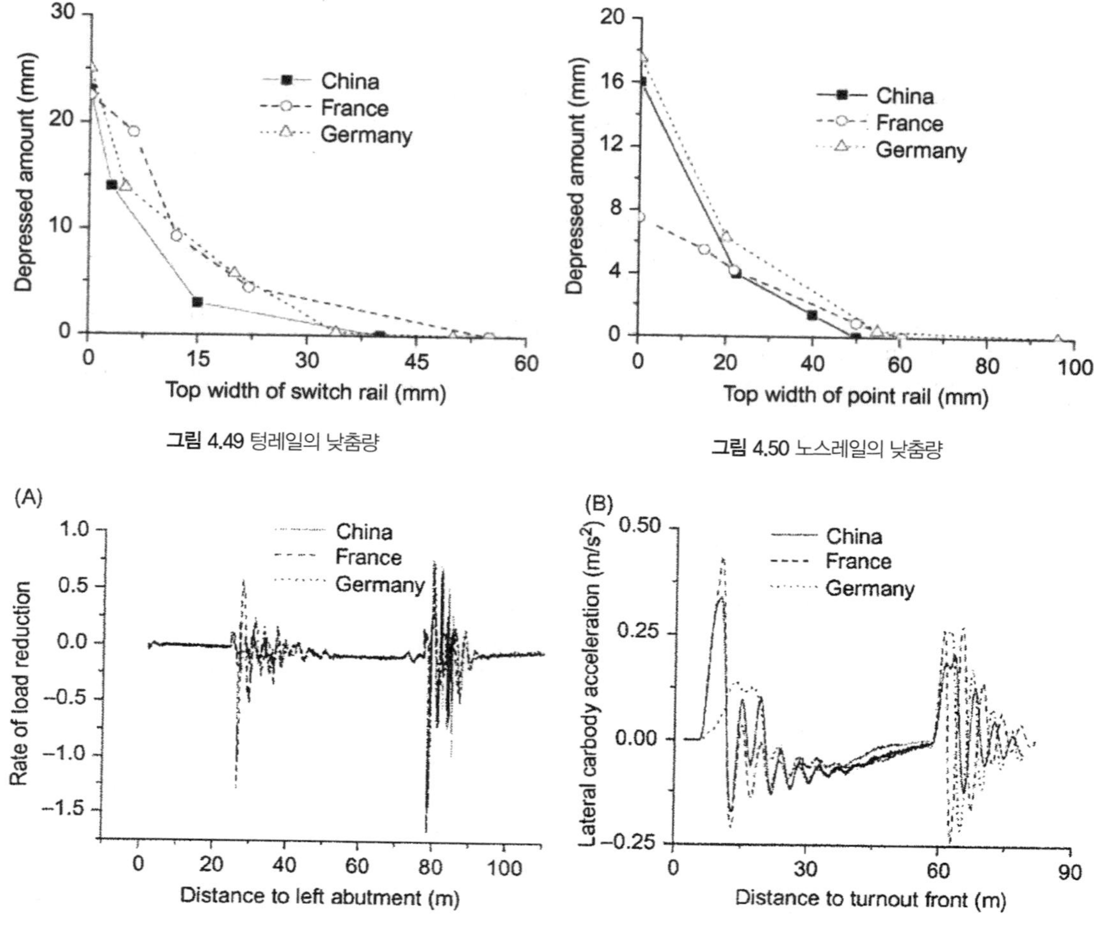

그림 4.49 텅레일의 낮춤량

그림 4.50 노스레일의 낮춤량

그림 4.51 차체 횡 진동가속도 : (A) 하중감소율의 비교, (B) 차체 횡 진동가속도

에 타낸다.

그림 4.51은 모든 세 나라의 경우에, 하중감소율(load reduction rate)이 크로싱에서 크고 포인트에서 작음을 보여주며, 그래도 허용범위 이내이다. 세 나라의 포인트에서 차체 횡 진동가속도(lateral carbody vibration acceleration)의 진폭은 각각 프랑스에서 -0.21 내지 $+0.45m/s^2$, 중국에서 -0.17 내지 $+0.33m/s^2$, 독일에서 -0.1 내지 $+0.14m/s^2$이다. 이들 중에서 독일은 윤하중 갈아탐(過渡) 전진이동(wheel-load forward-shifting)과 궤간확장 설계(gauge widening design)를 이용하는 기준선(main line)에서 가장 좋은 안정성을 가지며, 중국(윤하중 갈아탐 전진이동 설계)이 뒤따른다. 세 나라는 크로싱에서 유사한 안정성을 갖지만, 윤하중 갈아탐 전진이동과 수평 히든 첨단 설계(horizontal hidden tip point design)를 이용하는 중국이 가장 좋다. 그 밖의 동적 응답도 세 나라 간에 서로 다르지만, 모두가 350km/h용 분기기의 안전성과 안정성에 관하여 허용될 수 있다.

제5장 분기기 구간 궤도 강성의 설계

궤도 강성(track stiffness)은 궤도구조 하중, 차륜－궤도 상호작용 및 궤도의 구조진동(structural vibration)의 주된 영향 인자이다. 그것은 궤도 총체 강성(track integral stiffness)과 궤도 구성요소 강성(track component stiffness)을 포함한다. 궤도 총체 강성은 레일표면에 작용하는 힘(force) 대 해당 지점의 변위(displacement)의 비율로 측정되며, 수직 강성과 횡 강성으로 더욱 분류될 수 있다. 궤도 구성요소 강성은 궤도를 구성요소하는 레일, 침목, 도상 및 노반의 강성을 나타낸다.

궤도 강성은 정(靜)강성(static stiffness)과 동(動)강성(dynamic stiffness)으로 나뉘며, 일반적으로 궤도의 정강성을 나타낸다. 동강성은 특정 주파수 가진(加振, excitation) 하에서의 궤도 강성을 나타낸다. 비선형 인자(nonlinear factor)가 무시된다면, 정강성은 일정하며, 반면에 동강성은 가진(加振) 주파수에 따라 변한다.

주요 특징(main features) :

1. 방향성(directivity)
2. 단속적(斷續的, discreteness)
3. 궤도를 따른 종 방향 가변성(longitudinal variability)
4. 시간－가변성(time－variability)
5. 비선형성(nonlinearity)

고속분기기 궤도 강성의 설계에서는 도상(bed)에 주어진 지지 강성(support stiffness)에 대하여 레일체결장치의 합리적인 강성이 명시될 것이다. 분기기에 미끄럼 상판과 그 밖의 구조가 있으므로, 레일체결장치는 레일 아래와 타이플레이트 아래의 탄성 패드(elastic pad)들을 포함한다. 그러므로 두 패드는 양립되어야 한다. 분기기에서 일부 레일들은 긴 타이플레이트, 간격재 등으로 연결되며, 이것은 선로를 따라 총체 강성의 변화를 유발할 수 있다. 그러므로 모든 부분에서의 레일체결장치의 강성은 동적 틀림(dynamic irregularity)의 충격을 줄이도록 선로의 종 방향을 따라 궤도 총체 강성이 동일하도록 조정되어야 한다. 게다가 분기기 구간과 일반선로구간 간의 원활한 강성 과도(transition)를 위하여 분기기의 양 끝에 궤도 강성 과도구간(transition)이 마련되어야 한다.

5.1 분기기 구간 궤도 강성의 구성[61]

분기기의 궤도 총체 강성은 주로 레일 휨 강성과 레일체결장치, 도상 및 노반의 강성으로 구성된다. 분기기의 궤도 총체 강성은 분기기 구조의 본질 때문에 일반선로구간(section)과 다르다. 그것은 단순히 여러 가지 부품 강성들의 선형 조합이 아니라 레일패드와 침목의 길이, 간격재의 연결 및 그 밖의 구조적 인자들에게 영향을 받을 수 있다.

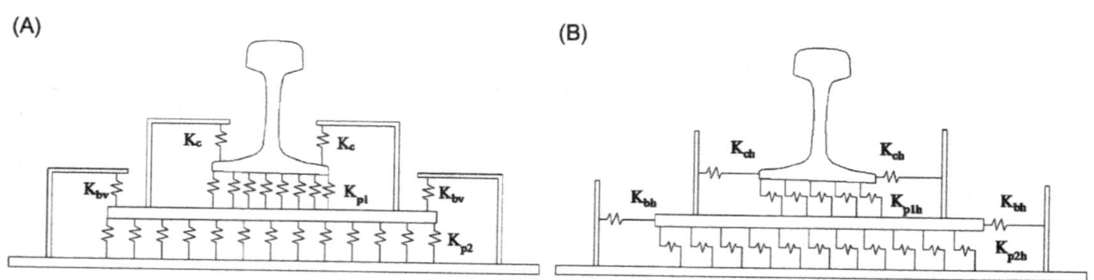

그림 5.1 (A) 레일체결장치의 수직 강성, (B) 레일체결장치의 횡 강성

5.1.1 레일체결장치 강성

분기기와 일반선로 구간은 구조(structure)에서 서로 다르다. 분기기에서는 타이플레이트(또는 미끄럼 상판)가 있는 간접고정 레일체결장치(indirect fixation fastening)가 사용되며, 두 개의 탄성 층(elastic layer, 레일 아래와 타이플레이트 아래에 각각 하나)이 마련된다. 체결 클립(fastener)은 **그림 5.1**에 나타낸 것처럼 레일과 타이플레이트를 연결하며, 볼트는 침목과 타이플레이트를 연결한다.

레일체결장치의 수직 강성(vertical stiffness)은 주로 체결 클립의 수직 강성, 레일 패드의 수직 강성, 플레이트(역주 : 타이플레이트를 의미함. 이하 동일) 패드의 수직 강성 및 앵커볼트(anchor bolt)와 덮개 판(cover plate)의 수직 강성 등 4개 부분으로 구성된다. 그것은 다음과 같이 계산될 수 있다.

$$k_f = \frac{(2k_{bv} + k_{p2})(2k_c + k_{p1})}{2k_c + k_{p1} + 2k_{bv} + k_{p2}} \tag{5.1}$$

여기서,

k_f는 레일체결장치의 수직 강성이다(N/m).
k_c는 개별 체결 클립의 수직 강성이다(초기 체결력은 약 10kN이고, 스프링계수는 약 1kN/mm이다).
k_{p1}은 레일패드의 수직 강성이다.
k_{p2}은 플레이트 패드의 수직 강성이다.
k_{bv}은 앵커볼트와 덮개 판의 수직 강성이다.

레일체결장치의 횡 강성(lateral stiffness)은 주로 레일 아래 패드의 전단 강성, 게이지 블록과 멈춤쇠(스토퍼)의 횡 압축강성, 플레이트 아래 패드의 전단 강성 및 앵커볼트의 횡 밀림방지(lateral anti thrust) 강성 등 4개 부분으로 구성된다. 그것은 다음과 같이 계산될 수 있다.

$$k_{fh} = \frac{(k_{p1h} + 2k_{ch})(k_{p2h} + 2k_{bh})}{k_{p1h} + k_{p2h} + 2k_{ch} + 2k_{bh}} \tag{5.2}$$

여기서,

k_{fh}는 레일체결장치의 횡 강성이다.

k_{p1h}은 레일패드의 횡 전단강성이다.

k_{p2h}은 플레이트 아래에 있는 패드의 횡 전단강성이다.

k_{ch}는 게이지 블록과 멈춤쇠(스토퍼)의 횡 압축강성이다.

k_{bh}은 앵커볼트의 횡 밀림방지(anti thrust) 강성이며, 캔틸레버 보 이론으로 개산(概算)될 수 있다.

$k_{bh} = 3E_bI_b/l_b^3$, 여기서 E_bI_b는 볼트의 횡 휨 강성이고, l_b는 볼트의 작용지점에서의 캔틸레버 거리이다.

레일체결장치에 대한 타이플레이트의 휨(bending) 강성의 영향은 하나의 타이플레이트를 몇 개의 레일이 공유할 때를 고려하여야 한다. 잘 휘지 않는 타이플레이트의 경우에 레일체결장치의 강성은 플레이트 길이에 따라 대략 선형으로 증가될 것이다.

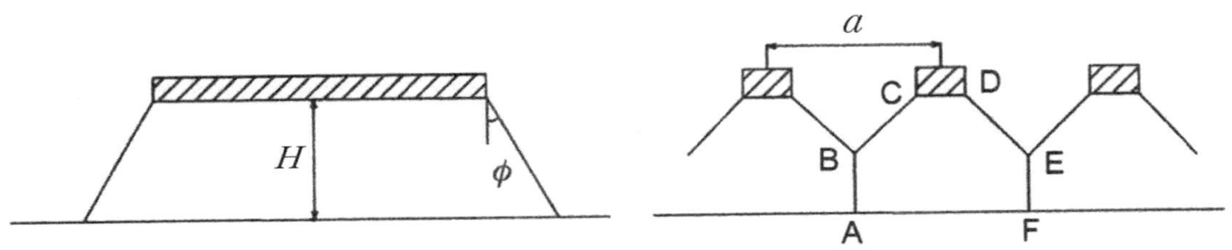

그림 5.2 자갈도상의 진동 플랫폼(vibration platform)

5.1.2 분기기 구간 궤도 하부 기초의 강성

고속분기기의 궤도 하부 기초(역주 : 이 장에서는 sub-rail foundation이 주로 도상이나 노반 등에 관련되므로 이 용어를 궤도 하부 기초로 번역)는 자갈궤도나 무도상궤도일 수 있다. 콘크리트침목이나 슬래브는 일반적으로 비탄성(inelastic)으로 간주된다. 그러므로 자갈궤도의 궤도 하부 기초의 강성은 도상(bed)과 노반(subgrade)의 일련의 강성인 반면에 무도상궤도의 경우에 궤도 하부 기초의 강성은 노반 강성과 같다.

1. 도상 강성(bed stiffness)[62]

열차-궤도시스템의 동적 분석에서 도상(bed)의 진동 질량(vibration mass)은 **그림 5.2**에 나타낸 것처럼 침목의 바닥에서 응력분산 선(線)으로 구성된 플랫폼(platform)의 총질량으로 간주될 수 있다. 그러므로 도상 강성은 침목에 대한 진동 플랫폼의 지지강성과 같다. 이 플랫폼은 계산에서 상부와 하부로 나뉜다. 도상 강성은 두 부분의 일련의 강성이다. **그림 5.2**에서 상부는 BCDE로 나타내고, 하부는 ABEF로 나타낸다. 도상 수직 강성(수직지지강성)은 **그림 5.2**에 나타낸 것처럼 도상 플랫폼 안쪽의 응력-변형률 관계에 기초하여 묘사될 수 있다.

상부 플랫폼(upper platform)의 수직 강성(vertical stiffness)은 다음과 같다.

$$k_{s1} = \frac{2(l-b)E_s \tan\phi}{\ln \dfrac{la}{b(l+2h_1 \tan\phi)}} \tag{5.3}$$

여기서,

l은 침목의 길이이며, 분기기의 길이를 따라서 점차적으로 증가된다.
a는 인접한 두 레일체결장치 지지의 간격이다.
b는 침목의 폭이다.
h_1은 도상 응력분산 선(線)들의 교차점에서부터 침목바닥까지의 거리이다.
E_s는 도상의 탄성계수이며, 일반적으로 150MPa로 취한다.
ϕ는 도상응력 분산각도이며, 일반적으로 35°로 취한다.

하부 플랫폼(lower platform)의 수직 강성은 다음과 같이 나타낸다.

$$k_{s2} = \frac{2aE_s \tan\phi}{\ln \dfrac{l+2H\tan\phi}{l+2h_1\tan\phi}} \tag{5.4}$$

여기서, H는 도상두께(bed thickness)이며, 일반적으로 35cm로 설계된다.

만일 자갈도상(ballast)이라면, 자갈도상의 반(半)두께가 고려될 것이다. 따라서 장(長)침목 아래 도상(bed)의 수직 강성(N/m)은 다음과 같이 나타낼 수 있다.

$$k_s = \frac{k_{s1}k_{s2}}{k_{s1}+k_{s2}} \tag{5.5}$$

도상의 횡 강성은 도상 횡 저항력에 따라 결정될 수 있고, $Q = k_{sh}\,y = qa$를 이용하며. 여기서 Q는 개개 침목의 횡 저항력이다. 이 저항력은 침목 측면/바닥과 도상의 접촉면 간의 마찰저항력, 게다가 횡 변위에 대한 침목 끝에서의 도상어깨의 저항력으로 구성된다(구성비; 도상어깨에서 30%, 침목측면에서 20~30%, 그리고 침목바닥에서 50%). k_{sh}는 도상의 횡 강성이고, y는 침목의 횡 변위이며, a는 침목 간격이고, q는 도상의 단위 횡 저항력으로서, 일반적으로 $q = q_0 - By^z + cy^{1/N}$으로 나타내며, 여기서 q_0는 도상의 초기 횡 저항력이고, B, c, z 및 N은 저항계수(resistance coefficient)이다. 도상의 횡 저항력과 침목의 횡 변위 간의 비선형 관계 때문에, 도상의 횡 강성과 침목의 횡 변위 간의 관계도 또한 비선형이다. 변위가 증가됨에 따라서 저항력은 증가되고 횡 강성은 감소된다. 침목 변위가 어떤 값에 도달되었을 때 저항력은 불변에 가까워지고, 강성은 제로(0)에 가까워진다. 만일 변위가 계속하여 증가된다면, 도상이 손상될 것이다.

2. 노반 강성(subgrade stiffness)[63]

노반 수직 강성(subgrade vertical stiffness) (N/m)은 다음과 같이 두 가지 방법으로 계산될 수 있다. 노반(subgrade)의 K_{30} 지표(indicator)가 주어지면,

$$k_b = a(l + 2H\tan\phi)K_{30} \tag{5.6}$$

노반 탄성계수(subgrade elasticity modulus) E_b가 주어지면,

$$k_b = \frac{2(l - a + 2H\tan\phi)\tan\phi_1}{\ln\dfrac{l + 2H\tan\phi}{a}} E_b \tag{5.7}$$

여기서, ϕ_1은 노반 흙의 내부마찰각(inner friction angle)을 나타내며, 일반적으로 45°로 취한다.

노반 횡 강성은 일반적으로 궤도 역학 계산(mechanical calculation of track)에서 고려되지 않는다.

게다가, 자갈도상과 노반의 수직 탄성 특성은 도상계수(bed coefficient) C (N/m^3)로 나타낼 수 있으며, 이것은 도상 상면의 단위침하를 발생시킬 때 도상 상면의 단위면적에 작용하는 압력으로 정의된다. 레일 지지에서 침목의 수직 변위가 y_s이라고 가정하면, 침목의 평균 침하는 αy_s이며, 여기서 α는 침목의 휨 계수(bending coefficient)이고, 콘크리트침목에 대하여 1, 그리고 목침목에 대하여 0.81~0.92로 취해진다. R은 레일 지지에서의 수직력이다. 일반선로구간의 경우에, 도상계수와 궤도 하부 기초 간의 관계는 다음과 같이 나타낸다.

$$2R = Clb\alpha y_s = \frac{k_s k_b}{k_s + k_b} y_s \tag{5.8}$$

무거운(heavy) 궤도의 경우에 도상계수 C는 대개 0.6~0.8MPa/cm로 취해지며, {침목의 반(半)길이에 대한} 궤도 하부 기초 강성은 일반적으로 100~140kN/mm로 취해진다. 콘크리트도상의 경우에, 레일 아래 기초 강성은 400kN/mm 이상으로, 또는 심지어 한 자릿수(order)만큼 상당히 증가할 것이다.

3. 진동흡수패드 강성(vibration-absorbing pad stiffness)

만일 **그림 5.3**에 나타낸 것처럼 무도상궤도의 슬래브 또는 자갈궤도의 침목 아래에 진동흡수 패드가 부설된

다면, 지지 강성(support stiffness)은 단위 하중 하에서의 단위면적의 변형 양(deformation quantity)으로 나타낼 수 있다. 궤도슬래브의 휨 저항력과 그 밖의 인자에게 영향을 받는, 레일체결장치 지지 아래의 패드 강성에 대해서는 등가의 방정식을 사용할 수 없다. 그렇지만 단위 하중을 받는 레일체결장치 지지에서의 변형은 유한요소법(FEM)으로 구할 수 있다. 따라서 패드 강성의 수치 해법(numerical solution)이 구해질 수 있다.

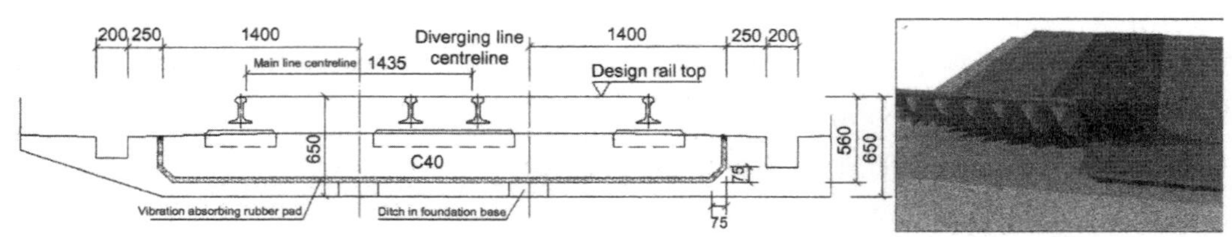

그림 5.3 무도상분기기 아래의 탄성패드

5.1.3 분기기 구간의 궤도 총체 강성

궤도 총체 강성(track integral stiffness)은 레일체결장치 강성과 궤도 하부 기초의 강성에 더하여 레일의 휨 강성(flexural stiffness)에 관련된다. 횡(橫) 방향 총체 강성(lateral integral stiffness)은 레일의 횡 경사 저항 강성(heeling stiffness)에도 관련된다. 레일의 휨 강성과 하부기초 강성 간의 관계는 레일 지지강성, 레일 기초의 탄성계수, 궤도-레일 강성비 등으로 묘사될 수 있다.

1. 레일 지지의 수직 강성(vertical stiffness of rail support)

레일 지지(또는 지점 · 支點)의 수직 강성은 레일 지지의 수직 탄성(vertical elasticity) 특징을 나타내며, 레일 지지의 단위침하(unit settlement)를 발생시키는데 필요한 레일 지지 상면에 가해지는 힘으로 정의된다(N/m). 이 개념은 궤도 역학(track mechanics)에서 탄성적으로 지지된 보에 널리 이용된다. 일반선로구간에서, 이 강성은 레일체결장치와 궤도 하부기초의 수직 강성의 직렬 작용으로 간주된다. 이것은 다음과 같이 나타낼 수 있다.

$$\frac{1}{k_D} = \frac{1}{k_f} + \frac{1}{k_s/2} + \frac{1}{k_b/2} \tag{5.9}$$

여기서, k_D는 레일 지지의 강성이다. 무도상궤도의 경우에, k_s는 무한일 수 있다. 분기기에서는 k_f가 타이플레이트 길이에 따라 변하고, k_s와 k_b가 침목길이에 따라 변하므로, k_D는 종 방향으로 분기기를 따라 변화될 것이다.

2. 레일 기초의 수직 탄성계수(vertical elasticity coefficient of rail supporting)

레일 기초의 수직 탄성계수 k는 레일 기초의 수직 탄성 특징을 나타내며, 레일 기초의 단위침하를 발생시키는 데 필요한 단위 길이의 레일 기초에 가해지는 분포 힘으로 정의된다(N/m^2). 이 개념은 궤도 역학(track mechanics)에서 연속기초 보 모델(continuous foundation beam model)에 널리 이용된다. 이 인자(factor)와 레일 기초의 수직 강성(vertical stiffness) 간의 관계는 다음과 같이 나타낼 수 있다.

$$k = \frac{k_D}{a} \tag{5.10}$$

3. 궤도-레일 강성비(track-rail stiffness ratio)

궤도시스템의 특성계수(characteristic coefficient)는 레일 기초와 레일 간의 강성비 β로 나타낼 수 있고, 0.009~0.020cm^{-1}의 범위로 취해지며, 다음처럼 정의된다.

$$\beta = \sqrt[4]{\frac{k}{4EI}} = \sqrt[4]{\frac{k_D}{4EIa}} \tag{5.11}$$

여기서, EI는 레일의 수직 휨 강성(vertical flexural stiffness)이다.

β는 궤도의 모든 역학적 파라미터와 그들 관계를 통합시키며, 그것은 임의의 파미미터와 함께 변할 수 있다. 동시에 β의 변화는 궤도의 내력(內力, interior force) 분포와 구성요소의 응력분배에 영향을 준다. 레일 휨모멘트와 지지 압력은 k와 EI 단독으로 결정되지 않고 비율 k/EI의 비율로 결정된다. 만일 k가 크고 기초가 딱딱하다면, 지지 압력이 클 것이며, 레일 휨모멘트는 작으며 좌우로의 감쇠가 비교적 빠르다. 이경우에, 하중은 작은 범위에서 작용할 것이다. EI가 크고 기초가 덜 딱딱하다면, 그 역(逆)이 적용된다.

레일이 연속탄성(彈性)기초(continuous elastic foundation) 위의 무한히 긴 보(infinite long beam)라고 가정하면, 레일에 수직하중 P가 주어질 경우에, 레일 지지나 또는 침목에 작용하는 수직력은 $R = Pa\beta/2 = \gamma P$로 나타낼 수 있으며, 여기서 γ는 하중분포계수(load distribution coefficient)를 나타내고, 통상적으로 0.3~0.6으로 취해진다. 강성비가 클수록 하중분포계수가 더 커진다.

4. 레일의 등가 기울어짐 저항 강성(equivalent anti-heeling stiffness)

레일의 연속 비틀림(torsional) 지지(支持)의 탄성계수 k_R, 레일 경사각(angle of inclination) θ_R 및 비틀림 강성 C_R(60kg/m 레일에 대하여 16.1×107kNmm^{2}로 취해진다)이 주어지면, (레일의 수직 편심하중 P와 횡하중 H의 결합된 작용으로 생긴) 경사 토크(inclination torque) T 작용 하의 레일 경사각은 다음과 같다.

$$\theta_R = \frac{T}{2\sqrt{k_R C_R / a}} \tag{5.12}$$

레일의 등가 기울어짐 저항(anti heeling) 강성은 다음과 같다.

$$k_\theta = \frac{H_R}{h_R \theta_R} \tag{5.13}$$

여기서, h_R은 레일 높이이고, H_R은 레일체결장치 지지지점에서 레일의 횡 하중이다.

단일 탄성패드를 가진 레일의 연속 비틀림 지지(continuous torsional support)의 탄성계수(elasticity modulus)는 레일 지지의 수직 강성으로 구해질 수 있다.

$$k_R = 2\int_0^{b_R/2} \frac{k_D}{b_R} y^2 dy = \frac{b_R^2 k_D}{12} \tag{5.14}$$

여기서, b_R은 레일저부(rail base)의 폭이다.

5. 궤도 총체 수직 강성(vertical track integral stiffness)

궤도의 총체 수직 강성은 레일의 단위침하(unit settlement)에 대한 수직하중으로 정의된다(N/m). 일반선로구간에서 그것은 다음처럼 나타낸다.

$$K_t = \frac{P}{y_R} = \frac{2k}{\beta} = 2\sqrt[4]{4EIk^3} \tag{5.15}$$

여기서, y_R은 하중 작용점 아래 레일의 수직 변위(vertical displacement)이다.

분기기에서는 레일 지지의 수직탄성계수가 종 방향에서 분기기를 따라 변하고, 간격재(필러)로 결합된 두 레일의 등가 휨 강성 EI가 가변적이므로, 수직총체 강성도 분기기길이를 따라 변화될 것이다. 그러므로 일반선로 구간의 단순한 계산공식은 적용될 수 없으며, 전체분기기에 대한 복잡한 계산모델이 필요하다.

6. 궤도 총체 횡 강성(lateral track integral stiffness)

평상시 궤도의 두 레일에 작용하는 수직력은 유사하지만, 횡력은 큰 차이를 보이며, 특히 차륜 플랜지가 한 레일에 밀착되어 주행할 때 차이가 상당히 크다. 그러므로 궤간 확장(단일 레일두부의 횡 변위)과 궤광(track panel)의 횡 변위는 궤도의 횡 응력과 변형을 계산함에 있어 주된 관심사이다. 궤간확장(gauge widening)의 경우에, 두 레일의 경사각과 횡 변위는 따로따로 계산될 것이며, 궤광의 횡 변위는 고려하지 않을 수 있다. 그러므로 레일 지지의 횡 강성은 다음과 같다.

$$k_{Dh} = \frac{k_\theta k_{fh}}{k_\theta + k_{fh}} \tag{5.16}$$

윤축의 횡력 H_w(두 레일에 대한 횡력의 합)과 두 레일중심의 횡 변위 y_{Rh}가 주어지면, 일반선로구간의 등가 궤도 총체 횡 강성은 다음과 같이 된다.

$$K_{th} = \frac{H_w}{y_{Rh}} = \frac{(k_{Dh1} + k_{Dh2})k_{sh}}{k_{Dh1} + k_{Dh2} + k_{sh}} \tag{5.17}$$

여기서, k_{Dh1}과 k_{Dh2}는 각각 두 레일 지지의 횡 강성을 나타낸다.

분기기에서 여러 레일의 공동작용과 간격재의 연결작용은 궤도의 큰 총체 횡 강성과 궤도를 따른 종 방향 진동에 기여한다.

5.2 분기기 구간 궤도 강성의 설계[64~67]

고속분기기에서 궤도 강성(track stiffness)의 합리적인 설계는 차륜–레일 동적상호작용(dynamic interaction)을 효과적으로 경감시킬 수 있으며, 동시에 승차감을 향상시키고, 진동을 감소시키며, 부품의 사용수명(service life)을 연장시키고, 유지보수작업량을 줄인다. 그것은 수직과 횡 궤도 총체 강성의 설계, 레일체결장치와 궤도하부구조 강성의 조정 및 레일과 플레이트 아래 패드의 강성의 조정을 포함한다.

레일체결장치에서, 게이지 블록과 스토퍼의 횡 압축강성 및 볼트의 밀림방지(anti thrust) 강성이 상대적으로 크므로, 레일 아래와 플레이트 아래 패드들의 횡 전단강성(shear stiffness)의 변화는 레일체결장치의 횡 강성에 영향을 거의 가하지 않을 수 있으며, 도상과 노반의 강성은 약간 달라질 수 있다. 따라서 분기기의 궤도 강성 설계는 레일체결장치의 수직 강성과 궤간확장에 대한 그것의 영향에 집중해야 한다.

5.2.1 중국의 고속분기기용 레일체결장치의 구조

중국의 고속분기기용 레일체결장치의 구조는 **그림 5.4**에서 보여주며, 다음과 같은 특징을 나타낸다.

1. 이 체결시스템은 강(鋼) 타이플레이트가 있는 탄성 분리식 구조이다.

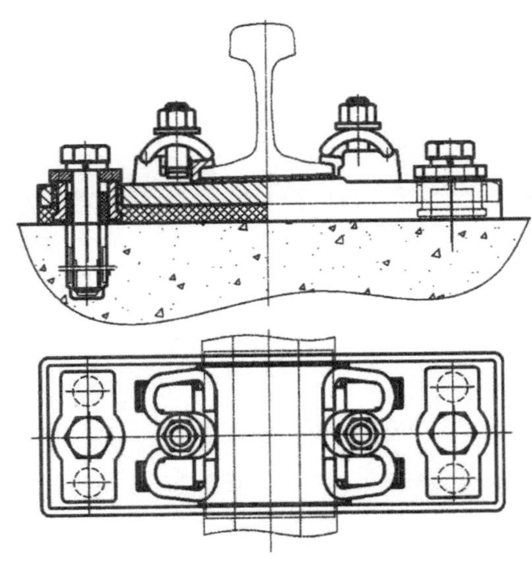

그림 5.4 중국의 고속분기기용 레일체결장치

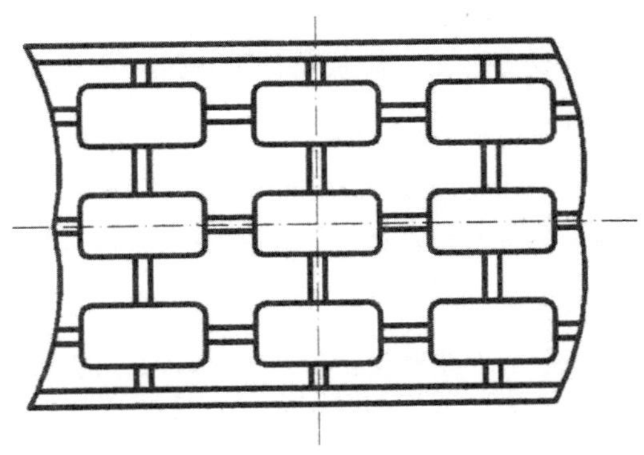

그림 5.5 플레이트 아래 패드의 블록구조(blocky plate pad)

2. 타이플레이트의 상부구조는 볼트로 또는 볼트 없이 체결된다.
3. 게이지 블록은 궤간을 유지하고 조정하도록 숄더와 레일저부 사이에 배치된다.
4. 레일패드는 충격을 완화하도록 레일과 탄성 타이플레이트 사이에 설치된다.
5. 타이플레이트는 진동을 줄이도록 하부의 탄성패드와 함께 설치된다.
6. 타이플레이트와 콘크리트침목은 볼트와 매설된 슬리브(sleeve, 역주 : 매립 전)로 체결된다.
7. 충격완화 간격-조절 블록은 볼트에 대한 타이플레이트의 횡 충격을 완화하고 타이플레이트 위치를 조절해 궤간을 조정하도록 타이플레이트와 볼트 간에 배치된다.
8. 볼트는 덮개 판(cover plate)을 통하여 탄성 타이플레이트를 체결한다. 덮개 판은 타이플레이트 응력을 덜어주고 타이플레이트 젖혀짐(turning)을 방지하도록 탄성이 좋은 고무 쿠션(reasonably elastic rubber cushion)과 함께 설치된다.

그림 5.5에 나타낸 것과 같은 블록구조의 고무패드(blocky pad)는 궤도 강성을 줄이고 균일화하기 위하여 플레이트 아래에 설치된다. 끝부분 구조와 고무 재질을 바꿈으로써, 보통의 하중 하에서 낮은 강성과 큰 하중 하에서 높은 강성이 보장된다. 이렇게 하여, 레일 기울어짐(rail tilting)이 효과적으로 제어된다. 타이플레이트 가장자리와 패드 간의 접합성능(bonding performance)을 보장하고 취급 동안 타이플레이트 때문에 접합 부분이 손상됨을 방지하도록 타이플레이트 가장자리에 5mm 두께의 접착제를 바른다. 플레이트 아래에서 고무 프로파일의 돌출(突出, buckling)을 방지하기 위해 리브(rib)를 증가시키고, 고무의 접합성능을 높여 전체 고무 프로파일 구조의 안정성(stability)과 신뢰성을 높인다(※ 역자가 문구 조정).

5.2.2 레일패드의 수직 강성

1. 설계원리(design principles)

분기기에서 텅레일과 기본레일, 노스레일과 윙레일은 미끄럼 상판 위에 함께 설치된다. 탄성 패드는 상판 아래 및 기본레일 또는 윙레일과 상판 사이에 배치되며, 체결 클립으로 체결된다. 텅레일과 노스레일은 미끄럼 상판 위에서 움직일 수 있다(미끄럼 상판과 미끄럼 상판 받침은 완전하게 용접되거나 일체 주조된다).

레일패드(rail pad)의 강성 설계(stiffness design)는 다음과 같은 몇 가지의 원리에 따른다. ① 텅레일과 노스레일의 강도가 확보될 수 있다. ② 텅레일과 기본레일 간 및 노스레일과 윙레일 간의 동적 높이차(dynamic height difference)는 적정한 범위 이내로 제어될 수 있으며, 따라서 윤하중 갈아탐(wheel load transition)의 뒤로의 이동(backward-shifting)이 분기기 통과의 안정성에 심하게 영향을 주지 않을 것이다. ③ 패드는 레일과 타이플레이트 사이에서 충격완화 효과를 가진다.

결론적으로, 레일체결장치의 강성은 텅레일 또는 노스레일의 상면이 낮아지는 값과 조화를 이루어 설계되어야 하며, '위쪽의 딱딱함 + 아래쪽의 부드러움'의 설계 원리를 채택해야 한다. 즉, 레일패드는 레일들 사이의 동적 높이차를 유지하도록 높은 강성 설계(high stiffness design)를 적용할 것이며, 플레이트 패드는 레일체결장치의 적정한 탄성을 보장하도록 낮은 강성 설계(low stiffness design)를 이용할 것이다.

2. 중국 고속분기기의 레일패드 강성(rail pad stiffness)

제4장에서 언급한 것처럼, LMA 답면을 가진 EMU 열차가 무도상분기기의 기준선에서 주행하는 경우에, 기본레일과 텅레일의 높이차가 약 1.25mm보다 작을 때 윤하중이 텅레일로 갈아타기 시작한다. 중국과 프랑스 고속분기기에서 텅레일의 약한 단면의 강도를 보장하기 위하여, 텅레일의 상면 폭 20mm에서 기본레일과의 동적 높이차는 1.0mm보다 커야 한다. 텅레일의 상면 폭 15mm에서 높이차가 제작과 조립 동안 1mm의 공차를 가질 수 있고, 텅레일의 상면 폭 20mm에서 실제 높이차가 1.6mm일 수 있으므로, 텅레일과 기본레일 간의 수직 동적 변위차이는 0.6mm보다 크지 않아야 한다.

두 레일들에 대한 수직 하중은 상기의 식 (4.10)으로 구해질 수 있으며, 수직 변위(vertical displacement)는 식 (5.15)로 계산될 수 있다. 따라서 **표 5.1**에 주어진 것처럼 서로 다른 플레이트 패드(plate pad) 강성 하에서 레일패드 강성을 구할 수 있다. 플레이트 패드 강성이 작을수록 필요로 하는 레일패드 강성이 더 커진다. 25kN/mm의 플레이트 패드 강성이 주어지면, 레일패드 강성은 무도상분기기에 대하여 250kN/mm으로 취해진다. 만일 레일패드가 5mm 두께의 고무패드라면, 강성은 한 쪽 면의 홈으로 달성될 수 있다.

표 5.1 레일패드의 요구된 최대강성

플레이트 패드 강성 (kN/mm)	20	25	30	35
요구된 레일패드 강성 (kN/mm)	294	242	211	196

자갈분기기의 경우에 60kN/mm의 플레이트 패드 강성(plate pad stiffness)이 주어지면, 레일패드 강성(rail pad stiffness)은 180kN/mm일 것이다. 5mm 두께의 고무패드의 경우에, 강성은 양쪽 면의 홈으로 달성될 수 있다.

3. 플레이트 패드 수직 강성(vertical plate pad stiffness)

플레이트 패드 강성은 레일체결장치의 탄성에서 주된 영향인자이다. 그러므로 설계에서 다음과 같은 여러 가지 측면이 고려되어야 한다.

a. 레일체결장치와 도상 강성의 조화(coordination)

궤도시스템에서 노반(subgrade)의 강성이 비교적 크고 노반이 궤도시스템에 제공하는 탄성이 비교적 작으므로 레일체결장치와 도상(bed)은 궤도탄성(track elasticity)에서 주된 기여자이다. 도상 강성 k_s가 무한에 가까울 때(즉, 일체(一體, solid) 도상), 궤도지지의 강성은 단순히 레일체결장치의 강성이다. 자갈궤도에서 k_s는 도상 밀도와 침목의 지지면적에 관련된다. 도상의 밀도가 높을수록, k_s의 값이 커지고 도상탄성이 부족해진다.

레일체결장치의 수직 강성(k_f)은 도상의 지지강성(k_s)과 조화되어야 한다. k_f의 값이 작을수록, 탄성이 커진다. 이 경우에 차량의 동적 영향이 감소될 수 있으며, 이것은 불안정한 궤도 선형(layout)과 승차감 품질 저하로 이어진다. 반대로, k_f가 증가하면 자갈도상의 경우에 기초 도상의 심한 변형이 발생할 수 있으며 유지보수작업량 증가를 유발할 수 있다. 숄더(턱)가 없는(shoulder free) 레일체결장치의 경우에, k_f는 레일경

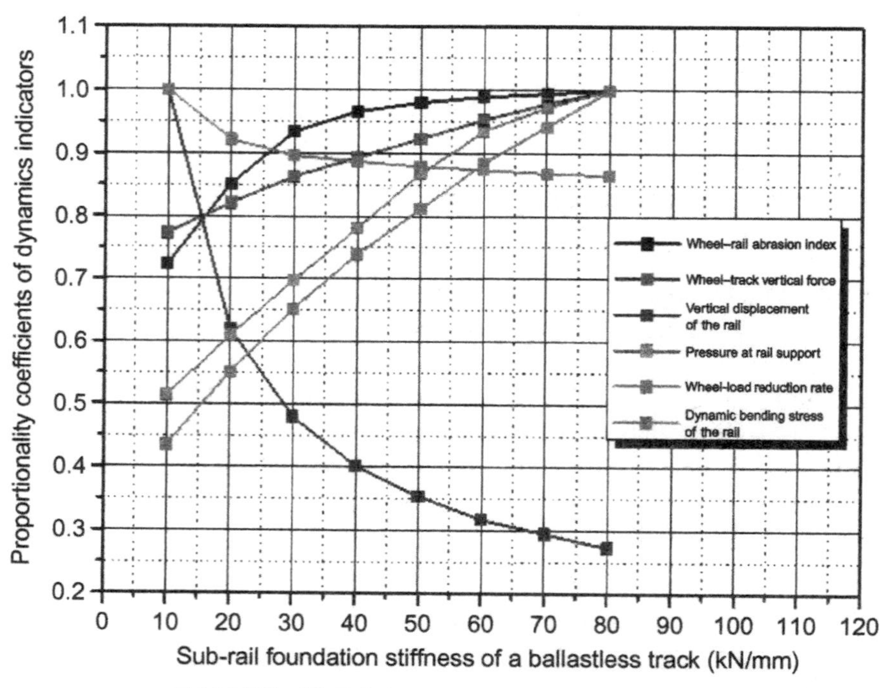

그림 5.6 차륜–레일 동적 상호작용에 대한 레일체결장치 강성의 영향

사각을 증가시킬 수 있고 또는 과도한 동적 궤간확장으로 귀착될 수 있다. 열차–궤도시스템의 동적 연구(**그림 5.6** 참조)는 감소된 레일체결장치 강성과 함께, 차륜–레일 동적 상호작용과 도상, 콘크리트침목의 가속도가 그에 상응하여 감소되지만, 레일의 동적변위는 증가됨을 보여주었다. 이것은 레일체결장치 강성의 증가가 차륜–레일 동적 상호작용과 레일 아래 기초 진동을 줄일 수 있음을 나타낸다. 그들은 단조로운 관계에 있다. 즉, 전자가 작을수록 후자가 더 작아진다. 한편으로, 레일의 동적 변위는 레일체결장치 강성의 감소와 함께 증가될 것이다. 레일체결장치 강성이 특정 값까지 낮아질 때, 어떠한 그 이상의 감소도 레일의 동적 변위의 극적인 증가로 이어질 수 있다. 레일의 동적 변위의 과도한 증가는 결과적으로 레일체결장치의 탄성파손(elasticity failure)과 체결력의 상당한 손실(loss)을 유발할 것이며, 이것은 레일경사(rail inclination)와 복진(creeping), 게다가 레일두부의 과도한 횡 변위와 레일 휨의 극심한 변동, 또는 보다 짧은 패드사용수명으로 이어질 수 있다. 일반적으로, 레일체결장치의 낮은 강성은 20kN/mm보다 낮지 않아야 한다.

b. 탄성 패드 덮개 판(pad cover plate)의 수직 강성(vertical stiffness)

그림 5.4에서 나타낸 앵커볼트(anchor bolt)와 덮개 판(cover plate)의 수직 강성(k_{bv})은 탄성 레일체결장치와 유사한 효과를 가질 수 있다. 그것은 들어 올림 힘(lifting force)의 작용 하에서 플레이트 부유(浮游, suspension)를 방지하도록 플레이트 패드를 미리 조인다. 그러나 패드에 가해진 미리 조임(pre–tighten)은 탄성에 영향을 주지 않도록 너무 크지 않아야 한다. 이와 관련하여, 위치 슬리브(location sleeve)는 대부분의 장력(張力, tension)에 견디도록 볼트와 타이플레이트 사이에 배치되며, 덮개 판을 통하여 전달된 장력의 소량이 플레이트와 플레이트 패드에 작용한다.

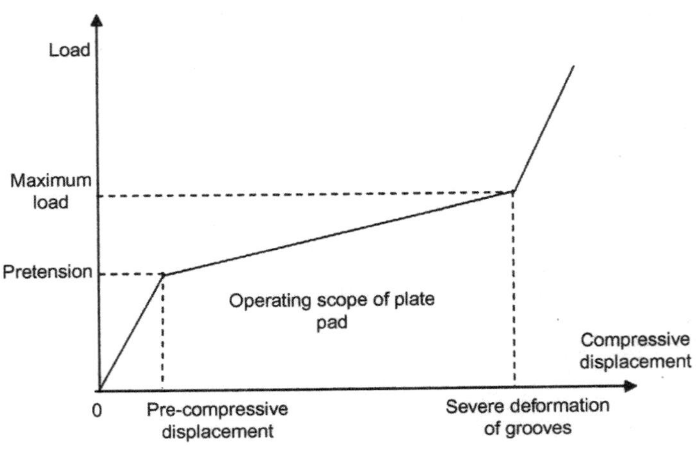

그림 5.7 플레이트 패드의 강성 변화

플레이트 패드는 사전–긴장(pre–tension) 하에서 사전–압축될 것이다. 정상적인 하중 하에서 패드에 대한 응력은 강도를 초과할 수 없으며 심한 홈 변형이 허용되지 않는다. 일본의 JRS에서 명시한 것처럼 플레이트 패드는 다음과 같은 요구사항을 충족시켜야 한다. ① 정상적인 하중 하에서 평균 압축응력은 2MPa보다 작아야 한다. ② 정상적인 하중 하에서 (플레이트 패드의 끝에서) 최대 압축응력은 4MPa 미만이어야 하며, 평균 압축변형은 10% 미만이어야 한다. ③ 과도한 하중 하에서 패드의 홈은 급격히 변형될 것이며, 강성은 급격히 증가될 것이다. 플레이트 패드의 성능은 **그림 5.7**에 나타낸다.

볼트와 덮개 판의 수직 강성(k_{bv})은 볼트의 인장강성(k_1)과 덮개 판 아래 쿠션(cushion)의 강성(k_g)으로 구성된다. 그것은 다음과 같이 나타낸다.

$$\frac{1}{k_{bv}} = \frac{1}{k_1} + \frac{1}{k_g} \tag{5.18}$$

볼트의 인장 스프링계수와 볼트 길이는 서로 관련이 있다. 즉, $k_1 = E_1 A_1 / l$, 여기서 E_1은 볼트의 탄성계수이고, A_1은 볼트의 단면적이다(ϕ30 볼트가 사용된다). 50mm의 볼트 유효탄성길이가 주어지면, k_1은 약 2914kN/mm일 것이다.

덮개 판(cover plate) 밑의 두 고무 쿠션(rubber cushion)(크기; L 60 × W 60 × H 6mm)은 볼트의 양쪽에 배치되며, 위치슬롯(locating slot)에 묻힌다(묻히는 길이 1mm). 쿠션 강성 k_g는 다음과 같이 구할 수 있다.

$$\frac{1}{k_g} = \frac{h_1}{2E_r A_r} + \frac{h_2}{2E_r A_r (1-\nu_r^2)} \tag{5.19}$$

여기서, h_1은 자유변형(free deformation) 높이이다(5mm). h_2는 구속된(constrained) 변형 높이(1mm), 즉 위치슬롯에 묻힌 깊이이다. ν_r은 고무의 푸아송 비(Poisson ratio)이며, 0.5로 취한다. E_r은 고무의 탄성계수이며, 1MPa로 취한다. 여기서, k_g = 1.12kN/mm이다.

원형(圓形) 고정쿠션(round fastening cushion)은 중국에서 고속분기기에 적용되며, 요구된 쿠션강성(cushion stiffness)은 거의 1.2kN/mm이다. 플레이트 패드의 1.5mm의 최대압축을 고려하면, 쿠션의 사전-압축량은 설계에서 2~3mm로 취해진다.

c. 궤간확장(gauge widening)에 대한 플레이트 패드 강성(stiffness)의 영향

상기의 **그림 5.4**에서, 레일에 대한 수직력이 W가 작용한다고 가정하면, 레일중심으로부터 작용지점의 편향 거리(offset)는 e이며(차륜-레일접촉 관계에 따른 근사치 30mm), 레일두부에 대한 횡력은 H이고, 레일의 횡 압력작용높이는 h이다(60kg/m 레일에 대한 근사치 169mm). 그러므로 레일의 경사토크는 $T = H_h - We$이다. 연속지지 보의 이론으로 구한 하중분포계수를 이용하여, 레일체결장치지지의 수직하중은 $P_R = \gamma_p W$로 구해질 수 있으며, 횡 하중은 $H_R = \gamma_H H$로 구해진다. 레일과 타이플레이트의 경사각이 각각 θ_1과 θ_2이고, 양 체결 클립(fastener) 간의 거리는 b_1이며, 레일저부 폭은 b_2이고, 두 앵커볼트 간의 횡 거리는 b_3이며, 타이플레이트 길이는 b_4라고 주어지면, 레일이 기울어졌을 때, 레일패드의 저항모멘트는 다음과 같을 것이다.

$$M_1 = 2\int_0^{b_2} \frac{b_2}{2} \cdot (\theta_1 - \theta_2) \cdot \frac{x}{b_2/2} \cdot x \cdot \frac{K_{p1}}{b_2} dx = \frac{K_{p1} b_2^2}{12}(\theta_1 - \theta_2) \tag{5.20}$$

그리고 탄성 레일체결장치의 저항모멘트는 다음과 같을 것이다.

$$M_2 = \frac{1}{2} K_c b_1^2 (\theta_1 - \theta_2) \tag{5.21}$$

만일 타이플레이트가 기울어진다면, 경사저항(inclination resistance)에 대한 한쪽에서의 볼트스프링(bolt spring)의 영향이 고려되어야 한다. 그때 플레이트 패드와 볼트스프링의 저항모멘트(resistant moment)는 다음과 같을 것이다.

$$M_3 = \frac{K_{p2} b_4^2}{12}\theta_2 + \frac{1}{2} K_{bv} b_3^2 \theta_2 \tag{5.22}$$

다음과 같은 타이플레이트의 평형조건(equilibration condition)에 따라

$$M_3 = M_1 + M_2 \tag{5.23}$$

다음을 얻는다.

$$\theta_2 = \frac{(K_{p1} b_2^2/12) + (K_c b_1^2/2)}{(K_{p1} b_2^2/12) + (K_c b_1^2/2) + (K_{p2} b_4^2/12) + (K_{bv} b_3^2/2)}\theta_1 = K_q \theta_1 \tag{5.24}$$

그리고 2중 탄성패드(double elastic pad)를 가진 레일의 연속 비틀림 지지(continuous torsional support)의 탄성계수는 다음과 같다.

$$k_R = \left(\frac{K_{p1}b_2^2}{12} + \frac{K_c b_1^2}{2}\right)(1 - K_q) \tag{5.25}$$

그다음에, 레일의 등가 횡 경사저항 강성(anti-heeling stiffness)은 식 (5.25)로부터 구한 레일 경사각(inclination angle)으로 계산될 수 있다. 레일이 기울어질(incline) 때 레일체결장치의 횡 강성은 다음과 같을 것이다.

$$\frac{1}{k_{fh}} = \frac{1}{k_\theta} + \frac{1}{k_{p1h} + k_{cp}} + \frac{1}{k_{p2h} + k_{bh}} \tag{5.26}$$

그리고 레일패드 압축량은 다음과 같을 것이다.

$$\delta_1 = \frac{2P_c}{K_{p1}} + \frac{P_R}{K_{p1} + 2K_c} \pm \frac{1}{2}b_2\theta_1(1 - K_b) \tag{5.27}$$

여기서, P_c는 한쪽 체결 클립(single fastener)의 체결력이다.

레일패드 응력은 다음과 같다.

$$\sigma_1 = \frac{K_{p1}\delta_1}{A_1} \tag{5.28}$$

여기서, A_1은 레일패드의 면적이다.

타이플레이트 압축량은 다음과 같다.

$$\delta_2 = \frac{2P_b}{K_{p2}} + \frac{P_R}{K_{p2} + 2K_{bv}} \pm \frac{1}{2}b_4K_q\theta_1 \tag{5.29}$$

그리고 플레이트 패드 응력은 다음과 같다.

$$\sigma_2 = \frac{K_{p1}\delta_2}{A_2} \tag{5.30}$$

궤간확장을 계산함에 있어, EMU 열차가 분기기에서 주행할 때 레일의 수직과 횡 하중은 각각 85와 50kN으로 취해진다. 가장 불리한 조건 하에서 어떤 하나의 플랜지가 레일에 밀착될 때, 맞은편의 플랜지는 레일에 밀착되지 않을 것이다. 이 경우에, 레일 상면에 가해진 최대 차륜–레일 횡 하중(17.0kN으로 취해진다)은 윤하중과 답면의 마찰계수(0.20으로 취해진다)의 곱이다. 하중 작용점과 레일저부 간의 거리는 176mm이다. 이렇게 하여, 궤간확장에 대한 플레이트 패드 강성의 영향은 **표 5.2**에 주어진다.

표 5.2 궤간확장에 대한 플레이트 패드 강성의 영향

플레이트 패드 강성 (kN/mm)	10	20	30	40	50	60	70	80
플랜지 힘 하에서 레일기울어짐량 (mm)	2.45	2.31	2.21	2.13	2.07	2.01	1.97	1.94
맞은편의 레일 기울어짐 량 (mm)	0.92	0.87	0.83	0.80	0.78	0.76	0.74	0.73
궤간확장량 (mm)	3.37	3.18	3.04	2.93	2.85	2.77	2.71	2.67

패드 강성이 작을수록 레일 기울어짐이 더 커짐을, 즉 동적 궤간확장이 더 커짐을 표로부터 알 수 있다. 플레이트 패드는 낮은 강성 하에서 레일 기울어짐을 제어하기 위하여 양쪽에서의 강성이 중간부분보다 더 크도록 명확하게 설계될 것이다. 중국 고속분기기의 경우에 플레이트 패드의 중간부분은 **그림 5.5**에 나타낸 것처럼 블록 구조(blocky structure)이며, 양쪽은 일체식 구조(integral structure)이다. 이렇게 하여, 레일의 횡 변위가 1.5mm를 넘지 않도록 보장할 수 있다.

d. 차륜-레일 동적 상호작용에 대한 레일체결장치(fastening) 수직 강성의 영향 [68~70]

중국의 350km/h용 18번 무도상분기기의 경우에 차륜-레일 동적 상호작용에 대한 레일체결장치 지지의 수직 강성의 영향은 열차-분기기 시스템 동역학 이론(dynamics theory)으로 분석된다. 동적 응답에 관하여는 **표 5.3**을 참조하라.

분기기에서 레일체결장치의 강성은 차륜-레일 동적 응답(dynamic response)에 아주 큰 영향을 가할 것임을 **표 5.3**에서 알 수 있다.

표 5.3 분기기의 기준선에서 주행하는 고속열차에 대한 수직 강성의 영향

레일체결장치의 수직 강성 (kN/mm)	15	20	25	30	35	40
최대 동(動)윤하중 {kN}	154.4	135.5	156.2	151.0	148.9	148.4
텅레일의 초기 하중지지 단면 (mm)	13.5	14.5	15.2	15.7	16.2	16.4
노스레일의 초기 하중지지 단면 (mm)	20.1	21.6	23.2	23.6	24.0	24.4
포인트에서 최대 플랜지 힘 {kN}	27.2	26.4	25.5	27.2	26.8	27.1
크로싱에서 최대 플랜지 힘 {kN}	41.0	56.4	46.6	73.0	80.0	75.5
텅레일의 최대 동응력 (MPa)	130.2	128.7	127.4	127.6	125.4	113.2
노스레일의 최대 동응력 (MPa)	174.7	181.1	171.8	170.0	172.8	175.6
최대 차체 횡 진동가속도 (m/s^2)	0.47	0.48	0.49	0.50	0.51	0.52
최대 하중감소율	0.26	0.28	0.27	0.26	0.27	0.28
최대 탈선계수	0.65	0.58	0.42	0.49	0.53	1.07
텅레일의 최대 틈 벌어짐 (mm)	1.0	0.78	0.66	0.61	0.58	0.59
노스레일의 최대 틈 벌어짐 (mm)	1.33	1.17	1.47	1.33	1.21	1.08
텅레일 첨단에서 기본레일의 수직 변위 (mm)	2.03	1.88	1.77	1.68	1.62	1.57

- 레일체결장치 강성이 클수록 그리고 텅레일과 노스레일의 최초 하중지지 단면이 견고할수록(firmer) 텅레일의 동응력(dynamic stress)이 작아진다. 텅레일 상면의 주어진 낮춤 조건에서 레일체결장치의 수직 강성은 15mm 이상의 상면 폭에서 텅레일이 하중에 견디도록 20kN/mm보다 작지 않아야 한다.

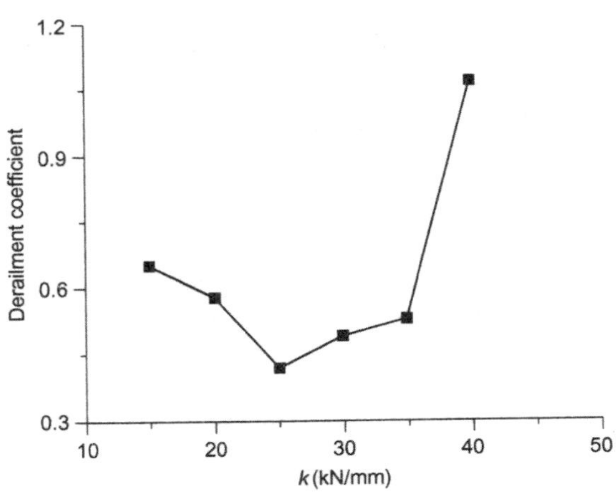

그림 5.8 탈선계수에 대한 분기기의 레일체결장치 강성의 영향

- 레일체결장치 강성(fastening stiffness)이 증가함에 따른 포인트에서의 차륜-레일 횡력의 변화는 크지 않다. 그러나 크로싱에서의 차륜-레일 횡 충격력은 증가할 것이다.
- 레일체결장치 강성이 클수록 차체(車體) 횡 진동가속도(lateral carbody vibration acceleration)가 커지며, 기준선 통과 시의 평온성(平穩性, riding quality)이 좋지 않게 된다. 그러므로 무도상분기기에서 더 좋은 승차감을 위하여 더 낮은 레일체결장치 강성이 채택된다.
- 레일체결장치 강성이 클수록 탈선계수(derailment coefficient)가 더 커진다. 따라서 레일체결장치 강성은 탈선계수를 1.0의 한계 이내로 유지하도록 40kN/mm보다 크지 않아야 한다. 탈선계수에 대한 레일체결장치 강성의 영향을 **그림 5.8**에 나타낸다. 레일체결장치 강성이 25kN/mm일 때, 최소 탈선계수가 발생한다. 레일체결장치 강성은 윤하중감소율에 대해 작은 편의 영향을 준다.
- 레일체결장치 강성이 클수록 텅레일 첨단(point of switch rail)에서의 틈 벌어짐(spread)이 작아지고, 노스레일 첨단에서 틈 벌어짐의 변화는 크지 않으며, 기본 레일의 수직 변위가 작아진다.

결론적으로, 중국의 고속분기기에서 레일체결장치 수직 강성(vertical stiffness)은 무도상분기기에 대하여 25±5kN/mm, 자갈상분기기에 대하여 50±5kN/mm으로 설계된다. 플레이트 패드 강성은 식 (5.1)에 따라 설계된다.

5.3 분기기 구간 궤도 총체 강성의 분포 법칙

5.3.1 영향 인자

일반선로구간(section)의 궤도는 표준레일, 침목, 레일체결장치 및 도상으로 구성된다. 궤도 강성에 대한 정교한 계산모델과 방법 덕택에, 그리고 선로에서 동일한 침목, 레일체결장치 등의 사용으로 일반선로구간의 궤도 강성은 선로의 종 방향에서 고르게 분포된다. 그러나 분기기에서의 궤도구조는 훨씬 더 복잡하다. 분기기의 궤도는 몇 가지 유형의 레일, 다양한 길이의 침목과 타이플레이트, 다양한 강성(variable stiffness)의 플레이트 패드, 리테이너(retainer, 위치제한장치), 미끄럼 상판으로 구성되어 있다.

1. 침목 : 자갈분기기의 침목은 길며, 기준선과 분기선을 동시에 지지한다. 열차가 분기기에서 주행할 때, 한쪽 궤도에 대한 하중은 침목을 통하여 또 하나의 궤도로 분포될 수 있다. 슬래브궤도를 가진 분기기의 경우에, 한 슬래브 위에 다수의 레일이 부설될 수 있으므로 슬래브의 수직 변위는 몇몇 레일의 수직 변위로 이어진다.
2. 체결 클립(fastener)과 레일패드 : 체결 클립과 레일패드의 강성은 레일 지지 강성(rail support stiffness)의 주된 성분이며, 둘은 직접으로 관련된다. 가동부품은 체결 클립과 레일패드가 부설되지 않는다. 그러나 다른 부분의 총체 강성(integral stiffness)은 체결 클립과 레일패드의 강성에게 직접 영향을 받을 것이다.
3. 타이플레이트와 플레이트 패드 : 포인트, 크로싱 및 리드곡선 뒷부분에서 둘 이상의 레일이 하나의 타이플레이트를 공용할 수 있다. 이 점에서, 한 궤도 위의 윤하중은 또 다른 궤도로 실질적으로 분포될 수 있다. 게다가, 레일들을 수용하기 위해 공용 타이플레이트의 길이가 크게 변할 수 있으므로, 패드 강성도 또한 상당히 변화될 수 있으며 이것은 궤도 강성의 균일하지 않은 분포로 이어진다.
4. 레일 유형 : 분기기의 레일은 기본레일, 텅레일, 윙레일, 노스레일 및 가드(check)레일을 포함한다. 이들의 레일은 단면 형상(포로파일)과 휨 강성이 각각 다르다. 게다가, 텅레일과 가동 노스레일의 단면은 가변이다.
5. 간격재(필러) : 분기기에서 간격재는 하중을 전달하고 궤도 기하구조를 유지하도록 노스레일 앞쪽의 두 리드레일들 사이, 긴 노스레일과 짧은 노스레일 사이 및 윙레일과 노스레일 사이에 설치된다. 간격재는 두 레일을 연결하며 한 레일 위의 윤하중을 또 다른 레일로 분포시킬 수 있다(**그림 5.9**).

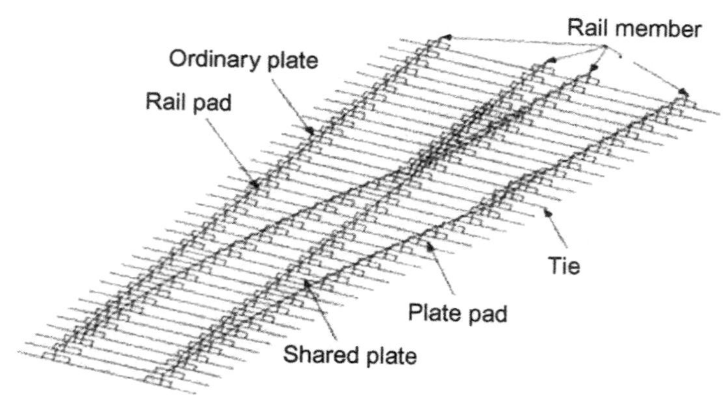

그림 5.9 분기기의 총체 강성에 대한 계산모델

5.3.2 계산모델

상기의 인자들이 주어지면, 분기기의 궤도 총체 강성을 모델링하는 데에 FEM이 이용된다. 기본레일, 가드(check)레일 및 타이플레이트는 단면이 균일한 보(beam)로 모델링된다. 텅레일과 노스레일은 단면이 불균일한 긴 보로 모델링된다. 레일체결장치, 레일패드 및 플레이트 패드는 선형스프링(linear spring)으로 단순화된다. 간격재는 짧은 보로 모델링된다. 침목은 탄성 기초(elastic foundation) 위의 무한히 긴 보(infinite long beam)로 모델링된다. (인장력 하에서가 아닌) 압축력 하에서 하중을 전달하는 텅레일과 미끄럼 상판 간의 결합은 비선형스프링(nonlinear spring)으로 모델링된다. 모델은 **그림 5.10**(역주 : 리드레일과 관련된 (C), (D)에서는 각각 레일들의 모양과 크기를 통일하고, (D)는 가운데 부분에서 두 리드레일을 남기고 두 윙레일을 없애며 타이플레이트도 두 리드레일이 공유하는 것으로 바꾸고, 크로싱과 관련된 (F)의 제목에서 '노스레일과 윙레일'을 '긴 노스레일과 짧은 노스레일'로 바꾸어야 한다고 생각됨)에 나타낸 것처럼 6개의 서브 모델을 포함한다.

1. 서브모델 A(텅레일 실제 첨단 전방 부분을 모델링) : 기본레일, 스프링으로 모델링된 탄성 레일체결장치, 타이플레이트, 스프링으로 모델링된 플레이트 패드 및 침목으로 구성된다. 모델에서 모든 종류의 스

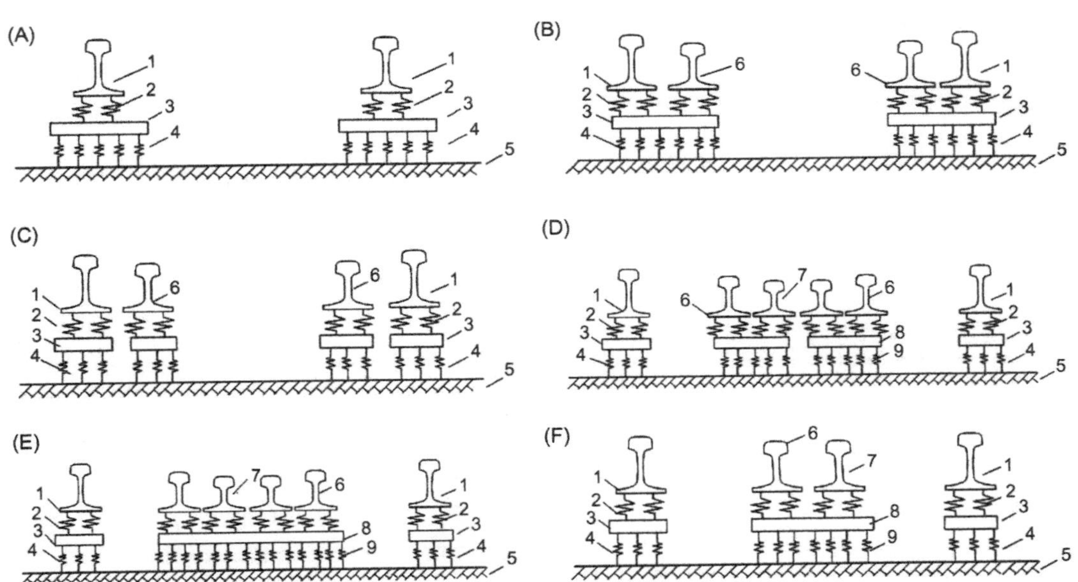

그림 5.10 (A) 서브모델 A : 텅레일 실제 첨단 전방 부분(1. 기본레일, 2. 레일패드, 3. 타이플레이트, 4. 플레이트 패드, 5. 기초), (B) 서브모델 B : 포인트(1. 기본레일, 2. 레일패드, 3. 타이플레이트, 4. 플레이트 패드, 5. 기초, 6. 텅레일), (C) 서브모델 C : 리드곡선(1. 기본레일, 2. 레일패드, 3. 타이플레이트, 4. 플레이트 패드, 5. 기초, 6. 리드(check)레일), (D) 서브모델 D : 리드곡선의 공유 타이플레이트(1. 기본레일, 2. 레일패드, 3. 보통의 타이플레이트, 4. 보통의 플레이트 패드, 5. 기초, 6. 윙레일, 7. 리드레일, 8. 공유 타이플레이트, 9. 공유 플레이트 패드), (E) 서브모델 E : 크로싱의 두 노스레일과 두 윙레일이 공유한 타이플레이트(1. 기본레일, 2. 레일패드, 3. 보통의 타이플레이트, 4. 보통의 플레이트 패드, 5. 기초, 6. 윙레일, 7. 노스레일, 8. 공유 타이플레이트, 9. 공유 플레이트 패드), (F) 서브모델 F : 크로싱의 노스레일과 윙레일이 공유한 타이플레이트(1. 기본레일, 2. 레일패드, 3. 보통의 타이플레이트, 4. 보통의 플레이트 패드, 5. 기초, 6. 긴 노스레일, 7. 짧은 노스레일, 8. 공유 타이플레이트, 9. 공유 플레이트 패드)

프링은 선형이고 모든 종류의 보는 단면이 균일하다.

2. 서브모델 B(포인트를 모델링) : 텅레일과 기본레일은 하나의 타이플레이트를 공유한다. 4개의 레일이 한 침목을 공유한다. 텅레일은 비선형 스프링을 가진 타이플레이트에 관계시켜진다. 텅레일에 가해진 하중은 기본레일로 분포될 수 있다.
3. 서브모델 C(리드곡선을 모델링) : 직선과 곡선 기본레일 및 직선과 곡선 리드(check, 역주 : 영문본에서는 대부분이 check를 '가드'의 뜻으로 사용했으나 여기서와 4항 및 **표 5.7**에 나타낸 check는 내용상 '리드'를 뜻하므로 '리드'로 번역)레일 등, 4개의 레일이 한 침목을 공유한다. 각각의 모든 레일은 타이플레이트가 따로 설치된다(※ 역자가 문구 조정). 하중은 침목을 통하여 네 개의 레일로 분포될 수 있다.
4. 서브모델 D(리드곡선에서 노스레일에 가까운 두 리드(check, ※ 3항 참조)레일이 공유한 타이플레이트를 모델링) : 직선 리드레일과 곡선 리드레일은 하나의 타이플레이트를 공유한다. 기준선 또는 분기선에서 리드레일에 가해진 윤하중은 공유한 타이플레이트를 통하여 또 다른 리드레일로 분포될 수 있다.
5. 서브모델 E(크로싱에서 두 윙레일과 두 노스레일이 공유한 타이플레이트를 모델링) : 이 타이플레이트는 상당히 길며, 한 노스레일에 대한 윤하중(wheel load)을 또 다른 노스레일과 두 윙레일로 분포시킬 수 있다.
6. 서브모델 F(크로싱에서 윙레일과 노스레일이 공유한 타이플레이트를 모델링) : 이 타이플레이트는 노스레일에 대한 윤하중을 윙레일로 분포시킬 수 있다(역주 : 이 항의 '윙레일'은 '긴 노스레일'로 바꾸고 '노스레일'은 '짧은 노스레일'로 바꾸어야 한다고 생각됨).

5.3.3 자갈분기기의 궤도 총체 강성 분포 법칙

중국의 18번 자갈분기기(ballast turnout)의 경우에, 기준선과 분기선에서 기본레일과 안쪽레일의 총체 강

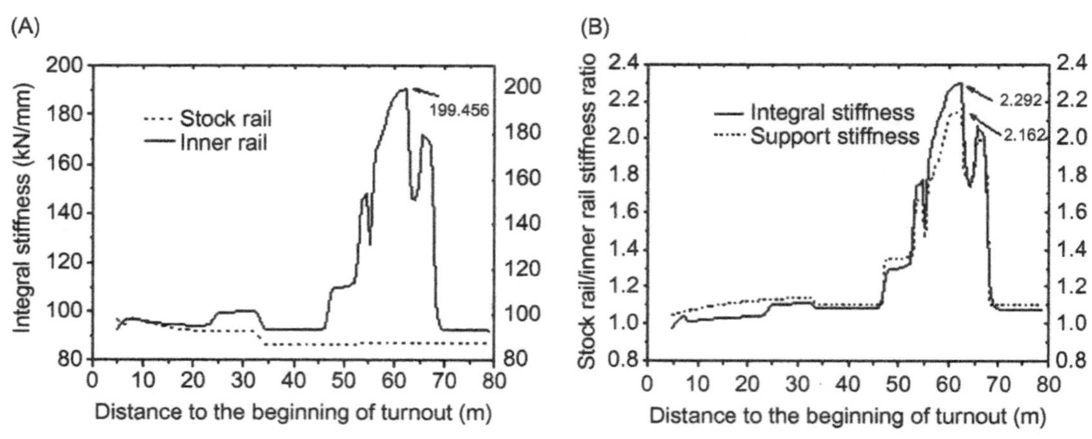

그림 5.11 (A) 기준선에서 총체 강성의 분포, (B) 기준선에서 안쪽레일/기본레일 강성비(역주 : 세로축에서 'stock rail/inner rail'은 'inner rail/stock rail'로 바꾸어야 한다고 생각됨)

성의 분포 및 안쪽레일/기본레일 강성비는 각각 **그림 5.11**과 **5.12**에 나타낸다. 총체 강성(integral stiffness), 지점(支點, support) 강성 및 레일의 수직 변위는 **표 5.4**에 묘사된다.

표 5.4 분기기의 기준선에서 주행하는 고속열차에 대한 수직 강성의 영향

레일의 유형		총체 강성 (kN/mm)		지점(支點) 강성 (kN/mm)		수직 변위 (mm)	
		최대	최소	최대	최소	최대	최소
기준선	기본레일	97.4	85.9	34.1	21.7	1.49	1.31
	안쪽레일	199.5	92.5	66.2	23.2	1.38	0.64
분기선	기본레일	101.6	85.8	35.4	21.7	1.48	1.26
	안쪽레일	199.1	92.5	66.2	23.3	1.37	0.64

주 : 표에 나타낸 수직 변위는 열차의 정(靜)윤하중 하에서의 레일 면에 적용된다.

그림 5.11과 **5.12** 및 **표 5.4**로부터, 총체 강성이 분기기의 종 방향에서 고르지 않게 분포됨을 알 수 있다. 크로싱의 총체 강성은 그 밖의 부분들보다 훨씬 더 크다. 서로 다른 레일들은 서로 다른 총체 강성을 갖는다. 기본레일의 총체 강성은 길이 방향을 따라 그다지 변하지 않지만, 분기기 내부에서는 텅레일, 노스레일 및 그 밖의 특수 레일의 존재로 인해 다른쪽 기본레일의 궤도 강성과 비교해 훨씬 더 큰 변화가 있다. 열차가 기준선과 분기선에서 통과할 때 유사한 변화법칙이 적용된다. 레일의 최대와 최소 수직 변위는 각각 1.49mm와 0.64mm이며, 총체 강성의 최대치와 최소치의 비율은 약 2.3이다(※ 역자가 문구 조정).

대체로, 총체 강성(integral stiffness), 지점강성(support stiffness) 및 레일의 수직 변위(vertical displacement)는 분기기의 기준선과 분기선에서 고르지 않게 분포되며, 이것은 심한 동적 틀림(dynamic irregularity) 및 승차감(riding comfort)과 안정성(stability)의 저하(degrading)로 이어질 수 있다. 그러므로 궤도 강성(track stiffness)은 균질화(homogenize)되어야 한다.

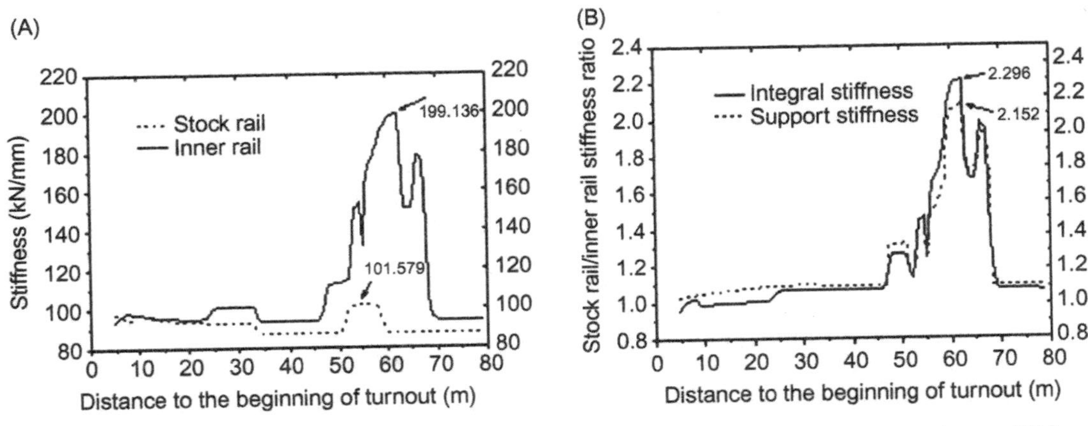

그림 5.12 (A) 분기선에서 총체 강성의 분포. (B) 분기선에서 기본레일/안쪽레일 강성비(역주 : 세로축에서 'stock rail/inner rail'은 'inner rail/stock rail'로 바꾸어야 한다고 생각됨)

5.3.4 무도상분기기의 궤도 총체 강성 분포 법칙

중국의 350km/h용 18번 무도상분기기(ballastless turnout)를 예로 들어, 기준선과 분기선에서 기본레일과 안쪽레일의 총체 강성(integral stiffness)의 분포는 **그림 5.13**에 나타내며, 안쪽레일/기본레일 총체 강성비는 **그림 5.14**에 나타낸다.

무도상궤도는 궤도 하부기초의 강성이 상당히 크기 때문에 분기기의 종 방향을 따른 궤도 총체 강성의 변동이 자갈궤도만큼 심하지 않다. 크로싱은 구조가 복잡하고 레일들의 상호작용이 존재하기 때문에 총체 강성이 다른 부분보다 훨씬 더 크다. 안쪽레일/기본레일 총체 강성의 최대비율은 약 1.33이며, 이것은 동적 틀림으로 이어지고 승차감에 영향을 줄 수 있다.

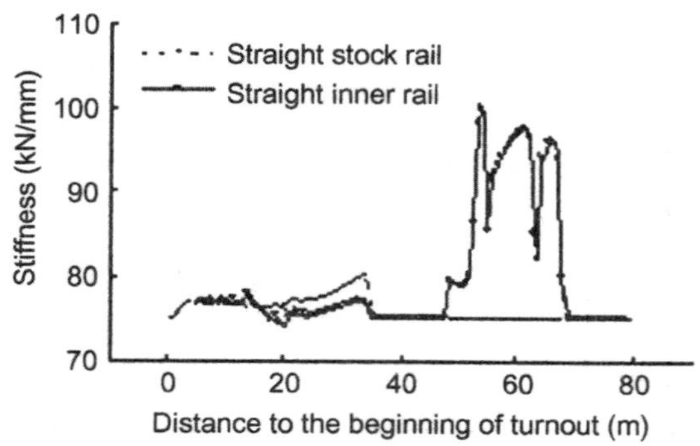

그림 5.13 기본레일과 안쪽레일의 총체 강성의 분포

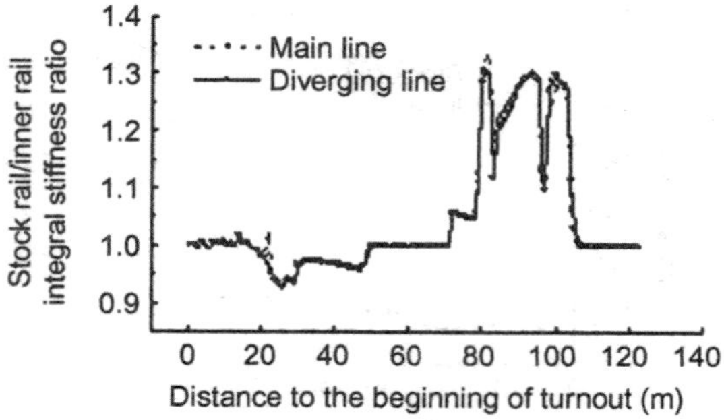

그림 5.14 안쪽레일/기본레일 총체 강성비(역주 : 세로축에서 'stock rail/inner rail'은 'inner rail/stock rail'로 바꾸어야 한다고 생각됨)

5.4 분기기의 궤도 강성에 대한 균일화 설계[71]

5.4.1 궤도 강성 과도구간의 동적 분석

그림 5.15에 나타낸 것과 같은 열차–분기기 연결 동역학의 분석모델과 이론은 분기기의 강성 불균일 구간

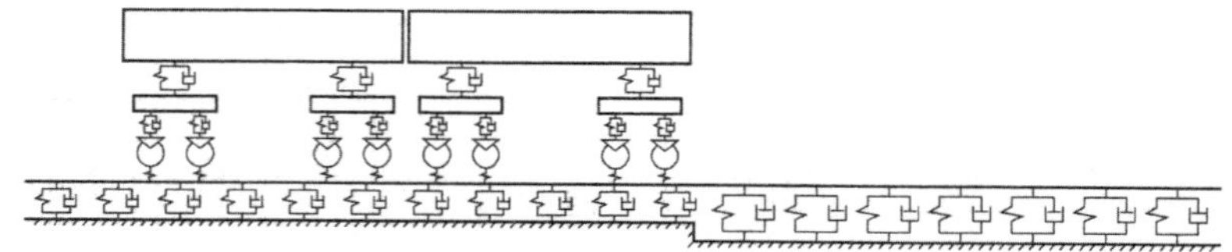

그림 5.15 분기기의 궤도 강성 과도구간의 동적 모델

(inhomogeneous parts)을 통과하는 열차의 동역학 응답, 그 변화법칙 및 강성 과도구간(stiffness transition)에 적합한 설계 파라미터를 분석하는 데 이용된다. 자갈궤도와 무도상궤도 분기기 과도구간의 궤도 하부 기초(sub−rail foundation)의 강성은 동역학적 분석에 적용할 수 있는 모델을 만들기 위해 등가(等價) 처리할 수 있다. 게다가, 좌우 레일 아래의 각 레일 지지 강성은 종과 횡 방향 모두에서 변화시킬 수 있다.

모델은 차량, 궤도 및 차륜−레일연결 관계로 구성된다. 차륜과 레일은 열차가 분기기의 궤도 강성 과도구간에서 주행할 때 동적으로 접촉될 것이다. 따라서 이 구간을 설계함에 있어 주행안전과 승차감 및 선로의 구조강도가 포함되어야 한다. 게다가, 설계는 궤도구조의 진동을 줄이고, 선로 설비의 사용수명을 최대화하며, 유지보수비를 줄여야 한다. 차륜−레일 동적 힘, 침목응력, 레일의 동적 휨 응력, 윤하중감소율 및 차체 가속도는 이 구간을 평가하는 동적 성능지표(performance indicator)이다.

5.4.2 레일 처짐의 변화와 궤도 강성 과도구간의 길이 간의 관계 [72, 73]

궤도 하부 기초 강성의 차이(sub−rail foundation stiffness difference)로 인한 차륜−레일시스템의 동적 특성(dynamical performance)을 연구하기 위하여 궤도 하부 기초의 강성이 서로 다른 두 궤도의 연결 문제를 분석하였다. 고(高)강성 궤도와 저(低)강성 궤도에 대한 궤도 하부 기초의 지지 강성은 60과 15MN/m로 취해진다.

열차가 두 궤도의 연결 부분에서 주행할 때 궤도 하부 기초의 강성 차이로 인한 동적 응답(dynamic response), 즉 차륜−레일 수직력, 침목 응력, 레일의 수직 변위 및 차체 수직 진동가속도를 **그림 5.16**과 **5.17**에 나타낸다.

결과는 궤도 하부 기초의 강성 차이가 윤하중(wheel load) 하에서 레일의 처짐 차이(deflection difference)로 이어짐을 보여주며, 따라서 차륜−레일 동적 충격으로 귀착되고 열차진동으로 이어진다. 이 부분은 장기 교통하중 하에서 레일체결장치 파손, 지지되지 않거나 손상된 침목, 도상 침하 및 그 밖의 궤도 손상에 민

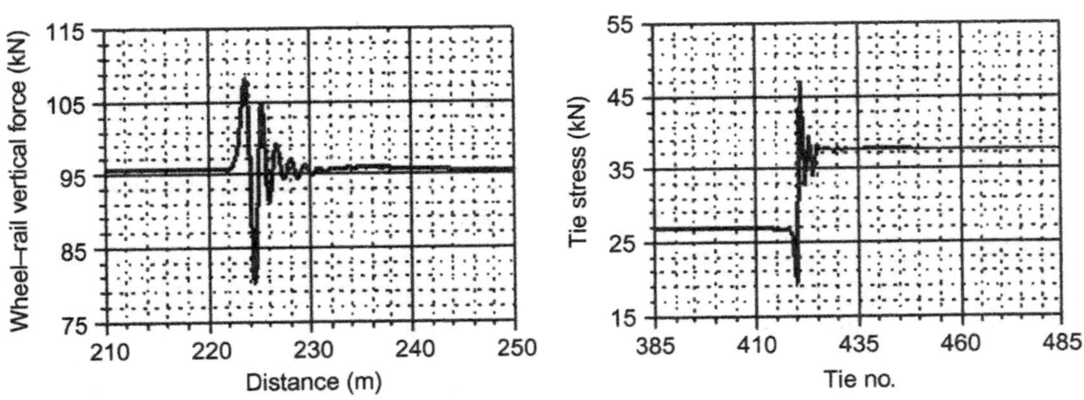

그림 5.16 궤도 하부 기초의 강성 차이로 인한 차륜−레일 수직력과 침목 압력의 변화(역주: 오른쪽 그림의 세로축은 'tie stress(kN)'이 아니라 'tie pressure(침목 압력)(kN)'이라고 생각됨)

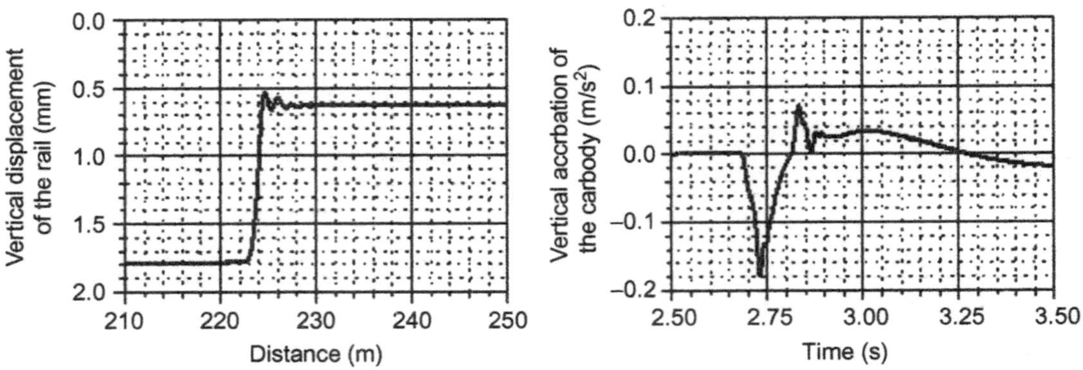

그림 5.17 궤도 하부 기초의 강성 차이로 인한 레일의 수직 변위와 차체 수직가속도의 변화

감하다. 일단 어떠한 손상이라도 발생되면, 차륜-레일 동적 상호작용이 빠르게 악화되고, 주행안전과 승차감에 심하게 영향을 줄 것이다. 그러므로 궤도 하부 기초의 큰 강성 차이를 가진 구간에 궤도 강성 과도구간(transition)이 마련되어야 한다. 과도구간을 설치하지 않은 상태에서, 궤도 하부 기초의 강성 차이로 인한 차륜-레일 힘의 유효 감쇠 거리는 약 8m이며, 차체가속도의 유효 감쇠 시간은 약 0.5s이다.

과도구간의 설치에는 길이의 문제가 있다. 궤도 하부 기초의 강성 차이로 인한 차륜-레일 동적 상호작용과 과도구간 길이의 영향을 효과적으로 평가하기 위하여 '레일 처짐 변화율(rail deflection variation rate)'의 개념이 도입될 수 있다. 소위 '레일 처짐 변화율'은 레일의 동적 처짐 곡선의 기울기(gradient of dynamic deflection curve)로서 정의된다.

강성 차이(stiffness difference) 또는 '강성비(stiffness ratio)'는 이전의 연구들에서 사용되었다. 사실은, 이들의 두 지표가 강성 차이로 인한 차륜-레일 동적 상호작용을 정확하게 반영할 수 없다. 연구는 다음과 같은 두 조건 하에서 수행되었다. 즉, ① 5와 20MN/m의 궤도 하부 기초 강성, ② 20과 80MN/m의 궤도 하부 기초 강성. **표 5.5**는 두 조건 하에서의 차륜-레일 동적 상호작용과 레일 처짐 변화율을 보여준다.

표 5.5에 나타낸 것처럼, 조건 ①에서의 차륜-레일 동적 상호작용(wheel-rail dynamic interaction)은 조건 ②에서보다 훨씬 더 크다. 강성비로 평가하면 이 법칙을 반영할 수 없고, 강성 차이로 평가하면 결론이 정 반대일 것이다(※ 역자가 문구 조정). 그러므로 '레일 처짐 변화율'만이 이 법칙을 분명하게 반영할 수 있다.

표 5.5 궤도 하부 기초의 같은 강성비에 대한 레일 처짐 변화율의 비교

조건	강성비	강성 차이 (MN/m)	차륜-레일 힘 (kN)	차체 가속도 (m/s^2)	레일 처짐 차이 (mm)	레일 처짐 변화율 (mm/m)
1	4	15	112.5	0.41	2.92	2.08
2	4	60	107.4	0.15	0.93	1.08

다음과 같이, 레일 처짐 변화율(rail deflection variation rate)은 차륜-레일 동적 상호작용에 대한 궤도 강

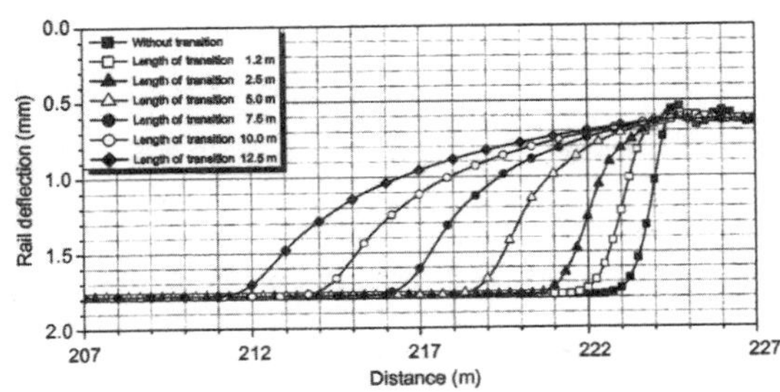

그림 5.18 여러 가지의 과도구간 길이에 대한 레일 처짐

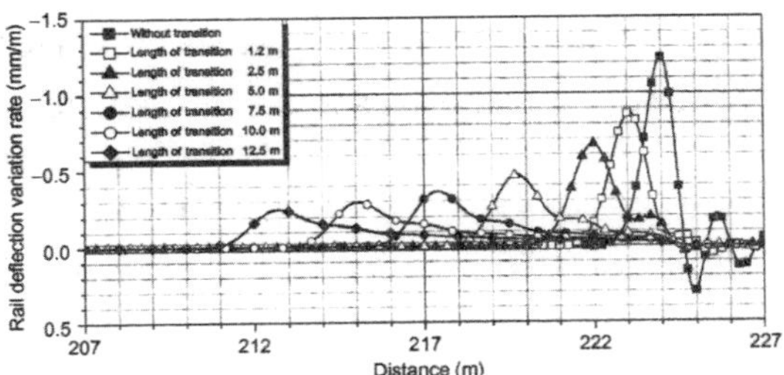

그림 5.19 여러 가지의 과도구간 길이에 대한 레일 처짐 변화율

성 과도구간 길이의 영향을 평가하는 데 이용된다. **그림 5.18**과 **5.19**는 과도구간 길이가 서로 다른 두 궤도의 연결 부분에서의 처짐 곡선과 처짐 변화율 곡선을 나타낸다. **표 5.6**은 과도구간 길이에 대한 레일 처짐 변화율, 차체진동가속도, 차륜–레일 동적 상호작용 및 침목응력을 나타낸다.

표 5.6 차륜–레일 동적 상호작용에 대한 과도구간 길이의 영향

과도구간 길이 (m)	0	1.2	2.5	5.0	7.5	10.0	12.5
레일 처짐 변화율 (mm/m)	1.24	0.86	0.67	0.47	0.36	0.30	0.26
차륜–레일 힘 (kN)	108.2	103.5	101.4	99.4	98.5	97.7	97.6
침목응력 (kN)	47.1	41.3	39.5	38.7	38.3	37.8	37.6
차체 가속도 (m/s^2)	0.18	0.16	0.14	0.12	0.10	0.09	0.08

결과는 고속철도 궤도구조의 높은 평활성(선형맞춤)을 보장하기 위하여 궤도 하부 기초의 강성 차이가 큰 구간에는 더 엄격한 요구조건에 따라 강성 과도구간(stiffness transition)이 설치되어야 함을 보여준다. 차륜–레일 상호작용을 줄이는 성능의 관점에서 이 구간은 약 10m 길이이어야 한다. 다른 의미로, 궤도 하부 기초의 강성 차이로 유발된 처짐 변화율은 0.3mm/m 미만이어야 한다. 이 지표는 분기기에서 궤도 강성의 균일화 성능(homogenization performance)을 평가하는 데 이용된다.

5.4.3 분기기에서 궤도 강성의 균일화 설계

1. 수단(measures)

궤도 총체 강성(track integral stiffness)은 레일의 휨 강성(bending stiffness)뿐만 아니라 간격재, 레일패드, 플레이트 패드 및 도상의 지지강성에게서 영향을 받는다. 이 경우에, 레일 유형을 선택함에 있어 레일의 강도, 사용수명 등이 고려되어야 한다. 선택 후에, 휨 강성이 결정되며 강성 최적화 동안 바뀔 수 없다.

레일체결장치의 탄성은 주로 플레이트 패드로 결정된다. 레일패드는 가동레일 부분과 기본레일(또는 윙레일) 간의 동적 높이차를 유지하도록 상대적으로 딱딱하다. 이와 관련하여, 레일패드의 강성을 바꾸는 것으로는 균일화 효과가 실현될 수 없다.

자갈도상의 지지 강성(support stiffness)은 도상자갈입도(ballast grading)와 재료를 수정함으로써 변화될 수 있다. 만일 도상의 지지 강성을 바꿈으로써 궤도 강성이 균일화된다면, 자갈 입도는 여러 구간에서 서로 다를 것이며, 이것은 부설과 보수의 어려움으로 이어진다. 자갈이 아닌 도상의 경우에, 도상의 높은 강성은 플레이트 아래에 고무패드를 설치함으로써 바뀔 수 있으며, 이것은 비용이 많이 들고 보수하기가 어렵다. 결론적으로, 궤도 강성은 자갈궤도와 무도상궤도 양쪽에 대하여 도상의 강성을 수정하는 것으로는 균일화될 수 없다.

표 5.7 플레이트 패드의 설계치

패드 코드	강성 (kN/mm)	적용 침목 번호	공유 레일
ZZ-A	66	1~14	기본레일과 텅레일
ZZ-B	80	15~19	기본레일과 텅레일
ZZ-C	92	20~58	기본레일과 텅레일
DW=A	70	80~88	두 리드레일
DW-B	40	89~92	두 리드레일
ZC-A	50	93~94, 105~107, 111~114	두 노스레일과 두 윙레일
ZC-B	40	95~104, 108~110	두 노스레일과 두 윙레일
HG-A	60	85~98	곡선 기본레일과 가드레일

비고;

1. 'XX-X' 패드 코드에 대하여, 'XX'는 패드가 부설되는 위치를, 'X'는 패드 유형을 나타낸다. 예를 들어, 'ZZ-A'는 포인트에 부설된 A-유형의 패드를 언급하며, 강성은 66kN/mm 이다.
2. ZZ : 포인트, DW : 리드곡선의 뒷부분, ZC : 크로싱, HG : 가드레일

플레이트 패드가 레일체결장치 탄성의 주된 제공자이므로 궤도 강성은 플레이트 패드 강성에 따라 바뀔 것이다. 따라서 분기기의 궤도 강성은 플레이트 패드의 강성을 최적화함으로써 균일화될 수 있다. 보다 중요하게, 플레이트 패드 강성은 홈을 내거나(cutting grooves), 블록(塊狀, blocky) 또는 분층(分層, split)을 적용

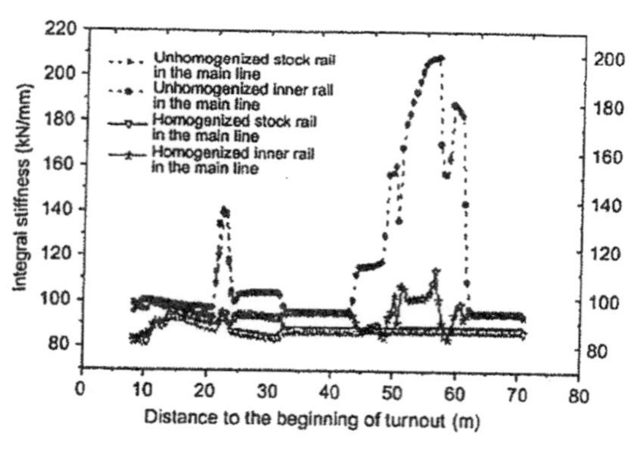

그림 5.20 총체 강성 분포의 변화

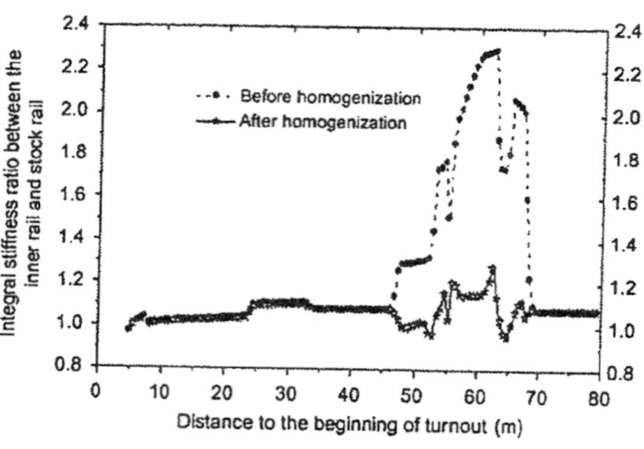

그림 5.21 안쪽/기본레일 총체 강성비의 변화

함으로써 바뀔 수 있다. 궤도의 일관된 높이를 보장하기 위하여 플레이트 패드의 두께를 바꿈은 권고되지 않는다. 또한, 공유 플레이트 아래 패드는 부설과 갱환이 용이하도록 (가능한 한 적은) 강성 등급별로 설치해야 한다.

2. 중국의 18번 자갈분기기에 대한 궤도 강성의 균질화(homogenization)

각 플레이트 아래 고무패드의 강성(pad stiffness)을 설계하고 분류하여 제안된 중국의 18번 자갈분기기(ballast turnout)용 플레이트 패드 강성의 설계치를 **표 5.7**에 나타낸다.

그림 5.20~5.23은 강성 균질화 후, 기준선(main line)에서의 기본레일과 안쪽레일의 총체 강성의 분포 법칙(distribution rule), 안쪽레일/기본레일 총체 강성비, 안쪽레일의 처짐 변화율 및 열차의 수직 진동가속도 변화를 각각 나타낸다.

결과는 크로싱 중간부분의 작은 변동을 제외하고 균질화 후에 궤도 총체 강성이 선로의 종 방향에서 근본적으로 안정되어 있으며, 약 93kN/mm이다. 안쪽/기본레일 최대 총체 강성비는 균질화 후에 2.29에서 1.28로 낮아진다. 레일의 처짐 변동(deflection variation)은 이 강성처리 후에 상당히 둔화된다. 기준선방향의 안쪽레일의 처짐 변화율(deflection variation rate)은 0.517에서 0.125로 변화되며. 0.3mm의 한계 미만이다. 강성 균질화 처리 후에 차체 진동가속도, 차륜-레일 상호작용 및 침목 응력의 크기와 변동 범위가 감소하며, 레일의 수직 변위가 증가하고 선로를 따른 종 방향 변화가 완만해진다(※ 역자가 문구 조정). 이것은 강성 균질화 조치가 궤도시스템의 탄성을 개선하고 종과 횡 방향의 강성을 균일하게 만들며, 그렇게 함으로써 차륜-레일 동적 상호작용을 효과적으로 개선하고, 승차감을 향상시키며, 궤도구조의 진동 세기를 줄인다는 것을 나타낸다.

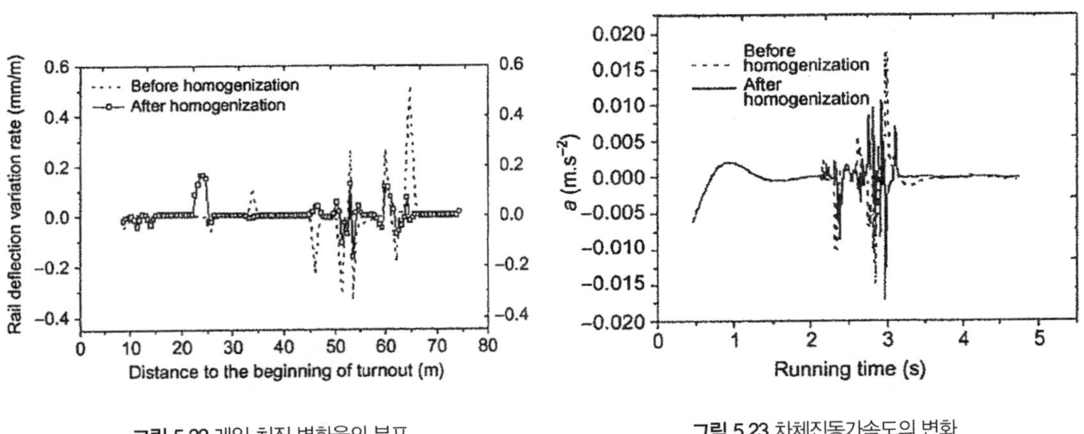

그림 5.22 레일 처짐 변화율의 분포

그림 5.23 차체진동가속도의 변화

3. 중국의 18번 무도상분기기에 대한 궤도 강성의 균질화(homogenization)

유사하게, 중국의 350km/h용 18번 무도상분기기에서 레일패드 강성의 설계를 분석함으로써, 강성 균질화 후 기준선에서 기본레일과 안쪽레일 총체 강성의 분포 법칙 및 안쪽레일의 처짐 변화율은 **그림 5.24**와 **5.25**

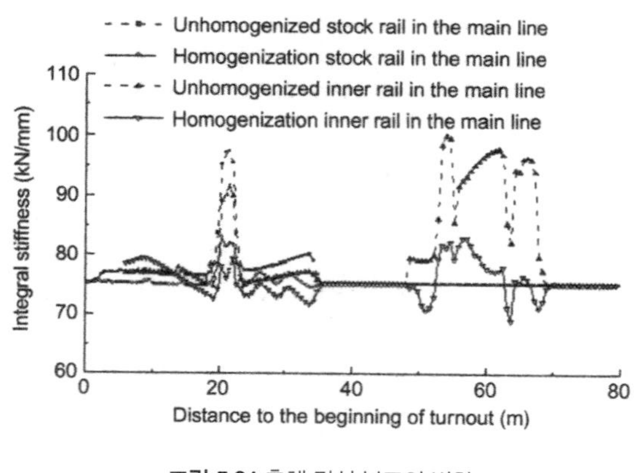

그림 5.24 총체 강성 분포의 변화

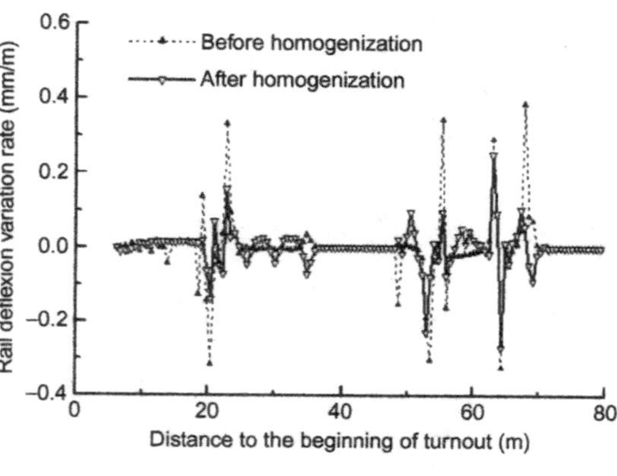

그림 5.25 안쪽레일 처짐 변화율의 분포

에 나타낸다.

결과는 조치 후에 궤도 강성(track stiffness) 유발의 동적 틀림(dynamic irregularity)이 명백하게 감소됨을 보여준다. 최대 안쪽레일/기본레일 강성비는 균질화 조치로 1.33에서 1.11로 줄어들며, 기준선에서 안쪽레일의 처짐 변화율은 0.35에서 0.19로 줄어들고, 0.3mm의 한계 미만이다.

5.4.4 플레이트 패드의 설계

고속분기기의 레일체결장치는 낮은 강성을 가져야 한다. 즉, 강성은 탄성패드의 고무재료와 고무표면구조(프로파일)로 결정된다. 이러한 패드의 동적/정적 강성과 피로 성능을 고려하고, 장기간의 실무 경험을 참고하여, 고무패드의 제작에 제자리 그래프트-수정 카본 블랙 충전(in situ graft modified carbon black filling) 기술이 이용된다. 극성 화이트 카본 블랙(polar white carbon black)은 무극성 제자리 그래프팅 수정(修正)제(nonpolar in situ grafting modification agent)로 표면에 그래프트-수정된다. 이 기술은 탄성 타이플레이

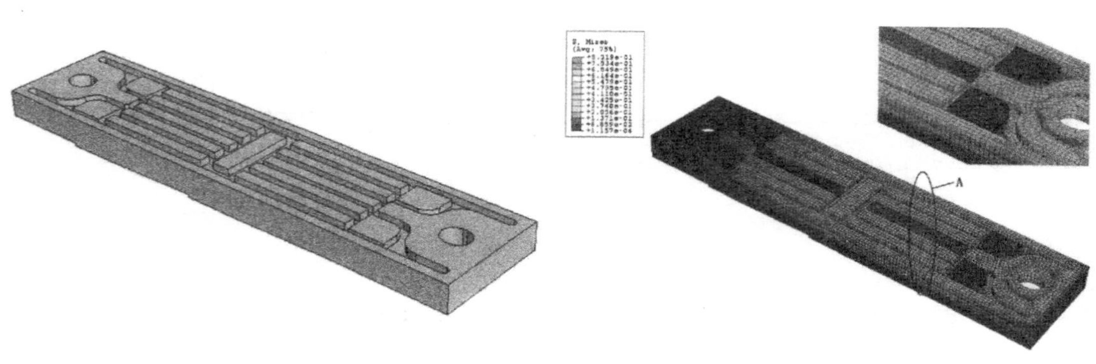

그림 5.26 고무패드의 구조

그림 5.27 고무패드 강성의 계산 결과

트 생산에 적용되며, 성능이 강성(stiffness) 요구사항을 충족시킨다는 전제하에 고무의 경도(硬度, ※ 원본에는 rigidity)를 효과적으로 줄일 수 있다. 게다가, 그것은 300%로 주어진 신장(伸長)에서 인장응력을 향상시키고 압축변형(compression set)을 상당히 줄인다. 이 기술을 이용하면, 제품의 정적강성 편차(static stiffness deviation)는 설계치의 ±20%이며 동적/정적 강성비는 1.5보다 크지 않다. 패드는 피로시험(fatigue test) 후 20%보다 크지 않은 정적강성의 변화율(change rate)과 함께 3백만 사이클의 피로시험 후에 파손이나 균열이 없어야 한다.

그림 5.26에 나타낸 것과 같은 블록 설계(blocky design)는 강성요구조건(stiffness requirement)을 충족시키기 위해 패드에 적용되어왔다. 블록 구조는 분기기의 강성요구조건과 양립될 수 있어야 하며, 그것은 Mooney–Rivlin 구성모드와 ABAQUS 분석소프트웨어로 입증될 수 있다(**그림 5.27** 참조). 패드는 결국 설계 강성(25kN/mm)과 바람직한 강도에 도달되어야 한다.

5.5 분기기의 궤도 강성 과도구간의 설계

레일체결장치의 강성과 침목 간격은 분기기와 일반선로구간(section) 사이에서 서로 다를 수 있으며, 그러므로 분기기 통과 시에 승차감(riding comfort)과 주행 안정성(riding quality)에 영향을 주지 않도록 둘 사이에 궤도 강성 과도구간(transition)이 마련되어야 한다.

궤도 강성과도(剛性過渡)의 동역학 시뮬레이션 결과(dynamic simulation result)에 따르면, 차륜–레일 상호작용을 줄이고 궤도 하부 기초의 강성 차이로 유발된 레일 처짐 변화율을 0.3mm/m 이내로 유지하도록 분기기의 양 끝에 궤도 강성 과도구간이 요구된다. 이 구간은 열차가 3초 동안 주행할 수 있는 거리보다 짧지 않아야 한다. 분기기 앞뒤에는 응력 균일화 후에 1~2 등급(grade)의 강성 과도구간을 설정할 수 있다. 강성등급 과도구간 방안(stiffness grade transition scheme)에서 강성등급 차이(stiffness grade difference)는 다를 수 있으며, 강성이 낮은 영역에서 더 작고 강성이 높은 영역에서 더 클 수 있다,

중국의 18번 자갈분기기에서, 레일체결장치와 도상의 지지강성(support stiffness)은 각각 50과 100kN/mm이다. 그러므로 분기기에서 레일 노드 강성(rail node stiffness)은 33.3kN/mm이다. 일반선로구간에서 만일 레일체결장치의 강성이 80kN/mm이라면, 레일 노드 강성은 44.4kN/mm일 것이다. 두 구간의 레일 수직 변위 차이가 0.44mm이므로, 0.3mm/m의 허용치를 초과하면, 과도구간이 필요하다. 과도구간은 두 가지 강성등급(stiffness grade)을 가질 수 있으며, 각각의 등급은 약 18m(30 침목 간격과 같다)에 걸친다. 게다가, 분기기와 일반선로구간에 인접한 레일체결장치의 설계 강성은 각각 55~65와 65~75kN/mm이다.

※ 경부고속철도 제2단계 건설구간의 콘크리트 분기기(독일제)

제6장 장대레일 분기기의 구조설계

장대레일(continuously welded rail, CWR)은 레일이음매(rail joint)를 없애어 차륜−레일 상호작용을 상당히 줄이므로 장대레일은 세계 각국의 철도에서 크게 발전하고 있는 궤도구조이다. 장대레일 궤도의 레일은 장대레일 궤도의 역학적 원리(mechanical principle)에 따라 이론상으로 무한히 길 수 있다. 그러나 보통의 장대레일 궤도에서, 특히 분기기와 교량 위의 레일이 용접될 수 없음 등의 이유로 장대레일 길이는 일반적으로 약 1,500m 정도로 제한될 수도 있다. 장대레일 궤도 양 끝의 이음매궤도 완충 구간은 불가피하게 레일이음매로 이어지며, 장대레일 선로의 성능을 제한한다.

트랜스 구간(trans−section, 跨區間) 장대레일 선로(역주 : 트랜스 구간 장대레일 선로는 레일 길이가 여러 구간 또는 전체구간에 걸쳐 있고 장대레일 분기기와 용접으로 연결된 장대레일 선로를 의미함)에서 만일 분기기의 모든 레일 이음이 용접되거나 접착된다면, 그리고 분기기 두 끝의 레일들이 기준선과 분기선 모두 장대레일 궤도의 긴 레일(long rail string)과 용접된다면, 이 분기기는 장대레일 분기기라고 불린다. 트랜스 구간 장대레일 궤도는 레일이음매를 최소화(연속용접)하고 완충 구간(transition)과 신축구간(breathing area)의 영향을 최소화한다. 그것은 현대적 장대레일 궤도의 중요한 발전을 의미한다.

장대레일 분기기는 트랜스구간 장대레일 궤도의 중요한 구성요소(integral part)이며, 장대레일궤도의 긴 레일(long rail string)과 마찬가지로 온도 힘(temperature force) 작용에 견디어 낸다. 게다가, 장대레일 분기기의 레일은 상당히 큰 온도 힘 작용을 견딜 뿐만 아니라 안쪽레일 양쪽 끝의 응력 상태가 다르다. 따라서 분기기의 온도 힘은 불평형이다. 이 불평형 온도 힘(unbalanced force) 상태는 무도상분기기의 레일 응력과 변형 변위(deformation displacement)를 변화시킨다. 그러므로 그것은 장대레일 분기기의 설계, 부설 및 유지보수에서 해결해야 할 핵심문제이다.

6.1 구조적 특징

장대레일 분기기를 설계(design)함에 있어 토목부품(engineering parts)과 전기부품(electrical parts)은 조정되고 양립될 수 있어야 한다. 전기부품은 한편으로 분기기의 정상적인 전환(conversion)과 잠금 성능(locking performance)을 보장하여야 하며, 다른 한편으로 전환 후에 텅레일과 노스레일의 정상적인 작동 선형(operational layout)을 유지하여야 한다. 토목부품은 전기설비에 대해 적합한 작동환경과 설치공간을 제공하여야 할 뿐만 아니라 부족 전환변위(scant switching displacement)를 극복하도록 구조적으로 전기시스템에 협조

할 수 있고, 전환실패, 즉 장애를 피하도록 허용범위 내에서 신축 변위(텅레일과 노스레일)를 제어할 수 있어야 한다.

6.1.1 기본 요구사항

장대레일 분기기는 (보통의 분기기에서처럼) 차량으로부터 각종 동하중을 받으며, 게다가 상당히 큰 온도 힘 작용을 받을 것이다. 그러므로 부설하기 전에 다음과 같은 전제조건이 충족되어야 한다.

1. 분기기(turnout) 양쪽 끝의 레일들은 장대레일 궤도(CWR track)의 긴 레일(long rail string)과 용접되도록 용접이 가능해야 한다. 부득이한 경우는 동결(freezing, 중지)하거나 분기기 양쪽 끝을 접착 방식(gluing process)으로 긴 레일과 연결할 수 있다.
2. 분기기용 레일체결장치는 적합한 탄성을 가져야 하며, 변위저항력은 분기기 도상의 종 저항력보다 커야 한다. 분기기의 안쪽레일들은 가급적 탄성 클립으로 복진(匐進, creeping)이 방지되어야 한다. 체결볼트는 요구된 토크로 죄어져야 한다.
3. 간격재(필러), 리테이너(retainer, 위치제한장치), 또는 동류(同類)는 두 레일들 간에서 종 방향 힘(축력)을 전달하도록 텅레일(switch rail)과 노스레일(point rail) 후단(heel)에 배치되어야 한다. 고강도볼트(high-strength bolt)는 이들 힘 전달 부품과 결합되어 이용되고 수평저항력과 전단강도를 증가시켜야 한다. 볼트는 요구된 토크로 죄일 것이다.
4. 장대레일 분기기 침목은 적합한 횡 휨(bending) 강성을 가져야 한다. II나 III형 탄성 클립을 가진 RC 침목은 바람직한 레일 종 저항력의 요구조건을 충족시켜야 한다.
5. 자갈분기기의 도상은 잘 채워지고 압밀되어야 하며, 특히 타이박스(tie box)에서 그렇다. 도상어깨는 장대레일궤도에 명시된 대로 확장되어야 한다.
6. 전환, 잠금 및 밀착검지기 등은 텅레일/노스레일의 큰 신축 변위와 양립될 수 있어야 한다. 신축이 유발한 전환실패는 허용되지 않는다.
7. 분기기 각 부품의 설계에서는 볼트 구멍의 잘못된 위치, 부품 혼선 및 기타 결함을 피하도록 (볼트 구멍의 위치를 포함하여) 레일신축의 영향이 고려되어야 한다.

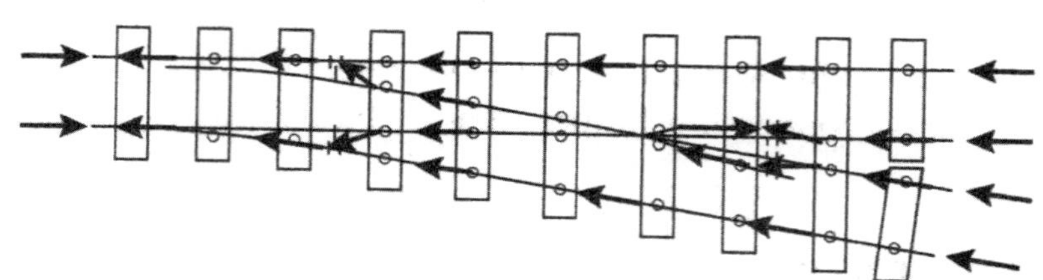

그림 6.1 장대레일 분기기의 온도 힘 전달(화살표는 온도상승에서 온도 힘의 전달 방향을 나타냄. 역주 : 크로싱 위쪽에 나타낸 우측을 향한 화살표는 왼쪽으로 향해야 한다고 생각됨)

6.1.2 온도 힘의 전달 경로[75]

그림 6.1은 장대레일 선로에서 장대레일 분기기(기준선과 분기선 모두 연속적으로 용접) 격리체(isolator)를 제거한 후의 분기기에서의 온도 힘의 전달 경로(transmission path of temperature force)를 나타낸다. 이 그림에서 알 수 있듯이, 분기기 뒤쪽의 긴 노스레일과 짧은 노스레일의 온도 힘은 크로싱 후단의 구조를 거쳐 윙레일과 리드레일(guiding rail)(곡선 텅레일이나 직선 텅레일을 연결하는 가이드 레일)로 전해지고, 게다가 포인트 후단의 구조를 거쳐 기본레일로 전해질 것이다. 리드레일의 신축은 침목의 종 방향 변위로 이어지고, 부분적인 온도 힘을 리드레일을 거쳐 기본레일로 분배할 것이다. 결과적으로, 분기기의 힘 전달구조의 설계는 장대레일 분기기의 합리적인 응력과 변형을 보장하고 트랜스 구간(trans-section) 장대레일궤도를 실현하는 핵심기술의 하나이다.

6.1.3 힘 전달 구조

그림 6.1에서 볼 수 있듯이, 분기기 레일이 일반선로 구간(section)의 레일과 용접된 경우에, 분기기 뒤쪽과 앞쪽의 종 방향 불평형 온도 힘은 분기기에서 레일의 종 방향 변위를 초래할 것이다. 온도 힘이 부분적으로 해방될 때 새로운 평형이 도달될 것이다. 분기기의 바깥쪽 기본레일들은 트랜스 구간(trans-section) 장대레일 궤도의 일부분이며, 선로의 부동(不動) 구간(fixed area)으로 간주할 수 있다. 두 바깥쪽 레일이 종 방향으로 변위하면, 레일(rail string)의 종 방향 힘(축력)만 재분배되고, 변위 변화구간(displacement variation area) 외부에는 부가온도 힘이 나타나지 않는다. 레일(rail string)의 온도 힘은 부동 구간의 온도 힘과 같으며, 교량 위의 장대레일 궤도의 긴 레일(long rail string)에서의 종 방향 힘의 변화(change rule in longitudinal force)와 유사하다.

분기기의 안쪽레일들은 힘 전달 부품으로 연결되어 온도 힘을 받는 두 개의 긴 레일을 형성한다. 그러나 레일(rail string)의 앞부분이 움직일 수 있는 텅레일과 노스레일은 잠금장치(locking device)에 속박되지 않을 것이며, 자유로이 신축될 수 있다. 따라서 분기기의 안쪽레일들은 장대레일 궤도의 신축(breathing)구간으로 간주할 수 있다. 만약 제한을 가하지 않으면, 긴 레일의 종 방향 이동은 분기기의 안쪽 기하구조(선형)에 영향을 줄 것이다. 만일 전환설비(conversion equipment)의 신축 변위가 허용치를 벗어난다면, 잠금장치는 점차로 변하는(variable) 상면 폭을 가진 텅레일/노스레일에게 방해받으며. 따라서 장애를 초래할 것이다. 그러므로 부분적인 온도 힘을 힘 전달 부품을 거쳐 바깥의 기본레일로 재분배함으로써 안쪽레일들의 변위가 제한되어야 한다.

장대레일 분기기의 주된 힘 전달구조는 크로싱의 후단, 포인트의 후단, 레일체결장치 및 침목으로 구성된다. 이들 부분의 작동원리는 다음과 같이 주어진다.

1. 크로싱의 후단(heel of crossing)[76]

장대레일 분기기는 고정(固定)크로싱(fixed crossing) 분기기와 가동 노스 크로싱(swing nose crossing) 분

그림 6.2 크로싱 후단에서의 접착구조

그림 6.3 텅레일 후단에서의 간격재(필러)

기기로 분류될 수 있다. 가동 노스 크로싱은 두 가지 구조유형을 가진다. 즉, 간격재(필러)와 긴 윙레일을 가진 크로싱(역주 : **그림 3.4** 등 참조) 및 크로싱 후단 버팀재(heel support, 역주 : 일본에서는 '크로싱構'라고 함)와 짧은 윙레일을 가진 크로싱(역주 : **그림 1.60** 참조). 고정 크로싱은 후단에서 레일 온도 힘이 전달되면, 크로싱 레일체결장치의 종 저항과 크로싱 플레이트의 마찰 저항을 극복한 후에 전단(前端, toe) 끝에서 힘을 두 레일로 고르게 전달할 것이다. 고정 크로싱은 통상적으로 짧으므로 종 방향 온도 힘(축력)에 대한 저항이 제한적이다. 가동 노스 크로싱의 경우에, 노스레일의 후단과 윙레일은 간격재로 연결된다. 이 방식에서, 노스레일에 대한 온도 힘은 간격재의 마찰 저항력을 통하여 윙레일로 전달될 수 있다. 간격재의 과도한 종 방향 변위가 주어지면, 수평 볼트는 종 방향 전단(剪斷) 하에서 휘어질 수 있으며, 수평 볼트도 종 방향 힘(레일 축력)의 일부를 전달할 수 있다. 간격재는 전달용량(transmission capacity)을 증가시키도록 노스레일/윙레일과 접착될(glued)될 수 있다(**그림 6.2** 참조). 이처럼 크로싱 후단의 힘 전달이 강화된 후, 노스레일 첨단의 변위는 주로 자유 신축(breathing) 길이와 온도변화에 관련되고 노스레일 후단의 변위에 크게 영향을 받지 않게 됨에 따라 노스레일 첨단의 장애(blockage)와 전환 플랜지-형(形) 노스레일의 복진(匐進, creeping)이 방지된다. 긴 윙레일과 가동 노스레일로 구성된 크로싱의 종 방향 힘은 비교적 긴 범위 내에서 레일체결장치가 부담하며 침목을 통해 바깥의 기본레일로 분배될 것이다. 이 구조는 중국에서 선호되며 속도향상 분기기의 개발 이후로 가동 노스 장대레일 분기기에 적용되어왔다. 크로싱 후단 버팀재(크로싱構)와 짧은 윙레일을 가진 구조는 힘 전달의 비능률 때문에 별로 이용되지 않는다.

2. 포인트의 후단(heel of switch)

포인트의 후단(heel)은 세 가지 유형으로 구성된다. 즉, 힘 전달 부품이 없는 후단, 리테이너(retainer, 위치제한장치)가 있는 후단 및 간격재(filler)가 있는 후단. 일반적으로, 윙레일의 온도 힘은 리드곡선(transition lead curve)의 레일을 통하여 포인트의 후단으로 전달되며, 이 과정에서 관련된 레일체결장치의 종 저항력을 극복해야 한다. 따라서, 텅레일 후단 부근의 레일은 비교적 큰 종 방향 변위를 받게 되지만, 종 방향 힘(축력)은 상당히 낮아진다. 만일, 제한되지 않으면, 신축변위의 중첩으로 과도한 변위가 전환실패(conversion failure)로 이어질 것이다. 상당히 큰 허용 신축변위를 가진 전환설비(conversion equipment)를 제외하고는, 텅레일의 후단에는 변위를 제한하기 위해 힘 전달 부품이 필요하다. 간격재와 리테이너는 일반적으로 포인트에서 힘 전달에 이용된다. 간격재의 힘 전달 원리는 크로싱 후단에 대한 것과 유사하다. 접착 구조는 텅레일의 빈번한 교체 때문에 실현 가능성이 없다. 너무 많은 길고 큰 간격재는 제한된 공간을 고려하여 선호되지 않는다(**그림 6.3** 참조). 간격재는 레일 온도 힘의 대부분에 견디어내고 리드곡선에 대한 온도 힘을 기본레일로 전달할 수 있어야 한다. 그러나 특히 덜 개량된 간격재 때문에 특정한 종 방향 변위가 발생될 수 있다. 심한 경우에, 쐐기-형 간격재의 종 방향 변위는 포인트의 후단에서 작은 변위로 이어질 수 있으며 기본레일에 대한 과도한 온도 힘은 레일 파괴나 파단을 유발할 수도 있다. 그 상황에서 독일은 부분적인 온도 힘을 해방하기 위하여 (간격재구조와 동등한) 리테이너 구조를 개발하였다. 이 구조는 텅레일과 기본레일의 복부에 각각 설치된 분리 결합블록(separated combination block)들로 구성된다. 텅레일 후단에서 종 변위가 발생될 때, 리테이너의 두 블록은 접촉될 것이며, 그때 블록과 레일복부 간의 마찰 저항과 수평 볼트의 전단과 휨 저항으로 종 방향 힘(축력)이 전달될 수 있다. 종 방향 힘은 레일의 부분적인 신축 변위 때문에, 이 구조에서 기본레일로 전달되는 종 방향 힘이 더 작을 수 있지만, 텅레일 후단에서의 변위는 더 크다, 리테이너 블록들의 기하구조 중심은 일직선상에 있지 않기 때문에 힘 전달 동안 비틀림이 일어날 수 있다. 텅레일의 불충분한 비틀림 저항의 관점에서, 리테이너의 보다 짧은 블록이 텅레일에 설치될 것이다. 그러나 사용 중에 텅레일의 국지적 부위에서 작은 휨이 나타날 수 있다. 텅레일의 허용 신축가능성과 전환설비의 요구에 따른 기본레일의 강도, 게다가 안정성 요구조건에 의한 제약으로, 보다 추운 지방에서는 리테이너가 적용되고, 따뜻한 지방에서는 간격재 구조가 보급된다.

3. 레일체결장치(fastener)

레일체결장치는 장대레일 분기기에서 중요한 부품이다. 보통의 장대레일궤도에서, 레일체결장치의 종 저항력(longitudinal resistance)은 도상 종 저항력보다 커야 하며, 그래서 선로의 상당한 저항력 하에서 침목에 대한 레일의 변위가 제어될 수 있다. 장대레일 분기기의 레일체결장치는 안쪽레일들의 온도 힘을 침목으로, 그다음에 기본레일로 전달하기에 충분하여야 하며, 여기서 두 안쪽레일에 대한 레일체결장치의 종 저항력은 침목에 대한 종 방향 도상 힘(bed stress)과 두 기본레일의 종 저항력의 합이다. 그러므로 안쪽레일 레일체결장치의 저항력의 방향과 기본레일의 종 저항력의 방향은 반대이며, 상응하는 온도 힘의 기울기(gradient)도 반대이다.

4. 침목(tie)

분기기 침목은 안쪽레일(inner rail)의 레일체결장치로부터의 종 방향 힘으로 인해 종 방향 변위, 한쪽으로 이동 또는 횡 만곡이 발생할 수 있으며, 기본레일도 변위가 발생한다. 이렇게 하여 온도 힘이 안쪽레일에서 바깥쪽 기본레일로 전달된다. 자갈도상의 압밀도와 침목의 단면적이 클수록 도상 종 저항력이 커지므로, 기본레일 레일체결장치의 종 저항력이 작을수록 기본레일의 응력과 변형이 작아진다.

6.2 계산이론과 방법

장대레일 분기기의 기본레일은 용접 후에 장대레일 궤도의 부동 구간(fixed area)에 상당하며, 외력의 작용을 받지 않고는 신축 변위가 발생하지 않는다(※ 역자가 문구 조정). 장대레일 분기기의 안쪽레일은 용접 후에 장대레일 궤도의 신축구간(breathing area)에 상당하며, 여기서 해방된 온도 힘은 신축 변위로 변환될 것이다. 분기기의 기본레일이 포인트의 후단에서 침목과 간격재를 통해 안쪽레일과 연결되어 있으므로 그들은 또한 온도 힘으로 인한 신축 변위에 저항할 것이며, 따라서 안쪽레일에서 전달된 온도 힘을 나눠가질 것이

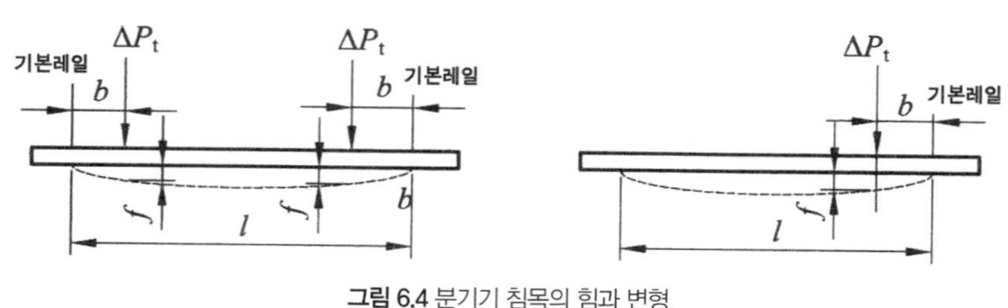

그림 6.4 분기기 침목의 힘과 변형

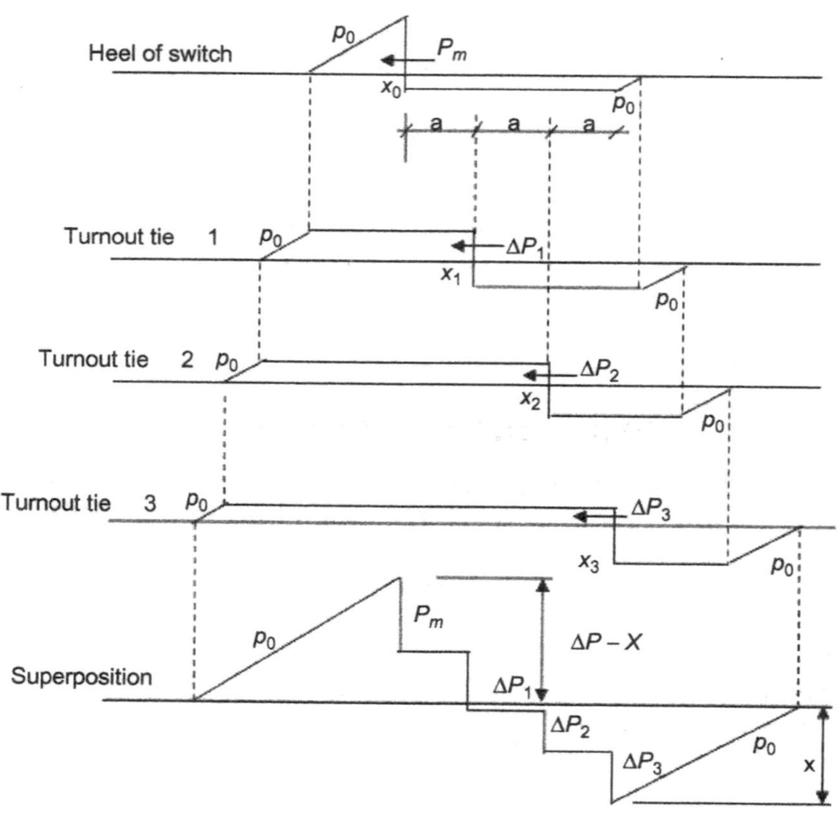

그림 6.5 기본레일의 부가온도 힘 중첩의 도해적인 다이어그램

다. 분기기의 바깥쪽 기본레일이 받는 부가(附加) 온도 힘(additional temperature force)을 계산하고 이것을 기본레일이 받는 초기 온도 힘과 중첩한 다음, 기본레일의 강도 및 분기기 앞의 2 레일 선로 구간 장대레일 궤도의 안정성을 검산한다(※ 역자가 문구 조정). 이것은 장대레일 분기기의 설계에서 중요한 양상이다.

중국의 장대레일 분기기(CWR turnout) 계산이론(calculation theory)은 주로 '두 레일 상호작용 방법', '등가 저항력 계수 방법', '일반화된 변분법' 및 '유한요소법(FEM)' 등을 포함한다[76, 77].

6.2.1 등가 저항력 계수 방법

이 등가 저항력 계수 방법(equivalent resistance coefficient method)의 계산에서는 먼저 간격재 구조 및 침목 당 기본레일로 전달되는 작용력을 구한다. 그다음에 기본레일 아래의 도상 저항력을 중첩하면 기본레일이 받는 부가온도 힘을 구할 수 있다(※ 역자가 문구 조정). **그림 6.4**는 기준선과 분기선 방향 모두가 용접된 분기기와 기준선 방향만 용접된 분기기에서 침목에 대한 힘을 나타낸다. **그림 6.5**는 기본레일에 대한 부가온도 힘의 중첩 계산 원리(calculation principle of superposition)를 보여준다.

장대레일 분기기의 기본레일이 장대레일 선로의 부동 구간(nonbreathing area)에 위치하므로, 분기기 양 끝에서 충분히 먼 레일에는 신축 변위(expansion displacement)가 없다. 기본레일이 부가온도 힘을 받아 신축 변위가 발생하면, 결과로서 생긴 레일 인장변형과 압축변형은 같다. 즉, 기본레일 부가 힘 그래프 상의 인장의 면적과 압축의 면적은 같다. 따라서 분기기 양단에서 어떤 길이 내의 레일은 위치의 안정을 유지할 수 있다. 계산은 교량 위 장대레일 궤도의 부가(附加) 신축 힘(additional expansion force)에 대한 계산과 비슷하다. 힘 전달 방향의 성분을 중첩하면 장대레일 분기기의 기본레일에 대한 부가온도 힘의 다이어그램이 생성된다.

6.2.2 두 레일 상호작용 방법

분기기는 장대레일 선로와 직접 연결되며, 리드레일(guiding rail)은 레일 온도의 변화에 따라 저항을 극복하고 신축할 것이다. 볼트, 간격재나 침목, 레일체결장치, 또는 그 밖의 연결수단으로 연결된 리드레일과 기본레일은 평형 시스템을 형성한다. 따라서 리드레일의 신축은 연결부품과 침목을 통해 기본레일에 종 방향 힘(축력)을 전하며, 기본레일의 변위와 분기기 레일들의 종 방향 힘의 변화로 이어지고, 최종적으로 시스템의 힘의 평형(equilibrium of forces)상태에 이를 것이다. 이 역학적 평형 체계에서, 리드레일이 극복해야 하는 저항력은 선로의 종 저항력, 리드레일과 기본레일 간의 상호작용 힘 및 리테이너(위치제한장치), 간격재, 크로싱의 저항력 등이다. 기본레일은 선로의 종 저항력, 리드레일과 기본레일 간의 상호작용 및 리테이너와 간격재의 저항력 등의 외력을 받을 것이다. 리드레일-기본레일 상호작용(guiding rail-stock rail interaction)의 모델은 **그림 6.6**에 묘사된다.

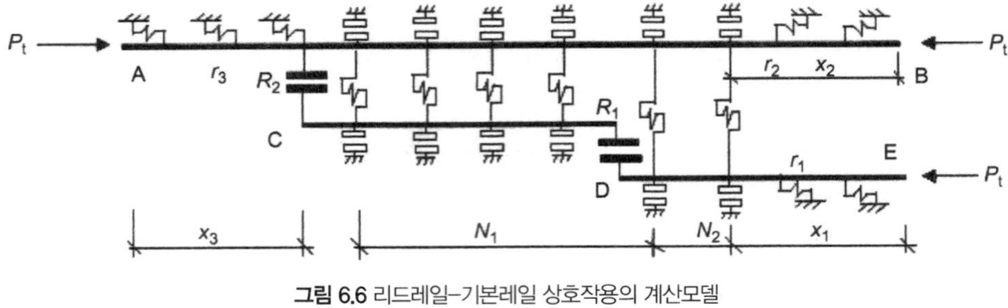

그림 6.6 리드레일-기본레일 상호작용의 계산모델

6.2.3 일반화된 변분법

구조해석에 기초한 에너지변분원리(energy variation principle)에 따라, 장대레일 분기기가 평형상태(equilibrium state)에 있을 때 일차 변분(first-order variation)은 제로(0)이다. 이 에너지 변분문제를 풀기 위해서

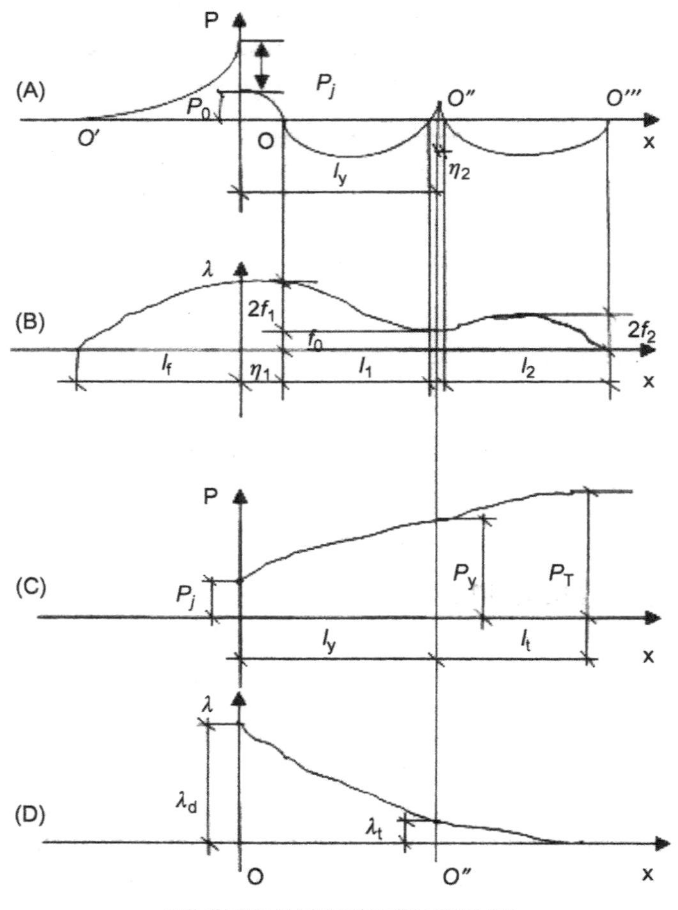

그림 6.7 레일 종 방향 힘(축력)과 변위의 함수

는 레일의 종 변위 함수를 가정하여 에너지방정식, 구조의 경계조건 및 변형 조화 조건(deformation compatibility condition)으로 풀 수 있다. 현장시험 결과로부터, 레일 종 방향 힘(축력)의 형상함수(shape function)가 개발될 수 있다. 그 후에, 레일변위함수(rail displacement function)는 **그림 6.7**에 나타낸 것처럼 변위와 종 방향 힘 간의 미분관계(differential relation)에 기초하여 도출할 수 있다. 그림에서 (A)와 (B)는 기준선과 분기선이 모두 연속적으로 용접된 장대레일 가동 노스레일 분기기에서 기본레일의 종 방향 힘(축력)과 변위의 곡선을 나타낸다. (C)와 (D)는 리드레일(guiding rail)의 온도 힘 함수와 변위의 곡선이다.

6.2.4 유한요소법[78, 79]

FEM(finite element method)은 장대레일 분기기에 대하여 일반화된 방법이며, 분기기 응력과 변형에 대한 영향인자의 영향을 분석하는 데 이용할 수 있다.

1. 계산모델(calculation model)

a. 단일 장대레일 분기기(single CWR turnout)

FEM에서 레일과 침목 요소는 침목 지지점(支持點)에 의하여 나뉜다. 레일의 노드 온도(nodal temperature)와 노드 변위(nodal displacement)는 변수(variable)로 간주한다. 레일 노드 양 끝에서의 종 방향 힘(축력)은 레일체결장치의 종 저항력과 평형을 이룬다. 인접한 두 레일 노드의 변위 차이는 레일요소에 의해 완화된 온도 힘에 비례한다. 분기기 침목은 탄성 기초 위에서 좌우로 지지된 유한 길이의 보(빔)라고 간주하며, 레일체결장치의 저항력은 도상 종 저항력과 같다고 간주한다. 텅레일 후단의 리테이너(retainer, 위치제한장치)나 간격재와 긴 윙레일 끝부분의 간격재는 모두 장대레일 분기기에서 중요한 힘 전달 부품(aspects)이다. 계산에서 그들의 저항력과 레일의 상대 변위 간의 관계는 실측치가 사용된다. 게다가, 그들의 작용력은 레일의 중앙에 작용하는 집중된 힘으로 간주한다. 단일 가동 노스(single swing-nose) 분기기의 계산모델은 **그림 6.8**에 나타낸다.

b. 장대레일 분기기 그룹(群) (CWR turnout group)[80]

또한, 두 틀(組) 이상의 분기기가 조합될 경우, 장대레일 분기기 그룹(group, 群)의 계산도 고려할 수 있다. 사실상, 두 틀(조)의 편개 분기기는 **그림 6.9**에 나타낸 것처럼 여러 가지의 방식으로 연결될 수 있다.

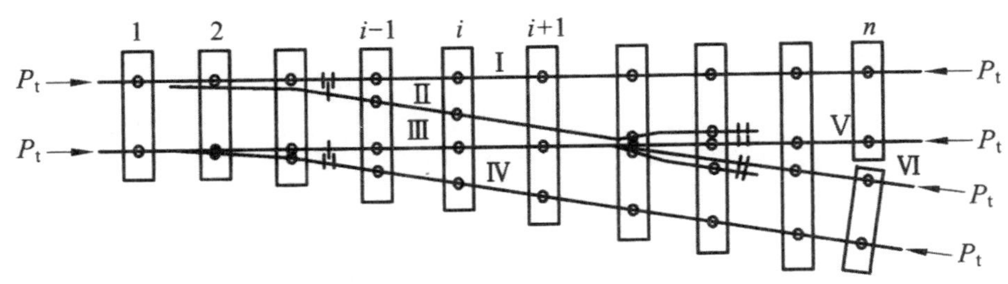

그림 6.8 단일 장대레일 가동 노스 분기기의 계산모델

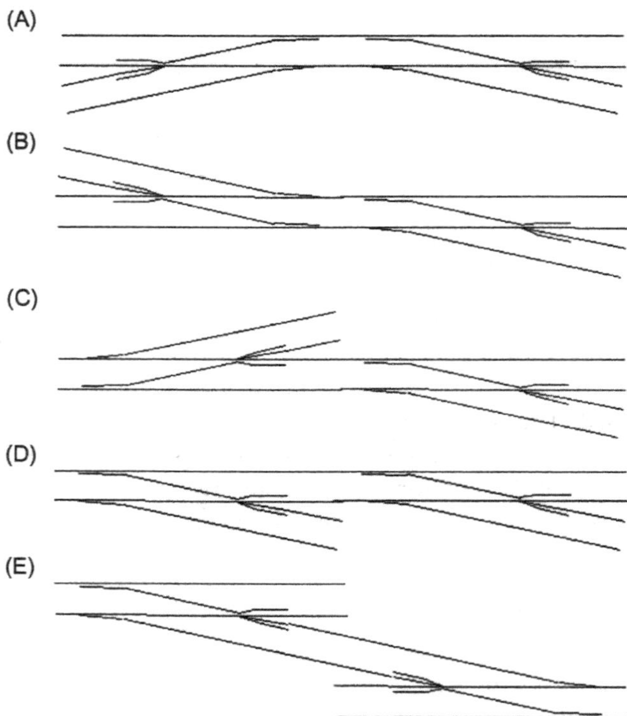

그림 6.9 (A) 분기선이 같은 쪽으로 있고 분기기 앞부분이 서로 연결된 두 분기기, (B) 분기선이 반대쪽으로 있고 분기기 앞부분이 서로 연결된 두 분기기, (C) 분기선이 반대쪽으로 있고 분기기 앞부분과 분기기 뒷부분이 서로 연결된 두 분기기, (D) 분기선이 같은 쪽으로 있고 분기기 앞부분과 분기기 뒷부분이 서로 연결된 두 분기기, (E) 건넘선의 두 분기기

2. 온도 힘과 변위(displacement)의 평형방정식(equilibrium equation)

a. 레일 노드의 온도 힘(temperature force of rail node)

장대레일 분기기에서 각각의 레일들은 침목의 지지점(supporting point)에 의하여 유한 보 요소(finite beam element)로 나뉜다. 유한 보 요소는 온도 힘과 레일체결장치 저항력의 공동작용 하에서 종 방향으로 움직일 것이다. 보 요소의 길이는 침목 간격과 같다. 레일 노드(rail node)의 종 방향 변위와 온도 힘은 레일 보 요소 노드의 두 미지(未知) 변수이다. 온도 힘은 레일 노드의 왼쪽 보 요소의 단위 온도 힘으로 취해진다.

레일 노드 양쪽 끝의 응력은 **그림 6.10**에 묘사한다. 노드 i의 왼쪽 끝의 온도 힘(temperature force)은 P_i 이며, 오른쪽 끝의 온도 힘은 노드 $i-1$의 온도 힘을 나타내며, P_{i-1}라고 표시한다. 레일 노드가 침목에 관하여 왼쪽으로 움직인다고 가정하면, 레일체결장치 저항력 R_{ci}의 방향은 오른쪽이다. 따라서 노드 i에서의 온도 힘에 대한 평형방정식(equilibrium equation)은 다음과 같다.

$$P_i = P_{i-1} - R_{ci} \tag{6.1}$$

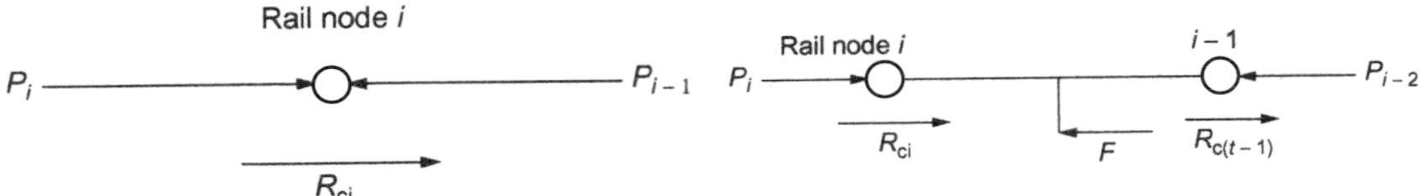

그림 6.10 집중 힘이 없을 때의 레일 노드의 힘

그림 6.11 집중 힘이 있을 때의 레일 노드의 힘

레일체결장치 저항력이 일정할 때 R_{ci}는 고정값이다. 만일 레일체결장치 저항력이 비선형이라면, R_{ci}는 레일 노드의 변위 u_{ri}와 침목노드의 변위 u_{si} 및 레일체결장치 변위와 저항력의 특성함수(characteristic function)로부터 R_{ci}가 구해질 수 있다.

$$R_{ci} = f_{rc}(u_{ri} - u_{si}) \tag{6.2}$$

리테이너(retainer)의 저항력을 보 요소의 중심에 작용하는 집중 힘으로 간주하면, 레일 노드 i의 오른쪽 끝의 보 요소에 집중 힘이 작용하고 있음을 고려할 때, **그림 6.11**에 나타낸 것처럼 레일 노드 i의 레일 온도 힘에 대한 평형방정식(equilibrium equation)은 다음과 같다.

$$P_i = P_{i-1} - R_{ci} + F \tag{6.3}$$

처음의 레일 노드에 대하여

$$P_1 = P_0 - R_{ci} \tag{6.4}$$

여기서, P_0은 첫 번째 노드의 오른쪽 끝의 온도 힘이며, 레일이 일반선로 구간의 레일과 용접될 때 노드 끝의 상태와 변위 조화 조건(displacement compatibility condition)에 따라 결정된다.

b. **레일 노드의 변위**(displacement of rail node)

레일 노드 i의 변위는 노드 $i-1$의 변위와 레일 노드 i의 오른쪽 끝 보 요소의 신축 변위를 중첩하여 얻을 수 있다. 보 요소에 신축 변위가 발생하지 않았을 때의 레일 보 요소의 온도 힘이 P_t이고 신축 변위 발생 후의 온도 힘이 P_{i-1}이라고 가정하면, 장대레일 분기기의 신축 변위의 계산 원리(calculation principle)에 따라, 레일 노드 i의 변위는 다음과 같다.

$$u_{ri} = u_{r(i-1)} + \frac{(P_t - P_{i-1})l_r}{EA} \tag{6.5}$$

여기서, E는 레일의 탄성계수이고, A는 레일의 단면적이며, l_r은 보 요소의 길이이다.

집중 힘(concentrated force)이 보 요소의 중앙에 가해진다고 주어지면, 노드 i의 변위는 다음과 같다.

$$u_{ri} = u_{r(i-1)} + \frac{(P_t - P_{i-1} - F/2)l_r}{EA} \tag{6.6}$$

첫 번째 레일 노드의 변위가 미지이므로, 해법을 얻기 위해서는 레일 끝의 마지막 노드에 대한 온도 힘의 적합 조건(compatibility condition)이 제공되어야 한다.

c. 침목 변위(tie displacement)

침목은 수평면에서 탄성 기초에 지지된 유한 길이의 보(finite long beam supported on an elastic foundation)로 간주하며, 레일의 지지점에 의하여 몇 개의 유한요소로 나뉜다. 침목에 대한 힘은 **그림 6.12**에 묘사된다.

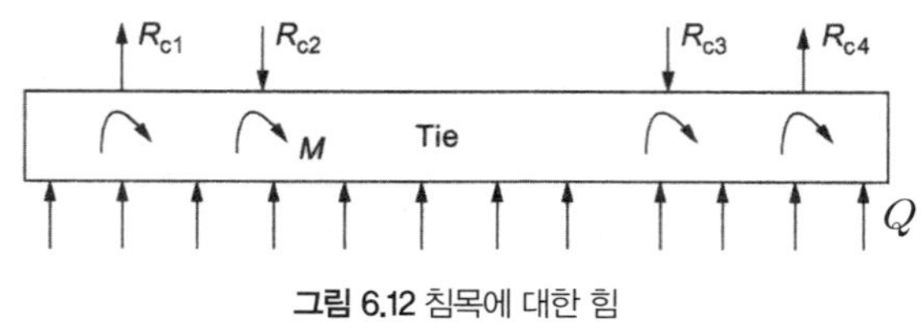

그림 6.12 침목에 대한 힘

레일체결장치는 분기기 침목에 대해 레일을 따라 분기기 침목 상면에 작용하는 종 저항력 R_c와 저항모멘트 M을 제공한다. 자갈도상은 분기기 침목 바닥면과 측면에 도상저항력 Q를 제공한다(※ 역자가 문구 조정). 저항모멘트 M은 침목 노드의 처짐 변위(deflection displacement)를 제한한다. 저항모멘트를 상수라고 간주하면, 하중 열 행렬(load column matrix)에 직접 중첩될 수 있다. 만일 저항력이 비선형이라면, 모멘트는 침목 노드의 처짐각(deflection angle) ϕ_s와 관련될 수 있다.

$$M_s = f_{Mc}(\phi_s) \tag{6.7}$$

d. 장대레일 분기기의 계산식(calculation equation)

레일 노드의 온도 힘과 변위 및 침목 변위의 방정식에 근거하여 온도 힘과 변위 조정조건을 보충하면, 다음과 같이 비선형 방정식을 도출할 수 있다.

$$\boldsymbol{F}(\boldsymbol{u}) = \boldsymbol{P} \tag{6.8}$$

여기서, $\boldsymbol{u}$는 미지의 변수이고, $\boldsymbol{P}$는 하중 열 행렬(load column matrix)이다.

e. 해법(solution)

식 (6.8)이 강하게 비선형(nonlinear)이므로, 방정식을 푸는 과정에서 하중 증분 접근법(load incremental approach)을 사용하고 뉴턴 반복 접근법(Newton iterative approach)을 결합하는 것이 바람직하다. 특히 레일 설정 온도에 근거하여, 계산 단계(calculation step)로서 5℃의 레일 온도 증가가 취해지며, 각 단계의 초기치는 첫 번째 단계의 계산 결과와 같으며, 따라서 분기기에서 각 단계의 힘의 상태는 첫 번째 단계의 것과 같다. 계산의 각 단계에서는 뉴턴 반복 접근법을 사용하여 푼다. 반복 동안, 리테이너의 결합 블록의 접촉상태가 고려된다. 만일 접촉되었다면, 새로운 비선형 방정식이 요구된다. 한편, 레일체결장치 저항력과 이음매 저항력이 허용 범위 내에 있는지를 밝혀야 한다. 반복은 모든 작용력이 안정될 때만 계속 진행될 수 있다. 이런 의미에서, 해를 구하는 전체 과정에서 하중 증분 접근법, 뉴턴 반복(反復) 및 작용력(acting force)의 상태 판단(status determination) 등의 삼중순환(三重循環)이 수행되어야 한다.

6.3 장대레일 분기기의 응력과 변형의 법칙

6.3.1 레일 온도 힘과 신축 변위의 분포 법칙

장대레일 분기기의 레일 온도 힘과 신축변위(expansion displacement)의 분포 법칙(distribution regularity)에 관하여는 CHN60 레일의 18번 가동 노스(swing−nose) 분기기를 예로 들어 설명한다. 이 분기기의 기준선과 분기선 및 분기기 양 끝의 모든 이음매는 용접된다. 한 쌍의 리테이너(결합 블록들 사이의 간격은 7mm이다)는 텅레일의 후단에 설치된다. 네 쌍의 간격재는 가동 노스레일과 긴 윙레일의 끝부분에 설치된다. 기준선과 분기선 방향의 응력과 변형은 대칭이다. 결과로서, 분기기의 레일 온도 힘과 변위의 분포는 **그림 6.13**과 **6.14**에서 보여준다.

노스레일은 분기기 뒤쪽의 장대레일 선로 신축구간에 위치하며, 온도 힘의 작용에 따라 2개 조의 간격재의 마찰 저항력과 선로의 종 저항력을 극복한 후에 신축 변위가 발생한다. 간격재 저항력은 P_F 이고, 노스레일 후단의 변위는 u_F 이며, 노스레일의 첨단의 변위는 후단 변위와 노스레일 자유 구간의 신축 변위의 합이다.

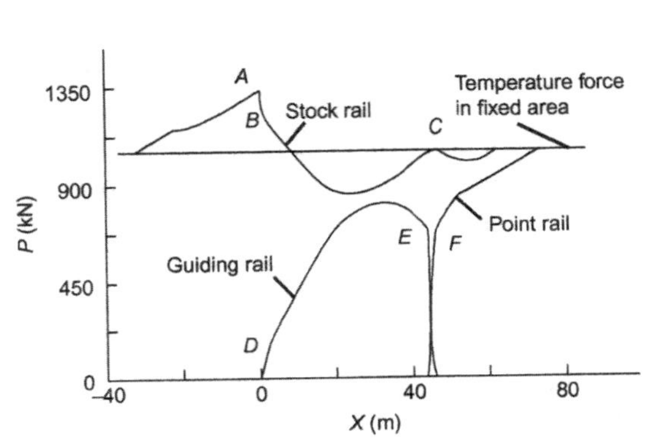

그림 6.13 장대레일 분기기에서 레일 온도 힘의 분포

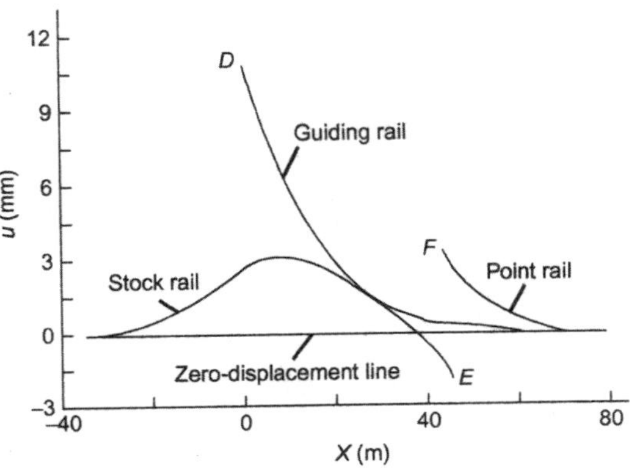

그림 6.14 장대레일 분기기에서 레일변위의 분포

노스레일 신축 과정 동안 노스레일에 대한 부분적 힘(partial force)은 4 레일 장(長)침목의 종 방향 변위와 횡 방향 휨(lateral bending)을 통하여 기본레일로 전해질 것이다. 이 경우에 작은 추가 힘, 즉 P_c가 노스레일 후단의 위치 C에서 발생될 것이다.

리드레일(guiding rail)의 앞 끝은 텅레일의 후단이고 리드레일의 뒤 끝은 윙레일의 끝이다. 윙레일의 뒤쪽 끝에 작용하는 간격재 저항 P_E는 P_F와 같지만, 다른 방향을 갖는다. 윙레일 뒤쪽 변위는 u_E이다. u_E와 노스레일 후단(後端)의 변위 간의 차이는 간격재(필러) 네 세트의 변위저항력 특성에 따른다. 리드레일은 앞쪽에서 리테이너(위치제한장치) 저항력 P_D가 주어지면 짧은 레일(short rail string)로 간주될 수 있다. 리테이너의 결합블록이 기본레일과 텅레일의 복부에 각각 설치되므로 기본레일은 힘 $P_A - P_B$를 받을 것이며, 이것은 P_D와 같지만 반대방향이다. 리드레일 앞과 뒤의 신축변위(expansion displacement)는 반대방향이다. 텅레일 후단의 변위는 u_D이다. u_D와 텅레일 후단의 위치 A에서 기본레일의 변위 간의 차이는 리테이너 틈(7mm)보다 크며, 리테이너의 결합블록들이 접촉될 것임을 시사한다. 두 블록 간의 상대변위 $u_D - u_A - 7$과 리테이너 작용력 P_D는 리테이너의 저항-변위(resistance displacement) 특성에 부합된다. 텅레일의 실제 첨단의 변위는 후단(heel) 변위 u_D와 자유 구간 신축 변위의 합이다.

신축의 과정에서 리드레일의 앞부분은 레일체결장치를 통하여 일부분의 종 방향 힘(축력)을 장(長)침목으로 전달한다. 그 후에 침목은 침목의 종 방향 변위와 횡 방향 변형의 진행 동안 도상 저항력에 맞서 기본레일의 레일체결장치를 통해 종 방향 힘(축력)의 일부를 기본레일로 전달할 것이다. 이렇게 하여, 기본레일은 부가(附加) 온도 힘을 받게 될 것이다. 리드레일 레일체결장치의 저항력이 도상저항력과 바깥쪽 기본레일 레일체결장치 저항력의 합보다 작으므로 리드곡선 앞쪽의 온도 힘의 변화 기울기(variation gradient)는 레일체결장치 저항력에 가깝다. 기본레일의 최대 부가온도 압축력은 텅레일 후단의 부근에서 일어나며, 부동구간의 온도 힘과 비교한 증가 폭은 약 25~35% 또는 가장 불리한 경우에 약 40% 이상이다.

결론적으로, 도상, 레일체결장치, 간격재 및 리테이너의 저항력은 장대레일 분기기의 응력과 변형의 가장 중요한 인자이다. 게다가 기본레일의 강도와 안정성, 간격재와 리테이너의 강도 및 텅레일과 노스레일의 변위 검산은 장대레일 분기기 설계의 핵심내용이다.

6.3.2 응력과 변형의 영향 인자

레일 온도 변화와 상기의 네 가지 힘 전달부품(force transmission component)(즉, 도상, 레일체결장치, 간격재 및 리테이너)의 저항력특성에 더하여 분기기 변수, 크로싱 유형, 용접유형, 분기기 그룹(群)의 연결방식, 인접한 단위 레일 구간(rail link)들 사이의 레일 부설온도 차이 등도 장대레일 분기기의 변형과 응력에 영향을 준다. 아래에서 상세히 설명한다.

1. 용접유형(welding type)

장대레일 분기기의 레일에는 세 가지 용접유형이 적용될 수 있다. 즉, 전반적 용접유형(fully welded type), 반(半)용접유형(semi-welded type) 및 용접분기기유형(welded turnout type). 첫 번째 유형은 모든 분기기레일이 용접되며, 분기기 양쪽 끝의 레일은 일반선로구간(section)의 레일과 용접된다. 두 번째 유형은 분기기의 기준선(직선) 방향의 레일만 용접되고, 분기기의 양쪽 끝에서 기준선(직선) 방향의 레일만 일반선로구간의 레일과 용접되는 반면에 분기선 방향의 레일은 단순히 이음매로 연결된다. 마지막 유형은 첫 번째와 두 번째 유형의 중간으로, 분기기 구간의 기준선과 분기선 양쪽 모두 용접되며, 분기기 양쪽 끝의 기준선(직선) 방향의 레일만 일반선로구간의 레일과 용접되고 분기선 방향의 레일은 단순히 이음매로 연결된다.

세 용접유형은 50℃의 레일 온도변화가 주어지고 자갈궤도라고 가정하여 CHN60 레일의 18번 장대레일 가동 노스 편개 분기기의 예로 설명된다. 반(半)용접유형의 경우에, 분기선 방향에서 텅레일 후단 및 노스레일의 실제첨단과 후단의 부근에 보통이음매가 이용된다; 장(長)침목 뒤쪽의 30번째 스팬(침목사이)은 보통이음매로 일반선로구간 레일과 연결되며, 여기서 이음매 저항력은 일정한 588kN이다.

세 가지 용접유형에 대한 장대레일 분기기의 변형(deformation)과 응력(stress)의 비교 결과는 **표 6.1**에 주어진다. 반(半)용접유형과 용접분기기유형에 대한 레일 온도 힘(rail temperature force)의 분포를 **그림 6.15**와 **6.16**에 나타낸다.

표 6.1 세 가지 용접유형별 부가 레일 온도 힘과 신축변위의 비교

부가(附加) 레일 온도 힘	전반적 용접유형	반(半)용접유형	용접분기기
직선 기본레일의 최대 부가압축 온도 힘 (kN)	263.0	241.1	258.2
직선 기본레일의 최대 부가인장 온도 힘 (kN)	195.7	165.4	184.5
직선 기본레일 최대 부가온도 힘의 증가율 (%)	24.9	22.8	24.5
곡선 기본레일의 최대 부가압축 온도 힘 (kN)	270.7	0.0	255.6
곡선 기본레일의 최대 부가인장 온도 힘 (kN)	200.1	135.1	215.8
곡선 기본레일 최대 부가온도 힘의 증가율 (%)	25.6	0.0	24.2
직선 기본레일의 최대 변위 (mm)	3.1	2.5	3.0
곡선 기본레일의 최대 변위 (mm)	3.2	−0.9	3.0
곡선 텅레일 후단의 변위 (mm)	10.8	10.1	10.7
직선 텅레일 후단의 변위 (mm)	10.8	9.5	10.6
긴 노스레일 후단의 변위 (mm)	2.9	2.9	2.6
직선 기본레일에 대한 리테이너 작용력 (kN)	85.3	65.3	81.5
곡선 기본레일에 대한 리테이너 작용력 (kN)	84.4	274.4	79.7
긴 노스레일에 대한 간격재 작용력 (kN)	175.2	178.0	173.8
짧은 노스레일에 대한 간격재 작용력 (kN)	202.9	169.4	188.4

전반적 용접유형의 분기기에 대한 기준선(직선)과 분기선 방향 양쪽의 레일 힘과 신축 변위는 대칭이다. 온도 힘의 상당 부분이 분기기 뒤쪽에서 분기선 방향의 리드곡선(transition lead curve)에 의하여 장대레일 분기기로 전달되므로, 각 부품의 변형과 응력이 상당하다. 분기선 방향의 레일도 용접되기 때문에 고속분기기는 이 유형이 지배적이다. 반(半)용접분기기의 경우에 레일 온도가 적정하게 변화되지만, 분기선 방향의 리테이너는 상당한 응력을 받을 수 있다. 그러므로 이 유형은 선호되지 않는다. 용접분기기는 분기기 부품의 응력과 변형을 줄일 수 있으며, 기준선(직선)과 분기선 방향 양쪽의 레일응력과 변위가 대략적으로 대칭이다. 기준선

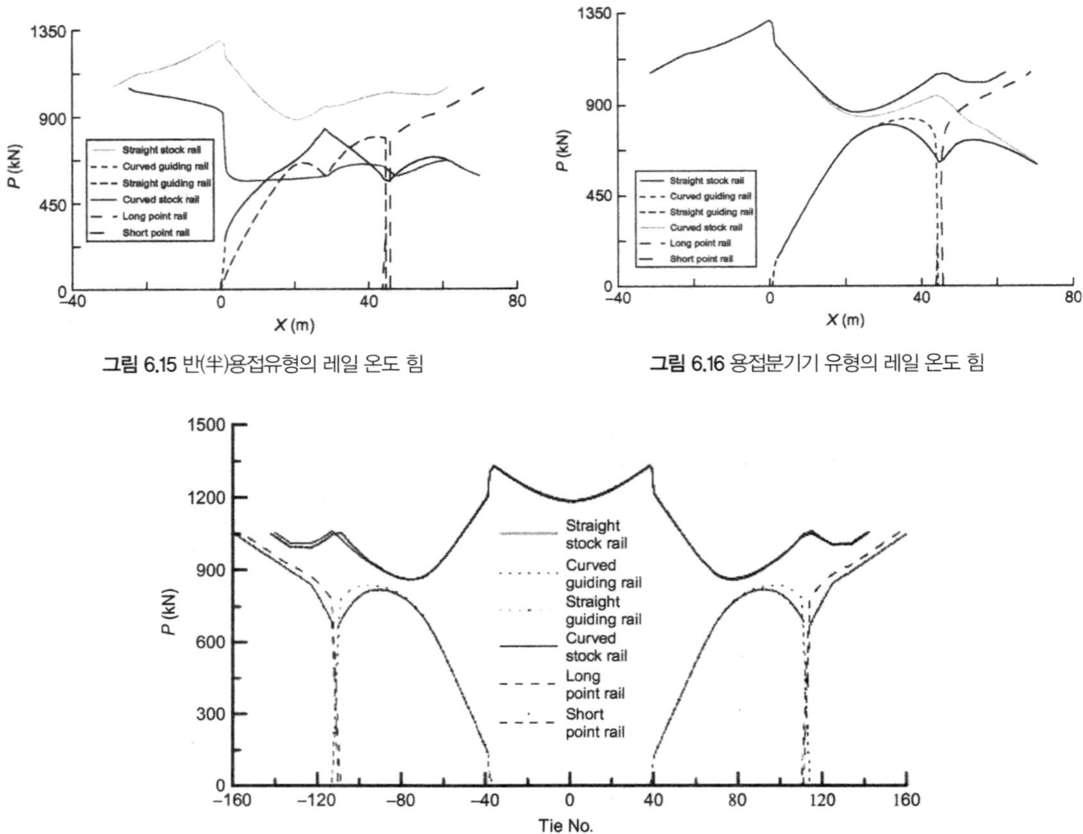

그림 6.15 반(半)용접유형의 레일 온도 힘

그림 6.16 용접분기기 유형의 레일 온도 힘

그림 6.17 분기선이 같은 쪽으로 있고 분기기 앞부분이 서로 연결된 두 분기기의 레일 온도 힘

에는 이음매가 없지만, 분기선에는 이음매가 있는 이 유형은 보통 속도의 분기기에 널리 사용된다.

2. 분기기그룹의 연결방식(junction modes of turnout group)

분기기는 사용 과정에서 일반적으로 다른 분기기와 함께 분기기 그룹(群)을 형성한다. 분기기 그룹이 연속용접(장대化)될 때, 레일의 응력과 변형이 서로 영향을 미칠(spread) 것이며, 변화법칙(variation regularity)을 복잡하게 만든다. **그림 6.9**에 나타낸 세 유형의 분기기 그룹(역자 추가 : A, C 및 E)은 CHN60 레일의 18번 가동 노스 편개 분기기와 비교된다. 그림에서 두 분기기 사이의 중간 직선의 길이는 제로(0)이며, 분기기는 전반적 용접유형이다. 분기기 그룹에서 왼쪽으로 분기하는 편개 분기기는 좌 분기기라고 부르고, 오른쪽으로 분기하는 것은 우 분기기라고 불린다.

여러 가지 연결방식의 분기기에 대한 기본레일의 부가온도 힘의 비교 결과는 **그림 6.17~6.19**에 주어지며, 여기서 x축은 침목번호를 나타내고, 0 지점은 두 분기기의 교점(交點)을 나타내며, '+'는 (0에서부터 오른쪽으로 증가하는) 오른쪽 분기기의 침목 번호이고, '−'는 (0에서부터 왼쪽으로 증가하는) 왼쪽 분기기의 침목 번호이다.

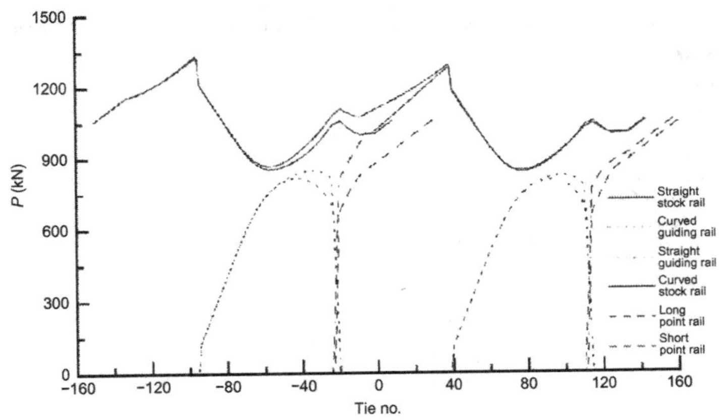

그림 6.18 분기선이 반대쪽으로 있고 분기기 앞부분과 분기기 뒷부분이 서로 연결된 두 분기기의 레일 온도 힘

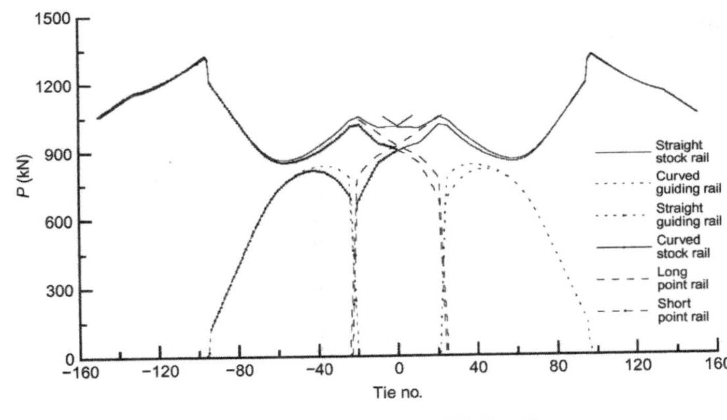

그림 6.19 건넘선 분기기의 레일 온도 힘

계산에 따르면, 분기기 앞부분이 서로 연결된 분기기 그룹(群)의 경우에, 기본레일의 종 방향 힘(축력)은 힘의 중첩 때문에 증가한다. 분기기 앞부분과 분기기 뒷부분이 서로 연결된 분기기 그룹의 경우에, 부가온도 힘이 뒤쪽 분기기에서 앞쪽 분기기로 전달되므로, 앞쪽 분기기의 기본레일의 부가(附加) 온도 힘, 텅레일과 노스레일의 신축 변위(expansion displacement) 및 힘 전달부품에 작용하는 힘이 상당히 증가한다. 결론적으로, 장대레일 분기기의 영향도(影響度, impact degree)는 분기기 앞부분이 서로 연결된 분기기 그룹(群)이 가장 크고, 분기기 앞부분과 분기기 뒷부분이 서로 연결된 분기기 그룹, 그다음에 건넘선 유형이 뒤따른다.

3. 장대레일 분기기의 레일 부설온도 차이(rail laying temperature difference)[81]

트랜스 구간(trans-section) 장대레일 궤도의 설계에서 장대레일 분기기는 하나의 단위 레일 구간(rail link)으로 간주한다. 레일 설정 온도가 서로 다른 인접한 두 개의 단위 레일 구간이 용접 연결될 때 레일 부설온도 차이가 발생하며, 이것은 또한 분기기의 응력과 변형에 영향을 줄 수 있다.

예를 들어 설명하기 위하여, 장대레일 분기기와 양쪽 일반선로 구간 간의 레일 설정 온도 차는 5℃, 10℃

및 15℃로 취해지며, 일반적인 파라미터가 적용된다. **표 6.2**는 분기기 레일 온도가 55℃ 상승하는 경우에 분기기 응력과 변형에 대한 레일 부설온도 차이의 영향을 나타낸다. **그림 6.20~6.23**은 각각 직선 기본레일의 레일 온도 힘과 변위의 비교 및 노스레일 후단의 최대 부가(附加) 온도 힘(maximum additional temperature force)과 변위의 변화를 묘사한다.

표 6.2 레일 부설온도 차이가 장대레일 분기기에 미치는 영향의 비교

레일 부설온도 차이	0 ℃	5 ℃	10 ℃	15 ℃
직선 기본레일의 부가온도 힘 (kN)	263.0	275.4	285.3	301.6
부가온도 힘의 증가율 (%)	24.9	26.1	27.0	28.6
직선 기본레일의 최대 변위 (mm)	3.1	3.1	3.2	3.2
곡선 텅레일 후단의 변위 (mm)	10.8	10.8	10.8	10.9
긴 노스레일 후단의 변위 (mm)	2.9	3.2	3.6	4.2
리테이너 최대 작용력 (kN)	85.3	90.9	95.3	102.9
간격재 최대 작용력 (kN)	202.9	209.7	218.5	229.2

장대레일 분기기와 인접 일반선로 간의 레일 온도 차이가 클수록 분기기에 전해진 온도 힘의 더 큰 양으로 이어진다. 그러므로 기본레일의 부가온도 힘과 신축 변위, 노스레일 후단의 변위 및 리테이너(retainer, 위치 제한장치)와 간격재의 작용력은 레일 온도 차이에 따라 증가할 것이다. 게다가, 텅레일 후단의 변위는 약간 증가할 것이다. 만일에 장대레일 분기기의 레일 설정 온도가 인접 일반선로보다 낮다면, 기본레일의 부가온도 힘과 레일의 신축 변위는 온도 하강에도 불구하고 여전히 증가할 것이다. 따라서 장대레일 분기기와 인접 일반선로 간의 레일 부설온도 차이는 분기기의 변형과 응력을 줄이도록 제한되어야 한다.

4. 도상 종 저항력(longitudinal resistance of bed)[82]

일반선로 구간의 길이 2.6m 침목과 분기기 구간의 길이 2.6m 침목의 도상 종 저항력이 같다고 가정하

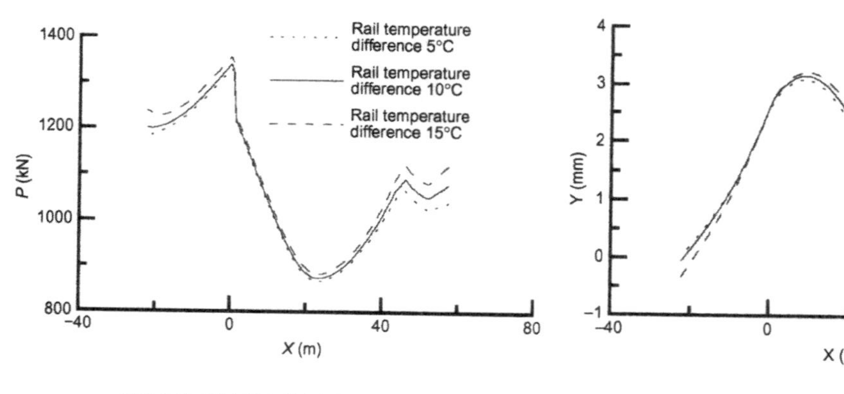

그림 6.20 직선기본레일의 온도 힘 분포

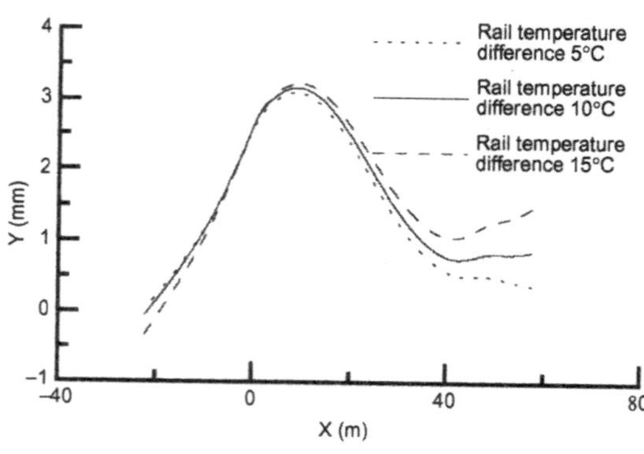

그림 6.21 직선기본레일의 변위 분포

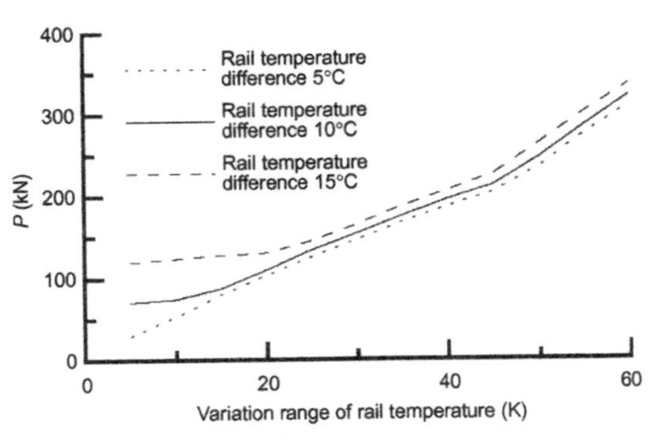

그림 6.22 레일 온도에 따른 레일 부가온도 힘의 변화

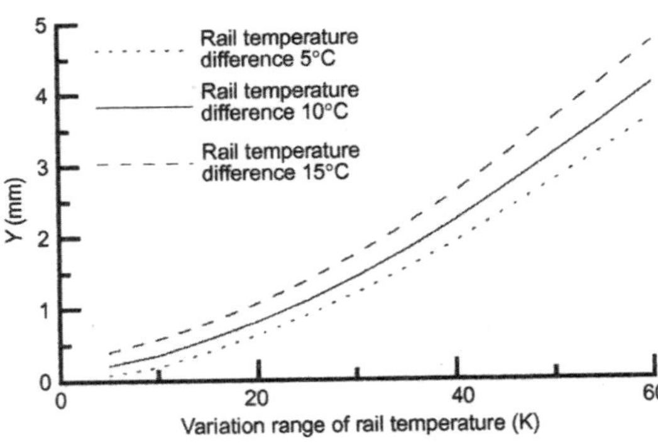

그림 6.23 레일 온도에 따른 노스레일 후단 변위의 변화

여, 침목 간격은 0.6m이고, 일반선로구간의 도상 종 저항력은 r이며, 침목의 단위길이 당 도상 종 저항력은 0.46r이다. 콘크리트침목 도상의 다섯 가지 유형의 종 저항력이 분석되었다. r= 6.1kN/m(= 목침목 선로의 저항력), r= 7.6kN/m(= I형 침목 선로의 저항력), r= 9.9kN/m(= Beijing지구의 Langwopu역에 시험 부설된 38번 분기기에 대한 시험치, 압밀되지 않은 궤도), r= 12.2kN/m(= II형 침목 선로의 저항력), r= 15.2kN/m(= III형 침목 선로의 저항력). 그 밖의 계산파라미터는 같다.

표 6.3 서로 다른 도상저항력 조건에서 기본레일의 부가온도 힘의 비교결과

부가온도 힘	r=6.1 kN/m	r=7.6 kN/m	r=9.9 kN/m	r=12.2 kN/m	r=15.2 kN/m
최대 부가 압축 온도 힘 (kN)	276..0	274.2	263.0	244.5	219.0
최대 부가 인장 온도 힘 (kN)	225.9	216.8	195.7	172.0	144.2
부가 인장 온도 힘의 증가율 (%)	26.1	26.0	24.9	23.2	20.7
텅레일후단 앞 부가온도 힘의 영향범위 (m)	45.6	38.4	32.4	28.2	25.2
노스레일후단 뒤 부가온도 힘의 영향범위 (m)	26.0	20.6	16.7	14.8	13.5

서로 다른 도상저항력 하에서 직선 기본레일의 부가온도 힘의 비교 결과는 **표 6.3**에 주어진다. 기본레일의 부가온도 힘의 분포는 **그림 6.24**에 나타내고 곡선 리드레일(guiding rail)과 긴 노스레일의 온도 힘의 분포는 **그림 6.25**에 나타낸다.

계산에 따르면, 도상 종 저항력이 작을수록 기본레일의 부가온도 힘은 더 커진다. 그 이유는 안쪽레일의 체결 저항력이 미끄럼 값에 도달하였을 때, 침목의 힘 균형을 유지하기 위해 더 많은 온도 힘이 기본레일로 전달될 것이라는 사실에 있다. 도상저항력이 작을수록 부가온도 힘의 더 큰 유효 범위가 관련됨을 알 수 있다. 도상 종 저항력은 리드레일(guiding rail)과 노스레일의 온도 힘 분포에 보다 작은 영향을 미치며, 레일 종방향 힘(축력)은 주로 레일체결장치에게서 영향을 받는다.

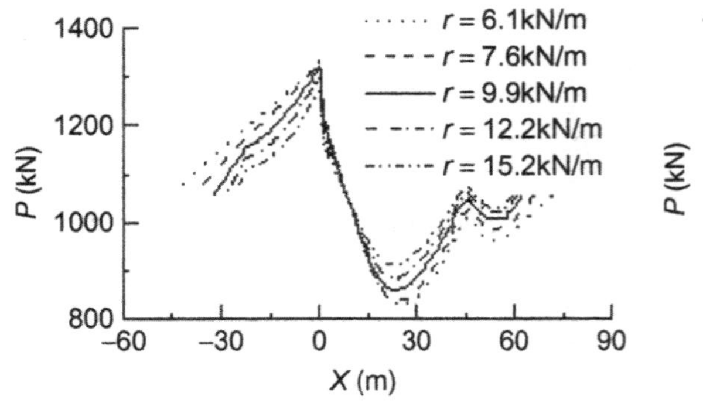

그림 6.24 직선기본레일의 온도 힘

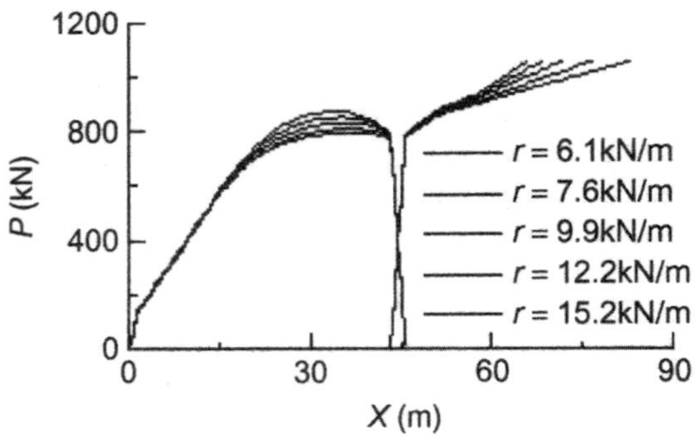

그림 6.25 안쪽레일의 온도 힘

6.4 설계와 검증

6.4.1 설계 검증 항목

장대레일 분기기(CWR turnout)를 설계(designing)할 때는 레일 신축변위, 강도 및 분기기(분기기 앞쪽 선로 포함) 안정성을 검증(verify)하여야 한다.

1. 신축변위(expansion displacement)

a. 텅레일의 절대변위(absolute displacement of switch rail)

텅레일의 실제 첨단(actual point)의 신축 변위는 후단(後端, heel)의 변위와 텅레일의 자유신축(flexible) 변위의 합이며, 다음과 같은 식으로 나타낸다.

$$\delta_1 = \delta_{10} + L_1 \alpha \Delta\ t \tag{6.9}$$

여기서, δ_{10} = 텅레일 후단의 변위, 그리고 L_1 = 텅레일의 길이

b. 노스레일의 절대변위(absolute displacement of point rail)

가동 노스레일의 실제 첨단의 신축변위는 후단의 변위와 가동 노스레일의 자유신축 변위의 합이며, 다음과 같은 식으로 나타낸다.

$$\delta_2 = \delta_{20} + L_2 \alpha \Delta\ t \tag{6.10}$$

여기서, δ_{20} = 가동 노스레일 후단의 변위, 그리고 L_2 = 가동 노스레일의 길이

c. 상대변위(relative displacement)

장대레일 분기기의 정상적인 전환(normal conversion)의 경우에, 텅레일의 실제첨단과 기본레일 사이, 좌와 우 텅레일 사이, 게다가 노스레일의 실제첨단과 윙레일 사이의 상대변위는 분기기 구조와 전환에 대한 기계적 성능의 요구조건에 적합하여야 하며, 다음의 식에 적합하여야 한다.

$$\delta_k - \delta_g \leq [\delta] \tag{6.11}$$

여기서, δ_k = 텅레일 또는 가동 노스레일의 실제 첨단의 변위, δ_g = 텅레일 또는 가동 노스레일에 대응하는 기본레일 또는 윙레일의 변위, 그리고 $[\delta]$ = 외부 잠금장치(external locking device)의 허용변위(allowable displacement)이며, 중국 18번 분기기의 경우에 40mm로 취해진다.

2. 강도(strength)

a. 힘 전달 부품(force transmission components)

상기에서 언급한 것처럼, 장대레일 분기기에서, 힘 전달 부품은 텅레일 후단에서의 리테이너(retainer, 위치제한장치)와 긴 윙레일 끝에서의 간격재(필러)로 구성된다. 힘 전달부품의 연결 볼트에 대한 전단응력은 다음의 식을 충족시켜야 한다.

$$\tau = \frac{4Q}{n_1 \pi D_1^2} \leq [\tau] \tag{6.12}$$

여기서, Q = 힘 전달 부품의 종 방향 힘, n_1 = 연결 볼트의 수, 그리고 D_1 = 연결 볼트의 직경

b. 레일(rail)

피크 부가온도 힘은 포인트 후단 및 가동 노스레일의 탄성 굽힘 가능의 중심에 상응하는 기본레일에서 발생한다. 그러므로 이 위치에서의 레일 강도가 검증되어야 한다. 만일 장대레일 분기기가 레일 강도 요구조건을 충족시키지 못한다면, 레일 강도를 높이는 조치를 하여야 한다. 기본레일의 용접 이음 품질에 특별한 주의를 기울여야 한다. 만일 이것이 잘 안 된다면 분기기의 레일 설정 온도가 조정되어야 한다.

레일강도에 대한 검증방법은 보통의 장대레일궤도에 대한 것과 같다. 동(動)응력, 온도응력 및 기본레일의 부가 응력의 하중 조합은 검증계산에서 사용된다.

3. 분기기 안정성(turnout stability)

a. 분기기 앞쪽(turnout front) 선로

보통의 장대레일 궤도에 대한 안정성의 계산식은 분기기 앞쪽 선로의 안정성 검산에 적용할 수 있다. 그러나 분기기 앞쪽 선로의 온도 힘이 고르게 분포되지 않는 것에 유의하여야 한다. 따라서 계산검증(calculation verification)에 적합한 위치가 선정되어야 한다. 일반적으로 텅레일의 실제 첨단(actual point)에서 약 4m 앞쪽을 안정성 검산 위치로 삼는다. 만일 분기기 앞쪽 선로가 장대레일 선로 안정성 요구조건을 충족시키지 못

한다면, 도상이 잘 채워지고 압밀됨과 도상 어깨가 충분히 넓음, 도상두께를 어깨에서 적당하게 증가시킴, 또는 레일체결장치 죄임을 확실하게 함으로써 안정성이 향상될 수 있다. 안정성 요구 사항이 여전히 충족되지 않는 상태에서는 장대레일 분기기와 일반선로구간(section)의 레일설정온도를 적절하게 높일 수 있다.

b. 분기기 구간(turnout area)

분기기 구간의 안정성을 검산할 때, 포인트만 고려된다. 이것은 리드곡선(transition lead curve)의 네 레일 선로 부분이 더 큰 횡 휨 강성(lateral bending stiffness)을 가지며, 궤도 좌굴이 발생할 수 없기 때문이다. 보통의 장대레일 궤도의 안정성 계산공식은 분기기 뒷부분(turnout rear)의 안정성 검산에 적용할 수 있지만, 하나의 곡선 레일만 있는 포인트에 적용할 수 없다. 장대레일 분기기의 온도 압축력에 대한 방정식은 장대레일 궤도의 안정성에 대한 통일공식(uniform equation)의 기초이론에 기초하여 도출될 수 있으며, 여기서 기본레일의 온도 힘과 부가 압축 온도 힘의 하중조합(load combination)이 채용된다. 분기기 레일이 기준선과 분기선 양쪽 다 용접되는 경우에 허용온도압력은 다음과 같이 나타낼 수 있다.

$$P=\frac{\left(EI_y\frac{\pi^2}{l^2}+\frac{3lr}{2}\right)(f+f_{0e})+\frac{4}{\pi^3}Ql^2+\frac{2l^3r}{\pi^3}\left(\frac{1}{R_c}+\frac{1}{R_{0p}}\right)}{2(f+f_{0e})+\frac{4l^2}{\pi^3}\left(\frac{1}{R_c}+\frac{1}{R_{0p}}\right)} \tag{6.13}$$

여기서,

R_c = 리드곡선의 반경

r = 선로 종 저항력의 기울기(gradient)

f = 분기기 레일의 허용 횡 변형, 0.2cm로 취함

f_{0e} = 초기 탄성 휨(bending)의 수직 거리(rise), 0.3cm로 취함

l = 변형된 곡선의 길이, 초기치는 400cm이다

f_{0p} = 초기 소성 휨의 수직 거리, 0.3cm로 취함

Q = 도상의 등가 횡 저항력

$$Q=q_0-\frac{\pi C_1}{4}f+\frac{\pi}{2}C_1C_nf^n$$

여기서, $C_nl_0=\int_0^l\sin^{n+1}\frac{\pi x}{l}dx$. 도상 횡 저항력은 $q=q_0-C_1y+C_2C_ny^n \quad (n<1)$로 나타낸다.

자갈도상의 킬로미터당 중국 II형 PS콘크리트침목 1,760개가 부설된다고 가정하면, Q = 85N/cm이지만, 킬로미터당 1,840개가 부설되면 Q = 89N/cm이다. 게다가, 자갈도상의 킬로미터 당 중국 III형 PS콘크리트침목 1,667개가 부설될 때는 Q = 115N/cm이다. l의 극값을 구한 후에 식 (6.13)으로 되돌아가면 장대레일 분기기의 포인트 후단에서 불안정한(instability) 임계온도압축력(critical temperature compressive force)을 구할 수 있다. 분기기 영역에서 허용온도상승은 1.3의 안전율을 고려한 후에 구할 수 있다.

6.4.2 장대레일 분기기의 레일 설정 온도의 설계

단일 장대레일 분기기는 하나의 단위 레일 구간(rail link)으로 간주하여야 하며, 현장에서 쉽게 장대레일 궤도의 레일 설정 온도(rail laying temperature)를 관리할 수 있도록 설계 레일 설정 온도가 가능한 한 인접한 단위 레일 구간과 일치해야 한다.

실제 레일 설정 온도는 설계치±3~5℃와 같다. 검산된 항목이 요구조건을 충족시키지 못할 때는 실제 레일 설정 온도가 조정될 것이다.

인접하는 두 단위 레일 구간 간의 레일 설정 온도 차(rail laying temperature difference)는 5℃보다 크지 않아야 한다. 모든 트랜스 구간(trans-section, 跨區間) 장대레일 궤도에서, 각 단위 레일 구간의 최고와 최저 레일 설정 온도 간의 차이는 10℃보다 크지 않아야 한다.

6.4.3 복진관측 말뚝의 배치

장대레일 분기기는 이상(異狀) 변위의 발생 여부, 반복된 정비와 보수 중에 위치고정(locking)의 견고 여부, 각종 시공작업 중의 원래 레일 설정 온도의 변화 여부를 확인하기 위해 레일 변위가 주기적으로 관측되어야 한다. 관측데이터의 분석으로 파악된 어떠한 이상 변위라도 즉시 교정되어야 한다.

관측 말뚝(observation stake)은 변위를 측정하는 데 이용된다. 각각 다른 번호(番號)의 복진(覆進, creep) 관측 말뚝은 장대레일 궤도의 신축구간과 부동구간에 배치된다. 이들 말뚝은 긴 레일을 몇 개의 고정관측구간으로 나누며, 주기적으로 관측될 것이다. 일반적으로 장대레일궤도의 복진은 월단위로(더운 계절에는 반달마다) 관측된다. 관측은 모든 궤도 세분구간에 대해 같은 날짜에 수행된다. 그렇지 않으면, 트랜스구간(trans-section)의 긴 레일이 동시에 관측되지 않으므로 관측 결과 중에 어긋남이 존재할 수 있으며, 이것은 계산정확성에 더욱 영향을 미칠 것이다.

장대레일 분기기에서 복진관측 말뚝(creep observation stake)의 준비는 분기기의 레일부설온도를 제어함으로써 궤도좌굴, 텅레일과 가동 노스레일의 실제 첨단의 과도한 신축(flexible) 변위 및 전환 고장을 방지하는 데 목적이 있다. 분기기 길이, 레일의 불균일한 온도 힘과 변위, 서로 다른 작동조건 및 일반선로구간(section)과 비교하여 다른 변화 패턴(differential change regularity)과 영향의 레일 설정 온도에 의하여 제한된 관측 말뚝은 특별한 방법으로 배치될 것이다.

장대레일 분기기는 트랜스 구간(跨區間) 장대레일 선로의 중요한 궤도구조이며, 응력(stress)과 변형 패턴(deformation regularity)이 상당히 복잡하다. 시공 중에, 분기기 구간에서 용접이 먼저 수행되며 그다음에 적절한 레일 설정 온도에서 분기기 레일과 일반선로 구간의 긴 레일(long rail string) 간에 용접이 수행된다. 이 과정에서 분기기는 특별한 단위 레일 구간(rail link)으로 간주한다. 게다가, 장대레일 분기기는 트랜스 구간(trans-section, 跨區間) 장대레일 선로에서 관측의 주된 대상이며, 분기기 길이가 200m보다 짧음에도 불구하고 분기기 앞쪽, 뒤쪽 및 포인트 후단에 변위 관측 말뚝이 설치된다. 따라서 장대레일 분기기는 트랜스 구간 장대레일 선로를 설계할 때 하나의 단위 레일 구간으로 간주한다.

트랜스 구간 장대레일 선로의 경우에 복진관측 말뚝으로부터의 데이터와 적절한 계산 결과로 레일 설정 온도의 변화와 레일 종 방향 힘(축력)의 분포를 알아내는 것이 필수이다. 일반선로와 분기기의 단위 레일 구간의 변위를 추적하기 위한 관측 말뚝의 배치는 **그림 6.26**에 나타낸 것과 같은 요구조건을 따라야 한다.

관측 말뚝의 배치는 '철도선로 유지보수 규칙(Rules for the Maintenance of Railway Line)'에 명시된 요구조건을 충족시켜야 한다. 특히,

1. 관측 말뚝은 노반어깨에 또는 정거장의 플랫폼에 설치될 수 있다.
2. 관측 말뚝과 도상비탈 끝/어깨 가장자리 간의 간격은 0.3m보다 크지 않아야 한다.
3. 좁은 어깨에서는 관측 말뚝이 어깨의 중간에 설치될 수 있다.
4. 노반에서는 관측 말뚝이 최대 동결깊이 선에서 적어도 0.5m 아래에 매설(埋設)돼야 한다.
5. 교량 상에서는 관측 말뚝이 교량 고정 지점 부근의 안정된 상판 위 도상유지 벽에 설치될 수 있다(또는 무도상궤도의 경우에 교량상판 방호벽에 설치될 수 있다).

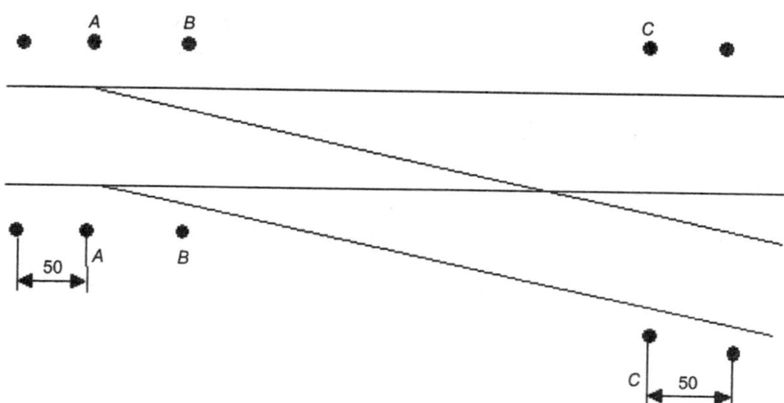

그림 6.26 단일 분기기의 변위를 추적하기 위한 관측 말뚝의 배치(m). 주: 그림에서 '●'은 변위 관측 말뚝을 나타낸다. A, B 및 C는 각각 분기기 앞쪽, 리테이너 및 분기기 뒤쪽에 배치된 관측 말뚝을 나타낸다.

관측 말뚝은 단위 견고하게 매설되어야 하며 레일 구간의 양쪽 끝에 설치된 직후에 표기(標記)되어야 한다. 표기는 눈에 잘 띄고, 내구성이 있으며, 신뢰할 수 있어야 한다.

6.4.4 번수가 큰 분기기의 용접 순서

장대레일 분기기를 용접함에 있어 다음과 같은 요구조건이 충족되어야 한다.

1. 용접 과정에서 분기기 부설 정밀성을 유지하도록 분기기 레일의 기하구조(선형) 조정이 용이함
2. 설치 정밀성을 유지하도록 분기기 부품의 변위를 제어함

3. 용접 동안 초래된 레일의 불균일한 응력의 해방이 용이함
4. 텅레일 후단에서의 힘 전달 구조의 과도한 하중을 방지함
5. 분기기 구조의 보전(保全)과 기하구조적 평탄성(궤도선형)을 유지함

번수가 큰 장대레일 분기기(예를 들어, 중국의 62번 분기기)의 용접 원리는 다음과 같다. 용접은 분기기 구간이 먼저, 그 다음에 분기기와 일반선로 구간(section) 사이가 수행된다. 분기기를 용접할 때는 분기기 뒷부분에서부터 앞부분으로, 기준선에서부터 분기선으로, 그리고 바깥쪽에서부터 안쪽으로 용접이 수행된다. 일반선로구간과 함께 용접할 때는 앞부분에서부터 뒷부분으로, 그리고 분기기 뒷부분에서는 바깥쪽으로부터 안쪽으로 용접이 수행된다. 이 공정 동안, 직선과 곡선 기본레일, 또는 직선과 곡선 리드레일(guiding rail)은 동시에 용접되어야 한다(예를 들어, **그림 6.27**에 나타낸 ①과 ②, 또는 ③과 ④와 같이 같은 유형의 레일들은 동시에 용접되어야 한다). 게다가, 인접하는 두 용접들 간의 온도 차는 2℃보다 낮아야 한다.

기준선에서의 속도가 분기선에서보다 높음에 따라, 직선레일에서부터 곡선레일로의 용접은 분기기의 직선 방향(기준선)의 보다 큰 평탄성(선형맞춤)을 보장할 수 있다.

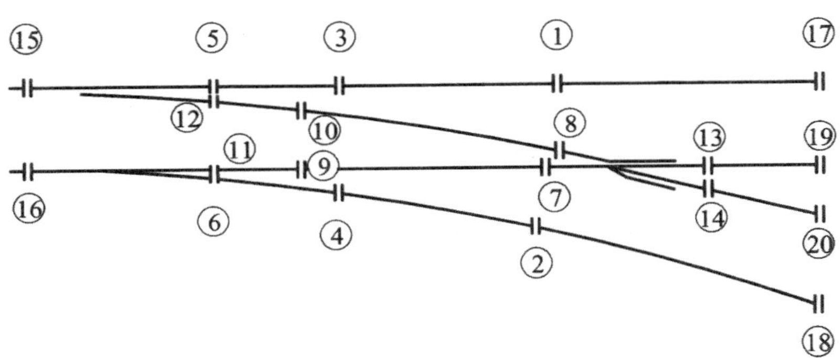

그림 6.27 중국의 62번 장대레일 분기기에 대한 레일이음의 용접 순서

용접으로 생성된 레일응력은 관련된 변형을 줄이도록 분기기 뒷부분으로부터 앞부분으로 용접함으로써, 효과적으로 해방시킬 수 있다.

바깥쪽에서부터 안쪽으로 용접함으로써, 즉 기본레일을 리드레일(guiding rail)보다 먼저 용접함으로써, 분기기의 높은 전체성과 강한 안정성이 보장될 수 있다. 게다가, 이러한 순서는 안쪽레일을 용접함에 있어 위치결정(positioning)을 용이하게 하며, 분기기의 기하구조(선형) 정밀성을 유지하는 데 도움이 된다.

연속적인 두 용접의 온도 차를 2℃ 이하로 유지하면서, 같은 유형의 레일들을 동시에 용접함으로써 직선과 곡선 레일들의 응력과 변형이 잘 조화되며(consistent), 장대레일 분기기 구조의 전체성(全體性, integrity)을 유지하는 데 유리하다.

일반선로구간 레일과 연결하기 전에 분기기의 레일들을 용접함은 분기기의 전체 기하구조(선형)의 정확도와 레일 응력해방에 좋다.

6.4.5 분기기 그룹의 부설 원리

전술에서 나타낸 것처럼, 분기기 번수(number)와 두 분기기 간의 간격이 작을수록 장대레일 분기기의 응력과 변형에 대한 장대레일 분기기 그룹(群) 부설의 영향이 크다. 게다가, 도상 종 저항력(longitudinal resistance of bed)이 비교적 작은 경우에, 분기기 그룹의 배치(layout)는 분기기의 응력과 변형에 상당히 영향을 줄 수 있다.

정거장의 장대레일 분기기(CWR turnout) 그룹(群)을 확인함에 있어, 두 분기기들 간의 중간직선 길이(length of intermediate straight line)의 영향이 고려되어야 한다. 본선 분기기들의 앞부분이 서로 연결된 상태로 배치되어 있다고 가정하자. 열차가 동시에 양 분기선을 통과할 때, 두 분기기 간에 삽입되는 레일의 최단길이는 50m이다. 정거장 현장의 길이에 의하여 제한된다면, 그것은 33m일 것이다. 만일에 열차가 동시에 양 분기선을 통과하지 않거나 분기기들이 앞쪽과 뒤쪽이 연결된 상태로 배치된다면, 그것은 25m일 것이다. 도착-출발선의 분기기들의 앞부분과 뒷부분이 연결되어 배치된다면, 분기기들 사이에 삽입되는 레일의 최단길이가 12.5m일 것이며, 또는 만일 그들의 앞부분들이 연결되어 배치된다면, 그 길이가 25m일 것이다.

6.4.6 터널에서 장대레일 분기기의 부설 원리

제한된 공간, 나쁜 통풍과 조명을 가진 터널(tunnel)에서, 그리고 유해가스조차 있는 다소 긴 터널에서의 작업은 다소 어려우며, 게다가 불편한 유지보수와 형편이 나쁜 작업조건으로 된다. 이 점에서 일반선로구간(section)이나 트랜스구간(trans-section, 跨區間) 장대레일 선로는 유지보수 부담을 줄이고 작업조건이나 효율을 향상시키는 데 다소간의 장점을 가진다. 터널 내의 온도변화는 햇빛의 영향을 직접 받지 않을 것이며, 일반구간보다 훨씬 더 온화한 연간온도변화임이 입증되었다(약 20℃ 더 낮다). 이것은 장대레일 궤도를 부설하기에 상당히 좋다.

관측은 터널 내의 장대레일 궤도의 레일 온도와 기온이 어떤 법칙을 따름을 보여주었다. 터널 내의 레일 온도와 기온은 여름과 겨울에 기본적으로 같다. 여름철에는 기온과 레일 온도가 바깥쪽보다 20~30℃ 더 낮으며, 반면에 겨울철에는 3~8℃ 더 높다. 터널과 바깥쪽 간에는 온도 과도(過渡)구간(temperature transition)이 있으며, 그 길이는 터널의 길이, 방향 및 통풍조건에 좌우되고, 일반적으로 10~50m로 취해진다.

터널과 바깥쪽 간의 큰 온도 차와 레일 온도 힘의 상당한 차이는 장대레일궤도의 부동구간의 불균일한 온도 힘으로 이어진다. 터널과 바깥쪽 간에는 레일 온도 과도(過渡)구간(transition)이 있다. 터널과 바깥쪽 간의 온도 차가 클수록 레일 온도변화의 기울기(gradient)가 더 커진다. 온도의 원리(principle of temperature)에 따르면, 서로 다른 레일 온도는 서로 다른 온도 힘에 해당되며, 따라서 온도 힘 과도구간이 존재한다. 그러나 이 온도 힘 변화는 레일 온도의 일관되지 않은 변화를 수반하며, 장대레일궤도의 신축구간의 것과 다르다. 게다가, 레일 변위의 조건도 다르다. 트랜스구간 장대레일궤도의 레일 온도 과도구간에서, 온도 힘 변화의 기울기는 해당되는 위치에서 도상의 종 저항력과 레일 온도의 변화범위와 관련된다. 다른 의미에서, 그 인자들은 특정 법칙에 따라 상관관계가 있다. 온도의 기울기 변화는 레일을 몇 개의 단위레일 구간(rail link)으로 나눔으로써 허용범위 이내로 제어될 수 있다.

6.4.7 교량 위 장대레일 분기기의 부설 원리

중국은 광대한 영토를 갖고 있다. 환경보호나 토지절약 또는 지질학적 조건의 영향을 받아, 일부 정거장은 고속철도, 여객전용선, 객화혼합 급행철도, 도시대중교통시스템의 건설 동안 교량이나 고가교 위에 위치할 수 있다. 또한, 교량 위를 가로지르는 정거장에 장대레일 선로를 형성하는 것도 필요하다(※ 역자가 문구 조정). 교량 위의 장대레일 분기기는 장대레일 분기기, 교량 위의 장대레일궤도 및 분기기에 대한 교량과 레일 아래 기초의 적용성에 관한 기술을 포함한다. 교량 위의 장대레일 분기기의 레일응력 및 변형과 교량-레일 상호작용 간의 복잡한 관계는 동시에 고려되어야 한다. 이 경우에, 교량 위 장대레일 분기기의 문제는 교량 위 장대레일 궤도 또는 장대레일 분기기의 이론과 실행 단독으로 설명될 수 없다. 교량 위 장대레일 분기기의 기술은 제7장에서 상술할 것이다.

※ 경부고속철도 제1단계 건설구간의 자갈 분기기(국산)

제7장 교량 위 장대레일 분기기의 설계

교량 위 장대레일 분기기{continuously welded rail(CWR) turnout on bridge}에 대해서는 두 가지의 핵심 기술 난제(key technological obstacle)를 해결해야 한다.

분기기-교량 종 방향(longitudinal) 상호작용(interaction) : 고속철도 전체 선로가 트랜스 구간(trans-section, 跨區間) 장대레일 선로를 채용하므로, 장대레일 분기기와 교량 위 장대레일 선로 자체는 두 가지의 고난도(高難度) 기술이다. 교량 위 장대레일 분기기에 관해 말하자면, 분기기 안쪽(inner)레일의 신축과 교량의 신축은 서로 영향을 미치어 더 복잡한 교량-분기기 종 방향 상호작용 시스템을 형성한다.

분기기-교량 동적(動的) 상호작용 : 분기기는 구조적 복잡성(complexity)으로 인해 불가피하게 구조적 틀림(irregularity)이 존재하며, 그 자체가 속도제한 설비이다. 교량 위 장대레일 분기기의 경우에, 분기기 구간의 충격작용(impact)이 비교적 크고 교량의 동적 응답(dynamic response)이 심해질 것이다. 게다가, 교량의 진동은 열차가 고속분기기를 통과할 때의 안전성, 안정성 및 승차감을 저하시킬 것이다. 그러므로 열차가 교량 위 고속분기기를 통과할 때의 안전성과 안정성을 확보하는 것은 철도설계자들에게 또 하나의 기술 난제로 된다.

7.1 교량 위 장대레일 분기기의 종 방향 상호작용의 법칙

교량 위 장대레일 분기기는 교량 위 장대레일 궤도와 큰 차이가 있다. 선로구조의 면에서, 교량 위 장대레일 궤도는 모든 교량 경간에 대하여 동일한 구조를 가지므로 비교적 단순하지만, 교량 위 장대레일 분기기는 다르며, 분기기 구조의 복잡성으로 인해 각각의 교량 경간의 선로 정황(情況)이 모두 다르므로 계산에서 분기기-교량 상호 위치(relative position) 관계가 고려되어야 한다. 계산이론에 따르면, 교량 위 장대레일 궤도가 장대레일 선로의 부동구간(fixed region)에 배치되면, 그것의 온도 힘(신축력)은 교량의 신축에 기인하며, 레일의 온도변화폭(temperature change range)과는 무관하다. 교량 위 장대레일 분기기는 다르며, 분기기 안쪽 레일 구조는 신축구간이 있으므로, 설사 교량이 신축하지 않더라도, 레일의 온도변화가 분기기와 교량 간의 상호작용을 일으킬 수 있다(※ 역자가 문구 조정). 따라서 궤도 종 저항력과 교량구조의 종 방향 수평 강성의 영향을 고려하여 교량 위 장대레일 분기기의 종 방향 힘과 변위의 분포 법칙을 분석하기 위해서는 분기기-교량시스템의 완벽한 분석모델이 개발되어야 한다.

7.1.1 분기기-교량-(슬래브)-교각의 일체화 모델

교량 위 장대레일 분기기에서의 분기기-교량 상호작용은 장대레일 선로의 레일-교량 상호작용과 공통성도 있고 차이점도 있다. 교량 보의 온도변화, 차량 하중, 차량의 제동/가속(및 분기기 안쪽레일들의 온도변화 신축)은 교량 보와 교량 위 궤도(분기기 포함) 간의 상대 변위를 유발한다. 이에 따라 교량 위 궤도(분기기 포함)에는 레일의 종 방향 부가 힘이 발생하고, 교량 상판에는 반대 방향으로 같은 양의 반작용력이 발생한다. 이 힘은 보를 통과하고 받침을 통해 교각으로 전달되어, 교량과 교량 위 궤도(분기기 포함) 간에 상호작용하는 역학적 평형(mechanical equilibrium) 시스템을 형성한다. 분기기-교량 상호작용 힘에는 온도 힘, 만곡 힘(flexural force), 레일 파단(破斷) 힘(breaking force) 및 제동력도 포함된다. 일반적으로, 교량 위 장대레일 분기기의 이들 종 방향 힘(축력)은 서로 간섭하지 않는다고 가정되며, 따로따로 계산된다. 일반적으로, 교량 위 장대레일 분기기가 정거장 가까이에 있고 차량의 제동과 시동에 빈번하게 노출되므로 이때 만곡 힘과 제동력은 중첩하여 계산할 수 있다.

1. 자갈 분기기-교량-교각의 일체화 계산(integrated calculation)모델[85]

모델링 상세에 대하여 **그림 7.1**을 참조하라. 교량 위 장대레일 자갈 분기기의 모델에서, 안쪽레일이 신축됨에 따라 침목은 종 방향으로 이동되고 편향될(deflect) 것이다. 이 과정에서, 힘은 레일체결장치를 통하여 부분적으로 기본레일(stock rail)로 전해지고 침목을 통하여 부분적으로 도상과 교량으로 전해질 것이다. 교량은 신축이나 만곡(flexion)으로 인해 보 표면에 종 방향 변위(longitudinal displacement)가 생긴다. 분기기에

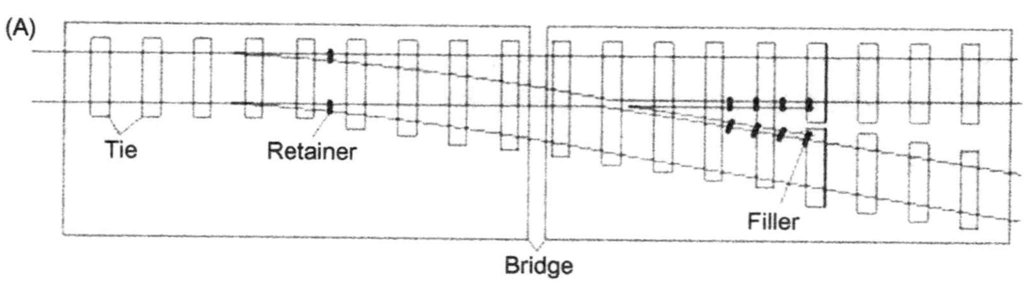

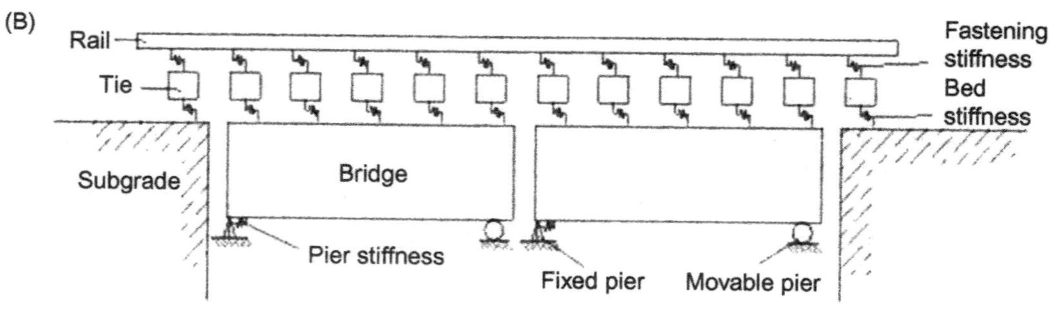

그림 7.1 교량 위 장대레일 자갈 분기기의 모델 : (A) 평면도, (B) 입면도

서 교각으로 전달된 힘은 교각상부에 대하여 종 방향 변위를 초래하고 교량의 종 방향 변위를 유발한다. 한편, 교량 변위는 도상을 통하여 분기기에 전달될 것이며, 이것은 레일 종 방향 힘(축력)의 재분배로 이어지고, 교량의 변형과 응력에 영향을 줄 것이다.

따라서 레일, 침목, 교량 및 교각은 서로 간에 상호작용하고 간섭하는 연결시스템(coupled system)을 구성한다. 일체화 모델(integrated model)은 분기기와 교량의 변형(deformation)과 응력 법칙(stress regularity)을 더 잘 분석하는 데 도움이 된다. 연결시스템에서, 모든 저항력(resistance)은 비선형(nonlinear)으로 고려된다. 그러나 보통의(normal) 저항력이나 선형(linear) 저항력도 고려될 수 있다. 분기기는 단일 분기기나 분기기 그룹일 수 있다. 교량 보(bridge beam)는 단순(simply supported)보 유형, 연속(continuous)보 유형, 또는 그 외의 유형일 수 있다. 경계 영향(boundary effect)을 제거하기 위해, 교량의 양쪽 끝에 대해서는 일정 길이(certain length)의 일반적인 노반 위 궤도를 고려한다.

2. 무도상분기기-교량-교각의 일체화 계산(integrated calculation)모델[86]

모델의 평면도와 입면도에 관하여 각각 **그림 7.1** (A)와 **7.2**를 참조하라. 교량 위 장대레일 무도상분기기(ballastless CWR turnout)의 경우에, 분기기는 철근콘크리트 슬래브 위에 부설된다. 만일 분기기와 슬래브 사이에 중간층(intermediate course)이 부설된다면, 분기기와 슬래브 사이의 상대적인 미끄럼(relative sliding)이 허용될 것이다. 힘은 종횡(縱橫) 방향의 볼록한 고정(retaining) 블록을 통하여 전달되며, 분기기와 교량 간의 상호작용은 자갈궤도의 경우와 다르다. 이 경우에, 교량 위 장대레일 분기기는 분기기, 슬래브 및 보로 이루어진 3층 시스템으로 간주될 수 있다. 분기기와 슬래브 간의 레일체결장치(fastener)는 **그림 7.2** (A)에 나타

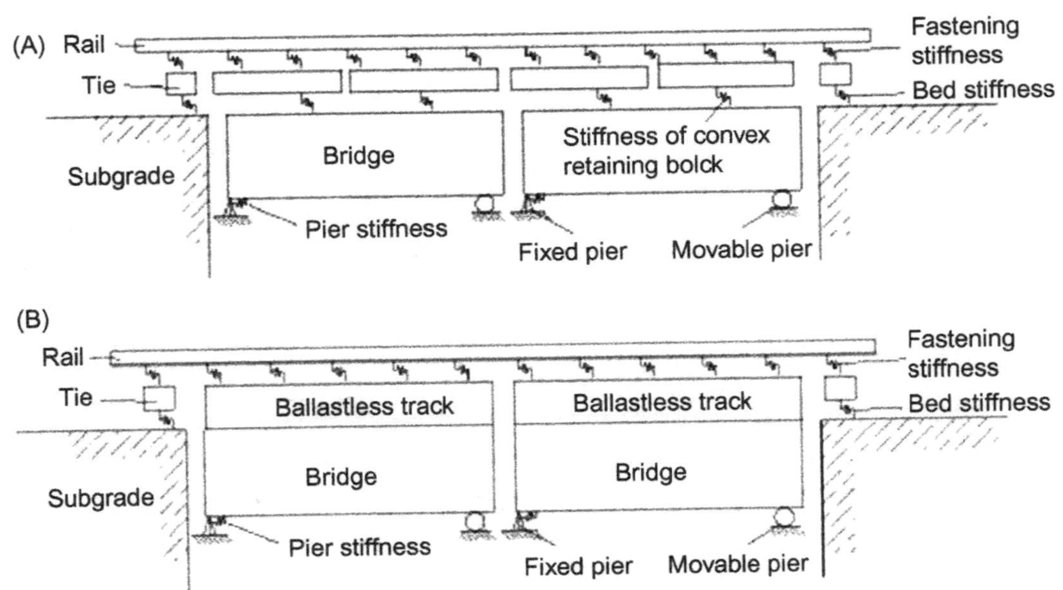

그림 7.2 (A) 종 방향 볼록 고정 블록이 있는 교량 위 장대레일 무도상분기기의 모델(입면도), (B) ㄇ형상의 철근이 있는 교량 위 장대레일 무도상분기기의 모델(입면도)

낸 것처럼 스프링으로 모델링되며, 슬래브와 보는 스프링으로 연결된다. 만일 슬래브와 교량이 Π형상의 철근(reinforcement)으로 연결된다면, 분기기와 슬래브 간에 상대적인 미끄럼이 허용되지 않는다. 이 경우에, 교량 위 장대레일 분기기는 **그림 7.2** (B)에 나타낸 것처럼 분기기와 보로 이루어진 2층 구조로 간주될 수 있다.

3. 종 방향으로 연결된 기초슬래브(longitudinally connected base slab)가 있는 무도상분기기–슬래브–교량–교각의 일체화 계산모델

종 방향으로 연결된 기초슬래브가 있는 교량 위 장대레일 무도상분기기의 경우에 분기기, 분기기슬래브, 기초슬래브, 교량 보 및 교각은 하나의 유기적인 총체(總體)로 간주하며 분기기–슬래브–교량–교각의 일체화 모델(integrated model)은 변형과 응력을 분석하기 위하여 수립될 것이다. 모델에서는 레일체결장치의 종 저항력, 분기기 슬래브와 기초슬래브 간의 종 저항력, 기초슬래브와 교량 간 미끄럼 층(sliding course)의 마찰저항력, 기초슬래브의 신축 강성, 교각 상부의 종 방향 수평 강성과 같은 중요한 파라미터들의 영향도 고려되어야 한다. 모델은 **그림 7.3**에 나타낸다(역주 : 이 장에서는 분기기슬래브를 경우에 따라 도상슬래브 및 궤도슬래브와 혼용하고 있음에 유의).

모델에서 레일, 간격재, 리테이너(retainer, 위치제한장치), 분기기슬래브, 기초슬래브, 교량, 교각, 마찰 판(friction plate), 끝머리 제한구조(terminal restricted configuration), 기초슬래브에 대한 종횡 방향의 볼록한 고정 블록(convex retaining block) 및 기초슬래브와 교량 간의 전단(剪斷) 홈(shear groove)이 분석된다. 레일–분기기 슬래브, 분기기 슬래브–기초슬래브 및 기초슬래브–마찰 판 간의 종 방향 상호작용 저항력은 계산모델을 더 정확하게 만들기 위하여 비선형이라고 가정된다. 교량과 교량 위 용접분기기 간의 종 방향 상호작용에 대한 일반 계산프로그램 BTWRC는 상기의 모델에 기초하여 개발되었다.

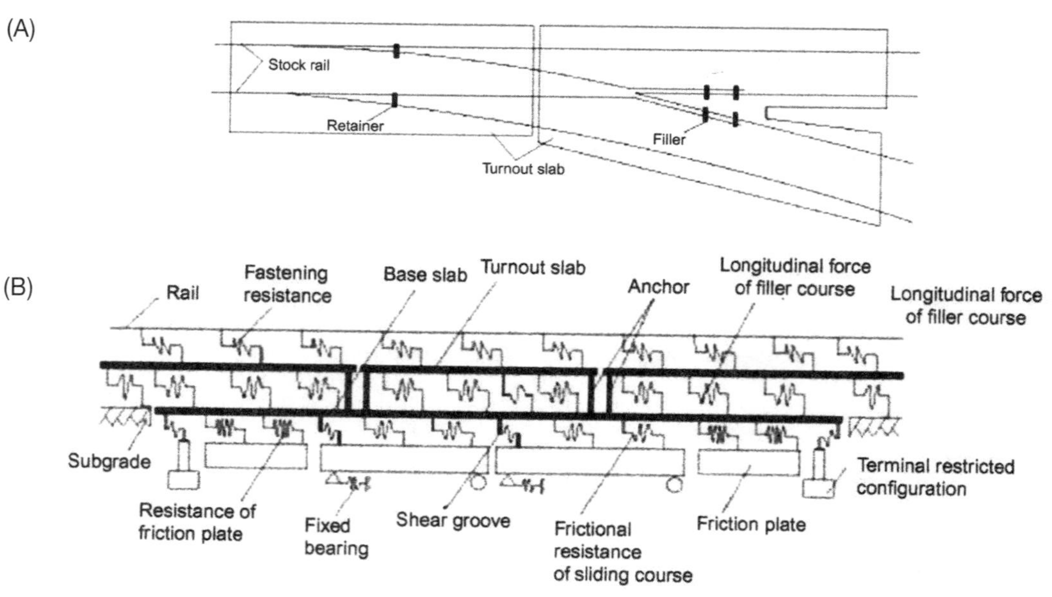

그림 7.3 종 방향으로 연결된 기초슬래브가 있는 교량 위 장대레일 무도상분기기의 모델 : (A)평면도, (B) 입면도

7.1.2 단순보 교량과 자갈분기기 간의 종 방향 상호작용의 법칙[87]

많은 나라에서 고속철도의 장대레일 분기기는 단순보(simply support beam) 위에 부설하지 않는다. 왜냐하면, 보의 이음부에서 상당한 부가온도 힘과 변위가 발생하여 분기기의 안정성과 기하구조에 영향을 줄 것이기 때문이다. 고속열차가 보의 이음부를 지나갈 때는 큰 동적 충격이 발생할 것이다. 그러므로 포인트와 크로싱과 같은 분기기의 약한 부분은 보의 이음부에 부설하는 것이 허용되지 않는다. 중국의 200km/h 속도 향상 철도의 경우에는 교량구조의 제약 때문에 일부 장대레일 분기기가 단순보 위에 부설됐다; 그러나 텅레일과 노스레일은 보의 이음부에 부설되지 않는다. 연구는 가능한 한 분기기 구간 내에 부가 힘의 피크가 형성되는 것을 피하고 분기기의 전체 복진(匐進, integral creeping)을 최소화하는 등의 설계요구에 따라 자갈궤도 구간의 단순보 위의 장대레일 분기기의 응력과 변형의 법칙(regularity)들에 주로 초점을 맞추었다.

1. 계산파라미터(calculation parameter)

9×32m 단순보 교량 위의 250km/h용 중국 18번 장대레일 분기기를 취하여 보자. 분기기는 중간의 세 경간(span) 위에 부설된다. 분기기-교량 배치(layout)에 대하여는 **그림 7.4**를 참조하라.

자갈궤도의 선로 종 저항력은 12kN/침목으로 취해진다. 분기기에서의 침목 당 종 저항력은 침목 길이에 따라 6.6kN/m로 분포되고, 침목 간격은 0.6m이다. 레일체결장치 저항력은 II형 체결 클립의 평균 저항력으로 취해지며, 조(組, 세트) 당 12.5kN이다. 교량의 온도변화범위는 15℃이다. 양쪽 교대의 종 방향 강성은 1×10^7kN/m이고, 중간 교각의 강성은 1×10^5kN/m이다. 보는 단일 박스 보(monolithic box beam) 형이다. 단면 중심과 상부 및 하부 플랜지 간의 거리는 각각 1.6266과 1.5774m이다. 단면2차 모멘트는 3.7044m^4/선이다.

계산에서 비교를 위해, 교량 위 보통의 장대레일 궤도(ordinary CWR track)의 교량경간, 지점배치, 교량보 구조, 교각/교대 강성 등은 교량 위 장대레일 분기기와 같지만, 복선 궤도이다. 노반 위 장대레일 분기기의 구조, 도상(bed)저항력 및 레일체결장치 저항력 등은 교량 위 장대레일 분기기와 같다.

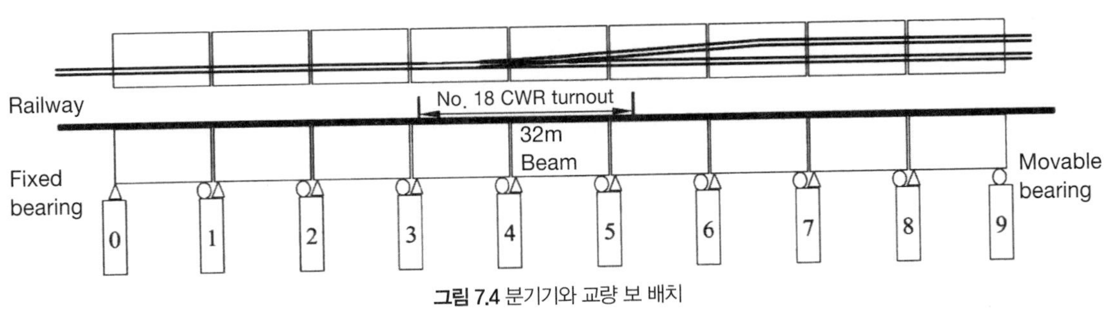

그림 7.4 분기기와 교량 보 배치

2. 온도 힘(temperature force, 신축력)

50℃의 온도변화범위에 대하여, 교량 위 장대레일 자갈분기기, 교량 위 장대레일 궤도 및 노반 위 장대레일 분기기의 온도 힘과 종 방향 변위의 비교 결과를 각각 **그림 7.5**와 **7.6**에 나타낸다. 그림에서, x축은 왼쪽

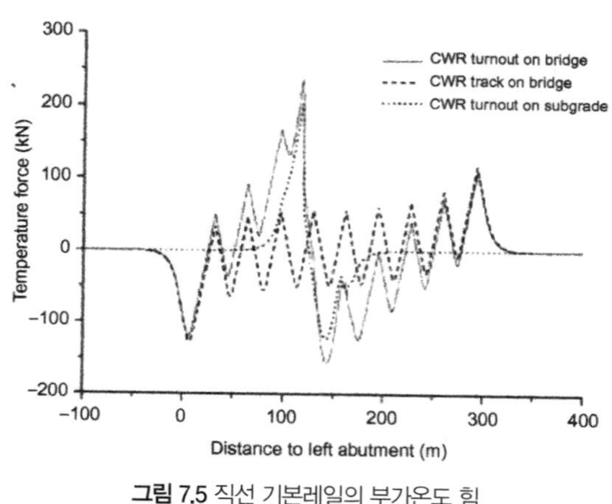

그림 7.5 직선 기본레일의 부가온도 힘

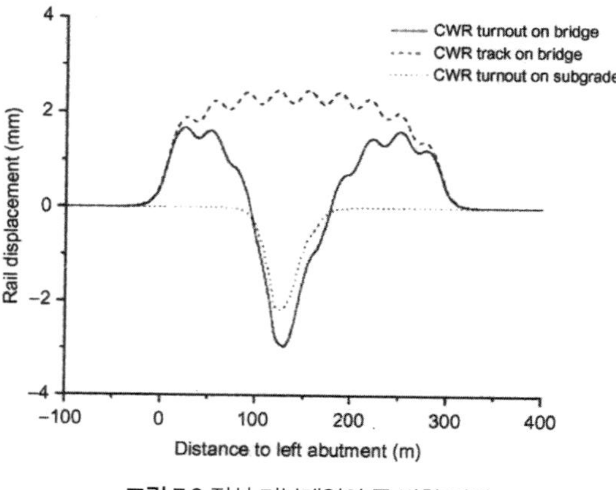

그림 7.6 직선 기본레일의 종 방향 변위

교대까지의 거리를 나타내며, 오른쪽에 대하여 양(+)이다. y축은 온도 힘(압축력 = 양)과 변위(오른쪽 = 양)를 각각 나타낸다.

계산 결과로부터, 교량 위 장대레일 분기기의 레일의 최대 부가(附加) 온도 힘(maximum additional temperature force)은 교량 위 보통의 장대레일 궤도보다 훨씬 더 크고, 노반 위 분기기보다 다소 증가했다. 게다가, 교각/교대의 종 방향 힘(longitudinal force)은 교량 위 보통의 장대레일 궤도보다 훨씬 더 크며, 레일 온도의 변화폭(change amplitude)과 함께 증가할 것이다. 교량 위 보통의 장대레일 궤도가 부동 구간(fixed area)에 위치하는 경우에, 교각의 종 방향 힘은 교량 온도에 따라 변할 뿐 레일 온도에 따라 변하지는 않는다.

3. 만곡 힘(flexural force)

교량 위 장대레일 분기기의 만곡 힘은 다음과 같은 네 가지 경우에 관하여 중국 표준철도활하중(standard railway live load)으로 계산된다.

– 경우 1 : 분기기 구간에서 기준선의 모든 보 경간(span)에 대해 왼쪽에서부터 오른쪽으로 전(全) 경간 하

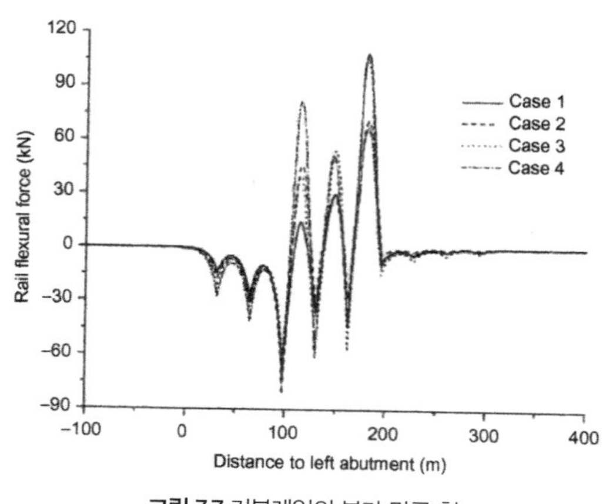

그림 7.7 기본레일의 부가 만곡 힘

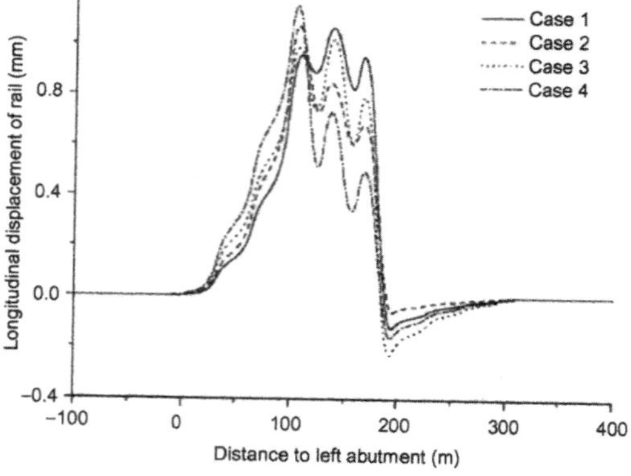

그림 7.8 기본레일의 만곡 변위(flexural force)

중부하(full-span load). 분기선에는 하중이 없다.

- 경우 2 : 분기기 구간에서 기준선의 모든 보 경간에 대하여 오른쪽에서부터 왼쪽으로 전(全) 경간 하중부하. 분기선에는 하중이 없다.

비교를 위하여, 교량 위 보통의 장대레일 궤도의 만곡 힘에 대한 두 가지 경우가 동시에 고려된다.

- 경우 3 : 분기기 기준선에 상응하여 모든 보 경간에 대하여 왼쪽에서부터 오른쪽으로 전(全)경간 하중부하. 분기선에 상응하는 하중은 없다(※ 역자가 문구 조정).
- 경우 4 : 분기기 기준선에 상응하여 모든 보 경간에 대하여 오른쪽에서부터 왼쪽으로 전(全)경간 하중부하. 분기선에 상응하는 하중은 없다(※ 역자가 문구 조정).

교량 위 보통의 장대레일 궤도와 분기기의 직선 기본레일의 만곡 힘 및 변위의 비교 결과는 **그림 7.7**과 **7.8**에 묘사되며, 여기서 x축은 왼쪽 교대까지의 거리를 나타내고, y축은 레일의 부가 만곡 힘(압축력 = 양)과 종 방향 변위(오른쪽 = 양)를 각각 나타낸다(※ 역자가 '과 종 방향 변위(오른쪽 = 양)' 문구 추가).

계산 결과에 따르면, 교량 위 장대레일 분기기의 부가 만곡 힘(additional flexural force)의 분포 법칙(distribution regularity)은 교량 위 보통의 장대레일 궤도의 것과 다르다. 이것은 주행 방향과 지점 배치(bearing layout)뿐만 아니라 분기기-교량 상대 위치(relative location), 분기기와 교량 고정지점의 상대 방향(relative direction) 등의 요인과도 관련된다. 계산은 실제 조건에 따라 수행된다.

4. 레일 파단(破斷) 힘(rail breaking force)

레일 파단(破斷, breakage) 힘은 레일의 최대 종 방향 힘(축력)을 가진 위치에서 일반적으로 교량 끝부분에서 발생하며, 여기서 보다 큰 부가온도 힘(additional temperature force)이 나타날 수 있다. 계산에서 한 레일의 파단이 고려된다.

계산은 아래에 주어진 여섯 가지의 경우와 조합하여 **그림 7.5**에 나타낸 바와 같이 교량 위 장대레일 분기기의 부가(附加) 온도 힘의 분포 법칙(regularity)에서 추정된다.

- 경우 1 : 분기기 앞의 보 끝에서 직선 기본레일의 파단
- 경우 2 : 분기기 앞의 보 끝에서 곡선 기본레일의 파단
- 경우 3 : 분기기 뒤의 교각/교대에서 직선 기본레일의 파단
- 경우 4 : 분기기 뒤의 교각/교대에서 긴 노스레일의 파단
- 경우 5 : 분기기 뒤의 교각/교대에서 짧은 노스레일의 파단
- 경우 6 : 분기기 뒤의 교각/교대에서 곡선 기본레일의 파단

레일 파단 힘의 계산에서, 레일과 교량의 온도상승을 고려하여 분기기-교량 전체 시스템이 계산에 포함되며, 한 레일만 어딘가에서 파단되고 그 밖의 레일들은 정상상태(normal condition)에 있다. 경우 1을 예로 들어, 레일 파단 후의 종 방향 힘(축력)의 분포는 **그림 7.9**에 묘사된다(인장력 = 양).

만일, 직선 기본레일이 파단 된다면, 파단 틈(broken gap)에서의 종 방향 힘은 0이며, 장대레일 분기기에서 종 방향 힘은 작다. 그러나 분기기 침목과 교량의 종 방향 변위의 증가는 파단 틈에 대응하는 위치에서 곡선 텅레일의 종 방향 힘이 1,108.1에서 1,254.8kN으로 증가함으로 이어진다(**그림 7.10**).

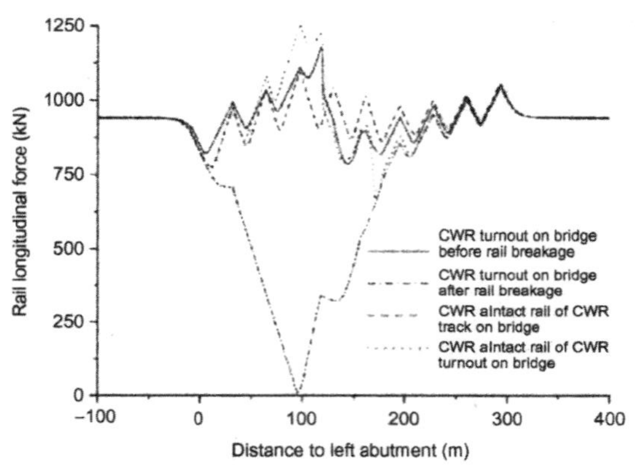

그림 7.9 경우 1에서 레일 파단 힘의 분포(역주 : 셋째와 넷째 보기에서 aIntact는 intact의 오기)

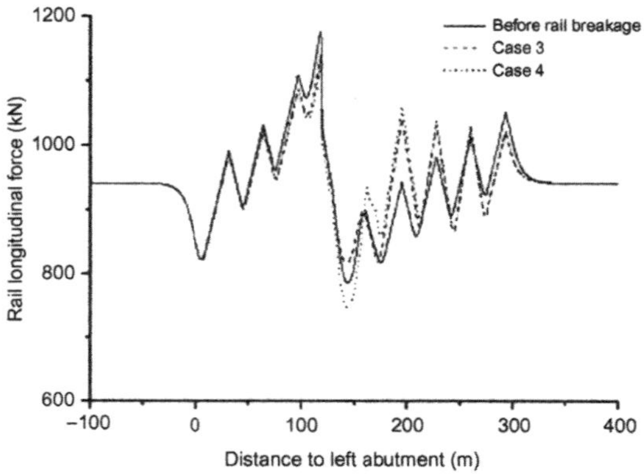

그림 7.10 온전한 기본레일의 축력 비교

분기기 레일에서 50℃의 온도강하(temperature drop)에 대하여 여섯 가지 경우에 대한 계산 결과는 **표 7.1**에 주어지며, 여기서 교각/교대의 오른쪽 변위와 오른쪽 종 방향 힘은 오른쪽을 양(+)으로 한다.

표 7.1 계산 결과의 비교

계산 결과	경우 1	경우 2	경우 3	경우 4	경우 5	경우 6
온전한 기본레일의 최대 종 방향 힘 (kN)	1,252.2	1,254.5	1,141.1	1,137.4	1,130.8	1,139.3
레일 파단 틈 (mm)	59.8	60.7	46.3	43.6	43.8	45.8
텅레일후단에서 리테이너 최대응력 (kN)	218.2	221.7	116.2	106.5	107.1	116.1
윙레일 끝부분에서 간격재의 최대 응력 (kN)	135.9	133.6	166.8	159.5	159.3	167.8
침목에 대한 직선 텅레일 첨단 변위 (mm)	21.4	1.8	18.8	18.8	18.7	18.5
침목에 대한 곡선 텅레일 첨단 변위 (mm)	1.8	21.4	18.5	18.7	18.8	18.8
침목에 대한 노스레일 첨단의 변위 (mm)	6.1	5.7	7.7	4.8	7.5	8.0
교각 3의 종 방향 힘 (kN)	616.1	618.3	343.3	361.4	362.3	343.5
교각 4의 종 방향 힘 (kN)	897.4	897.6	357.3	454.0	457.7	358.2
교각 5의 종 방향 힘 (kN)	742.8	712.0	203.3	118.0	107.5	197.2

표 7.1에서 알 수 있는 것처럼, 분기기 앞부분(기준선이든지 분기선이든지)의 레일 파단은 온전한 기본레일의 최대축력의 증가를 초래하며, 파단 틈, 침목에 대한 텅레일/노스레일의 종 방향 변위 및 교각/교대의 종 방향 힘은 레일 파단이 분기기 뒷부분의 연속보 오른쪽에서 발생한 경우에 대하여보다 더 크다. 분기기 뒷부분에서 단순보의 오른쪽에 대한 레일(직선 텅레일이나 곡선 텅레일, 또는 긴 노스레일이나 짧은 노스레일) 파단의 경우에, 온전한 기본레일의 축력, 파단 틈, 침목에 대한 텅레일/노스레일의 종 방향 변위 및 연속보의 교각/교대의 종 방향 힘은 유사하지만, 분기기 앞부분의 레일 파단보다 더 작다. 이것은 안쪽레일들의 신축 변위 방향과 파단 레일의 신축 방향이 반대이기 때문이다. 파단 틈을 제어하기 위해서는 장대레일 분기기를 교량에 배치할 때 레일의 최대 종 방향 힘(축력)이 분기기 앞부분에서 발생하지 않아야 한다. 다시 말해서,

가능한 한 안쪽레일 신축 앞쪽에서 레일 파단이 발생하는 것을 피해야 한다.

5. 제동력(braking force)

제동력은 0.164의 차륜-레일마찰계수와 분기기에서 세 경간의 작용 길이(action length)에 기초하여 중국 표준철도 활하중(live load)으로 계산된다. 교량과 안쪽레일의 신축은 고려되지 않는다. 다음과 같은 세 가지의 경우가 적용된다.

- 경우 1 : 기준선에서 열차 통과, 오른쪽에서 왼쪽으로의 제동력
- 경우 2 : 기준선에서 열차 통과, 왼쪽에서 오른쪽으로의 제동력
- 경우 3 : 분기선에서 열차 통과, 오른쪽에서 왼쪽으로의 제동력

비교를 위하여, 교량 위 보통의 장대레일 궤도(ordinary CWR track)에 대한 제동력을 계산하는 경우가 고려될 것이며, 여기서 하중은 상응하는 세 경간에 적용되며 제동력은 오른쪽에서 왼쪽으로 가해진다.

경우 1에서, 직선/곡선 텅레일과 교량 위 보통의 장대레일 궤도의 부가(附加) 제동력의 비교 결과는 **그림 7.11**에 묘사된다(압축력 = 양). 보-레일 상대변위(relative displacement)는 **그림 7.12**에 주어진다(오른쪽 = 양).

계산 결과에 따르면, 교량 위 장대레일 분기기의 제동력은 교량 위 장대레일 궤도보다 훨씬 더 크다. 이것은 주로 안쪽레일들이 신축구간으로 간주되기 때문이며, 제동력 하에서 왼쪽으로 신축될 것이다. 한편, 부분적인 종 방향 힘(축력)은 레일체결장치와 도상저항력을 통하여 직선 기본레일로 전달될 것이다. 분기기의 부가(附加) 제동력과 상대변위는 곡선 기본레일과 비교하여 직선 기본레일에 대해 더 크며, 그 이유는 제동력이 곡선 기본레일에 국부적으로 분포되고, 나머지는 직선 텅레일과 긴 노스레일에 의해 공유되기 때문이다.

제동력이 왼쪽에서부터 오른쪽으로 가해질 때, 교량 위 장대레일 분기기와 교량 위 장대레일 궤도의 최대 압축력은 반대 방향의 제동력 하에서보다 약간 더 작다. 이것은 교량 받침(bracing)의 배치에 좌우된다. 기준선에서의 열차 통과의 경우에 직선 텅레일에 대한 부가 제동력의 분포 법칙은 분기선 통과의 곡선 텅레일과 비교하여 비슷하다.

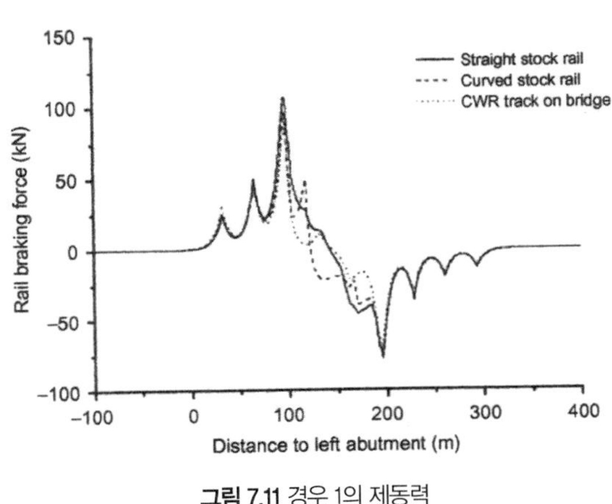

그림 7.11 경우 1의 제동력

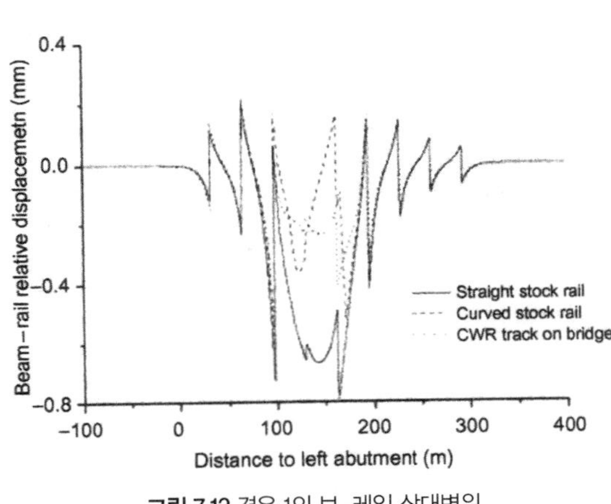

그림 7.12 경우 1의 보-레일 상대변위

7.1.3 연속보 교량과 자갈분기기 간의 종 방향 상호작용 법칙

고속철도의 장대레일 분기기는 연속보(continuous beam) 교량 위에 부설되며, 이것은 이 교량의 유리한 전체성(全體性, integrity) 때문이다. 횡 방향으로도 전체적 구조가 채택되면 장대레일 분기기에 대하여 모든 방향에서 연속적이고 안정된 부설 토대(foundation)를 제공할 수 있다. 장대레일 분기기에 대한 교량신축의 영향은 분기기 안정성과 기하구조를 유지하도록 분기기–교량 상대 위치를 최적화함으로써 최소화될 수 있다.

1. 계산파라미터(calculation parameter)

예를 들어, (32m + 48m + 32m) 연속보(continuous beam) 위 60kg/m 레일의 중국 18번 장대레일 가동노스(swing–nose) 분기기의 배치를 **그림 7.13**에 나타낸다. 분기기의 길이는 69m이며, 연속보의 중앙에 위치한다. 분기기 시점/종점에서부터 대응하는 보 끝까지의 거리는 21.5m이다. 보의 고정지점(支點)은 분기기 앞쪽에 놓인다. 분기기 양쪽에는 각각 3 경간(3×32m) 단순보(simply supported beam)가 배치된다. 전술한 것과 같은 계산파라미터가 적용된다.

2. 온도 힘(temperature force, 신축력)

50℃의 레일 온도 상승의 경우에, 교량(역자 추가 : 연속보, 단순보) 위 장대레일 자갈분기기, 교량(역자 추가 : 연속보) 위 보통의 장대레일 궤도 및 노반 위 장대레일 분기기에 대한 레일 온도 힘(신축력)의 비교 결과는 **그림 7.14**에 묘사되며, 직선 기본레일에 대한 신축변위(expansion displacement)의 비교 결과는 **그림 7.15**에 나타낸다.

계산 결과에 따르면, 연속보 교량 위 장대레일 분기기의 기본레일의 온도 힘은 노반 위 장대레일 분기기, 교량 위 보통의 장대레일 궤도 및 단순보 교량 위 장대레일 분기기의 것과는 다르다. 연속보 위 기본레일의 최대 온도 힘은 연속보의 양쪽 끝에서 발생되며, 부가(附加) 인장력(additional tensile force)은 연속보의 중간에서 발생된다. 피크 값은 노반 위 장대레일 분기기에서처럼 리테이너(retainer, 위치제한장치)에서 발생되지 않는다. 이 특징은 분기기 기하구조 상태를 유지하는 데 유리하다.

분기기 구간에서 멀리 떨어진 교량 위 보통의 장대레일 궤도에서 레일의 부가(附加) 온도 힘(additional temperature force)의 분포 법칙과 크기는 교량 위 장대레일 궤도의 것과 비슷하다. 분기기 구간 앞뒤의 3×32m 단순보에서 분기기 온도 힘이 교량 위 장대레일 궤도에 미치는 영향은 이미 매우 약해졌다. 이것은 장대레일 분기기가 전후의 교량 위 장대레일 궤도에 미치는 영향 범위가 100m 이내라는 것을 의미한다.

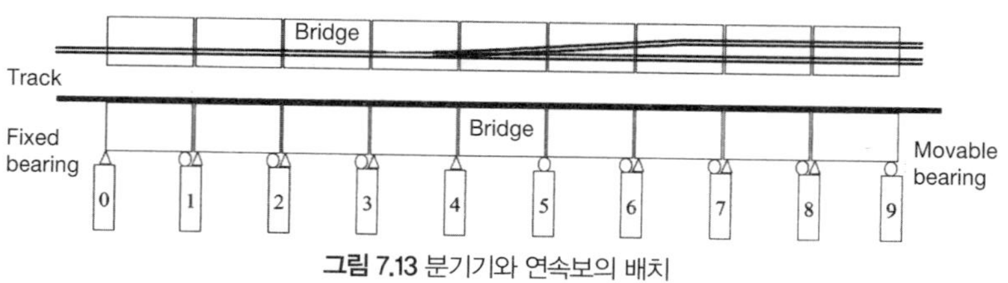

그림 7.13 분기기와 연속보의 배치

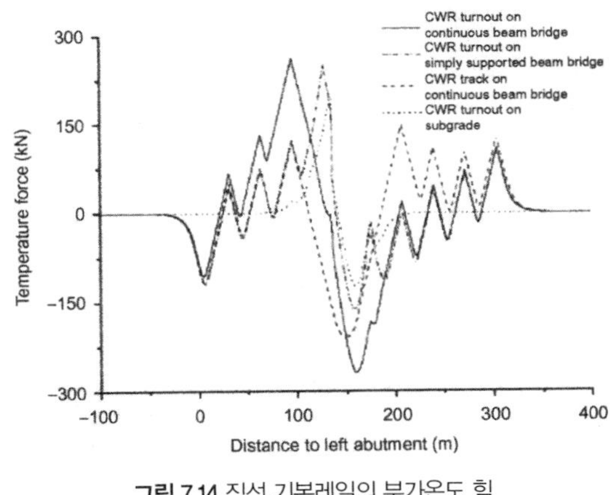

그림 7.14 직선 기본레일의 부가온도 힘

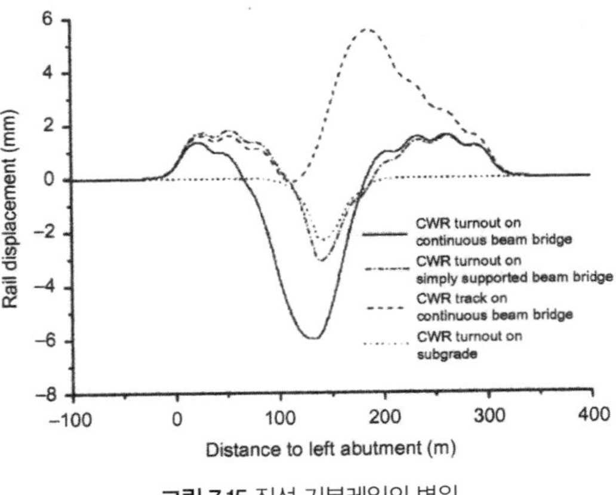

그림 7.15 직선 기본레일의 변위

연속보 교량 위 장대레일 분기기의 경우에, 분기기 구간의 교각 종 방향 힘은 동일 경간배치를 가진 단순보 교량 위 장대레일 분기기 및 교량 위 보통의 장대레일 궤도의 것보다 훨씬 더 크다. 이것은 안쪽레일이 왼쪽으로 신축할 때 종 방향 힘(축력)의 상당 부분이 도상을 통하여 연속보 교량의 교각으로 전달된다는 사실에 주로 기인하며, 나머지는 침목과 레일체결장치를 통하여 기본레일로 전달된다. 따라서 연속보의 고정지점의 양쪽에서 교각으로 전달된 종 방향 힘은 동등하지 않으며, 교각의 응력을 증가시킨다. 이 경우에, 연속보의 지점배치와 분기기-교량 상대 위치는 교각의 종 방향 힘을 줄이도록 최적화될 것이다.

3. 그 밖의 보-레일 상호작용(other beam-rail interaction)

만곡 힘(flexural force)의 계산 결과로부터, 교량 위 장대레일 분기기에서 레일과 힘 전달 부품(force transmission parts)의 응력과 변위 및 교각의 종 방향 힘에 대한 만곡 힘의 영향이 온도 힘의 영향보다 비교적 작다는 것이 밝혀졌다. 따라서 만곡 힘은 검증의 중점사항(verification focus)이 아니다.

레일 파단(破斷) 힘(breaking force)의 계산 결과로부터, 만일 연속보 교량 위 장대레일 분기기의 앞부분에서 하나의 레일이 파단 되면, 다른 하나의 레일이 동시에 파단 되는 비율이 교량 위 장대레일 궤도보다 훨씬 더 크다는 것이 밝혀졌다. 파단 틈에서의 침목은 심하게 편향되며, 이것은 분기기 레일체결장치의 심한 변형으로 이어지고 분기기 기하구조가 변하기조차 한다. 따라서 파단 레일이 있는 분기기는 공들여 보수하여야 한다. 교각 응력에 대한 안쪽레일 신축의 상당한 영향 때문에, 교량 위 장대레일 분기기에서 연속보의 왼쪽에 대한 레일 파단 시 교각의 종 방향 힘은 보의 오른쪽에 대한 레일 파단 시보다 더 크다.

제동력(braking force)의 계산 결과로부터, 피크 레일 제동력은 연속보 끝에서 발생한다는 것이 밝혀졌다. 왼쪽에서 오른쪽으로의 제동력의 경우에, 최대 부가(附加) 압축력은 연속보 오른쪽 끝에서 발생하고, 최대 부가 인장력은 왼쪽 끝에서 발생하며, 반대의 경우도 마찬가지다. 교량 위 장대레일 분기기에서의 기본레일의 제동 압축력과 인장력은 교량 위 장대레일 궤도에서의 것보다 더 크다. 왼쪽과 오른쪽 보 끝에서의 최대 보-레일 변위는 약 1.6과 1.3mm이며, 교량 위 장대레일 궤도에서의 것(1.1과 1.0mm)보다 더 크다. 따라서 제동력 하에서 교량 위 장대레일 분기기의 종 방향 안정성은 교량 위 장대레일 궤도보다 더 열등하다. 동시에 정거장 선로의 분기기는 제동이나 시동(始動)하중을 빈번하게 받게 되며, 따라서 그것은 건넘선이나 연결선의 분기기보다 덜 안정적일 수 있다. 이 요인은 온도 힘과 레일 파단 힘과 함께 교량 위 장대레일 분기기의 종 방향 불안정으로 이어진다.

4. 연속보(continuous beam)의 경간 길이(span length)의 영향[88]

전술의 **그림 7.13**의 3경간 연속보(three-span continuous beam)를 취하여 보자. 예를 들어, 네 가지의 경우로서 (32m + 32m + 32m), (32m + 48m + 32m), (48m + 48m + 48m) 및 (48m + 60m + 48m)의 경간 배치가 고려된다. 18번 분기기는 연속보의 중앙에 놓이며, 분기기 시점~연속보 왼쪽 끝 간의 거리와 분기기 종점~연속보 오른쪽 끝 간의 거리는 같다(네 가지의 경우에 대해 각각 13.5, 21.5, 37.5 및 43.5m). 연속보의 고정지점(支點)은 분기기의 앞쪽에 배치된다. 연속보 양쪽에는 3×32m 단순보가 배치된다.

표 7.2 계산 결과의 비교

계산 경우	경우 1	경우 2	경우 3	경우 4
직선 기본레일의 최대 부가 압축력 (kN)	266.7	261.9	285.2	286.2
직선 기본레일의 최대 신축변위 (mm)	−6.1	−6.0	−7.4	−7.4
텅레일 후단에서 힘 전달 부품의 최대응력 (kN)	39.1	27.2	8.7	8.4
윙레일 끝부분에서 간격재의 최대응력 (kN)	144.1	141.6	132.3	129.9
침목에 대한 직선 텅레일 첨단의 변위 (mm)	−17.7	−17.1	−16.1	−16.1
침목에 대한 노스레일 첨단의 변위 (mm)	−6.7	−6.5	−6.0	−5.9
왼쪽 교대의 종 방향 힘 (kN)	−294.6	−293.2	−298.7	−299.0
교각 1의 종 방향 힘 (kN)	−134.7	−132.1	−144.4	−145.1
교각 2의 종 방향 힘 (kN)	−262.8	−257.0	−282.9	−284.2
교각 4의 종 방향 힘 (kN)	−1,186.2	−1,350.3	−100.7	−1,609.4
교각 6의 종 방향 힘 (kN)	−259.9	−170.6	−59.3	1.6
교각 7의 종 방향 힘 (kN)	−150.2	−115.7	−70.1	−44.0
교각 8의 종 방향 힘 (kN)	−170.2	−157.4	−140.0	−130.2
분기기 앞 보 끝에서 직선기본레일 파단 틈 (mm)	63.4	64.7	65.2	65.2
온전한 레일의 최대 인장력 (kN)	438.0	437.5	469.4	478.4

표 7.2는 각각 다른 경간 길이를 가진 연속보에서 온도 힘을 받는 교각과 장대레일 분기기의 응력과 변형을 나타낸다. 연속보 경간 길이가 증가함에 따라 보 끝에서의 레일의 부가온도 힘과 교각의 종 방향 힘이 증가하는 것을 볼 수 있으며, 이는 교량 위 보통의 장대레일 궤도와 마찬가지로 교량의 온도 구간(temperature span)이 증가하였기 때문이다. 한편, 힘 전달부품의 종 방향 힘과 침목에 대한 텅레일/노스레일의 변위는 연속보 경간 길이가 증가함에 따라 감소한다. 이것은 경간이 길어짐에 따라 분기기 시점/종점과 보 끝 간의 거리가 커지고 분기기 중심이 연속보의 고정지점의 우측으로 더 멀리 이동하기 때문이다. 이 경우에, 분기기에 대한 연속보의 오른쪽 변위가 점점 커져서 안쪽레일의 왼쪽으로의 신축을 상쇄시키는 작용이 더욱 강해진다. 요컨대, 교량의 경간을 길게 하면 장대레일 분기기의 응력에 유리하다. 그러나 그것은 일반선로 구간

(section) 장대레일 궤도와 교각의 응력을 증가시킬 수 있으며, 따라서 합리적인 경간 길이가 필요하다.

5. 분기기 시점/종점(turnout beginning/end)과 보 끝(beam end) 간 거리의 영향

상기의 **그림 7.13**의 3경간 연속보에 대한 분석은 (다섯 가지의 경우에 해당되는) 0, 10, 21.5, 30 및 43m의 분기기 시점과 연속보의 왼쪽 신축이음(expansion gap) 간의 거리와 43, 33, 21.5, 13 및 0m의 분기기 끝과 연속보의 오른쪽 신축이음 간의 거리에 기초한다. 그 밖의 파라미터는 전술과 같다.

분기기 시점/종점과 보 끝 사이의 거리가 서로 다른 연속보 교량 위 장대레일 분기기에 대한 기본레일의 부가온도 힘을 **그림 7.16**에 나타낸다. 이 그림에서, 분기기 시점과 연속보의 왼쪽 신축이음 간의 거리가 가까울수록 분기기 끝과 연속보의 오른쪽 신축이음 간의 거리가 커지며, 분기기 앞쪽의 연속보의 신축이음에서 기본레일의 부가온도 힘이 더 커진다. 이것은 분기기 시점과 연속보의 왼쪽 신축이음 간의 거리가 짧을수록 교량 보와 안쪽레일이 같은 방향으로 신축되는 범위가 커지고, 반대 방향의 신축범위가 작아지기 때문이다. 그러므로 안쪽레일의 더 많은 축력이 연속보의 왼쪽 끝으로 전달될 것이다. 분기기 시점과 연속보의 왼쪽 끝 간의 거리가 0m일 때, 기본레일의 최대 부가온도 힘은 약 424.0kN이며, 43m 거리에서의 부가온도 힘(230.3kN)과 비교하여 40.7% 더 크다. 그러므로 분기기 시점과 연속보의 왼쪽 끝 간의 거리가 더 멀수록 더 좋다.

분기기 끝과 연속보의 오른쪽 끝 간의 거리가 작을수록 기본레일의 부가온도 힘이 작아지지만, 텅레일의 후단에서 부가온도 힘의 피크 값이 형성되어 분기기의 횡 방향 안정에 좋지 않다. 그러므로 분기기 끝과 연속보의 오른쪽 끝 간의 합리적인 거리가 요구된다. 종합적으로 비교해보면, 연속보의 길이가 제한되는 경우에, 분기기 시점과 연속보 왼쪽 끝 간의 거리가 분기기 끝과 연속보 오른쪽 끝 간의 거리보다 커야 한다.

그림 7.17은 분기기 시점/종점과 보 끝 간의 서로 다른 거리에 따른 연속보 교량 위 장대레일분기기의 기본레일의 변위를 나타낸다(오른쪽 = 양). 그림에서 보여주는 것처럼, 분기기 시점과 연속보 왼쪽 끝 이음 간의 거리가 짧을수록 기본레일의 신축 변위가 커져서 분기기의 종 방향 안정에 불리해진다. 따라서 더 큰 거리가 선호된다.

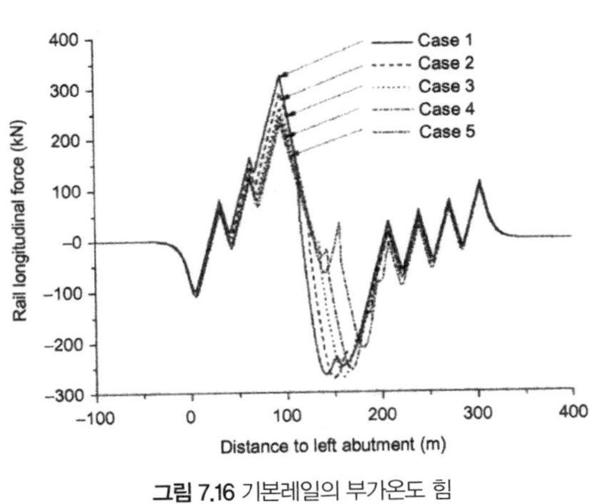

그림 7.16 기본레일의 부가온도 힘

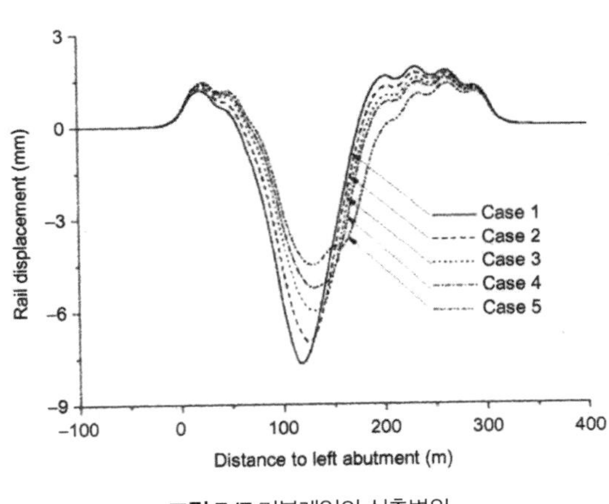

그림 7.17 기본레일의 신축변위

한편, 계산 결과로 밝혀진 것처럼, 텅레일 후단에서의 리테이너(retainer)의 종 방향 힘, 침목에 대한 텅레일/노스레일의 종 방향 변위 및 분기기 앞쪽의 보 끝에서의 기본레일 파단 틈은 분기기 시점과 보의 왼쪽 끝 간의 거리에 따라서 한 방향으로(unidirectionally) 변화하지 않을 것이다. 분기기 시점/종점과 보 끝 간의 거리가 적합할(proper) 때만 리테이너의 최소 응력과 침목에 대한 텅레일/노스레일의 최소 종 방향 변위가 보장되며, 즉 무도상분기기 안쪽레일과 교량의 같은 방향과 반대 방향의 신축의 중첩 후에 최소의 영향을 미친다. 레일의 파단 틈은 연속보의 온도 구간(temperature span)에 상당히 영향을 받지만, 분기기-교량 상대 위치에는 약간의 영향을 받는다. 일반적으로 사용되는 교량 보(3×32m)와 분기기 길이(18번 분기기의 경우에 69m) 분석을 종합하면, 분기기 시점과 왼쪽 보 끝 간의 거리는 18m보다 커야 하며, 분기기 끝과 오른쪽 보 끝 간의 거리는 9m보다 커야 한다. 따라서 18번 장대레일 분기기에 대한 최단 교량 보 길이는 96m이다.

6. 연속보 교량 위 건넘선 분기기(crossover turnout)의 응력과 변형의 법칙[89]

그림 7.18은 연속보 교량(보 경간 : 3−32m + 6×32m + 3−32m, 궤도간격 5m) 위 건넘선 분기기의 배치를 나타낸다. 보의 고정지점(支點)은 중앙에 있다. 단일 건넘선의 분기기(250km/h용 중국 19번 분기기)는 연속보의 중앙에서 대칭으로 부설된다. 상기의 **그림 7.13**에 나타낸 것과 같은 교량 위 장대레일 단일 분기기는 상태를 대조하기 위한 것이다.

건넘선의 좌측과 우측 분기기에서 기본레일의 부가온도 힘과 단일 분기기와의 비교 결과는 **그림 7.19**에 나

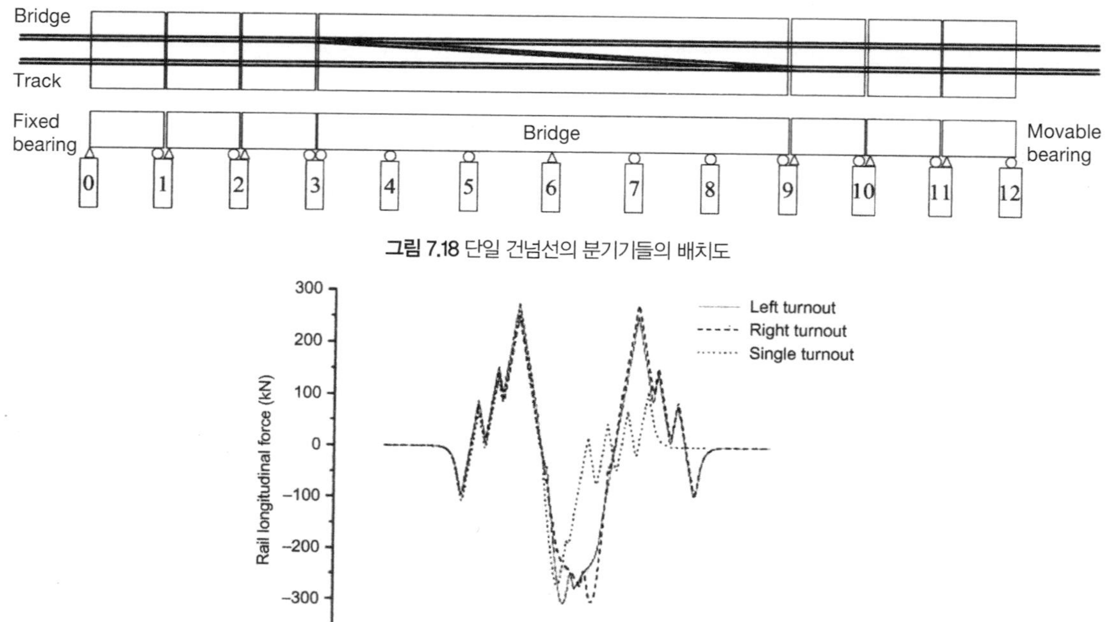

그림 7.18 단일 건넘선의 분기기들의 배치도

그림 7.19 단일 건넘선의 분기기들의 부가온도 힘

타낸다. 그림에서 알 수 있듯이, 좌측과 우측 분기기에서 기본레일의 부가온도 힘(additional temperature force)은 비대칭 분포를 나타낸다. 단일 건넘선의 분기기들에 대한 연속보의 최대 온도 구간(maximum temperature span)이 128m일지라도 대칭 배치에 따라, 교량 위 좌측 분기기의 축력은 교량 위 우측 분기기의 축력을 상쇄한다. 따라서 연속보 끝에서의 최대 부가온도 힘은 72m의 온도 구간에서의 단일 분기기의 것보다 약간 더 높다. 이것은 이 단일 건넘선의 분기기 대칭 배치방식이 좋다는 것을 의미한다.

계산 결과에 따르면, (※ 역자가 문구 추가 : 연속보 교량 위 건넘선 분기기의) 힘 전달 부품의 응력과 텅레일/노스레일의 신축변위는 단일 분기기의 것들보다 더 작다. 연속보(continuous beam)의 고정 교각에 대한 응력은 0에 가깝다. 이것은 분기기-교량 배치가 교량응력에 도움이 된다는 것을 의미한다.

7.1.4 연속보 교량과 무도상분기기 간의 종 방향 상호작용의 법칙

대부분의 고속철도는 무도상궤도 구조를 이용한다. 교량 위 장대레일 무도상분기기에 대한 레일 기초는 주로 다음과 같은 세 가지 유형으로 구성된다. 즉, Π형상의 철근이 있는 콘크리트 도상, 볼록한 고정 블록(convex retaining block, 역주 : **그림 14.46(A)** 참조)이 있는 도상슬래브 및 종 방향으로 연결된 기초콘크리트가 있는 분기기 슬래브. 앞의 두 유형은 블록 구조(blocky structure)이다.

1. 블록 슬래브(blocky slab)

예를 들어, (32m + 48m + 32m) 연속보 위 60kg/m 레일의 중국 18번 장대레일 가동 노스(swing-nose) 분기기에 대한 보와 분기기의 배치를 상기의 **그림 7.13**에 나타낸다. Π형상의 철근 및 볼록한 고정 블록(convex retaining block)의 유형이 고려되며, 볼록한 고정 블록 지지(bearing)의 강성은 250kN/m로 취해진다. 분기기 구간에 길이가 20, 29 및 20m인 세 개의 슬래브가 배치된다(**그림 7.20** 참조). 도상슬래브의 온도변화는 24℃이고, 교량과 무도상궤도의 일간 온도 차는 20℃이며, 그 밖의 파라미터들은 전술과 같다.

주어진 두 가지의 기초유형(역주 : Π형상의 철근이 있는 콘크리트 도상 및 볼록한 고정 블록이 있는 도상슬래브)이 있는 교량 위 장대레일 무도상분기기, 교량 위 장대레일 자갈분기기, 교량 위 장대레일 무도상궤도 및 노반 위 장대레일 무도상분기기(역주 : 노반 위 장대레일과 관련하여 본문에는 자갈분기기로 되어있고 **그림 7.21**과 **7.22**에는 무도상궤도로 되어있어 서로 다르므로 역자가 이들을 무도상분기기로 수정함)에 대한 기본레일의 부가온도 힘은 **그림 7.21**에 주어진다. 직선 기본레일의 신축변위는 **그림 7.22**에 주어진다. 그림들에서 알

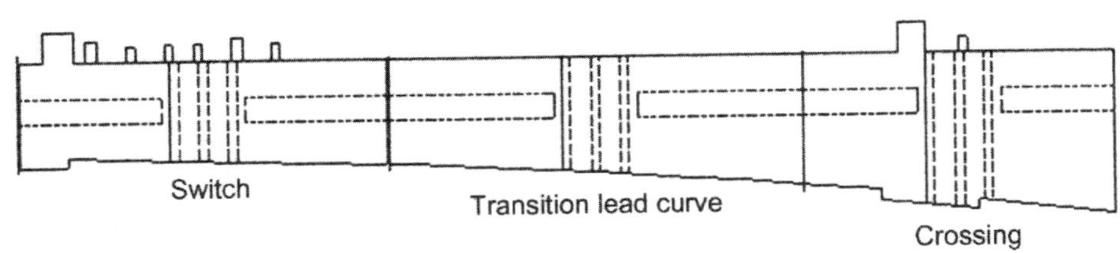

그림 7.20 무도상분기기에서 슬래브의 배치

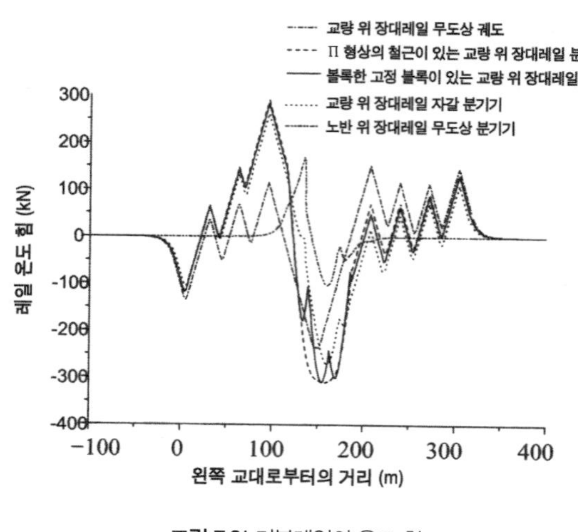

그림 7.21 기본레일의 온도 힘

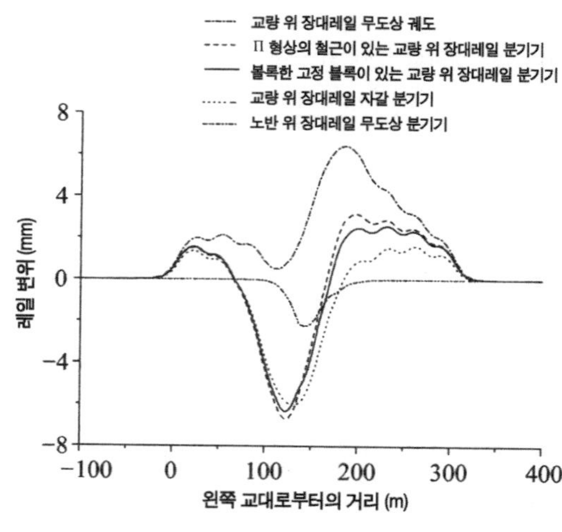

그림 7.22 기본레일의 신축 변위(※넷째와 다섯째 보기는 역자가 서로 맞바꿈)

수 있듯이, 교량 위 장대레일 무도상분기기의 부가온도 힘은 교량 위 장대레일 자갈분기기와 비슷한 분포 법칙을 따른다. 그러나 교량의 일간 온도 차가 증가함에 따라 두 가지 유형의 무도상분기기(※ 원본에는 궤도)의 최대 부가온도 힘은 장대레일 자갈분기기에서보다 크다. 볼록한 고정 블록 유형의 부가온도 힘은 Π 형상의 철근 유형보다 작다. 이것은 도상슬래브가 볼록한 고정 블록 지지의 종 방향 스프링을 통하여 교량에 연결되기 때문이며, 그리고 이것은 교량에서 분기기로 전달된 축력을 덜어준다[90].

계산 결과에 따르면, 교량 위 장대레일 자갈분기기와 비교하여, 두 유형의 무도상분기기의 더 큰 도상저항력 때문에 텅레일과 노스레일은 분기기 슬래브에 대하여 더 작은 신축 변위를 나타낸다. 그러나 기본레일의 부가온도 힘 및 연속보와 분기기 앞쪽 단순보의 교각 응력은 증가된다. 두 분기기 유형의 기본레일과 교량 교각의 응력에 대해서는 볼록한 고정 블록(convex retaining block) 유형이 Π 형상의 철근 유형보다 작다. 따라서 볼록한 고정 블록이 있는 무도상분기기(역주 : 원본에서는 자갈궤도)가 중국의 고속철도에서 선호된다.

2. 종 방향으로 연결된 기초슬래브(longitudinally connected base slab)가 있는 도상슬래브(bed slab)

이 궤도 유형은 그 외의 무도상궤도와 크게 다르다. 교량 위에 종 방향으로 연결된 기초슬래브가 있는 중국 CRTS II 슬래브-형 무도상궤도는 탄성 레일체결장치, 궤도슬래브, 모르터 조정 층(mortar adjustment course), 연속 기초슬래브, 미끄럼 층(sliding course) 및 횡 블록으로 구성된다. 마찰 판(friction plate), 끝머리 제한구조(terminal restricted configuration) 및 과도(過渡) 판(transition plate)은 양쪽 교대 뒤의 노반에 배치된다. 고강도 압출성형 판은 보의 신축이음에 설치된다. 장대레일 분기기의 부설에서 크로싱 부분의 상하 행선들의 기초슬래브는 하나로 연결될 수 있다.

a. 계산파라미터(calculation parameter)

분기기-교량 배치(layout)는 상기의 **그림 7.13**에서 보여주고, 계산모델은 상기의 **그림 7.3**에 주어진다. 교량 위의 기초슬래브(base slab)는 종 방향으로 연결된다; 양 끝의 노반 위 마찰 판은 길이가 각각 50m이다. 기초슬래브와 마찰 판은 두께가 0.3m이다. 미끄럼 층(sliding course)은 두 층의 토목섬유(geotextile)와 한 층의 지질 막(geomembrane)으로 구성된다. 마찰계수는 0.35로 취해진다.

온도 힘(신축력) 계산 시에, 분기기슬래브와 기초슬래브의 중력(重力) 분포만 고려되며, 따라서 기초슬래브와 교량 간의 최대 마찰저항력은 대략 9.8kN/m(최대 변위 0.5mm)이다. 제동력 계산 시에, 차체의 중량이 고려될 것이다. 노드(node) 아래의 기초슬래브와 교량 간의 최대 마찰저항력은 약 19.6kN/m이다. 온도 하강 시에, 기초슬래브 균열(fracture) 후의 종 방향 신축 강성의 감소가 고려될 것이다. 감소계수(reduction factor)는 0.1로 취해진다. 온도상승 시에, 균열된 기초슬래브는 응력을 받고, 종 방향 신축 강성의 감소가 존재하지 않으며, 감소계수는 1.0으로 취해진다. 기초슬래브의 수축과 크리프를 환산(conversion)하면 30℃의 온도 하강과 같다. 유사한 온도 하강을 궤도슬래브에 중첩하면 54℃가 된다. 온도상승 시에 수축과 크리프의 영향은 고려되지 않는다. 온도상승은 24℃로 취해진다. 마찰 판 위의 미끄럼 층은 두 층의 토목 섬유로 만든다. 마찰계수는 0.5이다. 하중을 받지 않을 때와 하중을 받을 때의 기초슬래브와 마찰 판 간의 종 저항력은 각각 14.0과 28.0kN/m이다.

궤도슬래브(0.2m 두께)들은 종 방향 커넥터로 연결되는 반면에, 슬래브와 기초슬래브 사이는 63.8kN/m의 접착 저항력이 있는 유화(乳化, emulsified) 아스팔트 모르터나 자기 충전(self leveling) 콘크리트로 밀접하게 접착된다. 교량의 고정지점(支點)에 대하여, 기초슬래브와 교량 상판은 핀(pin, 역주 : 연결철근)으로 연결된다(단일 핀의 횡 강성은 6.25×10^4kN/m이다). ϕ28 전단 철근의 2열(列)(각각 8개)이 배치된다. 궤도슬래브에 균열이 생긴 경우에, 종 방향 강성의 감소는 온도 하강에서 고려될 것이며, 감소계수는 0.7로 취해진다. 온도상승에서의 감소는 무시된다. 궤도슬래브는 사전에 제작된다. 수축과 크리프의 영향은 무시된다. 온도상승/하강의 폭은 교량의 일간 온도 차보다 더 크며, 24℃로 취해진다.

기초슬래브(base slab)는 양끝에서 끝머리 제한구조(terminal restricted configuration)와 연결된다. 끝머리 제한구조의 종 방향 수평강성은 1.0×10^8kN/m이다. 기초슬래브는 분기기의 기준선에서 종 방향으로 연결된다. 분기기 뒤쪽의 분기하는 방향에서와 노반 위에는 Π형상의 철근이 있는 콘크리트도상이 사용된다. 궤도슬래브와 기초 간의 연결 힘은 단일 레일체결장치의 종 저항력과 같다. 즉, 5×10^4kN/mm. 레일의 온도변화는 50℃이다. 제동력은 최대 300m까지의 하중부하 길이와 함께, 16kN/m이다. 분기기 구간에서는 II형 레일체결장치가 사용되며, 하중을 받을 때의 저항력은 12.5kN/mm(최대변위 0.5mm)이고, 하중을 받지 않을 때의 저항력은 25kN/mm이다. 일반선로 구간에서는 WJ-8 레일체결장치가 사용되며, 하중을 받을 때의 저항력은 15kN/mm(최대 변위 0.5mm)이고, 하중을 받지 않을 때의 저항력은 30kN/mm이다. 기타의 파라미터는 전술과 같다.

b. 온도 힘(temperature force, 신축력)

온도 하강의 경우에, 교량 위 장대레일 분기기(역주 : 종 방향으로 연결된 기초슬래브가 있는 도상슬래브의 분기기), 볼록한 고정 블록이 있는 교량 위 장대레일 무도상분기기, 종 방향으로 연결된 기초슬래브가 있는 교량 위 장대레일 궤도 및 노반 위 장대레일 무도상분기기에 대한 기본레일의 부가온도 힘은 **그림 7.23**에 주어진다. 종 방향으로 연결된 기초슬래브가 있는 분기기의 부가온도 힘은 볼록한 고정 블록이 있는 교량 위

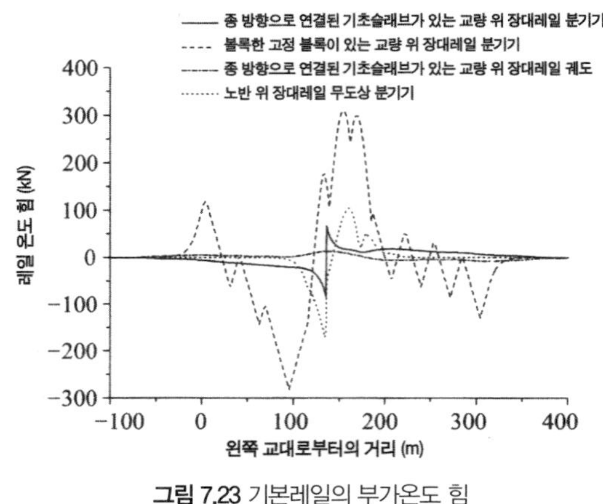

그림 7.23 기본레일의 부가온도 힘

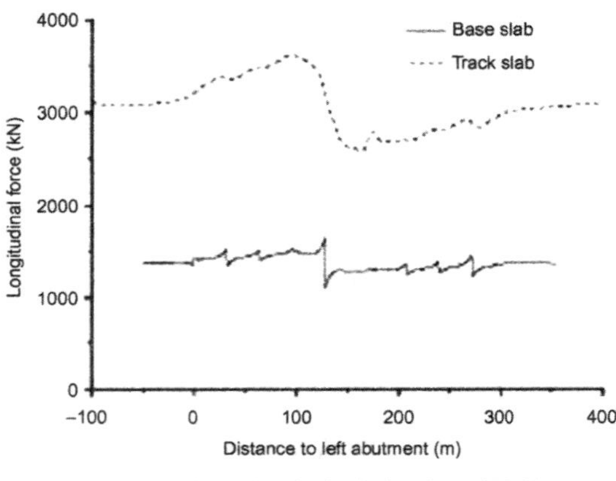

그림 7.24 기초슬래브와 궤도슬래브의 종 방향 힘

장대레일 분기기보다 훨씬 더 작으며, 노반 위 장대레일 분기기보다도 더 작다. 교량 위 장대레일 궤도도 작은 부가온도 힘을 가지며, 그 이유는 종 방향으로 연결된 기초슬래브와 교량 간에 미끄럼 층이 설치되고, 궤도와 교량 위 장대레일 분기기의 신축에 대한 교량신축의 영향을 격리시키기 때문이다. 이 경우에, 교량의 종 방향 온도 힘은 양끝의 끝머리 제한구조(terminal restricted configuration)와 마찰 판으로 분배된다. 한편, 분기기에서 안쪽레일의 온도 힘은 궤도슬래브를 통하여 기초슬래브로 전달된다. 따라서 교각이 받는 종 방향 힘도 비교적 작다.

이 무도상궤도 시스템에서는 종 방향으로 연결된 기초슬래브와 기초슬래브-교량 상판 간의 미끄럼 층(sliding course)을 사용하므로 큰 교량신축 변위(expansion displacement)는 미끄럼 층의 마찰력을 통해서만 기초슬래브의 작은 종 방향 변위를 유발하고, 교각과 기초슬래브로만 구성된 것과 같은 프레임구조가 형성되므로 교량 위 장대레일 분기기의 응력과 변형에 대한 영향이 적다(※ 역자가 문구 조정). 그러므로 이 기초유형은 교량 위 장대레일 분기기에 이상적이다.

기초슬래브와 궤도슬래브에 대한 응력의 분포는 **그림 7.24**에 나타낸다. 그림에서, 종 방향 힘의 갑작스러운 변화는 핀(pin)들의 집중 힘(concentrated force)으로 유발된다. 핀 1 열(列)의 최대 종 방향 힘은 145.3kN과 같다. 기초슬래브 끝에서의 종 방향 힘은 끝머리 제한구조(terminal restricted configuration)의 저항력이며, 최대로 1,377.7kN으로 취해진다. 궤도슬래브의 종 방향 힘은 기초슬래브보다 더 크다. 이는 기초슬래브의 심한 강성감소(stiffness reduction)와 지지횡단면감소(decrease in bearing cross section) 때문이다. 궤도슬래브와 기초슬래브의 최대인장력은 각각 3,629.1과 1,649.7kN이다.

기초슬래브, 궤도슬래브 및 교량의 종 방향 변위의 분포는 **그림 7.25**에 묘사된다(오른쪽 = 양). 기초슬래브와 궤도슬래브의 최대 변위는 각각 4.5와 4.0mm이다. 이들 둘 간의 미끄럼은 작은 편이다. 끝머리 제한구조(terminal restricted configuration)의 변위는 약 0.014mm이다. 그림에서 볼 수 있는 것처럼, 교량의 고정지점(支點)에서 기초슬래브와 교량의 변위는 핀의 힘 전달 효과 때문에 유사하며, 0.2mm의 변위차이가 있다. 그 밖의 위치는 현저한 변위차이가 있다. 이것은 미끄럼 층의 마찰감소 효과가 현저함을 나타낸다.

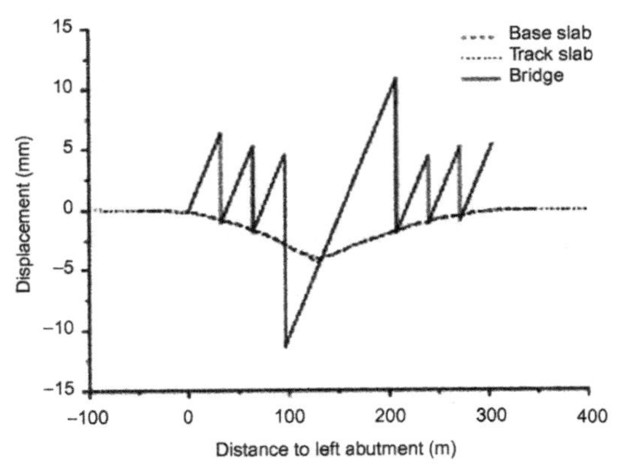

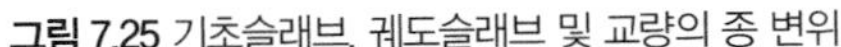

그림 7.25 기초슬래브, 궤도슬래브 및 교량의 종 변위

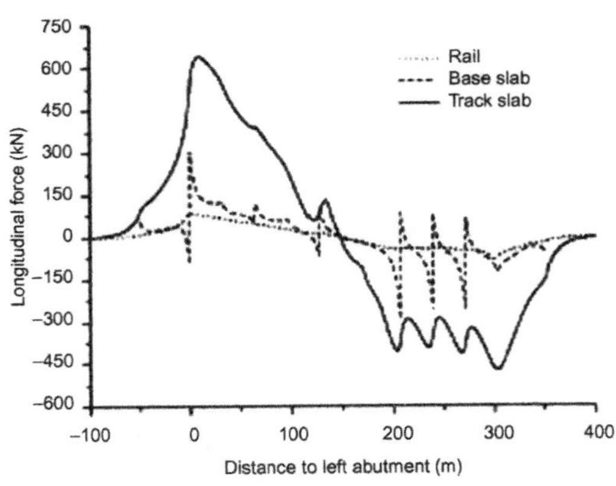

그림 7.26 제동력의 분포

표 7.3 온도상승 시나 하강 시의 계산된 온도 힘의 비교

무도상분기기/무도상궤도	종 방향으로 연결된 기초슬래브가 있는 교량 위 분기기		종 방향으로 연결된 기초슬래브가 있는 교량 위 궤도	
온도변화	온도하강	온도상승	온도하강	온도상승
직선 기본레일의 최대 부가 압축력 (kN)	88.0	−107.2	10.7	−10.1
직선 기본레일의 최대 신축변위 (mm)	−4.4	2.8	0.4	−0.4
텅레일 후단에서 힘 전달 부품의 최대응력 (kN)	212.2	225.5	−	−
윙레일 끝부분에서 간격재의 최대응력 (kN)	142.7	146.7	−	−
기본레일에 대한 직선 텅레일 첨단의 변위 (mm)	−19.2	19.4	−	−
윙레일에 대한 노스레일 첨단의 변위 (mm)	−9.1	9.4	−	−
교대의 종 방향 힘 (kN)	−390.1	481.8	−417.7	456.2
교각 2의 종 방향 힘 (kN)	−114.8	88.14	−51.2	44.2
교각 3의 종 방향 힘 (kN)	−196.4	131.1	−50.7	43.2
연속보 고정지점의 교각의 종 방향 힘 (kN)	−508.1	310.7	−124.6	82.1
교각 6의 종 방향 힘 (kN)	−397.1	298.3	45.0	−6.2
교각 7의 종 방향 힘 (kN)	−247.0	205.3	21.7	1.7
교각 8의 종 방향 힘 (kN)	−191.7	166.7	−1.4	11.1
기초슬래브의 종 방향 힘 (kN)	1,649.7	−6,676.3	1,532.9	−6,278.7
궤도슬래브의 종 방향 힘 (kN)	3,629.1	−4,730.6	2,756.5	−4,446.3
끝머리 제한구조의 종 방향 힘 (kN)	1,367.7	−6,125.7	1,384.0	−6,101.0
핀 1열의 종 방향 힘 (kN)	290.6	−392.0	180.2	−202.0
기초슬래브의 변위 (mm)	4.5	−2.3	0.9	−0.4
궤도슬래브의 변위 (mm)	4.0	−2.3	0.8	−0.4
끝머리 제한구조의 변위 (mm)	0.01	−0.06	1.06	−0.06

온도상승 시의 계산 파라미터와 온도하강 시의 계산파라미터의 차이가 비교적 크므로 계산 결과도 **표 7.3**과 같이 상당히 다르다. 비교에 따르면, 궤도슬래브, 기초슬래브 및 끝머리 제한구조(terminal restricted configuration)의 응력 차이가 가장 현저하다; 이것은 주로 온도상승과 하강에 따라 서로 다른 종 방향 강성(longitudinal stiffness)을 고려하기 때문이다. 온도상승에서, 궤도슬래브와 기초슬래브는 교량 위 장대레일 궤도와 비교하여 주로 압축력을 받는다. 궤도슬래브의 압축력은 8.7에서 9.3MPa로 증가하고, 기초슬래브는 8.2에서8.7MPa로 증가하며, 허용치보다 훨씬 아래에 있다. 그러므로 구조설계는 끝머리 제한구조와 핀(pin)들의 설계를 제외하고는 온도상승의 경우에 근거하지 않을 것이다. 교량 위 장대레일 분기기의 경우에, 교각 응력(pier stress)이 교량 위 장대레일 궤도의 것보다 더 클 수 있지만, 온도 하강 시의 것보다 더 작다. 그러므로 온도상승의 경우는 교각 응력의 검산에서 고려되지 않는다. 장대레일 분기기의 응력과 변형은 노반 위 장대레일 분기기의 온도 하강의 경우에 교량 위 장대레일 분기기와 엇비슷하다. 온도 하강 시에, 교량 위 장대레일 궤도와 비교하여 기초슬래브의 인장력(tensile force)은 2.0에서 2.2MPa로 증가하고, 궤도슬래브의 인장력은 5.4에서 7.1MPa로 증가한다. 이것은 궤도슬래브의 균열로 이어질 수 있다. 그러므로 인장력은 구조설계에서 제어인자(control factor)로 간주된다. 분기기-교량 상호작용의 법칙(regularity of turnout-bridge interaction)을 연구함에 있어 온도하강의 경우가 포함될 것이다.

c. 제동력(braking force)

제동력이 분기기의 기준선 방향에서 레일표면에 오른쪽에서부터 왼쪽으로 가해지는 경우의 레일, 궤도슬래브 및 기초슬래브의 종 방향 힘의 분포를 **그림 7.26**에 나타낸다. 그림에서 볼 수 있는 것처럼, 레일, 궤도슬래브 및 기초슬래브의 최대 부가(附加) 압축력은 왼쪽 교대(기관차 선두)에서 발생되며, 각각 86.4, 286.4, 639.8kN이다. 끝머리 제한구조와 핀(pin)의 각 열(列)의 응력은 90.2와 21.0kN이며, 온도 힘을 받는 것들보다 더 작다.

d. 기초슬래브와 교량 상판 간 미끄럼 층(sliding course)의 마찰계수의 영향

기초슬래브와 교량 상판 간의 미끄럼 층은 두 층의 토목섬유와 한 층의 지질 막으로 구성되며, 0.05, 0.15, 0.25, 0.35, 0.45 및 0.55의 마찰계수가 고려된다. 온도 힘을 계산할 때는 분기기슬래브와 기초슬래브의 중력 분포만이 고려된다. 그러므로 1.4, 4.2, 7.0, 9.8, 12.6 및 15.4kN/m의 기초슬래브와 교량 간 최대 마찰저항력이 고려되며, 하중 하에서의 마찰 저항력은 2.8, 8.4, 14.0, 19.6, 25.2 및 30.8kN/m으로 취해진다. 그 밖의 파라미터는 같다. 분기기-교량시스템의 미끄럼 층의 마찰계수의 영향 법칙(impact regularity)은 **그림 7.27~7.30**에 나타낸 것처럼 온도하강과 제동력의 경우에 대해 분석된다.

계산 결과에 따르면, 온도 힘 하에서 미끄럼 층의 마찰계수가 클수록, 교량으로부터 기초슬래브와 궤도슬래브로 전해진 종 방향 힘이 커지며, 결과적으로 교각의 종 방향 힘이 커진다. 게다가, 기초슬래브의 신축 변위(expansion distance)는 종 방향 힘에 따라 증가하며, 이것은 핀들의 응력증가로 이어진다. 궤도슬래브의 신축 변위는 약간 감소한다. 전체적으로 보면, 미끄럼 층의 마찰계수가 클수록 분기기에 대한 영향은 비교적 작지만(기본레일 부가온도 힘 자체는 비교적 작으며, 텅레일/노스레일의 신축 변위 변화는 크지 않다), 기초슬래브, 궤도슬래브, 교각 및 핀 응력에 대한 영향은 비교적 크다. 그러므로 미끄럼 층의 마찰계수는 가능한 한 낮아야 한다.

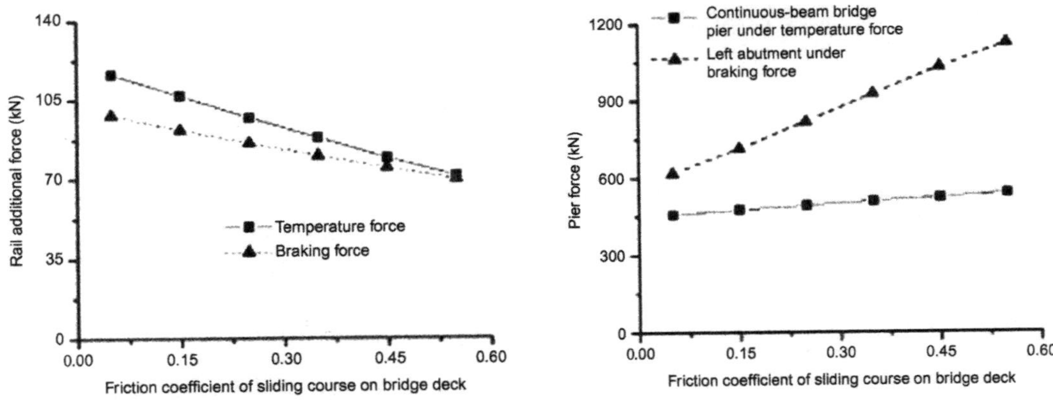

그림 7.27 교량 상판의 마찰저항력에 따른 기본레일의 부가온도 힘의 변화

그림 7.28 교량 상판의 마찰저항력에 따른 교각의 부가온도 힘의 변화

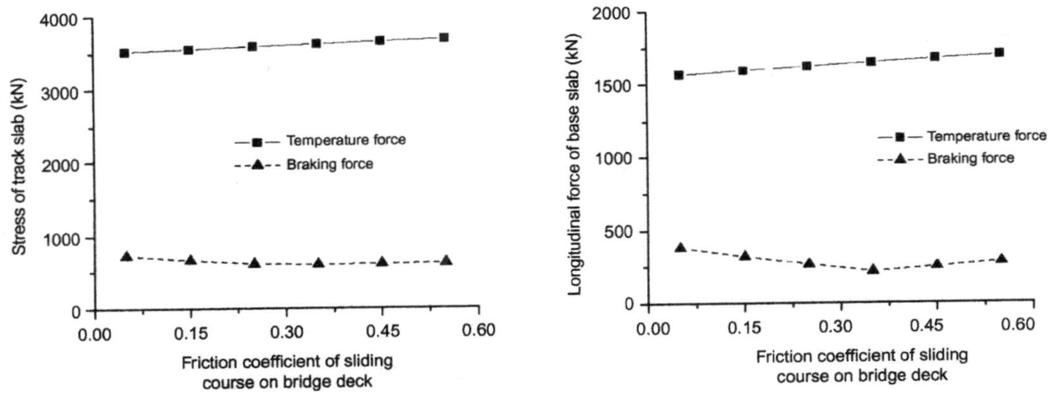

그림 7.29 교량 상판의 마찰 저항력에 따른 궤도슬래브의 부가온도 힘의 변화

그림 7.30 교량 상판의 마찰 저항력에 따른 기초슬래브의 부가온도 힘의 변화

제동력(braking force)이 가해지는 경우에, 레일의 종 방향 힘(축력)은 레일체결장치를 통하여 차례로 궤도슬래브, 기초슬래브 및 교각/교대로 전달될 것이다. 미끄럼 층(sliding course)의 마찰계수가 증가하면, 교각/교대 종 방향 힘은 증가하고, 궤도슬래브와 기초슬래브의 종 방향 변위와 힘은 감소하며, 핀들의 응력도 감소한다.

만일 미끄럼 층이 장기간의 사용으로 인해 손상된다면, 마찰계수가 증가할 것이다. 안전을 위하여, 극한상태에서의 최대 마찰계수를 적용하여 분기기-교량 시스템의 설계를 검산하는 것이 바람직하다. 한편, 미끄럼 층의 마찰계수는 유효수명 동안 일정한 범위 이내에 있어야 한다. 미끄럼 층은 3백만 번의 마모시험 후에 종합 마찰계수가 0.35를 넘지 않아야 한다.

7.2 차량–분기기–교량 연결시스템의 동적 특성[91]

고속철도는 평면과 수직단면 설계 및 궤도 평탄성(선형맞춤)에 관한 요구사항이 많으며, 폐쇄적인 운행방식을 채택하고 있다. 따라서 교량의 비율이 높고, 고가교나 장대 교량이 고속철도의 주요 특징이 되며, 정거장 입구가 교량상에 위치할 가능성이 일반철도보다 훨씬 더 크다[92, 93]. 포인트와 크로싱에서 두 레일 간의 윤하중 갈아탐(이행)이 발생하므로, 텅레일과 노스레일은 점차로 두꺼워지고 높아져야 하며, 이것은 분기기에 불가피하게 구조적 틀림이 형성되고, 주행속도에 영향을 준다. 교량 위 선로는 일반선로 구간의 틀림에 대한 많은 동적 시뮬레이션 분석과 동역학 측정 시험에 기초하여 설계된다; 그러나 분기기의 구조적 틀림의 영향은 고려되지 않는다. 고속분기기의 설계는 노반에 부설하여 기초가 균일하게 침하하는 것을 전제조건으로 하여 행해진다. 분기기는 분기기 구조, 제작, 조립, 부설, 정비 및 보수의 영향을 받으므로 차륜–레일 관계, 궤도 강성 등의 설계에 대한 큰 노력에도 불구하고 일반선로 구간과 같은 주행 안전성과 승차감을 달성할 수 없다. 노반 위의 고속분기기는 차량의 흔들림을 유발하는 진동의 주된 근원이다. 고속분기기가 교량 위에 부설될 때, 교량의 구조적 변형과 처짐 및 분기기의 구조적 틀림의 중첩은 주행 안전성과 승차감을 훨씬 더 나쁘게 만들 것이다. 심한 경우에 속도제한이 가해질 수 있다[94, 95]. 따라서 열차–분기기–교량 시스템의 면밀한 동역학 시뮬레이션 분석을 수행할 필요가 있다.

차량–분기기–교량 시스템 동역학 분석모델은 동역학 시뮬레이션을 위하여 차량–궤도–교량 동역학과 분기기 동역학의 이론에 기초하여 구성되어야 한다. 시뮬레이션에서 차량–분기기–교량 동적성능의 연구, 구조설계방안의 평가 및 시스템파라미터의 최적화는 EMU열차, 분기기 및 교량의 일체화 시스템, 차량 동역학, 분기기 동역학 및 교량 동역학, 게다가 분기기 구간에서의 차륜–레일 관계와 분기기–교량 관계에 대한 유한요소법에 기초하여 수치 시뮬레이션 방법으로 수행될 것이다[96, 97, 100]. 차량–분기기–교량 연결시스템에 관하여는 **그림 7.31**을 참조하라.

차량모델은 상기의 **그림 2.28**에 주어지며, 가동 노스(swing–nose) 분기기의 전체 모델은 상기의 **그림**

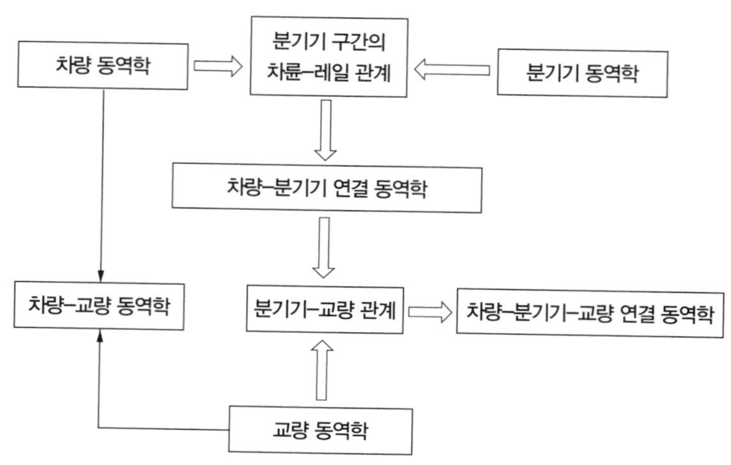

그림 7.31 교량 위 장대레일 분기기의 동역학 연결 계통도

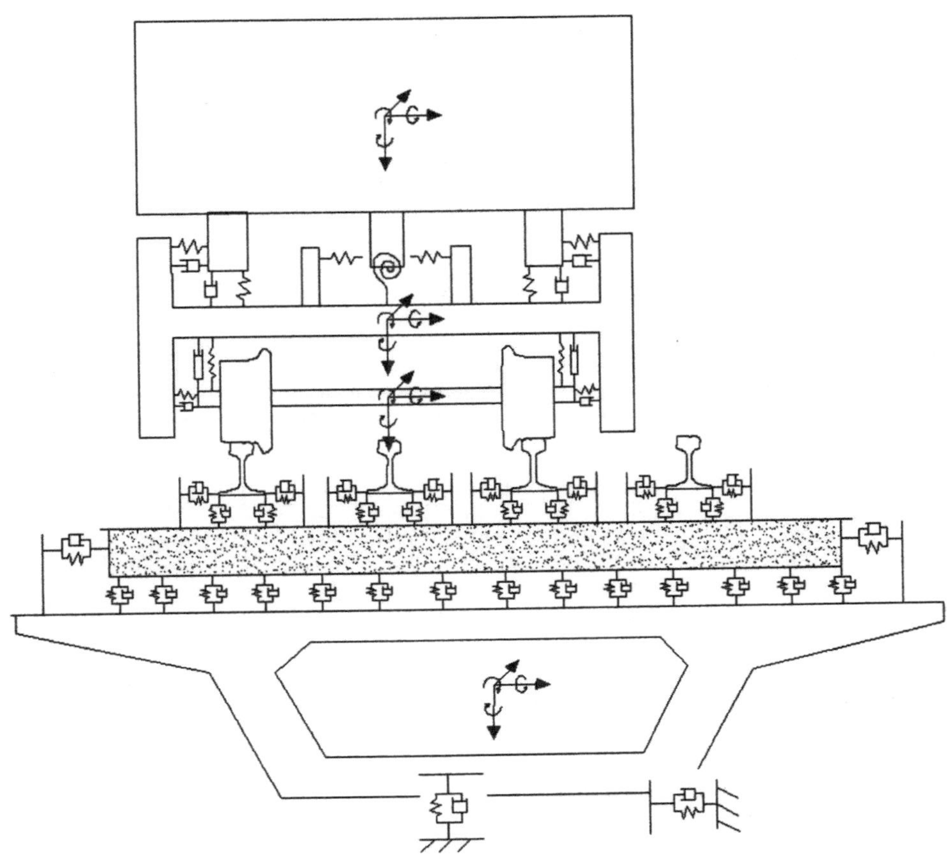

그림 7.32 차량–분기기–교량 동적 모델의 단면도

4.42에 주어진다. 철도교량은 구조유형이 많고 복잡한 공정의 구조물이다. 유한요소이론과 계산 기술의 발달에 따라, 차량–교량 연성(連成) 진동의 분석에서 교량 동역학방정식(bridge dynamics equation)을 만들어내기 위한 유한요소법과 모드 좌표법(mode coordinate method)이 널리 이용된다. 유한요소법에서, 시스템의 운동방정식은 교량구조의 기하구조 모델로부터 직접 수립되며, 전체교량의 진동이 분석될 수 있다. 이 방법은 교량구조의 상세에 이용될 수 있지만, 계산의 자유도는 비교적 많다[98, 99]. **그림 7.32**는 차량–분기기–교량 시스템의 진동 분석모델의 단면도이다.

차량–분기기–교량시스템의 동적 분석모델에 기초하여 교량 위 장대레일 분기기에서의 고속열차의 동적 시뮬레이션과 평가를 위하여 차량–분기기–교량시스템에 대해 일반화된 동적 시뮬레이션 분석 소프트웨어(generalized dynamic simulation analysis software) DATBS(분기기와 교량시스템의 동적 분석)를 저자가 개발하였다.

7.2.1 폭이 균일한 연속보 교량 위 건넘선 분기기의 동적 상호작용의 법칙[91]

1. 계산파라미터(calculation parameter)

분기기 배치(layout)는 Beijing-Shanghai선의 6×32m 연속보(continuous beam) 교량 위의 18번 장대레일 분기기의 예를 이용하여 **그림 7.33**에 나타낸다. 궤도간격(track distance)은 5.0m이고 CHR380 EMU 열차가 예로 고려된다.

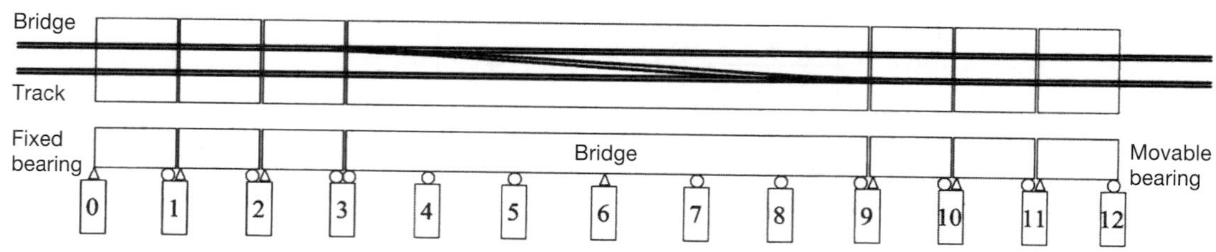

그림 7.33 단일 건넘선의 분기기

프리스트레스트 콘크리트 연속보 교량은 일체식 복선궤도 유형의 교량이다. 보는 1실(室)(single cell) 단일 상자형 단면(single box section), 3.05m의 높이 및 35.5GPa의 탄성계수를 가진 C50 콘크리트로 만들어진다. 보의 중간 단면적(중앙부)은 12.706m^{2}이다. 보의 수직과 횡 단면 2차 모멘트는 각각 15.908m^{4}와 300.26m^{4}이다. 지점(支點)은 22.73m^{2}의 단면적을 가졌으며, 수직과 횡 단면 2차 모멘트는 각각 21.196m^{4}와 400.07m^{4}이다.

분기기의 하부구조는 핀(pin)을 통하여 기초와 연접된 두께 240mm 분기기 슬래브와 모르터 조정 층(mortar adjustment course)으로 구성된다. C50 콘크리트와 HRB335 철근이 사용된다. 모르터 조정 층은 3cm 두께이고, 아스팔트와 시멘트로 구성되며, 700~10,000MPa의 탄성계수와 21GPa/m의 지지강성을 갖고 있다. 기초콘크리트는 종 방향으로 전체교량과 연결되고, C30 콘크리트로 만들며, 일반적으로 180mm 두께이다. 전단 홈 강화장치(shear groove consolidation device)는 보의 경간마다 고정지점(支點) 위쪽에 설치된다. 보통 또는 클램핑-유형 횡 블록은 선로를 따라 종 방향으로 배치된다. 딱딱한 발포 플라스틱 판은 교량 보 이음부에 설치된다. 마찰 판, 끝머리 제한구조(terminal restricted configuration) 및 과도(transition) 판은 교량 끝의 교대 뒤의 노반에 설치된다.

계산에서, 상하선을 동시에 주행하는 두 열차가 고려될 수 있다.

2. 교량 위 무도상분기기(ballastless turnout)의 동적 응답(dynamic response)

그림 7.34는 EMU 열차 대차의 앞쪽차축에서 안쪽차륜의 동하중 분포를 나타내며, 여기서 x축의 원점은 연속보의 왼쪽 끝을 나타낸다. 계산 결과는 **그림 7.34**에 나타낸 것처럼 노반 위 고속분기기에 대한 것과 비교될 것이다[101, 102]. 그림으로부터, 분기기의 구조적 틀림(structural irregularity)과 교량진동의 공동작

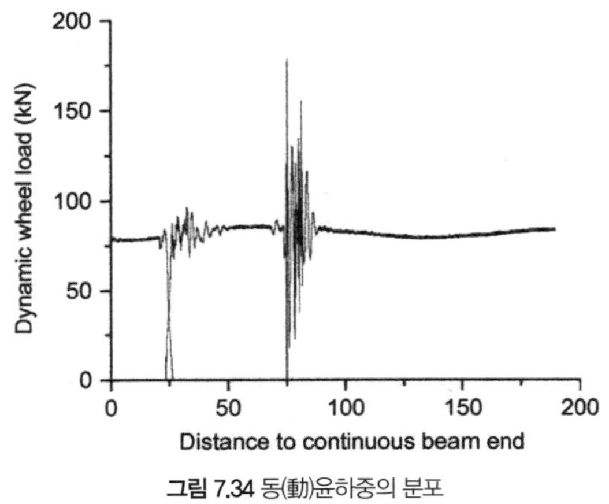

그림 7.34 동(動)윤하중의 분포

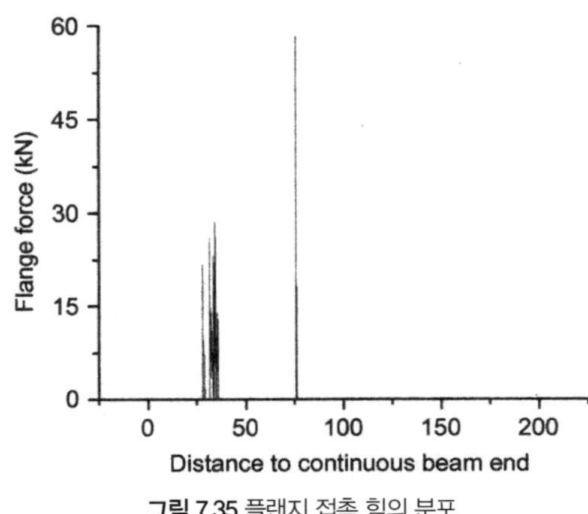

그림 7.35 플랜지 접촉 힘의 분포

용은 노반 위 장대레일 분기기와 비교하여 동(動)윤하중(dynamic wheel load)의 변동(fluctuation)을 증대시킨다. 최대 동(動)윤하중은 178.4kN까지에 이를 수 있다. 대차의 뒤쪽차축의 윤하중 변동은 앞쪽 차축과 유사하다.

EMU 열차의 앞쪽차축에서 안쪽차륜의 플랜지 힘(flange force)의 분포는 **그림 7.35**에 나타내며, 노반 위 장대레일 분기기(CWR turnout on subgrade)에서와 같다. 즉, 차륜과 레일은 포인트(switch)와 크로싱(crossing)에서 국지적으로 접촉될 것이다. 포인트와 크로싱에서 최대 플랜지 힘은 각각 29.1kN과 58.8kN이다.

앞쪽/뒤쪽차축에서 안쪽차륜의 동하중 변동(變動)으로 유발된 하중감소율(load reduction rate)의 분포는 **그림 3.36**에 나타낸다. 포인트와 크로싱에서 앞쪽차축의 안쪽차륜의 최대 하중감소율은 각각 0.15와 0.78이며, 뒤쪽차축의 안쪽차륜의 최대 하중감소율은 각각 0.15와 0.74이다. (앞쪽/뒤쪽차축) 바깥쪽차륜의 최대 하중감소율은 0.32의 최대치와 함께 약간 변동되며, 허용한계(0.8)보다 아래에 있다.

앞쪽/뒤쪽차축의 탈선계수(derailment coefficient)의 분포는 **그림 7.37**에 주어진다. 포인트와 크로싱에서 앞쪽차축의 최대탈선계수는 각각 0.38과 0.67이며, 뒤쪽차축의 최대탈선계수는 각각 0.21과 0.61이다. 포

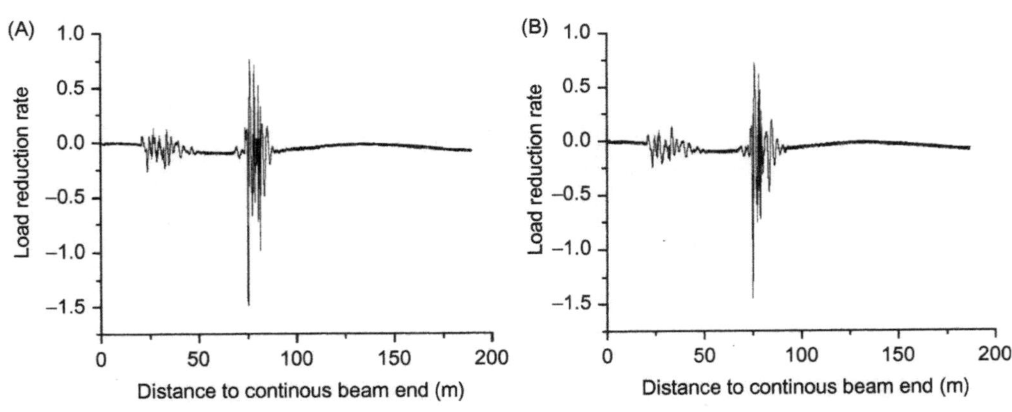

그림 7.36 (A) 앞쪽차축에서 안쪽차륜의 윤하중감소율, (B) 뒤쪽차축에서 안쪽차륜의 윤하중감소율

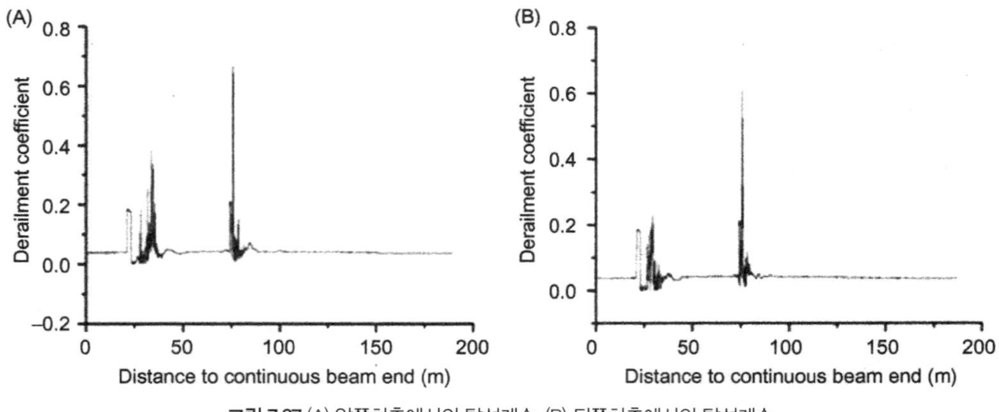

그림 7.37 (A) 앞쪽차축에서의 탈선계수, (B) 뒤쪽차축에서의 탈선계수

인트에서의 탈선계수는 노반 위 장대레일 분기기에서의 것과 같으며, 크로싱에서는 더 크다. 그러나 양쪽은 0.8의 허용한계보다 아래에 있다.

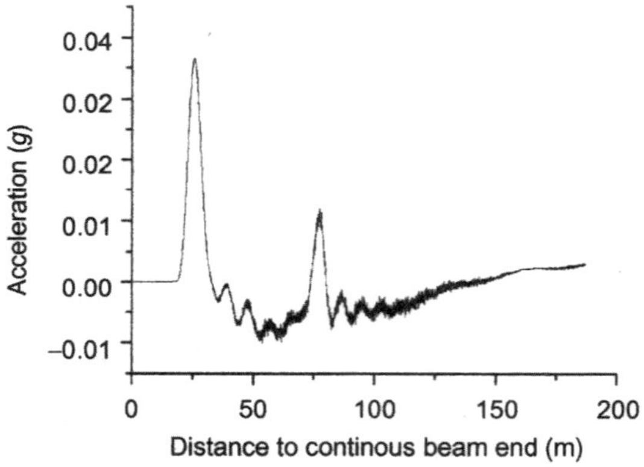

그림 7.38 차체의 횡 가속도

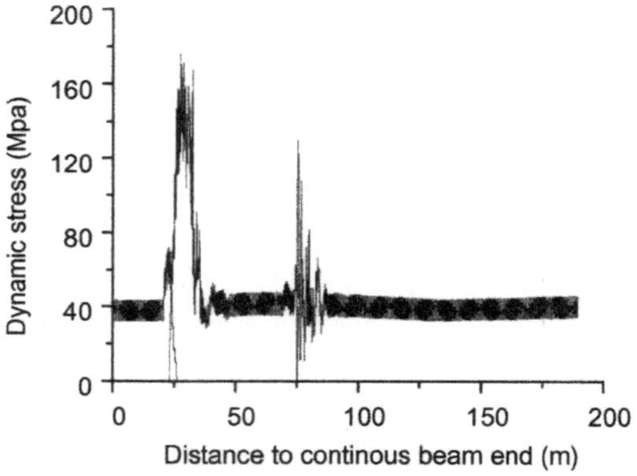

그림 7.39 레일의 동응력 분포

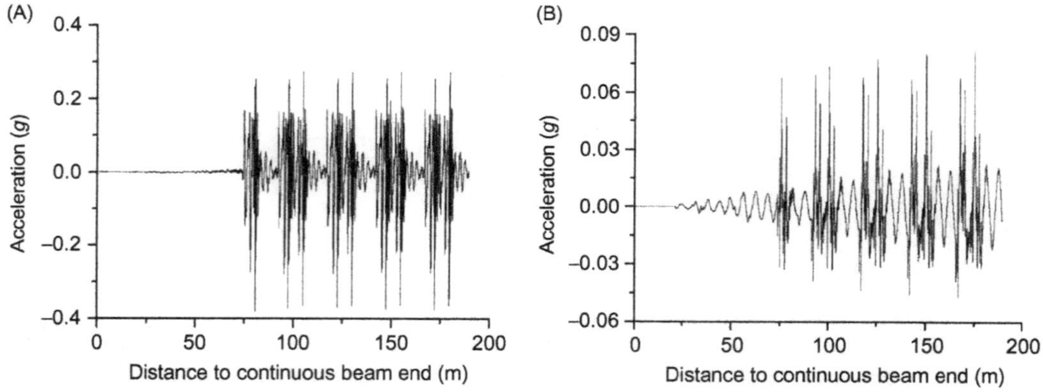

그림 7.40 (A) 교량의 수직진동가속도, (B) 교량의 횡 진동가속도

차체 횡 진동가속도 분포는 **그림 7.38**에 나타낸다. 크로싱과 포인트에서의 최대치는 각각 0.037g와 0.012g이며, 양쪽은 허용한계 내에 있다.

안쪽차륜 아래 레일의 동응력(dynamic stress) 분포는 **그림 7.39**에 나타낸다. 그림에 따르면, 포인트와 크로싱에서 레일의 동응력은 동(動)윤하중, 플랜지 접촉 힘 및 교량의 수직과 횡 변형의 결합된 작용 하에서 약간 증가될 것이다. 텅레일과 노스레일의 최대 동응력은 각각 177.2와 130.7MPa이다. 리드곡선(transition lead curve) 레일의 동응력은 비교적 작다.

앞쪽 차축 아래에서 교량의 수직과 횡 진동가속도의 분포는 **그림 7.40**에 주어진다. 매끈한(선형이 좋은) 궤도에 대한 진동가속도는 작다. 수직과 횡 진동가속도는 각각 0.375g와 0.078g이며, 궤도 틀림으로 유발된다. 그러나 양쪽은 허용한계 내에 있다.

3. 교량 위 장대레일 분기기의 동적 응답에 대한 교량의 수직 강성의 영향

교량 수직 강성(vertical stiffness)은 처짐/경간 비율(deflection/span ratio)로 나타낼 수 있다. 더 큰 수직 휨 강성은 더 작은 처짐과 더 작은 처짐/경간 비율을 의미한다. 게다가, 횡 강성(lateral stiffness)은 수직 강성

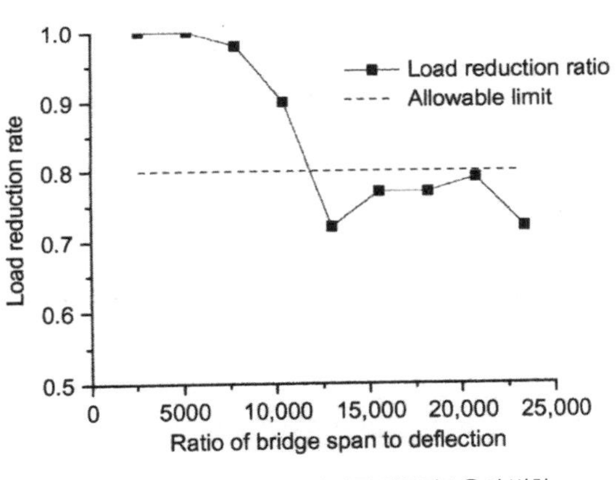

그림 7.41 처짐/경간 비율에 따른 하중감소율의 변화

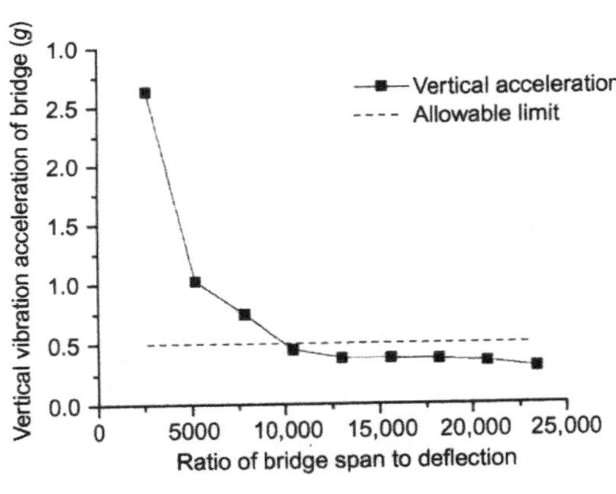

그림 7.42 처짐/경간 비율에 따른 교량의 수직 진동가속도

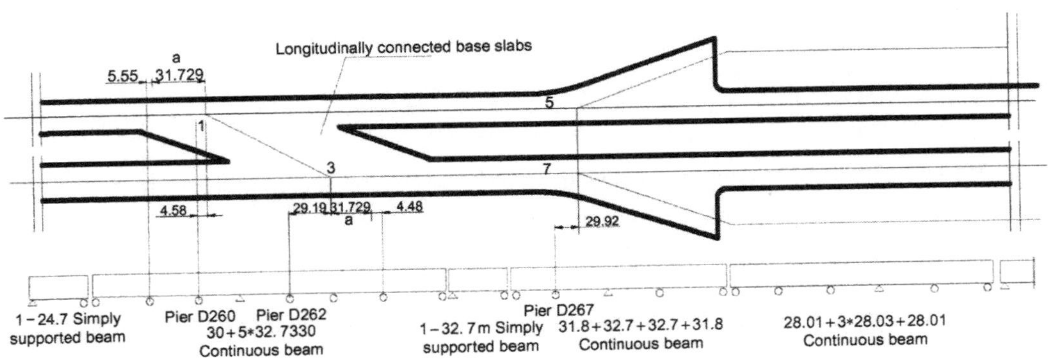

그림 7.43 Beijing–Shanghai선 정거장 입구의 분기기 기초슬래브와 교량의 상대 위치(역주 : 왼쪽부터 두 번째 경간 표시에서 '30+5*32.7330'은 '30+5*32.73+30'의 오기임)

과 함께 증가된다. 처짐/경간 비율에 따른 하중감소율(load reduction rate)의 변화와 교량의 수직 진동가속도(vertical vibration acceleration)는 **그림 7.41**과 **7.42**에 주어진다.

계산 결과에 따르면, 교량의 수직 강성이 증가됨에 따라, 동(動)윤하중, 플랜지접촉 힘, 하중감소율, 탈선계수, 차체 횡 진동가속도 및 교량의 수직과 횡 진동가속도와 같은 차륜–레일 상호작용 지표(interaction indicator)가 감소된다. 이것은 주로 보다 큰 수직 강성을 가진 교량이 분기기에 대하여 보다 안정되고 신뢰할 수 있는 기초를 제공하기 때문이며, 따라서 차량–분기기–교량 시스템의 연성(連成) 진동(coupled vibration)을 완화한다. 그러나 이 영향은 교량의 수직 강성이 어떤 값에 도달될 때 덜 두드러질 수 있다. 동적 응답으로 요구된 교량의 최소 수직 강성을 고려하면, 중국의 ZK 하중 하에서 연속보의 처짐/경간 비율(크로싱에서 보의 경간에 대한 하중)은 1/12,000보다 작지 않아야 한다.

7.2.2 폭이 불균일한 연속보 위 단일 분기기의 동적 상호작용의 법칙

1. 폭이 불균일한(nonuniform) 연속보 위 18번 분기기의 기준선의 동적 응답

두 틀(組)의 18번 분기기(**그림 7.43**에서 #5와 #7 참조)가 Beijing–Shanghai선의 정거장 입구의 4×32m 연속보(continuous beam) 위에 대칭으로 부설되며, 여기서 궤도 하부 기초는 종 방향으로 연결된 기초슬래브(longitudinally connected base slab)가 있는 무도상궤도를 구성한다.

EMU 열차가 폭이 불균일한 4×32m 연속보 위의 18번 고속분기기를 기준선/분기선 방향으로 통과할 때, 차량–분기기–교량 시스템의 동적 응답(dynamic response)의 분포는 폭이 균일한(uniform) 6×32m 연속 보 위에서와 같은 분포 법칙을 따른다. 두 유형의 보는 분기기 앞쪽에서 첫 번째 경간에 대하여 같은 단면을 갖지만, 분기기 아래 경간의 수와 교량 횡단면에서 다르다. 따라서 폭이 불균일한 4×32m 연속보 오른쪽에 대한 경간의 횡단면은 더 큰 횡단면을 가지며, 반면에 보의 수직 휨 변형은 열차하중 하에서 더 작다. 일체형이 아닌 교량 상판의 경우에, 기준선과 분기선에 서로 다른 보의 유형이 적용될 것이다. 즉, 기준선에서 폭이 균일한 4×32m 연속보 그리고 분기선에서 32m 단순보. **표 7.4**는 세 가지 유형의 연속보 위 고속 분기기에서 기준선/분기선 방향으로 주행하는 고속분기기의 동적 응답을 나타낸다.

계산 결과에 따르면, 폭이 불균일한 4×32m 연속보의 경우에 크로싱 부분의 교량 횡단면과 휨 강성이 비교적 크므로 교량의 수직 변형량은 폭이 균일한 6×32m 연속보보다 더 작다. 그러므로 동(動)윤하중(dynamic wheel load), 플랜지 힘, 탈선계수 및 교량의 수직과 횡 진동가속도는 EMU 열차가 기준선 또는 분기선 방향에서 주행할 때 감소된다. 특히, 교량의 수직 진동가속도는 상당히 떨어진다.

폭이 균일한 4×32m 연속보(uniform continuous beam)에 대한 교량 횡단면과 휨 강성은 폭이 불균일한 연속보보다 작고, 동적 응답(하중감소율, 탈선계수 등)은 아주 크며, 하중감소율은 허용한계에도 도달될 수 있다. 따라서, 만약 교량 상판이 너무 넓어서 설계 난이도가 비교적 크기 때문에 일체형 상판을 기준선에만 채택한다면, 분기선에는 실제 교량 경간 수에 따라 교량의 수직 강성을 적절히 증가시켜야 함을 알 수 있다.

표 7.4 세 가지 유형의 연속보에 대한 차량-분기기-교량 시스템의 동적 응답의 비교

연속보의 유형	폭이 균일한 6×32m 연속보		폭이 불균일한 4×32m 연속보		폭이 균일한 4×32m 연속보	
분기기 통과 방향	기준선	분기선	기준선	분기선	기준선	분기선
ZK하중을 받는 크로싱의 수직 처짐/경간 비율	16.135		21.239		61.108	
동(動)윤하중 (kN)	179.4	118.1	178.8	112.9	178.3	119.2
플랜지 힘 (kN)	58.7	58.4	38.0	58.3	58.3	59.3
하중감소율	0.77	0.42	0.78	0.48	0.81	0.52
탈선계수	0.66	0.57	0.56	0.56	0.60	0.58
레일의 동응력 (MPa)	177.4	178.4	187.0	186.6	189.1	187.2
텅레일의 틈 벌어짐(spread) (mm)	0.41	0.63	0.42	0.63	0.42	0.63
노스레일의 틈 벌어짐 (mm)	0.44	0.18	0.39	0.23	0.25	0.17
차체의 수직 진동가속도 (g)	0.037	0.078	0.037	0.078	0.037	0.079
교량의 수직 진동가속도 (g)	0/375	0.046	0.064	0.027	0.065	0.028
교량의 횡 진동가속도 (g)	0.078	0.120	0.041	0.104	0.044	0.115
최대하중감소율에서 교량의 수직 처짐 (mm)	0.094	0.133	0.227	0.210	0.322	0.291
최대하중감소율에서 교량 수직 처짐각 (0.001rad)	0.032	0.029	−0.025	−0.021	−0.027	−0.023

2. 폭이 불균일한 연속보 위 연결선(connecting line)의 42번 분기기의 동적 응답

그림 7.44는 Beijing-Shanghai선의 연결선에서 7×32m 연속보 위에 부설된 중국 42번 분기기를 보여준다. EMU 열차가 기준선에서 주행할 때, 동(動)윤하중과 차체의 횡 진동가속도의 분포는 **그림 7.45**와 **7.46**에 나타낸다.

폭이 불균일한 7×32m 연속보 위 42번 분기기에 대한 동적 응답은 분기기의 구조적 틀림(structural irregularity)이 작으므로 18번 분기기에 대한 것보다 훨씬 적다. 이것은 크로싱에서 진동 충격작용이 작기 때문에 분기기-열차-교량 연성(連成) 진동이 작다는 것을 나타낸다. 42번 분기기의 경우에, 윤하중이 윙레일/노스레일에서 더 긴 범위에 걸쳐 갈아탈(transit) 것이다. 그러므로 EMU 열차가 기준선에서 주행할 때 이 부분에서의 차체 횡 진동가속도는 포인트에서보다 더 크다.

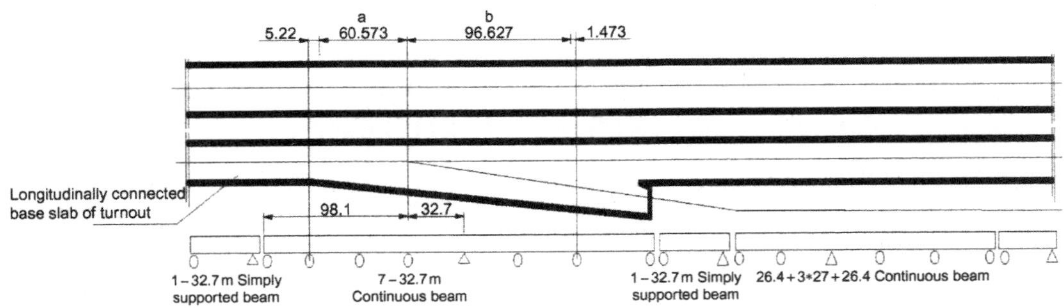

그림 7.44 Beijing-Shanghai선의 연결선에서 42번 분기기의 기초슬래브의 상대 위치

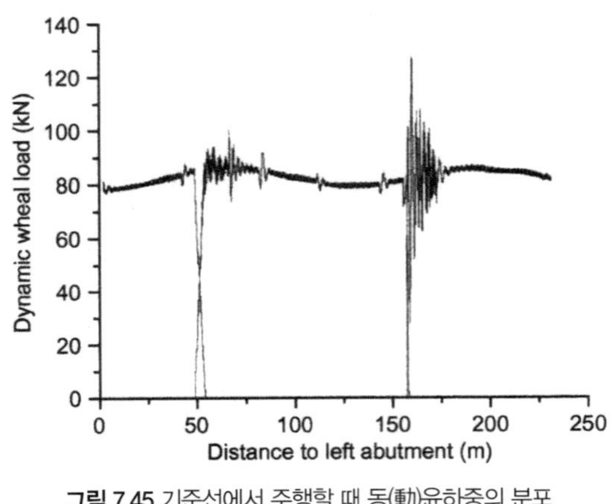

그림 7.45 기준선에서 주행할 때 동(動)윤하중의 분포

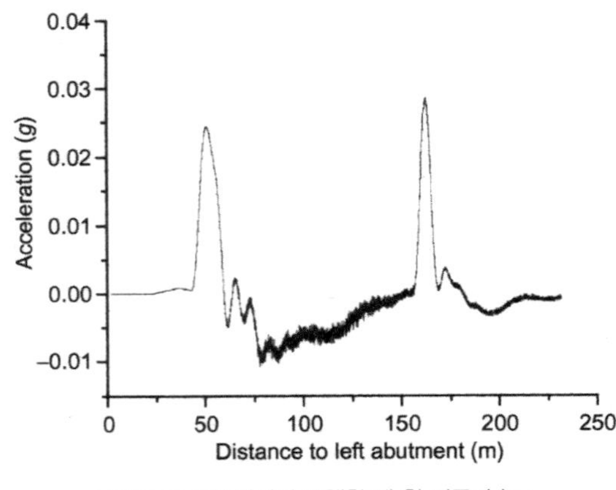

그림 7.46 기준선에서 주행할 때 횡 진동가속도

결론적으로, 42번 분기기는 포인트와 크로싱에의 구조적 틀림이 18번 분기기보다 작으므로 폭이 불균일한 7×32m 연속보에 부설할 경우, 차량-분기기-교량 시스템의 연성(連成) 진동(coupled vibration)이 비교적 작을 것이며, 교량 위 18번 분기기보다 유리하다.

7.3 교량 위 장대레일 분기기의 설계 요건

교량 위의 분기기와 노반 위의 분기기는 주행 안전과 승차감을 위하여 기하구조, 선형, 기술적 파라미터 및 제조 공정에서 큰 차이가 없어야 한다. 분기기 구간에서의 교량의 배치(layout)와 설계는 온도변화, 열차의 수직 하중, 제동 또는 가속의 작용 하에서 교량 위 분기기(turnout on bridge)의 정상적인 기하구조(normal geometry)와 운행조건을 유지하기 위하여 적절히 조정되거나 바뀌어야 한다. 분기기와 교량의 배치는 철도가 건설되기 이전에 충분히 연구되어야 한다. 이것은 투자액을 크게 증가시키지 않을 것이다. 그 대신에 이후의 건설과 운영을 용이하게 할 수 있다.

7.3.1 분기기와 교량의 배치

중국에서는 18번 고속분기기에 대하여 아래에 주어진 전형적인 교량과 분기기의 배치(layout)가 제안된다.

1. 교량 위 단일 분기기(single turnout on bridge)

경간 배치형식은 4×32m 연속보(continuous beam)가 적용될 수 있다. 텅레일의 첨단(point of swtch rail)과 보 끝의 신축이음(expansion gap) 간의 거리와 노스레일의 후단과 보 끝의 신축이음 간의 거리는 같다. 분기기와 교량의 배치는 **그림 7.47**에 주어진다.

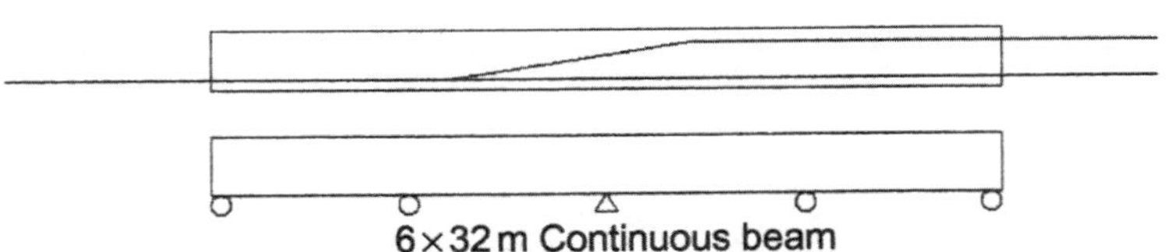

그림 7.47 단일 분기기에 대한 분기기와 교량의 배치도(역주 : 6×32가 아닌 4×32 m임)

2. 교량 위 단일 건넘선(single crossover on bridge)

6×32m 연속보가 적용될 수 있다. 건넘선(crossover)의 중심과 연속보의 중심이 대응한다. 분기기와 교량 보의 배치에 대하여는 **그림 7.48**을 참조하라.

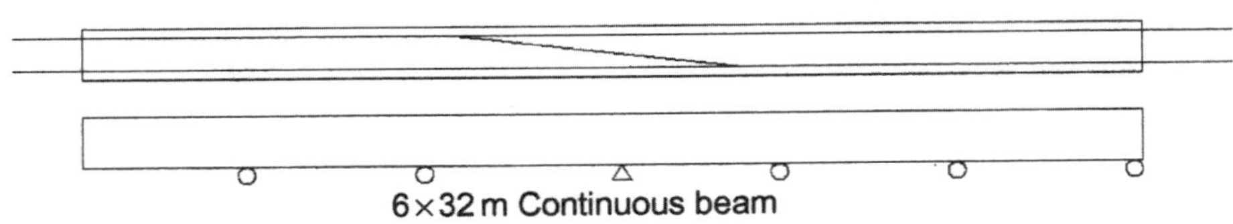

그림 7.48 단일 건넘선에 대한 분기기와 교량 보의 배치도

3. 교량 위 이중 건넘선(double crossover on bridge)

6×32m 연속보 + 1−32m 단순보 + 6×32m 연속보의 조합이 적용될 수 있다. 분기기와 교량 보의 배치에 대하여 **그림 7.49**에 보여주며, 또는 중앙에 2−경간이나 다수−경간 단순보 유형이 적용될 수 있다.

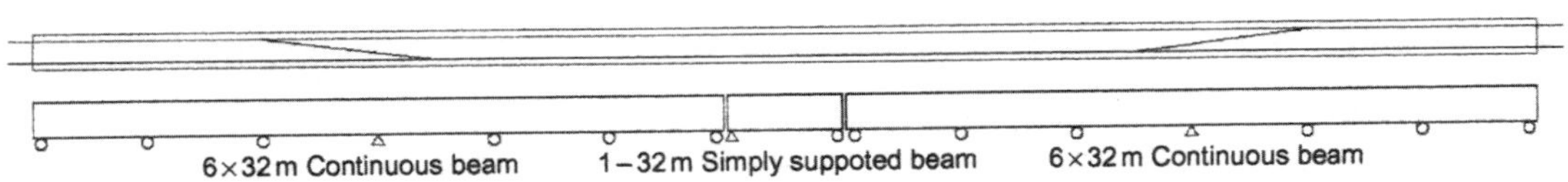

그림 7.49 이중 건넘선에 대한 분기기와 교량 보의 배치도

4. 고가 정거장의 전형적인 입구(typical throat in elevated station)

추월 정거장(overtaking station)의 교량 경간 배치형식은 6×32m 연속보 + 2−32m 단순보(simply supported beam) + 6×32m 연속보 + 2−32m 단순보 + 4×32m 연속보의 조합이 적용될 수 있다. 상세에 대하여 **그림 7.50**을 참조하라.

중간 정거장(intermediate station)의 교량 경간 배치형식은 6×32m 연속보 + 2−32m 단순보 + 6×32m 연속보 + 2−32m 단순보 + 4×32m 연속보 + 3×32m 연속보의 조합이 적용될 수 있다. 상세에 대하여 **그림 7.51**을 참조하라.

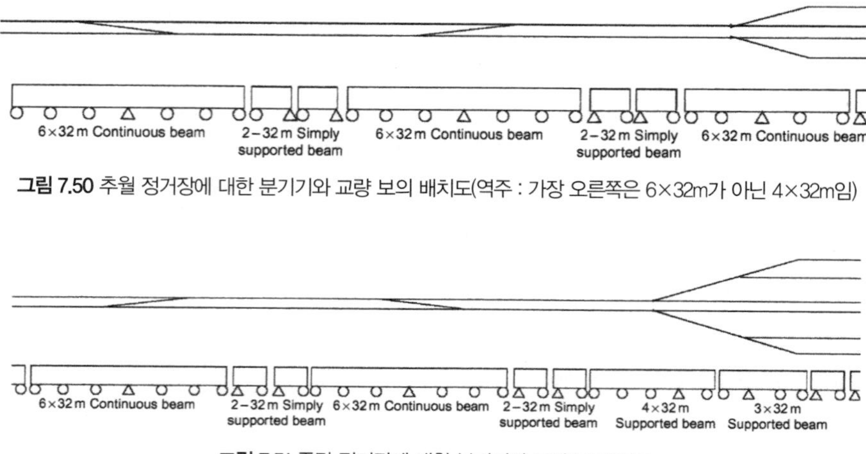

그림 7.50 추월 정거장에 대한 분기기와 교량 보의 배치도(역주 : 가장 오른쪽은 6×32m가 아닌 4×32m임)

그림 7.51 중간 정거장에 대한 분기기와 교량 보 배치도

7.3.2 교량 위 장대레일 분기기의 설계 요건

이전의 연구들에 기초하여, 설계의 참조를 위하여 교량 위 장대레일 분기기(CWR turnout on bridge)의 기술 요건에 관한 권고가 다음과 같이 주어진다.

1. 일반적인 기술요건(general technical requirements)

a. 기하구조 치수(geometric dimension)와 구조(structure)는 노반 위의 분기기와 일치하여야 하며, 속도는 노반 위의 분기기보다 낮지 않아야 한다. 만일 필요하다면, 구조강화 및 차륜−레일 관계와 궤도 강성 설계의 최적화가 수행될 수 있거나 더 큰 번수를 가진 분기기가 사용될 수 있다.

b. 기준선/분기선의 레일 이음 및 분기기와 전후 일반선로 구간 간의 레일 이음은 용접되거나 접착절연이음매(glued insulated joint)이어야 한다.

c. 장대레일 분기기구간에서 일련의 보(빔)들은 동일한 궤도 하부 기초를 가져야 한다. 자갈궤도와 무도상궤도 기초 간의 과도구간(transition) 및 서로 다른 무도상궤도 구조들 사이의 과도구간은 분기기가 없는 구간이거나 노반 위에 위치하여야 한다. 삽입되는 레일의 길이는 교량 길이와 일치하여야 한다.

d. 교량 위 무도상분기기에는 종 방향으로 연결된 기초슬래브(base slab)가 사용되어야 한다. 그렇지 않으면, 기초슬래브는 Π−형상의 철근이나 종/횡의 볼록한 고정 블록(convex retaining block)으로 교량 상판과 연결되어야 한다.

e. 교량 위 무도상분기기의 시공 시 레일 설정 온도는 같은 경간의 보(빔)들에서 같아야 하며 전후의 일반선로 구간과도 일치되어야 한다. 장대레일 분기기는 하나의 단위 레일 구간(rail link)으로 간주하여, 장대레일 분기기와 전후의 일반선로 구간 간의 레일 설정 온도 차는 3℃를 넘지 않아야 한다.

f. 레일신축이음매(rail expansion joint)는 장대레일 분기기가 있는 교량 위에 설치되지 않아야 한다. 만일 그것이 필요하다면, 신축이음매와 분기기 끝 간의 거리는 관련 요구조건을 충족시켜야 한다.

g. 교량 위 분기기 구간 밖의 궤도와 분기기에는 서로 다른 레일체결장치 유형이 사용될 수 있다. 그러나 나중의 유지보수가 용이하도록 동일한 레일체결장치 유형이 선호된다. 동일한 보 경간에는 동일한 레일체결장치 유형이 사용되어야 한다. 신축이음매가 있는 기본레일에는 또는 교각 응력을 완화하기 위하여 온도 힘(temperature force)이 큰 구간에는 특정한 수의 작은 저항력의 레일체결장치가 배치되어야 하지만, 이 레일체결장치는 분기기 시점과 종점에서 적어도 25m 떨어져야 한다.

2. 교량구조에 대한 요건(requirements for bridge structure)

a. 교량 위 본선 분기기나 연결선 분기기의 경우에, 분기기 구간의 교량 보는 연속구조의 보이어야 한다. 6~12m의 경간 길이와 콘크리트 연속보 또는 콘크리트 연속 강절(剛節) 골조(rigid frame)를 가진 골조교량(frame bridge)이 우선으로 채택된다. 어려운 조건에서는 160km/h 이하의 자갈분기기를 콘크리트 단순보에 부설할 수 있다. 게다가, 교량의 상부구조와 하부구조는 경관과 조화를 이루어야 한다.

b. 정거장입구지역(throat area)의 분기기그룹(群)과 단일 건넘선 분기기는 하나의 일련의 보(빔)들에 부설되어야 한다. 600m보다 긴 중간의 직선선로가 있는 두 분기기는 두 개의 일련의 보(빔)들에 부설되어야 한다. 두 개의 인접 보 시리즈(연속) 사이에는 한 경간 또는 복수 경간 단순보가 마련되어야 한다.

c. 일련의 보(series of beams)들 위의 분기기 구간의 교량 상판(bridge deck)은 일체(一體) 구조(integrated structure)의 상판이어야 한다. 4 궤도 이상의 궤도가 있는 복잡한 정거장 입구와 같은 곤란한 조건에서, 본선이나 정거장 선로의 분기기는 서로 다른 일체 상판(integrated deck)에 부설될 수 있다. 그러나 두 보 사이의 상대 변위는 관련된 기술요구를 만족시켜야 한다.

d. 교량 위 단일 건넘선 분기기들에 대하여, 분기기 구간의 교량 상판은 폭이 균일하여야 한다. 정거장 입구(throat)나 연결선(connecting line)의 분기기들에 대하여 분기기 구간의 교량은 폭이 불균일한 보 구조의 교량일 수 있다.

e. 교각들은 일체(一體, integrated) 구조에 적합하여야 하며, 곤란한 조건에서는 적어도 하나의 보 아래의 교각은 일체 구조이어야 한다(※ 역자가 문구 조정).

f. 교량 보 지점(支點)은 종 방향이나 횡 방향 변위에 대한 설계제어요건에 좌우되어 종과 횡 방향으로 고정 유형, 종과 횡 방향으로 가동 유형, 종 방향으로 고정과 횡 방향으로 가동 유형, 또는 종 방향으로 가동(※ 원본에는 고정)과 횡 방향으로 고정 유형 등 네 가지 형식 중의 하나가 적용될 수 있다.

g. 교량 상판은 동력전철기를 설치하기에 충분한 폭이어야 한다. 기준선이나 분기선 궤도 중심으로부터 해당되는 궤도에 설치된 동력전철기의 가장자리까지의 거리는 (동력전철기의 선단이나 후단의 5m 이내에서) 적어도 3.0m이어야 한다. 게다가, 신호설비(예를 들어, 경고표지(fouling post))의 설치도 가능하여야 한다.

h. 분기기 구간의 연속보의 수직 휨 한계(vertical flexural limit)는 주행안전성과 안정성의 요건을 충족시켜야 한다.

3. 분기기-교량 상대적 위치(relative position)의 요건

a. 장대레일 분기기는 가능하면 언제나 일련의 연속보 중앙(middle of a series of continuous beam)에 부설돼야 한다. 분기기시점과 해당 보 끝 간의 거리는 적어도 18m이어야 한다. 분기기후단과 해당 보 끝 간의 거리에 관해서는 자갈궤도의 경우에 9m가 선호되고, 무도상분기기의 경우에 18m 이상이 선호된다.

b. 만일 장대(長大) 연속보의 끝에서 레일 신축이음매(rail expansion joint)가 필요하다면, 신축이음매는 분기기 후단으로부터 적어도 45m의 거리로 분기기 뒤쪽에 설치되어야 한다. 분기기 앞쪽에 설치될 때, 분기기 전단으로부터의 거리는 적어도 60m이어야 한다. 신축이음매가 분기기 앞과 뒤 양쪽에 배치될 때, 신축이음매와 분기기 시점/후단 간의 거리는 최소한 10m이어야 한다.

c. 교량 위 장대레일 분기기의 경우에, 크로싱(통상적으로는 노스레일의 실제 첨단)은 1/8~1/4 경간의 부근에 부설되어야 한다. 단일 건넘선(single crossover)의 두 분기기는 크로싱이 경간의 중앙이나 교각 위에 부설되지 않도록 연속보 위에 비대칭으로 부설될 수 있다.

d. 만일 단일 건넘선의 두 분기기가 연속보 위에 대칭으로 부설된다면, 고정지점(支點)은 연속보의 중앙에 배치되어야 한다. 만일 단일 건넘선의 두 분기기가 연속보 위에 비대칭으로 부설되거나 단일 분기기가 폭이 불균일한 연속보 위에 부설된다면, 고정지점(支點)은 보 끝에서 더 가까운 크로싱 부분의 한쪽에 배치되어야 한다.

제8장 고속분기기의 전환 설계

전환설비(conversion equipment)는 분기기의 중요한 구성 부분이며, 전환, 잠금(locking) 및 표시(indication)의 세 가지 기본기능을 가져야 한다. 전환기능의 경우에, 분기기의 전환은 차량이 한 선로에서 다른 선로로 진입하도록 안내하기 위하여 전환설비로 텅레일(switch rail) 또는 가동 노스레일(swing nose rail)을 당기거나 밀어서 개통 방향을 바꾸는 기능을 한다. 잠금 기능은 분기기 전환 후에 텅레일(노스레일)과 기본레일(윙레일)의 밀착을 보장하도록 전환설비가 분기기를 잠그는 기능이다. 표시 기능은 분기기 전환 후에 전환설비가 분기기의 정위(定位, normal position; 직선 텅레일이 곡선 기본레일에 밀착)와 반위(反位, reverse position; 곡선 텅레일이 직선 기본레일에 밀착)를 나타내는 기능이다[103, 104].

분기기 전환(轉換)의 설계는 전환 기계, 잠금 기계, 설치장치 및 밀착 검지기(closure detector) 등의 구조설계, 견인지점(traction point) 배치, 전환 동정(throw), 전환 힘(switching force), 전환 부족 변위(scant displacement), 최소 플랜지웨이(flangeway), 신축 변위(expansion displacement) 및 동시 전환(synchronous conversion)의 설계와 이물질(inclusion)에 대한 검산과 관련 시험을 수반한다.

8.1 전환 구조와 원리

8.1.1 전환 구조

1. 동력전철기(switch machine)와 설치장치(installation device)

동력전철기는 전환시스템(conversion system)의 작동장치(actuator)이다. 그것은 전환, 잠금 및 표시 기능을 가지며, 텅레일(switch rail)이나 노스레일(point rail)을 전환하고 쇄정하며 잠금 영역 내에서 그것의 위치(정위, 반위)와 상태를 표시할 수 있다. 전환기능의 경우에, 텅레일(노스레일)을 전환하는 데 충분한 전환 힘을 가져야 하고 전환실패의 경우에 레일을 정위(定位)로 되돌려놓을 수 있어야 한다. 잠금 기능의 경우에, 외력을 받아 풀어짐(解錠)이 없이 텅레일(노스레일)을 일정한 제한위치로 확실하게 쇄정하여야 한다. 그러나 전환실패의 경우에는 잠금이 이루어지지 않는다. 표시 기능의 경우에, 분기기의 정위(正位)나 반위(反位) 및 대향(對向, facing)이나 배향(背向, trailing)을 실시간으로 반영할 수 있어야 한다. 동력전철기는 동력 면에서 AC모터 또는 DC모터로 나눌 수 있으며, 또는 기계적으로, 유압과 공기압으로 구동될 수 있다. 조작 방식에 따라 집중 유형과 비(非)집중 유형이 있다. 현재, 세 가지 유형의 동력전철기가 중국의 속도향상 분기기나 고속분기기에 이용된다. 즉, S700K 전기 전철기, ZDJ9 전기 전철기, XYJ7 전기-유압 전철기.

200km/h 이상의 속도향상 선로나 고속선로의 경우에, 동력전철기는 이중 잠금 기능(double-locking function)을 가져야 하며, 즉 작동봉(operating rod)과 검지봉(밀착검지용)이 잠금 기능과 함께 마련된다. 동력전철기의 작동은 원래의 표시 접촉을 종료, 잠금 해제(解錠), 전환, 잠금 및 새로운 표시 접촉의 연결 등의 과정을 거쳐야 한다. 외부 잠금 분기기에서, 동력전철기는 분기기의 벌림(spread)에 따라 동력전철기의 동정(動程)과 표시봉(indication rod)의 적용가능범위를 결정할 수 있어야 한다. 서로 다른 견인지점에서 분기기 벌림이 서로 다르며, 동력전철기의 적용가능파라미터도 마찬가지이다. 만일 전환요건이 충족된다면, 동력전철기의 파라미터는 융통성과 표준화를 위하여 단순화된다.

설치장치(installation device)는 전환설비와 토목(engineering)설비를 연결한다. 이 장치는 세 가지 유형이 있다. 즉, L형강 기초(angle steel foundation), 강(鋼)침목 기초(steel tie foundation) 및 앵글 블록 기초(angle block foundation). L형강 기초는 중국에서 초기의 저속분기기에 사용되었다. 그러나 이 기초는 침목의 공간(free position)을 더 많이 차지하므로 고속분기기에 사용될 수 없으며, 그것은 도상 다짐의 불편과 전환설비에 강한 진동과 충격을 초래한다. 강침목 기초의 경우에 전환설비의 지지판이 강침목에 연결되고, 대형 보선 장비의 작업을 용이하게 한다. 앵글 블록 기초의 경우에, 주행 열차로 유발된 진동과 충격이 L형강 기초보다 훨씬 더 작으며, 동력전철기의 설치 위치가 낮아져서 열차 아래의 처진 물체로 인해 손상될 위험을 최소화한다. 게다가, 작동봉과 표시봉은 직선의 봉으로 강도를 증가시킬 수 있다. 단점은 여전히 침목의 공간을 차지하므로 다짐 작업에 불리하다는 점이다.

동력전철기(switch machine)의 선택과 앵글블록기초(angle block foundation)의 구조설계는 중국에서 고속분기기 설계의 주요 내용이다. **그림 8.1**은 자갈분기기와 무도상분기기의 동력전철기용 설치장치를 보여준다.

그림 8.1 (A) 자갈분기기의 동력전철기 설치장치, (B) 무도상분기기의 동력전철기 설치장치

2. 견인지점의 배치와 분배(arrangement and distribution of traction points)

견인지점(traction point)의 배치와 분배는 전환저항력(switching resistance), 분기기 벌림(spread), 텅레일의 부족 변위(scant displacement), 텅레일 후단(heel) 구조의 유형 등에게서 영향을 받을 수 있다. 세계적으로 철도건설이 빠른 진전을 보임에 따라 분기기의 텅레일과 노스레일에 대한 단일-지점 견인방식은 다수-

지점 견인방식으로 교체되어 왔다. 다수−지점 견인방식은 두 가지 유형이 있다. 즉, 다수−기계(전철기) 다수−지점 견인 방식 및 1−기계 다수−지점 견인 방식.

다수−기계 다수−지점 견인방식의 경우에, 각 견인지점(traction point)은 전환(conversion), 잠금(locking) 및 제어(control)의 독립적인 요소이며, 독립적인 견인을 위하여 견인지점마다 하나의 동력전철기가 설치된다. 동력전철기들 사이는 제어회로를 통해 연결된다. 텅레일과 노스레일의 동시 이동은 기계적으로 또는 전기적으로 작동된다. 모든 견인지점이 상대적으로 독립적인 모듈이므로 전환, 잠금 및 표시 기능의 정상 성능에 더하여 다른 견인지점들과 동기화될 수 있다. 견인지점에서 전환, 잠금, 또는 표시의 고장이 생긴 경우에 전환시스템은 아무런 표시도 생성하지 않을 것이다. 그러므로 이 견인방식은 더 안전하고 더 신뢰할 수 있으며 관리에 더 편리하다. 그러나 그것은 많은 설비가 필요하며, 각 모듈은 하나의 기계가 설치되고 따로따로의 케이블 선으로 제어실과 연결되며, 비용이 상당히 들 것이다.

1−기계(전철기) 다수−지점 견인 방식의 경우에, 텅레일과 노스레일에서 첫 번째 견인지점(traction point)만 견인(traction)용 동력전철기(switch machine)가 설치된다. 첫 번째 견인지점에서의 견인 힘은 그 밖의 견인지점에서 전환, 잠금 및 표시 기능을 할 수 있도록 도관(導管, conduit, 철관)을 통하여 그 밖의 견인지점으로 전달될 것이다. 어떠한 견인지점에서라도 변환 요구사항을 충족할 수 없는 경우(전환이 이루어지지 않음, 장애, 또는 표시 없음 등)에, 전환시스템은 분기기의 최종 표시를 할 수 없다. 그 대신에, 분기기가 명시대로 전환되지 않는다는 것을 사용자에게 제시할(prompt) 것이다. 이 방식은 더 적은 동력전철기를 수반하며, 도관의 연결로 그 밖의 견인지점이 작동될 수 있고 따라서 비용이 적게 든다.

다수−기계 다수−지점 견인방식은 중국의 고속분기기에 대한 사전 작동 실행의 요건에 적합하도록 적용되어 왔다.

3. 잠금 방식(locking modes)

확실한 잠금은 분기기 전환시스템에서 매우 중요하다. 두 가지 잠금 방식이 있다. 즉, 외부 잠금(external locking)과 내부 잠금(internal locking). 외부 잠금은 전환이 이루어진 텅레일 또는 노스레일이 대응하는 기본레일 또는 윙레일에 밀착된 상태로 쇄정되는 방식이다. 이 방식은 효과적이고 동력전철기에 거의 영향을 주지 않지만, 복잡한 구조를 갖는다. 내부 잠금에서는 작동하는 텅레일 또는 노스레일이 전철간을 통하여 동력전철기 내부의 장치에서 쇄정될 것이다. 이 방식은 덜 효과적이고 동력전철기에 큰 영향을 준다. 고속분기기에 대해서는 외부 잠금이 내부 잠금보다 안전성의 면에서 성능이 좋으며, 그래서 그것은 필수적인 잠금방식이다.

중국 고속분기기의 경우에, 텅레일의 외부 잠금장치(external locking device)는 **그림 8.2**에 나타낸 것처럼 주로 연결재(connecting iron), 두부(頭部)가 있는 핀 볼트, 잠금 갈고리(hook), 고정 클램핑 판, 잠금 프레임, 잠금 블록 및 잠금봉으로 구성된다. 노스레일의 외부 잠금장치는 **그림 8.3**에 나타낸 것처럼 주로 잠금봉, 잠금 갈고리 및 잠금 프레임으로 구성된다. 외부 잠금의 경우에, 잠금 프레임은 윙레일에 직접 설치된다. 노스레일의 플랜지는 잠금 갈고리의 쐐기 홈(wedge slot)에 넣어지며, 노스레일은 홈의 앞과 뒤로 신축할 수 있다. 노스레일의 전환과 잠금은 잠금봉의 횡 이동으로 생긴 견인(traction)으로 가능하다. 노스레일의 밀착상

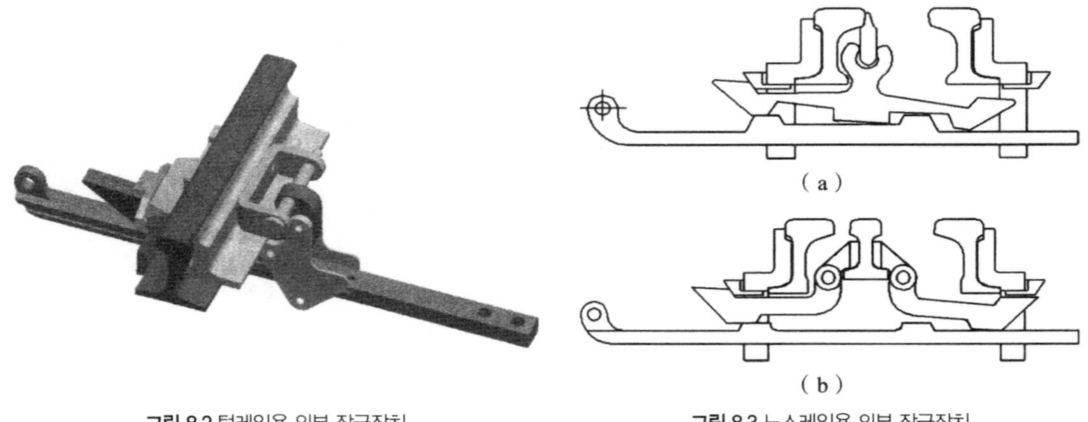

그림 8.2 텅레일용 외부 잠금장치

그림 8.3 노스레일용 외부 잠금장치

태는 잠금 블록과 잠금 프레임 간의 조정 스페이서(spacer)를 추가하거나 제거함으로써 조정될 수 있다. 첫 번째 견인지점(traction point)과 그 밖의 견인지점들에서의 잠금장치는 각각 **그림 8.3**의 위와 아래 다이어그램에서 보여준다.

4. 텅레일의 작동방식(operating modes of switch rail)

두 텅레일의 작동 형식은 동시 이동과 개별 이동 등 두 가지 방식이 있다. 동시 이동의 경우에, 두 텅레일은 링크(link)로 연결되며, 프레임 구조를 형성한다. 이것은 일체(一體) 구조(integral) 텅레일의 보다 쉬운 전환, 두 텅레일의 동시 이동과 잠금, 게다가 큰 전환저항력을 특징으로 한다. 개별 이동의 경우에, 두 텅레일은 링크로 연결되지 않지만, 외부 잠금장치(external locking device)의 도움으로 잠금 해제(解錠), 전환 및 잠금 기능을 각각 개별적으로 수행할 것이다. 두 텅레일이 개별 이동하므로, 시스템의 전환저항력이 줄어들고, 전환 작동을 더 쉽게 만든다. 개별 이동 방식은 중국의 고속분기기에 적용되어왔다.

5. 텅레일의 동시 전환(synchronous conversion of switch rails)

동시 전환은 텅레일이 각각의 견인지점(traction point)에서 동시에 이동하여 동시에 제자리에서 멈추는 것을 의미한다. 만일 밀착된(closed) 또는 떨어져 있는(separated) 텅레일이 동시에 제자리로 이동함을 실패한다면, 그것은 텅레일의 작동이 조화를 이루지 못하고 있음, 즉 전환이 동시에 이루어지지 않고 있음을 보여준다. 전환설비는 견인지점에서만 텅레일의 견인전환과 잠금을 수행하므로, 텅레일 견인지점에서의 동시 동작과 동시 제자리 도달은 텅레일 동시 전환의 전제조건이다. 이것은 동력전철기(switch machine) 동정, 잠금구멍의 동정과 틈, 견인지점들의 작동순서, 분기기 벌림(spread), 텅레일의 전환저항력, 텅레일의 선형 등등에게서 영향을 받을 수 있다. 그러므로 텅레일의 동시 전환은 각종 요소가 일치되도록 보장한 후에 달성된 거시적 동시 진행이어야 한다.

중국 고속분기기의 경우에, 텅레일의 동시 전환은 모터의 피크 전류를 피하도록 서로 다른 정격(定格, rated) 동정(動程)과 서로 다른 시작순서를 가진 동력전철기를 사용함으로써 가능하게 된다.

(A)

(B)

그림 8.4 (A) JM-A1 밀착검지기, (B) JM-A 밀착검지기

6. 밀착검지(closure detection)

전환시스템(conversion system)은 텅레일(switch rail)과 노스레일(point rail)을 전환함과 쇄정함에 더하여 텅레일과 노스레일의 밀착(closure)을 검지하고 모니터링 할 수 있어야 하며, 밀착상태가 불충분한 경우에 경보(警報)와 제시(prompt)를 할 수 있어야 한다. 검지는 견인지점 및 인접한 두 지점 사이의 위치에 적용한다.

다수-기계 다수-지점 견인방식의 경우(중국)에, 견인지점(traction point)에서의 밀착 검지는 당해 지점의 동력전철기(switch machine)로 행하여지며, 반면에 두 견인지점 간의 밀착검지는 중간에 설치된 밀착검지기(closure detector)로 행하여진다. 밀착검지기의 검지 접촉은 전환시스템의 표시회로에 연속적으로 연결된다. 견인지점에서 동력전철기로부터의 이상 징후나 견인지점 간의 밀착검지 이상 징후의 경우에, 전환시스템은 분기기가 이상 상태라는 것을 사용자에게 제시할(prompt) 것이며 보수될 것이다. 이 기능은 분기기의 정상작동에 상당히 중요하다.

중국에서는 JM-A1과 JM-A 밀착검지기(closure detector)가 이용된다. 그들은 **그림 8.4**에 나타낸 것처럼 두 견인지점(traction point) 사이에서 궤도의 중심과 궤도 양쪽에 설치된다. 5mm 이물질(inclusion)이 끼인 경우에 표시가 생성되지 않는다. 현재 노스레일의 견인지점들 사이에는 밀착검지기가 설치되지 않는다.

8.1.2 분기기 전환의 원리

분기기의 작동에서 텅레일과 노스레일은 동력전철기와 연결된 작동봉(operating rod)의 도움으로 지정된 열차 경로 방향에 따라 전환(convert)될 것이다. 전환과정 동안, 동력전철기의 작동봉은 견인지점에서 명시된 변위, 즉 견인 동정(動程, throw)을 할 수 있도록 견인지점에서 텅레일과 노스레일에 대하여 전환 힘(switching force)을 가할 것이다. 견인지점에서의 전환 힘은 당해 지점에서의 집중 반작용력과 같다. 제자리로 전환되어 있을 때, 레일은 외부 잠금장치로 단단히 쇄정될 것이다. 정상적 상황에서는 동력전철기의 총공률(工率)이 잡아당김을 만족시킴과 동시에 일정량의 여유가 있을 때 비로소 제자리로 당겨질 수 있다(※ 역자가 문구 조정). 다수-기계 다수-지점 견인의 경우에 각각의 전철기는 따로따로 제어실에 연결되며 AC 제어회로를 통하여 제어된다. 이 경우에, 견인 동정의 적절한 설계는 텅레일과 노스레일의 동시발생(simultaneous), 동기화(synchronous), 조정된(coordinated) 전환을 실현할 수 있다.

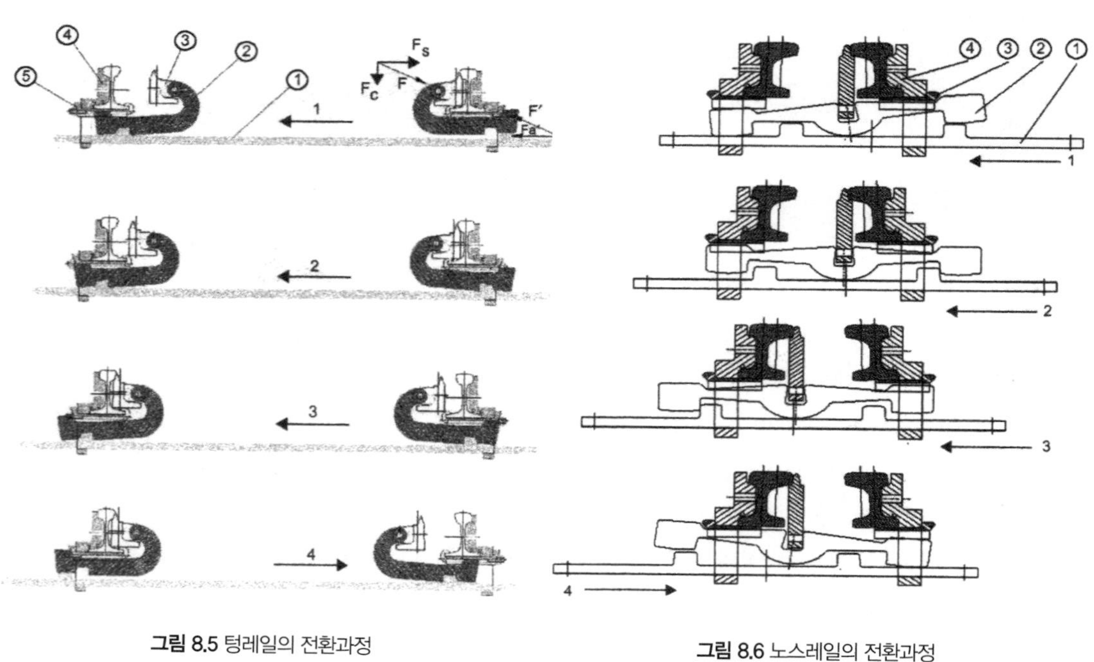

그림 8.5 텅레일의 전환과정

그림 8.6 노스레일의 전환과정

1. 다수-기계 다수-지점 견인방식(traction mode)

다수-기계(전철기) 다수-지점의 개별이동방식을 이용해 한쪽에 쇄정된 텅레일을 잠금 해제하고, 전환하며, 제자리로 전환된 텅레일을 쇄정하는 텅레일의 전환과정을 **그림 8.5**에 나타낸다. 이 과정에서, 갈고리(hook)의 합력은 텅레일의 단면중심을 지나갈 것이며, 텅레일과 잠금 갈고리는 좋은 응력상태에 있다. 텅레일의 갈고리-형 외부 잠금장치는 주로 잠금봉(①), 갈고리(②), 연결재(connecting iron)(③) 및 잠금 프레임(④, ⑤)으로 구성된다.

노스레일의 갈고리-형 외부 잠금장치는 잠금봉(①), 갈고리(②), 연결재(③) 및 잠금 프레임(④)으로 구성된다. 작동원리에 대하여는 **그림 8.6**을 참조하라. 잠금 프레임(locking frame)은 윙레일에 직접 설치된다. 노스레일의 플랜지는 잠금 갈고리의 쐐기 홈(slot)에 넣어지며, 노스레일은 홈에서 자유로 신축할 수 있다. 노스레일은 잠금봉의 횡 이동의 견인을 통하여 전환되고 쇄정된다. 노스레일의 밀착상태는 잠금 블록과 잠금 프레임 간에 조정 스페이서(spacer)를 추가하거나 제거함으로써 조정될 수 있다.

노스레일의 외부 잠금 과정(external locking process) : 잠금봉(①)이 위치 1에서 위치 2로 왼쪽으로 이동한다. 외부 잠금 갈고리(②)가 잠금 해제를 위하여 돌려진다(rotate). 잠금봉이 위치 3으로 더욱 왼쪽으로 이동하고, 갈고리를 통하여 노스레일의 전환을 다른 쪽으로 추진(推進)한다. 잠금봉이 위치 4로 더욱 왼쪽으로 이동하며, 갈고리가 돌려지고(rotate) 레일을 쇄정하며, 하나의 작동과정이 완료된다. 위치 4에서, 잠금봉의 오른쪽 이동은 또 하나의 작동과정이 완료되도록 상기와 같은 순서가 뒤따른다.

2. 1–기계 다수–지점 견인방식(traction mode)

프랑스 고속분기기의 경우에, 1–기계(전철기) 다수–지점 견인이 이용되며, 텅레일들이 동시에 움직이고, 외부 잠금장치로 쇄정된다. 잠금은 견인지점 1에서 외부 잠금을 채용함으로써 확보되며, 견인 힘은 모든 견인지점의 동시 이동을 실현하도록 도관(導管, conduit, 철관)을 통하여 그 밖의 견인지점들로 전달된다. 견인지점의 동정(動程)은 크랭크를 통하여 분배되며, 전동력을 확대할 수 있다. 텅레일의 전환과 잠금의 원리를 **그림 8.7**에서 보여준다. 주요 과정은 잠금, 잠금 해제, 전환 및 다시 잠금을 포함한다.

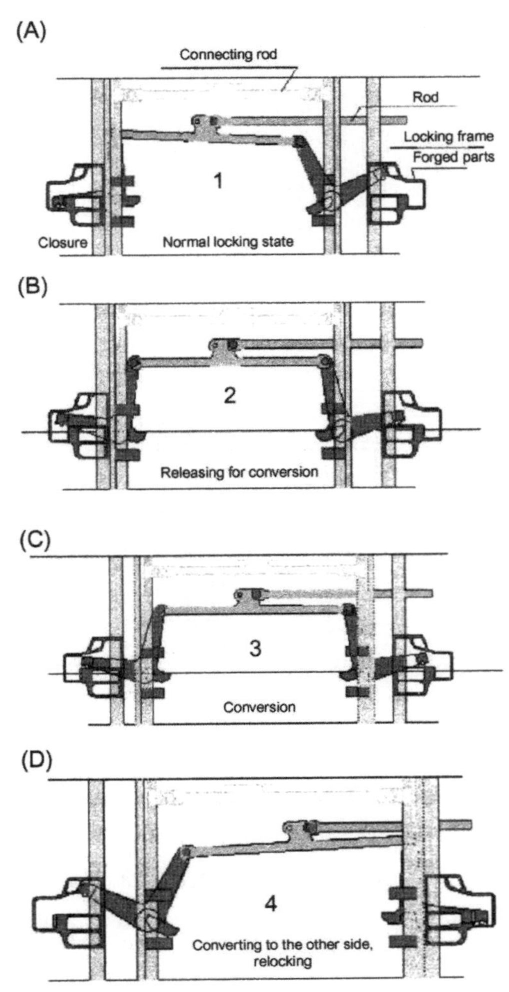

그림 8.7 1–기계(전철기) 다수–지점 견인방식의 전환원리 : (A) 단계 1, (B) 단계 2, (C) 단계 3, (D) 단계 4

8.2 분기기 전환의 계산이론[106]

견인지점(traction point)의 배치와 동정(動程, throw) 설계는 전환 힘(switching force)의 계산 결과에 기초한다. 각 견인지점에서의 전환 힘은 동력전철기의 정격 출력을 넘지 않아야 하지만, 텅레일의 전환 후에 최소 플랜지웨이가 유지되어야 한다. 평탄성(smoothness)을 위하여, 텅레일과 노스레일 전환의 부족 변위(scant displacement)는 궤간 틀림의 허용범위 이내이어야 한다. 임의의 견인지점이나 견인지점들 사이에 이물질(inclusion)이 끼인 특수한 경우에, 전환력의 과도한 이상을 통하여 텅레일, 노스레일 및 기본레일의 밀착상태를 판단할 수 있다면, 밀착검지기를 설치하지 않거나 보다 적게 설치할 수 있다.

8.2.1 계산모델[107, 108]

고속분기기 전환(conversion)의 분석모델은 **그림 8.8**에 나타낸 것처럼 유한요소이론에 따라 수립된다. 모델에서 특수구성과 중요한 세부사항(예를 들어 텅레일/노스레일 단면의 특성, 견인지점의 위치 및 동정) 및 전환 동안 선형과 비선형 인자{예를 들어 마찰력, 밀착의 저항력 및 멈춤쇠(jacking block)와 레일체결장치 저항력}가 고려된다. 밀착 및 멈춤쇠와 레일체결장치 지지의 저항력의 영향은 비선형 스프링으로 모델링된다. 텅레일과 노스레일은 비선형 불균일 단면의 보로 모델링된다. 후단 앞쪽의 긴 노스레일과 짧은 노스레일 간의 간격재는 스프링으로 모델링되고 후단에서의 간격재는 단면이 균일한 보로 모델링된다.

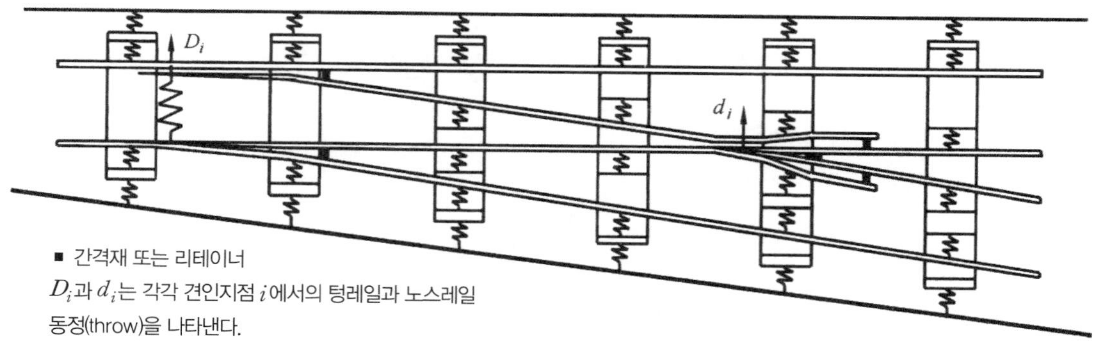
D_i
d_i
■ 간격재 또는 리테이너
D_i과 d_i는 각각 견인지점 i에서의 텅레일과 노스레일
동정(throw)을 나타낸다.

그림 8.8 분기기 전환의 분석모델

1. 텅레일 전환(conversion of switch rail)의 계산모델(calculation model)

텅레일의 개별 이동(separate movement) 전환의 경우에, 직선과 곡선 텅레일은 전환과정에서 동작이 일치하지 않는다. 떨어져 있던 텅레일이 먼저 일정 거리를 이동하고, 밀착돼 있던 텅레일이 다시 이동한다. 동시 전환의 경우는 두 텅레일이 동시에 움직이고 동시에 제자리에 도달할 것이다. 이하에서는 중국의 견인과 전환모델에 관한 개별 이동 외부 잠금이 상세히 분석된다. 직선과 곡선 텅레일이 같은 견인 동정(動程)을 가진

경우에, n의 견인지점(traction point) 수가 주어지면, 주어진 시간에 견인지점의 전환 거리는 밀착하여 있는 텅레일의 전환거리($\boldsymbol{D}$)와 떨어져 있는 텅레일의 전환거리($\boldsymbol{D}'$)로 구성된다.

$$\begin{cases} \boldsymbol{D} = [D_1 \cdots D_n] \\ \boldsymbol{D}' = [D'_1 \cdots D'_n] \end{cases} \tag{8.1}$$

해당 텅레일에 대한 견인지점들에서 총 전환 힘(total switching force) :

$$\boldsymbol{P}_J = [P_{J1} \ \cdots \ P_{Ji}] \tag{8.2}$$

계산모델은 상기의 **그림 8.8**에서 설명되며, 텅레일의 전환에 대한 모델은 **그림 8.9**에 묘사된다. 텅레일의 실제 첨단, 침목, 침목중앙의 해당 위치는 텅레일의 노드(node)로 취해진다. 견인지점은 비선형 스프링(nonlinear spring)들로 연결된다. 직선과 곡선 텅레일 간의 전환 시차(conversion time difference)는 스프링 파라미터를 변경함으로써 실현될 수 있다. 시뮬레이션으로 텅레일 이동을 계산함에 있어, 직선과 곡선텅레일은 단면이 균일한 보 유닛으로 연결된다; 다양한 초기 상태에서 텅레일의 초기 전환은 텅레일의 초기 파라미터를 변경함으로써 계산할 수 있다.

직선과 곡선 텅레일은 설계 초기 위치에서 기본레일에 밀착되어 있다. 모든 레일부품은 설계치수에 따라 엄밀하게 제작되고 부설된다. 견인(traction)과 전환(conversion) 시에 텅레일이 먼저 밀착상태에서 당겨져서 분리 상태에 이른 다음에 분리에서 당겨져서 밀착상태에 이를 것이다(※ 역자가 문구 조정). 전환 후의 텅레일 위치는 초기 설계 위치와 비교하여 완전히 일치되지 않을 것이며, 이 두 위치 사이의 틈은 텅레일 전환의 부족 변위(scant displacement)이다.

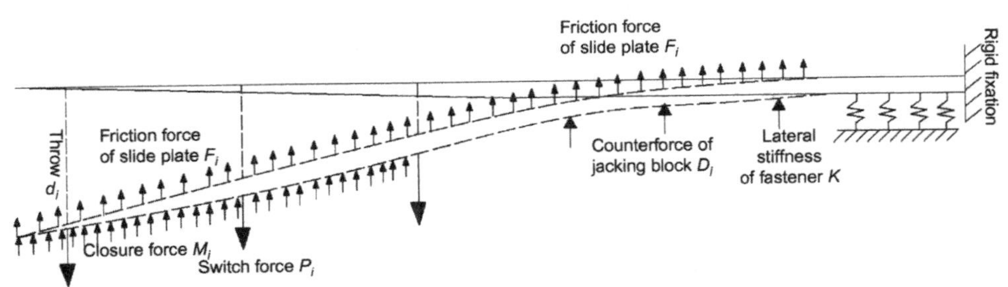

그림 8.9 텅레일 전환의 계산모델

2. 노스레일 전환(conversion)에 대한 계산모델(calculation model)[109]

전술의 **그림 8.8**에 나타낸 계산모델을 세분화한 후에, 단일 탄성 굽힘 가능(single flexible) 노스레일(point rail)과 이중 탄성 굽힘 가능(double flexible) 노스레일의 계산모델이 **그림 8.10**에 주어진다. 노스레일의 첨단은 자유이다(movable, 신축가능하다). 노스레일들 간과 노스레일과 윙레일 간의 간격재의 신축성(retractility)이 고려될 것이다. 짧은 노스레일의 곡선 상태는 짧은 노스레일의 노드 좌표(coordinate of node)를 제어함으

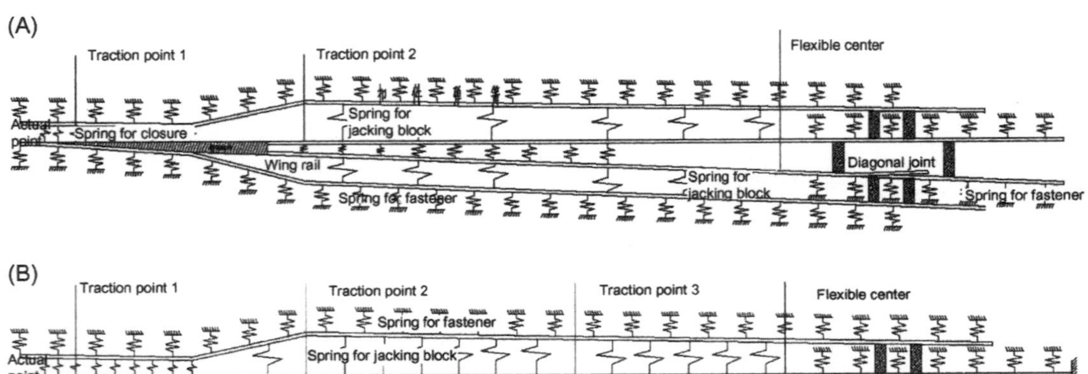

그림 8.10 (A) 단일 탄성 굽힘 가능 노스레일 전환에 대한 계산모델, (B) 이중 탄성 굽힘 가능 노스레일 전환에 대한 계산모델

로써 실현될 수 있다. 계산 동안, 크로싱에서 각 노드 좌표는 설계와 같다. 침목의 치수와 간격도 설계와 같다.

단일 탄성 굽힘 가능 구조의 짧은 노스레일은 후단에 사(斜)이음매의 설비가 있으며, 이것은 분기선에서 고속주행에 불리하다. 이중의 탄성 굽힘 가능 구조의 노스레일은 분기선의 고속주행에 이용된다. 이 노스레일은 일체 구성의 구조(integral framework structure)이며, 큰 횡 강성과 전환 선형 제어의 어려움으로 특징짓는다.

열차가 기준선 방향으로 분기기를 통과할 때, 노스레일은 정위(定位)에 있으며, 긴 노스레일이 사용될 것이다. 분기선으로 통과할 때, 정위의 노스레일은 전환설비의 도움으로 반위(反位)로 전환될 것이며, 전환은 전철간(rod)을 통하여 동력전철기(switch machine)로 실현된다. 견인지점(traction point)에 대한 전환 힘(switching force)은 전환하는 전철간에 대한 노스레일의 반작용력이다. 견인과 전환에 관하여, 모든 견인지점에서 긴 노스레일과 짧은 노스레일의 동정은 같다. n개의 견인지점이 배치된다고 가정하면, 각 견인지점의 동정은 다음과 같다.

$$\boldsymbol{d} = [d_1 \cdots d_n] \tag{8.3}$$

노스레일의 각 견인지점에 대응하는 총 전환 힘(total switching force) :

$$\boldsymbol{P}_X = [P_{X1} \cdots P_{Xi}] \tag{8.4}$$

노스레일은 기준선 통과 상태가 초기 위치이다(※ 역자가 문구 조정). 정위와 반위 간의 부족 변위(scant displacement)를 계산함에 있어, 전환하는 동안 마찰력, 밀착 힘, 또는 후단에서의 횡 휨 강성이 없고, 노스레일의 작용면은 이상적인 상태 $Y(i)$에 도달될 수 있다고 가정된다. 그러나 선형이나 비선형 인자, 예를 들어 마찰력, 밀착 힘, 멈춤쇠 힘 및 레일체결장치 저항력이 고려되며, 선형 $y(i)$는 정위(normal position)에서 반위(reverse position)로 전환된 후에 얻을 수 있다. 전환의 부족 변위는 $\Delta(i) = Y(i) - y(i)$로 구할 수 있다. 또 하나의 선형은 반대 방향으로 전환될 때 구해질 수 있으며, 상대적인 부족 변위는 그것에 따라서 계산될 수 있다.

3. 계산을 위한 역학 방정식(mechanical equation)과 해법(solution)

분기기 견인(traction)과 전환(conversion)에 대한 역학 평형방정식(equation of mechanical equilibrium)은 변동의 최소 퍼텐셜 에너지의 원리(principle of minimum potential energy of variation)로 풀 수 있다. 경계 요구조건을 충족시키는 조정(調整) 변위(coordinating displacement)에 대해서, 시스템의 총 퍼텐셜 에너지는 평형조건 하에서의 변위 때문에 한계치에 도달될 것이다.

$$\delta U + \delta V = 0 \tag{8.5}$$

여기서, δU 와 δV 는 각각 시스템의 총 변형에너지(total strain energy)와 총 퍼텐셜에너지(total potential energy)의 1차 변분(first-order variation)이다.

각 에너지의 변분 식(variational expression)을 도출한 후에 시스템의 강성행렬(stiffness matrix)과 하중 행렬(load matrix)을 형성할 수 있다.

일반적인 구조의 경우에, 비선형 방정식의 대수적 해를 직접 구하기가 어렵다. 그러나 수치 해법(numerical solution)으로 구할 수가 있다. 전환 동안, 하중/변위 변화를 포함하는 얼마간의 비선형 인자가 존재하며, 따라서 비선형 방정식을 풀기 위하여 증분법(incremental method)과 수정된 뉴턴-랩슨(Newton Raphson) 방법의 결합이 적용될 수 있다. 한편, 하중은 증분으로 나뉘고 증분법에 따라 단계적으로 부과될 수 있다. 따라서 다른 한편으로, 충분히 정확한 해를 구하도록 한 증분에서 반복이 수행된다.

8.2.2 1-기계 다수-지점 견인방식[110]

1-기계 다수-지점 견인의 경우에, 동력전철기는 첫 번째 견인지점에 마련되며, 전환 힘은 이중(double) 도관(導管, conduit, 철관)을 통하여 그 밖의 견인지점들로 전해질 것이다. 견인지점들의 전환 동정은 크랭크에 의하여 분배될 것이며, 전동력은 확대될 것이다. 계산의 개략도는 **그림 8.11**에 나타낸다.

크랭크(crank)의 크기는 각 견인지점(traction point)의 동시 이동을 실현할 수 있으므로, 전환은 크랭크를 통하여 견인지점 동정의 분배를 실현한다. 그러나 조정 가능 봉(adjustable rod)은 일정한 공행정(空行程)을 설정할 수 있으므로, 견인지점의 동정은 크랭크 크기 비율에 따라 정확하게 계산되지 않을 것이다. 다음과 같은 각 견인지점의 동정을 가정하면,

$$\boldsymbol{D} = [D_1 \cdots D_N] \tag{8.6}$$

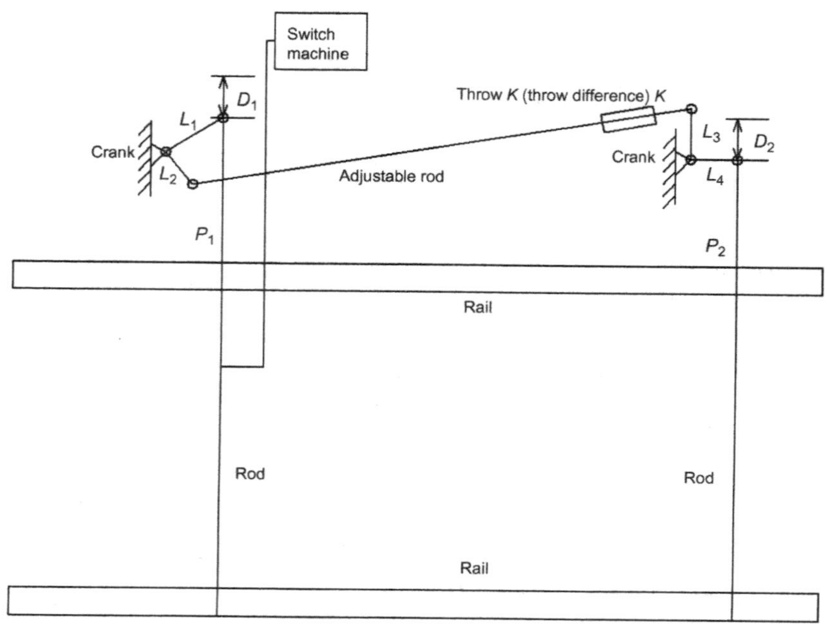

그림 8.11 1-기계 다수-지점 견인방식에 대한 전환 계산의 개략도

전환과정에서 해당 견인지점의 전환 힘(switching force)은 다음과 같을 것이다.

$$\boldsymbol{P} = [P_1 \cdots P_N] \tag{8.7}$$

그다음에, 동력전철기의 전동력은 크랭크의 힘 전달 특징에 따라 구해질 수 있다.

$$\sum P = P_1 + \frac{L_4}{L_3} \cdot \frac{L_2}{L_1} \cdot P_2 \tag{8.8}$$

전환과정에서, 전철간(rod)은 견인지점에서 텅레일과 노스레일에 전환 힘을 가할 것이며, 각 견인지점의 주어진 변위(displacement), 즉 견인 동정(traction throw)을 할 수 있게 한다. 각 견인지점에서의 전환 힘(switching force)은 그 지점에서의 집중 반작용력(concentrated resistance)이다. 전환과정에서 전동력과 견인지점의 전환 힘은 끊임없이 변화될 것이다. 동력전철기의 전동력이 최대치에 도달할 때, 각 견인지점의 전환 힘이 반드시 최대치에 도달하는 것은 아니다(※ 역자가 문구 조정).

8.2.3 미끄럼 상판의 마찰계수 시험

실험실 시험에 따라, 매끈한 표면을 가진 보통의 미끄럼 상판에 대한 마찰계수(friction coefficient)는 기름을 바르지 않으면 0.153~0.191이고 또는 기름을 바르면 0.107~0.148이다. 이것은 기름칠이 마찰계수를 효과적으로 줄일 수 있다는 것을 나타낸다. 상판의 한쪽 끝이 10mm만큼 올려져서 경사진 경우에, 계수는 기름을 바르지 않으면 0.196~0.210이고 또는 기름을 바르면 0.128~0.155일 것이다. 경사와 표면 고르지 않음이 증대될 수 있으므로 이 계수는 계산에서 0.25로 취해진다.

롤러가 있는 미끄럼 상판의 경우에 만일 두 롤러의 올림 량(lifting amount)이 같다면, 계수는 0.044~0.069일 것이다. 서로 다른 올림 량을 가진 롤러들에 대한 값은 0.054~0.094일 것이다. 이 계수는 계산에서 0.10으로 취해진다[112].

8.3 고속분기기 전환의 연구와 설계

관련된 계산이론(calculation theory)을 이용하여 고속분기기 전환(conversion)을 연구하고 설계함에 있어, 전환 힘(switching force, 당기는 힘)은 6kN을 넘지 않을 것이며, 최소 플랜지웨이는 적어도 65mm이어야 하고, 최대 부족 변위는 2mm를 넘지 않아야 하며, 밀착된 레일들 간의 틈은 0.5mm를 넘지 않아야 한다.

8.3.1 텅레일 전환의 설계

1. 가동 부분의 길이(movable length)[111]

분기기의 견인과 전환에서 텅레일의 가동 부분의 길이는 가능한 한 최소화되어야 한다. 고속분기기는 텅레일의 길이가 길며, 텅레일의 가동 부분의 길이를 엄격히 제어하고, 가능한 한 텅레일의 고정단(fixed end)을 앞으로 이동시켜야 한다. 텅레일 고정단의 전진 이동(forward-shifting)은 온도 하중 하에서 텅레일의 신축량을 줄일 수 있으며, 따라서 장애 현상의 발생 가능성을 줄인다. 게다가, 이 수단은 텅레일의 횡 휨 강성을 증가시킬 수 있으며, 부족 변위를 줄이고 열차가 분기기를 통과할 때 텅레일의 선형을 유지할 수 있다. 그러나 가동 부분의 길이의 짧아짐은 마지막 견인지점과 후단 간 거리의 증대를 동반하며, 그 견인지점에서 전환 힘을 증가시킬 수 있고, 부적합한 플랜지웨이로 이어지기조차 한다. 중국의 18번 분기기에서 상기의 식(2.17)로 구해진 곡선 텅레일의 가동 부분의 길이는 18,745mm이다. 비선형 변화의 견인 동정(牽引 動程)은 적절한 최소 플랜지웨이 폭을 보장하기 위해 사용될 수 있지만, 전환 힘의 증가로 이어질 수 있다.

2. 견인지점 배치의 영향(impact of arrangement of traction points)

중국 고속분기기에서, 텅레일에 대한 첫 번째 견인지점의 동정은 160mm이다. 그 외 견인지점의 동정은 후단까지의 거리에 따라 선형적으로 변화될 것이다. 견인지점의 배치에 따라 전환 힘과 부족 변위도 달라진다.

여기서 텅레일에 세 견인지점이 배치된 중국 18번 분기기를 예로 들어보자. **표 8.1**은 견인지점의 서로 다른 배치에 대하여 보통의(롤러가 없는) 미끄럼 상판을 가진 텅레일의 계산된 전환 힘(switching force)과 부족 변위(scant displacement)를 나타낸다. 부족 변위의 분포는 **그림 8.12**에서 보여준다. 그림으로부터 세 견인지점에서의 전환 힘이 허용될 수 있음을 알 수 있다. 견인지점들의 간격이 증가하면 미끄럼 상판의 총 마찰력 및 텅레일과 기본레일 간의 틈이 증가한다. 그러나 마지막 견인지점과 후단 간의 거리가 감소함에 따라, 부족 변위는 상당히 감소한다.

표 8.1 중국 18번 분기기의 텅레일의 전환 힘과 부족 변위

견인지점의 간격 (m)	견인지점 1의 전환 힘 (N)	견인지점 2의 전환 힘 (N)	견인지점 3의 전환 힘 (N)	밀착구간에서 틈 (mm)	전환의 부족 변위 (mm)
4.2, 4.2	881.7	838.4	5456.4	0.22	6.71
4.2, 4.8	909.5	1124.7	5696.6	0.22	5.59
4.8, 4.8	1049.1	1254.9	5420.2	0.36	4.63
4.8, 5.4	1010.3	1395.4	5047/2	0.32	3.84
5.4, 5.4	1208.2	1569/2	4878.6	0.53	3.18
5.4, 6.8	1168.4	1787/8	4738.4	0.49	2.64

만일 3.6, 4.2 및 4.2m의 간격으로 네 견인지점이 설치된다면, 최대부족 변위는 2.0mm이고, 밀착된 레일들 간의 최대 틈은 0.22mm일 것이다. 전환 힘의 분포는 **그림 8.13**에 나타낸다. 그림에서 텅레일의 동정이 증가함에 따라 전환 힘이 함께 증가하는 것을 알 수 있다. 텅레일이 기본레일이나 멈춤쇠에 밀착되는 순간에 텅레일의 선형적 변화는 마지막 견인지점에서 전환 힘의 급격한 변화로 이어질 것이다.

중국 고속분기기의 설계에서, 마지막 견인지점(traction point)은 일반적으로 밀착구간의 끝에 배치된다(견인지점의 간격 : 4.2m). 이 방식에서, 이 구간에서의 밀착상태는 표시봉으로 모니터될 수 있다. 큰 번수의 고속분기기에서처럼, 마지막 견인지점과 후단 간의 거리가 길수록 과도한 부족 변위(scant displacement)를 유발할 수 있다. 그에 비해 중국의 18번 분기기의 경우에, 만일 텅레일에 세 견인지점이 설치된다면, 견인지점들의 간격은 4.8과 5.4mm이고, 마지막 견인지점과 고정위치 간의 거리는 8.04m일 것이다. 게다가, 전환 힘(switching force)과 부족 변위를 줄이기 위하여 롤러가 있는 미끄럼 상판이 사용될 것이다.

3. 미끄럼 상판의 마찰계수(frictional coefficient)의 영향[113]

미끄럼 상판의 마찰계수에 따른 18번 분기기의 여러 견인지점에서의 전환 힘과 텅레일의 부족 변위의 변화는 **그림 8.14**에 묘사된다. 계산 결과에 따라, 여러 견인지점들에서의 전환 힘은 마찰계수에 따라 증가된다. 특히 마지막 견인지점은 상당한 증가를 나타낸다. 유사하게, 부족 변위 및 텅레일과 기본레일 간의 틈(gap)은 마찰계수의 증가에 따라 증가한다. 특히 마지막 견인지점은 상당한 증가를 나타낸다. 유사하게, 부족 변위 및 텅레일과 기본레일 간의 틈은 마찰계수의 증가에 따라 증가한다. 0.1의 마찰계수에서 최대 부족 변위는 약 2.0mm이며, 설계요건을 충족시킨다. 그러므로 미끄럼 상판의 마찰계수를 적정하게 줄이기 위하여 롤러가 있는 미끄럼 상판을 사용해야 한다.

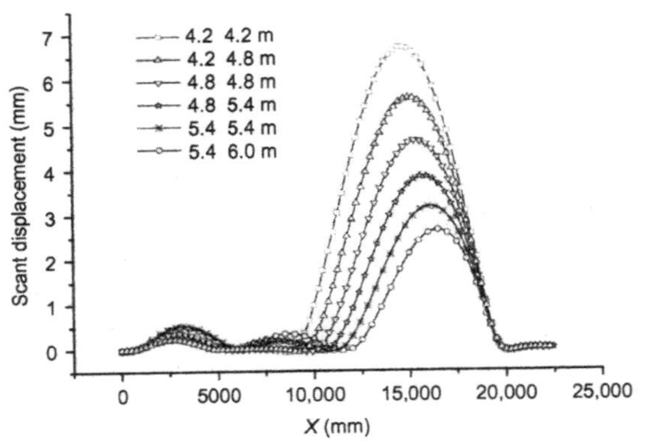

그림 8.12 부족 변위에 대한 견인지점 배치의 영향

그림 8.13 4-지점 견인방식에서 전환 힘의 분포

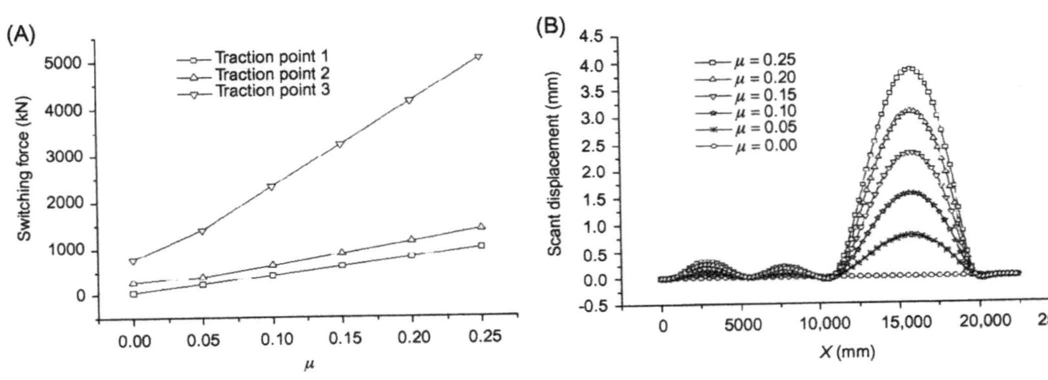

그림 8.14 (A) 미끄럼 상판의 마찰계수에 따른 전환 힘의 변화, (B) 미끄럼 상판의 마찰계수에 따른 부족 변위의 변화

표 8.2 롤러 설치 후 텅레일의 전환 힘과 부족 변위

롤러의 수/침목경간의 수	견인지점 1에서 전환 힘 (N)	견인지점 2에서 전환 힘 (N)	견인지점 3에서 전환 힘 (N)	밀착된 구간에서의 틈 (mm)	전환의 부족 변위 (mm)
0/0	1,010.3	1,395.4	5,047.2	0.32	3.84
5/6	645.9	888.3	3,600.6	0.26	2.54
6/5	548.4	893.0	3,253.6	0.23	1.98
7/4	436.2	888.8	3,371.1	0.17	2.11

4. 롤러 배치의 영향(impact of roller arrangement)

(중국의 18번 고속분기기의 경우에) 롤러가 있는 첫 번째 미끄럼 상판은 텅레일의 첫 번째 견인지점(traction point) 앞쪽 침목에 배치되며, 나머지 미끄럼 상판들은 침목 간격에 따라 배치된다. 롤러가 있는 미끄럼 상판의 서로 다른 배치에서 텅레일의 계산된 전환 힘(switching force)과 부족 변위(scant displacement)는 **표 8.2**에 나열된다. 롤러들은 전환 힘을 현저히 경감시키며, 모든 견인지점에서의 전환 힘을 전철기의 허

용 공률(工率) 범위 내에 있게 하고(※ 역자가 문구 조정) 부족 변위를 효과적으로 줄일 수 있다. 6개의 롤러는 텅레일과 기본레일 간의 좋은 접촉상태를 가능하게 하고, 견인지점 3과 후단 간의 부족 변위를 효과적으로 줄이며, 게다가 더 작은 전환 힘으로 귀착된다. 따라서 이 설계는 중국의 18번 고속분기기에 채용된다.

5. 부족 변위의 감소를 위한 역(逆) 변형(reverse deformation)의 설정[114]

부족 변위(scant displacement)를 더 작게 하기 위해서는 **그림 8.15**에 나타낸 것처럼 마지막 견인지점(traction point)과 후단(後端, heel) 간에 역(逆) 변형(inverse deformation)을 미리 설정할 수 있으며, 여기서 역(逆) 변형의 종거(縱距, rise)와 부족 변위의 크기는 똑같다. 18번과 42번 분기기에 대해 서로 다른 파장과 모양의 역(逆) 변형을 설정한 후의 텅레일의 부족 변위는 **그림 8.16**에 나타낸 것과 같다.

계산에 따르면, 텅레일에 대한 원곡선의 역(逆) 변형은 음(陰)의 부족 변위로 이어질 수 있으며, 더욱이

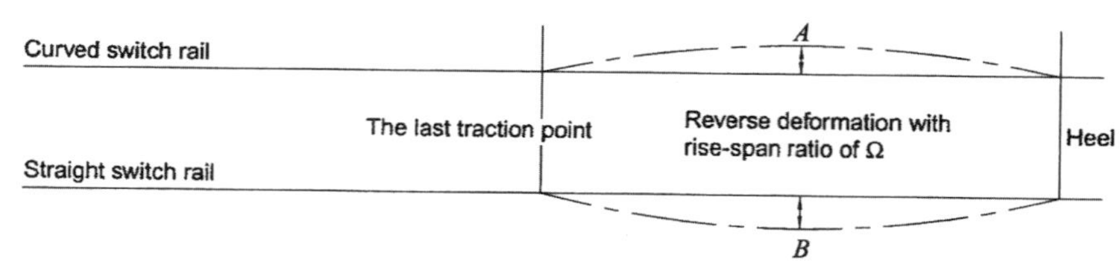

그림 8.15 텅레일 역(逆) 변형 설정의 개략도

멈춤쇠의 더 큰 저항력과 전향 힘의 상당한 증가를 유발할 수 있다. 그와는 반대로, 코사인곡선의 역 변형은 텅레일의 좋은 선형을 가능하게 한다. 18번 분기기에서는 9m 길이의 코사인곡선의 역 변형이 선호되며, 3,653.6N의 최대 전환 힘과 0.48mm의 최대 부족 변위가 동반된다. 42번 분기기에서는 9.6m 길이의 코사인곡선의 역 변형이 최적이며, 3,759.4N의 최대 전환 힘과 0.83mm의 최대 부족 변위와 관련된다.

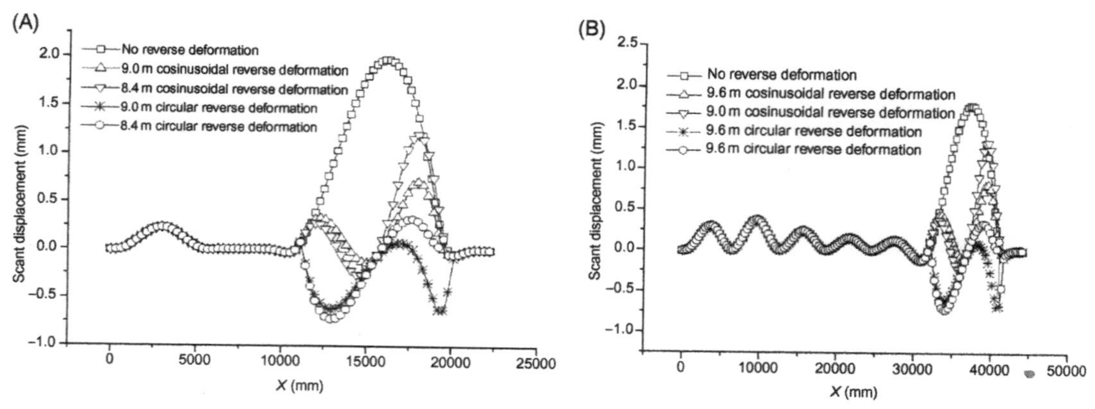

그림 8.16 (A) 역 변형 설정 후 18번 분기기 텅레일의 부족 변위, (B) 역 변형 설정 후 42번 분기기 텅레일의 부족 변위

6. 이물질의 영향(impact of inclusion)

중국의 18번 분기기에 대하여 텅레일의 두 견인지점(traction point) 사이에 어떠한 비정상적인 단단한 물체(소위, 이물질)가 존재하는 경우에, 모든 견인지점들에서의 전환 힘(switching force)은 **표 8.3**에 나타낸 것처럼 될 것이다.

표 8.3에 따르면, 이물질(inclusion)은 텅레일에, 특히 견인지점에서 크게 영향을 미칠 것이다. 두 견인지점 사이의 이물질은 근처의 견인지점에 대하여 큰 영향을 가할 수 있고, 나머지에 대하여 더 작은 영향을 미친다. 견인지점 1과 2 사이에 4mm 이물질이 존재할 때만 전환 힘이 6,000N 미만이다. 그 밖의 경우에, 부족 변위(scant displacement)와 잠금 실패(locking failure)가 발생될 수 있다. 비정상 조건 하에서 과도한 전환

표 8.3 텅레일의 각 견인지점에서 전환 힘에 대한 이물질의 영향

이물질의 위치	이물질의 크기 (mm)	견인지점 1에서 전환 힘 (N)	견인지점 2에서 전환 힘 (N)	견인지점 3에서 전환 힘 (N)
견인지점 1	4	> 6,000	1,169.2	3,253.7
	6	> 6,000	1,505.5	3,253.7
	8	> 6,000	1,841.9	3,253.7
견인지점 1과 2 사이	4	5,869.1	5,813.7	3,254.0
	6	> 6,000	> 6,000	3,254.3
	8	> 6,000	> 6,000	3,254.3
견인지점 2	4	2,067.7	> 6,000	2,093.8
	6	2,793.9	> 6,000	2,792.9
	8	3,543.6	> 6,000	3,687.3
견인지점 2와 3 사이	4	383.0	> 6,000	> 6,000
	6	383.0	> 6,000	> 6,000
	8	383.0	> 6,000	> 6,000

표 8.4 이물질의 경우에 동적 시뮬레이션의 결과

안전 인자	탈선계수			하중감소율			텅레일/노스레일 실제 첨단의 틈 벌어짐 (mm)		
위치 \ 이물질의 크기 (mm)	3	4	5	3	4	5	3	4	5
텅레일 견인지점 1	0.33	0.46	0.69	0.18	0.26	0.40	3.34	4.57	5.90
텅레일 견인지점 1과 2 사이	0.42	0.66	0.85	0.21	0.30	0.47	2.11	2.74	3.58
텅레일 견인지점 2	0.55	0.76	1.02	0.24	0.35	0.58	1.46	1.98	2.57
텅레일 견인지점 2와 3 사이	0.40	0.59	0.76	0.19	0.32	0.44	0.84	0.91	0.95
텅레일 견인지점 3	0.34	0.51	0.62	0.17	0.23	0.30	0.77	0.79	0.78
노스레일 견인지점 1	0.74	0.92	1.12	0.45	0.62	0.78	3.88	4.97	6.21
노스레일 견인지점 1과 2 사이	0.94	1.17	1.38	0.50	0.68	0.85	3.30	4.33	5.54
노스레일 견인지점 2	0.91	1.04	1.22	0.46	0.66	0.79	2.86	3.80	4.91

힘을 방지하거나 비정상적인 경우에 잠금 실패를 방지하도록 견인지점 1과 2 사이에서 4mm보다 큰 이물질을 검지하기 위하여 2,500N의 정격용량을 가진 동력전철기가 적용될 수 있다.

분기기 동역학의 이론에 따라, EMU 열차가 중국의 18번 고속분기기의 기준선에서 350km/h로 주행한다고 가정하자. 견인지점들 사이에 서로 다른 크기의 단단한 이물질이 있는 경우에는 동적시뮬레이션의 분석 결과는 **표 8.4**처럼 될 것이다.

탈선계수(derailment coefficient), 하중감소율(load reduction rate) 및 텅레일(또는 노스레일)의 틈 벌어짐(spread)은 이물질의 크기가 클수록 증가한다. 탈선계수와 하중감소율의 최대치는 이물질이 텅레일 견인지점(traction point) 1에 그리고 크로싱 견인지점 1과 2 사이에 존재할 때 발생한다. 이 때문에 중국의 고속분기기의 경우에 견인지점의 외부 잠금 중심선에서 텅레일과 기본레일 사이에 또는 노스레일과 윙레일 사이에 4mm 이상의 틈이 있을 때, 잠금장치는 잠금이나 표시를 할 수 없다. 텅레일이나 노스레일의 밀착구간에서 견인지점들 사이에 5mm 이상의 이물질이 있는 경우에 표시를 할 수 있다. 그러므로 안전한 교통을 보장하기 위하여, 고속분기기는 '어떠한 견인지점에서도 4mm 이물질의 경우에 잠금이 안 됨'과 '견인지점들 사이에서 4mm 이물질의 경우에 표시됨 및 5mm 이물질의 경우에 표시 안 됨'의 원리를 따르는 실험실 시험과 현장시험을 통과하여야 한다.

표 8.5 텅레일의 전환 힘에 대한 전환 시차(時差)의 영향

전환 시차 (mm)	견인지점 1에서 전환 힘 (N)	견인지점 2에서 전환 힘 (N)	견인지점 3에서 전환 힘 (N)
모든 견인지점들이 동시에 제자리로 이동	548.4	893.0	3,253.6
견인지점 1이 0.1D 앞서 제자리로 이동	4,111.9	893.7	3,479.4
견인지점 1이 0.1D 늦게 제자리로 이동	405.5	3,471.8	3,107.9
견인지점 2가 0.1D 앞서 제자리로 이동	510.7	2,185.2	2,647.0
견인지점 2가 0.1D 늦게 제자리로 이동	5,082.3	1,856.0	5,939.8
견인지점 3이 0.1D 앞서 제자리로 이동	648.6	719.3	4,055.1
견인지점 3이 0.1D 늦게 제자리로 이동	452.5	2,625.1	2,872.9

7. 전환 시차(時差)의 영향(impact of conversion time difference)

전환 시차(conversion time difference)는 두 텅레일(switch rail)들 간의 전환 시차와 두 노스레일(point rail)들 간의 전환 시차를 포함한다. 개별이동 전환의 경우에, 직선과 곡선 텅레일은 연속적으로 움직일 수 있다. 계산에 따라, 시간 간격이 클수록 두 레일의 전환 독립성이 좋고, 전환 힘의 중첩된 최대치가 작다. 전환 제어의 면에서, 두 레일의 극히 긴 시간 간격은 전환설비의 설계 곤란을 유발할 수 있다. 그러므로 동정 차이의 0.375배의 값이 권고된다.

전환 시차는 서로 다른 견인지점들 사이에서도 발생할 수 있다. 기본 시차로서 0.1D(동정 차이의 0.1배)를 취하여, 텅레일의 전환 힘에 대한 각 견인지점에서의 시차의 영향을 **표 8.5**에서 나타낸다. 견인지점들이 동시에 제자리로 이동하지 않으면 각 견인지점의 전환 힘 변화가 크다는 것을 표에서 알 수 있다. 그중에 견인

지점 2의 늦은 이동이 각 견인지점의 전환 힘에 가장 큰 영향을 미친다. 그러므로 고속분기기에 대하여 견인지점들의 시차를 0.1D 이내로 제어하도록 권고된다.

8.3.2 노스레일 전환의 설계

가동 노스 크로싱(swing nose crossing)은 구조상 포인트보다 훨씬 더 복잡하며, 그 이유는 분기선에 사(斜)이음매(크로싱 후단의 뾰족한 레일/기본레일)가 있는 단일 탄성 굽힘 가능 레일 유형이나 사(斜)이음매(diagonal joint)가 없는 이중 탄성 굽힘 가능 레일 유형, 긴 노스레일과 짧은 노스레일로 조립된 철차(轍叉, frog) 또는 일체단조식(solid) 철차를 포함할 수 있기 때문이다. 게다가 정위(定位, 기준선 개통)에서 반위(反位, 분기선 개통)로 전환될 때와 반대로 전환될 때의 응력 조건이 다르다. 그러므로 전환 설계는 구조별로 수행하여야 한다.

1. 단일 탄성 굽힘 가능(single flexible) 노스레일(point rail)

a. 견인지점 간격의 영향(impact of interval of traction points)

예를 들어, 중국의 18번 분기기를 취하여 보자. 만일 노스레일에 두 견인지점이 배치된다면, 전환 힘(switching force)에 대한 견인지점의 간격과 가동 부분의 길이(movable length)의 영향은 **표 8.6**에 주어진 것처럼 된다.

표 8.6 노스레일의 전환 힘에 대한 견인지점 간격의 영향

가동 부분의 길이 (mm)	간격 (m)	동정 (mm)	전환방향	견인지점 1에서 전환 힘 (N)	견인지점 2에서 전환 힘 (N)	부족 변위 (mm)
6,905	3,000	119, 65	정위에서 반위로	1,886.6	5,827.7	1.54
			반위에서 정위로	472.2	1,094.3	1.52
7,505	3,600	119, 59	정위에서 반위로	2,132.3	4,859.1	1.44
			반위에서 정위로	1,576.8	3,194.6	1.41
8,105	3,600	119, 64	정위에서 반위로	1,741.8	4,032.3	2.53
			반위에서 정위로	1,720.2	2,765.0	2.50

표 8.6에서 정위(定位)에서 반위(反位)로 전환하기 위한 전환 힘이 반대 방향으로의 것보다 더 큼을 알 수 있으며, 그것은 주로 정위에서 반위로 전환하는 동안 큰 휨 변형에너지(bending deformation energy)가 원인이다. 역으로 전환될 때는 휨 변형에너지가 점차로 해방된다. 가동 부분의 길이가 짧을수록 극복해야 할 휨 변형에너지가 커지고 정위에서 반위로의 전환 힘이 커진다. 부족 변위는 정위의 긴 노스레일을, 또는 반위의 짧은 노스레일을 측정함으로써 구해질 수 있다. 단일 탄성 굽힘 가능 노스레일의 부족 변위는 정위와 반위에서 같은 분포 법칙을 따른다. 마지막 견인지점과 노스레일 후단 간의 거리가 길을수록 더 큰 부족 변위와 더 작은 전환 힘으로 이어진다. 그러므로 노스레일의 가동 부분의 길이는 부족 변위와 전환 힘 양쪽 모

두에 기초하여 결정되어야 한다.

노스레일(point rail)의 전환(conversion)은 자체의 강성과 관련 부품(예를 들어, 상판)의 저항력을 극복하여야 한다. 노스레일의 휨 강성이 클수록 후단의 구속이 강하고, 전환 힘이 클수록, 노스레일 선형의 제어가 잘 되고, 부족 변위가 작아진다. 종합적으로 비교해보면, 다음의 파라미터들이 중국 18번 분기기의 노스레일에 대하여 합리적인 설계이다. 즉, 7,505m의 실제 첨단(actual point)과 탄성 굽힘 가능 부분(flexible section) 간의 거리, 3.6m의 견인지점들 간격, 119와 59m의 동정(動程, throw).

b. 미끄럼 상판의 마찰계수(frictional coefficient)의 영향

그림 8.17은 18번 분기기의 노스레일의 전환 힘과 부족 변위에 대한 미끄럼 상판의 마찰계수의 영향을 보여 준다. 노스레일의 전환 힘(switching force)과 부족 변위(scant displacement)는 미끄럼 상판의 마찰계수 증가에 따라 증가할 것이다. 노스레일의 후단에 탄성 굽힘 가능 부분(flexible segment)을 설정하고, 미끄럼 상판에 기름칠하거나 롤러가 있는 상판을 채용하여 레일과 미끄럼 상판 간의 마찰계수를 줄임으로써 전환 힘과 부족 변위를 효과적으로 줄일 수 있다.

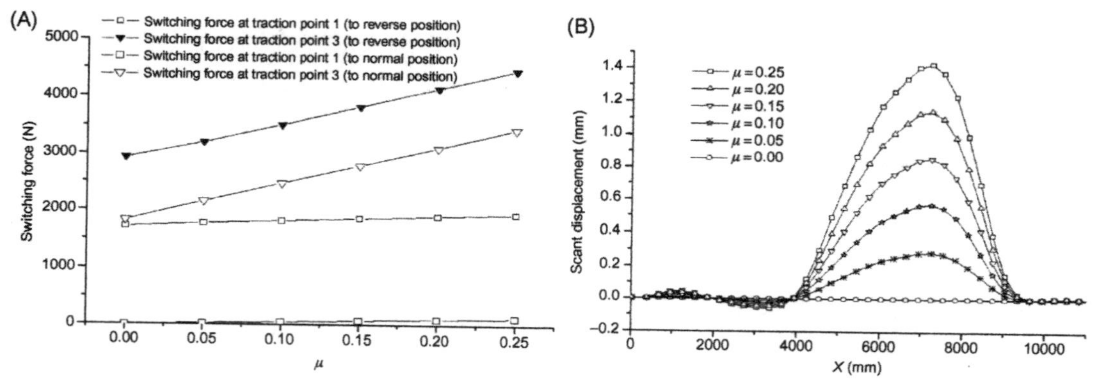

그림 8.17 (A) 상판의 마찰계수에 따른 전환 힘의 변화, (B) 상판의 마찰계수에 따른 부족 변위의 변화

c. 전환(switching)에 대한 이물질(inclusion)의 영향

18번 분기기의 노스레일 견인지점에 또는 견인지점들 사이에 각각 다른 크기의 이물질이 존재하는 경우의 계산된 전환 힘은 **표 8.7**에 나타낸다.

표 8.7에서 볼 수 있듯이, 만일 견인지점들 사이에 4mm 이상의 이물질이 존재한다면, 전환 힘(switching force)은 동력전철기의 용량(6000N)을 상당히 초과한다. 이 경우에, 두 견인지점은 제자리로 전환될 수 없다. 이물질은 꼭 밀착검지기(closure detector)로만은 아니고 전환 힘으로도 쉽게 발견될 수 있다.

표 8.7 서로 다른 크기의 이물질의 경우에 노스레일의 각 견인지점에서 최대 전환 힘

이물질의 위치	이물질의 크기 (mm)	정위에서 반위로		반위에서 정위로	
		견인지점 1에서 전환 힘 (N)	견인지점 2에서 전환 힘 (N)	견인지점 1에서 전환 힘 (N)	견인지점 2에서 전환 힘 (N)
견인지점 1	4	>6,000	12,888.0	>6,000	7,296.6
	6	>6,000	17,178.0	>6,000	10,377.0
	8	>6,000	21,468.0	>6,000	13,457.0
두 견인지점 사이	4	31,721.0	46,448.0	30,279.0	41,164.0
	6	46,617.0	62,620.0	45,364.0	51,395.0
	8	61,499.0	88,790.0	58,449.0	71,630.0
견인지점 2	4	18,893.0	>6,000	14,720.0	>6,000
	6	27,374.0	>6,000	22,060.0	>6,000
	8	35,854.0	>6,000	29,399.0	>6,000

2. 이중 탄성 굽힘 가능(double flexible) 노스레일(point rail)

중국 42번 고속분기기는 접합식 이중 탄성 굽힘 가능 노스레일 구조를 적용하며, 가동 부분의 길이는 18.175m이고 긴 노스레일과 짧은 노스레일은 간격재와 고강도 볼트로 연접된다. 노스레일에 세 견인지점이 배치된다. 전환 힘을 줄이기 위하여, 네 가지 설계방안이 분석된다. 방안 1은 견인지점 1과 견인지점 2 사이의 거리가 4.8m, 견인지점 2와 견인지점 3 사이의 거리가 5.965m, 견인지점 3과 고정위치 간의 거리가 6.9m이다. 노스레일 각 견인지점의 설계 동정(動程, throw)은 견인지점 1의 동정과 탄성 굽힘 가능 중심위치까지의 거리에 따라 선형적으로 변화하여 각각 110, 79 및 41mm를 적용한다. 방안 2는 마지막 견인지점과 고정단(固定端) 간의 거리를 5.1m로 짧게 하고 세 견인지점의 동정은 각각 110, 77 및 35mm를 적용한다. 방안 3은 마지막 견인지점과 고정단 간에 같은 거리를 적용하지만, 견인지점의 동정을 113, 79 및 36mm로 최적화한다. 방안 4는 마지막 견인지점과 고정단 간에 6.9m의 불변(constant) 거리 및 113, 79 및 36mm의 최적화된 견인지점 동정을 적용한다. 이들 방안의 전환 힘(switching force)과 부족 변위(scant displacement)는 **표 8.8**에 주어진다.

이중 탄성 굽힘 가능 레일은 전단(前端)이 접합식 구조이고 후단(後端)이 간격재로 프레임(frame)을 형성하므로 **표 8.8**에서 나타낸 것처럼 높은 횡 휨 강성과 완전함으로 특징지어지고, 전환 힘의 균일한 분포를 보장한다. 휨 변형 에너지는 반위에서 정위(定位)로 전환할 때 해방된다. 그러므로 이 전환방향의 전환 힘과 부족 변위는 반대의 전환방향보다 더 작다. 세 견인지점 중에, 첫 번째 견인지점에서 가장 큰 전환 힘이 발생되며, 따라서 전환 힘에 대한 제어 인자로 취해진다. 방안 4는 그 밖의 방안과 비교하여 가장 작은 전환 힘을 일으키며, 따라서 중국의 42번 고속분기기에 적용되었다.

표 8.8 이중 탄성 굽힘 가능 노스레일에 대한 견인지점의 동정 최적화 결과

방안	전환방향	견인지점 1에서 전환 힘 (N)	견인지점 2에서 전환 힘 (N)	견인지점 3에서 전환 힘 (N)	전환의 부족 변위 (mm)
1	정위에서 반위로	2,585.1	1,872.3	5,583.5	2.62
	반위에서 정위로	872.3	2,355.3	2,772.8	1.12
2	정위에서 반위로	2,769.6	1,928.9	6,313.3	1.64
	반위에서 정위로	879.2	2,512.2	2,234.7	0.66
3	정위에서 반위로	2,817.1	1,928.9	6,462.5	1.67
	반위에서 정위로	879.2	2,551.3	2,234.7	0.66
4	정위에서 반위로	2,531.6	1,943.4	4,240.2	2.12
	반위에서 정위로	872.2	1,906.2	2,745.6	1.10

제9장 고속분기기의 하부 구조와 부품의 설계

레일체결장치와 타이플레이트를 포함하는 분기기의 하부 구조(rail substructure, 역주 : 원본의 다른 장들에서는 sub−rail foundation으로 표기)와 부품(component)의 연구와 설계는 기본설계도(layout) 설계(평면선형, 구조 선택, 견인, 전환 등)와 핵심 기술의 설계(차륜−레일 관계, 궤도 강성, 장대레일 등) 후에 수행된다. 고속철도 궤도의 레일, 레일체결장치, 침목, 무도상궤도 및 자갈도상(ballast bed)의 신기술은 모두 고속분기기에 적용될 수 있으며, 분기기의 구조적 특성(structural characteristic)에 따라 업그레이드된다. 따라서 고속분기기는 고속철도 궤도구조 기술의 집약체이다.

9.1 분기기 하부 구조의 설계

고속철도 선로의 하부 구조(substructure)는 자갈도상과 무도상의 두 가지 유형으로 나뉜다.

자갈분기기(ballast turnout)는 모노블록의 장(長) 침목이든지 힌지 연결 단(短) 침목(역주 : 이른바, 분절 침목)인 콘크리트침목을 주로 적용한다. 모노블록의 장(長) 침목은 좋은 일체성(一體性, integrity)을 가지며 궤도 선형을 유지하기 쉽지만, 조립된 분기기의 수송에서는 불리하다. 힌지 연결 단(短) 침목은 독일의 자갈 고속분기기에 널리 이용되며, 분리 수송을 가능하게 하고 침목이 도상을 두드리는 작용을 완화하는 데도 도움이 된다. 이 유형의 침목은 중국의 Xiamen~Shenzhen선에 사용됐었으나 도상 다짐 작업 동안 궤도 선형의 유지가 좋지 않다. 현재 중국의 모든 고속분기기는 모노블록의 장(長) 침목을 이용한다. 프리스트레스트 콘크리트 장(長) 침목도 중국에서 사용된다. 독일 자갈분기기는 도상 다짐 작업이 용이하도록 내부에 전철간(轉轍桿)을 수용하는 침목도 이용한다. 이 침목은 중국의 고속분기기에 사용됐었지만, 자갈 도상에서의 불충분한 안정성 유지 때문에 폐기되었다[115, 116].

무도상분기기(ballastless turnout)는 콘크리트지지블록, 매설 콘크리트 장(長) 침목, 콘크리트 분기기슬래브, 또는 폴리머합성 침목을 적용한다. 콘크리트지지블록은 도시대중교통의 궤도에 흔히 적용되며 Π형상의 철근(reinforcement)을 사용하여 도상 슬래브에 연결된다. 이 구조는 간단한 제작과 시공이 특징이지만, 지지블록의 경사와 위치 잡기의 어려움 때문에 분기기 부설의 높은 정밀성을 확보하기 어렵다. 합성침목은 주로 지하철과 도시대중교통에서 이용되며, 쉬운 생산, 쉬운 부설, 쉬운 유지보수, 좋은 절연성 및 일정한 탄성을 특징으로 하지만, 부설 정밀성이 높지 않은 것이 단점이다. 매설 콘크리트 장(長) 침목의 기술은 독일의 Rheda역에서 도입한 것이며, 쉬운 부설과 안정된 구조를 특징으로 한다. 콘크리트 분기기슬래브는 독일

Bogl 슬래브이며, 시공속도가 빠르고 위치 잡기의 정밀성이 높다. 중국 고속철도용 무도상분기기의 기초는 매설 콘크리트 장(長) 침목과 분기기슬래브가 채택되었다[117, 118].

9.1.1 자갈분기기의 침목

1. 외형과 크기(profile and size)

a. 길이(length)

침목의 길이는 분기기의 평면배치(레이아웃) 유형과 기타 인자의 영향에 따라 변하지만, 일반적으로 2.6~4.8m(증가량 : 0.1이나 0.15m)로 취한다. 더 쉽게 제작하기 위하여 각(各) 길이의 침목의 수는 짝수로 설정될 것이다. 분기기 앞쪽의 침목은 III형 콘크리트침목의 선로 구간과의 연결을 용이하게 하고 분기기 앞쪽의 장대레일 궤도의 안정성을 유지하도록 길이가 2.6m이다. 곡선 궤도(분기선)의 바깥 레일의 중심과 침목 끝 간의 거리는 일정하지 않지만, 적어도 프리스트레스트 강선(prestressed reinforcement)의 정착 길이(anchorage length)의 요건을 충족시켜야 한다. 분기기 뒤쪽에서 장(長) 침목의 수를 최소화하고 부설과 유지보수를 용이하게 하도록 분기기 후단과 인접 일반선로 구간 간의 과도구간에는 짧은 분기 침목이 사용될 수 있다. 전환설비를 수용해야 하는 견인지점의 침목에 대하여 세 개의 설치 구멍(hole)이 마련될 것이며, 침목은 인근의 침목에 비하여 120~280mm만큼 길게 될 것이다.

침목 끝에서 첫 번째 슬리브(sleeve, 볼트 구멍)까지의 거리는 슬리브 주위 콘크리트 표면의 종 방향 균열을 방지하는 데에 극히 중요하다. 중국의 고속분기기와 속도향상 분기기는 같은 설계치 364mm를 적용한다.

중국 고속분기기의 침목 간격은 600mm이다. 기준선에서 시공 정밀성과 고속교통 하의 궤도선형을 보장하기 위하여 모든 침목은 분기기의 기준선 방향에 직각일 것이다. 이 침목은 4.6m 이상의 궤도 간격을 가진 건넘선(crossover)과 도착(receiving)-출발선(departure line)의 분기기에 적용할 수 있다.

b. 외형(profile)

침목은 어깨받이(shoulder, 역주 : 체결 클립과 접하는 양쪽 턱을 의미함)가 있거나 없을 수 있다. 어깨받이가 없는 침목은 어깨받이가 있는 콘크리트침목에 비하여 더 적은 종 방향 균열, 더 큰 내하력(耐荷力), 쉬운 제작, 단순한 외형(프로파일) 및 좋은 외관을 특징으로 한다. 게다가, 이 침목은 배근량을 증가시킬 필요가 없이 또는 하부구조의 내하력을 낮춤이 없이 침목 중간 부분의 내하력을 높인다. 중국의 고속분기기에는 어깨받이가 없는 균일한 높이의 콘크리트침목이 이용된다. 침목의 레일 지지면은 경사를 붙이지 않는다.

c. 단면(section)

침목의 저부 폭은 중국의 III형 콘크리트침목과 같은 유효지지면적(effective bearing area)을 달성하도록 300mm로 설계된다. 설계 상부 폭은 260mm이며, 특수 타이플레이트의 설치를 용이하게 하고 탈형(脫型, demolding)의 어려움을 피하도록 III형 콘크리트보다 더 넓다. 단면의 설계 높이는 내하력의 요건을 충족시키기 위해 220mm이다.

d. 레일체결장치용 볼트구멍(bolt hole for fastener, 매립전)

침목은 일렬(一列)의 볼트들로 타이플레이트와 연결된다. 침목이 기준선의 레일에 직각이므로 미리 매설된 플라스틱 슬리브(sleeve)들은 모두 침목의 종 방향 대칭축에 위치할 것이다. 곡선 궤도(분기선)의 레일 아래 타이플레이트의 볼트 구멍들은 단계적인 편향(graded deflection)이 주어질 것이며, 이것은 타이플레이트와 침목이 조립된 후에 레일과의 직각을 가능하게 한다. 좌 분기기 또는 우 분기기에서 곡선 궤도(분기선)의 레일 아래 타이플레이트는 대칭이다.

2. 콘크리트침목의 강도(strength of concrete tie)

a. 콘크리트의 강도(strength of concrete)

중국 고속분기기 침목의 콘크리트 등급은 C60이며, 설계인장강도(design tensile strength)는 2.45MPa이고 설계압축강도(design compressive strength)는 29.5MPa이다. 콘크리트침목의 허용응력은 하중 조건에 따라 다르다.

- 허용 압축 프리스트레스(allowable compressive prestress) : 콘크리트침목의 설계 압축 프리스트레스는 과도한 압축 프리스트레스로 인한 콘크리트침목의 미세 균열을 피하도록 콘크리트 원기둥(圓柱)의 강도를 0.15~0.30 f'_c만큼 초과하지 않아야 한다. 계산된 단면에 대한 최대 압축 프리스트레스는 총 프리스트레스 손실 후에 12MPa를 넘지 않아야 한다.
- 정하중시험(static load test)에 대한 허용응력(allowable stress) : 응력을 전달할 때(또는 프리스트레스를 가할 때) 콘크리트 등급은 C45보다 낮아서는 안 된다. 정하중 균열 저항시험(static load crack resistance test)은 침목의 탈형 후 48시간 이내에 수행되며, C45 콘크리트를 고려하여 인장과 압축강도의 기준치를 각각 2.75와 30MPa로 취하였다.
- 피로시험(fatigue test)에 대한 허용응력 : 중국에서 침목에 대한 일반적인 시험은 균열을 기반으로 하지만 잔류균열(residual crack)의 폭에 대한 제한이 있다. 설계 압축강도가 29.5MPa인 C60 콘크리트가 시험에서 고려된다.
- 설계하중 하에서의 허용응력 : 설계하중 하에서 침목 단면의 인장 가장자리의 콘크리트에 대한 균열은 허용되지 않는다. 인장응력은 침목의 설계 인장강도의 0.7배, 즉 1.72MPa를 넘지 않아야 한다. 한편, 압축영역의 콘크리트에 대한 최대 압축력은 설계 압축응력의 0.7배, 즉 20.65MPa보다 크지 않아야 한다.

b. 프리스트레스 강선(prestress reinforcement)

설계에 따라, 고속분기기의 콘크리트침목은 ϕ7mm의 강선이 배치된다. ϕ7mm 프리스트레스 나선(螺旋) 리브 강선(spiral rib reinforcement)은 1,570MPa의 극한 인장강도, 1,330MPa의 항복강도(yield strength) 및 1,000MPa의 설계 강도(design strength)로 제공되어야 한다. 강선(wire)은 2.5%(II급)의 릴랙세이션 율(relaxation rate)을 가진다. 인장응력은 0.68 σ_b로 설계된 항복강도의 70%를 넘지 않아야 한다. 접착강도(bonding strength)는 인장강도의 약 3.0~3.17배이다. 응력의 전달길이는 대략적으로 강선직경의 45~60배이다. 강선은 38.5mm^{2}의 공칭 단면적과 0.302kg/m의 공칭중량을 가진다.

프리스트레스의 총 손실은 유효 압축 프리스트레스에 직접의 영향을 가할 것이다. 원재료와 가공은 20%보다 크지 않는 프리스트레스의 손실계수로 한정되어야 한다. 콘크리트침목에 대하여 균일한 압축 프리스트레스를 보장하기 위하여 자동화된 인장 프리스트레스가 선호되며, 강선 블랭킹 길이(blanking length of wire)의 편차는 2mm를 넘지 않아야 하고, 강선의 인장응력 오차는 5%를 초과하지 않아야 한다. 한편, 횡단면에 대한 강선의 정확한 위치잡기는 강(鋼) 거푸집(steel die)의 강성을 높임으로써 보장될 수 있다. 종 방향 균열과 같은 콘크리트침목의 손상은 침목의 탈형 강도를 개선함, 대기온도 하에서 적어도 2시간의 양생을 보장함, 공장에서의 저장을 연장함 및 외부 하중은 생산 28일 이후에나 가함으로써 제거할 수 있다. 프리스트레스트 강선(prestressed reinforcement)은 합리적으로 응력을 풀어야 한다. 프리스트레스트 강선의 전달 길이는 침목 끝의 과도한 집중응력에 기인하는 수평이나 수직 균열을 방지하도록 응력을 서서히 해방하거나 응력 해방 시의 인장력이 325kN를 초과하지 않도록 제어함으로써 확보될 수 있다.

분기기의 평탄성(smoothness)에 영향을 주는 크리프(creep)에 기인하는 콘크리트침목 상향 휨(upwarp)을 방지하기 위하여, 16×ϕ7mm 강선이 **그림 9.1**에 나타낸 것처럼 대칭으로 배치된다.

c. 강선의 구성(construction of reinforcement)

콘크리트침목은 프리텐셔닝(pre-tensioning) 공정으로 제작된다. 프리스트레스는 침목 끝의 프리스트레스트 강선(prestressed reinforcement)의 정착영역(anchorage zone)에서 변화된다. 프리텐셔닝과 운용 동안 침목에서 더 좋은 응력 상태를 위하여 다수의 스터럽(stirrup)이 배치된다. 스터럽은 침목의 길이를 따라 200~300mm의 간격으로 배치되며, 프리스트레스트 강선과 함께 효과적인 강선 골조(reinforcement framework)를 형성한다.

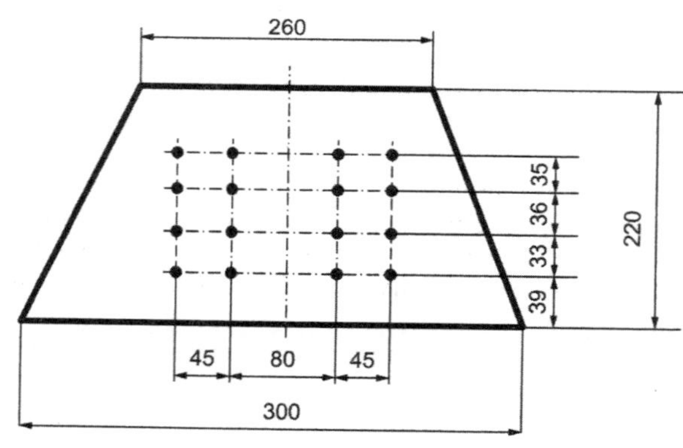

그림 9.1 침목 배근의 다이어그램

3. 내하력(耐荷力)의 검산(calculation check of carrying capacity)[119]

a. 침목에 대한 동압력(dynamic pressure on tie)

침목에 대한 최대압력은 일반적으로 $R_d = \gamma * P$로 나타내며, 여기서 γ와 P는 각각 윤하중(wheel load)의 분포계수(distribution coefficient)와 설계 동(動)윤하중(design dynamic wheel load)이고, 식 (3.1)로부터 구해진다. **표 9.1**은 중국의 주요 차량과 궤도유형에 따라 계산된 윤하중의 분포계수를 나타낸다. 요구된 분포계수는 표로부터 레일 유형, 침목 간격 a 및 레일 지지강성 D와 관련된다. 중국 고속분기기의 침목에 대하여는 설계에서 0.48이 취해진다.

표 9.1 중국에서 윤하중의 분포계수

레일의 유형	50		60		75		
침목 간격 (cm) / 레일 지지강성 (kN/m)	55	57.5	57.5	60	57.5	60	62.5
700	0.47	0.48	0.43	0.44	0.39	0.41	0.42
1,000			0.47	0.48	0.43	0.44	0.45
1,200					0.44	0.45	0.47

b. 설계하중의 휨모멘트(bending moment of design load)

레일 아래 단면(sub-rail section)의 휨모멘트에 대한 도상 반력 다이어그램(bed reaction force diagram)에서는 침목의 중앙부(central part)가 부분적으로 지지되지 않고, 중간 부분(intermediate section)의 휨모멘트에 대한 도상 반력 다이어그램에서는 침목의 전체 길이에 따라 균일하게 분포된다. 이렇게 하면, 부설과 유지보수 동안 자갈도상의 사용요건을 충분히 충족시킬 수 있다. 계산된 최대 부(負)휨모멘트 11kN m이고 최대 정(正)휨모멘트는 23kN m이다.

c. 최대 압축프리스트레스(maximum compressive prestress)

고속분기기의 침목은 16개의 ϕ 7mm 강선이 대칭으로 배치되며, 설계 인장응력(design tensile stress)은 0.68 σ_b이다. 계산된 콘크리트 단면의 최대 압축 프리스트레스는 8.8MPa이며, 요구된 한계(12MPa) 아래이다.

d. 정하중 균열저항시험(static load crack resistance test)과 시험치(test value)

침목단면(tie section)의 설계 균열저항 휨모멘트(design crack resistance bending moment)는 다음과 같다.

$$M_{cr} = \sigma_{pc} W_0 + 1.75 f_{tk} W_0 \tag{9.1}$$

여기서, M_{cr}은 침목단면의 균열저항 휨모멘트, 즉 침목의 내하력(carrying capacity), σ_{pc}는 콘크리트의 인장 가장자리(tensile edge)의 법선(法線) 압축 프리스트레스, W_0는 계산된 단면의 인장 가장자리의 휨 탄성계수(bending elastic modulus)이며, f_{tk}는 콘크리트의 표준인장강도를 나타내고, 1.75는 단면의 휨 탄성계수의 소성계수(plasticity coefficient)이다.

계산에 따르면, 양과 음의 방향에서 침목의 내하력(carrying capacity)은 각각 24.5와 22.7kN m이다. 주어진 단면적과 프리스트레스 강선 수에 대하여, 설계 균열저항 휨모멘트는 일정하다. 실험실 시험은 '2점지지, 1점 하중부하'의 단순 방법으로 수행된다. 시험에서 지점(支點) 간 거리는 600mm, 침목 길이는 2,600mm로 취해진다. 침목의 중앙부가 시험된다. 균열저항에 대한 시험하중은 양과 음의 방향에서 각각 240과 190kN이다.

e. 피로강도 시험과 시험치(fatigue strength test and test value)

침목의 피로시험은 균열을 허용하되 잔류균열(residual crack)의 폭을 제어하는 시험 준칙에 기초한다(※역자가 문구 조정). 중국의 '프리스트레스트 콘크리트 침목의 설계방법'의 규정에 근거하여 침목의 잔류균열

폭을 0.05mm 이내로 제한하기 위해 균열 폭은 주어진 하중 하에서 0.2mm 이내여야 한다. 그러므로 단면의 인장 가장자리의 최대 평균인장응력은 7MPa이다. 그리고 침목의 피로강도에 대한 시험 값은 다음과 같다.

$$P_{\max} = k_3 P \tag{9.2}$$

여기서, P는 정하중 하에서의 시험 값이고, k_3은 1.05~1.10으로 취해지며, 단면의 공칭 인장응력(nominal tensile stress)은 7MPa이다.

계산된 시험하중은 양의 방향과 음의 방향에서 각각 225와 200kN이다. 계산된 균열저항력은 양의 방향과 음의 방향에서 각각 34.1과 32.1kN이다.

f. **도상 상면의 응력**(stress on bed top)

레일 아래 침목단면의 지지 다이어그램과 침목에 대한 동압력에 따르면, 침목 아래 도상 상면에 대하여 계산된 최대응력은 0.41MPa이며, 자갈도상에 대한 허용한계 0.5MPa 아래이다. 이것은 지지면적(supporting area)이 침목저면을 지지하기에 충분하다는 것을 의미한다.

g. **침목의 횡 저항력**(lateral resistance of tie)

침목의 횡 저항력은 분기기 안정성(turnout stability)을 위하여 매우 중요하며, 일본 방정식으로 계산될 수 있다.

$$F = 7.5W + 290rG_e + 18rG_s \tag{9.3}$$

여기서,

F = 도상에 대한 침목의 횡 저항력(N)

W = 침목의 무게(kg)

G_e = 침목 상단에 관한 침목 끝 면(端面)의 단면 1차 모멘트(cm^3) (※ 역자가 추가)

G_s = 침목 상단에 관한 침목 측면(側面)의 단면 1차 모멘트(cm^3)

r = 도상밀도(kg/cm^3), 안정화 후에 약 $1.8 \times 10^{-3} kg/cm^3$

이론적인 계산 값과 측정된 값 간의 편차는 일반적으로 10%이다. 그러므로 침목 횡 저항력의 합리성을 입증하는 데 적용할 수 있다.

분기기 뒤쪽의 짧은 침목에 대하여, 궤도 안정성(track stability)을 위한 횡 저항력(lateral resistance)이 부족한 경우에, 침목 바닥을 엠보싱(embossing) 할 수 있다. 침목들 사이에 도상자갈이 없는 전철간 설치용 침목들에 대해서는 도상자갈을 막아 동력전철기에서 두 침목 사이의 공간을 유지하고 횡 저항력을 증가시키기 위하여 다른 쪽 끝에 자갈막이(ballast curb)를 설치할 수 있다.

9.1.2 무도상분기기의 매설 장(長) 침목[120]

1. 단면과 강선(section and reinforcement)

무도상분기기용 콘크리트침목의 상부와 하부 단면 폭 및 높이는 각각 260, 290 및 130mm이다. 주(主)철근은 4개의 ϕ7mm 프리스트레스 강선과 8개의 ϕ14mm 보통 이형철근으로 구성된다. 단면과 배근은 분기기 방향의 길이를 따라 동일하게 유지된다. 강(鋼) 트러스는 4개의 ϕ14mm 이형철근과 4개의 ϕ8mm 이형철근으로 형성된다. 콘크리트 단면의 저부는 침목과 콘크리트도상 간의 더 좋은 연결을 위해 노출된다. 계산된 단면에 대하여 프리스트레스 중심(中心, center)의 높이는 104mm이고 중심(重心, centroid) 높이는 105mm이며, 편심은 작은 편이다. 총 프리스트레스 인장은 0.414의 인장계수와 함께 100kN이다. 낮은 정도의 프리스트레싱을 고려하면, 크리프 상향 휨(creep upwarp)은 거의 생기지 않을 수 있다. 무도상분기기의 침목단면에 대하여 **그림 9.2**를 참조하라.

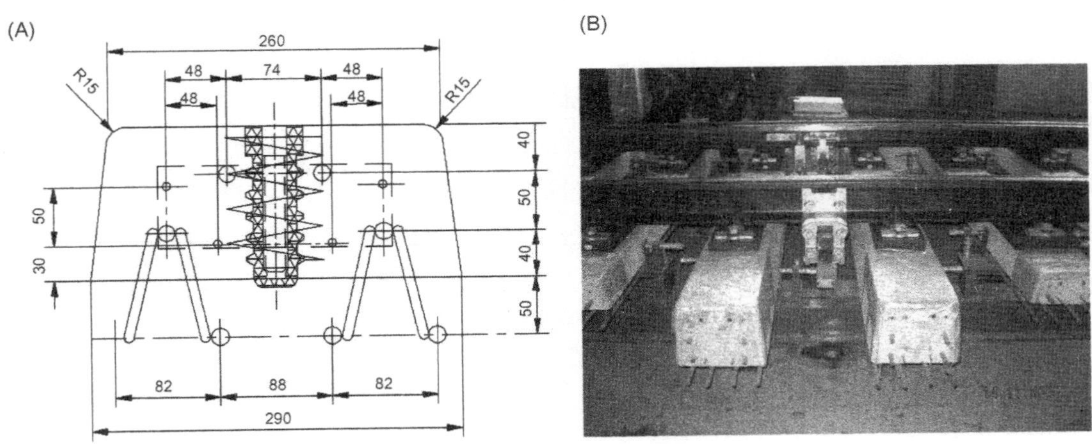

그림 9.2 (A) 무도상 침목의 단면, (B) 침목의 공장조립

수직방향에서 침목 끝의 원호-모양 모서리(원호 반경 = 15mm)는 도상표면에 대한 균열을 제거할 수 있다. 침목 끝에서 첫 번째 슬리브(sleeve)까지의 설계 거리는 260mm이다. 그러나 분기기 뒤쪽의 짧은 침목에 대하여는 이 제한 값(limit value)이 확보될 수 없으며, 따라서 **그림 9.3**에 나타낸 것처럼 스트럽(stirrup)으로 강화될 수 있다.

침목 간격은 전철간(轉轍桿, switch rod) 용(用)의 침목이 650mm의 침목 간격을 갖고, 이 침목과 인접 침목 사이의 침목 간격이 575mm인 것을 제외하고는 일반적으로 600mm이다. 침목 길이는 두 가지 증가 유형, 즉 100과 150mm가 있고 기준선에 대하여 직각이다. 분기선 방향의 분기기 뒤쪽의 짧은 침목은 분기선에 직각이다.

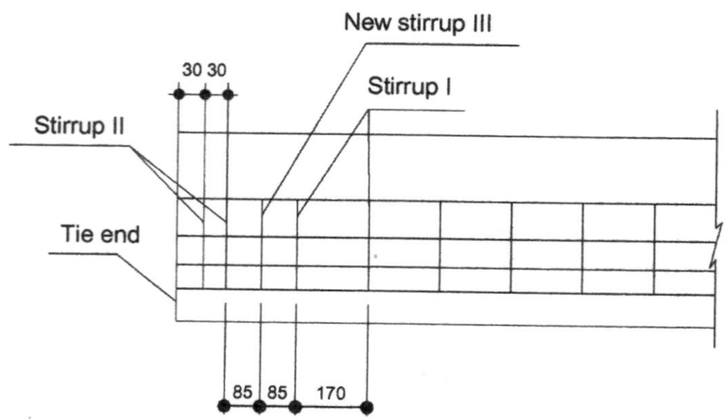

그림 9.3 분기기 뒤쪽 짧은 침목의 끝부분에서의 스트럽의 배치

2. 분기기 구간의 무도상궤도 기초(ballastless track foundation in turnout zone)

고속철도 선로에서 매설 침목이 있는 무도상분기기 구간은 **그림 9.4**에 나타낸 것처럼 고속분기기, II형 분리형 탄성 체결 클립(positive elastic clip), 매설 침목, 도상 슬래브, RC 기초슬래브 및 노반(路盤, subgrade)으로 구성된다. 현장 타설 RC 도상슬래브는 350mm의 설계두께로 C40 콘크리트로 만든다. 슬래브 폭은 분기기의 평면 치수에 좌우된다. RC 기초슬래브는 300mm의 두께로 C20 콘크리트로 만든다. 노반의 기초 층(foundation bed)은 표층(表層, surface course)과 저층(底層, bottom course)으로 구성된다. 표층은 입도분류 자갈(graded gravel)이나 모래 섞인 자갈(sandy gravel)로 만든다. 기초 층의 표층의 총 깊이는 0.7m보다 크다. 기초 층의 2.3m 깊이 저층은 그룹 A나 B의 충전재(filling)로 채워진다. 기초 층의 표층에서 노반계수(subgrade coefficient) (K30)는 적어도 190MPa/m이어야 한다.

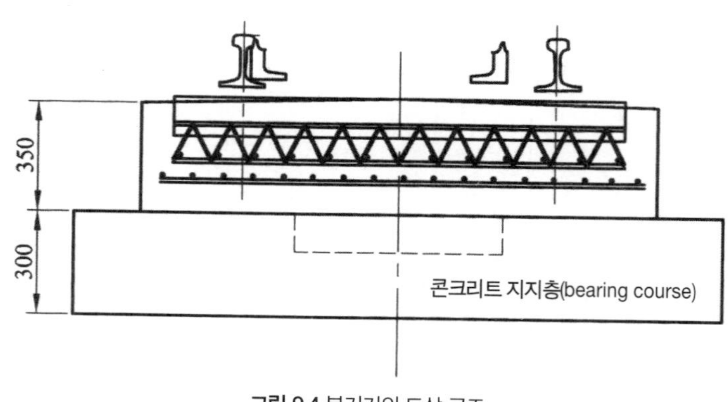

그림 9.4 분기기의 도상 구조

종 방향에서 도상중앙부의 수축균열(contractive crack)을 최소화하기 위해, 도상의 종 방향을 따라 일정한 간격으로 신축 줄눈(expansion gap)이 배치된다. 신축 줄눈은 실제(true) 줄눈이거나 더미(dummy, 盲) 줄눈의 유형일 수 있다. 도상슬래브는 6m마다 설치된 더미 줄눈과 함께 18m의 설계 단위길이를 갖는다. 실제 줄

(A)

(B)

그림 9.5 (A) 도상슬래브의 철근, (B) 현장타설 콘크리트도상

눈은 도상슬래브를 나누는 두께 12mm 역청(瀝靑)주입 목재(bitumen impregnated wood) 충전재로 형성된다. 더미 줄눈은 단면높이의 1/3 높이로 톱질함으로써 형성될 수 있다.

도상슬래브(bed slab)의 횡 폭(lateral width)은 분기기의 종 방향을 따라서 변화되며, 이는 합리적인 도상 강도와 콘크리트 보호층의 강도와 두께를 기반으로 한다. 도상 폭은 가급적 분기기 전체구간에서 도상 측면의 매끈함과 좋은 외관을 보장하도록 연속적으로 변해야 한다. 또한, 동력전철기(switch machine)를 설치하는 데 필요한 폭을 고려해야 한다. 직선 궤도(기준선)에서의 도상 가장자리는 일직선이 될 것이며, 동력전철기는 보호층 두께가 가장 얇은(50mm 깊이) 곳의 침목 위에 설치될 것이다. 분기선에서의 도상 가장자리는 선형(line type)의 매끈함(smoothness)을 확보하도록 몇 개의 분할된 직선 부분으로 연결될 것이다.

도상슬래브는 가장자리의 높이에 기초하여 1.5%의 ∧모양 경사(slope)가 마련될 것이다. 도상(bed) 높이는 궤도 높이와 전체 무도상궤도의 건설 높이와의 관계를 고려하여 결정될 것이다. 도상은 190mm 간격의 수평 격자와 함께 위아래 두 줄의 ϕ18mm 이형철근이 마련된다. 기초(foundation)는 200mm 간격의 수평 격자와 함께 위아래 두 줄의 ϕ14mm 이형철근이 마련된다. 상세에 대하여 **그림 9.5**를 참조하라.

3. 침목에 대한 하중(loads on tie)

a. 시공 하중(contraction loads)

무도상분기기 침목은 비교적 적은 프리스트레스트 강선, 비교적 작은 프리스트레스트 값 및 비교적 긴 침목 길이로 특징지어진다. 그러므로 침목은 수송과 시공 동안 외부 하중 하에서 변형과 균열에 노출된다. 침목 계산모델(**그림 9.6**)은 시공과 수송 동안 침목에 대한 허용하중을 결정하기 위한 ANSYS 유한요소 소프트웨어로 구성된다. 계산에 따라, 침목콘크리트는 9.7mm까지의 수직 변위와 함께 12kN의 집중 하에서 균열될 것이다. 3.2m 길이 침목의 응력분포와 변위는 **그림 9.7**과 **9.8**에 나타낸다. 시공 동안 침목의 적절한 강도를 확보하고 변형을 제어하기 위하여, 타설 동안에는 각(各) 침목에 시공 인원 세 명 이상이 동시에 올라설 수 없다. 게다가, 침목을 들어 올리거나 보관할 때는 4층을 초과할 수 없다.

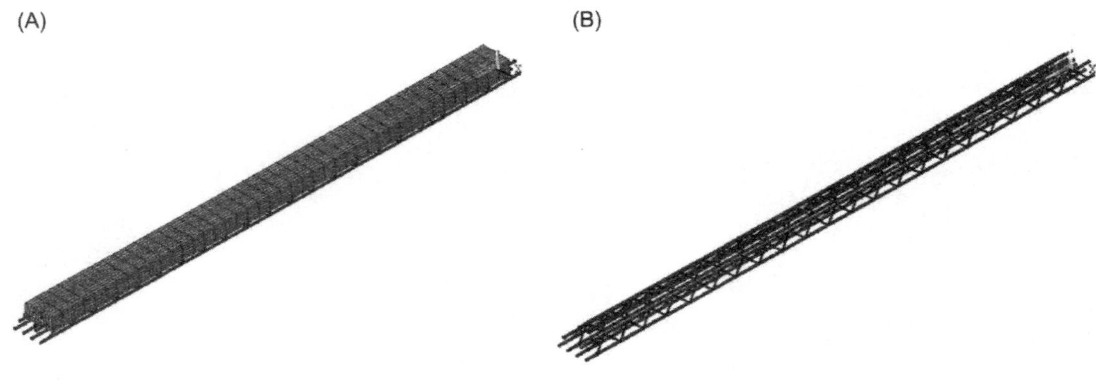

그림 9.6 (A) 콘크리트침목의 계산모델, (B) 강재(鋼材)의 모델

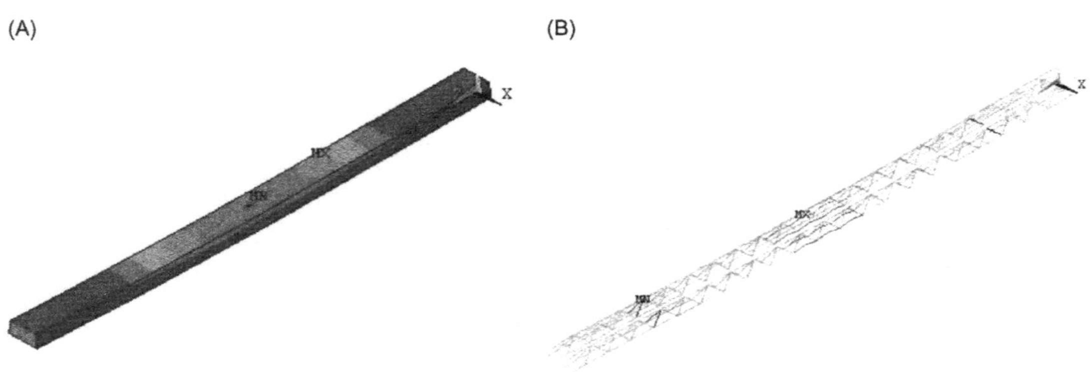

그림 9.7 (A) 콘크리트침목에서 응력의 분포, (B) 강재(鋼材)에서 응력의 분포

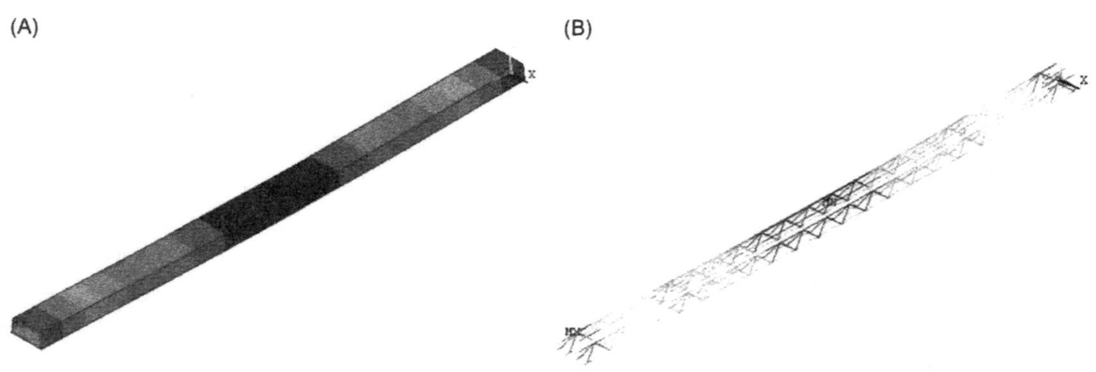

그림 9.8 (A) 콘크리트침목에서 변위의 분포, (B) 강재(鋼材)에서 변위의 분포 그림

b. 운행하중(operation loads)

침목과 콘크리트도상(concrete bed)의 전체연결 계산모델이 개발될 것이다. 열차의 수직과 횡 하중(상판(bedplate)에 대해서와 같다), 레일체결장치가 전달한 종 방향 온도 힘 및 열차의 제동력(레일체결장치의 최

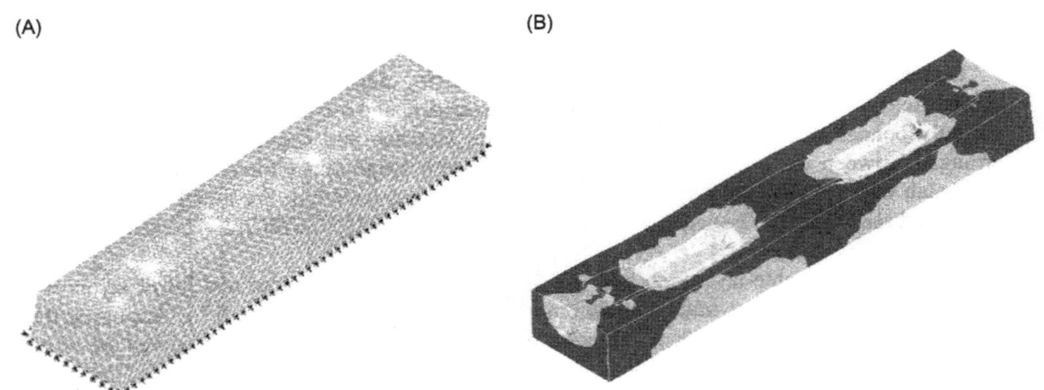

그림 9.9 (A) 침목과 도상 연결 계산모델, (B) 침목과 도상에 대한 응력의 분포

대 종 방향 힘)의 공동작용에 따른 응력과 변형이 분석될 것이다. ANSYS 유한요소 소프트웨어에 따르면, 도상, 침목 및 강재(鋼材)의 계산된 응력은 탄성 범위(elasticity capacity)까지 허용될 수 있다. 응력의 분포는 **그림9.9**에 주어진다. 강재는 도상콘크리트에 균열이 없을 때 운행하중을 분담하지 않을 수 있다.

침목과 도상 표면은 접착 강도가 부족하므로 이들 표면 사이에 균열이 생기기 쉽다. 계산에 따르면, 만일 균열이 형성되면, 침목에 대한 도상슬래브의 구속력이 사라지므로 균열이 침목 바닥을 향하여 발달할 수 있다. 이 경우에, 균열의 발달(development of cracks)을 효과적으로 제한하도록 침목에 얼마간의 수직 연결 철근(경사 철근이나 스터럽)이 배치될 것이다. 동력전철기(switch machine)용 구멍(holes)이 있는 침목은 특히 인터페이스에 균열이 형성되었을 때 응력 상태가 더 불리할 수 있다. 침목 바닥에 대한 균열발달의 위험은 크다. 그러므로 그러한 침목에 대하여 측면 보강이 필요하다.

4. 콘크리트기초에 대한 하중(loads on concrete foundation)

분기기 구간에서 무도상궤도의 복잡한 구조와 분기기의 여러 위치에서 도상슬래브의 불균일한 치수 때문에, 탄성 기초 위 보 슬래브(elastic subgrade beam slab)의 전통적인 모델은 각각 다른 위치에서 하중 하의 수직응력을 계산하거나 슬래브 휨을 나타내는 데 적합하지 않다. 이 때문에, 도상슬래브에 대한 설계하중을 결정하도록 각각 다른 위치에서 하중 하의 도상슬래브와 레일의 명확한 응력과 변형을 구하기 위한 분기기, 레일체결장치, 도상슬래브 및 기초의 전체 모델이 수립되었다. 상세에 대하여 **그림 9.10**을 참조하라.

모델에서 레일은 보(빔)로, 레일체결장치는 스프링으로, 그리고 도상슬래브와 기초는 탄성기초슬래브요소(elastic foundation slab element)로 모델링된다. 슬래브바닥의 지지계수(bearing coefficient)는 기초계수(foundation coefficient) K30으로 취해진다. 이중–층 슬래브(double–layer slab)는 도상슬래브와 기초의 서로 다른 연결모델에 좌우되는 등가 강성을 가진 단–층 슬래브(single–layer slab)로 변환된다. 하중 하의 응력은 탄성 기초 위의 등가 단–층 슬래브에 기초하여 계산된다. 각 층의 휨모멘트와 응력은 층(상부나 하부)의 강성에 따라 구해질 수 있다.

이중–층 슬래브는 접속 조건에 따라 세 가지 유형으로 나뉜다. 즉, 완전히 매끄러운(smooth) 인터페이스

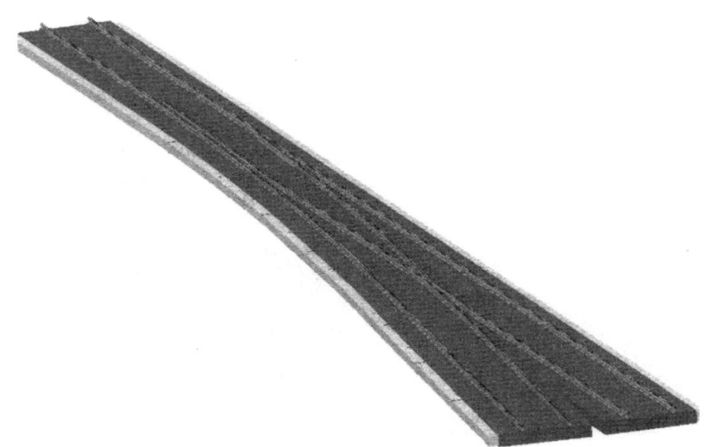

그림 9.10 콘크리트기초의 분석모델

의 분리 유형(separate type), 완전히 접착된 인터페이스의 접착유형(bonded type), 부분적으로(partially) 매끄럽고 부분적으로 접착된 인터페이스의 유형. 만일 격리 층(isolation layer)과 종 방향 힘을 전달하는 오목하고 볼록한 고정 블록(concave and convex retaining block)이 도상슬래브와 기초 사이에 설치된다면, 완전히 매끄러운 인터페이스의 분리식 이중-층 슬래브가 계산에서 고려된다. Π형상의 철근으로 기초슬래브와 연결된 도상슬래브의 경우에 완전히 접착된 인터페이스의 접착유형이 고려될 수 있다.

분리식 이중-층 슬래브가 마찰 저항력을 갖고 있지 않으므로, 상층과 하층 슬래브는 **그림 9.11**에 나타낸 것처럼 하중 하에서 각각의 중간 면 주위에서 휘어질 것이다. 각 층의 슬래브에 수직 압축변형이 없고, 휨 곡선의 곡률들이 같다고 가정하면, 이중-층 슬래브의 총 휨모멘트는 각 층의 휨모멘트의 합과 같다. 이중-층

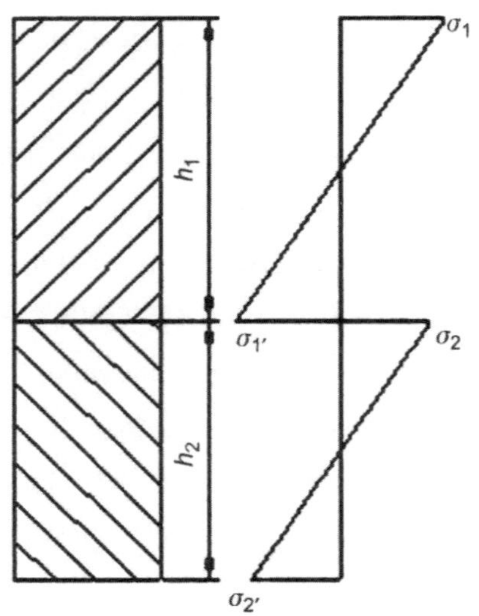

그림 9.11 분리식 이중-층 슬래브의 응력 분포특징

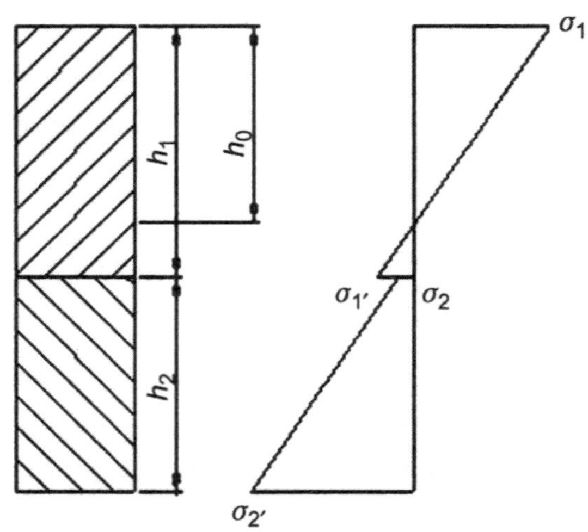

그림 9.12 접착식 이중-층 슬래브의 응력 분포특징

슬래브의 휨 강성도 또한 상층 슬래브와 하층 슬래브 휨 강성의 합이다.

$$M = M_1 + M_2 \tag{9.4}$$

$$D = D_1 + D_2 = \frac{E_1 h_1^2}{12(1-\mu_1^2)} + \frac{E_2 h_2^2}{12(1-\mu_2^2)} \tag{9.5}$$

$$M_1 = \frac{D_1}{D} M, \quad M_2 = \frac{D_2}{D} M \tag{9.6}$$

여기서,

M, D = 하중 하에서 이중–층 슬래브의 총 휨모멘트와 총 휨 강성

M_1, M_2 = 상층 슬래브와 하층 슬래브의 휨모멘트

D_1, D_2 = 상층 슬래브와 하층 슬래브의 휨 강성

h_1, h_2 = 상층 슬래브와 하층 슬래브의 두께

E_1, E_2 = 상층 슬래브와 하층 슬래브의 탄성계수

μ_1, μ_2 = 상층 슬래브와 하층 슬래브의 푸아송비

상층과 하층 슬래브의 푸아송비가 같다고 가정하면, 이중–층 슬래브의 총 강성과 동일한 단–층 슬래브의 등가(equivalent) 두께 h_e는 다음과 같을 것이다.

$$h_e = \sqrt[3]{\frac{12(1-\mu^2)D}{E}} \tag{9.7}$$

여기서, E는 등(等) 강성 단–층 슬래브의 탄성계수를 나타내며, 상층이나 하층 슬래브의 탄성계수를 취용(取用)할 수 있으며, 이 책(text)에서는 상층 도상슬래브의 탄성계수로 단순화한다.

계산처럼, 하중 하에서 등가강성(equivalent stiffness)의 단–층 슬래브의 휨모멘트는 이중–층 슬래브의 총 휨모멘트 M과 같다. 그때 상부와 하부 층의 휨모멘트 M_1과 M_2가 구해질 수 있으며, 그리고 상부와 하부 층의 휨 인장응력 σ_1과 σ_2는 다음과 같이 계산될 수 있다.

$$\sigma'_1 = \frac{6M_1}{h_1^2}, \quad \sigma'_2 = \frac{6M_2}{h_2^2} \tag{9.8}$$

접착식 이중–층 슬래브는 층 간의 상대 변위가 없으므로 이중–층은 **그림 9.12**에 나타낸 것과 같이 단–층 슬래브처럼 하중을 받아 중간 면을 중심으로 휠 것이다. 중간 면의 위치는 두 층의 두께와 탄성계수에 따라 변한다. 단면에 작용하는 합성 응력(resultant stress)이 0이므로 등가 단–층 슬래브의 중간 면 위치는 다음의 식으로 구해질 수 있다.

$$h_0 = \frac{E_1 h_1^2 + 2E_2 h_1 h_2 + E_2 h_2^2}{2(E_1 h_1 + E_2 h_2)} \tag{9.9}$$

등가 단-층 슬래브의 휨 강성은 중간 면의 위치로 계산될 수 있다.

$$D = \frac{E_1}{3(1-\mu_1^2)}\left[h_0^3 - (h_0 - h_1)^3\right] + \frac{E_2}{3(1-\mu_2^2)}\left[(h_0 - h_1)^3 + (h_1 + h_2 - h_0)^3\right] \quad (9.10)$$

탄성계수 E_1과 휨 강성 D를 이용하면, 단-층 슬래브의 등가 두께(equivalent thickness)는 다음과 같다.

$$h_e = \sqrt[3]{\frac{12(1-\mu^2)D}{E_1}} \quad (9.11)$$

게다가, 전술의 휨 강성(bending stiffness)과 등가 두께를 이용하여, 하중 하에서 단-층 슬래브의 슬래브 바닥에서의 휨모멘트 및 상응하는 최대응력 σ_e가 구해질 수 있다. 이중-층 슬래브의 두 층의 응력은 그에 맞춰 도출될 수 있다.

$$\begin{aligned} \sigma_1 &= \frac{2h_0}{h_e}\sigma_e \\ \sigma'_1 &= \frac{2(h_1 - h_0)}{h_e}\sigma_e \\ \sigma_2 &= \frac{2(h_1 - h_0)}{h_e}\frac{E_2}{E_1}\sigma_e \\ \sigma'_2 &= \frac{2(h_1 + h_2 - h_0)}{h_e}\frac{E_2}{E_1}\sigma_e \end{aligned} \quad (9.12)$$

그림 9.12에 따라, 슬래브 각 층의 응력분포(stress distribution)는 휨-압축(인장) 부재와 같은 법칙을 따른다. 그러므로 설계응력은 **그림 9.13**에 주어진 것처럼 휨-압축(인장) 부재이든지 또는 휨 부재의 응력을 따를

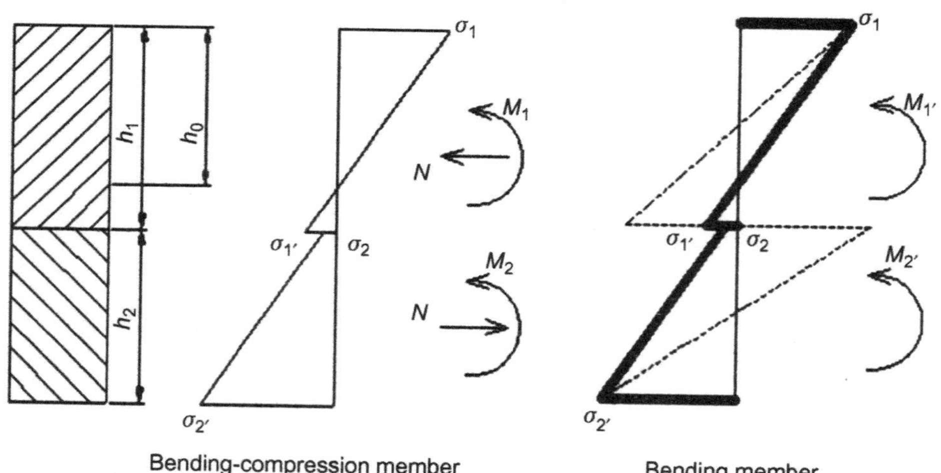

그림 9.13 휨-압축 부재와 휨 부재에 대한 응력분포의 특성

수 있다.

$$M_1 = \frac{1}{6}(\sigma_1 + \sigma_1)h_1^2, \quad N = (\sigma_1 - \sigma_1)h_1, \quad M_2 = \frac{1}{6}(\sigma_2 + \sigma_2)h_2^2 \tag{9.13}$$

$$M'_1 = \frac{1}{6}\sigma_1 h_1^2, \quad M'_2 = \frac{1}{6}\sigma'_2 h_1^2 \tag{9.14}$$

다-층 슬래브(multi-layer slab)의 경우에, 인접한 두 슬래브 층의 실제 인터페이스 상태(actual interfacing state)에 따라 분리식(separate) 이중-층 슬래브와 접착식(bond) 이중-층 슬래브를 채용하고 다-층 슬래브를 동등한 단-층 슬래브로 변환하여 계산할 수 있다.

18번 분기기에 대한 수직하중 하에서 i번째 슬래브의 궤도응답은 **그림 9.14**에 나타낸다. 계산 결과는 이 궤도슬래브의 배근을 설계하는 데 이용될 수 있다.

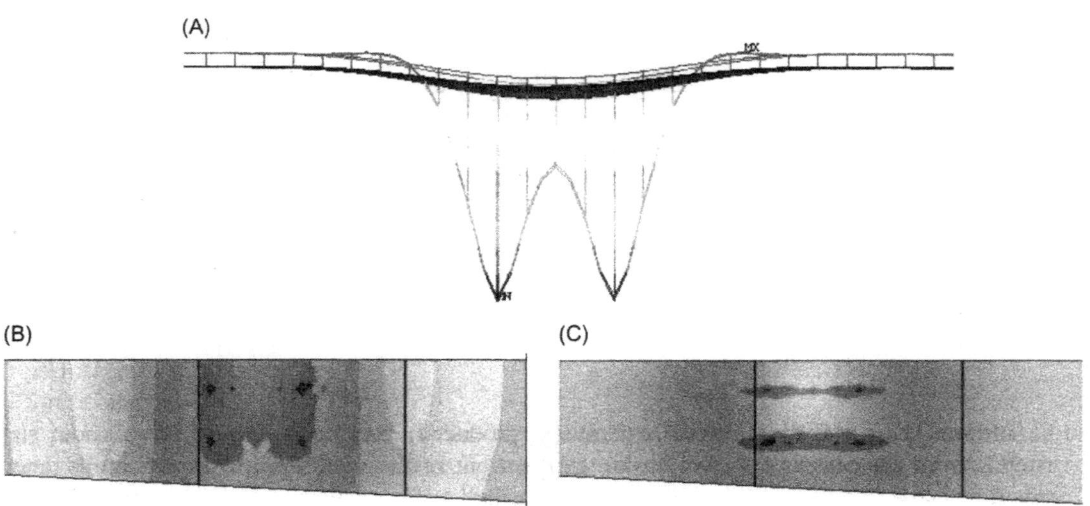

그림 9.14 (A) 레일과 도상슬래브의 수직 변위의 분포, (B) 도상슬래브의 종 방향 응력의 분포, (C) 도상슬래브의 횡 응력의 분포.

9.1.3 무도상분기기용 슬래브

무도상 슬래브분기기는 안정된 구조, 보다 작은 궤도높이, 보다 적은 현장타설 콘크리트, 편리성 및 빠른 시공을 특징으로 한다. 레일이 반입되기 전에 시공이 시작될 수 있다. 그들은 중국고속철도(예 : Wuhan~Guangzhou, Shanghai~Hangzhou, Beijing~Shanghai, Beijing~Shijiazhuang 및 Shijiazhuang~Wuhan)에 널리 사용된다.

1. 구조설계(structural design)

분기기 구간의 슬래브궤도에는 두 가지 유형이 있다. 즉, 레벨링 층(leveling course)이 있는 슬래브궤도와 충전 층(filler course)이 있는 슬래브궤도. 레벨링 층이 있는 슬래브궤도는 분기기부품, 슬래브, 기초 및 레벨링 층으로 구성된다. 분기기슬래브는 시공이 완료된 레벨링 층 위에서 미세 조정될 것이다. 기초를 형성하는 자기 충전 콘크리트(self-compacting concrete)는 분기기슬래브와 레벨링 층 사이에 타설될 것이다(※ 역자가 문구 조정). 분기기슬래브는 슬래브 바닥에 미리 남겨둔 Π형상의 강 트러스(steel truss)를 통하여 기초에 연결된다. 분기기는 분기기 슬래브 바닥과 기초 간의 접착력과 마찰력 및 Π 형상의 강 트러스의 전단력 작용으로 종 방향과 횡 방향의 궤광 위치 제한이 실현된다. 분기기슬래브는 C55 콘크리트를 사용하며, 슬래브표면에 0.5%의 횡 배수 물매를 둔다. 지지 레일 받침(support rail bed)에는 물매가 없다. 기초는 유동성이 좋은 자기 충전 콘크리트를 사용하며, 강도 등급은 C40이고 두께는 180mm이며 횡 방향으로 분기기슬래브보다 약 400mm 더 넓고, 돌출된 가장자리에 4% 배수 물매가 마련된다. 레벨링 층은 무근의 C25 콘크리트이며, 두께는 130~200mm이고 횡 방향으로 기초슬래브보다 약 300mm 더 넓다. 슬래브 바닥에 미리 남겨둔 Π 형상의 강 트러스는 슬래브와 기초를 일체화하기 위하여 기초에 매설된다. 상세는 **그림 9.15**를 참조하라.

충전 층이 있는 슬래브궤도는 분기기의 부품, 분기기슬래브, 충전 층 및 기초로 구성된다. 분기기슬래브는 마무리된 콘크리트기초 위에서 미세 조정될 것이다. 충전 층은 분기기슬래브와 기초 사이에 주입될 것이다. 분기기슬래브와 기초의 구멍에 핀이 삽입될 것이다. 분기기는 분기기슬래브 바닥과 기초 간의 접착력과 마찰력 및 Π 형상의 강 트러스의 전단력으로 종 방향과 횡 방향의 궤광 위치 제한이 실현된다. 분기기슬래브는 C55 콘크리트를 사용하며, 슬래브 표면에 0.5%의 횡 배수 물매를 둔다. 지지 레일 받침에는 물매가 없다. 충전재는 좋은 시공성능(유동성, 팽창률 및 분리의 정도), 역학적 성질(압축강도, 전단강도) 및 내구성을 가져야 한다. 유화(乳化) 아스팔트 모르터가 일반적으로 사용된다. C40 콘크리트기초는 분기기 구간에서 연속될 수 있으며, 횡 방향에서 분기기슬래브보다 약 400mm 더 넓고, 예상된 가장자리에 4% 배수 물매가 마련된다. 슬래브와 기초는 핀으로 단단히 연결된다.

분기기슬래브는 생산과 시공이 용이하도록 블록(blocked)으로 설계할 수 있다. 분기기슬래브는 텅레일 앞쪽의 교량 신축이음(expansion gap) 중심에서부터 분기기 뒤쪽의 궤도구조에 의해 결정된 위치까지 확장된다. 포인트와 크로싱 구간에서는 전철간(switch rod)용 기초 피트(pit)를 구획 점으로 간주한다(※ 역자가 문

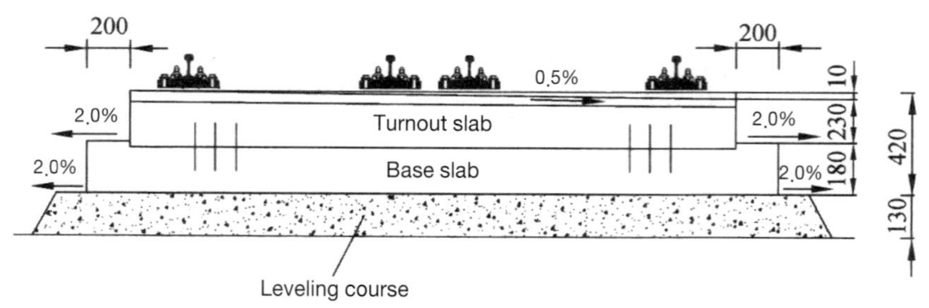

그림 9.15 레벨링 층이 있는 분기기 구간의 궤도구조

구 조정). 전환요건에 따라 슬래브에 동력전철기용 공간이 마련되어야 한다. 중국의 18번 분기기에서 분기기 슬래브의 최대와 최소 길이는 각각 5,900과 4,560mm이다.

슬래브 높이는 철도선로의 운행조건(열차하중), 궤도높이, 분기기슬래브 구조(콘크리트 성능, 프리스트레싱의 적용, 또는 보통의 철근비) 및 지지 레일 받침(support rail bed)의 높이에 관련된다. 역학적인 분석과 구조 배근 설계에 따르면, 슬래브 높이는 (지지 레일 받침의 높이를 포함하여) 240mm로 한정된다.

분기기 구간의 궤도 기하구조가 변화하기 때문에, 도상슬래브의 횡 방향 폭은 선로의 종 방향을 따라서 변화한다. 설계에서는 슬래브의 충분한 강도와 안정성이 확보되고, 콘크리트 보호층의 두께 및 슬리브에서 슬래브 측면까지 300mm의 최소거리가 확보되어야 한다. 슬래브 폭은 연속적으로 점차로 변화한다. 슬래브 가장자리는 기준선에서 직선이고, 분기선에서는 곡선 레일의 선형에 따라 변할 것이다. 이웃하는 두 슬래브는 가장자리를 매끈하고 미관이 좋게 만들기 위해 연속적인 폭을 가질 것이다. 수송의 면에서, 적어도 하나의 치수(길이와 폭)는 3,500mm보다 커야 한다. 중국에서 18번 분기기에 대한 최대 폭은 5,445mm이다.

분기기슬래브는 상면에 폭 260mm의 횡 방향 전장(全長) 지지 레일 받침(lateral full-length support rail bed)이 배치되며, 레일저부에서 지지 레일 받침으로부터 슬래브 표면까지의 최소높이는 12mm이다. 중국 레일체결장치의 경우에, 각 패드 높이의 합은 56mm이고, 레일저부와 슬래브표면 간의 최소 간격은 68mm이며, 유지보수 동안 소형 궤도양로기계의 작업 공간에 관한 요건을 충족시킨다.

분기기 슬래브의 응력구조용 철근(structural reinforcement)은 층간 간격이 100~120mm인 상하층으로 구성된다. 각 층은 120mm(종 방향)×125mm(횡 방향)의 평균 격자 간격을 가진 교차 격자(crisscrossed grid)의 모양이다. 종 철근과 횡 철근은 HRB335급 12mm와 14mm이다. 주(主)철근에 대한 콘크리트 보호층의 최소두께는 30mm이다.

노반 위 무도상분기기의 경우에, 슬래브는 슬래브 바닥에 미리 설치된 Π형상의 철근(ϕ12mm, HRB335급)으로 기초와 연결된다. 한편, 슬래브 바닥은 기초의 자기 충전 콘크리트와 단단히 연결될 수 있도록 거친 표면(거칠거칠함)으로 한다. 교량(bridge) 위 무도상분기기의 슬래브는 충전 층과 핀으로 기초와 연결되며, 구멍 뚫기(holing)는 다른 부위의 구멍 뚫기 작업 시의 철근과의 간섭을 피하도록 상세 철근배치도에 따라 수행될 것이다. 각각의 슬래브는 적어도 8개의 핀으로 고정된다.

중국의 무도상궤도 슬래브에는 세 가지의 절연유형(insulation type)이 이용된다. 즉, 열-수축 가능 슬리브(sleeve), 에폭시-코팅 철근 및 철근용 플라스틱 절연클램프. 자갈궤도 슬래브는 2MΩ보다 적지 않은 철근들 사이의 전기 저항치를 가진 횡 에폭시-코팅 철근으로 절연된다. 슬리브 주위의 나선 철근과 전기설비용 매설너트는 제작 동안 인근의 철근과 접촉되지 않아야 한다. 그러므로 부근의 철근은 절연코팅이 적용될 것이며, 슬리브 나선 철근은 분기기의 요구된 절연성능이 달성되도록 코팅이 마른 후에 설치될 수 있다.

2. 응력분석(stress analysis)

하중을 받는 분기기슬래브에 대한 '보-슬래브-슬래브'의 계산방법이 수립되어야 한다. 모델에서, 분기기 레일은 보 요소로 모델링되고, 분기기슬래브와 기초슬래브는 쉘(shell) 요소로 간주되며, 레벨링 층은 탄성 기초 판(elastic foundation plate)으로 간주된다.

분기기슬래브의 비틀림 구속 응력(warping stress)은 두 가지 경우의 웨스트가드(westgaad)로 구할 수 있다. 즉, '상부에서 저온(cold) + 하부에서 고온(hot)'과 '상부에서 고온 + 하부에서 저온'. 두 경우는 같은 온도 기울기(gradient)를 채용한다. 220mm 높이의 분기기슬래브나 도상슬래브에 대하여 비틀림 구속 응력의 계수는 다음과 같은 방정식에 따라 대략 1.0으로 취한다.

$$\sigma_{qx} = \sigma_{qy} = \frac{E\alpha_t \beta_h T_g h}{2} \tag{9.15}$$

$$M_q = \frac{q_q h^2}{6} \tag{9.16}$$

여기서,

σ_{qx} = 종 방향 최대 비틀림 구속 응력(warping stress)

σ_{qy} = 횡 방향 최대 비틀림 구속 응력

E = 철근콘크리트의 환산 탄성계수

α_t = 콘크리트의 팽창계수

β_h = 온도 기울기의 슬래브두께 수정계수(correction coefficient)

T_g = 온도 기울기(gradient)

h = 슬래브의 두께

M_q = 온도 기울기로 유발된 분기기슬래브의 휨모멘트

횡 하중 하에서 분기기슬래브의 휨모멘트 :

$$M_q = \frac{1}{2} \times 0.3 \times Q \times H/a \tag{9.17}$$

여기서, 1/2은 슬래브의 상부와 하부 휨모멘트가 같다는 것을 나타내며, 횡 하중 하에서 총 값의 반과 같다. 0.3은 궤도의 종 방향에 따른 횡력의 분포계수를 나타낸다. Q는 횡 하중이며, 70kN으로 취한다. H는 횡 하중의 작용점과 슬래브상면 간의 높이를 나타내며, 슬래브 두께 0.22m와 같다.

노반침하와 교량의 처짐 변형의 영향을 받는 분기기슬래브와 기초의 변형이 일치한다고 가정하면, 해당 분기기에 대한 휨모멘트는 다음과 같을 것이다.

$$M_u = EI\rho_{\max} \tag{9.18}$$

여기서, EI는 분기기슬래브의 휨 탄성계수이고 $\rho_{\max}$는 기초의 변형곡률이다.

설계의 합리성과 경제 효율성을 보장하기 위하여, 노반침하의 추가 휨모멘트가 하중과 조합될 때는 0.5의 조합계수(combination coefficient)를 적용할 수 있다.

하중 조합(load combination)의 관점에서 종 방향으로, '수직 열차 하중 + 온도 비틀림(temperature warping)'의 주력(主力)조합은 설계하중으로 취해질 것이며, '수직 열차 검산(檢算) 하중(check load) + 온도 비틀림 + 기초의 부동침하(inhomogeneous settlement)'의 주력 + 추가 힘의 조합은 검산 하중으로 취해진다. 횡방향으로, '수직 열차 하중 + 횡 하중 + 온도 비틀림'의 주력조합은 설계하중으로 취해질 것이다.

분기기슬래브의 강도와 균열은 설계 휨모멘트, 검산(check) 휨모멘트, 구조치수 및 철근으로 확인될 것이다. 설계하중 하에서, 슬래브콘크리트의 압축응력은 5.82MPa이고, 철근의 인장응력은 172.83MPa이며, 균열은 폭이 0.18mm이다. 검산하중(check load) 하에서, 슬래브콘크리트의 압축응력은 6.42MPa이고, 철근의 인장응력은 190.63MPa이며, 균열은 폭이 0.19mm이고, 허용범위 이내이다.

3. 그 밖의 검산(other verification)

전술의 확인 이외에도, 제작, 수송 및 시공 단계의 슬래브 강도가 검산될 것이며, Π 형상의 철근의 강도, 매설 슬리브(embedded sleeve) 부분의 콘크리트의 전단응력, 양로(들어 올리기) 슬리브 주위의 콘크리트의 전단응력 등의 검산이 이루어질 것이다.

강(鋼) 거푸집(steel die)의 품질, 철근골조(reinforcement framework)의 형성 및 매설 슬리브의 위치잡기는 분기기슬래브를 제작함에 있어 중요한 공정이다. 높은 정밀성과 미세조정(fine tuning)은 부설 동안 극히 중요하다.

9.2 분기기 상판(또는 타이플레이트)의 설계

분기기의 텅레일과 노스레일은 높이가 낮은 AT레일로 만든다. 특정한 높이를 가진 미끄럼 상판(slide bedplate)은 정규의 레일 높이와 정상전환을 보장하도록 이들의 레일 밑에 배치될 것이다. 가드레일(check rail) 등에 대해서도 마찬가지이다. 게다가, 일관된 레일 높이를 보장하기 위하여 리드곡선(transition lead curve)의 레일체결장치는 간접고정용 타이플레이트가 설치되어야 하며 침목 어깨받이(shoulder, 역주 : 체결클립과 접하는 양쪽 턱을 의미함) 구조는 없다. 분기기 타이플레이트의 유형에는 보통의 수평 플레이트(level plate), 가드레일 상판(plate), 미끄럼 상판, 표준 길이의 플레이트(full-length plate), 포인트 후단 상판 및 크로싱 대(大) 상판 등이 있다.

상면이 경사진 레일에는 수평의 플레이트(level plate)가 주어지며, 반면에 저부가 경사진 레일에는 경사진 플레이트가 주어진다. 현실적으로, 패드는 침목으로 전달되는 압축응력을 허용범위 이내로 제한하고 고유의 강성으로 플레이트가 휨이나 균열됨을 방지하도록 특정한 두께와 폭을 가져야 한다. 플레이트 두께는 레일체결장치 강성이 보다 작거나 차축하중이 보다 큰 경우에 20이나 25~30mm이다. 단일 침목에 대한 플레이트는 일반적으로 폭이 180mm이다. 궤간의 변동(variation)을 최소화하고 레일의 횡 변위에 대한 저항력을 증가시키기 위하여 어깨받이(shoulder)가 있는 플레이트가 선호된다.

9.2.1 상판(또는 타이플레이트)에 대한 힘[121]

1. 레일로부터의 수직력(vertical force from rails)

레일을 기초(subgrade) 위에 놓인 무한히 긴 보로 간주한다면, 윤하중 P로 유발된 침목에 대한 압력은 윙클러(Winkler) 가정과 연속 탄성지지 보 모델로 계산될 수 있다.

$$R_{\max} = \frac{aPk}{2} \tag{9.19}$$

여기서, a는 침목 간격이다. k는 강성비계수이고, $k = \sqrt[4]{D/(4EIa)}$이며, 여기서 D와 EI는 각각 레일체결장치 지지강성과 레일 휨 강성을 나타낸다.

텅레일, 노스레일 및 가드레일과 같은 반(半)-무한 길이의 보, 유한 길이의 보 및 단면이 불균일한 레일의 경우에, 윤하중으로 유발된 침목압력은 유한요소법으로 구해질 수 있다.

2. 레일로부터의 횡력(lateral force from rails)

레일이 받는 횡력도 마찬가지로 식(9.19)으로 구할 수 있으나, 통상적으로 타이플레이트와 레일 사이에는 완충 패드(cushion pad)로서 나일론 게이지 블록이 배치되며, 블록의 강성이 큰 가장 불리한 경우에 레일이 받는 모든 횡력이 타이플레이트까지 전달될 수 있다.

3. 레일로부터의 종 방향 힘(longitudinal force from rails)

레일이 받는 종 방향 힘(축력)은 레일이 타이플레이트에 대해 미끄러질 때 레일체결장치의 마찰력을 통해서만 타이플레이트로 전해지며, 그 최대치는 레일체결장치의 종 저항력이고, 크기는 작으며, 타이플레이트 강도를 계산할 때 고려하지 않을 수 있다.

4. 체결 클립으로부터의 수직력(vertical force from fastener)

타이플레이트에는 탄성 클립(elastic clip)용 철제 어깨받이(iron shoulder)가 마련된다. 탄성 클립 앞부분은 기본레일의 저부를 고정할 것이다. 볼트가 있는 체결 클립(fastener)의 경우에, 탄성 클립 뒷부분은 철제 어깨받이로 지지될 것이다. 탄성 클립이 철제 어깨받이에 작용하는 압력은 레일체결장치 압력과 거의 같다. 탄성 클립에 대한 T형 볼트는 철제 어깨받이에 인장력을 가하도록 죄어질 것이다. 이 인장력은 체결 압력의 두 배이다. 볼트가 없는 체결 클립의 경우에도 철제 어깨받이에 작용하는 탄성 클립의 수직력은 같다.

9.2.2 가드레일 상판[122, 123]

1. 구조(structure)

고정 크로싱(fixed crossing)에는 궤도 결선(缺線, interruption)이 있으므로 차륜이 이 유해 공간(有害空間,

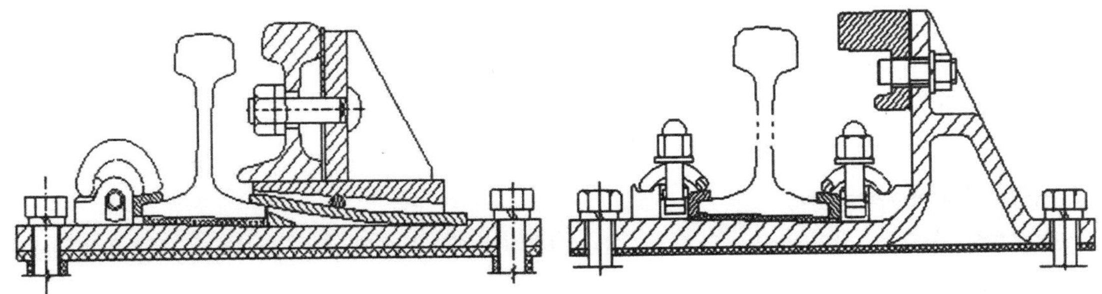

그림 9.16 H형 가드레일

그림 9.17 일체형(solid) 상판이 있는 압연 ㄷ형강 가드레일

gap)을 통과할 때는 맞은편 차륜에 대한 가드레일(check rail)의 제한으로 안전이 보장된다. 한편, 가드레일은 레일마모를 경감시킨다. 예각(銳角, acute) 가동 노스(swing nose) 크로싱의 분기선에 설치된 가드레일은 가동 노스레일(swing nose rail)의 횡 마모를 경감하고 레일 밀착(closure)을 보장할 수 있다.

중국의 초기 속도향상 분기기에서는 H형 가드레일(check rail, **그림 9.16**)이 사용되었다. 가드레일은 보통의 레일(common rail)로 만들며, 가드레일 상판의 받침판(bedplate) 아래에 홈(groove)이 설치되고, 스프링 강편(薄鋼板, spring sheet steel)을 안쪽에서 삽입하며, 잠금 핀을 박은(pinning) 후에 탄성 클립(elastic clip)으로 기본레일 안쪽을 죈다. 기본레일의 양쪽은 서로 다른 유형의 탄성 체결 클립(elastic fastener)으로 체결된다. 기본레일 안쪽은 받침판이 설치되기 때문에 궤간 조정이 어렵다. 가드레일 상판(check rail plate)은 용접 형태이며, 일체성(一體性, integrity)이 강하지 않고 용접이 파손되기 쉽다.

상판의 더 좋은 일체성과 ㄷ형강 품질을 위하여 **그림 9.17**에 나타낸 것과 같은 압연 ㄷ형강 가드레일(rolled channel check rail)이 중국에서 개발되었다. 압연 가드레일은 안정된 품질을 갖고 있다. 주조(鑄造) 상판은 일체성이 개선된다. 탄성 클립으로 조인 기본레일 양쪽은 고른 탄성을 받는다. 그러나 주조품질은 상판의 사용수명에 크게 영향을 주고 가드레일 아래의 탄성 레일체결장치에 대한 유지보수의 불편을 초래한다. H형 가드레일의 기본 특징을 가진 ㄷ형강 가드레일은 높이를 낮추고 탄성 레일체결장치 아래에 더 큰 공간을 남겨둔다.

가드레일의 구조(structure)는 **그림 9.18**에 나타낸 것처럼 중국의 고속분기기에서 최적화되어 왔다. 압연

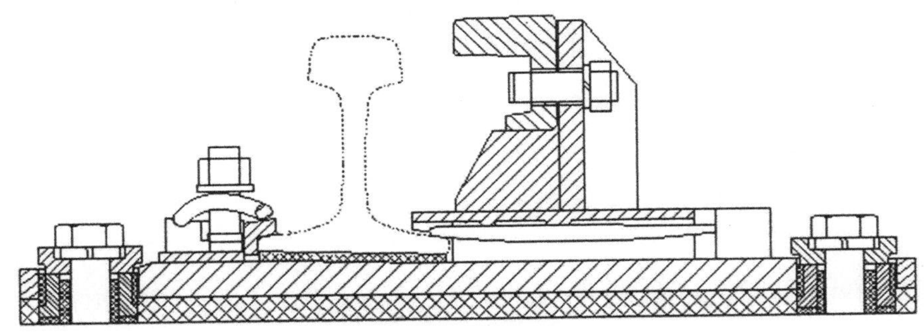

그림 9.18 고속분기기의 가드레일

ㄷ형강 가드레일이 사용되며, 여기서 가드레일 상판은 미끄럼 상판과 유사하게 용접된다. 구멍은 대략 n형상인 탄성 클립(elastic clip)을 내부에 수용하기 위해 남겨져 있다(포인트와 같음). 이 구조는 단순하고, 안정적이며 유지보수하기가 쉽다.

2. 응력분석(stress analysis)

그림 9.19는 가드레일 상판(check rail plate)(재료 : QT400-15)의 계산모델을 보여준다. 등가응력(equivalent stress)과 횡 변위의 분포는 **그림 9.20**에 나타낸 것처럼 상용(商用)으로 이용할 수 있는 유한요소소프트웨어로 구해질 수 있다.

계산에 따르면, 타이플레이트의 응력은 일반적으로 100MPa 미만이며, 반면에 볼트 구멍 주위의 응력은 200MPa 미만이다. 버팀판(bracing plate)과 저판(底板, base slab)의 연결지점에서 큰 응력이 발생하며, 대략 250MPa이다. 재료 강도의 허용범위 내에서, 최대 횡 변위는 버팀판의 아랫부분에서 약 0.5mm이다.

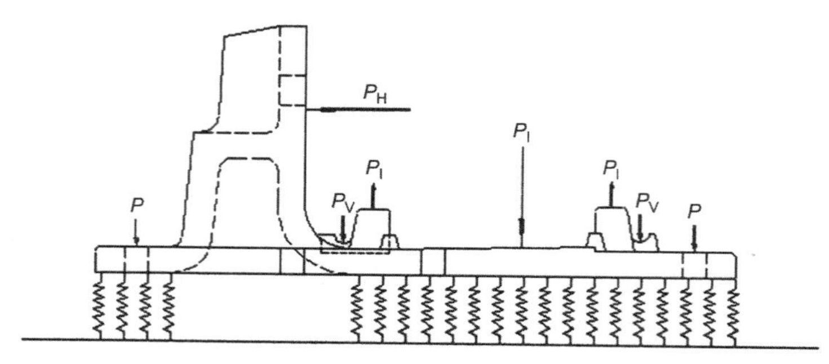

그림 9.19 가드레일 상판의 역학분석모델

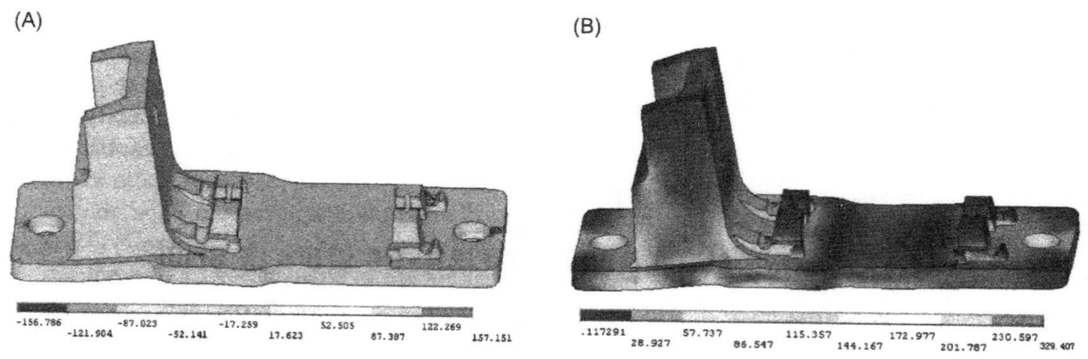

그림 9.20 (A) 가드레일 상판의 등가응력, (B) 가드레일 상판의 횡 변위

9.2.3 보통의 타이플레이트

레일 아래의 타이플레이트는 분기기의 중요한 부품이며, 레일 하중을 침목으로 전달한다. 고무패드는 레일체결장치의 탄성을 보장하기 위해 타이플레이트 밑에 배치된다. 강성이 더 큰 완충작용 패드는 레일 아

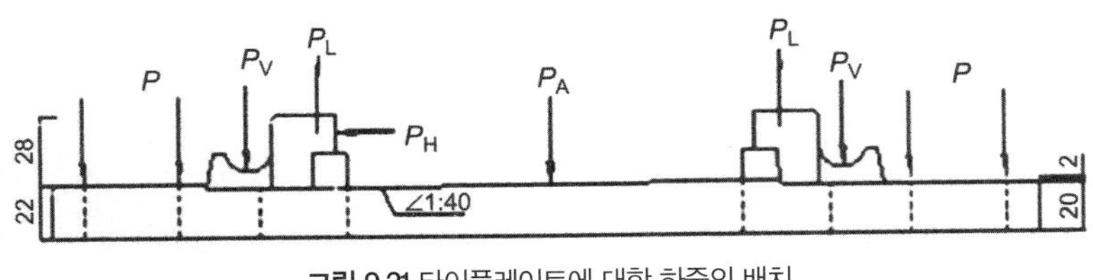

그림 9.21 타이플레이트에 대한 하중의 배치

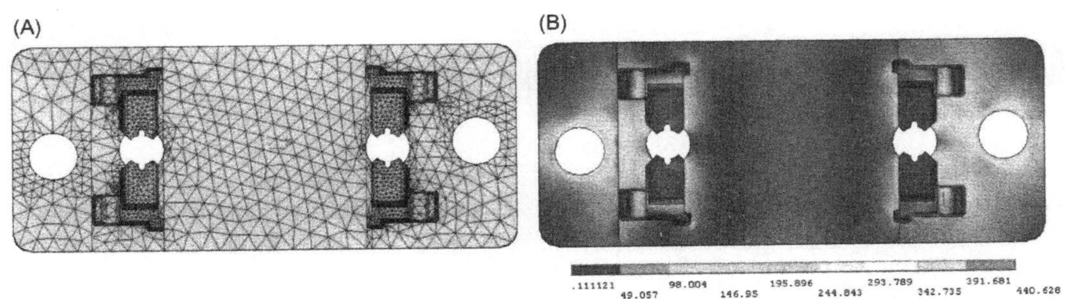

그림 9.22 (A) 타이플레이트의 분석모델, (B) 타이플레이트에 대한 등가응력의 분포

래에 배치되며, 볼트와 체결 클립(fastener)을 통해 레일과 침목을 연결한다. 레일 아래의 타이플레이트는 ZG200−400을 주조하여 만들며, 200MPa의 최소 항복강도와 400MPa의 최소 인장강도를 갖는다. 타이플레이트 두께는 작동조건에 따르며, 일반적으로 20mm로 취해진다. **그림 9.21**과 **9.22**는 각각 응력분석모델과 계산된 등가응력의 분포를 나타낸다.

계산에 따르면, 응력은 대부분의 부위에서 작으며, 볼트 주위와 탄성 클립(elastic clip)에 대한 철제 어깨받이(iron shoulder) 아래에서 상대적으로 높지만, 양쪽 모두 허용된다.

타이플레이트의 피로강도(fatigue strength)는 상용(商用)의 유한요소 소프트웨어로 검토될 수 있다. 피로파손(fatigue failure)의 있음 직한 위치(흔히 최대 응력을 가진 위치)에 따라 사항(event)과 하중을 밝히고, 재료의 $S-N$ 곡선과 S_m-T 곡선을 입력하며, 사이클의 수를 명시하면, 3,820,000번의 허용 피로 사이클과 0.524의 피로계수(fatigue coefficient)를 구할 수 있다.

9.2.4 포인트에서의 미끄럼 상판의 탄성 체결과 감마(減摩) 기술

미끄럼 상판(床板)(slide plate)은 분기기의 중요한 부품이며, 텅레일을 지지하고 텅레일의 전체 길이를 따라 기본레일을 체결한다. 상판은 기본레일의 탄성체결(elastic fastening)을 보장하며 작은 마찰계수를 갖고 있다.

1. 미끄럼 상판(slide plate)의 탄성 클립의 설계(design of elastic clip)

중국 보통 분기기의 미끄럼 상판은 상부와 하부 강판(steel plate)을 용접하여 만들어지며, 기본레일의 안쪽을 단단히 죄고, 적은 탄성이 특징이다. 속도향상 분기기의 미끄럼 상판은 탄성 클립과 핀으로 기본레일을 죈다. 그러나 현장에서 개별 탄성 클립과 핀의 손상이 발견된다. **그림 9.23**은 비교적 복잡한 쐐기형상 조정

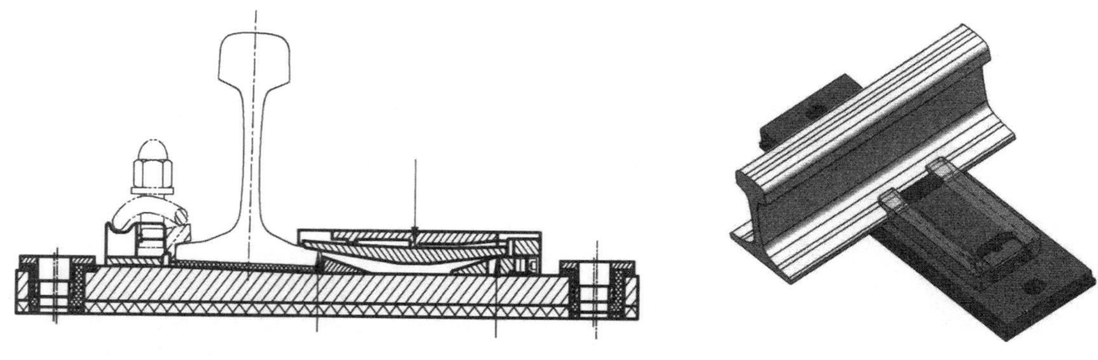

그림 9.23 쐐기형상 조정 탄성 클립을 이용한 죄임

(A) (B)

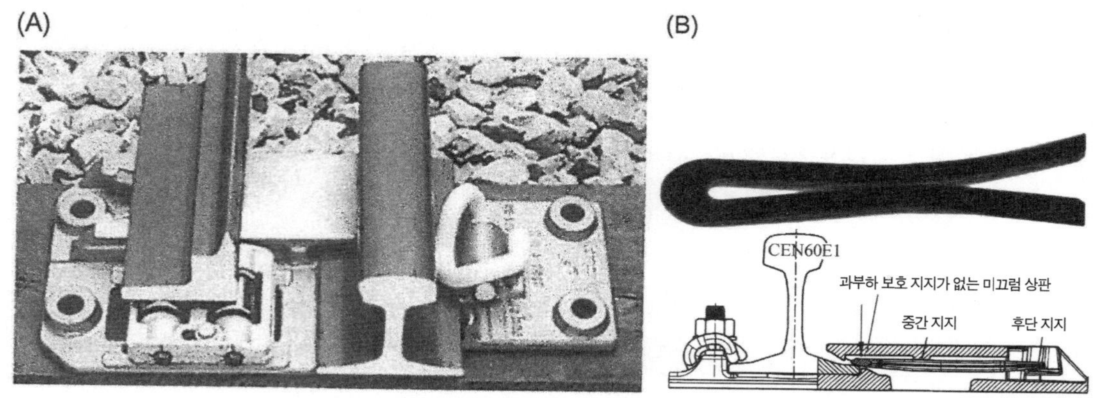

그림 9.24 (A) 일체형(solid) 탄성 클립, (B) 죄임–형 탄성 클립

탄성 클립을 나타낸다.

다른 나라의 동일 속도용 분기기에서 상판의 탄성 클립은 Schwihag(스위스)의 일체형 탄성 클립과 BWG(독일)의 간접고정 탄성 클립을 포함한다. Schwihag 탄성 클립은 (**그림 9.24**에 나타낸 것처럼) ∝형상이며, 12kN의 체결력으로 기본레일을 효과적으로 체결할 수 있고, 충분한 체결저항력을 제공하며 레일 기울어짐(틸팅)을 방지한다. 탄성 클립은 변화하는 단면의 곡선으로 복잡한 선형, 정교한 기술, 단순한 구조와 설치 및 안정된 성능을 특징으로 한다. 그것은 세계적으로 널리 사용되고, 프랑스의 고속분기기에도 사용되며, 중국의 고속분기기에서도 사용된다.

2. 감마(減摩, antifriction)

분기기 전환(conversion)의 설계는 텅레일과 미끄럼 상판(slide plate) 간의 마찰력이 전환 힘(switching force)의 중요한 구성요소임을 보여준다. 고속분기기에서 이 마찰력은 기술적으로 감소된다. 게다가, 상판은 기본레일의 궤간조정을 용이하게 한다.

분기기 미끄럼 상판(slide bedplate)에는 두 가지 주요 감마(減摩) 유형이 있다. 첫 번째는 기계식 감마로서, 롤러가 있는 미끄럼 상판(전술의 **그림 1.45**), 침목들 사이의 롤러들(**그림 9.25**) 및 볼(ball) 미끄럼 상판(전술의 **그림 1.61**)을 사용하여 미끄럼마찰을 구름마찰로 대체함으로써 전환저항력을 감소시킨다. Schmidt(독일)은 **그림 9.25**에 나타낸 것처럼 견인지점에 이웃한 두 분기기침목 사이에 배치되는 롤러장치를 개발하였다. 이 구조의 경우에, 침목 가장자리에 연결 버팀대(brace)가 설치되며, 이것은 위치 제한장치를 통하여 침목 볼트와 연결되고 연결 플레이트를 통하여 롤러 프레임에 연결된다. 각각 다른 위치에서 롤러의 수직높이는 높이조정볼트로 조정된다. 이 롤러구조는 기존의 분기기에 적용할 수 있으며, 중국에서 사용된다. 그러나 상당히 복잡하며 설치하기가 어렵다.

두 번째는 미끄럼 상판 표면의 재질을 바꿈으로써 미끄럼 상판과 텅레일 간의 마찰계수를 감소시킨다. 자체-윤활 재료로 만든 얇은 플레이트는 무(無) 도유(塗油) 미끄럼 상판을 형성하도록 **그림 9.26**에 나타낸 것처럼 전체(全体, solid)접착 구조와 부분적으로 끼워 넣은 구조와 같이, 서로 다른 방식의 미끄럼 상판에 고정된다. 자체-윤활 재료는 주로 다공 오일 침지(浸漬, porous oil-soaked) 재료, 오일 함유 분말야금(oil-bearing powdered metallurgy) 재료, 오일 함유 세라믹(oil-bearing ceramic), 흑연 분산 합금(graphite-dispersed alloy), 플라즈마 분무 세라믹 코팅, 폴리머 코팅 및 특수 플라스틱을 포함한다. 그들의 재료로 만든 얇은 플레이트는 용접, 뿜기(분무), 매설 및 접착으로 미끄럼 상판에 고정된다.

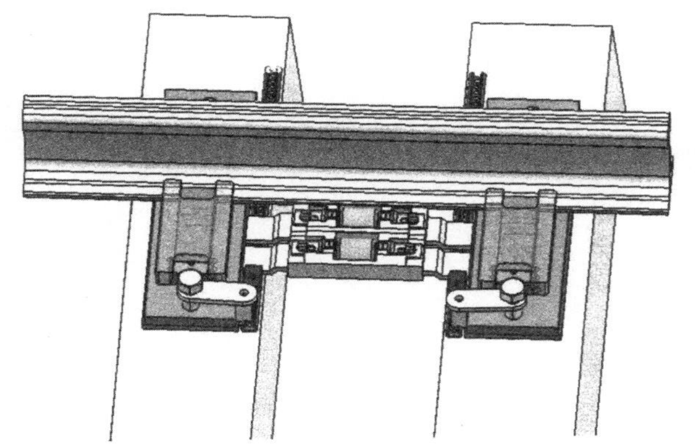

그림 9.25 분기기침목 사이의 롤러

그림 9.26 (A) 접착된 감마 층 구조, (B) 끼워 넣은 감마 층 구조

상기의 **그림 9.25**에 나타낸 Schwihang 롤러 미끄럼 상판은 중국의 고속분기기에 채용된다. 이 미끄럼 상판은 범용성이 강하며, 바닥 판에 나사 구멍(tapping hole)이 설치되고 롤러장치를 수평으로 이동시킴으로써 동일 롤러장치를 서로 다른 동정(動程)에 사용할 수 있다. 서로 다른 위치에서 롤러의 희망하는 높이는 편심의 롤 샤프트(roll shaft)를 회전시킴으로써 실현될 수 있다. 롤러는 텅레일 개통 상태에서 설치되며, 텅레일을 당기기 시작할 때의 큰 저항력을 피하도록 텅레일 저부의 바깥쪽으로부터 약 2mm의 틈을 둔다. 텅레일에 더 가까운 롤러는 미끄럼 상판의 상면보다 2.5~3mm 더 높다. 더 큰 동정을 가진 텅레일의 앞쪽에는 두세 개의 롤러가 배치되며, 동정이 더 작은 뒤쪽에는 단 하나의 롤러가 설치된다. 롤러 축은 롤러의 적절한 수직높이와 수평 위치가 조정된 후에 단단히 고정된다. 롤러들은 미끄럼 상판의 한쪽에 설치된다.

중국의 고속분기기의 미끄럼 상판에 대한 감마 코팅(antifriction coat)에는 주요 함유물로서 니켈이 첨가된다. 니켈 코팅(nickel coat)은 0.15mm보다 작지 않으며, 전기 브러시(brushing) 도금공법을 이용한다. 이 코팅은 좋은 부식방지와 녹 방지(防銹) 성능을 가자며 기체(基體)와 잘 접착될 수 있다. 니켈도금 상판은 HV550의 표면 경도(surface hardness)를 달성할 수 있다. 관례는 니켈도금이 미끄럼 상판의 마찰계수를 줄일 수 있고 미끄럼 상판의 마모와 녹 저항을 개량할 수 있음을 보여준다.

9.3 분기기 레일체결장치 부품의 설계

중국의 고속분기기용 레일체결장치의 구조 및 레일패드와 타이플레이트 패드의 설계는 이 책의 맨 처음

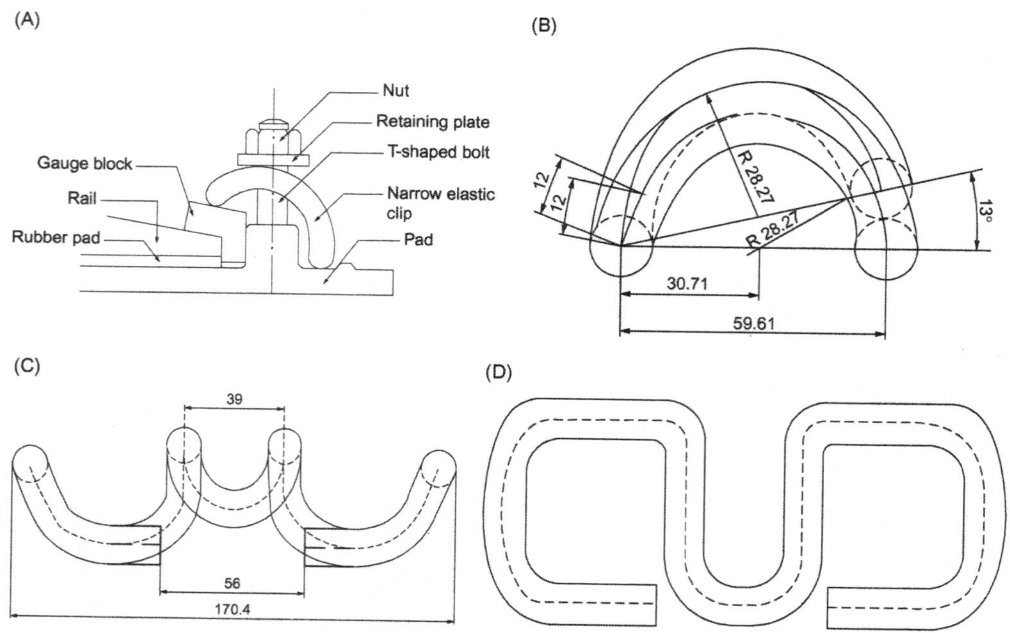

그림 9.27 좁은 탄성 클립 : (A) 조립도(역주 : 오른쪽 아래의 설명문 'Pad'는 'Tie plate'가 올바름), (B) 측면, (C) 정면, (D) 상면

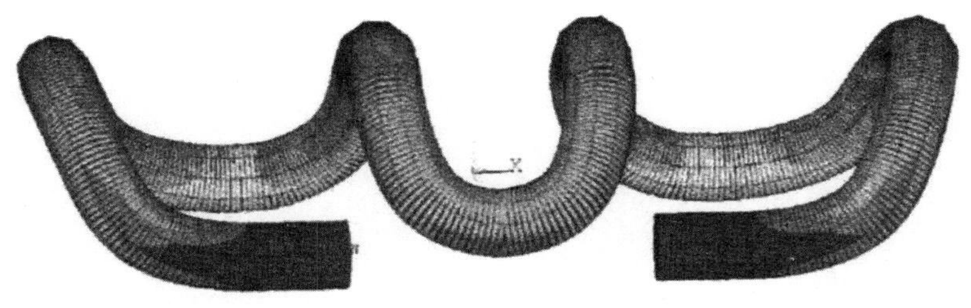

그림 9.28 좁은 탄성 클립의 응력 분포

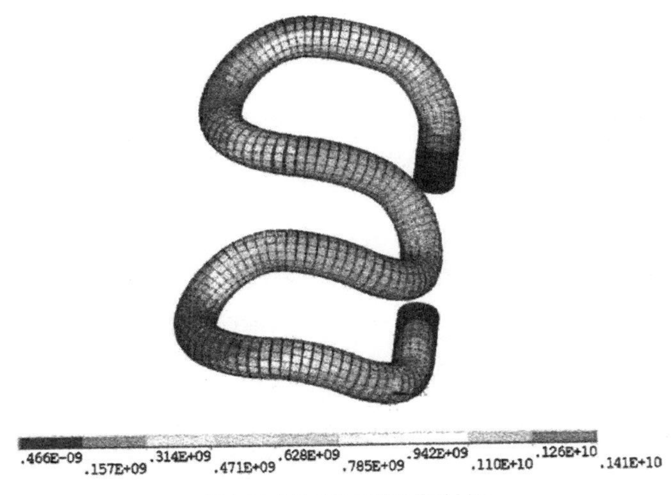

그림 9.29 II형 탄성 클립의 응력 분포

다섯 장들에서 논의하였다. 이 장에서는 타이플레이트의 구조 설계, 게다가 탄성 클립 및 침목의 고정 볼트(anchoring bolt)와 그 밖의 부품의 볼트를 소개할 것이다.

1. 탄성 클립의 응력(stress of elastic clip)[124]

분기기의 다양한 부분에, 특히 텅레일 후단의 좁다란 부분(narrow part)에서도 탄성 체결을 실현할 수 있는 좁다란 모양의 특수 체결클립(fastener)이 중국의 분기기용으로 사전에 개발되었다. 이 유형의 체결클립은 Shanghaiguan역에서 시험되었다. 구조는 **그림 9.27**에 묘사된다.

탄성 클립은 13mm의 직경과 10mm의 설계 스트로크(stroke)를 갖고 있다. 표준 작동상태에서, 탄성 클립의 중간 부분 앞쪽의 턱(jaw)은 게이지블록과 접촉될 것이다. 탄성 클립 전체는 길이가 170.4mm, 폭이 59.61mm, 높이가 36.4mm이며, 중국 II형 탄성 클립과 비교하여 36.4mm만큼 더 길고, 8.39mm만큼 더 좁으며, 6.6mm만큼 더 높다. 탄성 클립은 60Si2CrA 스프링 강으로 만든다. 상용 유한요소 소프트웨어로 계산

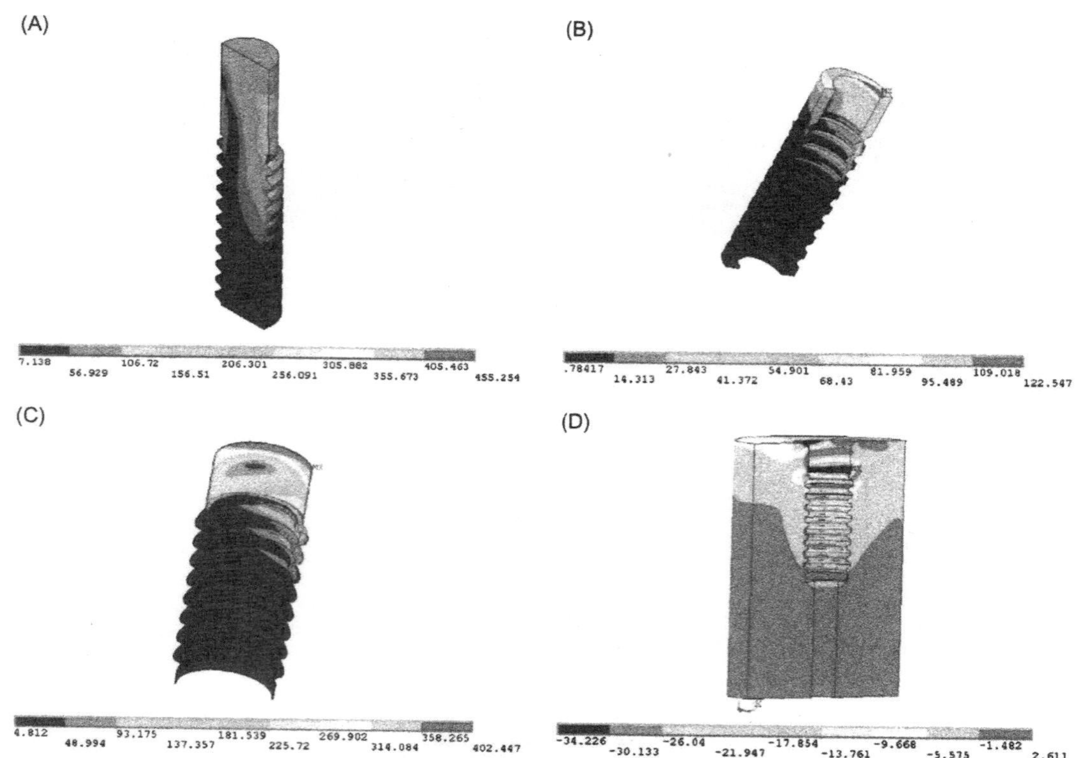

그림 9.30 (A) 볼트의 등가응력, (B) 나일론 슬리브(sleeve)의 등가응력, (C) 강(鋼) 덮개(jacket)의 등가응력, (D) 침목콘크리트의 인장응력

하면, 10kN의 체결력(fastening force)이 주어질 때, 좁은 유형의 탄성 클립의 스트로크는 9.92mm이고, **그림 9.28**에 나타낸 것처럼 (비틀림 변형으로 유발되어 대칭으로 탄성 클립의 뒤쪽에서 발생된) 최대응력은 약 1,359MPa이다. 이 탄성 클립은 중국 II형 탄성 클립(**그림 9.29**)과 동등한 성능을 갖고 있다.

2. 분기기 침목용 레일체결장치(locking fastener for ties)의 응력분석(stress analysis)

레일체결장치와 침목의 연결은 설계에서 대단히 중요한 부분이다. 중국 속도향상 분기기의 운용 경험에 근거하여, 강 슬리브(steel sleeve)와 나일론 슬리브의 매설 합성구조(매립 전)가 사용된다. 나일론 슬리브는 유리섬유 강화 나일론 66으로 만들며, 손상 시에 쉽게 교체할 수 있다. 연결 볼트는 직경이 30mm이며, 횡력(lateral force)에 대하여 좋은 저항력을 갖고 있다. 8mm 피치는 나일론 슬리브의 강도(root strength)를 보장할 수 있다. 나일론 슬리브의 길이 40mm의 나삿니가 없는(threadless) 부분은 나삿니가 없는 부위에서 볼트가 최대 휨모멘트를 갖도록 할 수 있다. 45mm의 바깥 직경으로 나일론 슬리브의 강도가 확보될 수 있고 콘크리트 침목 볼트구멍의 종 방향 균열이 최소화될 수 있다.

분기기 침목의 고정시스템(anchorage system)은 열차로부터의 수직 인발(引拔) 힘과 횡력을 받게 될 수 있으며 일반적으로 타이플레이트에서 전달된다. 수직 인발 힘은 볼트를 조임으로써 하중이 가해지며, 기술적인 관점에서 100 kN보다 작지 않아야 한다. 열차의 횡력은 타이플레이트 높이의 중심에서 볼트에 부과되며,

50kN으로 취해진다. 상용 유한요소 소프트웨어를 이용하여 구한, 들림 힘과 횡력의 결합된 영향 하에서 부품의 등가응력은 **그림 9.30**에 나타낸다. 모든 부품의 강도가 허용범위 내에 있다.

3. 분기기 레일체결장치의 시험(test of turnout fastening)[125]

레일체결장치의 실험실 시험은 중요하며, 구조설계와 검산(檢算) 후에 수행하고, 구조적인 합리성을 분석함을 목적으로 하며, 설계요건에 대한 성능을 검증하고, 조립결함 여부를 확인한다. 시험은 조립품 피로시험(assembly fatigue test)과 패드 강성, 레일체결장치 저항력(역주 : 종(縱)저항력), 체결력 및 절연성능(insulation performance)을 포함한다.

레일체결장치의 피로 특성(fatigue property)은 레일체결장치의 장기 거동(long-term behavior)을 분석하기 위하여 철저히 시험이 될 것이다. 이를 위해, 먼저 레일체결장치가 침목에 조립될 것이며, 45° 힘 적용 받침대(rack)가 사용될 것이고, **그림 9.31**에 나타낸 것처럼 피로시험을 위하여 균열에 대해 20~100kN 하중이 반복적으로 가해질 것이다.

그림 9.31 레일체결장치 조립품의 피로시험

시험 결과(test results) : 3백만 사이클의 하중부하 후에 체결 클립(fastener)에 손상이 발생되지 않았으며, 모든 부품이 설계 강도를 충족시킨다. 고무패드의 정적 강성은 시험 후에 3~8%만큼 증가되었으며, 설계요건을 충족시킨다. 레일두부의 정적 횡 이동은 시험 동안 1.5mm였으며, 기준선에서 열차의 통과 동안 1.53mm의 기술적인 한계 미만이다. 궤간변동(gauge variation)은 피로시험의 3백만 사이클 후에 1mm보다 작으며, 6mm의 요구한계 미만이다. 중국 고속분기기의 실제실행으로 입증되었으므로 이 레일체결장치는 탁월하게 궤간을 유지할 수 있고 균일한 탄성을 보장한다. 게다가, 설치와 조정이 쉽다.

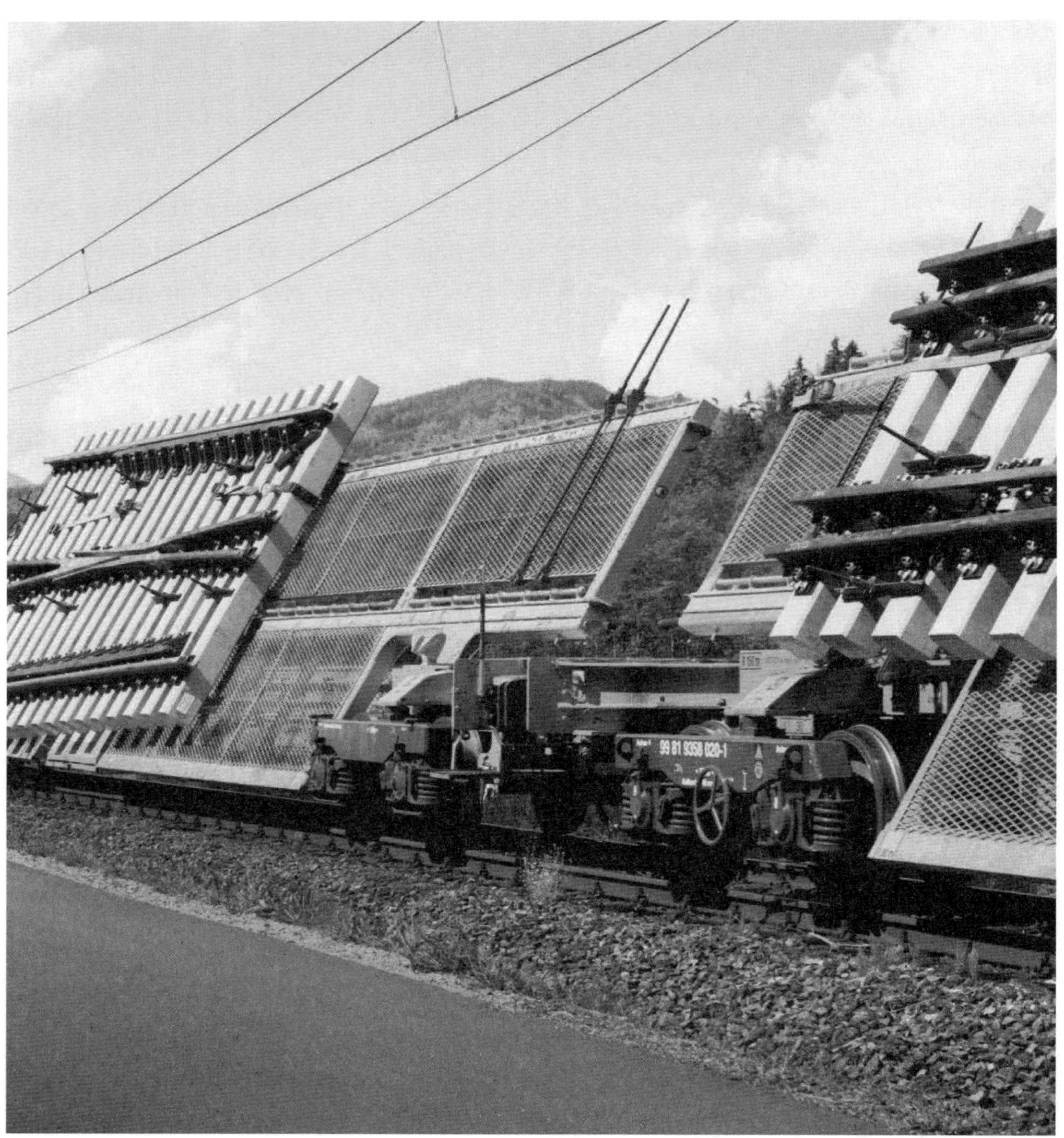

※ turnout wagon

제10장 고속분기기 설계의 이론적 검증

저자(Ping Wang, 王平)는 중국 고속분기기(high-speed turnout)를 개발할 목적으로 차륜-레일 관계, 궤도 강성 및 차량-분기기-교량 연성(連成) 진동, 게다가 유지관리 중에 겪는 분기기에서의 열차 흔들림과 같은 기술적 난제를 풀기 위한 분기기의 동적 분석이론을 제안하였다. 게다가, 트랜스구간(trans-sectional, 跨區間) 장대레일선로와 교량 위 장대레일 분기기의 설계와 부설의 문제를 풀기 위하여 장대레일 분기기의 계산이론이 개발되었다. 연구는 분기기 전환의 계산이론의 개발, 견인지점 배치의 최적화 및 감마(減摩)수단의 체계화로 보충된다. 그러나 이들의 분석이론은 실험실과 현장 시험으로 입증되어야 하며, 고속분기기 구조 설계 지침이 마련되도록 때때로 업그레이드되어야 한다.

10.1 분기기 동역학 시뮬레이션 이론의 검증

중국의 예전 MOR(철도부)은 중국 고속분기기의 구조적인 안전(structural safety), 동적 성능(dynamic performance), 설계이론(design theory)의 합리성(rationality)을 시험하기 위하여 다수의 철도선로(Qingdao～Ji'nan, Suining～Chongqing, Wuhan～Guangzhou, Ningbo～Wenzhou, Wenzhou～Fuzhou, Shanghai～Nanjing 및 Shanghai～Hanzhou선)에서 실물차량으로 고속분기기에 대한 십여 회의 동적 시험(dynamic test)을 수행하였다. 그 결과, 중국의 고속분기기가 이론적으로 적절하며 구조적으로 실현가능하고 신뢰할 수 있는 것으로 밝혀졌다.

고속분기기 동역학 설계이론은 다음과 같은 네 가지 양상의 시험 결과로 정확성이 검증된다.

10.1.1 동적 응답의 비교[126～128]

표 10.1은 실물차량 동적시험(real car dynamic tests)과 수치(數値) 시뮬레이션(numerical simulations)의 결과를 나타낸다. **표 10.1**로부터 다음을 알 수 있다.

1. 계산 값과 측정치는 각 동적 응답에 대해 거의 같으며, 주행속도, 통과방향, 분기기와 레일 아래 기초에 따라 변한다. 그러나 계산 값과 측정값은 제작조립 오차와 실제 부설상태 때문에 완전히 일치하지는 않는다. 이것은 분기기 안전성과 동적 성능을 평가하는 데에 분기기 동역학 이론(dynamical theory)을 적

용하는 것이 신뢰할 수 있음을 의미한다.

2. 탈선계수(derailment coefficient), 하중감소율(load reduction rate), 윤축 횡력(lateral wheelset force) 및 노스레일 동응력(dynamic stress of point rail)의 계산치는 열차가 분기기를 통과하는 전(全) 과정의 최대치이며, 측정치는 지상의 어느 측정지점에서의 최대치이다. 따라서 계산치는 실측치보다 더 크다.

표 10.1 동적 응답의 비교

시험 현장		Qingdao~Ji'nan선 Jiaozhou北역		Suining~Chongqing선 Caijia역		Wuhan~Guangzhou선 Wulongquan역	
분기기 유형		250km/h용 18번 자갈분기기		250km/h용 18번 무도상분기기		350km/h용 18번 무도상분기기	
시험 년 월		2006년 6월과 11월		2007년 1월		2009년 1월	
통과방향		기준선	분기선	기준선	분기선	기준선	분기선
열차유형		EMU	화차	EMU	EMU	EMU	EMU
최대속도		250	90	200	90	350	90
탈선계수	계산치	0.38	0.47	0.53	0.49	0.58	0.36
	측정치	0.21	0.43	0.46	0.35	0.54	0.43
하중감소율	계산치	0.48	0.49	0.36	0.47	0.28	0.47
	측정치	0.25	0.40	0.55	0.30	0.50	0.26
텅레일에 대한 횡 윤축힘 (kN)	계산치	39.4	63.9	28.4	55.3	26.4	26.9
	측정치	17.9	52.8	7.0	38.3	23.0	28.3
노스레일의 응력 (MPa)	계산치	79.3	121.1	87.5	80.7	81.1	90.4
	측정치	46.0	123.0	–	53.3	76.1	–
텅레일의 틈 벌어짐 (mm)	계산치	0.76	0.47	0.77	0.46	0.78	0.47
	측정치	0.64	0.49	0.28	0.60	0.75	0.33
노스레일의 틈 벌어짐 (mm)	계산치	1.04	0.93	1.28	0.84	1.17	0.79
	측정치	0.65	0.89	1.34	1.34	0.35	0.29
침목의 가속도 (g)	계산치	15.4	22.0	2.4	0.8	3.5	0.8
	측정치	14.5	19.4	1.3	–	8.5	0.6

3. 텅레일과 노스레일의 실제 첨단(actual point)에서의 틈 벌어짐(spread) 량은 잠금 상태에 따라 크게 변한다. 계산치의 작은 변화에도 불구하고, 측정치는 통과 방향(passage direction)과 분기기 유형에 따라 상당히 다를 수 있다.

4. Suining~Chongqing선의 시험에서 입증된 것처럼, 기준선에서 EMU열차가 통과하는 동안 측정된 하중감소율(load reduction rate)은 계산치보다 더 크다. 이것은 상당히 큰 용접 틀림(welding irregularity)이 계산에서 고려되지 않았기 때문이다. 또 하나의 분기기의 측정된 하중감소율은 약 0.28g이다.

5. Wuhan~Guangzhou선의 시험에서 측정된 무도상분기기의 진동가속도(vibration acceleration)는 계산치보다 더 크다. 이것은 분기기 슬래브 전체지지상태(integrated support state)의 불량으로 인해 유발될 수 있다(침목과 콘크리트도상은 좋은 접착상태에 있다). 또 하나의 분기기의 측정 최대치는 약

2.1g이다.

10.1.2 윤하중 갈아탐의 비교

분기기 동역학 이론은 윤하중의 갈아탐(過渡) 범위(transition scope)의 시험으로 정당화될 수 있다. 윤하중의 갈아탐 범위는 횡단면 폭이 다른 텅레일의 다양한 측정지점에서 복부 압축방법으로 수직 하중을 측정함으로써 밝혀진다. EMU열차가 기준선에서 통과할 때 텅레일의 윤하중 분포에 대한 시험은 Qingdao～Ji'nan선의 250km/h용 18번 자갈분기기와 Wuhan～Guangzhou선의 350km/h용 18번 무도상분기기에서 수행되었다. 계산치를 이용한 비교는 **그림 10.1**에서 묘사된다.

이 그림은 계산된 윤하중의 갈아탐 범위와 측정된 갈아탐 범위가 아주 잘 일치하지만, 제작과 조립 오차 및 측정지점의 불충분한 수에 기인하여 약간 다름을 나타낸다. Qingdao～Ji'nan선에서 측정된 윤하중 갈아탐 범위는 30～50mm(텅레일의 상면 폭)이고, 계산된 범위는 29～48mm이다. Wuhan～Guangzhou선에서 측정된 범위는 15～37mm(텅레일의 상면 폭)이고, 계산된 범위는 15～34mm이다. 계산 값과 측정치 둘 다 유사하게 변화한다. 그러므로 분기기 동적시뮬레이션의 결과는 믿을 만하며, 계산이론(calculation theory)은 도움이 된다. [129]

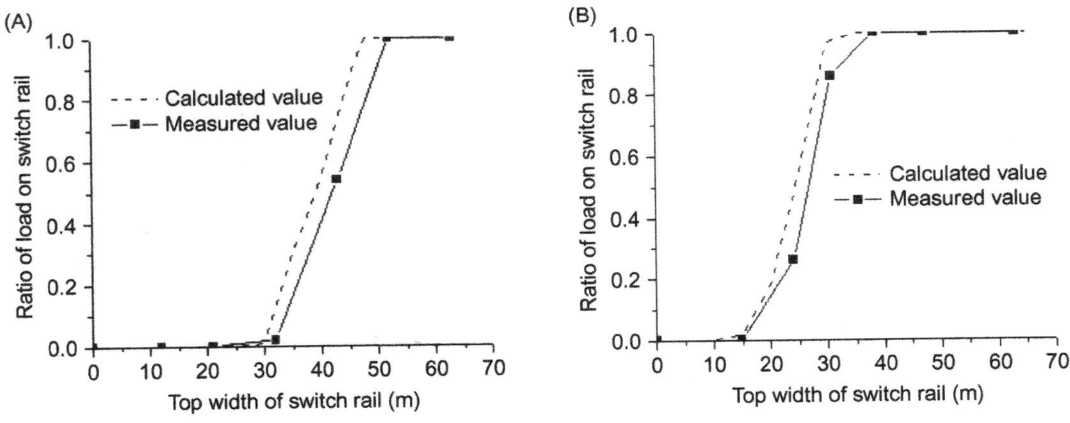

그림 10.1 (A) Qingdao～Ji'nan선의 분기기에서 윤하중 갈아탐 범위, (B) Wuhan～Guangzhou선에서 윤하중 갈아탐 범위

10.1.3 윤축 횡 이동의 비교[129]

분기기 구간에서의 윤축 횡 이동에 대한 측정시스템은 분기기 동역학 이론의 실행 가능성을 더욱 분석하기 위하여 서남(西南)교통대학교가 개발하였다. 측정시스템의 원리는 **그림 10.2**에 나타낸 것과 같다. 레이저 변환기는 EMU 열차가 분기기를 통과할 때 윤축의 외측으로의 횡 이동량을 측정하기 위하여 선로 외측에 배치된다(**그림 10.3**). 그러면 윤축의 분기기 통과 주행 궤적을 얻을 수 있다.

서남교통대학교는 2007년에 프랑스 기술을 이용하여 Hefel~Nanjing선의 분기기 구간(250km/h용 18번 분기기)에서 윤축 횡 이동(lateral wheelset displacement)에 대한 시험을 수행했다. 측정치와 계산치의 비교는 **그림 10.4**에 주어진다. EMU 열차가 기준선에서 주행할 때 윤축 횡 이동의 계산 값과 측정치는 잘 일치하며, 이것은 분기기 동역학 이론(dynamical theory)의 정확성과 시뮬레이션 결과의 신뢰성을 더욱 확인한다.

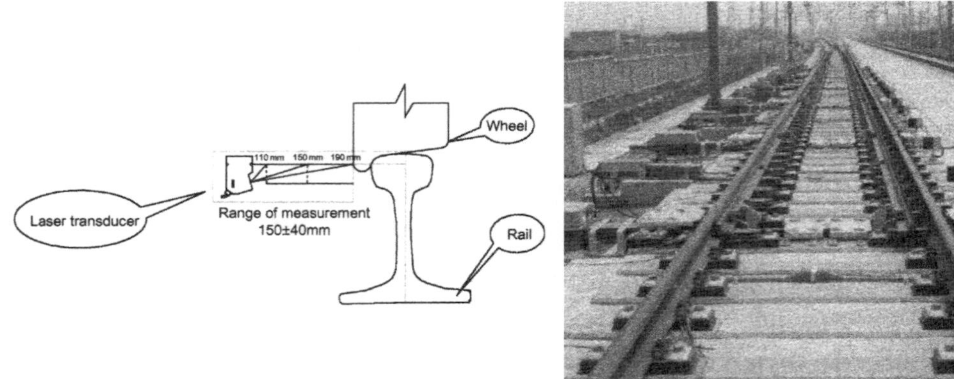

그림 10.2 윤축 횡 이동의 측정 원리

그림 10.3 윤축 횡 이동 측정 장치의 현장 배치

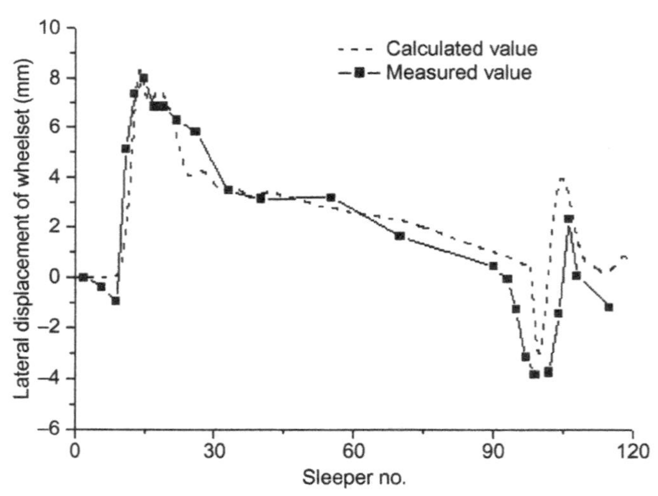

그림 10.4 기준선에서 주행하는 EMU 열차의 윤축 횡 이동량의 분포

10.1.4 가드레일의 횡력에 관한 시험

서남교통대학교는 가드레일 상판(check rail plate)에 대한 횡 충격력을 측정하기 위한 시험장치(**그림 10.5** 참조)를 개발하였다. 이 시험장치는 기본레일에 설치하는 구멍이 있는 저판(底板, baseboard)과 설치부품, 강성 축(剛性 軸, rigid axle)에 대한 버팀대(support)와 저판에 고정된 변환기(transducer), 강성 축 버팀대에 설치된 강성 축, 변환기 지지대에 설치된 힘 변환기 및 선형 슬라이딩 베어링(sliding bearing)을 통하여 분기기

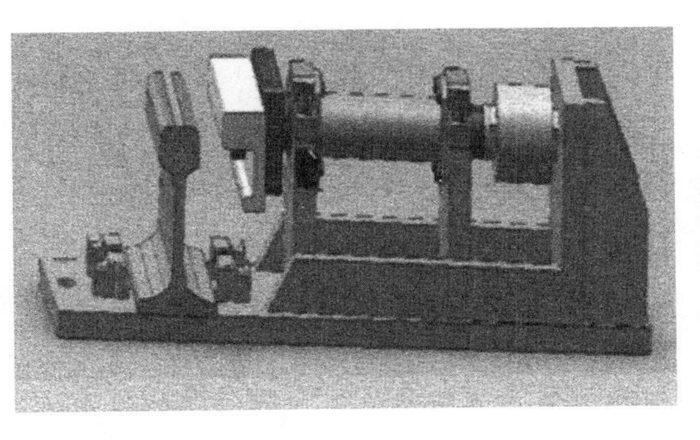

그림 10.5 가드레일 상판 횡력 시험장치

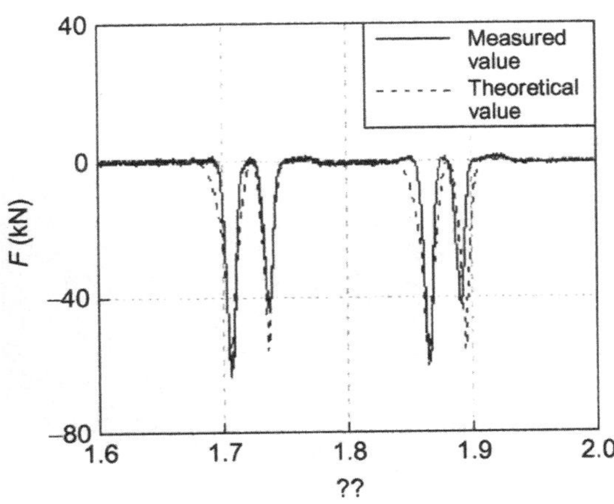

그림 10.6 가드레일의 횡력의 비교

의 가드레일에 인접한 강성 축 버팀대에 설치된 변위 변환기로 구성된다. 강성 축은 가드레일의 설치 표면에 수직이다. 열차가 분기기에서 주행할 때, 가드레일에 대한 횡 충격력은 연결블록을 통하여 강성 축으로 전달되고, 그다음에 힘 변환기로 전달되어, 여기서 측정된다. 가드레일의 변위는 변위 변환기로 알아낼 수 있다. 이러한 방식으로 차륜 통과로 생긴 분기기 가드레일의 횡 충격력과 횡 변위 값에 대한 현장에서의 정확한 측정이 완료된다.

횡 충격력(lateral impact force)의 시험은 2010년에 Chengdu철도국에서 선택된 분기기의 세 개의 상판에 대하여 수행되었다. 충격력(impact force)의 파형 및 계산 값과 측정치의 비교에 대해서는 **그림 10.6**을 참조하라.

10.2 교량 위 장대레일 분기기의 종 방향 상호작용 분석이론의 검증

10.2.1 교량 위 장대레일 분기기의 모형[130, 131]

교량 위 장대레일 분기기(CWR turnout on bridge)는 교량 위 장대레일 궤도나 노반 위 장대레일 분기기와는 다르게, 힘을 받는 조건이 매우 복잡하다. 이와 관련해서, 교량과 장대레일 분기기 간의 관계를 분석하고 분기기-교량 종 방향 상호작용에 관한 계산이론(calculation theory)의 타당성을 검증하기 위하여 실내의 장대레일 분기기 모형(**그림 10.7**에 나타낸 것처럼, 축척 1:3)이 서남교통대학교에서 개발되었다. 18번 가동 노스(swing-nose) 분기기의 모형은 60kg/m 레일을 모의(模擬)한 8kg/m 레일, 3×32m 콘크리트 교량을 모의한 3×10m 강(鋼)박스 보 및 클립이 있는 레일체결장치로 만들어졌다. 모형은 양 끝에 배치된 콘크리트 교각과 함께 50m 길이이다. 강 박스는 연료가스로 가열되고 강은 36V, 6,000A DC 전력으로 가열된다.

레일변형률(rail strain)은 레일복부 중앙에 설치된 FBG(역주 : Fibre Bragg Grating, 광섬유 브래그 회절

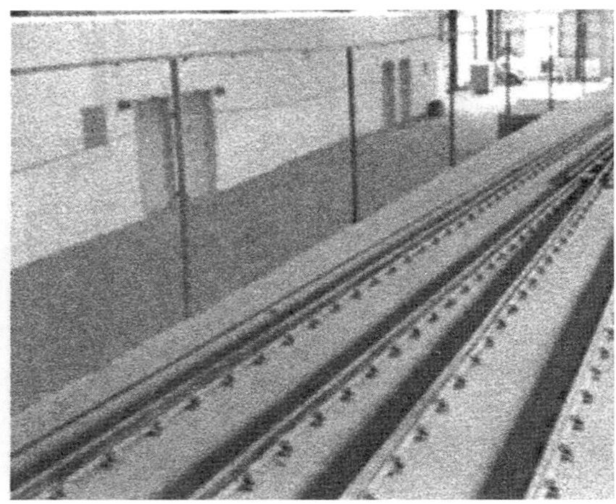

그림 10.7 장대레일 분기기 모형

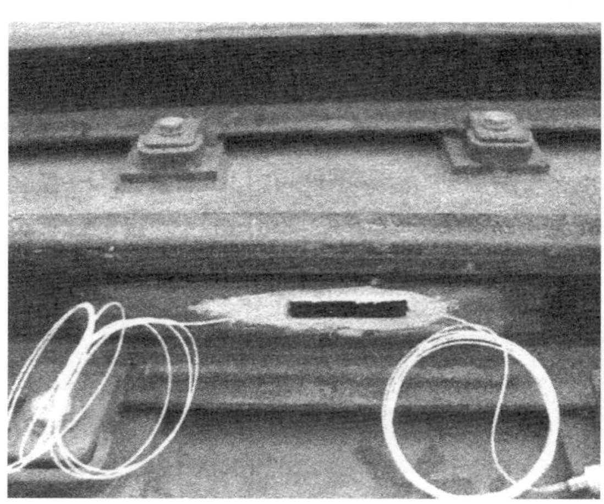

그림 10.8 FBG 스트레인 센서

그림 10.9 FBG 온도 센서

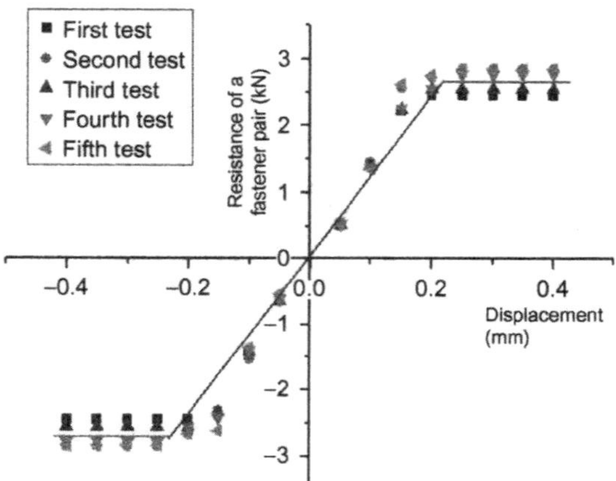

그림 10.10 레일체결장치 저항력의 곡선

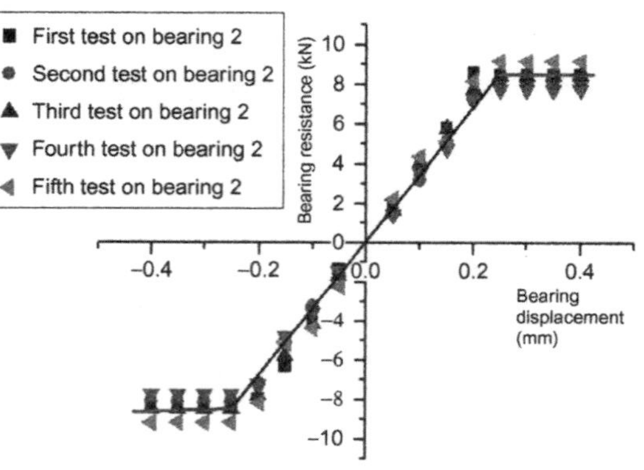

그림 10.11 가동 지점 저항력의 곡선

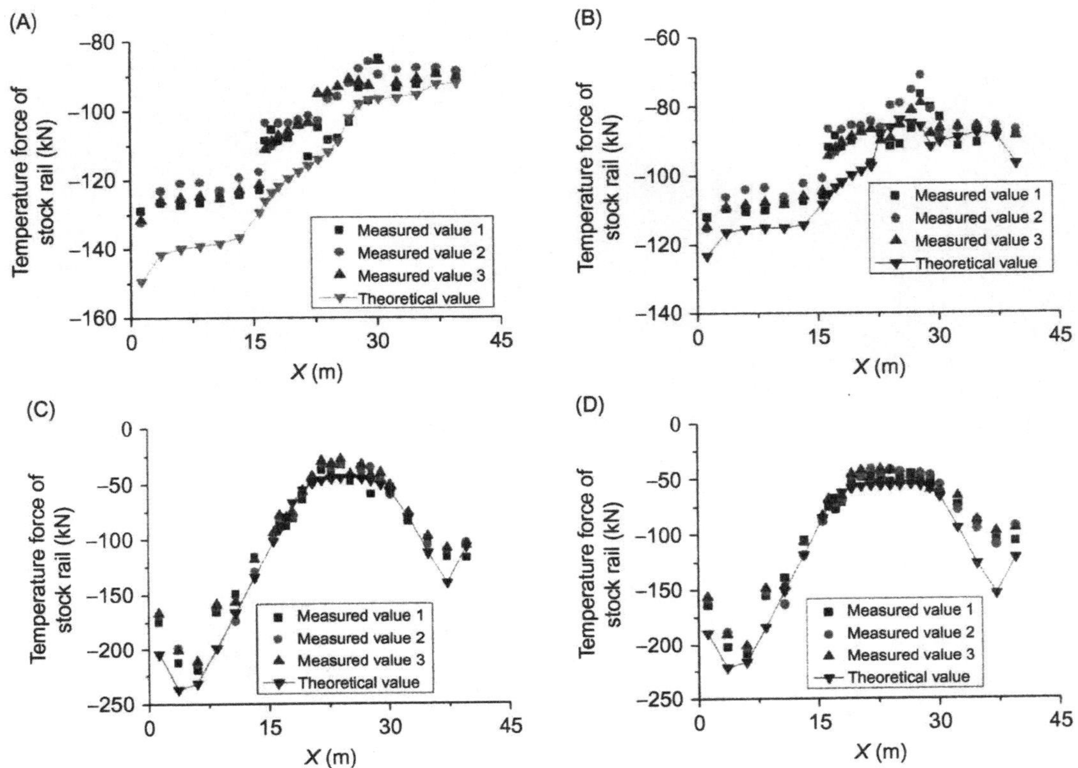

그림 10.12 (A) 종 방향으로 연결된 슬래브가 있는 연속보 교량의 온도 힘, (B) 종 방향으로 연결된 슬래브가 있는 단순보 교량의 온도 힘, (C) 단위 슬래브가 있는 연속보 교량의 온도 힘, (D) 단위 슬래브가 있는 단순보 교량의 온도 힘

격자) 스트레인 센서(**그림 10.8**)로 측정된다. 교량과 레일의 온도는 FBG 온도 센서(**그림 10.9**)로 측정된다. 시험에서 온도와 변형률은 LG-FBG-YC 검지기(檢知器, interrogator)로 시험된다. 온도 센서와 스트레인 게이지로 수집된 파장과 구해진 그 밖의 관련 파라미터로 레일의 온도와 온도 힘이 계산될 수 있다.

시험 결과에 따르면, 레일체결장치 한 세트의 최대 종(縱) 저항력(maximum longitudinal resistance)은 2.7kN이다(하중-저항력 곡선에 대하여 **그림 10.10** 참조). 가동 지점(支點)에 대한 종 저항력의 곡선은 **그림 10.11**에 주어진다. 교각 1의 종 방향 수평 강성(horizontal stiffness)은 9.9kN/mm로, 교각 4에 대한 것은 14.5kN/mm로 취해진다.

단순보와 연속보 교량, 단위 도상슬래브, 종 방향으로 연결된 기초슬래브 및 고정지점과 가동지점과 같은 다수의 조건은 시험에서 모델화될 수 있다. **그림 10.12**는 기본레일 온도 힘의 부분적인 시험 결과와 계산 결과를 나타낸다.

전술로부터 알 수 있듯이, 기본레일의 계산된 이론치(theoretical value)와 측정치가 약간 다르지만, 기본적으로 같은 변화법칙(change rule)을 따른다. 이것은 분기기-슬래브-보-교각 일체화 계산모델(integrated calculation model)과 이론이 유효하다는 것을 입증한다.

게다가, 교량 위 장대레일 분기기 모형의 만곡 힘은 하중부하 시험(loading test)으로 시험될 수 있다(**그림**

그림 10.13 모형에 대한 하중부하 시험

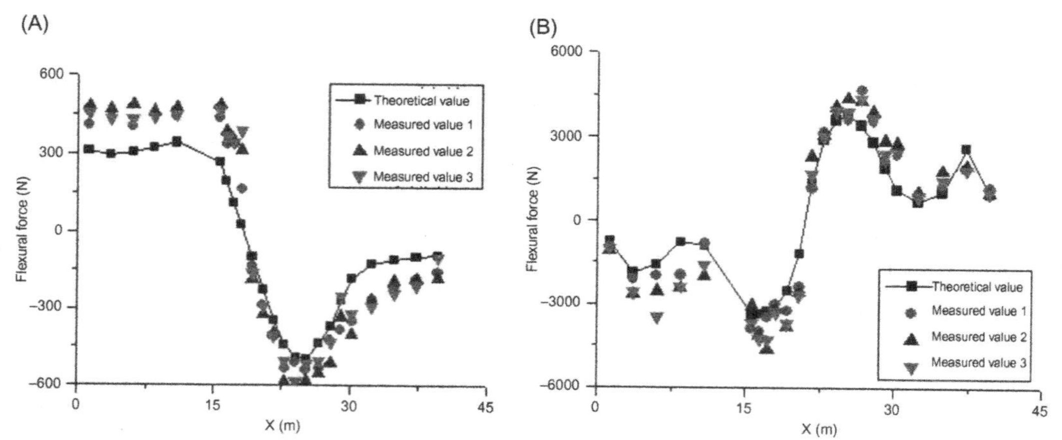

그림 10.14 (A) 종 방향으로 연결된 슬래브가 있는 단순보 교량의 만곡 힘, (B) 단위 슬래브가 있는 단순보 교량의 만곡 힘

10.13). 부분적인 조건 하에서 계산치와 시험 결과의 비교는 **그림 10.14**에서 묘사된다. 계산치와 측정치는 기본적으로 일치하며, 더 나아가 교량 위 장대레일 분기기의 계산이론의 정확성을 입증한다.

10.2.2 교량 위 장대레일 분기기에 관한 현장시험[134]

서남교통대학교는 2006년 6월 16일과 8월 16~22일 및 2007년 7월 14~19일에 Zhejiang~Jiangxi선 Meichi의 1번 Meidhi 교량 위 장대레일 분기기 #1의 레일 종 방향 힘(longitudinal force, 축력)에 관한 시험을 수행하였다(**그림 10.15**). 이 선로의 본선에 대한 설계속도는 200km/h이다. 자갈궤도와 기준선은 동시에 부설된 트랜스 구간 장대레일 궤도이다. 1번 Meichi 교량은 다수의 궤도가 부설된 연장 2,832m의 교량이다. 교량 위 분기기는 작은 수직 강성을 가진 32m 단순보(simply supported beam)와 조합된다. 7 틀(조)의 12번

그림 10.15 Zhejiang~Jiangxi선의 교량 위 장대레일 분기기

장대레일 분기기는 본선에 부설되며, 모두 콘크리트침목의 속도향상 가동 노스(swing-nose) 분기기에 속한다. 그들은 중국에서 교량 위에 부설된 최초의 장대레일 분기기이다.

1. 도상의 종 저항력(longitudinal resistance of bed)

교량(bridge)과 노반(subgrade) 위 도상의 종 저항력이 시험되었다. 시험은 비교를 위하여 선로가 막 개통된 2006년 초와 운행 1년 후(수송량 : 1억 톤)에 수행되었다. 시험 결과를 **그림 10.16**에 나타낸다.

시험 결과로부터 알 수 있듯이, 선로의 초기운행단계에서, 2mm의 침목변위에 대한 교량 위 침목의 단위 길이 당 도상저항력은 5~5.7kN/m이고, 노반 위에서의 도상저항력은 5~5.9kN/m이다. 1년 후에 두 값은 2mm의 침목변위에서 각각 5.5~6.0과 6.6~7.8kN/m으로 변하였다. 초기운행단계와 짧은 운행기간 후에 교량 위 장대레일 분기기의 도상 종 저항력의 값은 약간 다르다. 이것은 열차의 통과 동안 교량과 함께 도상자갈이 진동하기 때문이다. 보다 작은 진동은 도상의 압밀도를 높일 수 있는 반면에, 보다 큰 진동 진폭과 주파수는 도상의 안정성을 약화시킨다. 같은 법칙은 실내의 진동시험에서도 나타난다(**그림 10.17**). 한편, 도상은 통과톤수에 따라서 점차적으로 압밀될 것이다. 이것은 노반 위 도상의 저항력이 교량 위의 것보다 더 큰 이유를 설명한다.

서남교통대학교는 도상자갈의 안정성(stability)을 시험하기 위하여 도상자갈더미(ballast pile)에 대한 진동시험(vibration test)을 수행했다. 시험에서, 자갈도상의 안정성은 도상자갈더미의 안식각(安息角, repose angle)으로 설명될 수 있다. 진동주파수와 진폭이 클수록 도상자갈더미의 안식각이 작아지고 안정성이 작아진다.

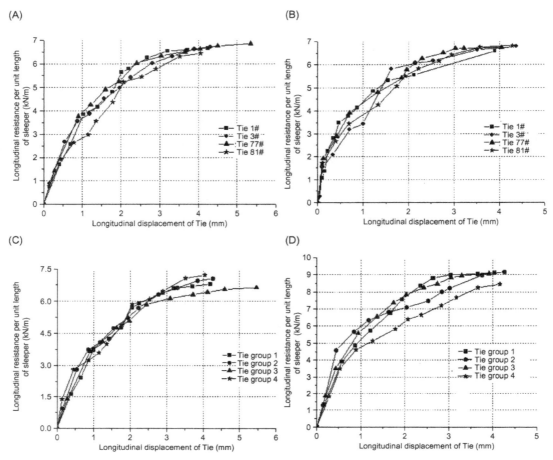

그림 10.16 (A) 개통되기 전의 교량 위 궤도의 저항력, (B) 운행 1년 후의 교량 위 궤도의 저항력, (C) 개통되기 전의 노반 위 궤도의 저항력, (D) 운행 1년 후의 노반 위 궤도의 저항력

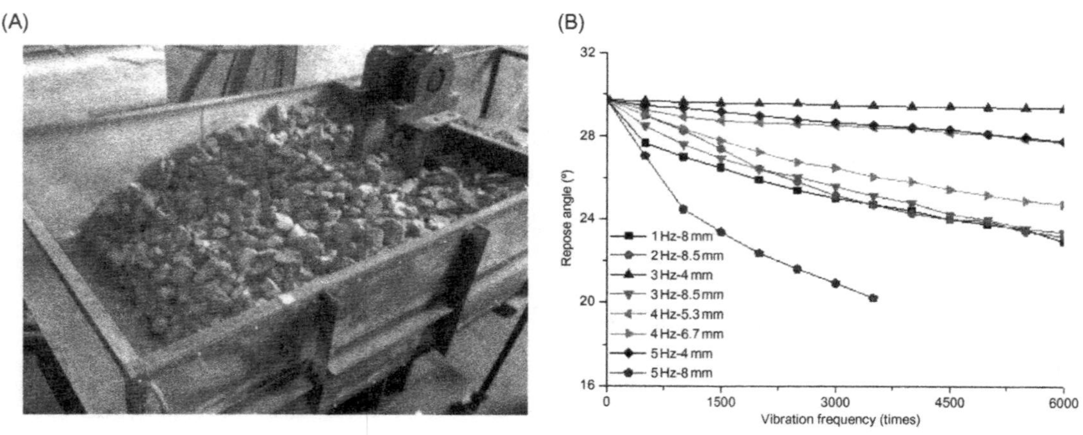

그림 10.17 (A) 도상자갈더미 안정성에 관한 진동시험, (B) 도상자갈더미의 안식각의 변화

1번 Meidhi 교량의 경우에, 교량의 작은 수직 강성 때문에, 단순보의 측정된 일차 수직 고유진동주파수는 3.6Hz이다. 이 값은 200km/h 객화(客貨) 혼합 선로에 대한 기술요건(3.02Hz)을 충족시키지만, 32m 단순지지 T형 보의 일차 수직 고유진동주파수(5.0Hz)와 고속선로에 대한 단순지지 박스 보의 것(8.0Hz)보다 아래이다. 그러므로 이 교량 위 장대레일 분기기는 안정성이 부족하고 궤도 선형의 유지가 어려우며 큰 유지보수 부담과 기준선에서 열차의 통과 동안 과도한 횡 진동가속도(lateral vibration acceleration)로 이어진다. 이것은 철도연구자들 사이에서 폭넓은 우려와 주의를 끌고 있다.

2. 레일 온도 힘(rail temperature force)

그림 10.18은 1번 Meidhi 교량 위 분기기 #1에서 기본레일의 온도 힘의 시험 값과 계산치의 비교를 나타낸다. 분기기의 종 저항력 및 교량과 레일의 온도변화의 측정치는 이론적인 계산에 적용된다. 레일의 부가 온도 힘에 관한 시험 원리는 다음과 같다. 즉, 레일복부에 두 지지대(bracket)를 부착함(두 표시간 거리 L_0 = 210mm), 온도에 따라 변하지 않는 인바 강(鋼) 자(尺)(Invar leveling staff)로 두 지지대 간 거리의 변화량(ΔL)을 측정함 및 $\Delta LEF/L$(E와 F는 각각 탄성계수와 레일의 단면적을 나타낸다)로 측정 데이터에 근거하여 레일의 부가(附加) 온도 힘을 계산함. 북경교통대학교가 개발한 레일의 부가온도 힘의 TS-3 테스터는 **그림 10.19**에 나타낸 것처럼 시험에 이용된다. 계산된 이론적인 값과 시험 값으로부터 알 수 있는 것처럼, 직선 기본레일의 온도 힘은 텅레일의 후단에서 갑자기 변할 것이다. 교량과 레일에 대하여 각각 8.7℃와 22.5℃의 온도상승에서, 직선 기본레일의 온도 힘의 계산 값과 측정치는 동일한 변화법칙(change rule)을 따르지만, 이론치의 계산 결과가 더 크며, 따라서 설계에 대하여 더 안전하다. 이것은 계산에서 레일체결장치 저항력(fastening resistance)의 더 작은 값이나 온도 힘의 시험 오차와 관련이 있을 수 있다.

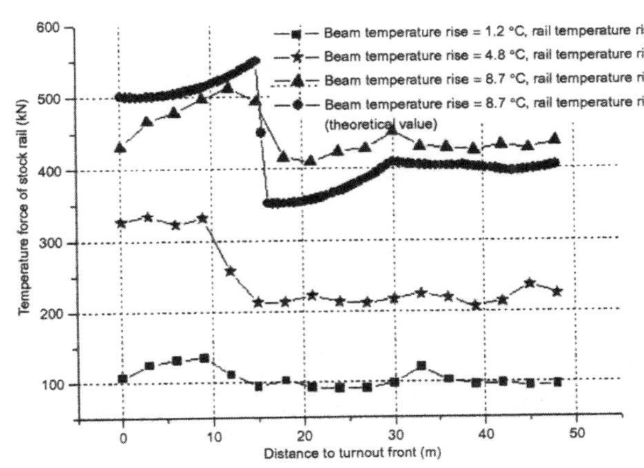

그림 10.18 직선기본레일의 종 방향 온도 힘

그림 10.19 레일의 부가온도 힘의 TS-3 테스터

10.3 차량-분기기-교량 동적 상호작용 분석이론의 검증

차량-분기기-교량시스템의 동적 상호작용을 검증하기 위하여, 실물차량 현장 동적시험이 Zhengzhou~Xi'an선의 350km/h 교량 위 장대레일 무도상분기기와 Zhejiang~Jiangxi선의 200km/h 교량 위 장대레일 자갈분기기에서 수행되었다.

표 10.2 Zhengzhou~Xi'an선 교량 위 장대레일 분기기의 시뮬레이션과 측정 결과

항목	교량 위 분기기 기준선에서 EMU열차 통과	
	330 km/h에서 시험 결과	350 km/h에서 시뮬레이션 결과
포인트 앞쪽에서의 탈선계수	0.67	0.35
포인트 앞쪽에서의 윤하중감소율	0.26	0.27
포인트에서 수직 차륜-레일 힘 (kN)	83.9	108.2
리드레일에서 수직 차륜-레일 힘 (kN)	72.5	84.9
크로싱에서 수직 차륜-레일 힘 (kN)	104.3	116.9
상면 폭 20mm에서 텅레일 응력 (MPa)	115.4	139.3
텅레일의 실제 첨단의 틈 벌어짐 (mm)	0.28	0.43
계산된 보 경간의 중앙부 처짐 (mm)	1.75	1.74
계산된 보 경간의 중앙부 수직진동가속도 (m/s^2)	1.65	1.29
계산된 보 경간의 중앙부 횡 진동가속도 (m/s^2)	0.77	0.43

1. Zhengzhou~Xi'an선의 교량 위 장대레일 분기기(CWR turnout on bridge)[135]

Zhengzhou~Xi'an선의 Weinan역 양쪽 끝의 정거장 입구 구간은 폭이 불균일한 연속보 교량 위에 건설되었다. 정거장입구의 350km/h용 18번 무도상분기기는 중국철도Baoji교량그룹주식회사가 프랑스 Gogifer회사의 기술로 개발하였다. 서남교통대학교는 2009년 11월 25일부터 12월 5일까지 **그림 10.20**에 나타낸 것처

그림 10.20 Zhengzhou~Xi'an선에서 시험된 교량 위 장대레일 분기기

럼 Weinan역 왼쪽 입구의 교량 위 장대레일 무도상분기기 #2에 대한 분기기-교량 종합 동적 시험을 수행하였으며, 여기서 교량은 32.7 + 3×48 + 32.7m 연속보 유형이다. 계산된 이론적인 값과 현장시험 값을 **표 10.2**에 나타낸다. 시험에서, 분기기에서의 최고 주행속도는 330km/h이다.

표 10.2에서 나타내는 것처럼, 차륜-레일 수직력, 텅레일에 대한 응력, 교량의 처짐(deflection) 및 진동가속도를 포함하는 동적 지표(dynamic indicator)들의 시뮬레이션 값과 측정치는 포인트 앞쪽에서의 탈선계수를 제외하고 기본적으로 같으며, 포인트 앞쪽에서의 탈선계수는 상당히 다르다(시뮬레이션에서 분기기의 구조적 틀림은 고려되고, 포인트에서 분기기의 실제 궤도틀림은 고려되지 않는다). 이것은 시뮬레이션이 고속분기기의 동하중 하에서 차량-분기기-교량시스템의 동적 특성을 실질적으로 반영하고 신뢰할 수 있다는 것을 의미한다.

표 10.3 Zhejiang~Jiangxi선의 교량 위 분기기에 대한 시뮬레이션과 측정 결과

항목	기준선에서 EMU 열차의 통과		기준선에서 화물열차의 통과	
	시험치	이론적 계산치	시험치	이론적 계산치
포인트 앞쪽에서의 탈선계수	0.23	0.29	0.29	0.24
포인트 앞쪽에서의 윤하중감소율	0.33	0.19	0.38	0.19
포인트에서 수직 차륜-레일 힘 (kN)	94.5	105.2	143.1	133.5
리드레일에서 수직 차륜-레일 힘 (kN)	83.9	90.5	103.3	112.0
크로싱에서 수직 차륜-레일 힘 (kN)	105.6	139.0	175.6	171.3
포인트에서 횡 차륜-레일 힘 (kN)	30.5	28.9	27.4	36.4
리드레일에서 횡 차륜-레일 힘 (kN)	19.7	4.9	14.7	8.9
크로싱에서 횡 차륜-레일 힘 (kN)	34.6	40.9	32.6	32.1
상면 폭 20mm에서 텅레일 응력 (MPa)	48.9	46.8	63.4	63.0
상면 폭 50mm에서 텅레일 응력 (MPa)	46.1	56.5	69.9	69.0
상면 폭 20mm에서 노스레일 응력 (MPa)	39.5	38.3	50.6	54.0
상면 폭 50mm에서 노스레일 응력 (MPa)	42.0	44.7	83.7	77.9
텅레일의 실제 첨단의 틈 벌어짐 (mm)	0.482	0.556	0.678	1.088
계산된 보 경간의 중앙부 처짐 (mm)	2.560	2.204	5.674	5.166
계산된 보 경간의 횡 진동 진폭 (mm)	0.162	0.120	0.212	0.124
계산된 보 경간의 중앙부 수직진동가속도 (m/s^2)	0.432	0.490	0.981	1.346
계산된 보 경간의 중앙부 횡 진동가속도 (m/s^2)	0.245	0.327	1.286	1.436

2. Zhejiang~Jiangxi선의 교량 위 장대레일 분기기(CWR turnout on bridge)[136]

운영 중인 Zhejiang~Jiangxi선의 단순보(simply supported beam) 교량 위 분기기의 주행안전(riding safety)과 안정성(riding quality)을 평가함을 목적으로 하여, 교량 위 장대레일 분기기와 200km/h EMU 열차, 160km/h 여객열차 및 120km/h 화물열차의 하중을 받는 교량의 동적 성능(dynamic performance)에 대하여 2회의 동적과 정적 종합시험이 연속적으로 수행되었다. 시험현장은 **그림 10.21**에서 나타낸다. 계산된 이론적

그림 10.21 ZZhejiang~Jiangxi선에서 시험된 교량 위 분기기

인 값과 측정된 값을 **표 10.3**에 나타낸다.

표 10.3으로부터 탈선계수, 차륜-레일 수직력, 텅레일과 노스레일에 대한 응력, 진동가속도 등의 계산 값과 측정치가 유사하며, 교량 위 분기기에 대한 동역학의 계산이론을 정당화한다. 계산이론은 교량 위 장대레일 분기기의 시뮬레이션과 평가에 대해 신뢰할 수 있고 실현 가능하며, 구조설계의 가이드라인을 제공할 수 있다.

10.4 고속분기기 전환의 검증

고속분기기의 전환이론(conversion theory)과 설계방안(design scheme)을 검증(verify)하기 위하여 실내와 현장에서 많은 전환 시험이 수행되었다.

10.4.1 Qingdao~Ji'nan선의 현장시험[137]

2006년에 Jiaozhou~Ji'nan선의 Jiaozhou북(北)역에서 250km/h용 중국 18번 분기기에 대한 전환 시험이 수행되었다. 측정치와 계산치를 **표 10.4**와 **10.5**에 나열한다.

표 10.4와 **10.5**에서 볼 수 있듯이, 현장에서 측정된 텅레일의 전환 힘(switching force)은 분산적이고 크게 일정하지 않으며, 이것은 분기기의 작동조건에서 초래될 수 있다. 그러나 계산치와 측정치의 분포 법칙은 동일하다. 노스레일에 관하여 말하면, 전환 힘의 계산치와 측정치가 기본적으로 아주 비슷하다. 이것은 상기에서 언급한 계산이론이 분기기 전환의 연구와 설계를 도울 수 있다는 것을 나타낸다. 그러하긴 하지만, 많은 영향 인자(influencing factor)에 기인한 계산의 부정확을 고려하면, 연구는 실험실 시험으로 보충되어야 한다.

표 10.4 텅레일의 전환 힘의 측정치와 계산치

전환 힘 (N)	측정치(정위)	측정치(반위)	계산치(롤러 무)	계산치(롤러 유)
견인지점 1	1,020~1,520	700~2,100	1,010.3	548.4
견인지점 2	1,300~3,260	1,280~2,240	1,395.4	893.0
견인지점 3	3,480~5,020	3,220~3,520	5,047.2	3,253.6

표 10.5 노스레일의 전환 힘의 측정치와 계산치

전환 힘 (N)	측정치(정위)	측정치(반위)	계산치(정위)	계산치(반위)
견인지점 1	2,000~3,340	1,000~3,060	2,132.3	1,576.8
견인지점 2	4,840~6,500	2,800~4,080	4,589.1	3,194.6

10.4.2 42번 분기기의 텅레일에 대한 전환의 실험실시험[138]

시험에서 42번 분기기의 포인트에 여섯 견인지점(traction point)이 배치되며, 설계 동정(動程)은 각각 160, 136, 112, 82, 63 및 35mm이다. 세 가지의 시험 조건이 채택된다. 즉, 경우 1 : 롤러가 있고 윤활유를 바르지 않은 미끄럼 상판, 경우 2 : 롤러가 없고 윤활유를 바르지 않은 미끄럼 상판, 경우 3 : 롤러가 없고 윤활유를 바른 미끄럼 상판. 경우 1에서 텅레일의 전환저항력의 시험 곡선은 **그림 10.22**에 묘사된다. 모든 경우의 전환 힘(switching force)의 시험 결과를 **표 10.6**에 나타낸다.

표 10.6 42번 분기기의 텅레일에 대한 전환 힘의 시험 결과

전환 힘 (N)	경우 1		경우 2		경우 3	
	정위	반위	정위	반위	정위	반위
견인지점 1	2,660	1,640	1,760	1,640	2,640	2,240
견인지점 2	2,000	2,500	1,940	1,000	2,300	2,040
견인지점 3	2,200	3,800	3,080	3,160	1,980	3,560
견인지점 4	2,260	5,400	3,640	6,460	4,440	4,540
견인지점 5	2,200	2,200	3,460	5,040	2,680	4,520
견인지점 6	2,540	3,900	3,880	7,200	1,780	3,580

그림 10.22에서 볼 수 있는 것처럼, 견인지점(traction point)들에서의 전환 힘(switching force)은 텅레일의 전환과정(converting)에서 시간에 따라 계속 변한다. 최대 전환 힘은 곡선과 직선 텅레일이 동시에 움직이거나 텅레일들이 밀착되는 순간에 발생한다. **표 10.6**에서 볼 수 있듯이, 롤러가 없는 무도유 미끄럼 상판의 경우에, 텅레일 뒤쪽의 견인지점들에서의 전환저항력은 그 외의 경우와 비교하여 훨씬 더 크다. 특히 견인지점 4와 6에서의 전환 힘은 동력전철기의 출력용량을 넘어선다. 롤러가 있는 미끄럼 상판의 경우에, 텅레일 앞쪽의 두 견인지점에서의 전환저항력은 경우 2와 비교하여 더 크지만, 절대치는 상대적으로 작으며, 뒤쪽의 그 외 견인

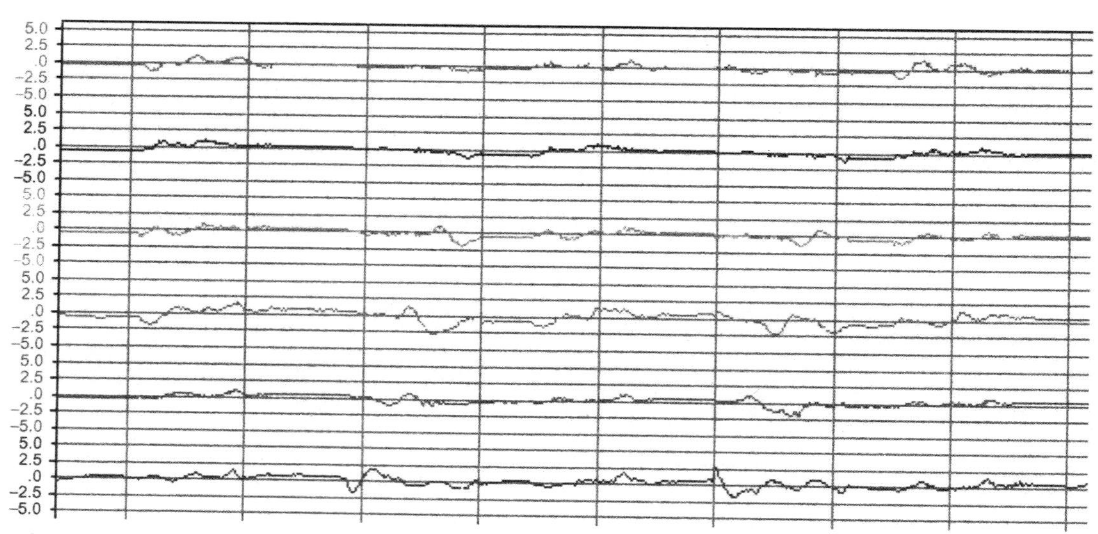

그림 10.22 42번 분기기의 텅레일 전환 힘의 측정 곡선(역주 : 각 곡선은 위로부터 각각 위에서부터 차례대로 제1~제6 견인지점을 나타냄. 가로축은 '시간 경과(그림 10.22에서 추정할 때 한 눈금은 2.5초)', 세로축은 '전환 힘(kN)'을 나타냄)

지점들에서의 전환저항력은 비교적 더 작다. 롤러가 없고 도유된 미끄럼 상판의 경우에, 전환 힘은 경우 1과 비슷하다. 텅레일 앞쪽의 두 견인지점에서의 전환저항력은 경우 2의 것에 비하여 더 크지만, 절대치는 상대적으로 작으며, 뒤쪽의 그 외 견인지점들에서의 전환저항력은 경우 2의 것보다 훨씬 더 작다. 이것은 롤러와 도유가 미끄럼 상판의 마찰계수와 전환 힘을 효과적으로 줄일 수 있다는 사실을 반영한다. 이 법칙은 계산 결과와 일치한다.

10.4.3 42번 분기기의 이중 탄성 굽힘 가능 노스레일의 전환 시험

이중 탄성 굽힘 가능(double flexible) 노스레일(point rail)은 중국의 42번 분기기에 처음 이용되었으며, 그것의 전단(前端, front end)은 긴 노스레일과 짧은 노스레일 접합구조이며 후단(後端, heel)은 길고 큰 간격재로 연결된다. 이 분기기 유형은 단일의 탄성 굽힘 가능 레일 구조와 비교하여 훨씬 더 큰 횡 강성(lateral stiffness)을 가지므로, 이론적 계산과 전환(conversion) 설계에 대한 정보를 마련하도록 견인지점(traction point)에서의 전환 힘(switching force)에 대한 시험을 수행할 필요가 있다.

시험 케이스

경우 1 : 윤활유를 바르지 않은 미끄럼 상판

경우 2 : 윤활유를 바른 미끄럼 상판에서 다섯 번 전환(converting) 후에 시험

경우 3 : 미끄럼 상판에 윤활유를 바름, 견인지점 2와 3에서 각각 2와 4mm만큼 동정(throw)을 감소시킴

경우 4 : 미끄럼 상판에 윤활유를 바름, 견인지점 2와 3에서 각각 4mm만큼 동정을 감소시킴

경우 5 : 견인지점 2에서 4mm만큼 동정을 감소시킴, 윤활유를 바른 미끄럼 상판에서 여러 번 전환 후에 시험

경우 1과 2에서 노스레일에 대한 견인지점들에서의 전환 힘의 시험 곡선은 **그림 10.23**에서 묘사하며, 모든 경우에서 전환 시험의 결과는 **표 10.7**에서 열거한다.

표 10.7 이중 탄성 굽힘 가능 노스레일의 견인지점들에서 전환 힘의 시험 결과

전환 힘 (N)	견인지점 1		견인지점 2		견인지점 3	
	정위	반위	정위	반위	정위	반위
경우 1	3,280	1,720	2,820	3,380	4,740	3,180
경우 2	2,620	2,740	2,040	3,580	3,920	3,360
경우 3	2,140	3,040	1,860	3,260	3,580	3,600
경우 4	2,500	2,700	2,200	2,700	3,320	3,360
경우 5	2,000	1,960	2,120	1,940	3,620	3,340

표 10.7에서 볼 수 있는 것처럼, 최대 전환 힘(maximum switching force)은 경우 1에서 발생되며, 정위에서 반위로 전환할 때 견인지점 3에서 4,740N에 달한다.

경우 2에서, 정위에서 반위로 전환할 때의 전환 힘은 도유(塗油) 후에 각각 660, 780 및 820N까지 감소했다. 반위에서 정위로 전환할 때, 견인지점 1에서의 전환 힘은 윤활유를 바르기 전보다 1,020N만큼 증가했고, 반면에 그 외의 견인지점에서의 전환 힘은 도유 전과 거의 같았다. 이것은 미끄럼 상판의 마찰계수를 줄임으로써 전환 힘을 효과적으로 경감시킬 수 있음을 나타낸다.

경우 3에서, 정위(定位, normal position)에서 반위(反位, reverse position)로 전환할 때의 전환 힘은 경우 2와 비교해 각각 480, 180 및 340N만큼 감소하는 반면에, 반위에서 전환할 때 견인지점(traction point) 1과 3에서의 전환 힘은 각각 300과 240N만큼 증가하고, 견인지점 2에서의 전환 힘은 320N만큼 감소한다.

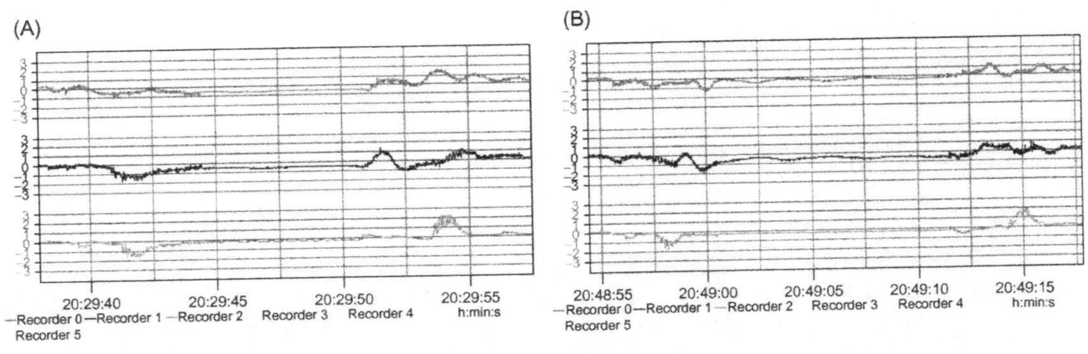

그림 10.23 전환 힘 측정 곡선 비교; (A) 경우 1의 전환 힘, (B) 경우 2의 전환 힘(역주 : (A)와 (B)의 세 곡선은 각각 위에서부터 차례대로 제1 견인지점~제3 견인지점을 나타냄. 가로축은 '시간 경과'를 나타내고, 세로축은 전환 힘(kN)을 나타냄)

경우 4에서, 정위에서 반위로 전환할 때, 견인지점 1과 3에서의 전환 힘(switching force)은 경우 2와 비교하여 각각 120과 600N만큼 떨어지고, 견인지점 2에서의 전환 힘은 160N만큼 증가하는 반면에, 반위에서 전환할 때 견인지점 1과 3에서의 전환 힘은 각각 40과 880N만큼 감소한다.

경우 5에서, 정위에서 반위로 전환(convert)할 때, 견인지점(traction point) 1과 3에서의 전환 힘은 경우 2와 비교하여 각각 620과 300N만큼 떨어지고, 견인지점 2에서의 전환 힘은 80N만큼 증가하는 반면에, 반위에서 전환할 때의 전환 힘은 각각 780, 1,640 및 20N만큼 감소한다.

전술의 결과들은 견인지점(traction point)들의 동정(throw)을 최적화함으로써 이중 탄성 굽힘 가능(double flexible) 노스레일(point rail)의 전환 힘을 줄일 수 있다는 것을 나타내며, 계산이론과 일치한다. 한편, 노스레일의 전환 힘은 반복된 전환 시험 후에 레일저부와 미끄럼 상판의 길들임(adaptation)과 함께 감소할 것이다. 시험은 노스레일의 전환 힘의 기본법칙과 수치적 분포범위를 구하는 것을 돕고 노스레일의 전환 설계를 최적화하기 위한 정보를 제공할 수 있다.

제11장 고속분기기의 제작기술

고속분기기의 기술성능(technical performance)은 제작(manufacturing)에 좌우된다[139]. 고속분기기 제조 관련 세장(細長) 레일의 단압(鍛壓), 열처리, 끝손질 등의 공정은 때때로 한 국가의 제조공업의 어떤 시점에서의 기술적 수준을 반영한다. 중국에서는 고속철도의 건설을 위하여, 약 8,000 틀(조)의 250km/h 이상 속도용 고속분기기가 짧은 제작기간, 큰 양 및 좋은 품질의 까다로운 요구사항을 충족시키면서 제작되도록 계획되었다. 속도향상(speed-up) 분기기에 대한 경험과 다른 국가들의 진보된 제작기술에 의거하여, 중국에서 몇 개의 대단히 중대한 공정상의 어려움(critical process difficulties)을 해결한 후에, 단계적인 조립의 기술과 시스템 통합이 개발되어왔다. 2014년 끝 무렵에, 중국은 독자기술의 고속분기기를 단독으로 개발하여 약 5,000 틀을 생산했으며, 지금까지 운용상태가 양호하고 고속열차의 주행 안전과 안정성을 보장하고 있다.

11.1 제조설비와 공정

11.1.1 중국에서 고속분기기의 공급자

중국에서 500 틀 이상의 연간 분기기 생산능력을 가진 고속분기기 공급자는 넷이다.

- 1894년에 설립된 중국철도Shanhaiguan교량그룹주식회사(CRSBG)는 중국에서 강(鋼)교량과 분기기의 최초 제작자이다.
- 1966년에 설립된 중국철도Baoji교량그룹주식회사(CRBBG)는 중국 서부에서 강(鋼)교량과 분기기의 전문화된 제작자이다.
- 2007년에 설립된 중국철도건설중공업주식회사(CRCHI)는 분기기와 실드(shield)의 전문화된 제작자이다.
- 중국신분기기기술주식회사(CNTT)는 2007년에 CRSBG, 독일의 BWG, 오스트리아의 VAI와 공동 설립된 합작투자 회사이며, BWG가 개발한 고속분기기의 제조를 전문적으로 다룬다.

11.1.2 주요 공정 설비

정밀성이 높고 매끈한(선형이 좋은) 고속분기기를 제작하기 위해서는 이하에 나열하는 것처럼 국제적 선도

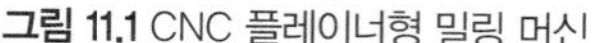
그림 11.1 CNC 플레이너형 밀링 머신

그림 11.2 CNC 톱 드릴

(先導) 기술(leading technology)을 가진 큰 설비가 채용되어야 한다.

CNC(역주 : 컴퓨터수치제어) 플레이너형 밀링 머신(planer-type milling machine)은 높은 정밀성과 효율성을 보장하면서 동시에 하나 이상의 작업을 할 수 있다. 이 기계는 일괄 대량생산(batch and mass production)에서 대형 부품의 평면과 사면(斜面, bevel)의 가공(processing)에 적용할 수 있다. CRCHI는 고속분기기의 크고 긴 텅레일의 가공을 위하여 70m 길이의 CNC 플레이너형 밀링 머신(**그림 11.1**)을 도입하였으며, 이 기계는 기계의 유효성과 정밀성에서 충분한 성능을 갖고있는 것으로 확인되었다.

CRCHI와 CRBBG는 **그림 11.2**에 나타낸 것처럼 높은 정밀성을 가진 CNC 톱 드릴(saw drill)을 구입하였다. 이 설비로 절단(blanking)과 천공(drilling)의 정밀도를 0.1mm까지 높일 수 있다. **그림 11.3**에 나타낸, CRBBG의 서로 다른 재료의 레일용접기(welder)는 망간강과 U75V(또는 그 외의 재료)를 공장에서 함께 용접할 수 있다. 텅레일과 노스레일의 후단을 단조 가공하기 위한 60Mt 프레임형 유압프레스(**그림 11.4**)는 여러

그림 11.3 이종(異種) 재질의 레일용접기

그림 11.4 60Mt 프레임형 유압프레스

제작자들에게 일반적이다. CRCHI와 CRBBG는 대형 주조(鑄造) 또는 열처리 레일의 결함을 탐지하기 위하여 엑스레이 분기기 탐지기를 도입하였다.

11.1.3 제작 공정

분기기 공급자(turnout provider)는 고속분기기의 시스템 통합, 판매-후 서비스 및 생산품질에서 주요한 역할을 한다. 일반적으로, 그들은 레일, 타이플레이트 및 그 밖의 중요한 레일 부재는 물론 조립, 통합 및 운송적재 등의 작업을 제공한다. 전환설비(conversion equipment), 분기기침목(turnout tie) 및 레일체결장치(fastening)와 같은 부품들은 다른 전문 제작자들이 생산하며, 분기기침목의 구입목록에 포함될 것이다.

생산 공정 : 레일용 원재료(소재)와 구매 부품들의 조달, 레일과 타이플레이트의 가공, 분기기의 조립, 검측과 검수(檢收), 포장과 저장, 수송 및 취급. 중국에서는 충분한 생산품질을 보장하기 위하여 공장 감독시스템이 수립되었으며, 전문자격증을 가진 감독자는 전체공정의 생산 동안 품질을 모니터하고 감독할 것이다.

11.2 레일에 대한 핵심 공정

11.2.1 공정 흐름과 제어 중점

1. 기본레일(stock rail)

핵심 제어파라미터 : 곧게 편 레일 상면의 똑바르기(직진도)(≤ 0.2mm/m), 기준선 밀착면의 똑바르기(0.3mm/m), 분기선의 밀착 면에 심한 휨이 없음과 매끈함 및 구멍의 간격과 높이의 정밀성. 구체적인 흐름 : 금긋기(marking off) → 톱 절단 → 구멍표시 → 구멍 뚫기 → 굽힘 → 히든 첨단(hidden tip point) 부분 밀링 절삭(milling) → 미세조정(fine tuning) → 레일저부, 복부 및 상부의 전체 길이 연마 및 녹 제거 → 조립

2. 텅레일(switch rail)

핵심 제어파라미터 : 후단의 프레스 성형 품질과 각 단면의 치수, 똑바르기(직진도), 평탄성 및 횡단면의 낮춤(depressed) 값. 구체적인 흐름 : 금긋기 → 톱 절단 → 프레스 성형 → 반듯하게 폄(aligning) → 표(標)하기(laying-out)(허용량 재분배(redistribution of allowance)) → 모델링된 단면 레일저부 밀링 절삭 → 연마와 탐상 → 금긋기 → 톱 절단 → 구멍표시 → 구멍 뚫기 → 반듯하게 폄(aligning) → 레일저부의 작용면(working surface) 밀링 절삭 및 R5 원호로 둥글게 함 → 레일저부의 비(非)작용면 밀링 절삭 및 R5 원호로 둥글게 함 → 굽힘 가능(flexible) 부분의 밀링 절삭 → 레일두부의 작용면과 비(非)작용면 밀링 절삭 → 레일복부의 볼트 홈(groov) 밀링 절삭 → 레일 상면 밀링 절삭 및 낮춤(derating) → 레일 상면의 전체 길이에 걸쳐 1:40의 경사로 밀링 절삭(※ 원본에는 chamfering으로 되어 있음) → 레일저부와 레일두부의 과잉부분 평삭(planing) → 성형부분의 레일 상면 평삭 → 탐상 → 담금질 → 미세조정 → 레일 저부, 복부 및 상부의 전체 길이 연마 및 녹 제

거 → 조립

후단(heel)의 프레스 성형(press forming)으로 초래된 연한 조직과 U자형(saddle)의 마모를 제거하기 위하여, 텅레일과 노스레일 상면의 모자형(cap profile)은 1mm만큼 기계 가공될 것이며, 레일저부의 기계 가공된 외면은 R5 원호로 둥글게 할 것이다. 이들의 조치는 텅레일과 노스레일의 미끄럼이동(sliding)을 용이하게 할 수 있으며, 따라서 응력집중(stress concentration을 제거할 수 있다.

3. 긴 노스레일(long point rail)

핵심 제어파라미터 : 후단의 프레스 성형 품질, 레일저부의 편심과 기계 가공 똑바르기(직진도), 평탄성 및 낮춤 값. 구체적인 흐름 : 금긋기 → 톱 절단 → 프레스 성형 → 금긋기 → 톱 절단 → 배치 및 모델링된 단면 레일저부 밀링 절삭 → 연마와 탐상 → 구멍표시 → 구멍 뚫기 → 레일저부의 폭이 넓은 쪽의 밀링 절삭 및 R5 원호로 둥글게 함 → 레일저부의 폭이 좁은 쪽의 밀링 절삭 및 R5 원호로 둥글게 함 → 굽힘 가능(flexible) 부분의 밀링 절삭 → 앞쪽 레일저부 밀링 절삭 → 앞쪽 레일저부 밀링 절삭 및 둥글게 함 → 레일두부의 작용면과 비(非)작용면 밀링 절삭 → 레일 상면 밀링 절삭 및 낮춤(derating) → 레일 상면의 전체 길이에서 1:40 경사로 밀링 절삭 → 담금질 → 미세조정 → 레일 저부, 복부 및 상부의 전체 길이 연마 및 녹 제거 → 짧은 노스레일과 조립

4. 짧은 노스레일(short point rail)

핵심 제어파라미터 : 레일저부의 편심과 기계 가공 똑바르기(직진도), 평탄성 및 낮춤 량. 짧은 노스레일과 긴 노스레일의 조립을 보장, 구체적인 흐름 : 금긋기 → 톱 절단 → 구멍표시 → 구멍 뚫기 → 레일저부의 폭이 넓은 쪽을 밀링 절삭 및 R5 원호로 둥글게 함 → 레일저부의 폭이 좁은 쪽을 밀링 절삭 및 R5 원호로 둥글게 함 → 밀착 부분의 레일저부 밀링 절삭 → 레일두부의 작용면과 비(非)작용면 밀링 절삭 → 레일 상면 밀링 절삭 및 낮춤(derating) → 레일 상면의 전체 길이에서 1:40 경사로 밀링 절삭 → 뒷부분의 레일 상면 밀링 절삭 → 굽힘 → 레일저부의 비(非)작용면을 수직으로 깎음 → R25 원호 평삭(planing) → 레일저부의 R5 원호 평삭(planing) → 레일두부의 작용면(working surface)과 비(非)작용면 평삭(planing) → 뒷부분의 밀착 부분 밀링 절삭 → 미세조정 → 레일 저부, 복부 및 상부의 전체 길이 연마 및 녹 제거 → 조립

5. 윙레일(wing rail)

핵심 제어파라미터 : 밀착 부분과 비틂(torsional) 부분의 기계 가공 정밀성, 레일저부의 편심과 기계 가공 똑바르기(직진도), 상면 평탄성 및 굽힘(bending) 지거(支距). 구체적인 흐름 : 금긋기 → 톱 절단 → 반듯하게 폄(aligning) → 구멍표시 → 구멍 뚫기 → 레일저부의 작용면(working surface) 밀링 절삭 및 R5 원호로 둥글게 함 → 뒷부분 레일두부의 작용면 밀링 절삭 → 비틂(twisting) 전단(前端)의 1:40 경사 → 앞부분 상면 굽힘 → 앞부분 작용면의 1:40 경사와 윤곽(프로파일) 밀링 절삭 → 뒷부분 상면 굽힘 → 히든 첨단(hidden tip point) 부분의 1:8 경사 밀링 절삭 및 R10 원호 평삭(planing)과 연마 → 미세조정(fine tuning) → 레일 저부, 복부 및 상부의 전체 길이 연마 및 녹 제거

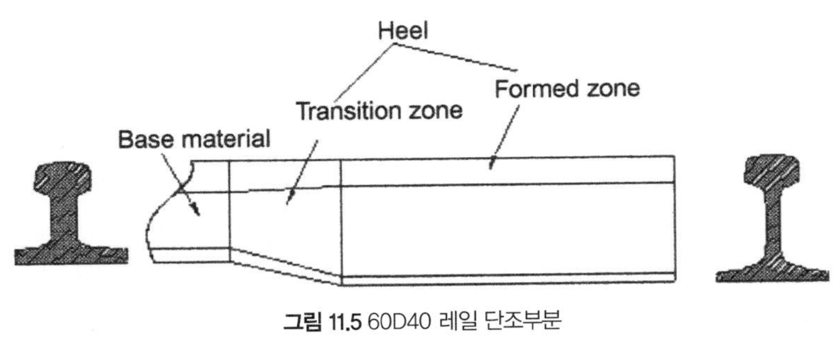

그림 11.5 60D40 레일 단조부분

11.2.2 60D40 레일 후단의 단압과 품질관리 [140, 141]

1. 후단(後端) 구조(heel structure)

60D40 레일 후단(heel)의 성형(成形, forging)은 **그림 11.5**에 개략적으로 묘사한 것처럼 60D40 레일 후단(heel)의 단면을 형단조(型鍛造, molding)하여 60kg/m 레일 단면으로 바꾸는(converting) 것을 가리킨다. 단압(鍛壓, molding) 후의 후단은 두 부분으로 나뉜다. 즉, 성형 부분과 과도(過度, transition) 부분. 성형 부분의 레일 끝부분은 다른 단면 형상으로 단압(鍛壓)된다. 과도 부분은 이름이 의미하는 것처럼 원재료와 성형 부분 간의 과도적(過渡的)인 부분이다. 용어 '후단(後端, heel)'은 열간 형단조(hot forged)한 레일 끝부분에 대한 일반적인 용어이며, 표준레일 단면과 연결된다.

2. 기술적인 요구사항(technical requirements)

성형 부분(forged zone)의 현미경에 의한 산(酸) 침지(浸漬)(microscopic acid etching) 시편은 백점(白點, flake), 잔류 수축공(收縮孔), 균열, 접힘(fold), 다른 금속 불순물, 스컬 패치(skull patch, ※ 표면의 표피 겹침), 분층(分層, lamination), 육안으로 볼 수 있는 불순물(macroscopic inclusion) 및 기타 유해 결함이 없어야 한다. 게다가, 금속조직은 어느 정도의 페로라이트(ferrolite)가 있고 마텐자이트, 베이나이트, 또는 결정입계 시멘타이트(grain boundary cementite)가 없는 펄라이트(pearlite)이어야 한다. 단압(鍛壓) 부분과 열-영향 부분에서 레일두부의 어떠한 부분에서도 탈탄(脫炭, decarburization) 깊이는 0.5mm보다 크지 않아야 하며, 기계적 성능은 모재와 같거나 더 좋아야 한다.

표 11.1 텅레일 후단의 성형 부분과 과도 부분에 대한 치수 허용오차(mm)

부위	레일 높이	레일두부 폭	레일저부 폭	레일저부두께	레일두부높이	레일복부두께	레일두부 끝 면의 대칭	레일저부 끝 면의 대칭	끝 면의 수직	클램핑 판의 정합 표면 높이
허용 공차	±0.5	±0.5	+0.8 −1.0	±0.5	±0.5	+1.0− 0.5	0.5	1.0	1.0	±0.5

표 11.1은 텅레일 후단과 노스레일 후단의 성형 부분과 과도 부분에 대한 치수 허용오차를 열거한다. 후단에서 1:40 각도로 비틀었을 때 비틂 각의 허용오차는 1:320이다. AT 레일의 단압(鍛壓) 부분은 1,160℃보다

높은 온도에서 가공 처리하거나 반복 가열 또는 오버버닝(overburnt, ※ 제11.2.3항의 1항 참조)되지 않아야 한다. 단압(鍛壓)된 레일의 표면에 대해서는 0.5mm보다 큰 균열, 접힘(fold), 횡 긁힘(lateral scratch), 또는 수직 긁힘(vertical scratch)이 허용되지 않는다.

3. 레일 단압(鍛壓, forging) 과정 중의 조직 변화와 주요 결함(main defects)

단조 가공(鍛造加工, forging)은 금속의 소성을 이용하는 금속의 열간가공 성형의 주요 가공방법이며, 금속 체적의 전이(轉移)와 재(再)분포를 통한 외력의 작용으로 금속을 변형시킬 수 있고 바라는 부품 또는 부품 크기에 가까운 반성품(半成品, bloom)을 만들어낸다. 게다가, 단조 성형은 바라는 형상이나 크기를 만들어내고, 금속의 내부조직을 상당히 개선하며, 따라서 사용성능을 향상한다. 이 때문에, 더 크거나 복잡한 하중을 받는 부품이나 부재는 모두 이 방법으로 생산된다.

부적절한 가열의 경우에 세 가지 유형의 결함(defects)이 발생할 수 있다. 첫째로, 매체(媒体)의 영향(impact of medium)에 기인하는 반성품(bloom) 외층(外層) 조직의 화학적 상태의 변화로 유발된 결함. 두 번째로, 내부조직의 비정상적인 변화로 유발된 결함. 셋째로, 반성품 내부의 불균일한 온도분포에 기인하는 과도한 응력으로 유발된 균열.

탈탄(脫炭, decarburization)은 가열 동안 강 표면의 탄소함유량 감소에 관련된다. 탈탄 과정 동안, 강의 탄소는 높은 온도 하에서 수소나 산소와 반응하며, 메탄이나 일산화탄소를 발생시킨다. 탈탄 층은 탈탄의 속도가 산화의 속도를 넘을 때만 발생된다. 그렇지 않으면, 탈탄이 사소할 것이며 시멘타이트 함유량은 정상 조직의 것보다 낮을 것이다. 탈탄은 주로 강의 화학성분, 가열온도, 보온(保溫)시간(holding time) 및 노(爐) 가스 성분에게 영향을 받는다. 탈탄 후에 레일의 표층금속조직은 크게 변할 것이다. 탈탄 위치는 현미경으로 밝은 흰 반점처럼 보일 수 있다. 탈탄은 레일강도를 크게 줄이며 레일의 역학적 성능을 약화시킨다. 레일의 탈탄 후에 표면의 소성은 크게 감소되지만, 취성(脆性, fragility)이 증가되며 레일표면의 작은 균열이나 형단조(型鍛造) 동안 균열로 이어진다. 탈탄은 표층과 내층의 조직(structure)과 선팽창계수(linear expansion coefficient)의 차이를 초래할 것이다. 따라서 담금질 동안 나중에 일어나는 조직 변화의 차이와 체적 변동은 단조품 내의 더 큰 내부응력을 초래할 수 있다. 레일의 탈탄 후 표면의 과도하게 낮은 탄소 함량은 미세 층상(層狀, lamellar) 펄라이트로 조직의 부적당한 변환을 초래하고 레일의 표면 경도를 심하게 손상시킨다. 게다가, 사용 동안 레일강도가 명시된 표준 이하로 떨어지며, 표면마모저항력의 심한 저하가 수반되고, 레일의 사용수명을 상당히 줄인다.

레일이 일정한 온도까지 가열된 후에, 결정립(grain)은 격자 유형의 변화를 겪을 것이며 재결정(再結晶)될 것이다. 이 재결정은 미세 등축 결정립(fine equiaxed grain)으로 끝날 것이다. 온도의 상승과 보온시간의 연장으로, 그들의 결정립은 서로 융합을 통하여 성장할 수 있으며, 여기서 일부는 줄어들거나 사라지기조차 하고, 그 외는 더욱 성장할 것이다. 결정립들은 어떤 조건 하에서 자연스럽게 성장한다. 성장 과정은 결정립 크기의 불균질성과 발달 전후의 계면(界面) 에너지 차이(interfacial energy difference)가 주도한다. 더 작은 것이 흡수됨에 따라 더 큰 것이 성장한다. 이것이 결정립 성장의 과정이다. 레일 결정립의 성장은 주로 온도에게서 영향을 받는다. 온도가 높을수록 성장의 속도를 가속화시킬 수 있다. 일반적으로, 결정립은 어떤 온도에서 어떤 비율로 성장할 수 있다. 그러나 이 과정은 온도상승이나 보온 시간의 연장에서만 진행될 수 있다. 레일 후단의 단압(鍛壓) 중에, 레일의 상변환(相變換, phase transformation)에 필요한 온도보다 훨씬 위인 1,150~1,200℃의 최대 온도로 레일이 가열될 때, 레일의 강도, 소성(塑性, plasticity) 및 연성(延性, ductility)을 저하시키는 굵은 결정립이 레일 내부에 형성될 것이다. 특히 불균일한 크기를 가진 굵은 결정립이 존재하면, 레일성능이 심하게 영향을 받을 것이며, 굵은 결정립이 있는 위치에서 균열로 이어질 것이다.

4. 탈탄 층(decarburized layer)의 제어 기술(control technologies)[142]

레일의 단압(鍛壓) 과정에서 탈탄의 발생은 불가피하다. 텅레일의 성능에 대한 탈탄의 유해 영향은 단압(鍛壓) 동안 레일의 탈탄 층 깊이를 최소화함으로써 경감시킬 수 있다. 이 접근법은 단조 온도 범위의 선택, 가열방식의 선택 및 단조 시간의 제어로 실현될 수 있다.

a. 단조 온도 범위의 선택(selection of forging temperature)

일반적으로, 가열온도(heating temperature)가 상승함에 따라, 소성이 증가하고, 변형 저항(deformation resistance)이 감소하며, 가단성(可鍛性, forgeability)이 향상된다. 그러나 가열온도가 너무 높으면(overheating) 오히려 오버버닝(overburning)을 일으키기 쉽다. 이와 관련하여, 단조 반성품(bloom)은 확실한 온도 범위 내에서 가열되어야 한다. 초기와 마지막 단조 온도 간의 시간은 단조 온도의 범위로 정의된다. 단조 온도의 범위는 금속재료의 양호한 단조 성능이 보장된다면 소모가 줄고 생산성이 향상하도록 더 넓은 범위가 선호된다.

AT레일은 약 1,050℃에서 고탄소강으로 만든다. 초기 단조(forging) 온도는 약간 더 높아질 수 있지만, 오버버닝(overburning) 온도를 초과하지 않아야 한다. 오버버닝(overburning) 온도는 규정된 공정 온도 이상의 온도와 관련이 있다. 긴 시간 동안 그 온도에서 유지되면, 과열된(overheated) 강이 침상(針狀)의 순(純) 페라이트(pure ferrite)로 될 것이다. 초기 단조 온도는 반복시험을 통하여 1,150~1,200℃로 결정된다. 1회 가열과 수회(數回) 성형의 공정 방안을 채용할 경우, 레일 반성품의 매회(每回) 성형온도는 어느 정도까지 점차로 낮아지며, 실제 시험으로 확인할 수 있다. 만일 최종 단조 온도가 지나치게 높다면, 냉각 후에 단조 레일 반성품에 거친 망상(網狀) 탄화물(coarse network carbide)이 형성될 수 있으며, 레일 반성품의 가열된 부분을 부서지기 쉽게(brittle) 만들고, 따라서 레일품질에 영향을 준다. 그러므로 최종 단조 온도(final forging temperature)는 800~850℃로 한정된다.

b. 가열설비와 공정(heating equipment and process)

레일의 가열 과정에서, 연료가스의 서로 다른 구성은 서로 다른 연소 산물(産物)과 서로 다른 노(爐) 내(內) 성분(furnace atmosphere)으로 이어질 수 있다. 코크스와 천연가스는 연소 후에 레일의 탈탄을 유발하는 노 가스를 발생시킬 수 있다. MF(역주 : 중간주파수) 전기유도 가열로 대체하면, 가열속도가 증가하고 노 내 성분이 개선된다.

이 가열방식의 원리는 MF 교류 인덕터(inductor)를 마련함으로써 코일의 안과 바깥에 교번자기장(alternating magnetic field)이 형성된다는 개념에 있으며, 같은 주파수이지만 유도자(inducer)의 전류와 반대인 유도전류를 레일이 일으키게 만든다. 이 전류는 '와류(渦流, vortex)'라고 불리는 회로를 형성하며, 전류를 열에너

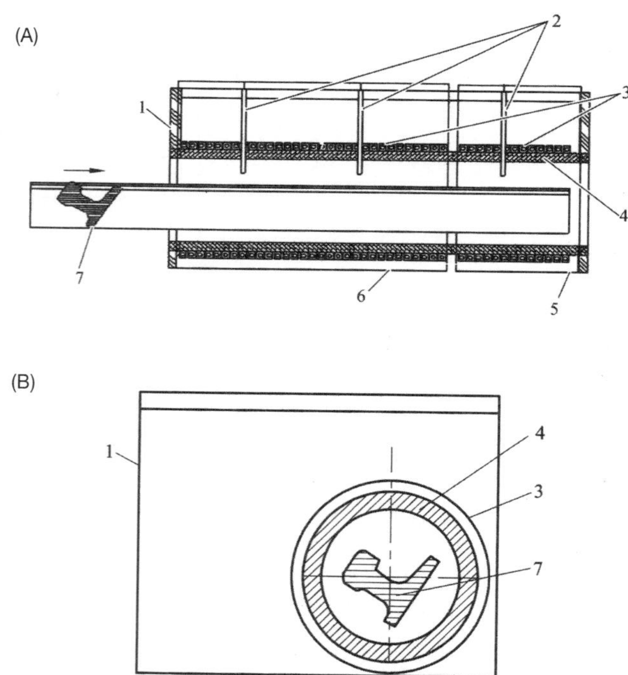

그림 11.6 원형 횡단면을 가진 유도 노(爐)의 횡단면 : (A) 횡단면, (B) 수직단면, {1 : 노체(爐體, furnace stack}, 2 : 적외선 온도측정소자, 3 : 유도가열코일, 4 : 노(hearth), 5 : 노 앞쪽, 6 : 노 뒤쪽, 7 : (레일의) 후단}

지로 변화시켜 레일을 가열할 수 있다.

중국에서, 원형 횡단면을 가진 유도가열기(induction heater, **그림 11.6**)는 고속분기기를 생산하는 데 이용되며, 레일의 전체단면 온도장(full-section temperature field)의 균질하고 합리적인 본포를 보장한다. 유도자(inducer)의 다양한 각도{**그림 11.7** (A)}의 단면에서 레일의 온도를 시험한 후에, F로 나타낸 가열각도가 선택된다. 게다가, 레일저부의 가장자리가 긴 쪽이 위쪽으로 배치되고 30~60℃만큼 선회(旋回, twist)한다. 이

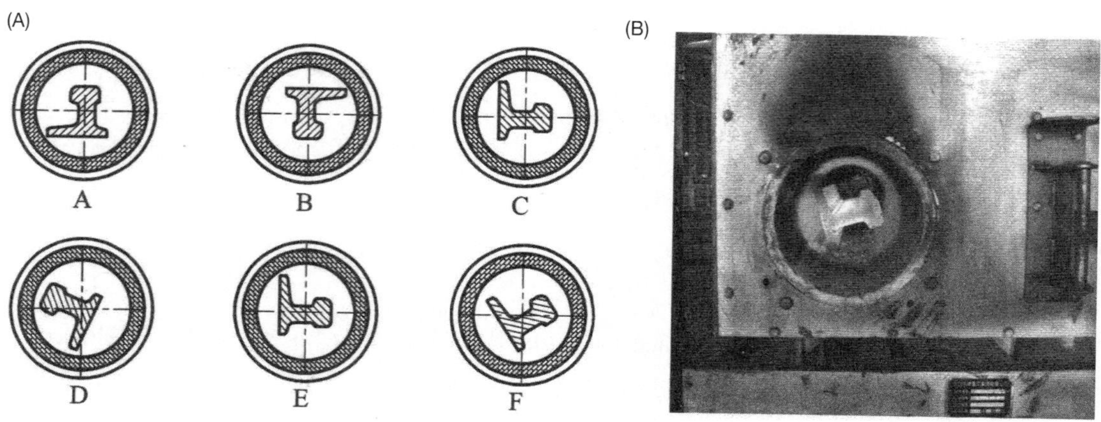

그림 11.7 (A) 다양한 가열각도, (B) 실제 가열각도

조치는 초기 단조 온도를 향상시키고, 오버버닝(overburning)을 방지하며, 50℃보다 적은 레일중심부와 표면 간의 온도 차 및 균질한 열전달을 보장할 수 있게 한다.

노(爐)에 따른 가열속도와 온도제어단계 가열시간과 같은 가열공정 파라미터(heating recipe, **표 11.2**)는 레일중심부와 표면 간의 온도 차를 시험함으로써 결정된다.

표 11.2 유도가열의 파라미터

가열단계	전력 (%)	가열온도 (℃)	가열시간
급속 가열단계	100	~900	노(爐)와 함께 가열
온도 제어단계	40~60	900~1,100	50~100 s
보온(holding)단계	30~50	1,160~1,250	40~90 s

c. 단조 시간제어(timing of forging)

반성품(bloom) 단조 과정에서, 열 손실로 온도가 떨어짐에 따라 소성(塑性, plasticity)이 점점 약해지고 변형 저항(deformation resistance)이 점점 커진다. 변형은 온도가 어느 정도까지 떨어졌을 때 중단된다. 이 경우에, 균열이 쉽게 일어날 수 있으므로 단조는 일시적으로 중단돼야 한다. 계산은 실내온도에서 1,160℃의 초기온도를 850℃로 식히는 데 3분을 요한다. 더 짧은 예비의 단조 시간을 위해 중국의 고속분기기 제작자들은 프랑스의 자동전달시스템과 독일의 금형(金型, mold) 시스템을 도입했다. 자동 공급 장치(feeder)는 미리 설정한 파라미터 하에서 레일의 횡과 종 방향 위치 잡기, 클램핑 및 360° 기울임을 할 수 있다. 일체식 금형 시스템은 금형 자동 가열, 예비 단조, 정형(整形), 최종단조 및 금형 빈 부분 다듬기(trimming) 기능을 결합한다. 60D40 레일의 후단은 이들의 설비를 이용하여 1회 가열과 3단계 단조로 성형될 수 있다.

11.2.3 가열처리와 품질관리[143]

1. 텅레일의 가열처리(heat treatment)를 위한 슬랙 퀜칭(slack quenching)의 개선

텅레일이 완전히 오스테나이트화(化)되도록 유도(induction)로 가열될 때, 미세 펄라이트(fine pearlite)를 얻기 위해 연성 냉각제(soft coolant)를 이용해 계속 가열된다. 이 공정은 슬랙 퀜칭(담금질)이라 불린다. 중국에서, 고속분기기를 생산하는 데 채용된 MF 유도가열 및 압축공기와 살수로 냉각하는 담금질은 연속적인 냉각방식이 필요하며, 여기서 펄라이트 전이(轉移, transition) 온도 범위는 700℃~550℃이고, 냉각속도는 2~5℃/s이다. **그림 11.8**에 나타낸 것처럼, 미세 펄라이트는 열처리 후에 얻어질 수 있고, 레일의 경도는 320~390HBW에 달할 수 있다.

가열처리 유도자(inducer)는 구리 파이프로 만들며, 레일의 Π 형상과 비슷하다. 유도자와 레일두부 간의 연결틈은 레일단면의 희망하는 경도와 담금질 깊이를 달성하도록 균일하여야 하며, 약 6~8mm이다. 그러나 레일모서리는 유도가열처리의 '모서리' 영향을 받으며, 여기에 유도선이 집중되어 더 큰 전류밀도를 갖는다. 그러므로 레일모서리에 대한 가열온도는 답면에 대한 가열온도보다 약 100℃만큼 더 높을 것이며, 두 모서

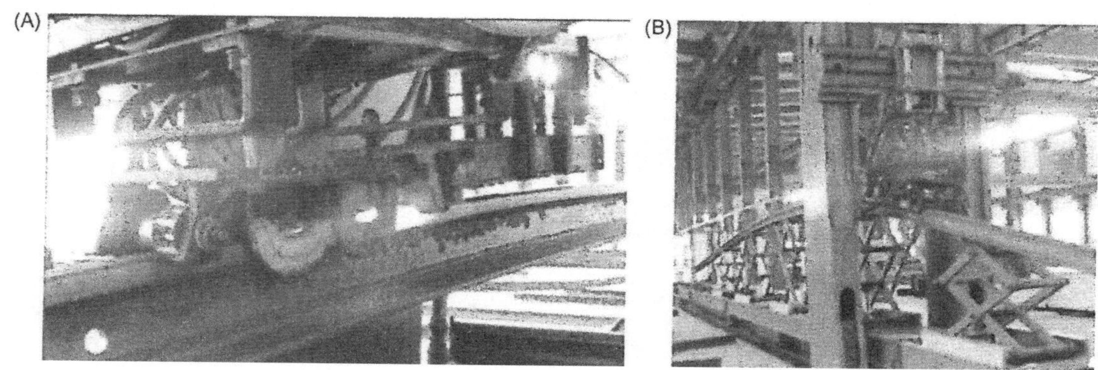

그림 11.8 레일의 MF 유도 가열처리

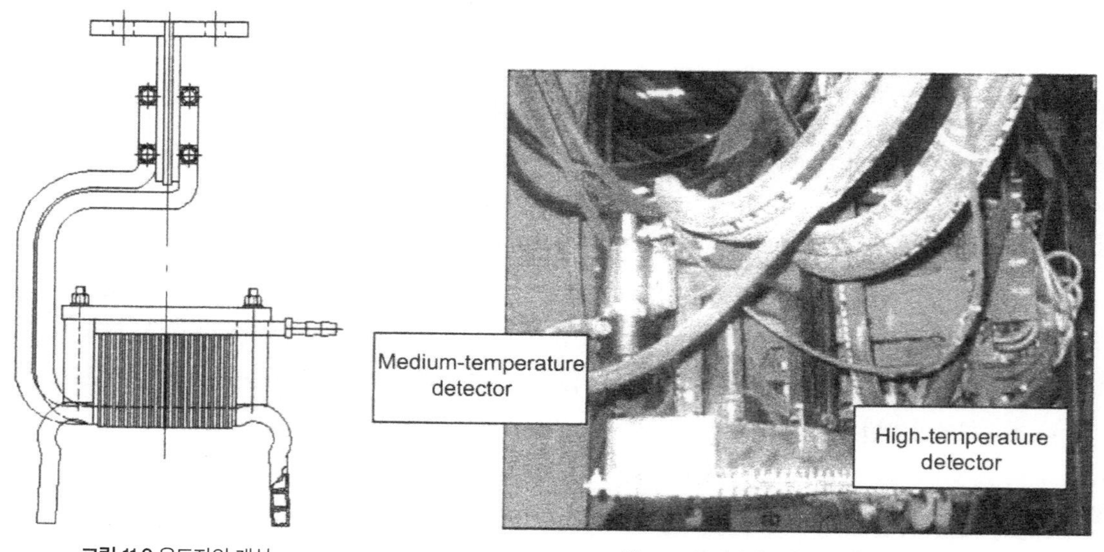

그림 11.9 유도자의 개선

그림 11.10 온라인 온도측정기술

리의 경도는 답면 경도보다 상당히 더 클 것이다. 이러한 관점에서, 중국은 모서리에서 유도선의 밀도를 감소시키고 와류(渦流) 밀도를 줄여 유도자의 과도 원호를 확장함으로써 공정을 개선하였다(**그림 11.9** 참조). 이 변경 후에, 답면과 모서리 간의 온도 차가 100℃에서 30~50℃로 떨어지고, 레일의 가열 층들 간의 온도 차가 경감되며, 모서리에서의 과열(overheating)이나 오버버닝(overburning, 역주 : 금속이 정정할 수 없을 정도로 과열될 때 발생함. overheating의 부정적인 영향은 대개 완전히 또는 적어도 어느 정도 되돌릴 수 있지만, overburning의 영향은 훨씬 더 영구적임. 이로 인해 종종 폐기해야 하는 금속조직이나 성분이 생성됨)의 결함이 예방되고, 레일두부 단면 경도의 균일한 분포가 보장된다.

중국 고속분기기 제작자들은 레일 열처리의 안정된 품질을 달성하도록 레일의 열처리를 모니터하기 위하여 온라인 온도측정기술(online temperature detector)을 채용하였다. **그림 11,10**에 나타낸 것처럼 고온 광섬유 온도측정기(미국의 Raytek)가 유도자의 뒤를 잇고 Raytek 중온(中溫) 적외선 온도측정기가 공기분사 냉각기 뒤에 설치된다. 만일 담금질 온도의 측정값이 너무 높다면, 냉각온도도 또한 너무 높을 것이다. 이런 상황에서, 출력은 줄이고 공기압력은 증가되어야 한다. 그렇지 않으면, 출력은 증가되고 공기압력은 감소될 것이다. 그 외에, 레일 열처리의 품질은 공기분사의 구조, 레일을 넣기 위한 클램핑 장치 및 안내 장치를 도입함으로써, 게다가 디지털 작동 플랫폼을 사용함으로써 보장된다.

2. 텅레일의 후단에서 표면 경도(surface hardness)의 균질화(homogenization)[144]

AT 텅레일과 노스레일 후단은 가열, 열간 형단조 성형(hot molding), 불림(normalizing) 처리 등의 공정을 통하여 표준레일 모양으로 가열 단압(鍛壓)된다. 이 공정에서 레일은 금속조직 구조와 기계적 성능의 변화를 받을 것이며, 처리되지 않은 저부 재료와 다르게 될 것이다. 불림이 되고(normalized) 단압된 레일 부분에 대한 표면 경도시험의 결과에 따르면, 표면 브리넬경도(HB)는 불연속 분포로 있다. HB 값은 후단의 단압된 부분의 1m 범위 내에서 최대 72HBW이며, 이것은 텅레일의 후단에서 U자형(saddle) 마모의 위험을 증가시킨다. 텅레일 상면의 마모저항을 향상시키기 위하여, 기계 가공된 텅레일의 상면은 전장에 걸쳐 담금질되어야 한다. 그러나 저부 재료와 비교하여, 큰 경도차이가 발생된다. 이 문제를 해결하기 위하여, 중국의 고속분기기 제작자들은 또 하나의 방법을 찾아내었다. 그들은 열처리하기 전에 레일두부 상면의 모자 모양(프로파일)을 가공하고, 연속적이고 느린 공기 분사나 자연냉각으로 냉각시키며, 60D40 레일 후단(heel)의 단압 부분의 1m 범위에 대해 MF 유도 가열처리(induction heat treatment)를 준비하였다. 텅레일 후단의 성형 부분과 과

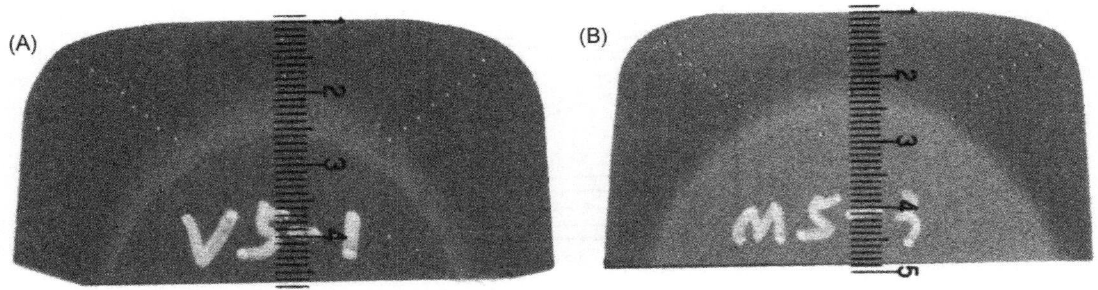

그림 11.11 텅레일의 후단에서 열처리 층의 형상(프로파일) : (A) 성형 부분, (B) 과도 부분

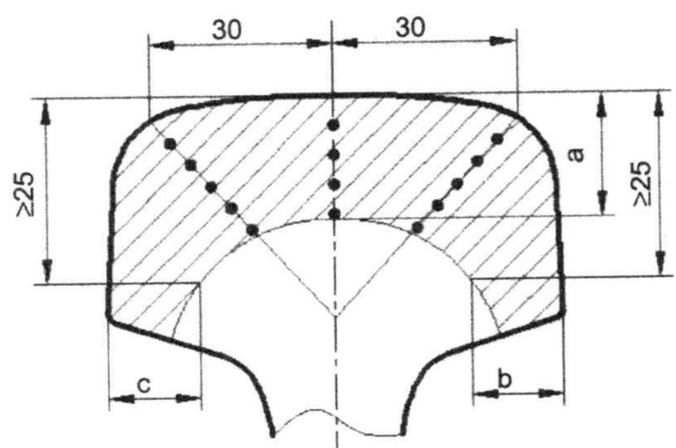

그림 11.12 레일단면에 대한 가열된 층의 깊이와 HRC 경도시험

도 부분 횡단면의 가열된 층은 모두 **그림 11.11**에 나타낸 것처럼 모자(cap) 모양이다.

U75V와 U71Mn 60D40 텅레일의 후단에서 성형 부분과 과도 부분의 테스트 깊이 데이터는 **표 11.3**에 나열된다. 가열된 층의 깊이와 단면 경도시험(hardness test)에 대한 요구사항은 **그림 11.12**에 주어진다. 시험 결과에 따라, 레일두부 단면의 여러 지점에서의 경도는 모두 26.0HRC 이상이다.

표 11.3 텅레일 후단 프레스 성형 부분에서 단면의 가열된 층의 깊이 (mm)

시험부위	60D40-U75V		60D40-U71Mn	
	성형 부분	과도 부분	성형 부분	과도 부분
a	11.5	9.0	13.0	12.0
b	15.0	9.5	15.0	12.0
c	13.0	8.5	12.0	11.0

시험하기 전에, 60D40 텅레일 후단의 1m 단압 부분과 열 영향 부분을 시편으로 취하며, 레일 상면은 산화 표피(oxide skin)와 탈탄 층(decarburized layer)을 제거하기 위하여 약 1mm만큼 연마 가공한다. **그림 11.13**에 나타낸 것과 같이 분포된 시험지점을 가진 시편이 실험실에서 전자 HB 테스터(데스크톱 · desktop)로 시험된다. 단압변형 부분의 12 지점과 열 영향을 받은 부분의 12 지점을 포함하여 모두 24 지점이 시험된다.

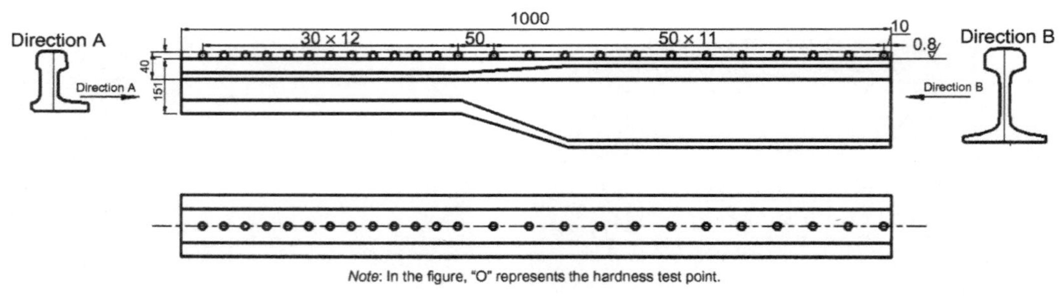

Note: In the figure, "O" represents the hardness test point.

그림 11.13 텅레일과 노스레일의 후단에서의 표면경도시험

60D40 텅레일 후단의 HBW 값의 통계는 **표 11.4**에 나열된다. 60D40-U71Mn 단압변형 부분과 열 영향 부분의 최대와 최소 표면 경도 간의 차이는 7HBW이며, 60D40-U75V 단압변형 부분과 열 영향 부분의 경우는 이 차이가 18HBW이다. 결과는 텅레일 후단(後端)의 경도 균질성이 크게 개선되었음을 나타낸다.

표 11.4 60D40 레일의 후단에서 표면경도의 통계분석 (HBW)

레일 유형-재질	샘플 수	최대치	최소치	평균치	표준편차
60D40-U71Mn	24	295	288	292	1.5
60D40-U75V	24	329	311	320	4.8

3. 텅레일의 열처리(heat treatment)에서의 만곡변형(flexural deformation)의 제어[145, 146]

텅레일 두부(head of switch rail)의 유도가열 과정(course of induction heating)에서, 온도가 표면에서 안쪽까지 점차로 떨어질 때 온도 기울기가 존재하며, 온도 차이가 클수록 담금질 후에 변형이 더 커진다. 담금질 냉각과정에서, 냉각제의 능력이 강할수록 작업물의 외부와 내부 사이 및 (서로 다른 단면 크기와 함께) 서로 다른 위치들 사이의 온도 차이가 더 크고, 내부응력이 크게 발생하여 열처리 변형의 증대를 초래할 것이다. 레일두부는 냉각 후에 수축하여 레일의 상향 만곡(upsweep)으로 이어진다. 응력 특징은 레일 두부의 압축응력과 레일 저부의 인장 응력으로 표현된다. 텅레일의 최종 변형은 레일 두부의 체적 수축이며, 이는 레일 전장의 짧아짐과 외관상 양쪽 끝에서의 상향 만곡으로 이어진다(※ 역자가 문구 조정).

게다가, 텅레일의 두부는 여러 가지의 단면을 갖고 있고, 가열된 층의 부피는 여러 단면들 간에 차이가 있다. 압연된 굵은 펄라이트가 공기분사냉각 후에 미세펄라이트로 변형될 것이므로 응력도 서로 다른 부피들 간에서 서로 다르다. U75V 레일에 대하여 가열처리 후에 결과로서 생긴 미세 플레이크 펄라이트(fine flake pearlite)의 층간 간격은 약 0.07μm이고, 압연상태의 굵은 플레이크 펄라이트의 층간 간격은 약 0.16μm이며, 이들의 비율은 0.44(0.07/0.16 ≈ 0.44)이다. 레일두부는 냉각 후에 상당히 줄어들 수 있으며, 이것은 양(陽)의 수직 휨 변형과 약간 비슷하고, 레일저부에 인장응력을 가한다.

텅레일은 길고 크며 형상(프로파일)이 복잡하고 각 부분의 두께가 불균일하다. 텅레일의 두부를 열처리함에 있어, 각 부분에서 각기 다른 열팽창 정도 때문에 큰 열응력(heat stress)이 발생될 수 있으며, 작업물(work piece)의 불균일한 소성변형(plastic deformation)과 뒤틀림(distortion)으로 이어진다. 작업물의 길이가 길수록 레일두부의 수축(shrinkage)량과 휨(bending)이 더 커진다.

제작 과정에서 발생한 실제 수축은 텅레일의 정밀성에 영향을 줄 수 있다. 수직 휘어짐(vertical warp)의 변형은 레일의 평탄성(smoothness)을 나쁘게 한다. 열처리(hot-treated) 레일저부에서의 잔류 인장 응력(residual tensile stress)은 텅레일의 사용수명(service life)을 좌우한다.

중국에서는 고속분기기용 레일의 열처리 변형을 제어하기 위하여 일반적으로 두 가지 기술이 이용된다. 첫째로, 변형량[22]은 레일저부를 예열하고 레일두부를 가열함, 레일두부와 저부 간의 온도 차이를 최소화함 및 가열 동안 상향 만곡(upsweep scape)을 줄임으로써 제어된다. 둘째로, 담금질을 위해 설계된 레일 안내(introducing)용 고정기구를 사용하여 미리 구부리어 텅레일에 역(逆) 변형을 줌으로써 제어된다.

적절한 사전-굽힘 역 변형(pre-bending reverse deformation)은 시험으로 밝힐 수 있고, 담금질한

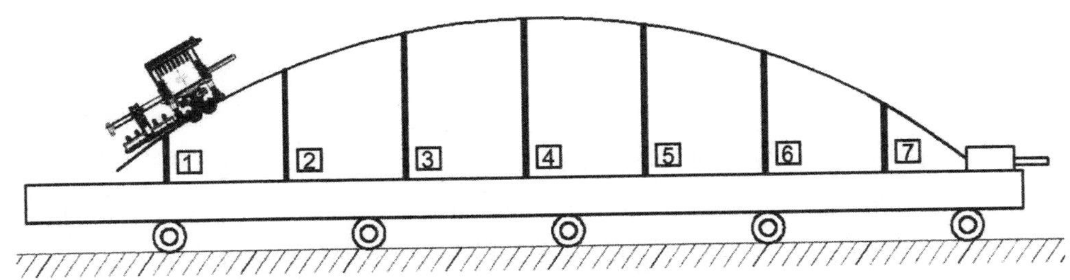

그림 11.14 텅레일의 역(逆) 사전-굽힘 변형의 설명도

(quenched) 텅레일 변형량의 제어에 적용할 수 있다. **그림 11.14**는 21.450m 길이의 60D40 텅레일을 담금질(quenching)하는 데 사용된 일곱 가지의 유압 전단 지지대(hydraulic shear support)를 나타내며, 여기서 관련이 있는 수축(shrinkage)은 0.23mm/m이고, 끝부분의 굽은 선의 길이는 약 158mm이다. 사전-굽힘 역(逆)변형은 레일 휘어짐 변형(warp)을 효과적으로 제어할 수 있을 뿐만 아니라 레일의 평탄성에 이바지하는 추가 정렬의 효율성을 향상시킬 수 있다. 한편, 시험에서 알아낸 것처럼, 이 기술로 제조된 레일의 저부에서의 잔류 인장 응력(residual tensile stress)은 **표 11.5**에 나타낸 것처럼 250MPa보다 훨씬 아래에 있다. 시험 과정에서, 텅레일의 담금질 수축량도 통계함으로써 합리적인 자료 축척(baiting)으로 신뢰할 수 있는 치수 정밀도를 확보할 수 있는 기반이 마련되었다(※ 역자가 문구 조정).

표 11.5 텅레일 저부에서의 잔류응력

재료	열처리의 상태	첨단 뒤로 3m		50mm 단면		후단 앞으로 3m	
		변형률 차이 (με)	잔류응력 (MPa)	변형률 차이 (με)	잔류응력 (MPa)	변형률 차이 (με)	잔류응력 (MPa)
U75V	전	−465	96.3	−567	117.4	−898	185.9
	후	−523	108.3	−622	128.8	−536	111.0
	R_{after}/R_{before}	0.89		0.91		1.67	
U71Mn(k)	전	−367	76.0	−386	80.0	−795	164.6
	후	−357	74.3	−312	64.6	−656	135.8
	R_{after}/R_{before}	1.02		1.24		1.21	

비고 : R_{after} = 열처리 후, R_{before} = 열처리 전

11.2.4 텅레일의 밀링 절삭에서 선형의 제어 [147, 148]

중국은 텅레일을 밀링 절삭(milling)하는 데 CNC 플레이너형 밀링 머신(planer-type milling machine)을 이용한다. 밀링 절삭 공정에서, 레일은 전자 척(electromagnetic chuck)을 이용하여 죔쇠로 고정(clamping)함으로써 위치를 잡으며, 인덱서블 성형 밀링커터(indexable profile cutter)로 가공된다.

1. 전체 길이 기계 가공의 공정(process of full-length machining)

텅레일 상면 전체 길이의 기계 가공은 텅레일 후단과 리드레일의 두부 윤곽(프로파일)의 원활한 연결 및 프레스 성형 부위의 상면에 대한 툴 마크(tool mark), 또는 원재료(base material) 윤곽(프로파일)의 불안정한 품질에 기인한 레일 상면의 광택 스트립(light stripe)을 제거하기 위하여 채용된다. 공정은 가공된 윤곽을 설계윤곽에 더욱 가깝게 만들기 위하여 레일 상면에 대한 절삭 도구의 윤곽을 최적화함(편차 ≤ 0.05mm); 원재료 레일의 모자 모양(cap profile)을 변경하기 위하여 60D40 레일 작용면의 특수 상면 윤곽용 커터를 설계함; 특수 형판(形板, template)으로 윤곽 변형(modification)을 검측함(**그림 11.15**); 및 1:40 비틂 경사의 후단(heel)에 대한 특수위치설정과 죔쇠 고정(clamping) 장치를 설계함이 특징이다.

(A)

(B)

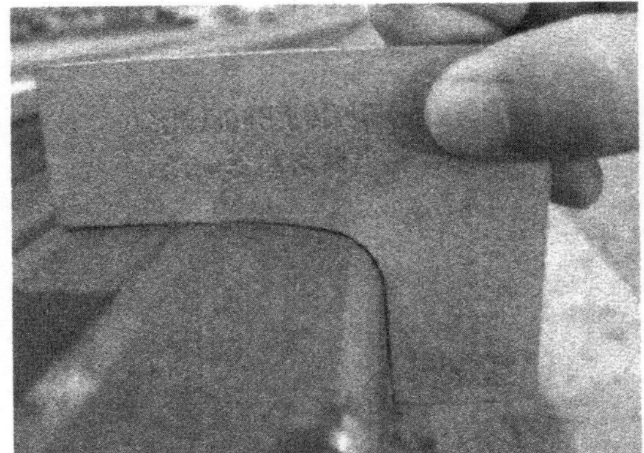

그림 11.15 (A) 원재료의 윤곽 성형가공에 대한 검측 형판, (B) 후단의 레일두부 모자형 윤곽의 검측 형판

그림 11.16 커터의 종료지점에서 똑바르기의 측정

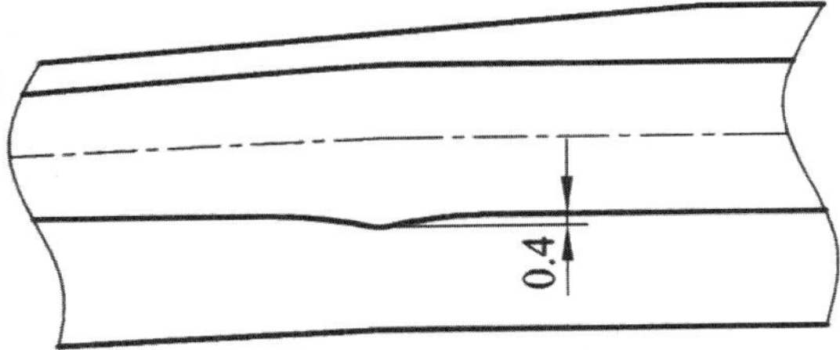

그림 11.17 똑바르게 함 후에 종료지점에서 불룩 부분

2. 비틂 각과 레일 높이차(torsional angle and rail height difference)

비틂 편차의 정확한 제어(proper twisting)는 텅레일 상면의 전체 길이에 대한 밀링 절삭에서 중요한 전제조건이다. 레일들 사이의 높이차는 전체 길이에 걸쳐 텅레일 후단을 밀링 절삭한 후의 레일 높이를 결정한다. 비틂 경사 차이(torsional inclination difference)는 텅레일의 후단에서 레일두부의 밀링 절삭 된 윤곽의 대칭성에 영향을 주며, 따라서 리드레일과의 연결의 평탄성(smoothness)에 영향을 준다.

비틂 각은 고정밀 각도계(정밀도 = 0.01°)로 측정될 수 있다. ±0.18°의 바람직한 편차는 측정에 기초하여 비틂량을 조정함으로써 얻을 수 있다. 높이차를 확인할 때에, 레일은 전용 작업대 위에 놓일 것이며, 여기서 34mm의 높이차를 가진 두 특수패드가 각각 원재료(base material)의 레일저부와 프레스 성형 부분의 레일저부 밑에 배치된다. 레일저부와 패드 사이에서 측정된 틈은 0.5mm를 넘지 않아야 한다.

3. 절삭종료 지점(exit point of cutting tool)의 불연속 점 급변(abrupt change of break point)의 제어

일반적으로, 커터(cutter)는 밀링 절삭의 공정에서 작용면(working surface)의 선형의 궤적(track of line type)을 따라 자연스럽게 종료될 수 있다. 그러나 가공된 작용면과 원재료 작용면 간의 각도 때문에 커터의 종료 지점에서 불연속 점이 형성될 수 있다(**그림 11.16**). 불연속 점은 분기기의 번수가 작을수록 더 뚜렷하다. 이 불연속 점은 똑바르게 하는 것으로 제거할 수 없으며, 급작스러운 변화를 유발할 수 있고 승차감에 영향을 주는 작은 '돌기(bulge)'(**그림 11.17**)로 된다.

그림 11.18의 공정 최적화 방안에 따라, 굽힘 원호(bended arc)의 최대높이는 CNC 기계 가공의 참조에 대한 굽히는 정도, 굽힘의 지거(支距), 레일 유형 및 상면 폭과 같은 파라미터로 모델화함으로써 구해진다. 밀링 절삭의 불연속 점은 상면 굽힘 원호의 영향을 받은 구간의 역방향 원호(reverse arc)를 덧붙임으로 제거될 수 있다. 이 공정은 평삭 공정을 면하게 할 수 있으며, 작업 흐름을 단순화하고 공정 시간을 단축한다[149].

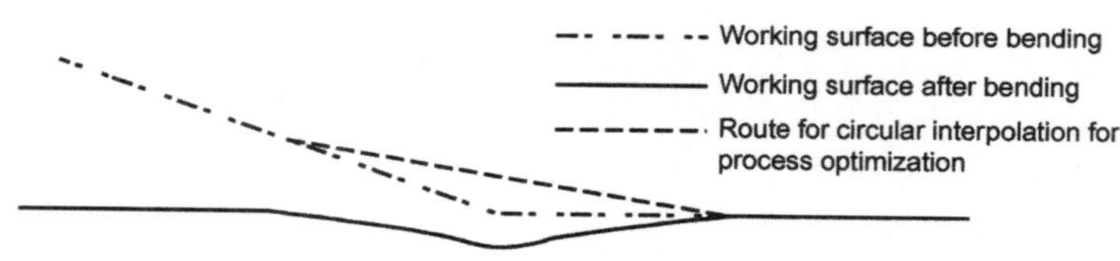

그림 11.18 밀링 절삭의 불연속 점에 대한 최적화 가공 공정

11.3 고속분기기 상판의 핵심 제작 공정

고속분기기 상판(床板, plates)은 매우 평평해야 한다. 미끄럼 상판(slide plate)과 그 밖의 상판들의 평면도(平面度, flatness)는 텅레일의 매끄러운 전환과 궤도의 높은 기하구조 규칙성(geometric regularity, 선형맞춤)을 위하여 각각 0.2와 0.5mm이어야 한다. 핵심 공정(key process)은 아래에서 서술한다.

1. 미끄럼 상판(床板)(slide plate)

미끄럼 상판의 가공과정에서 다음의 핵심 파라미터에 주의를 기울여야 한다.

탄성 클립(elastic clip)의 설치 치수 : 미끄럼 상판(slide bed, 역주 : **그림 13.9** 참조)의 끝부분은 구조형상에서 복잡하며, 각 부분의 치수가 밀접하게 관련된다. 그러므로 치수의 공차에 대한 요구사항은 매우 엄격하다. 미끄럼 상판 안쪽의 볼록한 유지 블록(convex retaining block)의 높이는 탄성 클립의 체결력(clamping force)에 직접적인 영향을 미칠 것이다. 게다가, 미끄럼 상판(slide bedplate)의 높이 편차 제어가 부적절한 경우에는 용접 후의 편차에 영향을 미칠 수 있다.

미끄럼 상판의 표면 품질 : 니켈합금 자체 윤활 코팅(MoS_2−베어링)의 미끄럼 상판의 기계 가공 깊이(machining depth)의 편차에 대한 검사 후에는 마모방지 코팅(anti wear coating)의 부적합한 깊이와 불충분한 접착력의 문제를 해결하도록 레이저피복재(laser cladding)로 미끄럼 상판을 도금할 것이다.

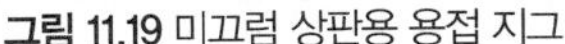

그림 11.19 미끄럼 상판용 용접 지그

그림 11.20 염색침투탐상

저판(底板, base slab)의 기계 가공 정밀성 : 저판의 전체표면이 기계 가공될 것이다. 볼트 구멍을 가게 가공하는 데에 있어, 피치와 틈은 정확한 배치와 CNC 밀링 절삭을 통하여 제한할 수 있다. 게다가, 볼트 구멍의 정확한 위치는 플레이트들을 용접하는 데에 있어 철제 좌철(座鐵)(iron chair)과 미끄럼 상판의 정확한 위치설정에 도움이 된다. 게다가, 외관(外觀) 품질은 표면 거칠기, 구멍 가장자리 및 연마를 통한 모든 예리한 모서리를 완화함으로써 효과적으로 제어할 수 있다.

상판(plate)들의 용접 : 특수 가공 설비(equipment)는 상판의 적절한 용접 치수를 보장하도록 제작될 것이며, 이것은 용접 후에 열 변형(thermal deformation)을 경감시킨다. 미끄럼 상판과 철제 좌철의 위치설정은 완전하게 용접된 형판으로 제어할 수 있으며, 위치 편차를 줄이고 용접변형의 규모를 제어할 수 있다. 용접 지그(weld jig)는 **그림 11.19**에서 묘사된다.

용접의 품질관리 : 상판을 용접하는 공정의 검증은 파괴시험으로 확인되며, 용접에 대하여 염색 침투탐상(dye penetration detection, **그림 11.20**)이 뒤따른다.

2. 지거(支距) 플레이트(offset plate)

지거 플레이트와 크로싱 상판(crossing plate)의 구멍 가공에서 정확한 배치와 CNC 밀링 절삭의 결합 방법이 이용될 것이다. 상판 용접용 형판(形板, template)이 만들어질 것이다. 형판은 이중의 위치설정 핀(마스터 핀과 종속 핀)으로 제공되며, 여기서 마스터 핀(master pin)은 종 방향 크기의 위치 잡기 용이고, 종속 핀(slave pin)은 회전각용이다. 가공 동안 치수와 기하구조 공차가 엄밀하게 제어될 것이다.

3. 가드레일 상판(check rail plate)

가드레일의 받침판(bedplate)과 뒤판(back plate)은 구조가 복잡하며, 정확한 주조(鑄造, casting)와 후속의 기계 가공으로 만들어지고, 배 모양(ship)의 위치 잡기 용접 지그(welding jig)로 용접된다. 용접 지그는 용접 정확성을 제어하기 위하여 제공된다.

4. 상판의 평평하게 함과 조정(alignment and fixing of plate)

상판 품질(plate quality)은 용접변형(welding deformation)과 용접 후의 수정을 엄격히 제어함으로써 효과적으로 보장될 수 있다. 마무리 허용량, 이송(移送) 속도(feed rate), 기계 가공 동안 열 변형 및 상판의 평면성과 평행성에 대한 용접 전류를 고려하여, 매우 긴 상판에 대한 냉각(cooling)의 최적 제어 정확도와 가열(heating)의 제어 정확도에 대한 시험이 수행되었다. 바람직한 상판 품질을 보장하기 위하여 '단계적인 기계가공, 정렬의 제어 및 끝손질 보장' 공정 방안이 시험을 통하여 수립된다.

11.4 조립과 검수(檢收)

11.4.1 중요한 분기기 부품의 조립 공정

조립(assembly)은 분기기의 시험제작작업(trial production)에서 중요한 단계이며, 또한 설계를 검증하고 작업물(work piece)의 기계 가공 정확 여부를 검증하기 위한 중요한 연결고리이다. 이 공정은 주로 기본레일과 텅레일의 조립, 가동 노스 크로싱(swing nose crossing)의 조립 및 분기기 전체의 부설연결 구성을 포함한다.

그림 11.21 기본레일과 텅레일의 부품들

1. 기본레일과 텅레일(stock rail and switch rail)

시험조립(trial assembly)을 위한 고-정밀 시험대와 관련 기구가 제공될 것이다. 시험대는 **그림 11.21**에 나타낸 것처럼 기본레일과 텅레일의 선형과 똑바르기를 시험하고, 게다가 조립 후 레일들의 설계 높이차를 확인하기 위한 장소일 것이다. 조립의 구체적인 흐름은 다음과 같다.

a. 기본레일용 레일 홈(rail ditch)과 텅레일용 미끄럼 상판이 배치되어 있고 조립된 기본레일과 텅레일의 작업상태가 일치하는 시험대 위에 기본레일과 텅레일을 배치하여 레일들의 똑바르기 및 텅레일과 미끄럼 상판의 밀착 정도 그리고 텅레일과 기본레일의 밀착 정도를 검측함, 만일, 필요하다면, 즉시 레일 상면을 조정하거나 수정함. 텅레일의 후단의 성형 부분과 AT레일 간의 높이차, 게다가 성형 부분의 경사도를 검사

b. 조립 전에 부품들을 검사, 특히 가공 모서리들의 연마와 그 밖의 여러 가지 외관 요구사항에 중점을 둠

c. 부품들을 도장(塗裝, coating)

그림 11.22 길고 큰 부품들의 유연한 들어 올리기

d. 상판들을 조립(위치와 방향에 주의)
e. 멈춤쇠(jacking block)들을 조립
f. 텅레일의 밀착상태, 멈춤쇠의 지거, 고정단의 지거 및 후단의 간격을 점검
g. 성능시험(commissioning)과 검사(inspection)

시험조립(trial assembly) 합격 후에, 레일 부재들은 하나하나씩 유연하게 들려져(**그림 11.22**), 전용 가대(架臺, basket)로 옮겨진다. 이렇게 시험 장소로 운반된 후에도 레일은 좋은 품질상태를 유지해야 한다.

2. 가동 노스 크로싱(swing nose crossing)

가동 노스 크로싱도 시험대 위에서 조립될 것이다. 흐름은 다음과 같다.

a. 긴 노스레일과 짧은 노스레일을 시험, 시험조립을 수행, 간격재의 정확성을 확인, 긴 노스레일과 짧은 노스레일의 선형, 지거(支距, offset) 및 레일 저부의 수평을 보장, 간격재의 볼트에 규정된 토크를 가할 때 레일 저부의 수평에 대한 지거의 영향에 주의
b. 크로싱의 조립용으로 설계된 조립대 위에 상판들을 배치, 위치의 정확성을 확인, 상판을 확인, 상판과 레일용 홈(rail ditch)이 정확하고 동일 평면에 있는지를 점검
c. 윙레일 설치 및 윙레일 굽힘 각(bending angle)의 정확성을 점검
d. 레일 부재들을 도장(塗裝)
e. 긴 노스레일과 짧은 노스레일을 조립 및 모든 파라미터들을 확인

11.4.2 전체 조립

분기기의 제작자들은 공장에다 전체분기기의 조립을 위한 특수 시험부설작업장(trial laying workings)을 건축하였다. 작업장은 다기능 조립대(**그림 11.23**)로 설계되며, 여기서 구조(framework) 크기를 유지하도록 횡과 종으로 분기기 침목의 위치를 설정할 수 있다. 침목의 수평을 보장하도록 침목의 높이를 조정하는 장치도 설치되었다. 분기기의 조립은 초기 조립(initial assembly)과 미세조정(fine tuning)의 두 가지 단계로 나뉜다. 두 가지 단계는 구체적인 기술 요건을 따라야 한다.

그림 11.23 고-정밀 시험부설 조립대

1. 초기 조립(initial assembly)

초기 조립은 시험 조립대의 시험 · 조정(commissioning). 침목의 배치, 직선 기본레일(straight stock rail)과 텅레일(switch rail)의 배치, 가동 노스(swing nose) 크로싱의 배치 및 그 외의 레일과 부품의 조립의 단계들을 포함한다. 침목 배치의 위치와 올바름 및 레일, 상판 연결의 정확성을 중점 제어한다.

2. 미세조정(fine tuning)

미세조정은 분기기 부설품질이 명시된 표준을 충족시킬 수 있도록 하는 중요한 연결고리이며, 주로 다음을 포함한다. 즉, 분기기 방향 확인, 수평 조정, 분기기 평면선형 조정, 간격재, 멈춤쇠, 레일 지지체의 조립과 조정, 밀착된 레일의 조정 및 전환설비의 성능시험. 조립이 완료된 분기기를 **그림 11.24**에서 보여준다.

11.4.3 조립된 분기기의 검수(檢收)

조립된 분기기의 다섯 가지 정적 기하구조(선형) 틀림(궤간, 수평, 고저, 방향 및 평면성)은 몇몇 중국 표준(TB/T3301-2013, TB/T3302-2013 및 TB/T3306-2013)에 규정되어 있다. 레일들 사이, 레일과 상판

그림 11.24 조립된 18번 고속분기기

사이 및 멈춤쇠와 레일 사이의 틈이 명시되고 텅레일과 노스레일의 매우 중요한 단면의 높이차의 한계 편차(limit deviation)가 또한 이들의 표준에서 규정된다. 전환설비(conversion equipment)의 검수(檢收) 시에, 분기기의 전환과정에서 잠금 갈고리(lock hook)는 어떠한 잠금 실패나 파손도 없이, 원활하게 작동하고 잠금 블록과 잘 결합하여야 한다. 정위(定位)와 반위(反位) 시에, 밀착 부분의 견인지점에서 텅레일(노스레일)과 기본레일(윙레일) 틈이 4mm 이상인 때는 잠금이 수행되지 않을 수 있다. 밀착검지기(closure detector)에서 텅레일과 기본레일 간에 5mm 이상의 틈이 있는 경우에 표시(indication)가 생성되지 않을 수 있다. 게다가, 측정된 전환 저항력은 동력전철기(switch machine)의 출력요건을 충족시켜야 한다.

표준 '철도적용—궤도—포인트와 크로싱' [EN13232-(1-19), 역주 : EN은 European Standards을 의미함]은 이전의 연구들에 기초하여 UNIFE(역주 : 유럽철도산업연합, 프랑스어 Union des Industries Ferroviaires Européennes)가 체계화했다. 그것은 분기기의 설계와 제작을 위해 대부분의 유럽 국가들에서와 많은 분기기 제작자들에게 적용돼 왔다. 현재, 중국철도과학원(China Academy of Railway Science, CARS)은 고속분기기에 대한 기술코드를 준비하도록 UNIFE에 의뢰하였다.

중국과 UNIFE는 레일 틈(gap)에 대해 서로 다른 사양을 갖고 있다. **표 11.6**은 상세를 나타낸다.

표 11.6 레일밀착에 대한 필요조건

SN	항목	중국	EN13232
1	텅레일과 노스레일, 크로싱 후단에서 뾰족한 레일의 첨단 및 견인지점에서 밀착	틈 < 0.5	틈 < 1.0
2	그 밖의 레일밀착	틈 < 1.0	틈 < 1.0
3	멈춤쇠와 레일 간의 틈	틈 < 1.0	틈 < 1.0
4	텅레일/노스레일과 상판 간의 틈	틈 < 1.0	틈 < 1.0

11.4.4 시스템 통합기술

중국 고속분기기는 시스템 통합 방식(way of system integration)으로 제작된다. 이 과정에서 레일, 연결설비(connecting equipment), 레일체결장치, 침목 및 전환설비(conversion equipment)가 전체로서 고려될 것이다.

중국 고속분기기 제작자들이 채용한 ERP(전사적 자원관리)는 IT기반 관리플랫폼이며, 이것은 체계적인 관리의 사상(思想)과 함께, 최적의 자원 조합(portfolio)을 달성하고 가장 많은 이익을 얻도록 의사결정자(decision maker)와 종업원에게 의사결정(decision making)과 운영방식(operating mode)을 제공하고, 회사(enterprise)의 모든 자원을 통합하며, 조달, 제작, 비용, 재고, 분배, 수송, 재무 및 인력자원(human resources)의 계획을 세운다. 시스템은 MRP(자재소요계획)에서 발전된 새로운 통합관리정보시스템(integrated management information system)이며 더 많은 기능이 있다. 연쇄적인 생산과 공급 과정(supply chain)의 관리는 핵심 아이디어이다.

제12장 부설 기술

분기기의 부설(turnout laying)은 분기기의 정상적인 사용(normal operation)을 보장하는 중요한 연결고리(key link)이다. 높은 부설 정밀도는 분기기에서의 높은 안정성과 승차감을 위한 전제조건이다. 현재, 분기기 부설은 고속분기기(high-speed turnout)의 정교한 기술(sophisticated technology)을 가진 거의 모든 나라의 관심사이며, 설계 및 제작에서와 마찬가지로 중요한 분기기 기술의 핵심 요소 중의 하나로 간주한다.

일반적으로, 분기기는 주로 제자리 부설법(in-situ laying) 또는 전체위치이동 부설법(ex-situ laying)으로 부설(lay)된다. 제자리 부설법의 경우에, 분기기 부품(part)들은 구성요소들이나 블록들로서 산적(散積, bulk)으로 부설현장으로 수송되어 실제의 부설지점에서 분기기 전체가 조립된다. 전체위치이동 부설법의 경우에, 분기기는 공장(shop)에서 조립되고 세그먼트(segment)로 나누어 수송될 것이며, 그다음에 전용시공 기계로 현장에서 연결되어 부설될 것이다. 또는 부품들이 산적으로 수송되어 시공현장에 설치된 조립대에서 조립된 후에 전용시공 기계로 부설현장까지 전체가 위치 이동되어 부설된다. 새로운 철도선로건설에서는 궤도점유가 교통에 영향을 미치지 않을 것이다. 그러므로 제자리 부설법이 선호된다. 운영 중인 선로의 분기기 교체에서는 전체위치이동 부설법이 가장 일반적으로 채용된다.

12.1 수송[150]

12.1.1 운송의 방식

고속분기기의 운송방식(modes of delivery)은 다음의 세 가지이다.

첫째로, 산적(散積)수송(bulk transportation, **그림 12.1**). 이 출하방식에서 (레일과 연결부품을 포함한) 텅

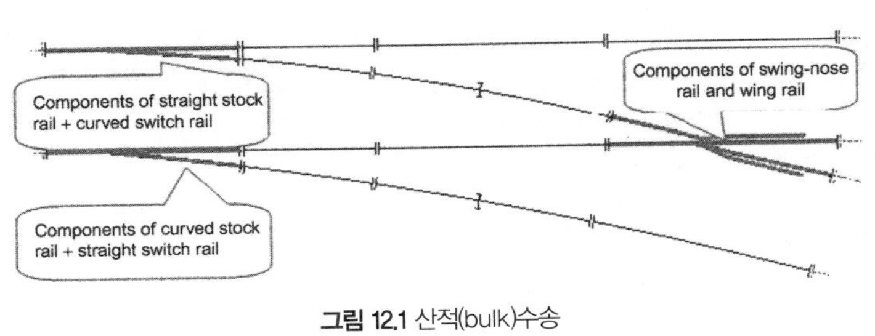

그림 12.1 산적(bulk)수송

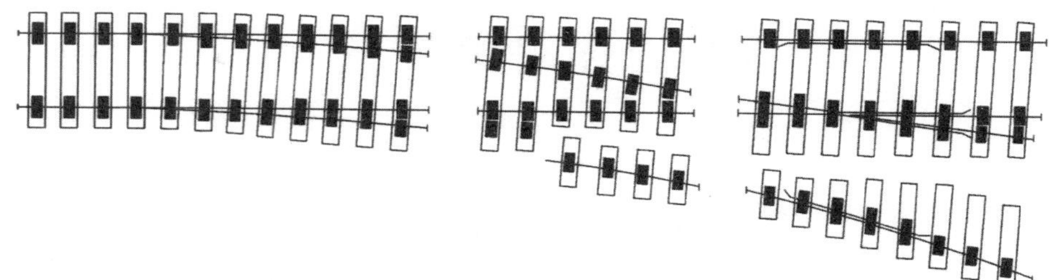

그림 12.2 분기기 전체의 블록 분할

레일과 기본레일의 부분, (윙레일, 노스레일, 연결부품 및 타이플레이트를 포함한) 크로싱의 부분 및 그 외의 레일 부재, 상판과 침목은 산적(bulk)하여 부설현장으로 수송될 것이다. 이 방식은 적재와 들어 올리기가 단순하고 특수 수송 차량과 초대형 리프팅 장치가 필요하지 않다는 장점이 있다. 그러나 현장조립 동안에 더 큰 치수 편차나 궤도 선형 불량 등이 발생하고, 조정(adjustment) 동안 높은 작업부하(workload)를 초래한다. 중국에는 이 방식이 보급되었다.

두 번째로, 블록 수송(block transportation). 이 방식에서 레일 부재, 레일체결장치 및 침목은 공장에서 궤광으로 조립되어 분기기전체가 몇 개의 블록으로 나뉜다(**그림 12.2**). 장(長)침목과 과부하 수송의 문제를 해결하기 위하여, 3.2m보다 긴 침목은 분기선에서 절단하고 힌지로 연결하는 구조를 채용한다. 레일 평화차(**그림 12.3**)가 수송에 이용될 것이다. 특대 리프팅장치가 요구된다. 이 방식은 높은 조립 정밀도와 작은 조정량을 특징으로 한다. 그러나 힌지 연결 침목(이른바, 분절 침목)은 자갈궤도의 다짐에 불리하고 분기기의 수평을 유지하기 어렵다. 이것은 독일에서 지배적인 출하 방식이다. 이 방식은 중국에서 초기에 적용되었다. 그러나 분기기 수평 유지(維持, retention)가 불리함을 감안하여, 자갈궤도의 힌지 연결 침목은 모노블록 장(長)침목으로 교체되었고, 현재는 산적 출하 방식(bulk delivery modes)이 이용된다.

셋째로, 전체-세트 수송(whole-set transportation). 이 방식에서 (용접이음을 제외한) 모든 부품이 공장

(A)

(B)

그림 12.3 (A) 분기기의 블록 수송, (B) 분기기의 블록리프팅

(A)

(B)

그림 12.4 (A) 분기기용 특수수송차량, (B) 분기기 승강장치 차량

(plant)에서 조립되고 조정될 것이며, 그다음에 분기기 전용 수송 차량으로 수송될 것이다(**그림 12.4**). 이 방식은 분기기 기하구조(선형)를 유지하고 조정 작업부하를 절감할 수 있다. 그러나 전용 수송 차량이 필요하고 효율이 적다. 게다가 들어 올리기(호이스팅)의 특대형(特大型) 설비가 수반될 것이다. 이 수송 방식은 유럽에서 사용되어왔다.

12.1.2 들어 올리기와 보관

분기기의 가늘고 긴 레일은 들어 올리기, 수송 및 보관 동안에 되돌릴 수 없는 소성변형(plastic deformation)이 생기기 쉬우며, 이것은 분기기의 정밀성과 부설 결과에 영향을 줄 수 있다. 중국은 분기기의 들어 올리기와 보관에 관하여 몇 가지 기술표준(technical standard)을 체계화했다. 표준에 따라, 모든 분기기 부품은 들어 올리기, 수송 및 보관 동안 손상되거나 오염되지 않아야 한다. 분기기 부품은 표시된 위치에 따라 요구사항을 충족시키는 들어 올리기 기계를 이용하여 들어올려야 한다. 텅레일과 기본레일의 조립품, 가동 노스 크로싱의 조립품, 종속적인 레일 및 궤광은 평평한 장소에 부류별로 보관되며 임시로 고정된다. 이들의 레일 부재의 무더기는 네 개의 층을 넘지 않아야 한다. 각각의 층은 받침목으로 평평하게 하고 받침목은 높이 방향으로 수직으로 세워야 한다. 침목은 길이 순서로, 많아야 다섯 층으로 보관된다. 각 층의 침목 사이마다 직각으로 정렬된 두 개의 받침목이 있어야 한다. 모든 분기기 부재는 강우에 대하여 보호될 것이다. 전환설비는 특수 포장 상자에 보관될 것이다.

12.2 자갈분기기의 부설

자갈분기기(ballast turnout)는 제자리 조립 부설법(in-situ)이나 또는 조립 후 위치이동 부설법(ex-situ)으로 부설될 수 있다. 양쪽의 부설방법은 중국에서 일반적이다[151, 152].

12.2.1 제자리 조립 부설법 시공공정

현장 제자리 조립 및 부설법(in-situ assembly and laying)은 일반적으로 새로운 자갈분기기에 채용된다. 분기기 앞쪽의 부설을 용이하게 하고, 시공방해(construction disturbance), 특히 비공식적 운영 동안 시공 차량 운행으로 초래된 국지적 분기기 변형을 방지하기 위해 임시 궤광이 사용될 수 있다(과도적 조치). 따라서 입환이나 노선변경을 위해 정거장 한쪽 끝에 임시 건넘선이 부설될 수 있다. 이 방식에서는 한 선로의 원활한 교통을 보장하는 상태에서 또 하나의 선로에 분기기가 부설될 수 있다.

제자리 조립 및 부설법에서, 과도적인 조치로서 분기기 구간에 임시 궤광이 건설될 것이며, 처음의 도상자갈 살포와 정리, 도상이 안정화되었을 때 전후의 긴 레일을 고정, 분기기 안이나 근처에 RTG(역주 : rubber tyred gantry) 크레인이나 궤도 크레인을 세움 및 공장조립 성능시험 합격(qualified) 분기기 하위부품(subassembly)의 현장 반입이 뒤따른다. 현장 조립작업에 뒤이어, 분기기의 각 부분이 기하구조 치수를 만족시키는지 점검되며 분기기 내부의 용접이 수행된다. 그 후에, 조립대 철거, 도상자갈 재살포와 정리를 위하여 일체형 유압 리프팅 장치로 분기기가 들어 올려진다. 그 후는 분기기가 서서히 아래로 내려지고 점검되며 미세 조정된다. 모든 분기기 부분들이 기하구조 표준을 충족시키면, 설정되는 동안에 분기기 양쪽 끝에서 분기기의 레일들이 긴 레일과 용접된다. 그리하여 자갈분기기의 부설이 완성된다.

그림 12.5는 자갈분기기의 제자리 조립 및 부설법의 구체적인 시공공정 흐름을 나타낸다. 그것은 내용 및 공정들 사이의 관련성에 따라 일곱 단계로 나뉜다.

1. 시공 준비 단계(construction preparatory stage)

이 단계에서 분기기 앞쪽, 가운데 및 뒤쪽에서 중심 말뚝의 위치를 확정하기 위하여 측량과 설치가 이루어질 것이다. 분기기는 본선(역주 : 분기기 양쪽의 일반선로)과 동시에 도상자갈이 살포될 것이다. 미리 살포한 도상자갈은 바람직한 도상 밀도를 달성하도록 진동롤러로 압밀될 것이다. 압축밀도는 적어도 1.7g/m^{3}이어야 하고, 지정된 리프팅 양은 50m보다 크지 않아야 하며, 도상 평평함의 허용편차는 10mm/3m이다. 임시 궤광은 분기기 구간에서 조립될 것이며, 여기서 궤도는 다시 도상자갈이 살포되고 정리되며, 도상을 안정화시키기 위하여 대형장비로 다져질 것이다. 임시 궤광의 도상자갈 살포와 정리는 양쪽 끝의 일반선로 구간 궤도와 동시에 수행될 것이다. 분기기 양쪽 끝의 궤도들은 적절히 유지 보수되고 응력해방조치가 이루어질 것이다.

분기기들은 공장에서 사전 조립되고 결함이 제거될 것이다. 그 다음에 분기기 각 부품에 대해 번호가 표기되고 철도나 도로로 현장까지 수송하기 위하여 분해될 것이다. 가동 부품은 그다음에 필요에 따라 들어 올려지고 보관되며, 똑바르기, 무(無)손상(intactness) 및 완성도에 대하여 점검될 것이다. 갠트리 크레인은 임시 궤광 옆에 세워질 것이다. 크레인은 두 본선 궤도에 걸칠 것이다. 크레인 스팬(span)은 분기기의 현장 조립에 영향을 주지 않고 분기기 부분과 관련 부품을 들어 올리는 데 충분하다. 짧은 궤광을 철거하고 자갈

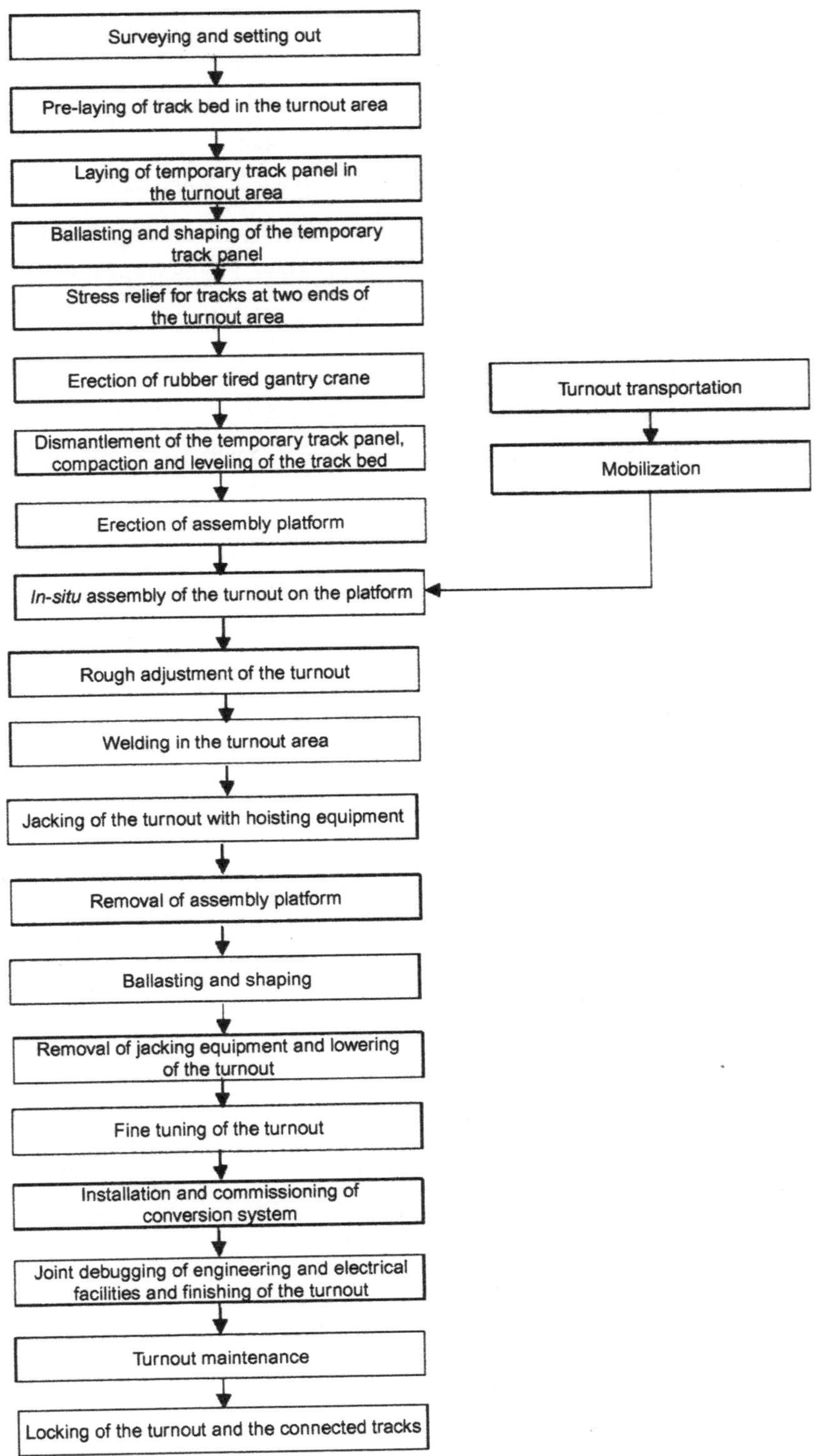

그림 12.5 자갈분기기 현장 제자리 부설법의 시공공정 흐름

도상을 평평하게 한 후에, 조립대(assembly platform)가 제자리에 설치될 것이다. 침목의 위치가 적절히 표기될 것이다.

2. 분기기의 현장 제자리 조립단계(in-situ assembly of the turnout)

분기기 부품이 현장까지 운반된 후에 갠트리 크레인으로 침목을 들어 올려 제자리에 놓을 것이다. 분기기 부품은 가변 스팬(variable span)의 방향 전환 가능(turnable) RTG 크레인이나 16T 크레인을 사용하여 내려지고 조립대 위에서 조립될 것이다. 부품은 가동 노스 크로싱, 텅레일과 기본레일 및 리드곡선 레일 순으로 조립될 것이다. 조립의 주요 공정과 요건은 다음의 항들에서 주어진다.

a. 침목 부설(laying the ties)

침목 번호와 분기기 방향에 따라 침목을 배열, 수준측량기로 침목의 종 방향 레벨(고저) 조정 및 두 인접 침목간의 고저 차이를 2mm 이내로, 분기기 전체에서의 고저 차이를 5mm 이내로 유지, 도면에 따라 침목 간격과 종 방향 위치 조정.

b. 레일체결장치(fastening), 타이플레이트(tie plate) 및 기타 부품 부설

c. 가동 노스 크로싱(swing nose crossing)과 리드레일(guiding rail) 부설

크레인으로 부재들을 들어 올려 제자리에 배치, 침목에 대한 볼트 조임 및 가동 노스레일의 실제첨단의 중심을 표시된 위치로 조정

d. 직선 기본레일(straight stock rail)과 곡선 텅레일(curved switch rail) 부설

직선 기본레일과 곡선 텅레일을 들어 올려 제자리에 배치, 텅레일 저부와 상판의 표면 간의 틈 점검, 만일 필요시 과도한 틈을 제거하기 위하여 표준에 이르기까지 침목의 종 방향 레벨 조정(고저 맞춤)

e. 타이플레이트와 침목의 위치를 미세조정(fine tuning)

직선(기준선) 방향에서 레일에 대한 침목 위치의 표시, 위치 편차를 3mm 이내로 유지하도록 타이플레이트와 침목 위치 미세조정

f. 곡선 기본레일(curved stock rail)과 직선 텅레일(straight switch rail) 부설

g. 분기기 방향을 올바르게 조정(properly orientating the turnout)

직각자를 이용하여 분기기 방향의 정확성을 검사(침목의 허용 비스듬함 ≤ 5mm)

h. 분기기의 대략적인 조정(coarse regulating of the turnout)

위치, 기하구조(선형), 밀착상태(closure status)를 점검하고, 고-정밀 레벨 게이지(high-precision level gauge) 및 토털 스테이션(total station, 역주 : 전자식 거리 · 각도 측량기)과 궤도검측기구로 분기기 높이차를 점검, 필요시 레일체결장치나 침목높이를 조정함으로써 궤도의 종 방향 레벨(고저)이나 궤간을 조정

3. 분기기 구간의 용접(welding in the turnout area)

분기기 조립 후에, 분기기 구간의 레일들은 장대레일 분기기 부설의 요건에 따라 테르밋용접(**그림 12.6**)으로 연결될 것이다. 용접온도는 허용 레일 설정 온도의 범위 이내이어야 하며, 어려운 조건에서 설계 레일 설정 온도보다 20℃ 낮거나 또는 0℃보다 낮지 않아야 한다. 용접 이음은 전체 단면에 대해 탐상될 것이며, 불

그림 12.6 테르밋 용접

합격 시는 레일을 잘라내고 다시 용접한다. 레일의 표면 평탄성은 평탄성 게이지로 측정될 것이다. 수직 불룩 부분은 0.2mm보다 크지 않아야 하고 낮은 이음은 허용되지 않는다. 레일두부 횡 작용면(lateral working surface)의 우묵함은 0.2mm보다 크지 않아야 하며, 불룩 부분은 허용되지 않는다.

4. 분기기의 내림과 배치(lowering and placing of the turnout)

전체의 분기기는 조립과 대략적인 조정 후에 **그림 12.7**에 나타낸 것처럼 유압잭으로 들어 올려질 것이다. 그다음에 조립대가 해체되고, 도상자갈이 보충되고, 분기기를 내릴 것이다. 분기기의 방향(줄), 고저(면) 및 수평이 기본적으로 요구사항에 도달하도록 리프팅 양의 소량을 미리 남겨둔 상태에서(일반적으로 20~30mm) **그림 12.8**에 나타낸 것처럼 소형 디젤 다짐기계를 이용하여 정비(maintenance)한다.

그림 12.7 유압잭으로 분기기를 들어 올리기

그림 12.8 궤도도상의 인력다짐

5. 미세조정(fine tuning)

분기기의 고저(면), 수평 및 방향(줄)을 조정하는 데에 다짐장비와 같은 대형 보선장비가 이용될 것이다. 나중에, 레일체결장치를 통하여 레일의 고저(면)와 방향(줄)이 미세 조정될 것이다. 미세조정의 기술은 제 12.4절에서 더 소개할 것이다.

6. 전환설비(conversion equipment)의 설치(installation)와 결함 제거(debugging)

분기기 각 부위의 기하구조(선형)는 미세조정 후에 재점검될 것이다. 만일 완벽하다면, 전환설비가 설치될 것이며, 밀착상태, 전환 동정, 전환 힘 및 그 외의 관련 표시의 검사와 결함 제거가 뒤따를 것이다. 이들의 표시는 체결 클립(fastener), 멈춤쇠, 간격재, 잠금 블록 등을 조정함으로써 조절될 수 있다.

분기기의 기준선(main line)은 정거장 관제센터의 제어로 개통될 것이다; 접근 경로는 수작업으로 확인될 것이다. 토목(engineering)과 전기 설비를 유지 보수하기 위하여, 그리고 검수(檢收)와 인도(引渡) 전에 토목 차량(궤도검측차)을 운행하여 분기기 상태가 양호함을 보장하여야 한다.

7. 분기기와 양단 일반궤도의 용접연결(welding)

접촉 용접(contact welding, 역주 : 융해나 가열 없이 두 개 이상의 금속 부품을 접합하는 고체상태의 용접이며 용접에 사용되는 에너지는 압력의 형태임. 냉간 용접이라고도 함)은 복잡한 분기기 구조 때문에 실현할 수 없다. 테르밋용접이나 소형 가스압접이 사용될 수 있다. 분기기 조정 후에는 허용 레일 설정 온도(allowable rail laying temperature) 내에서 양쪽 끝의 일반선로 레일들과 연결될 것이다. 분기기 자체는 용접 중에 늘어날 수 없다. 그러므로 분기기 전후의 각 100m 범위 안의 레일체결장치를 허용 레일 설정 온도 범위 내에서 풀어서 롤러 받침으로 레일을 자유 신축상태로 만든다. 그다음에 일반선로 레일(long rail string)을 절단하고, 분기기와 일반선로 레일을 테르밋용접으로 연결할 것이다(※ 역자가 문구 조정).

만일 레일 설정 온도가 허용 최저 레일 설정 온도보다 10℃ 미만으로 낮다면, 분기기 전후에 각각 테르밋용접으로 25m의 새 레일이 삽입될 것이다. 응력해방(stress relief) 시에, 25m 레일 앞의 100m 범위 안의 일반선로 레일의 레일체결장치가 먼저 풀어지고, 레일의 자유 신축을 위하여 롤러(rotary drum)로 받쳐질 것이다. 설계 레일 설정 온도에 근거하여 긴장량을 계산하여 100m 길이의 레일을 설계 레일 설정 온도에 도달될 때까지 레일 긴장기(rail pulling device)로 잡아당겨 늘릴 것이다. 그다음에 레일 긴장기의 압력을 유지하면서 **그림 12.9**에 나타낸 것처럼 테르밋용접이 수행될 것이다.

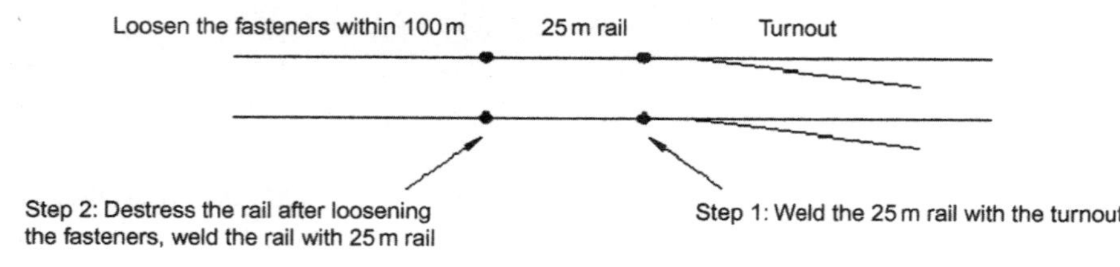

그림 12.9 저온에서 분기기의 설정

분기기 각 레일의 상대적인 위치를 확보하기 위해 분기기 구간의 레일들은 응력이 해방(destress)될 것이다. 그러므로 레일 설정 온도가 허용치보다 10℃ 이상으로 낮은 경우는 용접이 진행될 수 없다. 용접 시의 실제 레일 설정 온도가 기록될 것이다. 용접 두부의 탐상검사 합격 후에 설계 요건에 따라 복진관측 말뚝이 설치될 것이다. 용접 후에 두 텅레일 첨단의 엇갈림 양은 5mm보다 크지 않아야 한다. 포인트 후단(heel)에 리테이너(retainer)가 있는 분기기의 부설에서는 텅레일이 잘 정렬되어야 하며, 리테이너의 블록들은 중앙에 위치하고 양쪽 틈의 차이가 ±0.5mm보다 크지 않아야 한다(※ 역자가 문구 조정).

12.2.2 조립 후 위치이동 부설법 시공공정

조립 후 위치이동 부설법(ex-situ assembly and laying mode)의 경우에, 분기기는 현장에 설치한 조립대 위에서 조립되며, 조립대 위에서 횡, 종, 수직 조정기구로 미세 조정(fine tune)되고 조절(adjust)될 것이다. 조립된 분기기 전체는 평판화차에 적재되어 현장으로 운반될 것이다. 조립 분기기는 임시 궤광의 철거 후에 **그림 12.10**에 나타낸 것처럼 호이스트장치로 부설될 것이다.

조립 후 위치이동 부설법으로 부설된 분기기도 제자리 조립 및 부설법에서처럼 신중히 유지 관리되어야 한다. 분기기는 검측 트롤리로 초기 면 맞춤(레벨링)이 확인되며, 도상자갈이 살포되고 수작업으로 다져질 것이다. 초기 유지보수는 기준선이 운행에 들어갈 때 종료된다. 각 정거장은 분기기의 일상 유지보수를 위한 특별보수 팀을 둘 것이다. 다짐 장비를 이용한 미세조정은 마지막에 수행된다. 그 밖의 공정은 제자리 조립 및 부설법에서와 같다. 이 방식은 높은 효율성과 정밀성의 장점을 갖고 있다. 그러나 분기기가 제자리에 부설된 후에 그러한 장점을 유지하도록 그다음의 보수가 필요하다.

그림 12.10 (A) 조립대 위의 분기기, (B) 분기기의 위치이동

12.2.3 부설품질의 관리대책[153]

자갈분기기의 부설품질을 확보하기 위하여 다음의 조치가 취해져야 한다.

1. 전문팀(professional team)

고속분기기는 조립과 부설에서 높은 정확도(accuracy)를 필요로 한다. 중국 규칙 TB/T3306−2013에서 언급한 것처럼, 검수(acceptance) 시에 궤간과 지거(支距, offset, 역주 : 리드 곡선의 종거)의 편차는 ±1mm 이내이어야 하며, 수평, 고저(면) 및 방향(줄)의 편차는 ±2mm 이내이어야 한다. 그러므로 고속분기기의 정밀한 부설을 위하여 취급, 조립, 조정 및 용접의 전문팀이 필수적이다.

2. 기계화 부설 장비(mechanical equipment)

길고 큰 궤광의 취급은 특수기계{예를 들어 20m 길이 평판화차, 중(重)크레인, 다짐장비 및 특수 호이스트 도구}를 이용하여야 한다. 그렇지 않으면, 좋지 않은 부설품질이 원인인 레일변형이 발생된다.

3. 정밀한 공정제어측량(precise engineering control survey)

분기기는 정밀한 공정제어측량기술의 도움을 받아 부설된다. 이 기술로 분기기의 3D 좌표가 정밀하게 정해질 수 있다. 게다가, 미세조정의 정밀성을 향상시키기 위하여 CP III 컨트롤 네트워크, 검사차량, 토털 스테이션(total station, 역주 : 전자식 거리 · 각도 측량기) 및 적절한 조정 소프트웨어가 이용될 것이다.

4. 정교한 유지관리(sophisticated maintenance)

고속분기기가 부설되어 검사되고 인도된(acceptance of delivery) 후에는 열차가 설계속도로 통과하기 위한 요구사항을 충족해야 한다. 그러므로, 조립과 유지보수는 자갈분기기의 부설에서 두 개의 핵심 연결고리이다. 조립은 숙련된 작업자, 전용 조립대 및 기계장치로 보장된다. 유지보수 품질은 대형 보수장비의 성능에 좌우된다. 다짐(탬핑)은 기초도상이 안정화되도록 (공사차량을 포함하여) 철도차량의 통과 전에 수행된다. 대형 보선장비는 레일부재를 손상시키거나 침목을 이동시킴이 없이 허용주행속도로 정밀하게 작업한다. 노스레일의 첨단에서 크로싱의 후단까지의 부위에 대해서는 레일의 조밀한 배치로 인해 일반적인 다짐장비를 이용할 수 없다(※ 역자가 문구 조정). 그 경우에, 그 대신에 더 작은 다짐장비가 이용될 수 있다.

5. 우수한 용접 품질(excellent welding quality)

고속분기기의 부설에서 다수의 용접작업이 행하여질 것이다. 용접은 기술적으로 난이도가 높은 것 중의 하나이다. 용접부의 고르지 않음(irregularity)은 용접품질을 높임으로써 또는 연마하여 0.2mm/m 이내로 제어해야 한다. 그러므로 매우 전문적인 팀이 요구된다.

12.3 무도상분기기의 부설

중국에서 무도상분기기(ballastless turnout)는 세 가지 방법으로 부설(lay)될 수 있다. 첫 번째 방법은 침목매설식 무도상분기기의 제자리 부설법(in-situ laying)이며, 장점은 시공이 간단한 점이다. 두 번째 방법인 침목매설식 무도상분기기의 위치이동 부설법(ex-situ laying)은 높은 건설 효율성을 특징으로 하며, 첫 번째 방법과 비교하여, 레일부재, 레일체결장치 및 침목이 공장에서 조립되는 점이 첫 번째 방식과 다르다. 세 번째 방법은 슬래브식 궤도기초 위 무도상분기기(ballastless turnout with a slab track)기의 제자리 부설법이며, 빠르고 정밀한 건설에 유리하다.

12.3.1 침목 매설식 무도상분기기의 제자리 부설법 : 시공공정과 핵심기술

1. 시공공정(construction process)

시공공정 : 측량과 위치정하기; 분기기 앞쪽과 뒤쪽 및 궤광의 연결부에 중심말뚝 설치; 조립대 설치; 분기기 조립(자갈분기기와 같은 절차); 침목 지지대 설치, 수직 지지볼트의 설치와 높이 조정; **그림 12.11**에 나타낸 것처럼, 앵커블록이나 횡 버팀대 설치와 분기기의 횡 위치를 조정(adjusting)(첫 번째 조정); 조립대 철거, 철근 배근과 거푸집 설치; 분기기 교정(calibrating)과 미세조정(두 번째 조정); 분기기가 좋은 상태에 있을 때

그림 12.11 분기기의 위치잡기와 버팀대 시스템

그림 12.12 타설된 콘크리트 도상

에 전환설비(switch equipment) 설치; 토목설비와 전기설비 공동 조정(세 번째 조정); 전환(conversion)설비 철거; 점검, 조정(네 번째 조정) 및 고정; **그림 12.12**에 나타낸 것처럼 콘크리트 타설, 양생, 버팀대 시스템과 거푸집 철거; 점검과 미세 조정(다섯 번째 조정); 분기기 용접; 전환설비 설치, 토목설비와 전기설비 공동 조정(여섯 번째 조정); 점검, 조정(일곱 번째 조정), 유지보수 및 검수(檢收).

각각의 미세조정에 뒤이어 볼트를 죄일 것이다. 일상의 유지보수작업을 확보하기 위하여 검수와 인도 전에

분기기의 서비스시스템과 검사시스템이 확립될 것이다.

2. 핵심기술(key technology)

콘크리트 타설 전에, 수직과 횡 위치잡기와 버팀대 시스템으로 무도상분기기가 조정되고 위치가 잡혀진다. 게다가, 콘크리트 타설 동안 궤광의 어떠한 들림도 방지되어야 한다. 버팀대 시스템의 안정성, 조정성능 및 정밀성은 분기기의 기하구조 평탄성(선형맞춤)을 결정할 것이다. 이들은 이 부설방식의 핵심기술의 하나이다.

무도상분기기의 부설에서, 분기기의 부설조건과 기하구조의 매끈함이 먼저 확인될 것이며 큰 양의 조정작업이 행하여질 것이다. 분기기는 전체 부설공정에서 일곱 번 조정될 것이다. 그러므로 분기기의 기하구조(선형)의 정밀한 측량과 미세조정도 무도상분기기의 부설에서 매우 중요하다.

12.3.2 침목 매설식 무도상분기기의 위치이동 부설법

위치이동 부설법(ex-situ laying mode)이 제자리 부설법과 다른 점은 측량과 위치 정하기를 완료하고 조립대를 설치한 후에 **그림 12.13**에 나타낸 것처럼 조립되어있는 궤광(軌框, track panel)을 올려놓고 연결하여 전체분기기를 완성하는 점이며, 이것은 조립 공정을 덜어줄 것이다. 후속의 절차와 공정은 두 공법이 같다.

(A)

(B)

그림 12.13 (A) 조립된 분기기의 위치이동, (B) 타설된 콘크리트 도상

12.3.3 슬래브식 무도상분기기의 부설 : 시공공정과 핵심기술

1. 분기기 하부 기초(sub-rail foundation)

노반 위의 슬래브식 무도상분기기의 경우에 분기기 구조는 **그림 12.14**에 나타낸 것처럼 위에서부터 아래

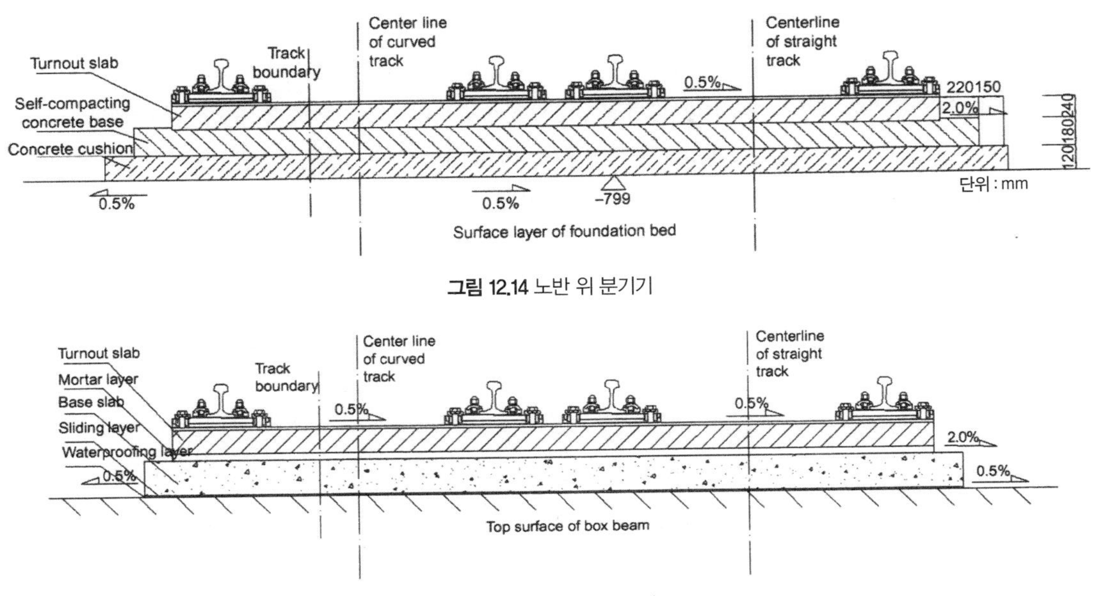

그림 12.14 노반 위 분기기

그림 12.15 교량 위 분기기

로 분기기 부품, 사전제작(prefabricated) 분기기 슬래브, 자기 충전 콘크리트(self-compacting concrete) 기초슬래브(충전층(filler course)) 및 콘크리트 받침층(concrete cushion)(기초(base)처리)으로 구성된다. 슬래브와 기초슬래브 간에 전단 철근이 배치된다.

종 방향으로 연결된 슬래브(plate)를 이용한 무도상궤도와 연결된 교량 위 분기기의 경우에, 분기기 구조는 **그림 12.15**에 나타낸 것처럼 위에서부터 아래로 분기기부품, 사전제작 분기기 슬래브, 시멘트 유화 아스팔트 모르터 층(cement emulsified asphalt mortar course)(충전 층), 철근콘크리트 기초 술래브, 미끄럼 층(두 층의 지오텍스타일(geotextile)과 한 층의 지오멤브레인(geomembrane)), 방수층(기초처리) 및 횡 블록으로 구성된다.

사전제작(prefabricated) 분기기슬래브는 두께가 240mm이며, 슬래브 위에는 폭이 340mm이고 종 방향 간격이 600mm인 횡 방향 지지 받침(lateral bearing platform, 역주 : 레일 받침)이 설치된다. 지지 받침은 표면이 평평하다. 이들 지지 받침 사이의 슬래브 표면에는 0.5% 배수 기울기와 횡(横) 줄눈(presplitting crack)(4cm 깊이)이 마련된다. 슬래브는 공장에서 미리 제작된 RC구조(C55, HRB355 철근)이다.

노반 위 기초는 유동성이 좋은 두께 180mm의 현장타설 C40 콘크리트(자기 충전 콘크리트(self-levelling concrete))로 만든다. 기초슬래브는 분기기 전체구간으로 확장되며, 상응하는 분기기 슬래브보다 횡 방향으로 약 200mm 더 넓고, 돌출된 가장자리는 궤도시스템 바깥쪽에 2% 배수 기울기가 마련된다. 콘크리트 쿠션층(cushion)은 두께가 200mm이며, 상응하는 바닥보다 횡 방향으로 약 180mm 더 넓고, 돌출된 가장자리는 궤도시스템 바깥쪽에 2% 배수 기울기가 마련된다. 구조는 철근이 없는 C25 무근콘크리트이다.

교량 보에 대한 방수층은 박스 보 상면에 있으며, 프라임 코트(prime coat), 폴리요소(尿素, polyurea) 방수코트 및 지방족(aliphatic) 폴리우레탄 톱코트(top coat)로 구성된다. 두 층의 지오텍스타일과 한 층의 폴리에

틸렌(PE) 막(膜, film)으로 구성된 미끄럼 층(slide course)은 방수층 위에 놓인다. 하부 지오텍스타일 층은 세 개의 폭 20cm 접착제(glue strip)로 방수층과 접착된다. PE 막과 상부 지오텍스타일 층은 고정된 하부 지오텍스타일 층 위에 놓인다. PE 막과 지오텍스타일 층 간의 마찰계수는 0.35를 넘지 않는다. 기초슬래브는 교량 보에 대하여 미끄러질 수 있다. 200mm 두께의 RC 기초슬래브(C40 콘크리트)는 단일체의 미끄럼 층 위에 타설되며, 시공온도에 따라 종 방향으로 긴장되고 연결될 것이다. 시멘트 유화 아스팔트 모르터 층은 분기기 슬래브와 기초 사이에 위치하며, 슬래브를 고정하고 무도상분기기에 탄성 지지를 마련하기 위하여 슬래브의 미세 조정 후에 타설될 것이다. 횡 블록은 분기기 슬래브 바깥쪽에 설치되며, 매설 철근은 보 표면의 고정(retaining) 블록 홈의 슬리브와 연결되어 분기기의 횡 위치 제한의 역할을 할 수 있다.

2. 시공공정(construction process)

노반 위 무도상분기기의 시공공정 : 준비와 위치 잡기, 노반 위에 콘크리트 받침 층(cushion)의 시공; 바닥에 철근의 고정과 지지 블록의 설치; **그림 12.16**에 나타낸 것처럼 분기기슬래브의 부설, 조정 및 위치잡기; 자

그림 12.16 (A) 분기기슬래브의 설치, (B) 분기기슬래브의 조정

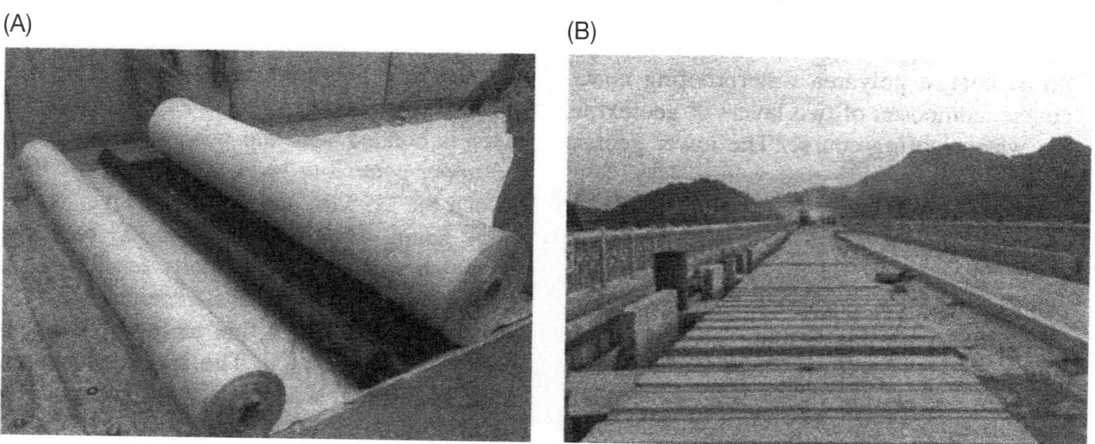

그림 12.17 (A) 미끄럼 층의 부설, (B) 분기기슬래브의 위치잡기

기 충전 콘크리트(self-compacting concrete)의 타설; 분기기의 조립; 분기기의 대략적인 조정; 전환설비의 설치; 분기기의 미세조정; 분기기의 용접, 유지관리 및 검수와 인도.

교량 위 무도상분기기의 시공공정 : 준비와 위치잡기; 교량 상판(deck) 처리; 방수층의 시공; **그림 12.17**에 나타낸 것처럼 미끄럼 층(slide course)의 포설(鋪設); 기초슬래브에 철근의 고정; 거푸집의 설치, 콘크리트 치기, 강판 커넥터에 대한 후(後)-타설 스트립(post-cast strip)의 콘크리트 치기; 분기기슬래브 지지시스템의 설치; 분기기슬래브의 부설, 조정 및 위치 잡기; 시멘트 유화 아스팔트의 주입. 후속의 공정은 노반 위 슬래브식 무도상분기기에 대해서와 같다.

3. 핵심기술(key technology)

분기기슬래브의 제작 정확도는 분기기 레일의 설치 정확도를 결정짓는다. 그러므로 중국은 분기기슬래브의 제작에 대하여 엄격한 기술표준을 체계화하였다(예를 들어 볼트 구멍의 위치 편차 ≤ 0.5mm, 레일 지지 표면의 평탄성 편차 ≤ 1mm). 게다가, 중국에서는 분기기 조립의 정확도를 더욱 높이기 위하여 독일 분기기에서처럼 현지의 구멍 뚫기 대신에 매설 나일론슬리브(nylon sleeve)가 이용된다.

분기기슬래브의 미세조정 측량은 정확한 부설을 위하여 매우 중요하다. 중국에서 슬래브의 3D 좌표는 프리즘(prism, **그림 12.18**)과 함께 토털 스테이션(total station)으로 네 모서리를 측정함으로써 구해진다. 3D 조정은 토털 스테이션의 빠른 미세조정(fine tuning) 시스템의 분석 결과에 따라 결정될 수 있다. 나중에, 설계 이론적인 위치와 높이가 달성될 때까지 조금씩 미세조정 크로(claw)(**그림 12.19**)로 조정이 행하여진다. 허용 편차는 모든 방향에서 ±0.3mm이다.

그림 12.18 프리즘

그림 12.19 미세조정 크로(claw)

노반 위의 기초슬래브는 분기기슬래브의 미세조정 정확도와 기초슬래브의 타설 품질을 보장하기 위하여 자기 충전 콘크리트(self-levelling concrete)로 만든다. 시공품질은 전체 슬래브도상의 바람직한 품질을 실현시킴에 있어 주된 관심사이다. 자기 충전 콘크리트는 낮은 물-시멘트비, 더 많은 혼화제, 더 많은 잔골재 및 더 작은 입도가 중요한 역할을 하는 큰 유동성, 큰 접착성, 다짐 없음 및 수축 방지성의 콘크리트로 특징지어진다. 이를 위해, 콘크리트의 배합비는 콘크리트 강도, 다짐도 및 내구성과 같은 내면의 품질을 높여야 하며, 게다가 시공 공정의 요건(예를 들어, 높은 유동성과 충전성)을 충족시켜야 한다.

분기기슬래브와 기초슬래브 간의 층을 대신하는 시멘트 유화 아스팔트 모르터는 몇 개의 다른 폴리머들로 아스팔트를 혼합하여 만든 탄성재료이다. 이것은 무도상 슬래브궤도의 매우 중요한 재료와 구성 부분이다. 그것은 비용이 많이 들지만, 이동 차량의 안정화와 완충작용에 좋다. 재료는 실온에서 특수 아스팔트 유제, 시멘트, 혼화제, 잔골재, 물, 알루미늄 파우더, 소포제 등을 혼합하여 만든다. 그 성능이 무도상 슬래브궤도의 내구성과 유지관리 품질과 관련되므로, 재료는 모든 요구된 성능지표(예를 들어 확장 정도, 유동성, 분리 정도, 공기함유량, 팽창률, 파괴강도, 압축강도, 동결저항 및 피로저항)를 충족시켜야 한다.

12.3.4 무도상분기기 부설의 품질보증 조치

자갈분기기에서처럼 전문건설 팀, 기계화 시공 장비 및 우수한 용접성능에 더하여, 무도상분기기에 대하여 다음과 같은 품질 대책이 취해져야 한다.

1. 무도상분기기 시공(construction)의 우선순위 지정(prioritizing)

무도상분기기(ballastless turnout)는 고성능 콘크리트의 공급, 수송접근의 준비, 충분한 부설 기간 및 테르밋용접(thermite welding)과 선로차단 시공(track locking)의 작업조건(operating condition)을 보장하기 위하여 다른 무도상궤도구조들보다 먼저 시공되어야 한다.

2. 위치잡기의 더 엄격한 정확도(stricter accuracy of positioning)

무도상분기기는 자갈궤도와는 다르게 콘크리트 위에 부설되며 쉽게 교정될 수 없다. 중국 정거장(Shanghai~Hangzhou선 北Jinshan역)의 건설 중에 기하구조(선형) 한계를 넘는 과도한 틀림(30mm를 넘는 줄 틀림)이 분기기에서 발생하여 긴 특수 플레이트를 적용하여 조정되었으며, 이러한 편차는 분기기의 종 방향을 따라 궤도 강성의 불균일한 분포와 승차감, 게다가 분기기 부품의 내구성에 영향을 준다. 이론적으로, 이 문제는 재(再) 타설하기 위해 콘크리트 도상을 철거함으로써 해결될 수 있다. 그러나 이것은 비용이 많이 들며 운행에 큰 방해를 초래할 것이다. 전술의 관점에서, 분기기의 준비와 제어 말뚝(control stake)의 배치는 정확하게 수행되어야 하며, 분기기는 엄격하게 제어 말뚝에 따라서 위치를 잡고 부설되어야 한다.

3. 안정되고 조절 가능한 버팀대 시스템(stable and adjustable bracing system)

무도상분기기의 미세조정과 고정은 횡/수직 버팀대조정시스템으로 실현된다. 시스템은 침목에 대한 횡 버팀대 조정장치와 수직 버팀대 조정장치, 버팀대 받침(pad) 및 분기기슬래브에 대한 미세조정 크로(claw)로 구성되며, 분기기에 대한 특수 측정시스템과 협력하여 기능할 수 있다. 무도상분기기의 미세조정 정확도는 버팀대장치의 조정성능과 안정성으로 결정된다. 따라서 버팀대장치의 제작, 설치품질 및 구조 안정성이 충분히 보장되어야 한다.

4. 과학적 미세조정기술(scientific fine tuning technology)

미세조정은 콘크리트 타설 후에 수행되며, 높이와 궤간을 조정함으로써 시공 중에 생긴 기하구조(선형) 틀림을 보완하고, 따라서 부설품질을 보장한다. 그러나 이 단계에서, 분기기는 레일체결장치로만 조정될 수 있다. 레일에 대한 어떠한 조정도 밀착상태와 궤도 기하구조(선형)에 영향을 준다(어떠한 조정도 나머지에 영향을 준다). 따라서 비과학적 조정수단은 혹시 있음 직한 과실로 이어질 수 있다. 만일 어떤 기하구조(선형) 틀림이 바로잡힌다면 또 다른 기하구조(선형) 항목의 틀림이 조성될 수 있다. 따라서 분기기 조정은 최소의 조정을 이용하여 최적의 궤도 선형을 이루도록 특별 분석 소프트웨어로 수행되어야 한다.

12.4 정밀조정 기술

측량(surveying)과 조정(adjustment)은 무도상궤도기초에 부설된 분기기의 높은 평탄성(smoothness, 선형 맞춤)을 보장하는 핵심기술이다. 무도상분기기에는 대략적인 조정, 미세조정, 콘크리트 타설 전과 후의 조정, 부설된 레일의 조정, 용접 전과 후의 조정 및 검수(檢收) 조정을 포함하여 많은 조정 작업이 수반된다. 그러므로 조정의 작업부하를 최소화하고 조정정확도를 최대화하기 위하여 분기기의 정밀한 조정(accurate adjustment)에 관한 연구가 필요하다[155, 156].

12.4.1 분기기 정적 기하구조의 검측기술

1. 공사 측량(engineering survey)

고속철도 선로에서 무도상궤도의 건설은 철도공사에서 측량개념의 업데이트를 촉진하였다. 고속주행에 대한 선로 평탄성을 보장하기 위해서는 정확한 기하구조(선형) 파라미터를 가져야 한다. 무도상궤도는 복잡한 부설공정을 수반하며, 건설 후에 쉽게 조정할 수 없다. 작은 부정확(inaccuracy)조차 전체 공정에 대해 잠재적인 해악으로도 될 수 있다. 궤도 기하구조(선형) 파라미터에 대한 어떠한 나중의 수정도 어렵고 비용이 많이 들 수 있다. 그러므로 무도상궤도의 시공품질은 성공적인 고속철도 건설의 핵심적인 결정인자이다. 시공 파라미터는 밀리미터까지 정확해야 한다. 결론적으로, 정밀한 측량기술은 무도상궤도 시공품질의 중요한 보증이다.

그러나 고정밀 측량기구와 높은 수준의 측량접근법으로 확립된 여객전용선로용 측량 제어망(measurement control network)만으로는 무도상궤도의 측량에서 있음 직한 모든 문제를 완전히 해결하기에 불충분하다. 이와 관련하여 완전하고, 효과적이며 정확한 측량시스템이 요구된다. 무도상궤도의 측량, 시공, 준공 및 운영관리의 각(各) 공정을 위하여 균일한 공간적 데이터 참조(spatial data reference)가 확립되어야 한다. 이것은 모든 단계를 통하여 모니터된 궤도 변형(deformation)에 대한 데이터 기준(data benchmark)을 통일(unify)할 수 있고 제삼자에 의한 검측 검수와 측정된 데이터의 표준화에 도움이 될 수 있다. 그러므로 고속철도의 측량 제어망, 시공 제어망 및 운영관리 제어망을 위하여 통일된 좌표계(coordinate system)와 계산 기준(calculation datum)이 확립되어야 한다. 세 개의 제어망은 동일 좌표계와 계산 기준을 공유한다.

무도상궤도의 평면 제어망은 세 가지 레벨이 있다. 즉, CP I, CP II 및 CP III. 궤도 경로에 따라 배치되고 GPS 정적 상대적 위치 잡기 이론에 따라 확립된 CP I(기본 평면 제어망)은 전체 선로(구간)의 모든 레벨에서 평면 제어 측량에 대한 기준이다. CP II(궤도 제어망)은 CP I에 기초하여 궤도 가까이 배치되며, 측량과 시공 단계 동안 궤도평면 제어에 대한 기준의 역할을 하고 무도상궤도의 시공 동안 CP III의 시점과 종점을 결정한다. 시점과 종점이 CP I이나 CP II에 있는 CP III(기초말뚝 제어망)은 선로를 따라 배치된 3D 제어망이며, 일반적으로 오프라인 공정이 완료된 후 측정을 하며, 무도상궤도의 부설과 운영관리에 대한 기준의 역할을 한다.

무도상궤도의 시공에서는 Huanghai(黃海) 고도(高度) 시스템(통일된 중국 고도시스템)이 채용된다. 고도 제어망은 등급을 나눌 수 있다. 이등 수준 망(second-order leveling network)은 일급이며, 전체선로의 통일된 고도 제어망이다. 정밀 수준 망은 제2급이며, 수준점은 1km의 간격으로 배치된다.

무도상분기기의 정밀한 조정이나 검사는 궤도검측장치와 CP III 제어망에 기초한 고-정밀 토털 스테이션(total station, 역주 : 전자식 거리 · 각도 측량기)으로 수행된다. 위치 잡기 동안, 궤도좌표와 정렬은 CP III 제어망의 정밀하고 밀집된 제어점으로 신뢰할 수 있고 정밀하게 준비될 수 있다. 궤도 옆의 CP III 제어점에 기초한 3D 직각(linear-angular) 후방 교회법(交會法)으로 실현된 토털 스테이션의 고정밀 자유 배치는 궤도 절대 위치의 정밀한 측정에 대한 전제조건이다. 토털 스테이션의 자유 배치를 위하여 분기기 부분에 여덟 개의 제어점이 마련된다(**그림 12.20**). 만일 현장조건이 충족되지 않는다면, 적어도 여섯 개의 후시(後視) CP III 제어점이 마련되어야 한다. 후시 위치 잡기 동안, 가장 가까운 제어점까지의 거리는 적어도 15m에 있어야 하며, 두 측점 간의 거리는 약 50m일 것이다. 게다가, 두 측점마다 적어도 네 개의 후시 CP III 제어점이 겹쳐질 것이다. 조준 오차를 최소화하기 위하여 자동조준 및 표적인식기능을 가진 TCA(독일 Leica)나 S 시리즈(미국 Trimble) 토털 스테이션이 이용된다. 토털 스테이션은 궤도의 중심선에 세워지고, 작은 각도로 측량하

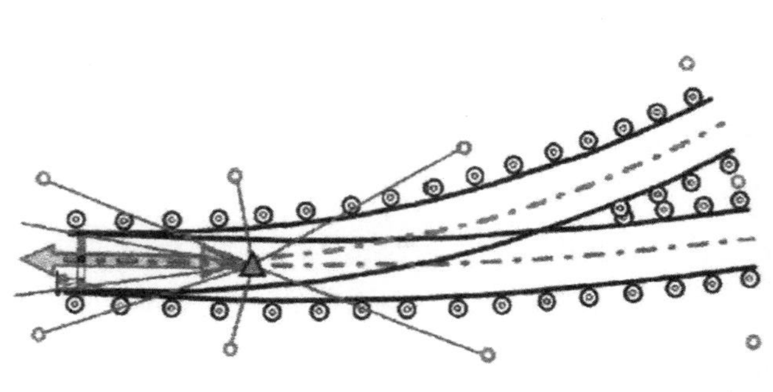

그림 12.20 토털 스테이션의 배치

그림 12.21 궤도검측장치

여 횡 방향 오차를 최소화한다.

궤도 기하구조(선형)의 절대좌표와 상대 위치의 측량은 토털 스테이션의 자유 배치 후에 진행될 것이다. 이 공정에서 토털 스테이션은 **그림 12.21**에 나타낸 것처럼 궤도검측장치의 프리즘(prism)의 위치를 찾아낼 것이며, 프리즘의 3D 좌표를 구하기 위하여 궤도검측장치의 이동으로 실시간 관측을 수행한다. 프리즘이 갖추어진 궤도검측차로 기준선이든지 분기선의 각 침목에서 궤도의 궤간, 수평, 고저(면) 및 방향(줄)이 정밀하게 측정될 수 있다[157].

2. 궤도 기하구조(선형)의 검측장치(inspection device of track geometry)[158]

궤도 기하구조(선형)의 검측 장치(inspection device)는 궤도 평탄성(smoothness)의 정적 검측용 특수 장치이다. 내부 모니터링 기하구조(선형) 파라미터는 궤간, 캔트, 수평, 고저(면), 방향(줄), 곡선 종거(縱距), 평면성(torsion, twist) 및 궤간 변화율을 포함한다. 외부 모니터링 기하구조(선형) 파라미터는 궤도의 중심선 및 설계 선형에 관한 왼쪽/오른쪽 레일의 평면(횡)과 높이(수직) 편차를 포함한다. 두 가지의 정확도 등급이 있다. 즉, 등급 0과 등급 1. 등급 0의 궤도검측장치는 허용속도 350km/h 이하의 철도에 주로 사용된다. 등급 1의 궤도검측장치는 허용속도 200km/h 이하의 철도에 적용될 수 있다.

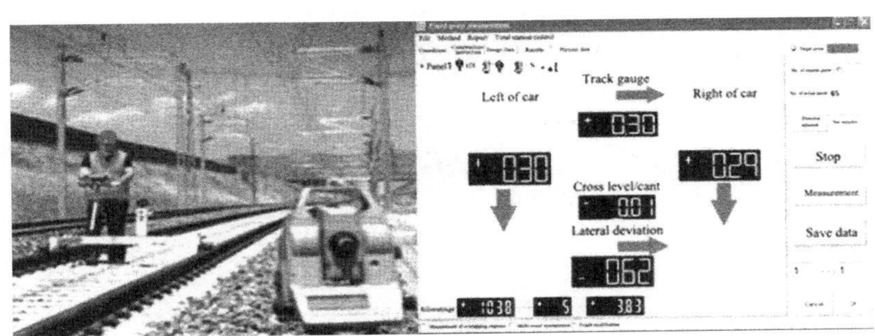

그림 12.22 궤도검측장치의 구성

궤도검측장치(track inspection device)는 **그림 12.22**에 나타낸 것처럼 프레임 시스템, 데이터 획득과 프로세싱 시스템 및 분석 소프트웨어로 구성된다. 프레임은 T형상의 구조이며, 소형이고 견고하다. 프레임 시스템은 정확한 기계적 전송과 고-정밀 센서 검측 시스템이며, 시스템의 측정 플랫폼(measurement platform)을 형성한다. 데이터 획득과 프로세싱 시스템은 견고한 노트북과 다수의 마이크로컨트롤러 유닛으로 구성된 클라이언트 서버(client server) 구조이며, 모니터된 파라미터의 디지털에서 아날로그로의 변환, 데이터 프로세싱 및 좌표변환을 수행할 수 있고, 실시간 디스플레이, 알람 및 각종 조작요령(operation tips), 게다가 다양한 유형의 토털 스테이션들에 대한 인터페이스를 제공한다. 분석 소프트웨어는 사용하기 편하고 이해하기 쉬운 MMI(역주 : man-machine interface), 여러 가지의 보고서 및 매우 효과적인 데이터관리 기능이 특징이다. 그것은 오피스(Office) 소프트웨어와 직접 연결된 인터페이스를 갖추고 있다.

작동원리 : 궤도검측장치의 주행차륜은 중력과 미는 힘을 받아 레일표면 위에서 굴러간다. 세 측정차륜은

스프링 힘을 받아 두 레일의 안쪽에 밀착되며, 거리는 주행차륜과 연결되는 인코더(encoder)로 측정된다. 궤간은 신축(伸縮, breathing) 끝부분에서 빔(beam) 측정 차륜과 연결되는 선형 변위센서로 측정된다. 왼쪽/오른쪽 레일의 경사는 경사계로 측정되고, 수평은 이에 상응하여 계산될 수 있다. 궤도검측장치의 작동상태와 경로는 스트랩다운(strapdown)을 이용하여 각속도 센서(angular velosity sensor)로 측정될 수 있고, 방향(줄)과 수평이 계산될 수 있다. 등급 0의 궤도검측장치의 경우에, 측정된 궤간, 수평, 고저(면) 및 방향(줄)은 ±3mm까지, 선형 거리(km)는 ±1%까지 정밀할 수 있다[159].

12.4.2 분기기 정적 기하구조의 평가표준

방향(줄)과 고저(면) 틀림은 중국에서 무도상궤도의 정적 기하구조(선형), 특히 중(中)파장과 장파장 틀림

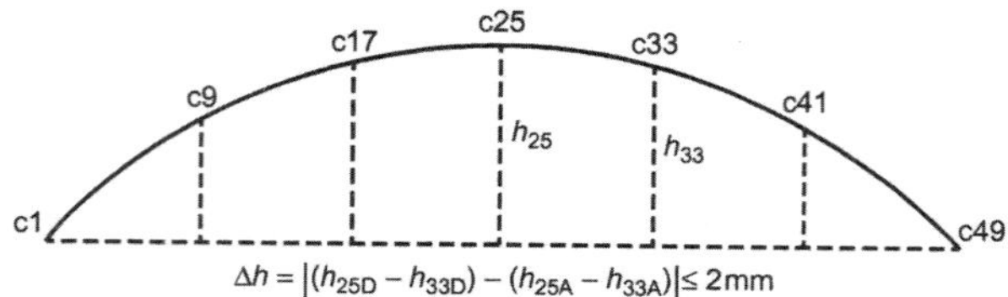

그림 12.23 중(中)파장 틀림(역주(기호 설명) : C = 현(弦), h = 지거, D = 설계, A = 실측)

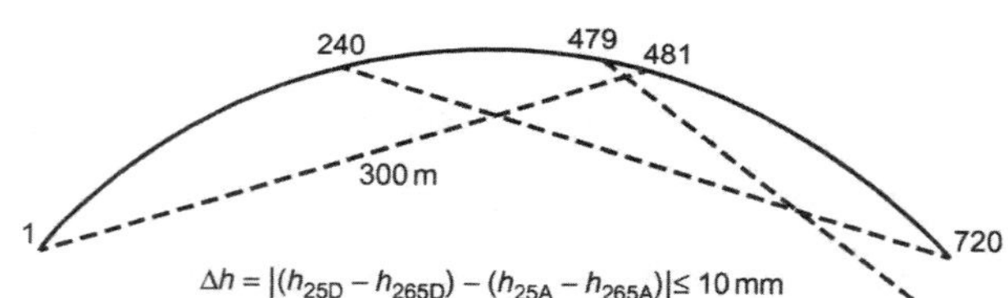

그림 12.24 장파장 틀림(역주 : 원 위에 있는 1, 240, … 720 등의 숫자 앞에 C를 삽입. 기호설명은 그림 12.23의 역주 참조)

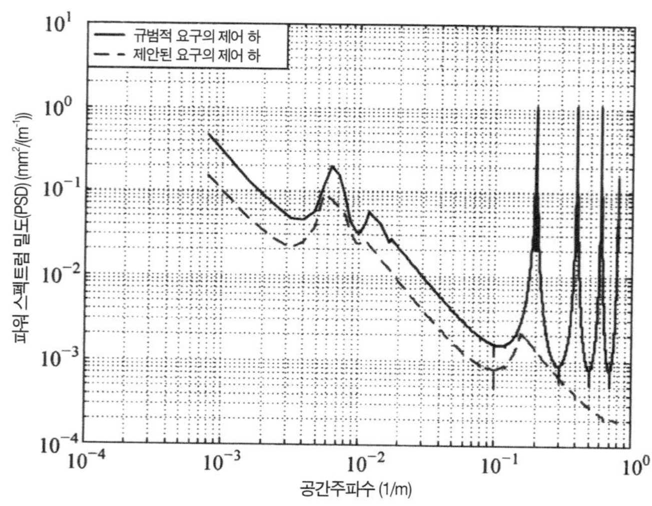

그림 12.25 권고된 표준과 원래의 표준에 따른 궤도틀림의 최대 스펙트럼 밀도

을 검수(檢收, accepting)하는 데에 있어 두 가지의 중요한 지표이다. 중파장 틀림 : 단위 현 길이 = 30m(또는 48 침목 간격); 측정 간격 = 5m(또는 8 침목 간격); **그림 12.23**에 나타낸 것처럼, 실제 지거(支距, 편심 종거) 차이(actual rise error)와 설계 지거 차이(design rise error) 간의 차이 값 및 길이 10m 현의 종거(縱距, offset) 편차는 2mm보다 크지 않아야 한다(※ 역자가 문구 조정). 장파장 틀림 : 단위 현 길이 = 300m(또는 480 침목 간격); 측정 간격 = 150m(또는 240 침목 간격); 실제 지거 차이와 설계 지거 차이 간의 차이 값은 **그림 12.24**에 나타낸 것처럼 10mm보다 크지 않아야 한다.

연구 [1]은 길이 10m 현의 중앙 종거(versine) 차이와 5m의 측정 간격에서의 길이 30m 현의 교정값(calibration value)이 궤도틀림에 대해 유사한 제어 효과를 내는 것을 보여준다. 만일 제어 효과가 유사하다면, 궤도틀림에 대한 제어 지표(control indicator)는 시공과 유지보수작업을 용이하게 하도록 최소화될 것이다. 따라서 하나의 지표가 적용된다. 게다가, 5m 미만의 파장을 가진 궤도틀림에 대해서는 유효한 제어 척도가 없다. 전술의 이유 때문에 현장 활용의 편리함을 고려하여, 다음의 방법들로 궤도의 고저(면)와 방향(줄) 틀림을 제어하도록 권고된다. 즉, 인접한 두 침목의 틀림 차이 ≤ 1mm, 8 침목 간격의 거리에서 두 침목의 틀림 차이 ≤ 2mm, 240 침목 간격의 거리에서 두 침목의 틀림 차이 ≤ 10mm. **그림 12.25**는 권고된 표준과 원래의 표준에 따라 궤도틀림의 최대 파워 스펙트럼 밀도(power spectral density)를 비교한다[161]. 그림은 권고된 표준이 최적의 궤도 기하구조(선형)를 가능하게 할 수 있다는 것을 나타낸다.

12.4.3 분기기 조정의 기본 요구사항

1. 기준선(main track)과 분기선(diverging track)의 공동 조정(joint debugging)

분기기의 구조는 포인트와 크로싱에서 기준선과 분기선 레일들의 상호영향을 결정하며, 그 이유는 **그림 12.26**에 나타내는 것처럼 포인트에서 직선 기본레일이 곡선 텅레일과 연접되고 직선 텅레일이 곡선 기본레일과 연접됨과 동시에 곡선과 직선 리드레일이 크로싱에서 연접되기 때문이다. 기준선과 분기선의 공동 조정을 위하여, 포인트에서 직선 기본레일과 곡선 텅레일, 직선 텅레일과 곡선 기본레일의 연접 부분 및 크로싱에서 곡선과 직선 리드레일의 연접 부분과 같은 분기기의 핵심 위치에 대한 조정 값이 주어질 것이다. 분기선과 기준선은 모두 가능한 한 검수(檢收) 기준의 요구사항을 충족시킬 수 있어야 하며, 만족시킬 수 없을 때는 먼저 기준선 방향의 검수 기준의 요구사항을 보장해야 하고, 분기선은 보통의 속도에 대한 기준에 따라 검수할 수 있다. 이때 더는 요구사항을 충족시키지 못한다면, 분기기 제품이 공장 출하 검수 요구사항을 만족시킬 수 있는지를 검사해야 한다.

2. 기준 레일(reference rail)과 비(非)기준 레일(nonreference rail)의 구분

조정을 최소화하고 조정 작업을 단순화하기 위하여, 한 레일이 분기기의 고저(면)와 방향(줄)을 나타내기 위한 기준 레일로 정의될 것이다. 만일 이 레일이 조정 후에 적합하게 됐다면, 그것은 분기기 전체기하구조(선형)가 이미 표준에 도달했다(acceptable)는 것을 의미한다. 동일 궤도의 다른 레일은 비(非)기준 레일이며, 만일 조정이 행하여진다면, 분기기의 수평과 궤간이 그에 상응하여 변화될 수 있다. 만일 이 레일이 조정 후

Turnout adjustment B			
a	c	b	d
−1			
−1		1	
−1			
1	−1	1	−1
2		1	
2	1	1	1
1		1	
1			
	1		
1	2		1
	1		
1			
1			

a: Left of turnout
b: Right of turnout
c: Left of main line
d: Right of main line

Turnout adjustment A			
a	b	c	d
−1		−1	
−1	1	−1	1
−1		−1	
1	1	−1	−1
2	1		
2	1	1	1
1	1		
1			
	1	1	
1	2	2	1
	1	1	
1			
1			

그림 12.26 기준선과 분기선의 공동 조정 과정 중의 상호영향

에 적합하게 되었다면, 그것은 분기기 구간의 모든 기하구조(선형) 파라미터가 표준에 도달했다는 것을 의미한다. 중국에서 직선 기본레일은 궤도의 고저(면)에 대한 기준 레일로서 정의되며, 리드 곡선의 바깥쪽 레일은 궤도 방향(줄)에 대한 기준 레일로서 정의된다.

3. 합리적인 작업순서(rational operation sequence)

분기기의 정확한 조정(accurate adjustment)은 반복된 작업을 줄이기 위해 다음의 작업순서에 따라 수행된다.

a. 전체에서 부분으로. 이것은 두 가지 방식으로 이해될 수 있다. 첫째로, 기준 레일을 먼저 조정한 다음에 비(非)기준 레일을 조정한다. 둘째로, 장파장 틀림(long-wavelength irregularity)을 먼저 제어한 다음에 단파장 틀림을 조정한다.

b. 기준선(main line)에서 분기선(diverging line)으로. 이 조치는 기준선 고속주행 시의 안정성(riding quality)을 확실히 함을 목표로 한다.

c. 고저(면)에서 방향(줄)으로. 고저(면) 조정 동안, 침목 아래 높이 조정 블록(riser block)의 조정을 돕기 위해 레일체결장치가 분리될 것이다. 그러나 방향(줄)에 대한 조정은 타이플레이트의 높이를 변경할 필

요가 없이 게이지 블록, 편심 슬리브, 또는 유사한 부품을 조절함으로써 실현될 수 있다. 이것은 고저(면) 조정 동안에 방향(줄) 조정을 작업할 수 있음을 의미한다. 그러나 고저(면) 조정은 방향(줄) 조정 동안에 수행될 수 없다.

4. 최소조정(minimum adjustment)

조정량을 최소화하도록, 그리고 최소의 조정으로 분기기 기하구조(선형)를 조정할 수 있도록 일정한 원리가 준수되어야 한다.

12.4.4 분기기 조정분석 소프트웨어[162, 163]

중국에서는 무도상분기기(ballastless turnout) 부설 중의 조정(대략적인 조정과 미세 조정)을 위하여 확실한 조정 소프트웨어가 채용되었다. 마이크로소프트 엑셀기반 소프트웨어에서 참조레일의 절대 공간좌표(absolute spatial coordinates)는 (기준선) 고저(면)와 방향(줄)의 기본요소로 제어되며, 비(非)참조레일의 기하구조(선형)는 수평과 궤간으로 제어된다. 모든 지표(예를 들어 고저, 수평, 방향, 궤간, 평면성 및 장파장이나 단파장 고저와 수평의 변화율)가 허용될 때, 최적의 조정품질이 정수(整數) 선형 프로그래밍에 따라 계산될 수 있거나 어쩌면 수작업의 조정으로 수정될 수 있다. 조정 소프트웨어(**그림 12.27**)는 기준선과 분기선에서 두 가지 기하구조(선형) 상태(높이와 평면)와 각종 틀림을 포함한다. 어떤 항목의 틀림 값의 변화는 여러

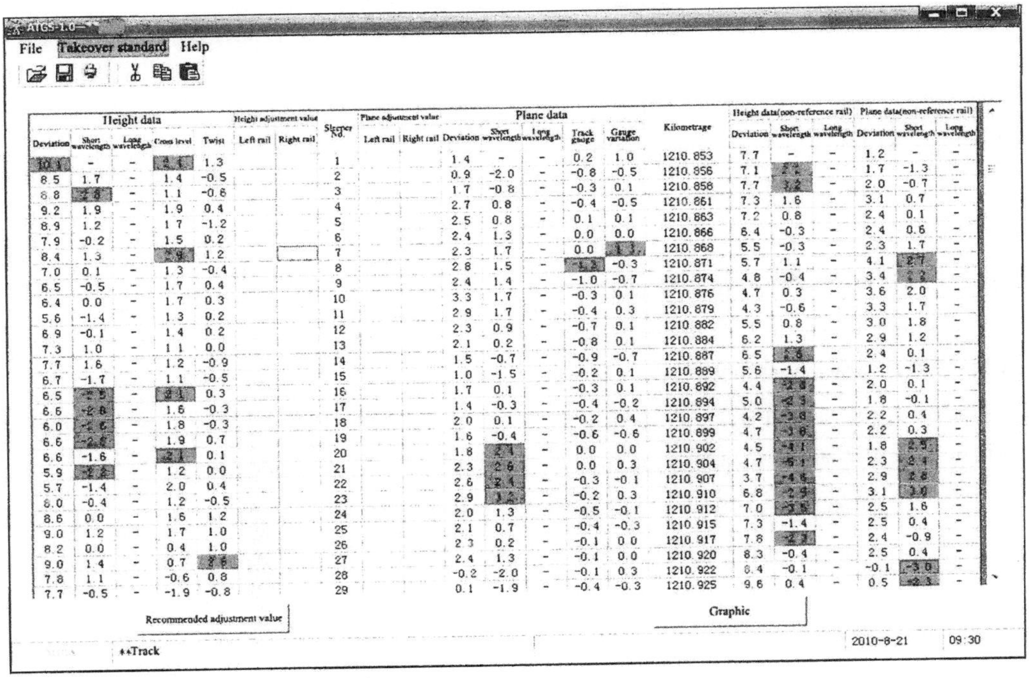

ATGS-1.0

File | Takeover standard | Help

Height data					Height adjustment value		Sleeper No.	Plane adjustment value		Plane data					Kilometrage	Height data(non-reference rail)			Plane data(non-reference rail)		
Deviation	Short wavelength	Long wavelength	Cross level	Twist	Left rail	Right rail		Left rail	Right rail	Deviation	Short wavelength	Long wavelength	Track gauge	Gauge variation		Deviation	Short wavelength	Long wavelength	Deviation	Short wavelength	Long wavelength
10.1	-	-	2.1	1.3			1			1.4	-	-	0.2	1.0	1210.853	7.7	-	-	1.2	-	-
8.5	1.7	-	1.4	-0.5			2			0.9	-2.0	-	-0.8	-0.5	1210.856	7.1	2.1	-	1.7	-1.3	-
6.8	-2.8	-	1.1	-0.8			3			1.7	-0.8	-	-0.3	0.1	1210.858	7.7	3.2	-	2.0	-0.7	-
9.2	1.9	-	1.9	0.4			4			2.7	0.8	-	-0.4	-0.5	1210.861	7.3	1.6	-	3.1	0.7	-
8.9	1.2	-	1.7	-1.2			5			2.5	0.8	-	0.1	0.1	1210.863	7.2	0.8	-	2.4	0.1	-
7.9	-0.2	-	1.5	0.2			6			2.4	1.3	-	0.0	0.0	1210.866	6.4	-0.3	-	2.4	0.6	-
8.4	1.3	-	2.9	1.2			7			2.3	1.7	-	0.0	1.3	1210.868	5.5	-0.3	-	2.3	1.7	-
7.0	0.1	-	1.3	-0.4			8			2.8	1.5	-	-1.2	-0.3	1210.871	5.7	1.1	-	4.1	2.7	-
6.5	-0.5	-	1.7	0.4			9			2.4	1.4	-	-1.0	-0.7	1210.874	4.8	-0.4	-	3.4	2.2	-
6.4	0.0	-	1.7	0.3			10			3.3	1.7	-	-0.3	0.1	1210.876	4.7	0.3	-	3.6	2.0	-
5.6	-1.4	-	1.3	0.2			11			2.9	1.7	-	-0.4	0.3	1210.879	4.3	-0.6	-	3.3	1.7	-
6.9	-0.1	-	1.4	0.2			12			2.3	0.9	-	-0.7	0.1	1210.882	5.5	0.8	-	3.0	1.8	-
7.3	1.0	-	1.1	0.0			13			2.1	0.2	-	-0.8	0.1	1210.884	6.2	1.3	-	2.9	1.2	-
7.7	1.6	-	1.2	-0.9			14			1.5	-0.7	-	-0.9	-0.7	1210.887	6.5	2.6	-	2.4	0.1	-
6.7	-1.7	-	1.1	-0.5			15			1.0	-1.5	-	-0.2	0.1	1210.889	5.6	-1.4	-	1.2	-1.3	-
6.5	-2.5	-	2.1	0.3			16			1.7	0.1	-	-0.3	0.1	1210.892	4.4	-2.8	-	2.0	0.1	-
6.6	-2.8	-	1.6	-0.3			17			1.4	-0.3	-	-0.4	-0.2	1210.894	5.0	-2.5	-	1.8	-0.1	-
6.0	-2.6	-	1.8	-0.3			18			2.0	0.1	-	-0.2	0.4	1210.897	4.2	-3.8	-	2.2	0.4	-
6.6	-2.2	-	1.9	0.7			19			1.6	-0.4	-	-0.6	-0.6	1210.899	4.7	-3.6	-	2.2	0.3	-
6.6	-1.6	-	2.1	0.1			20			1.8	2.4	-	0.0	0.0	1210.902	4.5	-4.1	-	1.8	2.5	-
5.9	-2.2	-	1.2	0.0			21			2.3	2.6	-	0.0	0.3	1210.904	4.7	-6.1	-	2.3	2.4	-
5.7	-1.4	-	2.0	0.4			22			2.6	2.4	-	-0.3	-0.1	1210.907	3.7	-4.6	-	2.9	2.8	-
6.0	-0.4	-	1.2	-0.5			23			2.9	3.2	-	-0.2	0.3	1210.910	6.8	-2.9	-	3.1	3.0	-
8.6	0.0	-	1.6	1.2			24			2.0	1.3	-	-0.5	-0.1	1210.912	7.0	-3.5	-	2.5	1.6	-
9.0	1.2	-	1.7	1.0			25			2.1	0.7	-	-0.4	-0.3	1210.915	7.3	-1.4	-	2.5	0.4	-
8.2	0.0	-	0.4	1.0			26			2.3	0.2	-	-0.1	0.0	1210.917	7.8	-2.3	-	2.4	-0.9	-
9.0	1.4	-	0.7	2.6			27			2.4	1.3	-	-0.1	0.0	1210.920	8.3	-0.4	-	2.5	0.4	-
7.8	1.1	-	-0.6	0.8			28			-0.2	-2.0	-	-0.1	0.3	1210.922	8.4	-0.1	-	-0.1	-3.0	-
7.7	-0.5	-	-1.9	-0.8			29			0.1	-1.9	-	-0.4	-0.3	1210.925	9.6	0.4	-	0.5	-2.3	-

Recommended adjustment value | Graphic

**Track | 2010-8-21 | 09:30

그림 12.27 조정 소프트웨어의 인터페이스

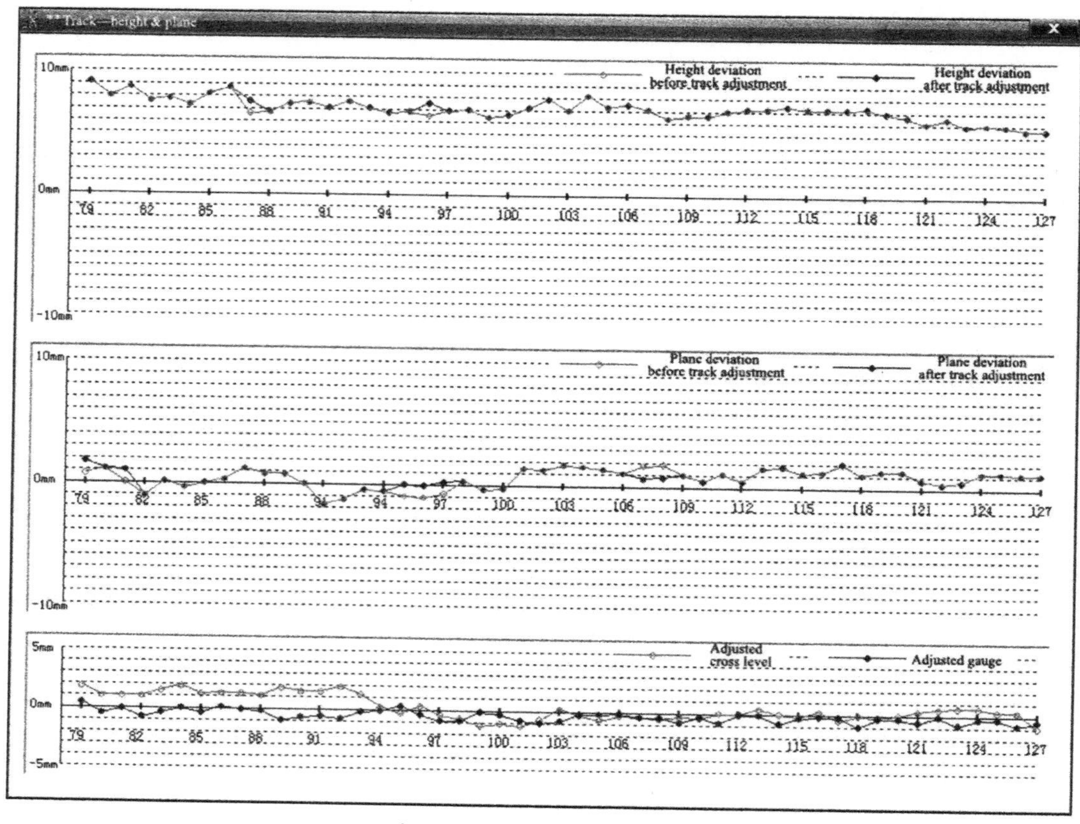

그림 12.28 틀림 조정의 그래픽 디스플레이

항목의 틀림들의 변화로 이어진다. 소프트웨어에서 과도한 값은 적색 배경으로 강조표시가 된다. 조정 전후의 틀림 값은 **그림 12.28**에 나타낸 것처럼 그래픽으로 나타낼 수 있다.

12.5 고속분기기의 동적 검측과 검수

1. 동적 검측(dynamic detection)

동적 검측의 과정에서는 자이로스코프(gyro), 가속도계 및 레이저 측정 장치가 이용된다. 게다가, 기하구조(선형) 및 차량의 동적 응답(dynamic response)의 가속도를 검측하기 위하여 (정확한 위치 측정이 기능한) 궤도검측차와 종합검측열차가 이용된다. 계기가 설치된 윤축, 가속도 센서 및 동적 응답용 그 밖의 측정기구가 설치된 종합검측열차는 EMU 열차의 동적 응답을 검측하는 데 이용된다. 주요 검측지표(main detection indicators)는 기하구조(선형) 틀림(예를 들어 고저, 수평, 평면성, 방향 및 궤간), 주행지표(예를 들어 수직과 횡 가속도) 및 동적지표(예를 들어, 탈선계수와 하중감소율)를 포함한다.

과도한 하중감소율은 주로 레일표면의 단파장 고저틀림(파장 0.1~3.0m, 진폭 0.5~1.0mm) 때문에 유발되며, 레일 이음부와 표면에서의 허용한계를 초과한 평탄성 부족, 레일체결장치의 결함, 또는 레일하부지지 강성의 갑작스런 변화에 해당된다.

연속 다중-파장(continuous multiple-wavelength)의 방향(줄)틀림, 방향(줄)과 수평의 합성 틀림 및 레일 이음부의 작용면(working surface)에 대한 허용한계를 초과한 평탄성 부족은 보다 큰 횡력의 주된 원인이다. 현장 검측은 궤도의 방향(줄)과 수평에 초점을 맞춘다. 레일체결장치와 플레이트의 밀착상태도 검측되어야 한다.

보다 큰 차륜-레일 횡력(lateral force)이나 보다 작은 차륜-레일 수직력은 과도한 탈선계수로 이어질 수 있다. 용접, 레일체결장치, 궤도 방향(줄)과 수평의 편차 및 궤도의 방향(줄)과 수평의 합성 틀림은 현장 검측의 주된 대상이다.

궤도의 중(中)파장 고저(면)와 방향(줄) 틀림은 차체의 과도한 가속도의 주된 원인이다. 텅레일 상면의 광택 스트립(light strip)과 분기기와 일반선로구간 간의 연결 품질은 검측의 중점(focus of detection)이다.

2. 동적 검수(檢收) 표준(dynamic acceptance standards)

a. 동적 기하구조(선형) 틀림(dynamic geometry irregularity)의 검수 표준

중국의 250~350km/h 고속철도 선로의 경우에 **표 12.1**에 주어진 것과 같은 동적 기하구조(선형) 틀림의 검수는 국부적인(local) 진폭과 구간 품질로 평가된다. 국지적인 진폭은 킬로미터당으로 평가된다. 검측에서 II

표 12.1 고속철도의 동적 기하구조(선형) 틀림의 검수기준

분류		검수 Ⅰ급	검수 Ⅱ급	검수 Ⅲ급	검수 Ⅳ급
파장 42 m	고저(면) (mm)	3	5	8	10
	방향(줄) (mm)	3	4	6	7
파장 120 m	고저(면) (mm)	5	7	12	15
	방향(줄) (mm)	5	6	10	12
궤간	증가 (mm)	+3	+4	+7	+8
	감소 (mm)	−2	−3	−5	−6
수평 (mm)		3	5	7	8
평면성 (mm) (기준길이 2.5 m)		3	4	7	8
궤간변화율 (%) (기준길이 2.5 m)		0.8	1.0	–	–
차체의 수직가속도 (m/s^2)		/	1.0	2.0	2.5
차체의 횡 가속도 (m/s^2)		/	0.6	1.5	2.0
궤도품질지수 (mm)		4.0	5.0	–	–

주 :
1. 고저(면)와 방향(줄)의 편차는 검측된 공간의 곡선의 계산된 제로(영) 선에서 파형 정점까지의 진폭이다.
2. 곡선의 명시된 캔트와 캔트체감은 평면성 편차에 포함된다.
3. 완화곡선의 캔트체감으로 생긴 평면성틀림은 평면성 편차에 포함된다.
4. 곡선구간의 불평형 원심가속도는 차체의 횡 가속도의 편차에서 제외된다.
5. 표에서 '/'는 '요구조건이 없음'을 나타내고, '–'는 요구조건이 이용될 수 없다는 것을 나타낸다.

급 편차는 허용되지 않으며, 또는 단일 지표에 대하여 I급 편차를 가진 구간의 비율이 선로의 킬로미터당 5%보다 크지 않아야 한다. 궤도품질지수(track quality index, TQI. 일곱 가지 지표, 즉 고저, 수평, 궤간, 방향 및 200m 구간 내에서 왼쪽/오른쪽 레일의 평면성의 표준편차의 합)의 면에서, 등급 II 편차가 전체선로에서 발생하지 않아야 하며, I급 편차를 가진 요소의 누적 길이가 5%를 넘지 않아야 한다. III급과 IV급 편차는 공동 조정과 성능시험 동안 궤도 기하구조(선형) 상태에 대한 안전의 과정 제어와 관리를 위한 기준(basis)으로 정의된다. III급 편차를 가진 구간은 즉시 보수되어야 한다. IV급 편차를 가진 구간에서는 즉시 속도제한(speed restriction)이 시행되어야 하거나 속도향상 시험이 중단될 것이지만, 궤도보수 후에 재개될 수 있다.

Hangzhou~Changsha선(2014년에 개통)에 대한 동적 기하구조(선형) 틀림의 검수시험 동안, 전체선로에서 II급 또는 그 이상의 국지적인(local) 편차는 나타나지 않았다. 궤간 틀림의 I급 편차를 가진 철도구간은 0.18%에 달하였다. 그 외 지표의 편차는 0이다. 게다가, TQI의 평균과 피크는 각각 2.2와 3.8mm이다. I급 또는 그 이상의 편차를 가진 구간은 없다. 이것은 중국 고속철도의 건설품질이 우수하고, 무도상궤도와 분기기의 부설, 유지관리, 조정 및 검측의 기술이 중국에서 충분히 발달하였다는 것을 시사한다.

표 12.2 EMU 열차의 동적 응답 안정성에 대한 평가기준과 시험치

항목		기준	시험치 (Hangzhou~Changsha선)
탈선계수		≤ 0.80	0.38
윤하중감소율		≤ 0.80 간헐방식 계기가 설치된 윤축에서 두 개의 하중감소율 피크가 있는 경우에는 과도한 것으로 판정	0.59
횡 윤축 힘(kN)		$H \leq 10 + P_0/3$ (한계 : 48kN)	22.1
프레임(frame) 횡 가속도(m/s²)		≤ 8.0 (0.5~1.0 Hz 필터링 프로세싱을 하여, 6회 이상의 진동 피크가 연속하여 발생한다)	3.43
우수한 평온성	횡	≤ 2.5	1.91
	수직	≤ 2.5	2.03

b. EMU열차 **평온성**(riding quality)과 **안전성의 평가지표**(assessment indicator)

궤도는 또한 설계속도(design speed)에서 EMU 열차의 바람직한 주행 안정성(riding stability)과 평온성(平穩性, riding quality)을 보장함이 확인되어야 한다. 이것은 또한 동적 검수(dynamic acceptance)에 대한 참고근거를 제공할 수 있다. **표 12.2**는 주행 안정성에 관한 평가지표(assessment indicator)를 나타낸다. 평온성 지표(indicator)에 대해서는 **표 4.9**(※ 원본에는 **표 4.7**)에 나열된 객차(passenger car)에 대한 평가 기준(assessment criteria)을 이용할 수 있다.

350km/h로 주행하는 EMU 열차의 최대 동적 응답은 **표 12.2**에 포함되었다. 일반선로구간과 분기기의 주행 안정성과 품질이 EMU 열차의 통과 동안 허용될 수 있고 동적 궤도 기하구조(선형)가 좋다는 것을 표에서 알 수 있다.

제13장 운용 중인 고속분기기의 틀림 제어

높은 평탄성(smoothness, 선형맞춤)은 높은 승차감, 주행 안전(riding safety) 및 안정성(stability)을 가능하게 하므로 고속분기기에서 가장 중요한 기술 요건이다. 앞의 장들에서는 설계, 제작 및 부설에서 분기기의 높은 평탄성(선형맞춤)을 보장하기 위한 수단이 강조되었다. 그러한 수단은 차륜-레일접촉을 최적화함으로써 구조적 틀림(structural irregularity)을 제어함, 제작, 조립 및 부설에서 정밀도를 높임으로써 상태(status) 틀림(예를 들어 분기기 각 부품 간의 틈)을 제어함, 게다가 정밀한 조정과 동적 검수(檢收)의 엄격한 표준으로 기하구조(선형) 틀림을 제어함을 포함한다[164].

운용 중인 고속분기기의 수량은 많다. 제작과 부설기술의 차이, EMU 열차의 다양한 유형과 기초의 영향은 운용 중인 분기기들 사이에서 품질 차이를 초래할 것이다. 게다가, 분기기 품질은 증가하는 교통량과 함께 저하될 것이며, 이것은 어떤 분기기에 대하여 공동 조정(joint debugging), 성능시험(commissioning) 및 운용 동안 EMU 열차의 동적 응답 지표(indicator of dynamic response)가 왜 앞 장의 **표 12.1**과 **12.2**에 나열된 한계를 초과하는지를 설명한다. 이하에서는 저자(Ping Wang, 王平)가 관여한 사례와 함께, 고속분기기에 대한 틀림 제어의 기술을 서술할 것이다.

13.1 차륜-레일 관계 불량으로 유발된 구조적 틀림

사례 1 : 텅레일의 과도한 높이차로 유발된 차체의 과도한 횡 진동가속도[165]

중국에서 종합검측열차, 열차탑재 궤도검측장치 등은 운영 동안 주기적으로 궤도를 검사하기 위하여 사용된다. 국부(local) 틀림(피크 값)과 구간 총체(integral) 틀림(평균치)은 동적품질관리용 두 가지 지표(indicator)이다.

1. Beijing~Shanghai 고속선의 Huangdu남(南)역의 분기기 #2

이 분기기 #2는 CNTT 중국 신(新)분기기기술주식회사가 60kg/m 레일로 만든 상행선의 42번 무도상분기기이다. 분기기는 '완화 + 원 +완화' 곡선(각각 10,119m/4,100m/∞의 반경)의 평면선형을 갖고 있다. 길이는 136.926m이다. 텅레일은 BWG의 특유한 FAKOP 기술을 채용했으며, 텅레일 첨단의 킬로정(kilometer 程)(chainage)은 K1303 + 438m이다. 텅레일의 상면 폭 15mm에서, 기본레일은 1,600m의 반경으로 바깥쪽으로 구부려 15mm만큼 나온다. 그러므로 이 부분에서 텅레일의 실제 상면 폭은 30mm일 것이다.

분기기는 Yunzzobin 교량의 교각 #4~10 위에 위치한다. 교량경간의 배치는 24.7m + 4×32.7m + 24.7m이다. 교량 보는 K1303 + 426m~K1303 + 596m의 킬로정(kilometer程)과 함께, 현장 타설 프리스트레스트 콘크리트의 단일박스(single-box) (double chamber) 연속보이다. 평면과 종단면은 직선과 수평이다.

열차는 기준선의 통과를 위하여 분기기 앞쪽에서 분기기에 접근한다고 고려된다. CRH380A와 CRH2 EMU 열차에 대하여 각각 295와 245km/h의 주행속도가 고려된다. 분기선의 통과는 현재 고려되지 않는다.

2. 동적 검사의 결과(results of dynamic inspection)

Beijing~Shanghai선은 2011년 6월 30일에 개통되었다. 그 이후에, 이 분기기의 동적 검사 결과는 점점 더 나빠지고 있다. 특히 차체의 횡 진동가속도는 계속 증가하고 있다. 결과에 대하여, 다음과 같은 세 가지 검측 장치가 채택되어 왔다.

포터블 열차진동분석기(portable train vibration analyzer) : 두 유형의 차량(CRH380A와 CRH2)의 차체 횡 가속도가 다양한 정도로 보수표준을 초과하였다. CRH380A의 경우에, 차체 횡 가속도(lateral acceleration of carbody)의 평균진폭은 0.08g이고, 최대 가속도는 0.14g이며, 양쪽 모두 0.15g의 III급 표준(긴급보수)보다 아래이다. CRH2의 경우에, 차체 횡 가속도의 평균진폭은 0.13g이고, 최대 가속도는 0.22g이며, 이것은 0.2g의 IV급 표준(속도제한)을 초과한다. 그러므로 승객들은 분기기를 통과하는 동안 분명한 횡 흔들림을 느낄 것이다.

열차탑재 궤도검측장치(train-borne track inspection device) : 이 장치의 검측 데이터는 포터블 열차진동분석기의 것과 유사하다. 특히 CRH380A의 경우에, 차체 횡 가속도의 평균진폭(mean amplitude)은 약

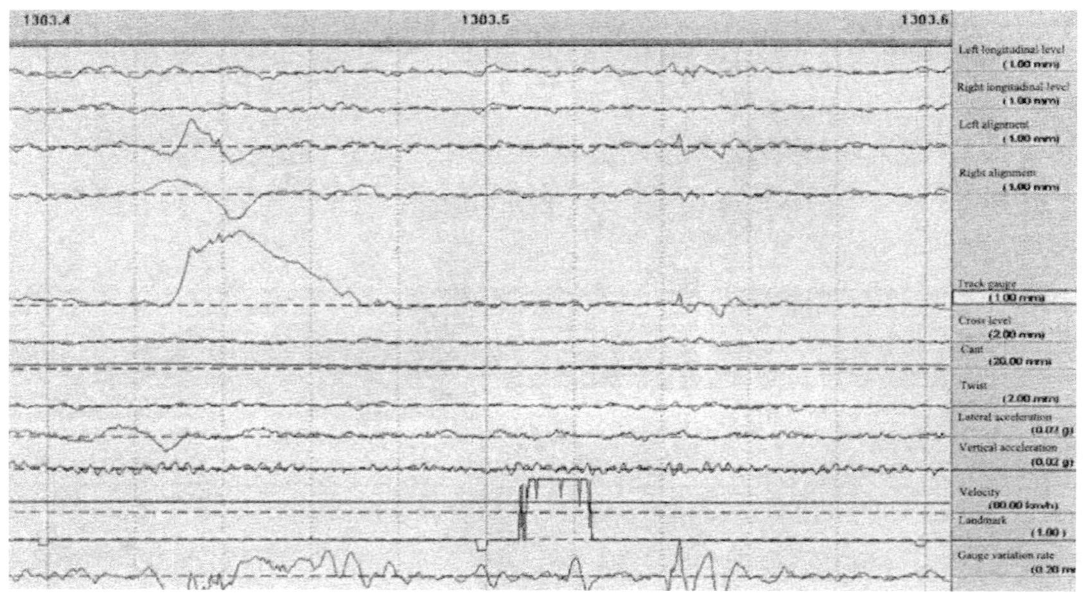

그림 13.1 속도제한 후 동적검측장치의 검측 결과

0.09g이고, 최대 가속도는 III급 표준보다 아래이다. CRH2의 경우에, 차체 횡 가속도의 평균진폭은 0.11g이고, 최대 가속도는 0.16g이며, 이것은 III급 표준을 넘어선다.

종합검측열차(comprehensive inspection train) : 이 장치의 검측 결과도 0.09g의 II급 표준(승차감)을 초과하는 약 0.12g의 피크 값과 함께, 분기기가 큰 차체 횡 가속도의 특성을 나타낸다는 사실을 반영한다. 분기기는 2011년 10월 5일 이후 속도가 제한(160km/h)되어 왔다. 그러나 현저한 차체 횡 가속도는 0.06g의 I급 표준(일상 정비)과 같은 약 0.06g의 피크 값과 함께, 종합검측열차가 160km/h로 분기기에서 주행할 때 존재한다. 검측 결과는 **그림 13.1**에 주어진다. 게다가, 보다 큰 궤간틀림과 방향(줄)틀림이 분기기에서 발생하였다. 궤간틀림은 기본레일의 구부러짐으로 형성되는 반면에 방향(줄)틀림은 차륜-레일 접점(contact point)의 진동으로 생긴 구조적 틀림이다. 설계이론의 분석으로 입증된 것처럼, 두 유형의 틀림이 차체의 과도한 횡 가속도의 주요한 원인이다.

세 가지 검측 설비의 검측 결과는 서로 다르지만, 분기기가 서로 다른 정도로 차체 횡 가속도(lateral acceleration of carbody)의 한계를 초과했음을 보여준다.

3. 속도제한(speed restriction) 전에 궤도 선형 틀림(geometric irregularity)의 개선

Shanghai철도국은 Huangdu역의 분기기 #2에서의 EMU 열차의 과도한 횡 가속도에 관한 문제가 처음에 분기기의 횡 방향 기하구조 틀림(방향 틀림) 때문이라고 추정했다. 그 때문에, 분기기의 방향 틀림(plane deviation)을 검측하기 위하여 궤도검측차가 CP III에 사용되었다. **그림 13.2** [x축 = 킬로정(m), y축 = 방향 틀림(mm)]에서, 위쪽의 선은 참조 레일로서 직선 텅레일의 방향 틀림을 나타낸다. 측정 결과에 따르면, 분기기는 장파장 방향 틀림(파장 : 150m, 진폭 : 7mm)의 범위에 있으며 중국 고속철도의 궤도 정적 기하구조(선형)에 대한 검수(檢收) 기준(상세에 대하여는 제12장 참조)을 충족시킨다. 그러나 **그림 13.2**에서 아래쪽 선으로 묘사한 것처럼 피크 방향 틀림을 −2~3mm 이내로 유지하도록 정밀한 조정기술을 이용하여 침목을 따라 레일체결장치의 위치가 조정된다. 열차탑재 궤도검측장치와 포터블 열차진동분석기를 이용한 검측 결과는 차체 횡 가속도가 약간 감소함(감소치는 대략 0.01~0.03g)을 나타냈지만, 개선 효과는 뚜렷하지 않다.

그 후, 분기기 전후 선로 구간의 궤도틀림이 차체의 흔들림으로 이어졌고, 분기기에서 진동이 심해졌으며,

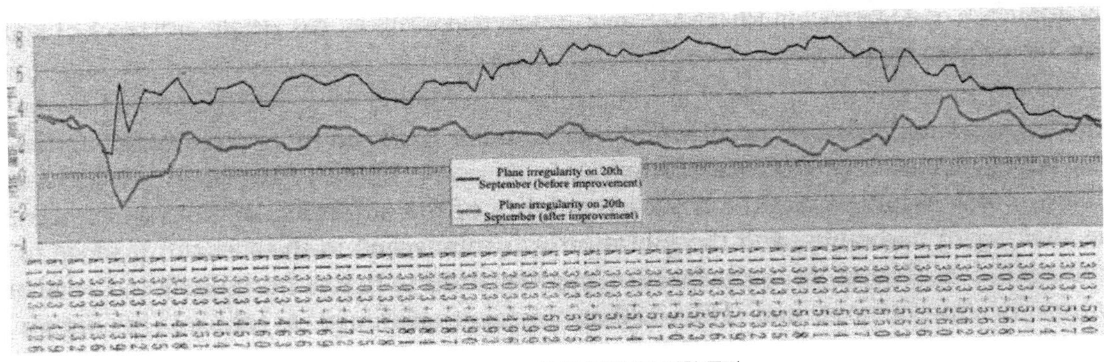

그림 13.2 Huangdu역 #2 분기기의 방향 틀림

(A)
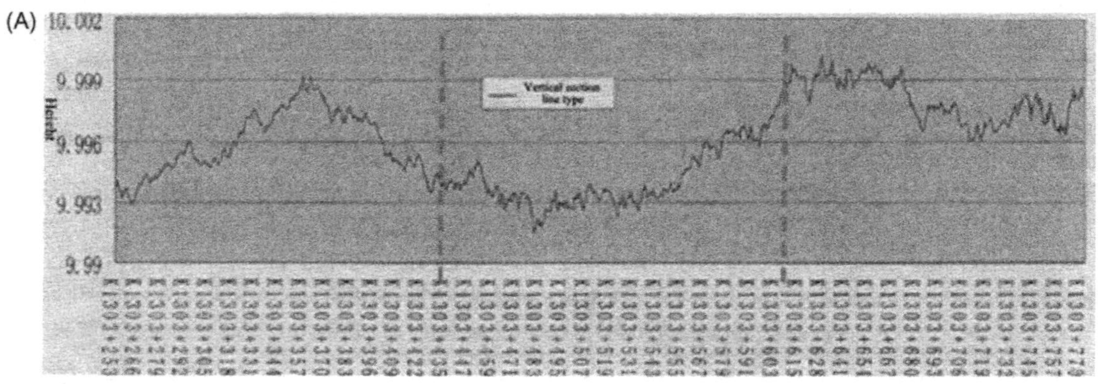

(B)
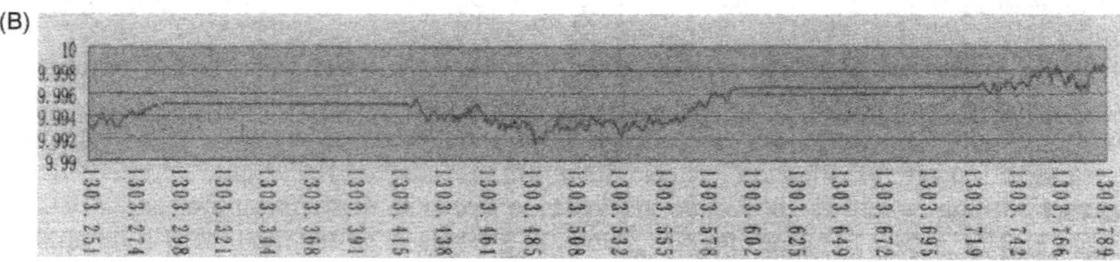

그림 13.3 (A) 개선 전 Huangdu역 #2 분기기의 보수 전의 고저 틀림, (B) 개선 후 Huangdu역 #2 분기기의 보수 후의 고저 틀림

과도한 가속도로 이어졌다. 그러므로 **그림 13.3(A)** [x축 = 킬로정(m), y축 = 높이(m)]에 나타낸 것처럼 분기기와 분기기 전후 일반선로 160~180m 구간의 방향과 고저 틀림을 검측하기 위해 검측차가 이용된다. 결과는 분기기 전후 선로 구간에 고저 틀림(파장 : 150mm, 진폭 : 6mm)이 존재하며, 분기기 구간에서 높이편차는 약 3mm임을 보여주었다. 그러나 양쪽의 값들은 중국 고속철도의 궤도 정적 기하구조(선형)에 대한 검수기준 이내에 있다. 고저 틀림은 영향을 제거하기 위해 분기기 전후 150m 이내 선로 구간의 고저 틀림이 조정

그림 13.4 깊이게이지로 텅레일 낮춤 값 측정

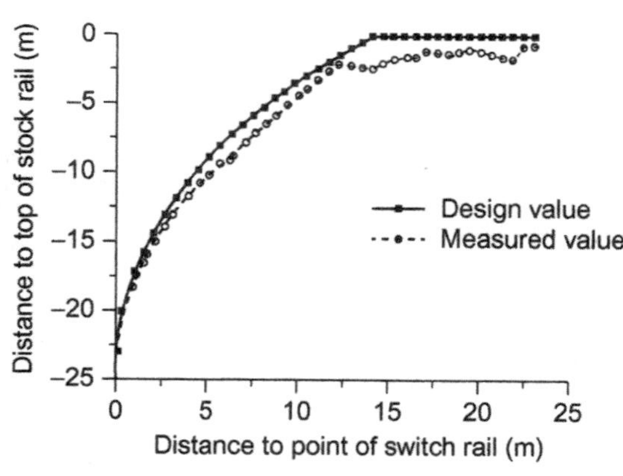

그림 13.5 텅레일 상면의 실측된 낮춤 값

된다. **그림 13.3(B)** [x축 = 킬로정(m), y축 = 높이(m)]는 검측 결과를 보여준다. 열차탑재 궤도검측장치와 포터블 열차진동분석기를 이용한 검측 결과는 차체 횡 가속도 진폭에 큰 변화가 없음을 실증한다.

분기기 부품의 밀착상태도 중국규칙 TB/T3302-2013에 따라 철도국의 보수직원이 검사하며, 허용범위 내에 있는 것으로 판명되었다. 이것은 차체의 횡 이동을 초래할 수 있는 상태 틀림이 분기기에 존재하지 않음을 나타낸다. 게다가, 분기기 레일 상면 접촉의 광택 스트립(light strip)이 TG/GW 115-2012에 따라 검사되었다. 결과는 광택 스트립이 레일 상면의 중앙부에 위치하고 폭이 약 20~30mm임을 보여준다. 이것은 차륜-레일접촉 관계가 좋은 상태에 있고 분기기의 안정성에 영향을 주지 않음을 나타내었다. 따라서 과도한 가속도의 원인을 알게 되기 전에는 당해 분기기에 대해 속도제한이 적용되었다.

4. 텅레일 상면의 낮춤 값 검사(inspection of height difference of top of switch rail)

곡선 기본레에 대한 직선 텅레일 낮춤 값의 측정이 침목별로 수행되었다. 검측방법(detection method)은 **그림 13.4**에서 보여준다. 측정치와 설계치 간의 비교 결과는 **그림 13.5**에서 보여준다. 결과에 따르면, 직선 텅레일의 실제 낮춤 값은 일반적으로 설계치보다 더 크다. 낮춤 값의 편차는 기본레일에서 텅레일로의 윤하중 갈아탐 범위(transition scope of wheel load) 내에서 특히 크며, 피크 값은 약 2.3mm이고 TB/T3302- 2013에 명시된 1mm의 한계치를 초과한다.

제4장의 분기기 동역학 이론(turnout dynamics theory)에 따라, 분기기 앞쪽으로부터 기준선에서 295km/h로 EMU 열차가 통과하는 동안의 동적 응답이 분석될 수 있으며, **그림 13.6**(분기기 앞쪽에 대한 거리는 음수이다)에 나타낸 것처럼, 측정된 데이터와 실계치가 비교될 수 있다. 만일 텅레일 상면의 낮춤 값이 설계치와 일치한다면 통과 동안 차체 횡 가속도(lateral acceleration of carbody)의 진폭이 약 0.016g임을 계산이 보여준다. 그러나 텅레일의 실제 낮춤 값의 상태에서 차체 횡 가속도의 진폭은 약 0.037g이며, 증가 폭이 비교적 크다. 분기기의 평면과 수직면 고도(高度)차가 시뮬레이션에 포함되지 않았으므로, 시뮬레이션 결과는 종합검측열차를 이용한 실제 검측 결과보다 더 작다.

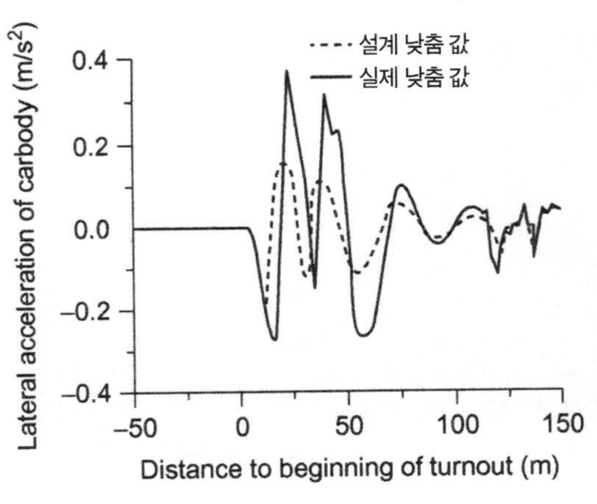

그림 13.6 차체 횡 가속도의 시뮬레이션

그림 13.7 텅레일 아래의 플레이트

5. 텅레일 낮춤 값 편차의 개선(improvement of height difference of switch rail)

Shanghai철도국은 분기기 동역학 이론의 예측 정확성(predication)을 검증하기 위하여 1~2.5m에 이르기까지의 크기를 가진 다수의 플레이트를 주문 제작하였다. 이 과정에서 텅레일 상면 낮춤 값의 편차에 따라 텅레일을 높이기 위해 텅레일과 미끄럼 상판 사이에 다양한 두께의 플레이트가 놓인다(**그림 13.7**). **그림 13.8**은 개량 후의 높이차와 설계 치의 비교 결과를 나타낸다.

295km/h로 주행하는 CRH380A와 245km/h로 주행하는 CRH2와 같은 EMU 열차가 이 분기기에서 (속도제한이 없이) 정상속도로 주행할 때, 검측 결과(열차탑재 궤도검측장치와 포터블 열차진동분석기)는 차체 횡 가속도의 진폭이 I급 표준(일상 정비)보다 아래임을 보여주었다. 그러나 이 값은 텅레일 아래에서 플레이트를 제거한 직후에 II급 표준을 넘는다. 이 상황에서, EMU 열차의 첫 번째 시험주행 동안 열차탑재 궤도검측장치로 검측한 차체 횡 가속도는 0.11g이었다. 이것은 분기기 동역학 이론(turnout dynamics theory)이 합리적임, 즉 텅레일의 과도한 낮춤 값이 차체의 과도한 횡 가속도로 이어짐을 입증한다. 게다가, 낮춤 값의 편차는 제작, 조립, 또는 부설 오차로 인해 야기될 수 있다.

텅레일 아래 플레이트는 고정되어 있지 않으며, 영구적인 개량수단으로 간주할 수 없고, 시험에만 적용될 수 있다. 미끄럼 상판(**그림 13.9**)의 구조 해석 후에, 상판 높이를 높이고 서로 다른 침목에 대해 서로 다른 높이의 미끄럼 상판을 적용하여 텅레일에 대한 설계 요건(design requirement)을 충족시키도록 권고된다. 분기기는 속도제한 해제 1년 후에 종합검측열차로 점검되었다. 결과는 **그림 13.10**에 주어진다. 이것은 차체 횡 가속도가 I급 표준을 초과하지 않음을 입증한다. 이것은 Beijing~Shanghai선의 Huangdu역 #2 분기기에서 과도한 차체 횡 가속도의 문제가 결국 해결되었음을 의미한다.

Hefei~Nanjing선의 고속분기기에 대한 프랑스 기술의 적용에서 텅레일의 과도한 낮춤, 윤하중 갈아탐 범위(transition scope)의 뒤로 이동 및 과도한 차체 횡 가속도와 같은 세 가지가 문제였으며, 텅레일을 교체함으로써 해결되었다.

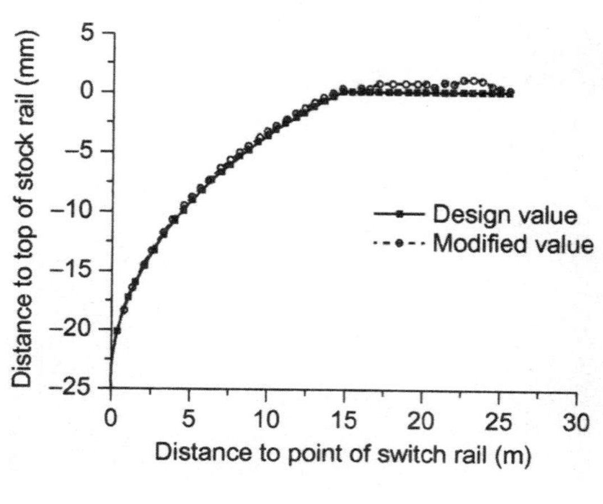

그림 13.8 개량 후 텅레일 상면의 낮춤 값

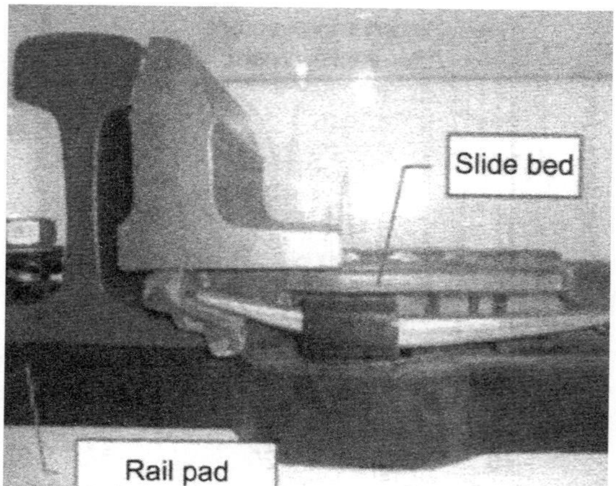

그림 13.9 미끄럼 상판의 구조

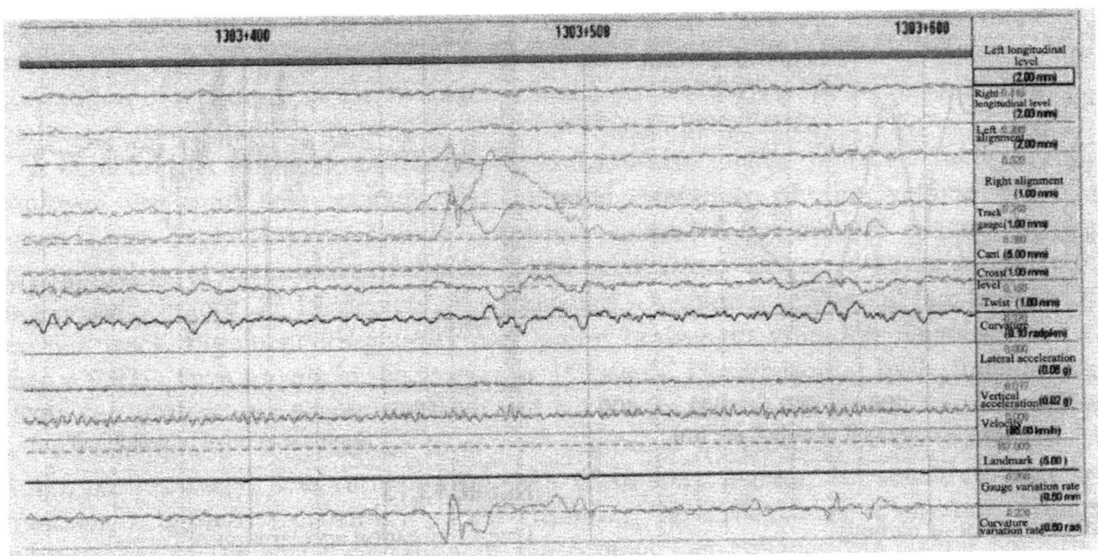

그림 13.10 개량 1년 후 동적 검사차량을 이용한 검측 결과

13.2 선형 틀림

사례 2 : 장파장 틀림으로 유발된 차체의 과도한 횡 진동가속도

1. 분기기에서 열차의 통과 동안 과도한 횡 진동가속도

Beijing~Tianjin 도시 간 철도는 중국에서 첫 번째로 건설된 고속철도 선로였다. 이 철도에서, CNTT의 18번 고속분기기가 기준선에서 350km/h의 허용속도로 사용되었다. 그러나 운행의 초기에, Yizhuang역은 열차가 분기기에서 고속으로 주행할 때 I급 표준을 넘는 차체 횡 가속도(lateral acceleration of carbody)로 문제를 겪었다. (**그림 13.11**에서 실선으로 나타낸 것처럼) 분기기의 직선 기본레일의 고저(면) 틀림과 방향(줄) 틀림을 측정하는 데에 궤도검측차가 이용되었다. 이 그림에서, 고저 틀림에 대해서는 위쪽으로의 방향이 양(陽)이며, 방향 틀림에 대해서는 기본레일 바깥쪽으로의 방향이 양이다. 이 그림에서, 당해 분기기가 분기기의 전장을 파장으로 하는 고저 틀림과 방향 틀림에 위치한다는 것을 알 수 있다. 이것은 명백하게 시공 오차에 기인한다. 기타 레일의 고저 틀림과 방향 틀림은 직선 기본레일과 유사하다.

2. 분기기 기하구조(선형) 틀림(turnout geometry irregularity)의 정비

현장에 대한 일부 레일체결장치의 고저와 수평 위치를 조정함으로써, 3mm를 넘는 기하구조(선형) 틀림을 제거하였다. 조정 후 분기기의 고저 틀림과 방향 틀림(plane deviation)을 **그림 13.11**의 점선으로 나타낸다.

레일체결장치는 3mm의 최대 고저 틀림과 방향 틀림을 남기면서 약간 조정되었다. 그러함에도 불구하고, 효과는 주목할 만하다. 현장운영은 분기기에서 고속으로 통과하는 동안 차체 횡 진동가속도가 I급 표준 아

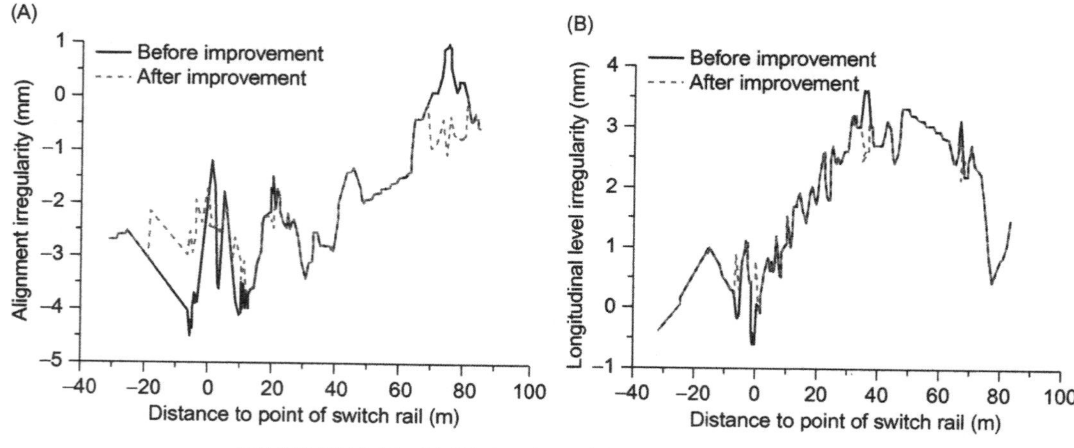

그림 13.11 (A) 분기기 기본레일의 고저 틀림, (B) 분기기 기본레일의 방향 틀림

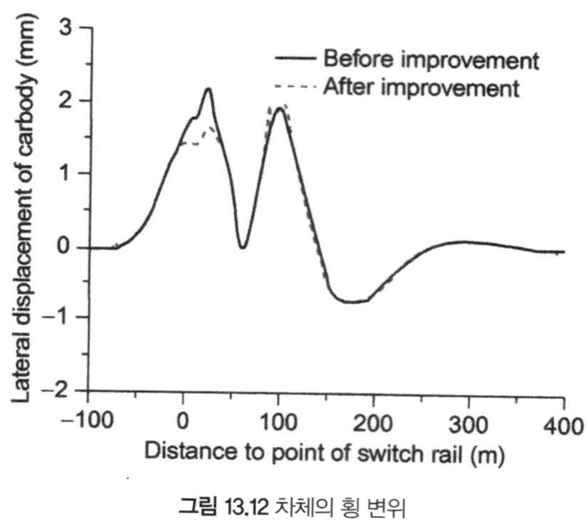

그림 13.12 차체의 횡 변위

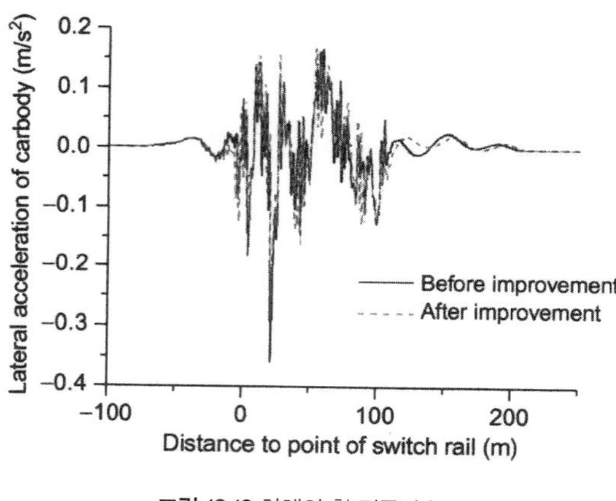

그림 13.13 차체의 횡 진동가속도

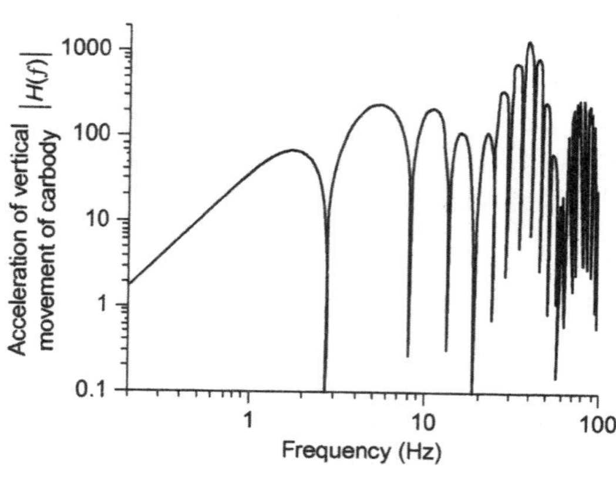

그림 13.14 차체 수직운동의 가속도스펙트럼

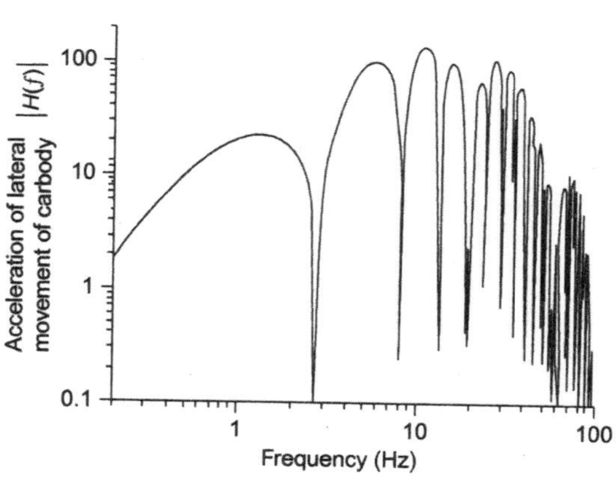

그림 13.15 차체 횡 운동의 가속도스펙트럼

래임을 나타내었다. 한편, 동적 시뮬레이션(**그림 13.12**와 **13.13** 참조)에 따르면, 고속열차가 분기기의 기준선(main line)에서 350km/h로 주행할 때, 포인트에서 차체의 횡 변위(lateral displacement of carbody)가 2.2에서 1.7mm로 현저히 감소되었다. 포인트에서 차체의 횡 가속도는 0.036에서 0.022g로 현저히 감소된다.

3. 장파장 틀림(long-wavelength irregularity)으로 유발된 열차진동의 분석

차량-궤도시스템의 무작위(random) 3D(공간) 연성(連成) 진동을 연구하기 위하여 의사(疑似)-가진(加振) 방법(pseudo-excitation method) [166, 167]과 심플렉틱(symplectic) 방법[168, 169]의 결합이 채용되었다. **그림 13.14**는 CRH2 열차가 일반선로구간에서 350km/h로 주행할 때, 궤도의 고저(면)틀림과 차체의 수직운동 진동응답(vertical motion vibration response) 간 전달함수(transfer function)의 진폭-주파수 곡선을 묘사하며, 반면에 **그림 13.15**는 궤도의 방향(줄)틀림과 차체의 횡 운동 진동응답 간 전달함수의 진폭-주파수 곡선을 묘사한다. 일차 기본주파수(first-order basic frequency)는 수직운동 진동에 대하여 약 1.8Hz이고 횡 운동 진동에 대하여 약 1.4Hz이다. 궤도의 고저와 방향틀림의 민감한 파장은 각각 54.0과 69.4m이다. 분기기(18번)의 69m 길이는 EMU 열차의 '1Hz 진동'을 유발하는 방향 틀림의 민감한 파장과 같다. 그러므로 분기기의 방향 틀림의 약간의 개선조차 주행 열차의 횡 안정성을 상당히 높일 수 있으며 그 역도 같다.

사례 3 : 레일 압연 시에 생긴 주기적인 틀림으로 유발된 과도한 하중감소율

1. 분기기에서 열차의 통과 동안 과도한 하중감소율(load reduction rate)[169]

Hangzhou~Ningbo선은 2013년 7월 1월에 개통되었다. 중국은 이 선로의 전체에 무도상궤도를 채택했으며, 18번 고속분기기(기준선속도 : 350km/h + 10%)를 개발했다. 분기기는 중국철도건설중공업주식회사가 공급하였다. 분기기 레일은 WISCO가 생산한 U71Mnk 레일을 사용한다. 운행 전 공동 성능시험과 공동 조정(debugging)에서 많은 정거장 분기기들이 TB10761-2013에 주어진 한계, 즉 0.8을 초과하는 윤하중감소

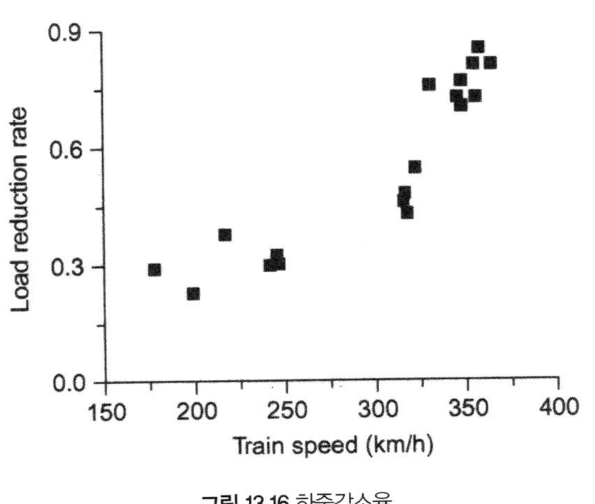

그림 13.16 하중감소율

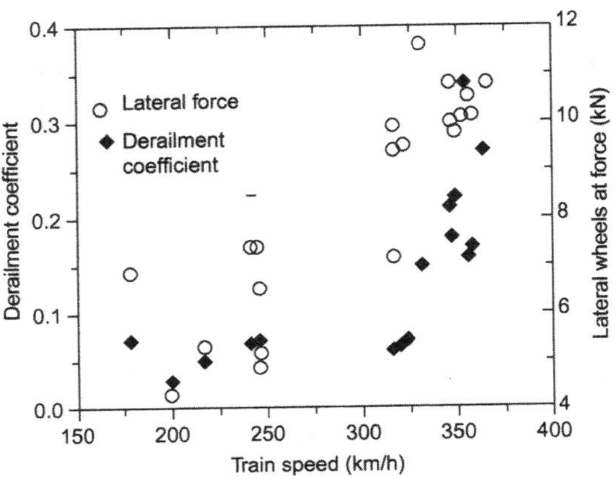

그림 13.17 탈선계수와 횡 윤축 힘

율로 문제를 겪었다. 2013년 3월 29일에 CRH380A-001 종합검측열차가 Shaoxing北역의 #1 18번 분기기에서 353.8km/h로 주행했을 때, 피크 윤하중감소율은 0.81이었다. 분기기와 동시에 수행된 지상 동적시험에서 밝혀진 것처럼, EMU 열차의 1회 이상의 주행 동안 하중감소율은 0.8을 초과하였고, 피크 값은 0.85이었다. 시험 결과는 **그림 13.16**에 주어진다. 지상시험으로 구한 탈선계수와 윤축 횡력(wheelset lateral force)은 **그림 13.17**에 나타내며, 열차속도의 상승과 함께 증가되지만, 허용한계(각각 0.8과 48kN) 이내이다. 종합검측열차로 측정된 분기기 기하구조(선형)도 또한 허용될 수 있다. 지상검사(ground inspection)는 분기기 기하구조(선형)와 차륜-레일관계가 좋은 상태임을 보여주었다. 레일표면에 어떠한 손상이나 분명한 파상마모도 존재하지 않았으며, 레일용접이음부의 평탄성(flatness)은 허용한계(0.3mm/m) 이내였다.

2. 레일파상마모게이지의 검측 결과(detection results of rail corrugation gauge)

기준선의 분기기 레일의 표면 평탄성(flatness)을 측정하는 데는 독일 Vogel & Plötscher 회사의 RMF 2.3 레일 파상마모 게이지가 이용되었다(측정 결과에 대하여는 **그림 13.18** 참조). **그림 3.18**에서 빨간 선은 직선 기본레일을 나타내고, 녹색 선은 안쪽레일을 나타낸다. 분기기 레일의 틀림(irregularity)은 일반선로 구간의 레일보다 더 크고, 크로싱에서의 레일 틀림은 포인트에서의 레일 틀림보다 크며, 리드곡선(transition lead curve) 레일의 틀림이 가장 낮다. 중국의 350km/h 고속철도용 60kg/m 레일의 출하에 대한 기술조건에 명시된 것처럼 레일의 수직 평탄성은 0.3mm/3m와 0.2mm/1m를 초과하지 않아야 한다. 분기기 레일은 이 한계치를 넘어섰고, 일반선로 구간의 레일은 허용 한도 내에 있음을 볼 수 있다.

그림 13.19에 나타낸 것과 같은 RMF 2.3 레일 파상마모게이지(corrugation gauge)는 2.2m의 측정 스팬과 0.01의 정밀도를 갖고 있으며, 0.01~3.0m의 파장에 적용할 수 있다. 레일 파상마모의 진폭 스펙트럼(ampli-

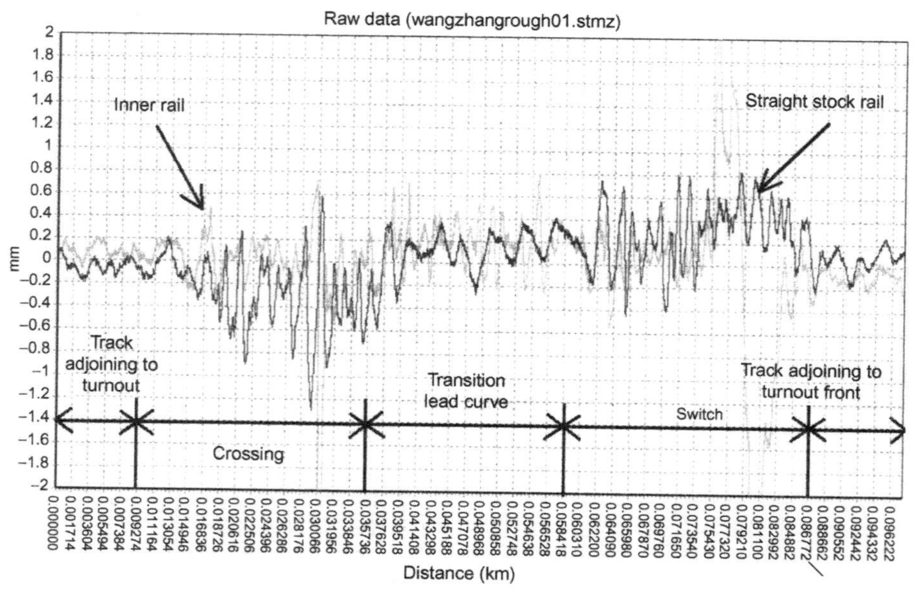

그림 13.18 분기기에서 레일표면의 평탄성

그림 13.19 레일파상마모게이지

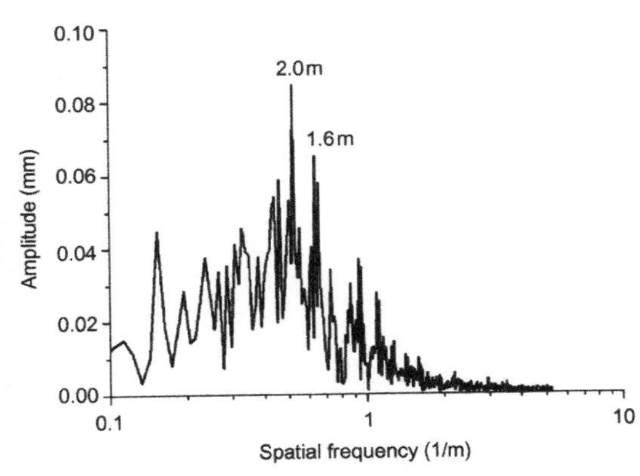

그림 13.20 레일 틀림의 진폭 스펙트럼

tude spectrum)은 측정 결과의 스펙트럼 분석을 통하여 구해질 수 있으며, **그림 13.20**에 나타낸다. 그림에서 일차와 이차의 기본주파수 파장은 각각 1.9와 1.6m이다. 크로싱에서의 레일 틀림의 진폭 스펙트럼에 관해 말하면, 일차와 이차의 기본주파수 파장은 각각 2.4와 1.6m이다. 포인트에서의 주파수 스펙트럼은 전체 분기기에서의 기본주파수와 같다. 리드곡선(transition lead curve)에서 일차와 이차의 기본주파수 파장은 각각 4.1과 3.1m이며, 각각 0.4와 0.8m의 배수로서 근사된다.

3. 분기기 동역학 시뮬레이션의 결과(results of turnout dynamic simulation)

분기기의 동역학 시뮬레이션은 기준선에서 350km/h로 주행하는 EMU 열차로 수행되었다. 시뮬레이션 결과는 **그림 13.21**에 나타낸 것처럼 포인트, 크로싱 및 리드곡선에서의 최대 하중감소율이 각각 약 0.81, 1.0 및 0.26임을 보여준다. 윤하중의 감소율은 열차속도 증가에 따라 상당히 증가한다. 하중감소율을 한계

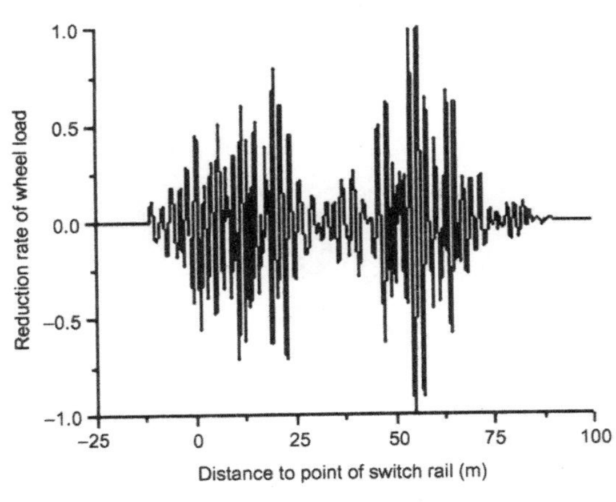

그림 13.21 열차가 분기기에서 주행할 때 하중감소율의 분포

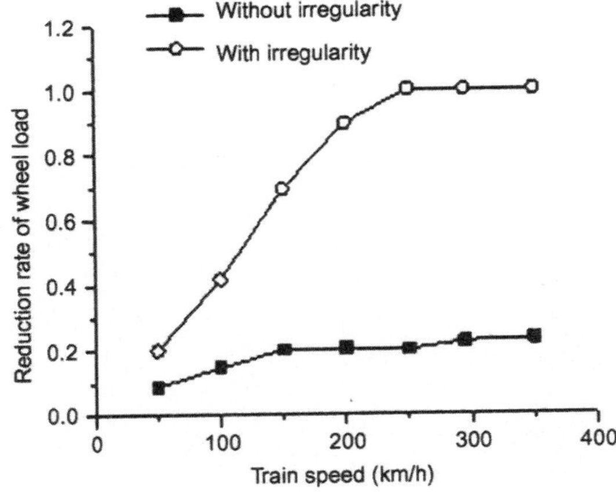

그림 13.22 열차속도에 따른 하중감소율의 변화

(0.8) 아래로 유지하기 위하여 분기기에서의 열차속도는 160km/h를 넘지 않아야 한다. 만일 레일이 (틀림이 없이) 완전히 평탄하다면, **그림 13.22**에 나타낸 것처럼, 열차속도 증가에 따른 하중감소율은 비교적 작은 비율로 증가될 것이다. 시뮬레이션 결과는 지상시험의 결과보다 약간 더 크다. 이것은 지상시험이 가장 불리한 위치에 배치되지 않은 측정지점과 함께 더 적은 측정지점을 가졌기 때문이다. 시뮬레이션 결과는 또한, 열차가 분기기에서 고속으로 주행할 때 분기기 레일의 수직 틀림(거칠기)이 과도한 윤하중감소율로 이어짐을 보여준다.

4. 레일 압연 시에 생긴 주기적 틀림(periodic irregularity)의 원인에 대한 분석

고속철도는 직진도가 높은 레일을 요구한다. 중국의 주요 레일제조자(Ansteel, Baotou Steel 및 WISCO)는 모두 개선된 자체 생산라인을 갖고 있으며, 예전의 인장 똑바로 펴기 공정(tension straightening process)을 복합의 것으로 교체하였다. 수직-수평복합 교정기(straightener)는 상부 열(줄)과 하부 열의 롤러(roller)들을 설비한 롤 똑바로 펴기 기계(roll-straightening machine)이며, 레일은 두 롤러 열들 사이에서 앞뒤로 탄성-소성 휨을 받아 결국 똑바르게 될 것이다. 예로서, 독일 SMS에서 도입된 WISCO의 수직-수평복합 교정기는 **그림 13.23**(A)에 나타낸 것처럼, 아홉 개의 수평롤러와 여덟 개의 수직롤러로 구성된다. 수평롤러는 레일을 수직으로 똑바르게 펴는 작업을 하고, 수직롤러는 레일을 수평으로 똑바르게 펴는 작업을 한다. 1~8번 수평롤러는 직경이 1,100~1,200mm이며, 9번 롤러는 직경이 600mm이다. 이들의 똑바로 펴기 롤러는 3,600kN의 최대 똑바로 펴기 힘과 함께, 1,600mm의 수평간격과 900~1,400mm의 수직간격을 갖고 있다. **그림 13.23**은 레일 똑바로 펴기 공정의 개략도를 나타낸다.

수평 롤러들의 수평 간격은 **그림 13.20**에 주어진 것처럼, 레일의 수직 틀림의 이차 기본주파수 파장과 동일하다. 상부 열과 하부 열의 롤러들의 수평 간격은 0.8m이다. 크로싱과 리드곡선에서 레일 틀림의 일차와 이차 기본주파수 파장은 동시적으로 0.8m의 정수 배수와 비슷하다. 이것은 분기기 레일의 틀림이 똑바로 펴기 공정 동안 생긴 주기적인 틀림이라는 것을 나타내며, 수평 롤러의 상하 추진 과정(upward-and-downward

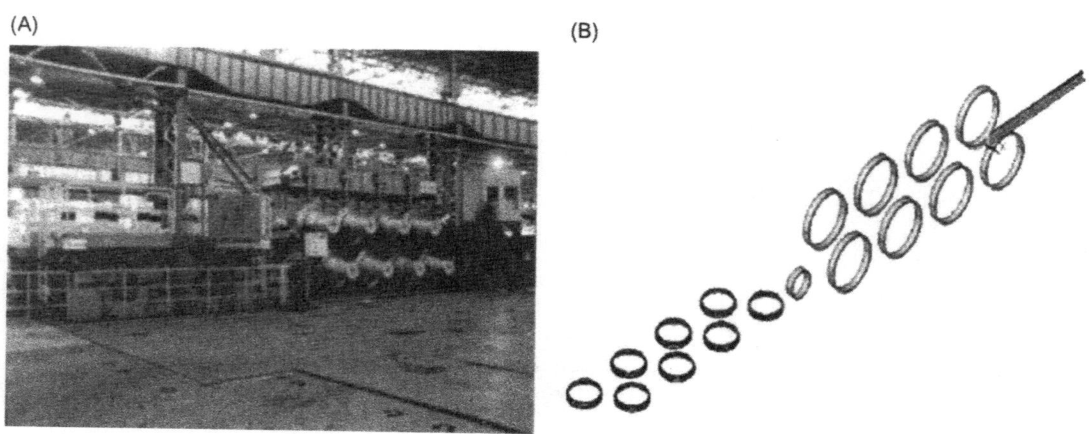

그림 13.23 (A) 수직-수평복합 교정기, (B) 레일 똑바로 펴기 공정의 개략도

process)의 불충분한 정확도에 기인한다. 이 틀림은 공정의 개선으로 없앨 수 있다. 분기기에서 고속열차의 통과 동안 한계를 초과하는 하중감소율(load reduction rate) 문제는 직진도(直進度, straightness) 표준을 초과하는 기존의 레일을 교체함으로써 해결될 수 있다.

사례 4 : 용접이음 틀림으로 유발된 과도한 하중감소율

열차가 고속으로 주행할 때, 작은 진폭의 레일 틀림(irregularity)조차 차륜과 레일에 대해 극심한 충격 진동으로 이어질 수 있으며 큰 차륜–레일 작용력을 초래한다. 레일표면의 단파장 틀림은 극심한 차륜–레일 충격을 촉발할 뿐만 아니라, 윤하중감소율(wheel load reduction rate)의 증가(增加, ※ 원본에는 drop), 레일파손, 또는 탈선사고(derailment accident)조차 유발할 수 있다. 게다가, 그것은 고속주행 동안 상당한 차륜–레일 소음을 초래할 수 있다[171, 172].

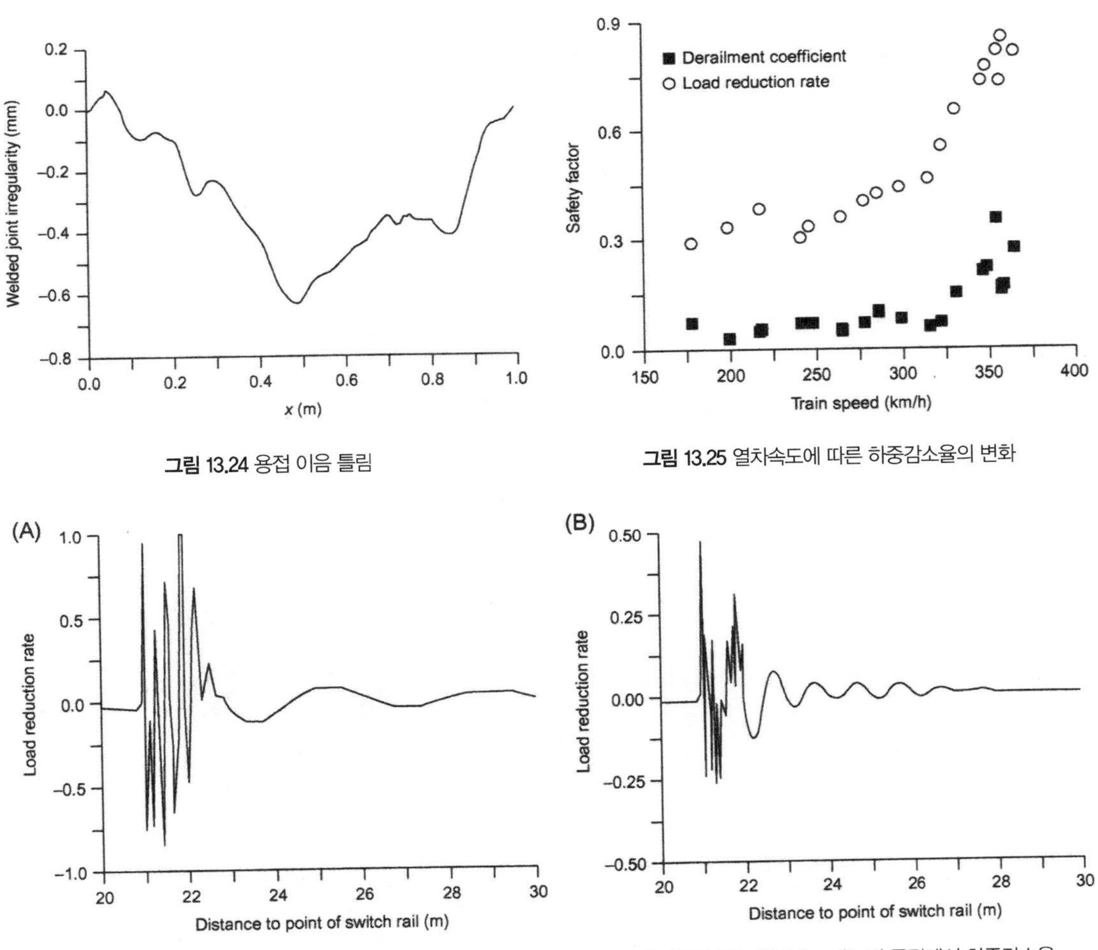

그림 13.24 용접 이음 틀림

그림 13.25 열차속도에 따른 하중감소율의 변화

그림 13.26 분기기 동역학 시뮬레이션 계산 결과. (A) 0.7mm/1m의 틀림에서 하중감소율, (B) 0.3mm/1m의 틀림에서 하중감소율

그림 13.24는 18번 분기기의 텅레일 후단의 테르밋용접에서 측정된 용접 이음 틀림을 나타낸다. 1m 내의 피크 틀림은 0.7mm이며, 0.3mm/1m의 중국 한계를 초과한다. **그림 13.25**는 종합검측열차가 용접 이음 위를 주행할 때 측정된 하중감소율을 나타낸다. 하중감소율은 열차속도에 따라 거의 선형적으로 증가한다.

분기기 동적 시뮬레이션으로 나타낸 것처럼, 열차가 용접 이음 틀림을 350km/h로 지나갈 때 피크 하중감소율은 1.0까지 될 수 있으며, 윤하중이 격하게 변동을 거듭하고 고주파 진동을 유발할 것이다. 같은 형상의 틀림에 대하여 만일 틀림이 0.3mm이라면, 계산된 피크 하중감소율은 0.47일 것이며, 허용한계 0.8보다 아래이다. **그림 13.26**은 틀림의 서로 다른 두 진폭에 대해 계산된 하중감소율의 분포를 보여준다. 만일 레일의 용접 이음 틀림이 0.3mm/1m를 넘는다면, 레일은 연마되거나, 잘라 내어져 다시 용접되어야 한다.

13.3 상태 틀림

13.3.1 현장 조사

중국에서는 고속철도의 대규모 건설 전에 Qinhuangdao와 Shenyang 간에 여객전용선 시험선(pilot)이 건설되었다. 2003년 10월 12일에 개통된 이 선로는 연장이 약 404km이며, 설계속도는 250km/h이다. 이 여객선로는 전체선로에 대해 중국이 개발한 30번 분기기가 채택되었다. 그러나 운영 과정에서 분기기의 상태가 불량하고 결함이 비교적 많았기 때문에 열차가 분기기를 통과할 때 좋지 못한 안정성(riding stability)과 승차감(comfort)을 경험하였다. 그러한 분기기 결함들은 중국에서 고속분기기를 개발하는 데 귀중한 경험을 제공하였다. 현장조사에서는 다음과 같은 주요 분기기 결함들이 발견되었다.

1. 텅레일과 가동 노스레일의 상당한 부족 변위(scant displacement)

그림 13.27에 나타낸 것처럼, 텅레일(switch rail)과 노스레일(point rail)의 후부(마지막 견인지점과 후단 사이)의 궤간은 일반적으로 작았다. 멈춤쇠(jacking block)들의 틈(gap)은 컸다. 밀착되지 않은(disconnect) 멈

그림 13.27 38번 분기기에서 텅레일의 부족 변위

춤쇠들이 많았다. 최대 궤간 감소는 6mm였다. 레일검사차량을 이용한 검사에 따르면, 기하구조 편차(선형 틀림)는 II급 한계를 초과하였다.

분석으로 다음과 같은 원인이 확인되었다.

a. 텅레일과 가동 노스레일은 미끄럼 상판의 큰 마찰력 때문에 잠재적 전환 불충분으로 이어지는 큰 전환 저항력(switching resistance)을 받았다.

b. 마지막 견인지점(traction point)은 텅레일 또는 노스레일 후단에서 멀리 떨어져 있으므로, 그 사이의 횡방향 휘어짐의 곡률과 휨량이 감소하며, 그 결과로서 궤간이 줄어들었다.

c. 견인지점에서의 궤간 감소는 제작 시 얇게 깎음(slicing)의 부정확한 시작 위치 또는 부적합한 량, 또한 각 분기기의 기본레일, 텅레일 및 포인트 부분에 대한 공장조립과 시험부설(trial laying)의 부재(lack)가 원인일 수 있으며, 공장 출하 시에 내부 결함(defect)이 있었다.

이 문제는 전환저항력을 줄이도록 롤러가 있는(rollered) 미끄럼 상판을 사용함, 견인지점(traction point)의 배치를 최적화함, 레일부재들의 기계가공 정밀도를 향상시킴 및 공장에서 분기기를 조립함으로써 해결될 수 있었다.

그림 13.28 미끄럼 상판에서의 틈

2. 미끄럼 상판에서의 큰 틈(large gap at the slide bed)

텅레일과 노스레일은 **그림 13.28**에서 볼 수 있는 것처럼 기본적으로 미(未)지지 상태(unsupported)이다. 최대 틈은 유지보수 표준 0.5mm보다 훨씬 큰 2mm까지에 이른다. 게다가, 이 부분은 보수하기가 어렵다. 궤도 도상 다짐에 따른 분기기침목의 높임은 텅레일과 미끄럼 상판 간의 적합성을 보장할 수 있지만, 기본레일에서 고저 틀림을 유발할 수 있다. 게다가, 들려진 침목은 주행 차량의 동적 충격을 받아 얼마 안 가서 가라앉을 수 있으며, 상판에서의 틈이 다시 나타날 것이다. 유지보수에서, 상판 아래에 높이 조정 블록(riser block)이 설치되었으나, 이것도 이 결함을 없애는 데 실패하였다.

미끄럼 상판에서의 틈은 텅레일에 대한 차량의 충격력을 증가시키고, 텅레일의 저킹(jerking)을 증대시키며, 심한 경우에 (차량에 의하여) 텅레일을 손상시킬 수 있다. 그것은 또한 열차 주행 안정성에 불리하다. 상판에서의 틈은 일반적으로 가운데가 위로 휜(cambered) 긴 텅레일 또는 상판의 큰 높이 편차에 기인하며, 인접 침목들의 상면이 동일 레벨에 있지 않게 한다. 텅레일을 얇게 깎았을(slicing) 때는 텅레일의 잔여 응력을 부분적으로 줄이며, 텅레일의 위로 구부러짐(hogging)을 유발한다. 이 현상은 담금질한 텅레일에서 악화될 수 있다.

적용되는 해결책은 텅레일, 노스레일 및 상판의 기계 가공 정확성을 향상시킴, 진동을 이용한(vibration) 응력해방(VSR)으로 텅레일/노스레일의 잔여 응력을 줄임, 텅레일, 미끄럼 상판 및 타이플레이트의 맞춤 공차(fit tolerance)를 검사함 및 분기기를 출하하기 전에 틈을 제거하도록 공장에서 사전조립(pre-assembly)과 조정(adjustment)을 수행함 등을 포함한다.

3. 텅레일과 노스레일의 불(不)밀착(poor fit) 및 포인트에서 더 큰 궤간(gauge)

포인트에서의 궤간은 (4mm에 이르기까지) 더 크며, 이것은 조정하거나 유지하기가 어렵고 텅레일과 기본레일 간의 불(不)밀착(poor fit)을 유발할 수 있다. 이 기술적인 문제는 속도향상 분기기에서 흔하다. 그것은 궤간을 조정할 수 없게 하는 포인트에서의 타이플레이트와 분기기침목의 연결방식 때문일 수 있다. 이 위치에서의 궤간 조정은 제한적으로 기본레일 바깥쪽의 게이지 블록에 의존할 수 있다. 이 위치는 큰 차륜-레일 작용력을 받으며, 그 때문에 현장에 따라 맞춤화된 5번이나 15번 게이지 블록의 도움으로조차 궤간 조정 요건을 충족하지 못한다. 적용할 수 있는 해결책은 침목과 타이플레이트 간의 결합방식을 최적화함, 게이지 블록과 타이플레이트의 궤간조정기능을 동시에 할 수 있게 함, 텅레일과 기본레일의 기계 가공 정밀도를 향상시킴 및 기본레일과 텅레일 간의 불(不)밀착을 없애도록 공장에서 분기기를 사전 조립함 등을 포함한다.

4. 견인지점(traction point)의 미(未) 지지(뜬) 분기기침목(turnout tie)[173]

분기기에서는 견인지점에서와 밀착검지기 설치위치에서 다짐(탬핑)작업을 수행하기가 어렵다. 그러므로 지지되지 않은(뜬) 침목이 자주 발생되며, 주행안정성과 레일응력에 영향을 준다. 속도향상 분기기의 초기에는 강(鋼)침목이 채택되었으나, 레일체결장치의 보다 큰 강성, 강침목의 가벼운 무게 및 강침목에서의 극심한 진동과 같은 요인들의 결합 때문에 바람직한 효과를 달성하는 데 실패하였다. 적용할 수 있는 해결책은 새로운 강침목을 개발함, 다짐 작업을 위해 전철간을 제거함, 또는 밀착검지기를 침목 위에 설치함 등을 포함한다.

게다가 용접 이음 틀림, 텅레일과 노스레일의 가열 처리된 후단에서 심하게 마모된 상면 및 텅레일과 노스레일의 플로우(flow)가 있는 상면과 같은 문제들이 분기기에 존재한다.

13.3.2 동적 시뮬레이션 분석

부적절한 제작과 유지보수도 또한 Qinhuangdao~Shenyang 여객선로에서 발생된 것들과 유사한 상태 틀림(status irregularity)으로 이어질 수 있다. 분기기에서 차륜-레일 동적 응답에 대한 분기기의 이 전형적인 상태 틀림의 영향은 차량-분기기 시스템의 동역학 이론(dynamic theory)을 이용하여 연구될 수 있다. 이 연구는 EMU 열차가 기준선에서 350km/h로 주행하는 350km/h용 18번 분기기를 기반으로 한다. 이하에는 상세가 주어진다.

1. 차륜–레일 동적 상호작용에 대한 미끄럼 상판에서의 틈의 영향

텅레일의 두 번째 견인지점과 노스레일의 첫 번째 견인지점에서 왼쪽 미끄럼 상판에 틈(gap)이 있다고 가정하면, **그림 13.29~13.32**에 묘사된 것처럼 미끄럼 상판에서의 틈에 따른 동(動)윤하중(dynamic wheel load)의 변화, 텅레일과 노스레일의 동응력, 하중감소율 및 침목 수직 진동가속도가 계산으로 구해진다.

포인트와 크로싱에서 동(動)윤하중, 레일 동응력, 하중감소율 및 침목의 진동가속도가 상판에서 틈의 확대에 따라 증가함을 이들 그림에서 알 수 있다. 특히, 크로싱에서 동적 응답의 성장은 포인트에서보다 크며, 그 차이가 크다. 동적 시뮬레이션은 상판에서의 틈이 차륜–레일시스템의 수직 동적 응답에 대하여 횡 동적 응답보다 더 큰 영향을 가하는 것을 보여준다. 게다가 서로 다른 부위의 상판에서의 틈, 여러 곳의 틈 및 값이 서로 다른 틈들의 조합은 다양한 정도로 차륜–레일 동적 상호작용에 영향을 줄 수 있다.

그러므로 중국에서 고속분기기 제작의 기술요건에 명시된 바에 따라, 텅레일/노스레일과 상판 간의 틈은 0.5mm를 넘을 수 없으며, 0.5mm의 연속적인 틈은 허용되지 않는다. 고속분기기 부설의 기술요건에 명시된

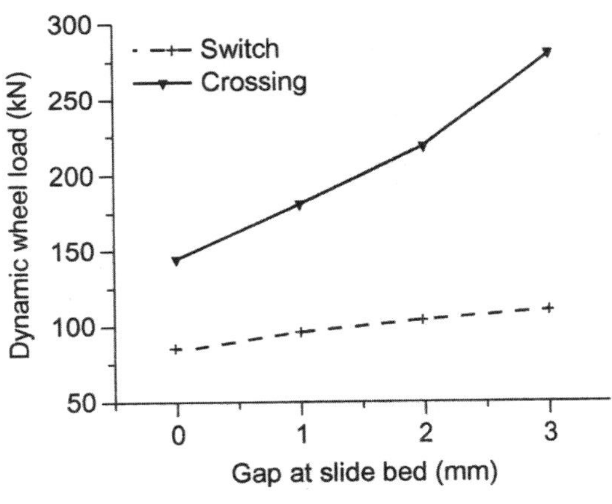

그림 13.29 미끄럼 상판에서의 틈에 따른 동(動) 윤하중의 변화

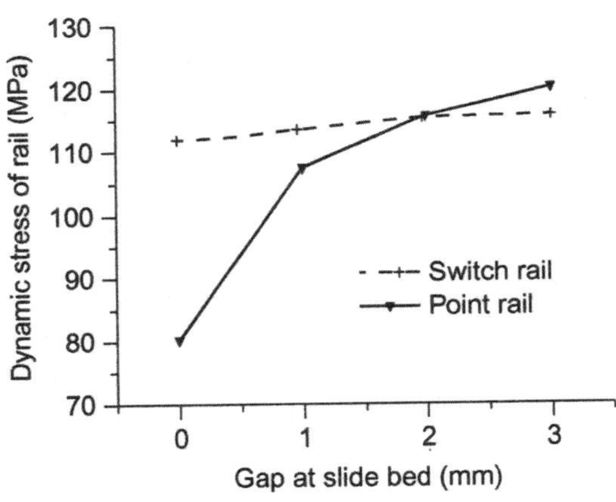

그림 13.30 미끄럼 상판에서의 틈에 따른 동응력의 변화

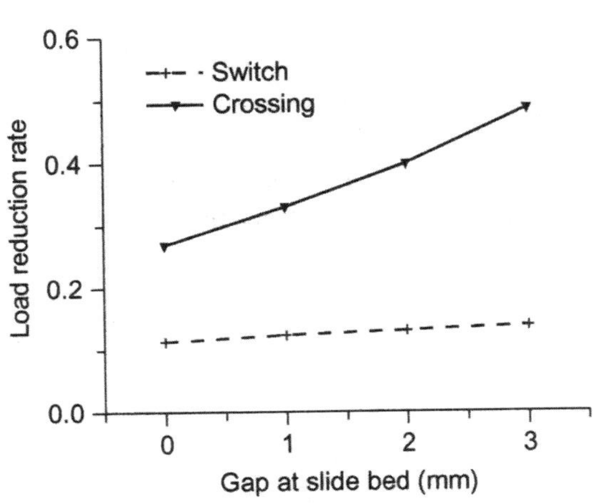

그림 13.31 미끄럼 상판에서의 틈에 따른 하중감소율의 변화

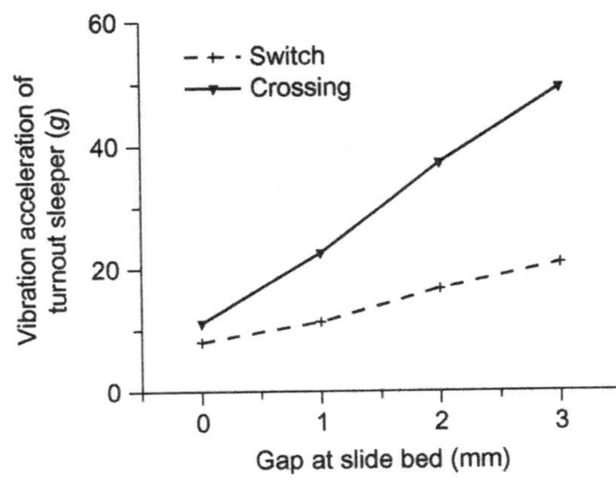

그림 13.32 미끄럼 상판에서의 틈에 따른 분기기침목 진동가속도의 변화

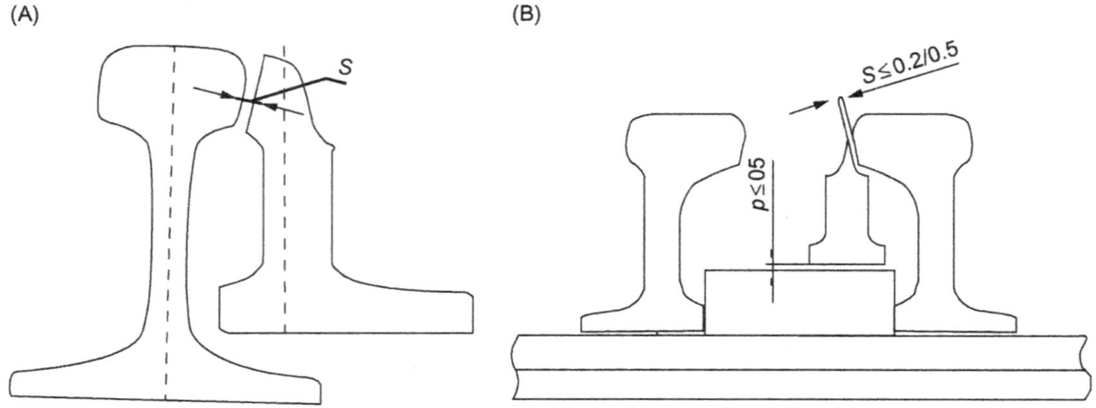

그림 13.33 (A) 텅레일과 기본레일 간의 틈, (B) 노스레일과 윙레일 간의 틈(역주 : 'p ≤ 05'는 'p ≤ 0.5'의 오기)

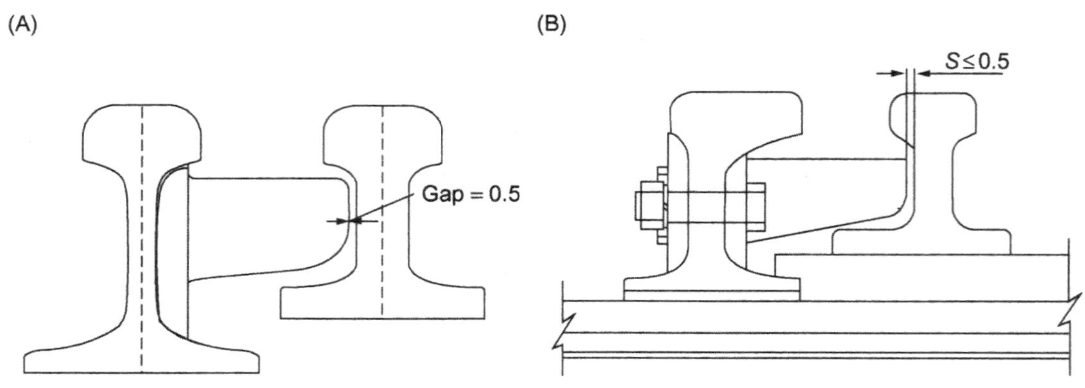

그림 13.34 (A) 텅레일과 멈춤쇠 간의 틈, (B) 노스레일과 멈춤쇠 간의 틈

바에 따라, 텅레일/노스레일과 상판 간의 틈은 1.0mm를 넘을 수 없으며, 1.0mm의 연속적인 틈은 허용되지 않는다.

2. 차륜–레일 동적 상호작용에 대한 텅레일과 노스레일의 불(不)밀착(poor fit)의 영향

텅레일(switch rail)과 노스레일(point rail)의 불(不)밀착(poor fit)은 **그림 13.33**에 나타낸 것과 같은 밀착 부분(closure zone)에서의 기본레일/윙레일의 불(不)밀착과 **그림 13.34**에 나타낸 것과 같은 비(非)밀착 부분(nonclosure zone)에서의 멈춤쇠(jacking block)의 불(不)밀착을 포함한다.

텅레일의 두 번째 견인지점(traction point)에서 기본레일에, 그리고 노스레일(point rail)의 첫 번째와 두 번째 견인지점 사이에서 윙레일에 틈(gap)이 있다고 가정하여, 레일 틈에 따른 동(動)윤하중, 횡 차륜–레일 힘, 탈선계수 및 차체 횡 진동가속도의 변화를 계산하여 **그림 13.35~13.38**에 묘사한다.

텅레일과 기본레일 간 및 노스레일과 윙레일 간의 틈에 따라 동(動)윤하중, 플랜지 힘, 탈선계수 및 차체 횡 진동가속도가 증가함을 이들 그림에서 알 수 있다. 특히, 포인트 부분에서의 동적 응답(dynamic re-

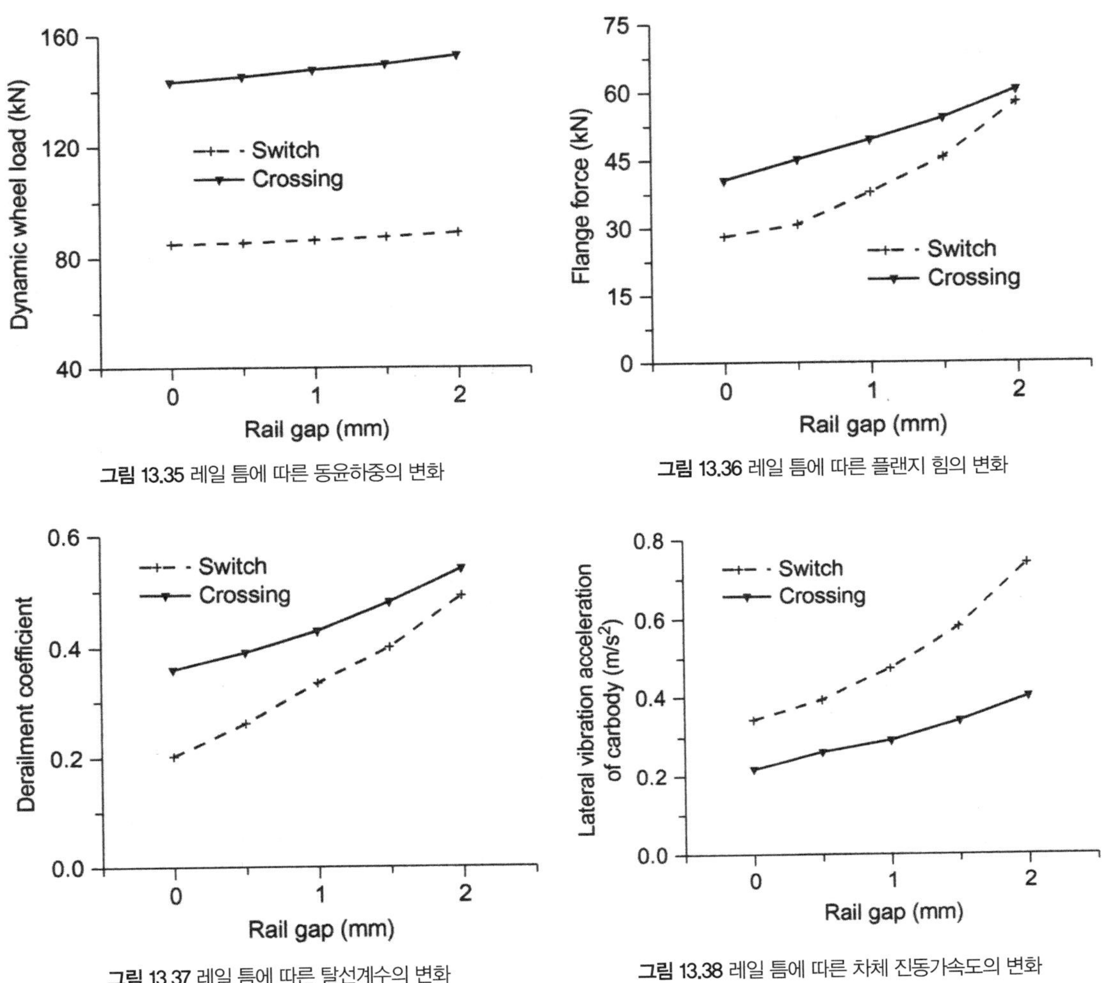

그림 13.35 레일 틈에 따른 동윤하중의 변화

그림 13.36 레일 틈에 따른 플랜지 힘의 변화

그림 13.37 레일 틈에 따른 탈선계수의 변화

그림 13.38 레일 틈에 따른 차체 진동가속도의 변화

sponse)은 크로싱 부분에서의 동적 응답보다 더 빠른 속도로 증가한다. 동적 시뮬레이션은 레일 틈이 차륜–레일시스템의 수직 방향보다 횡 방향 동적 상호작용에 더 큰 영향을 가함을 보여준다.

중국에서는 주행 안전성과 평온성(平穩性)에 영향을 미치는 과도한 레일 틈을 방지하기 위하여 고속분기기 제작의 기술요건에 명시된 바에 따라, 레일 틈은 텅레일/노스레일의 첨단에서 첫 번째 견인지점(traction point)까지 0.2mm를 넘지 않아야 하며, 그 외의 부위에서 0.5mm를 넘지 않아야 한다. 부설의 기술요건에 명시된 바에 따라, 레일 틈은 텅레일/노스레일의 첨단에서 첫 번째 견인지점까지 0.5mm를 넘지 않아야 하며 그 외의 부위에서 1.0mm를 넘지 않아야 한다. 첨단에서 레일 틈의 허용치가 더 작은 것은 너무 큰 틈 벌어짐(spread)에 기인하는 고속차륜과 레일 첨단 간 충돌의 발생을 방지하기 위해서다(※ 역자가 문구 조정).

3. 차륜–레일 동적 상호작용에 대한 전환의 부족 변위(scant displacement)의 영향

궤간 감소가 첫 번째 견인지점과 텅레일 후단(後端, heel) 사이 및 첫 번째 견인지점과 노스레일 후단 사이의 전환(switching)의 부족 변위 때문에 발생된다고 가정하여, 전환의 부족 변위에 따른 동(動)윤하중, 횡 차륜-레일 힘, 탈선계수 및 차체 횡 진동가속도의 변화를 계산하여 **그림 13.39~13.42**에 묘사한다.

텅레일의 부족 변위의 증가에 따라 동(動)윤하중, 플랜지 힘, 탈선계수 및 차체 횡 진동가속도가 증가됨을 이들 그림에서 알 수 있다. 통상적으로 크로싱에서, 플랜지와 노스레일 간의 순간적인 횡 충격이 노스레일에 대한 첫 번째와 두 번째 견인지점 사이에서 일어나므로, 전환의 보다 작은 부족 변위의 경우에, 플랜지가 견인지점 뒤쪽에서 노스레일과 충돌하지 않을 것이며, 동적 응답의 최대치의 변화는 전환의 부족 변위와는 무관할 것이다. 만약 그렇지 않다면, 전환의 보다 큰 부족 변위의 경우에 플랜지가 부족 변위가 있는 노스레일과 충돌할 것이며, 차륜-레일시스템의 동적상호작용(dynamic interaction)은 노스레일의 전환의 부족 변위 증가에 따라 증가될 것이다. 동적 시뮬레이션은 전환의 부족 변위가 차륜-레일시스템의 횡 방향 동적상호작용에 큰 영향을 가함을 보여준다. 중국에서는 고속분기기의 부설에 대한 기술요건에 명시된 것처럼, 궤간감소가 1mm를 넘지 않아야 하며, 유지보수에 대한 기술요건에 명시된 것처럼, 2mm를 넘지 않아야 한다.

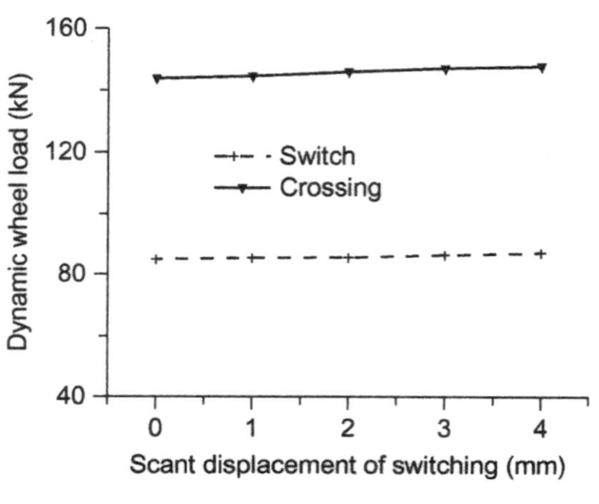

그림 13.39 전환의 부족 변위에 따른 동윤하중의 변화

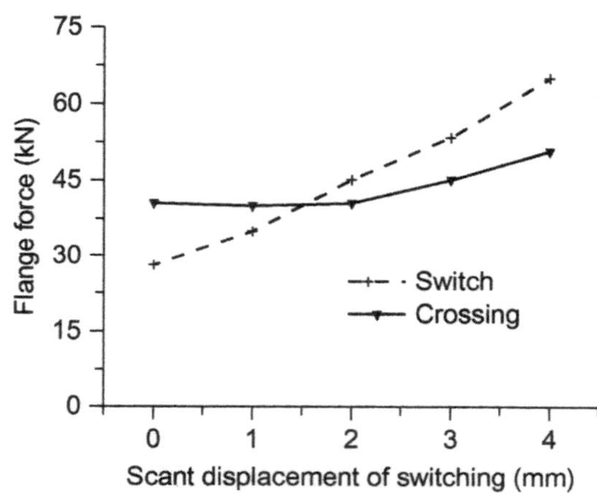

그림 13.40 전환의 부족 변위에 따른 플랜지 힘의 변화

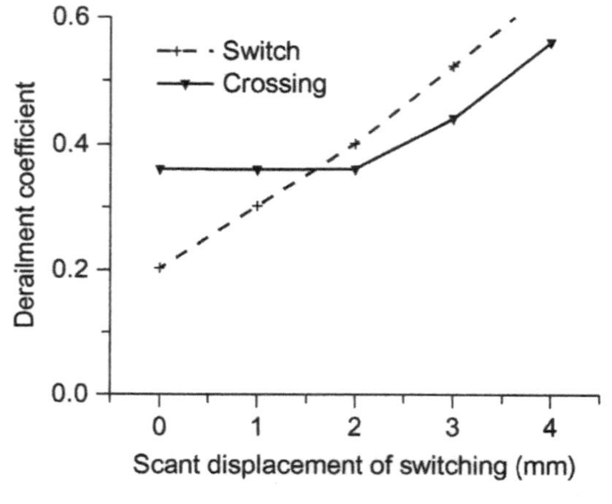

그림 13.41 전환의 부족 변위에 따른 탈선계수의 변화

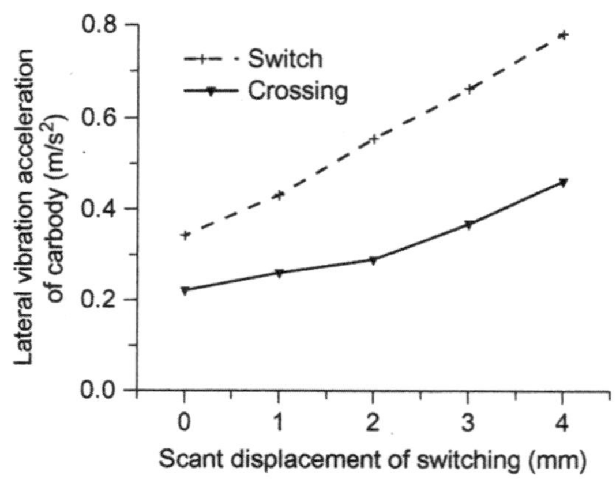

그림 13.42 전환의 부족 변위에 따른 차체진동가속도의 변화

4. 차륜-레일 동적 상호작용에 대한 미(未) 지지(뜬) 침목의 영향 [174, 175]

텅레일에 대한 두 번째 견인지점과 노스레일에 대한 첫 번째 견인지점의 오른쪽에 있는 침목이 지지되어 있지 않다고(떠 있다고) 가정하여, 침목의 미(未) 지지의 양에 따른 동(動)윤하중, 노스레일과 텅레일의 동응력, 하중감소율 및 침목의 수직 진동가속도의 변화를 계산하여 **그림 13.43~13.46**에 묘사한다.

개개의 분기기침목이 지지되지 않은(뜬) 경우에, 침목의 미(未) 지지의 양의 증가에 따라 동(動)윤하중, 레일 동응력, 하중감소율 및 침목의 수직 진동가속도가 증가할 것임을 이들의 그림으로부터 알 수 있다. 그러나 침목의 미(未) 지지 값이 2mm 이상인 때는 각(各) 동적 작용이 미(未)지지 값의 증가에 따라 증가하지 않으므로 이때 당해 침목의 지지가 효력을 잃고, 차량하중이 레일 휘어짐의 작용을 통해 양쪽의 침목들로 분배됨을 알 수 있다. 포인트에서는 크로싱에 비교하여 궤광의 더 작은 강성 때문에 차륜-레일 동적 상호작용에 대한 지지되지 않은 침목의 영향이 더 현저해진다. 물론, 단일 침목만 떠 있는 상태의 발생은 드물다(※ 역자가 문구 조정). 대부분의 경우에, 몇몇 침목들이 다양한 정도로 지지되지 않을(뜰) 수 있으며, 차륜-레일

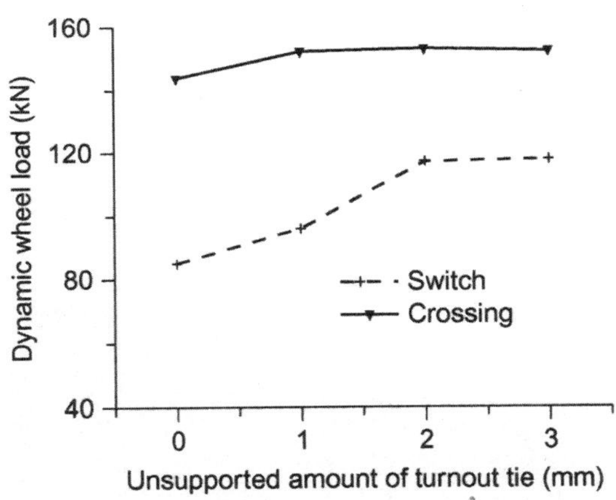

그림 13.43 침목의 미(未) 지지 값에 따른 동(動) 윤하중의 변화

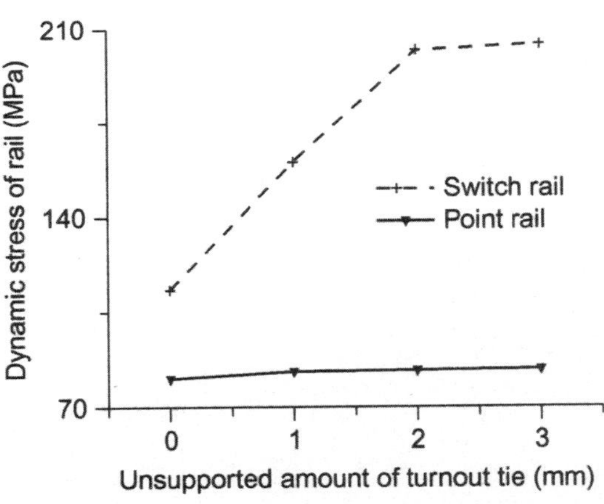

그림 13.44 침목의 미(未) 지지 값에 따른 레일 동응력의 변화

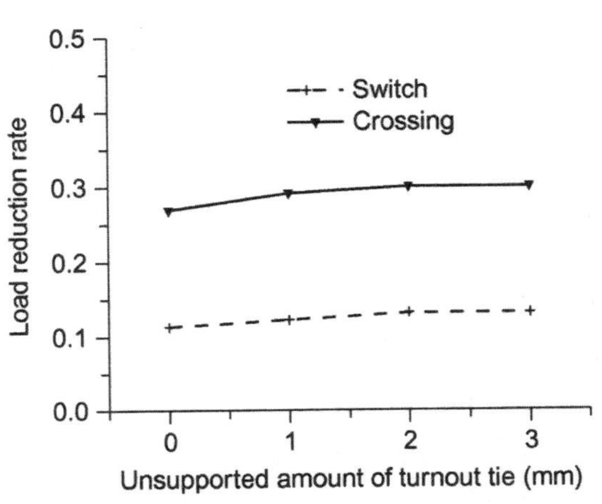

그림 13.45 침목의 미(未) 지지 값에 따른 하중감소율의 변화

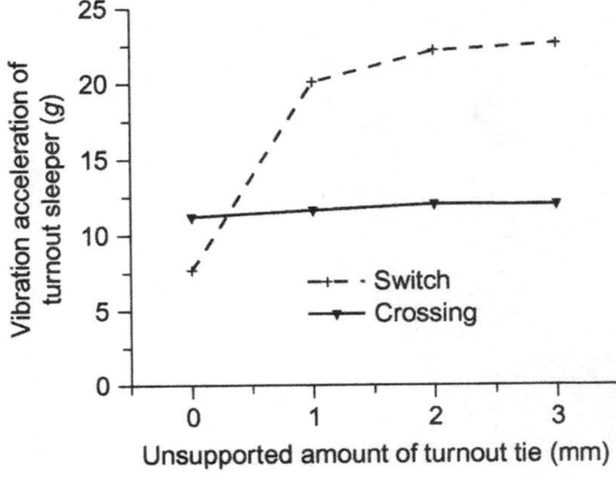

그림 13.46 침목의 미(未) 지지 값에 따른 침목의 진동가속도의 변화

동적 상호작용에 대하여 더 큰 영향을 가할 것이다. 그러므로 특히 자갈분기기의 경우에 침목의 미(未) 지지(뜸)를 방지하기 위하여 다짐(탬핑) 작업을 강화하여야 한다.

분기기에서 상태 틀림의 유형, 위치, 양 및 정도는 현실적인 적용에서 사실상 일정하지 않다. 게다가, 몇몇 상태 틀림들은 차륜-레일 동적 상호작용을 총체적으로 증가시킴과 분기기 구간의 안정성과 안전을 저하함을 공존시킬 수 있다. 그러므로 분기기의 유지보수 중에 발견된 모든 과도한 안정성 한계초과나 레일 손상 격화(激化)는 비록 상태 틀림이 허용한계 이내에 있을지라도 즉시 정비되어야 한다.

※ 경부고속철도 제2단계 건설구간의 콘크리트 분기기(독일제)

제14장 유지보수와 관리

궤도 유지보수 기술(track maintenance technology)은 고속철도 기술시스템에서 필수적인 부분이다. 일련의 과학적인 유지보수시스템이 확립되어야 하며, 신뢰성, 주행안전성, 안정성 및 승차감의 높은 성능을 위하여 그리고 궤도설비(track equipment)의 내구성을 위하여 정기적으로 검사, 보수, 교체되어야 한다. 이와 관련하여, 궤도 유지보수의 주된 역할은 고속열차가 규정 속도로 안전하게, 안정적으로, 승차감이 좋게, 그리고 중단됨이 없이 주행하도록 허용하고, 게다가 궤도설비의 사용수명(service life)을 늘리도록 궤도설비를 좋은 상태로 유지하는 것이다.

중국에서, 예방(prevention)은 고속철도를 유지 보수함에 있어 가장 중요한 관심사이며, 제어 조치, 엄격한 검사 및 신중한 유지보수 과정으로 보충된다. 특히, 보수작업은 있을 법한 궤도문제(track problem)를 효과적으로 방지하고 제어하기 위하여 궤도상태의 변화 법칙(regularity of track status)에 따라 정밀한 검사, 종합적인 분석 및 정확한 보수를 포함하여 체계적인 방법으로 수행되어야 한다. 보충으로서, 점검-정밀검사 분리, 궤도설비의 전문화된 구역 관리, 유지보수 선로차단(skylight), 유지보수의 정보화된 관리 및 정밀한 특정 컨트롤네트워크에 기초한 궤도보수와 같은 그 외의 유지보수시스템도 또한 적용된다.

상기의 유지보수원리(maintenance principle)와 관리시스템은 고속분기기에도 적용될 수 있다. 그러나 보통의 선로구간과 비교하여 특별한 특징(special feature)과 철도교통 안전의 중요한 역할(important role in safety of railway traffic) 때문에, 고속분기기에 대한 유지보수 기술은 다소 어렵다. 이 장은 중국 고속철도의 유지보수와 관리의 약간 최신의 기술과 지속적인 노력에 대한 간결한 설명이 주어질 것이다.

14.1 고속분기기의 관리제도와 유지보수 기준

14.1.1 유지보수 작업의 유형

궤도 유지보수 작업(track maintenance work)은 주기적(정기) 점검 보수(檢收)(cyclical maintenance), 일상 정비(frequent maintenance) 및 긴급(임시) 보수(urgent repair) 등 세 가지 유형으로 나뉜다. 주기적인 점검 보수의 경우에, 궤도설비는 궤도 부품의 변화법칙과 특징에 따라 궤도의 정상적인 기술 상태로 되돌리도록 해당 주기에 따라 전반적으로 검사되고 유지 보수될 것이다. 일상 정비의 경우에, 궤도설비는 궤도품질이 균형이 잡혀 유지되도록 동적과 정적 검사 결과 및 궤도상태의 변화에 따라 일상적으로 유지 보수될 것이다.

긴급보수의 경우에, 허용 편차 관리치를 초과하는 기하구조 치수(틀림 값)를 가진 위치에서 또는 정상운행에 영향을 주는 손상된 궤도설비의 경우에 주행 안전과 승차감을 보장하도록 긴급보수가 취해질 것이다.

14.1.2 유지보수 조직

중국 고속철도의 유지보수 조직(maintenance organization)은 자원종합, 전문성 강화, 집중 관리 및 높은 역량과 높은 효율성의 원리에 따라 설치되었다.

고속철도의 궤도설비(track equipment)는 여러 지역(district)별로 나누어서 각(各) 철도국(鐵路局, railway administration, 역주 : 중국에서는 鐵道를 鐵路라고 호칭)이 관리한다. 철도국은 산하의 공무단(工務段, engineering district), 선로작업장(track workshop) 및 공구(工區, track section)의 세분과 함께, 권한 하에 고속철도 궤도설비의 안전, 유지보수 및 관리를 직접 책임진다. 한 선로작업장이 관리하는 운행 중인 철도의 총 킬로미터 수는 일반적으로 약 200~300km이다.

중국철도총공사(China Railway Corporation, 中国国家铁路集团有限公司)의 기반시설검측센터(infrastructure inspection center), 철도국의 공무검측소(工務檢測所, inspection institute for engineering equipment) 및 대형보선기계운용검수단(檢修段)(inspection section involving heavy raikway maintenance machinery)은 종합검측열차와 레일탐상차 등으로 주기적으로 궤도검사와 레일 탐상을 책임지고 있다.

대형보선기계운용검수단 또는 공무기계단(工務機械段, engineering machine section)은 대형 보선 기계를 이용하여 선로보수(track overhaul)를 책임지고 있다.

14.1.3 유지보수의 방식

궤도설비는 '유지보수 선로차단(skylight)'의 시스템이 뒤따르며, 신뢰할 수 있는 집중된 유지보수와 계획된 예방보수를 결합하는 종합유지보수방식을 선호한다.

'선로차단(skylight)'은 열차다이어그램에 따로 잡아둔 유지보수를 위한 교통중지시간(traffic interval)에 적용된다. 그것은 철도교통과 설비보수 사이의 갈등을 조절하기 위한 기술적인 조치이다. 모든 검사와 유지보수 작업은 선로차단 시간 동안에 수행된다. '작업(construction) 동안 열차운행 금지와 열차운행 동안 작업 금지'의 원리를 엄격히 따라야 한다. 고속철도에는 두 가지 방식의 선로차단이 있다. 종합적인 보수를 위한 선로차단과 궤도검사를 위한 선로차단이 있다. 각각의 선로차단이 끝난 후에 EMU 열차 운행의 가능성을 확인하기 위해 검사(확인) 차량이 궤도를 주행할 것이다. 종합 유지보수를 위한 선로차단은 야간에 맞추어져 있으며, 적어도 240분 동안 지속되고, 기반시설에 대한 검사와 보수가 제공된다. 궤도검사를 위한 선로차단은 주간에 맞추어져 있으며, 적어도 60분 동안 지속되고, 궤도설비 검사, 작업량의 조사 및 기본 데이터의 검사와 수집에 충당된다.

규모의 경제(economy of scale)는 기반시설의 유지보수 효율과 품질을 향상시키고 관련 비용을 절감하기 위한 필수조건이다. 구체적으로, 이것은 높은 효율과 품질, 낮은 비용, 통합화, 현대화 및 정보화를 특징으로 하는 종합(comprehensive)유지보수모델을 개발함; 토목, 전기 및 전력공급서비스(power supply service)를 통합함; 및 관계자들의 융합을 통하여 정보, 통합기반 및 사업운영 중심의 조직적인 복합체에 초점을 맞춘 객관적인 통합을 형성함을 포함한다. 검측(inspection), 정비(serving) 및 보수(repair)는 고속철도의 기반시설에 대한 보수작업의 세 가지 분리된 부분이다. 세 가지 부분은 상호 보완하고 모니터링하며, 토목, 전기 및 전력공급서비스를 종합하고, 규모의 경제를 통하여 유지보수 효율을 향상시킨다.

신뢰성 중심 유지보수(reliability-centered maintenance)는 궤도설비의 실제 기술적 필요성에 따라 적시에 합리적인 유지관리와 보수(serving and maintenance)를 수행하는 것을 말한다. 이 유형의 보수는 단순히 시설의 상태에 의존하는 유지보수가 아니라 계획된 예방보수(preventive maintenance)와 결합한 유지보수의 개념이다. 궤도설비는 계획된 예방보수주기에 도달했어도 만일 상태가 여전히 양호하다면 보수를 수행하지 않을 수 있다. 역으로, 만일 궤도설비 상태가 나쁘면, 설령 보수주기가 도래하지 않았더라도 보수를 수행해야 한다(※ 역자가 문구 조정). 신뢰성 중심 유지보수와 예방성 계획보수의 결합은 전체 대수선 주기(overhaul life)(즉, 궤도의 사용수명) 동안 보수를 절감하고 경제효율을 향상시키는 데 유효한 방법이다.

14.1.4 유지보수 표준

1. 정적 기하구조(선형) 허용 편차(geometry tolerance)의 관리치(control value)[176]

중국 고속분기기의 정적(static) 기하구조(선형) 공차의 관리치는 **표 14.1**에 나열되어 있다. 표에서 작업 검수(檢收, construction acceptance) 관리치는 주기적 점검 보수(檢收), 일상(frequent) 정비 및 긴급(임시) 보수(emergency repair) 후의 품질검사 표준이다. 일상 정비 관리치는 궤도가 항상 유지되어야 하는 품질관리표준이다. 긴급(임시)보수의 관리치는 즉시 수행되어야 하는 궤도보수의 품질제어 표준이다. 속도제한 관리치는 안정성과 승차감을 보장하기 위한 운행속도 제한의 제어표준이다(※ 역자가 문구 조정).

표 14.1 궤도 정적 기하구조(선형) 허용 편차의 관리치

항목		작업 검수	일상 정비	긴급(임시)보수	속도제한 (200 km/h)
궤간 (mm)	분기기 구간	+1, −1	+4, −2	+5, −2	+6
	텅레일의 첨단	+1, −1	+2, −2	+3, −2	−4
수평 (mm)		2	4	6	7
고저(면) (mm)		2	4	7	8
방향(줄) (mm)	기준선	2	4	5	6
	지거	2	3	4	−
평면성 (mm/3m)		2	3	5	6
궤간 변화율		1/1500	1/1000	−	−

주 :
1. 지거(支距, offset, 역주 : 리드 곡선의 종거) 편차는 측정된 지거와 계산된 지거 간의 차이이다.
2. 리드곡선(transition lead curve)의 높은 레일과 낮은 레일 간의 높이차에 대한 한계 : 18번 이상의 분기기의 경우에, 작업 검수(檢收, construction acceptance)에 대하여 0mm, 일상 정비에 대하여 2mm, 긴급(임시)보수에 대하여 3mm

2. 동적 기하구조(선형)허용 편차(dynamic geometry tolerance)의 관리치(control value)

동적 궤도 틀림은 궤도 틀림의 동적 응답이며, 주로 종합검측열차를 통해 검측한다. 동적 틀림의 제어는 피크 값과 평균치의 제어를 포함한다.

동적 틀림의 검사항목은 궤간, 고저(면), 수평, 방향(줄), 평면성, 합성 틀림, 차체의 수직과 횡 진동가속도 및 궤간 변화율을 포함한다.

중국에서, (분기기와 신축이음매를 포함하여) 고속궤도의 편차는 네 가지 등급(I급 = 일상 정비표준, II급 = 안락성(安樂性, comfort)의 표준, III급 = 긴급(임시)보수표준, IV급 = 속도제한표준)을 갖는다. **표 14.2**는 동적 틀림의 진폭에 대한 관리표준을 나타낸다.

표 14.2 궤도 동적 품질의 허용 편차 관리치

항목		일상 정비	안락성	긴급(임시)보수	속도제한(200km/h)
편차의 등급		I 급	II 급	III 급	IV급
궤간 (mm)		+4, −3	+6, −4	+7, −5	+8, −6
수평 (mm)		5	6	7	8
평면성 (mm/3m)		4	6	7	8
고저(면) (mm)	파장 : 1.5~42 m	4	6	8	10
방향(줄) (mm)		4	5	6	7
고저(면) (mm)	파장 : 1.5~120 m	7	9	12	15
방향(줄) (mm)		6	8	10	12
복합 틀림 (mm)		6	8	−	−
차체의 수직가속도 (m/s^2)		1.0	1.5	2.0	2.5
차체의 횡 가속도 (m/s^2)		0.6	0.9	1.5	2.0
궤간변화율(‰) (기준길이; 3m)		1.0	1.2	−	−

주 :

1. 표의 관리치는 궤도 틀림의 실제 진폭의 반(半)−피크 값이다.
2. 수평에 대한 한계는 명시된 캔트와 곡선의 캔트 체감을 제외한다.
3. 평면성에 대한 한계는 완화곡선의 캔트체감으로 유발된 평면성 틀림을 포함한다.
4. 차체의 수직가속도는 20Hz 저역통과 필터링 값, 차체의 레벨 I과 II 횡 가속도는 0.5~10Hz 대역 통과 필터링 값, 차체의 레벨 III과 IV 횡 가속도는 10Hz 저역통과 필터링 값으로 평가된다.
5. 복합 틀림은 수평과 1.5~4.2m 방향(줄) 간의 대수적인 차이로 정의되며, 수평과 방향(줄) 틀림을 결합하는 복합 역위상(逆位相) 틀림을 나타낸다(역주 : 일본에서는 '복합틀림 = | 방향틀림−1.5×수평 틀림 | '으로 계산). 연속적인 다중 파형을 피해야 한다.

동적 틀림 평균치의 관리는 궤도품질지수(track quality index, TQI)로 나타낸다. **표 14.3**은 중국의 고속철도 궤도에 대한 TQI와 각각의 개별표준편차에 대한 관리치를 나타낸다.

표 14.3 궤도품질지수(TQI)의 관리치

항목		고저	방향	궤간	수평	평면성	TQI
파장	1.5~42m	0.8×2	0.7×2	0.6	0.7	0.7	5.0

주 : 계산 길이는 1.5~42m의 파장에 따른 개별 기준편차에 대해 200m로 취해진다.

표 14.4 작은 레일 손상과 중요한 레일 손상의 판정 기준

손상의 유형		손상 정도		비고
		작음	큼	
레일두부의 마모		**표 14.5**에 나열된 한계의 어느 것이든 초과한 마모	**표 14.6**에 나열된 한계의 어느 것이든 초과한 마모	
레일 상면의 긁힘		깊이 > 0.35mm	깊이 > 0.5mm	
레일 스폴링		–	있음	
레일파상마모		–	골 깊이 ≥ 0.2mm	
용접 오목함		0.2mm < 오목함 < 0.4mm	오목함 ≥ 0.4mm	1m 자로 측정
표면균열		–	레일두부 아래턱에서 (부식으로 인한) 수평균열, 레일복부 수평균열, 레일두부에서 종 방향 균열 및 레일저부 균열 등	차륜–레일접촉피로로 유발된 레일상부의 표면과 표면 근처에 대한 피시스케일(fish scale) 균열은 제외
초음파탐상으로 확인된 결함	용접과 재료 결함	폐기기준을 충족시키지 못하지만 6dB보다 적게 폐기기준에서 벗어난 용접결함 또는 내부레일 재료의 결함	폐기기준을 충족시키는 용접결함 또는 내부레일 재료의 결함	
	내부균열	–	횡 방향 균열, 종 방향 균열, 비스듬한 균열, 기타 균열 및 내부균열에 기인한 답면 오목함(보이지 않는 결함)	
레일 부식		–	녹 제거 후, 레일저부 두께가 8mm 부족 또는 레일복부 두께가 12mm 부족	

주 :

1. 총 마모 = 수직마모 + 1/2 측면마모(역주 : 이들 마모의 판정 기준은 표 14.5와 표 14.6 참조)
2. 리드레일, 윙레일, 노스레일 및 크로싱 후단의 뾰족한 레일의 전체횡단면부위에 대한 수직마모는 레일의 (표준 작용면으로부터) 1/3 상면 폭에서 측정된다. 텅레일, 노스레일 및 크로싱 후단의 뾰족한 레일의 기계 가공된 부분에 대한 수직마모는 레일두부의 정점에서 측정된다.
3. 측면 마모는 (표준 횡단면에 대하여) 레일 답면 아래 16mm에서 측정된다.
4. 전환설비의 설치에 영향을 주는 마모는 중요 결함으로 간주된다.
5. 골 깊이는 서로 인접한 파봉(波峰)과 파곡(波谷) 간의 수직거리이다.

3. 차량 동적 응답(dynamic response of vehicle)의 관리치(control value)

차량의 동적 지표는 탈선계수, 하중감소율 및 윤축 횡력(wheelset lateral force)을 포함한다. 횡력과 수직력은 종합검측열차의 계기가 달린 윤축의 통과로 측정된다. 제어치는 상기의 **표 12.2**에 나타낸 동적 검수에 대한 기준을 적용한다.

4. 레일 손상(rail defects)의 판정기준(determination standard)

레일(분기기, 신축이음매 및 접착절연이음매의 레일 포함) 손상은 주로 마모, 박리(剝離, peeling), 레일두부의 균열과 스폴링(spalling), 레일 상면의 긁힘, 레일 파상마모(rail corrugation), 표면균열 및 부식으로 이루어진다.

레일표면은 작은 손상, 큰 손상 및 파단의 정도로 분류된다. **표 14.4~14.6**은 사소한 레일 손상과 중요한 레일 손상에 대한 판정기준을 보여준다.

표 14.5 레일두부의 작은 마모에 대한 판정기준

종류	총 마모(mm)	수직 마모(mm)	측면 마모(mm)
일반선로구간 레일과 리드레일	9	8	10
기본레일과 윙레일	7	6	8
텅레일, 노스레일, 크로싱 후단의 뾰족한 레일	6	4	6

주 : 기본레일, 윙레일, 텅레일 및 노스레일의 마모는 밀착과 레일 높이차에 영향을 줄 것이다. 그러므로 분기기 레일의 사소한 마모와 중요한 마모는 일반선로구간의 레일보다 더 엄격하다(역주 : '총 마모'의 정의는 표 14.4의 '주' 1 참조).

표 14.6 레일두부의 큰 마모에 대한 판정기준

종류	수직 마모(mm)	측면 마모(mm)
일반선로구간 레일과 리드레일	10	12
기본레일과 윙레일	8	10
텅레일, 노스레일, 크로싱 후단의 뾰족한 레일	6	8

14.1.5 분기기 품질의 평가

선로설비 상태의 평가는 본선 선로설비 품질의 기본상태를 검사하고 판정하는 것을 말한다. 이것은 선로설비의 관리 작업과 선로설비 상태의 개선을 평가하기 위한 주요 기본지표이며, 선로 유지보수 계획에 대한 주요 근거를 마련한다. 분기기 품질의 평가는 그룹으로 수행되고 100점 만점제(100-mark system)를 따른다. 100~85 : 우량, 85(미포함)~60 : 합격, 60(미포함) 이하 : 불합격. 평가는 궤도 기하구조(선형), 레일 손상 등을 포함한다. 궤도 틀림의 평가는 주로 다음과 같은 방법을 따른다.

1. 국부 피크값의 관리방법(management method for local peak)

국부 틀림의 진폭은 상기의 **표 14.2**에 주어진 네 가지 레벨의 관리표준에 따른 틀림 벌점(inordinateness penalty)으로 평가된다. 표에서 I급 표준의 어떠한 틀림도 1점이 감점될 것이다. 표에서 II급 표준의 어떠한 틀림도 5점이 감점될 것이다. 표에서 III급 표준의 어떠한 틀림도 41점이 감점될 것이다. 표에서 IV급 표준의 어떠한 틀림도 101점이 감점될 것이다. 평가는 다음과 같이 나타낼 수 있다.

$$S = \sum_{i=1}^{4} \sum_{j=1}^{M} K_i T_j C_{ij} \qquad (14.1)$$

여기서,

S = 궤도의 킬로미터 당 또는 분기기의 틀(組) 당 총 벌점(total penalty)

K_i = 편차(deviation)에 대한 벌점

T_j = 현재 1로서 취해진, 틀림의 가중계수(weighting coefficient)

M = 평가된 틀림의 항목 수

C_{ij} = 검사된 항목에 대한 편차의 수

이와 같은 평가방법은 과도한 틀림의 현장 보수에는 간단하고 유익하지만, 궤도의 균형상태(balance state)의 품질을 반영할 수 없다.

2. 구간 평균값(main values of a section)의 관리방법

TQI는 고저(면), 수평, 방향(줄), 궤간, 평면성 틀림의 합성의 통계적인 결과이다. TQI의 값은 궤도품질과 밀접하게 관련된다. 더 큰 값은 좋지 못한 궤도품질과 극심한 변동에 관련된다. 임의의 개개의 틀림의 통계적인 값은 또한 개개의 기하구조(선형) 틀림의 품질을 반영한다. TQI는 다음과 같이 나타낸다.

$$TQI = \sum_{i=1}^{7} \sigma_i = \sum_{i=1}^{7} \sqrt{\frac{1}{n} \sum \left(x_{ij} - \overline{x_i}\right)^2} \qquad (14.2)$$

여기서, σ_i는 기하구조(선형) 편차의 표준치이고, x_{ij}는 단위구간 당 연속적인 표본추출(sampling) 지점들에서 기하구조(선형) 편차의 진폭이며, $\overline{x_i}$는 기하구조(선형) 편차의 산술평균이고, n은 표본추출 지점의 수이다(일반적으로 200m 단위 구간에 800 지점이 있다).

이 방법은 궤도의 균형품질(equilibrium quality)을 반영할 수 있지만, 국부 피크(local peak) 값의 관리방법과 마찬가지로 진폭 값 관리에 속하며, 아직 궤도틀림의 파장과 주파수영역특성을 반영할 수 없다.

3. 궤도 틀림(track irregularity) 파워 스펙트럼(power spectrum)의 평가방법[177, 178]

궤도 틀림 스펙트럼은 전체선로의 궤도 틀림을 묘사하는 데 유효한 수단이다. 게다가, 그것은 궤도 틀림의 진폭–주파수 특성을 반영할 수 있다.

그림 14.1~14.4는 중국 고속철도 무도상궤도의 고저(면), 수평, 방향(줄), 궤간의 파워 스펙트럼(역주 : 서로 다른 주파수 성분들 사이에서 파형의 에너지 분포)을 나타낸다(역주 : **그림 14.1~14.4**의 세로축에서 mm의 지수는 '–2'가 아니라 '2'임). 고저(면)와 방향(줄) 틀림은 설계 위치로부터 궤도 중심의 수직과 횡 편차와 관련 있다. 궤도검측시스템은 왼쪽과 오른쪽 고저(면) 및 왼쪽과 오른쪽 궤도 방향(줄)의 측정을 제공할 수 있다. 그러므로 실제 고저(면)와 궤도 방향(줄)은 평균치일 것이다. 궤도 틀림 스펙트럼{$mm^2/(1/m)$}은 공간 주파수(spatial frequency)(1/m)의 편측(片側) 파워 스펙트럼으로 나타내어진다. 고속철도 궤도 틀림 관리용

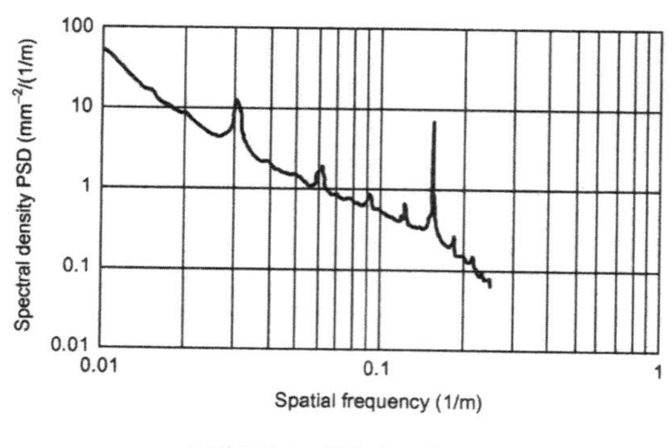

그림 14.1 고저(면)의 스펙트럼

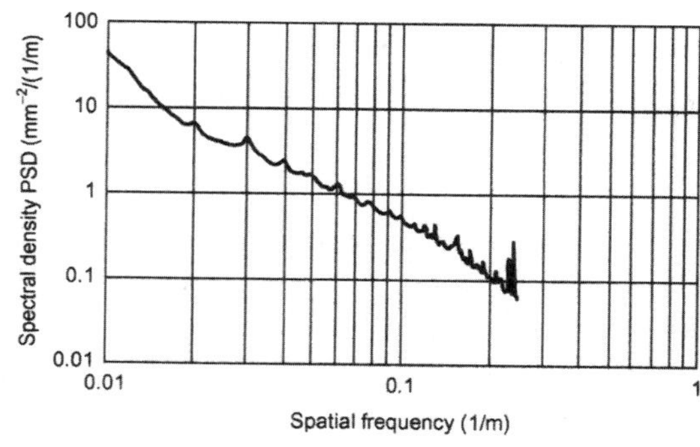

그림 14.2 방향(줄)의 스펙트럼

파장은 1.5~120m이다. 120m보다 더 긴 파장의 궤도 틀림 스펙트럼은 관련된 적합 방정식(fitting equation)으로 확장될 수 있으며, 반면에 1.5m보다 짧은 파장에 대한 궤도 틀림 스펙트럼은 특수 검사설비로 시험될 수 있다.

이들 네 가지의 틀림 스펙트럼은 분할 방정식(piecewise equation)으로 적합하게 될 수 있다.

$$S(n) = \frac{A}{n^k} \tag{14.3}$$

여기서, n은 공간주파수를 나타내고, A와 k는 방정식의 계수(coefficient)이다.

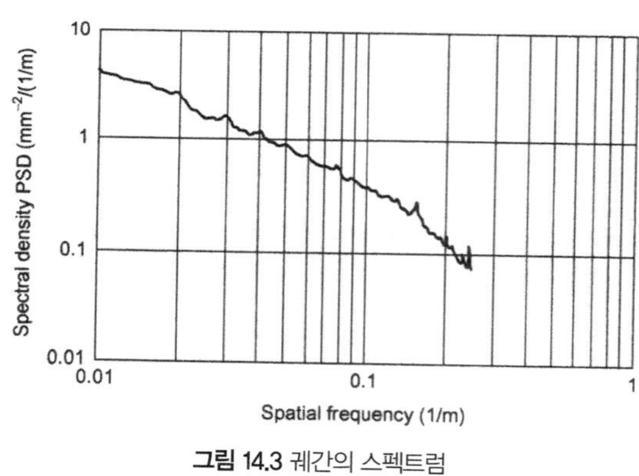

그림 14.3 궤간의 스펙트럼

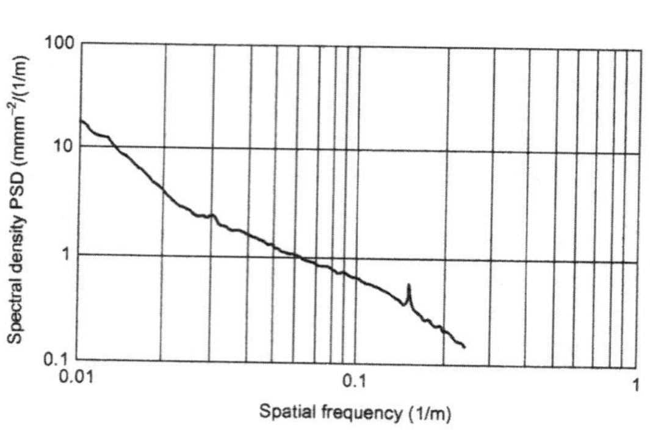

그림 14.4 수평의 스펙트럼

4. 차량의 동적 응답(vehicle dynamic response)을 이용한 궤도품질의 평가[2]

a. 차체의 횡 가속도를 이용한 분기기 안정성(turnout riding quality)의 평가

차체 횡 가속도(lateral acceleration of carbody)는 CARS가 제시한 대로 분기기의 안정성(riding quality)을 평가하는 데 이용될 수 있다. 특히, 가속도계에 대한 피크와 평균을 가중하여 분기기 상태(tstatus)의 영향을 평가하기 위한 종합가중지수(composite weighted index, CWI)는 다음과 같이 주어진다.

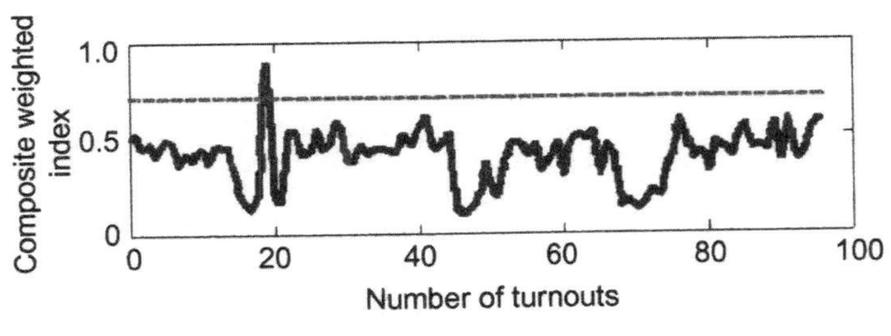

그림 14.5 분기기의 CWI의 분포

$$CWI = \frac{1}{2}PV + \frac{1}{4}PPV \tag{14.4}$$

여기서, CWI는 분기기의 안정성을 평가하기 위한 종합가중지수를 나타내고, PV는 차체 횡 가속도의 절대 피크이며, PPV는 인접한 파봉(波峰)에서 파곡(波谷)까지의 양이다.

그림 14.5는 Beijing~Shanghai선의 분기기 그룹(群)에 대한 CWI의 분포를 묘사한다. 대부분의 분기기들의 CWI가 0.72m/s^{2}보다 작음을 그림에서 볼 수 있으며, 이것은 분기기들이 좋은 상태에 있음을 나타낸다. 이들의 분기기 중에서 19번째 분기기의 CWI만 0.88m/s^{2}에 이르며, 이것은 이 분기기의 좋지 못한 안정성을 반영한다. 이 결과는 열차진동분석기(train vibration analyzer)를 이용한 측정과 아주 비슷하다.

b. 축상(軸箱)가속도(axlebox acceleration)를 이용한 분기기 충격특성의 평가 [178]

축상 가속도는 열차가 분기기에서 주행할 때 가장 직접적인 동적 응답이며, 분기기 구간의 어떠한 궤도 틀림이라도 직접 반영한다. CARS는 축상 가속도의 제곱 평균 제곱근(RMS, 역주 : 실효치) 지표의 피크 인자(peak factor)가 차량의 충격특성에 대한 분기기의 영향을 평가하는 데 이용될 수 있다고 믿고 있다. **그림 14.6**은 Beijing~Shanghai선에 대한 축상 가속도의 RMS의 분포를 나타낸다. 그림에서 적색 원은 레일체결장치 파손의 위치를 나타내고, 적색 점선은 평가기준을 묘사한다.

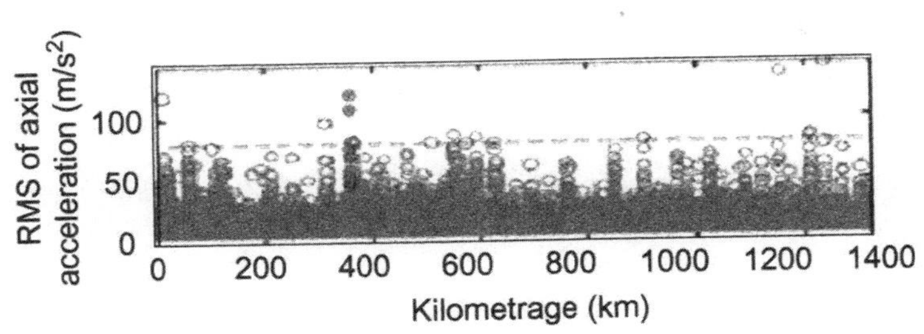

그림 14.6 Beijing~Shanghai선에 대한 축상 가속도의 RMS의 분포

c. 일반 에너지지수(general energy index)를 이용한 차량-궤도시스템의 동적 특성의 평가

CARS(중국철도과학원)은 에너지집중률(energy compaction efficiency)의 개념(concept)에 기초해 입력에너지(input energy)에 대한 서로 다른 파장성분(wavelength component)의 틀림 분포를 구분하도록 차량-

궤도시스템의 동특성(dynamic characteristics)을 종합 평가하기 위해 일반 에너지지수(GEI, general energy index : 다음의 방정식 참조)를 제안하였다.

$$GEI=\sum_{i=1}^{7}\alpha_i\sqrt{\frac{1}{n-1}\sum_{j=1}^{n-1}w_i(f_j)E_i(f_j)} \tag{14.5}$$

여기서, $E_i(f_j)$는 파장 f_j에 대응하는 i번째 틀림의 에너지이다; $w_i(f_j)$는 해당 파장의 에너지 가중계수이며, 정상화 조건을 충족시키고 차체의 진동가속도와 궤도 틀림 간의 주파수응답함수(frequency response function)로 구해질 수 있다; α_i는 각각의 틀림의 가중계수이고 식 (14.1)의 T_j와 동일하다.

14.2 고속분기기의 검측과 모니터링 기술

14.2.1 분기기 상태와 기하구조(선형)의 검사

선로와 분기기의 검사는 '동적 검사 위주, 동적 · 정적 검사 결합, 구조 검사와 기하구조(선형) 검사 병행'의 원칙을 따른다. 동적 검사는 주로 종합검측열차(comprehensive inspection train)의 검사 결과에 의존한다. 동적 검사에 포함된 수단은 궤도검측설비(track inspection equipment), 열차-탑재 궤도검측장치(train-borne track inspection device) 및 포터블 열차진동분석기(portable train vibration analyzer)이다.

1. 검사주기(inspection period)

동적 검사(dynamic inspection)의 주기 : 종합검측열차는 10~15일마다 한 번. EMU 열차 탑재 궤도검측장치는 적어도 매일 한 번. 공무단(工務段) 사용의 포터블 궤도검측 장치는 반월마다 한 번. 검측장치를 이용한 궤도설비의 검사는 적어도 반년마다 한 번.

정적 검사(static inspection)의 주기 : 분기기 기하구조(선형)는 매월 한 번. 주요 결함이나 궤도 틀림이 있는 분기기에 대해서는 궤도측정 장치와 검측기구가 이용될 것이다. 장대레일 분기기의 레일은 종 방향 변위에 대하여 분기(分期)에 한 번 정밀 검사되어야 한다.

분기기 상태 검사(turnout status inspection)의 주기 : 분기기 상태 검사는 매주 한 번. 주간(晝間) 검사는 매년 한 번.

2. 동적검측장치(dynamic inspection equipment)

a. 중국에서 궤도 동적검측기술(dynamic inspection technology)의 개발

GJ-1 궤도검측시스템 : 1950년대에 개발되었고, 현 측정(弦測定)법(chord-based method)을 적용하며, 기계전동(傳動, transmission)식이다.

GJ-2 궤도검측시스템 : 1960년대에 개발되었고, 현 측정법을 적용하며, 전기 전동식이고 수작업으로 한

계초과를 판독한다.

GJ-3 궤도검측시스템 : 1980년대에 개발되었고, 관성 기준(inertia reference)법을 적용하며, 합성의 구조이다. 그리고 궤간과 방향(줄) 검사에 적용할 수 없으며, 컴퓨터기반 평가이다.

GJ-4 궤도검측시스템 : 1990년대에 개발되었고, 관성 기준법을 적용한다. 그리고 스트랩다운(strapdown) 구조이고, 넓은 범위의 검사항목을 적용할 수 있으며 컴퓨터 기반 프로세싱이다. 서보 궤도 게이지 리프팅 보(servo track gauge lifting beam)는 큰 진동 충격과 잠재적인 안전위험이 있다.

GJ-5 궤도검측시스템 : 2000년에 미국의 IMAGEMAO에서 수입되었고, 레이저-사진측량(laser-photo-grammetric) 방식과 관성 기준법을 적용한다. 그리고 대차에 설치된 측정 보(빔)가 있고, 높은 유지관리비가 특징이다.

GJ-6 궤도검측시스템 : 2013년에 중국에서 개발되었고, 사진측량 방식, 관성기준법 및 고속 디지털 카메라를 적용하며, 최대속도 400km/h이다. 그리고 가볍고 정교한 측정보(빔) 부품이 있으며, 장파장 검사(long-wavelength inspection)를 할 수 있다.

종합검측열차(comprehensive inspection train) : 신형의 종합검측열차(200km/h용 #0과 #10)는 2007년에 중국철도의 여섯 번째 속도향상 동안 200~250km/h EMU 열차의 신규운행으로 개발되었다. 이들의 검사열차는 궤도기하구조(선형), 견인전력공급, 통신과 신호설비, 차륜-레일관계, 팬터그래프-커티너리 접촉상태, 승차감 등을 검사할 수 있다. 현대적 측정, 시간/공간 동시 현지화, 고용량 데이터의 실시간 전송, 실시간 이미지프로세싱 등과 같은 선진 기술의 결합은 고속, 동적 및 다수-파라미터 동시검사를 위하여 채용된다.

고속 종합검측열차 : 2011년에 CRH380B의 기술 플랫폼(technical platform)에 기초하여 중국에서 개발되었고, 설계속도는 400km/h이다. 검사열차는 350km/h 이상으로 주행할 때 선진 검사기술과 접근법으로 궤도, 커티너리, 차륜-레일 힘, 통신, 신호, 차량 동적 응답 및 대차 하중(bogie load) 등에 대하여 실시간으로 정밀한 검사와 표본추출(sampling)을 할 수 있다.

2014년 현재 사용 중인 궤도검측열차는 GJ-4 열차 9 편성, GJ-5 열차 21 편성, GJ-6 열차 15 편성을 포함하여 45 편성이다. **그림 14.7**은 CRH380B 고속 종합검측열차의 사진이다.

그림 14.7 중국의 고속철도용 종합검측열차

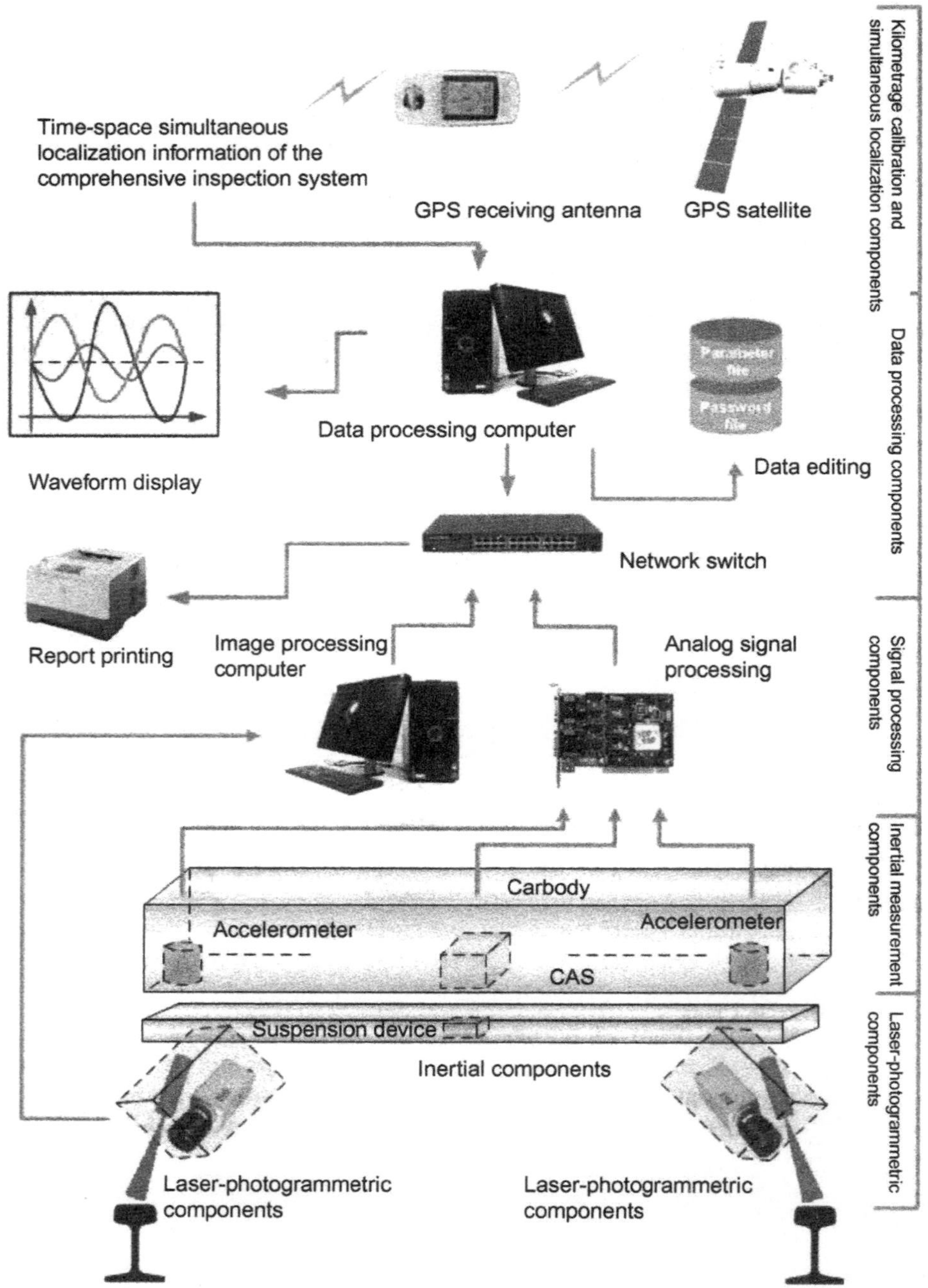

그림 14.8 GJ-6 궤도 검사시스템의 구성

b. GJ-6 궤도검사시스템(track inspection system)의 기술 특성

GJ-6 열차 검사시스템은 레이저 단면 촬영 기술에 기반을 두고 관성 자이로스코프 플랫폼(inertial gyro platform)을 채용하며, GJ-4와 GJ-5 모델의 장점을 결합한다. 시스템은 관성원리, 이미지 프로세싱, 디지

털 필터링 및 열차용 LAN 등의 선진 기술을 이용하여 고속으로 주행할 때의 모든 궤도 기하구조(선형) 상태를 실시간(real time)으로 검사할 수 있다. 시스템은 **그림 14.8**에 나타낸 것처럼 레이저-사진측량 부품, 관성측정 부품, 신호 프로세싱 부품, 데이터 프로세싱 부품, 거리측정과 동시 현지화 및 기계적 현가장치로 구성된다.

○ 주요 기술적 특징(main technical features)

- 다중-이미지병렬이미지처리기술(multi-image parallel image processing technology)을 적용함으로써 이미지처리속도(image processing speed)를 450fps(초당 프레임 수)까지 개선
- 모듈기능(function of module)의 공간표본추출(spatial sampling)과 동기조정(synchronizing)의 제공으로 고속교통 하에서 센서의 동시 표본추출과 다수 모듈들의 협동을 실현
- 설비의 잠재력(potential of equipment)을 최대로 찾아내도록 실시간 운영시스템(real-time operating system)에 기초하여 멀티-프로세서 기술(multi-processor technology)의 개발
- 데이터 치단(data blockage)과 손실 등의 문제를 극복하도록 네트워크 구조와 통신방식을 최적화
- 열차가 400km/h로 주행할 때 궤도 선형에 대한 실시간 검사를 실현
- 새로운 레이저-사진측량 측정 장치를 개발, 고성능 디지털 카메라로 시스템 설계를 최적화, 그것은 센서 부품의 75%를 절감하고 시스템 신뢰성을 향상시킨다. **그림 14,9**는 레일 윤곽(프로파일) 검사시스템의 사진이다.
- 햇빛간섭방지(anti-sunlight interference) 알고리즘을 개발, 이것은 설비의 햇빛 차단 능력을 효과적으로 향상하고 검사에 영향을 미치는 햇빛 간섭을 방지한다. 장파장 틀림에 대한 검사방법을 제시한다, 이것은 120m의 파장을 가진 궤도 틀림을 검사할 수 있다.
- 400km/h의 열차속도에서 복잡한 구조형식과 가혹한 운영환경에 맞춘 측정 보(**그림 4.10**)를 개발
- 다수-기준 보정(multiple-reference calibration)을 위한 다차원 관성 기준 기술(multidimensional inertial reference technology)을 채용. 다수 측정기준과 실시간 보정을 이용한 필터링 방법을 확립. 위상차(位相差, phase difference) 위성위치확인시스템(GPS)과 다수 관성기준에 기초한 큰 반경의 곡선에 대한 검측 알고리즘을 제공, 이것은 큰 반경의 곡선을 정밀하게 측정할 수 있다.

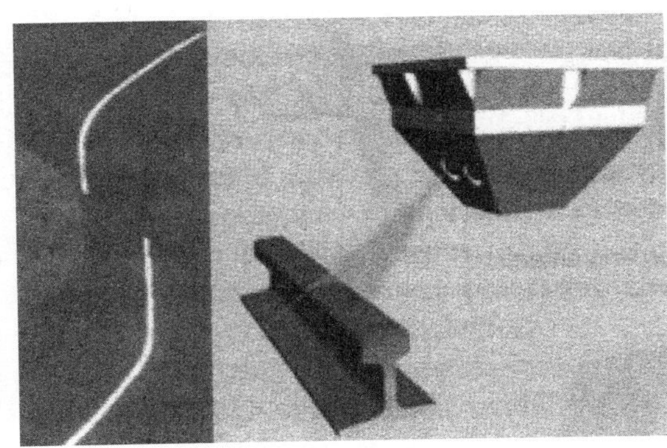
그림 14.9 디지털 카메라

그림 14.10 측정 보(빔)

3. 정적검측장치(static inspection equipment)

궤도 정적 검측장치는 궤간 게이지, 상대적 궤도 기하구조(선형) 검사용 작은 바퀴(car), 절대적 궤도 기하구조 측정용 작은 바퀴(예를 들어, 0급 검사장치), 레이저 장(長)-현(弦) 궤도 검측용 작은 바퀴, GPS 관성 통합 네비게이션 측량용 작은 바퀴, 레일 윤곽(프로파일) 측정 장치, 레일용접 두부의 직진도 측정 장치 및 레일 파상마모(corrugation)의 측정 장치를 포함한다.

그림 14.11은 Jiangxi Everbright 철도설비개발주식회사가 개발한 0급 궤도검측장치의 사진이다. 장치는 토털 스테이션(total station)에 집중되며, CP III에 기초하여 자유배치(free stationing)를 시행한다. 그것은 1mm의 측정정밀도로 궤도 기하구조(선형)의 편차를 구하도록 프리즘 지점과 차량 위치의 좌표를 측정함으로써 종합적으로 궤도 높이/평면의 좌표를 계산한다. 그러나 측정정밀도는 70m 현의 중앙점을 사용하여 장파장을 검측(calibration)할 때 ±2mm이고, 120m 현의 중앙점을 사용하여 장파장을 검측할 때 ±3mm이다.

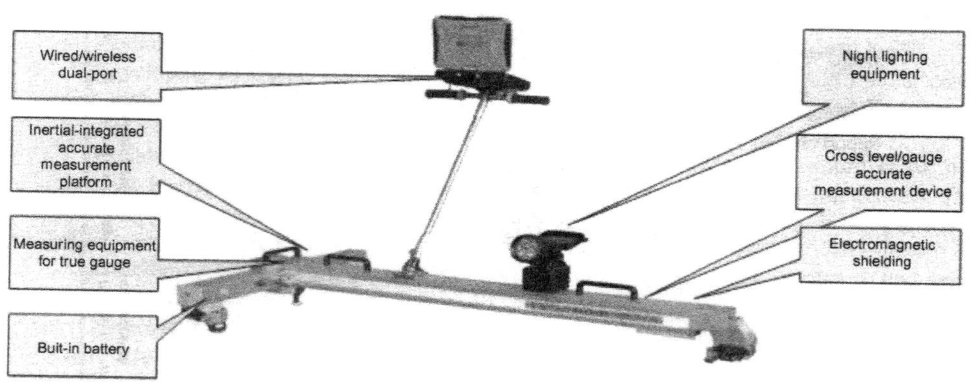

그림 14.11 중국의 0급 궤도검측장치

4. 궤도검측장치(track inspection equipment)

CARS는 다수의 카메라 배치와 집성 광원(integrated light source)의 기술로 궤도검측차(track inspection car, **그림 4.12**)를 개발하였다. 궤도검측차는 비정상적인 레일체결장치 위치, 레일체결장치 빠짐, 탄성 클립의 파손과 변위 및 그림 4.13에 나타낸 것처럼 탄성 클립의 뒤바뀐 설치를 인지할 수 있다. 그것은 레일표면의 긁힘(해상도 : 횡으로 1mm, 종 방향으로 1.6mm)과 **그림 4.14**에 나타낸 것처럼 레일파상마모를 확인할 수 있다. 그것은 또한 **그림 14.15**에 나타낸 것처럼 무도상궤도 슬래브의 균열과 고정 턱(retaining shoulder)의 스폴링(spalling)을 확인할 수 있다. 게다가, 그것은 RFID(역주 : radio frequency identification), 고정밀 광전기 인코더, 그 밖의 위치 잡기 정보 근원을 통합하고 데이터융합기술을 이용하여 동시의 표본추출, 전송 및 속도와 거리정보의 제어를 실현한다.

궤도검측차에 파상마모 검사시스템을 설치하고 관성 기준원리에 따라 궤도검측차의 차축 헤드(axle head)의 좌우 양측에 가속도 센서(acceleration sensor)를 설치함으로써 파상마모의 진폭과 RMS 값을 가속도신호

그림 14.12 종합검측차

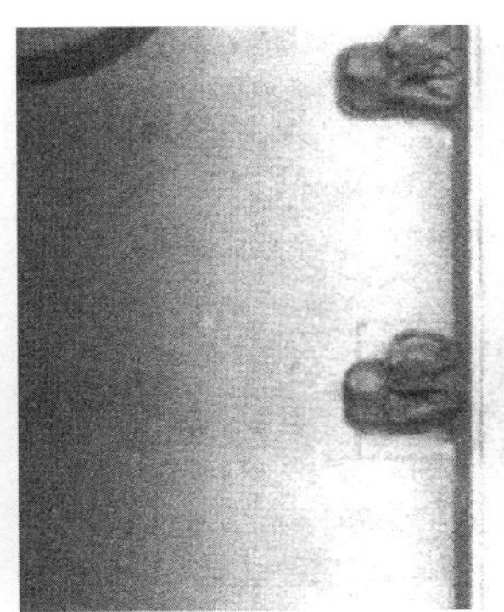
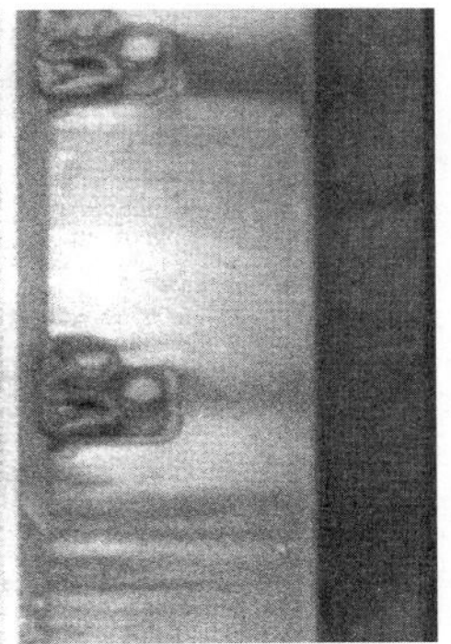

그림 14.13 레일체결장치의 뒤바뀐 설치의 확인

의 안티-엘리어싱 필터링 처리(anti-aliasing filtering)와 이차적분법으로 구할 수 있다. 그것은 0.1mm의 측정정밀도와 30~200km/h의 측정 속도로 0.1~1.5m의 파장, 2~3mm의 진폭에 적용할 수 있다.

5. 분기기의 동하중부하 장치(dynamic loading device of turnout)

중국은 미국, 일본 및 스웨덴 다음으로 동하중부하 시험차량을 성공적으로 개발하였다. 중국의 하중부하 시험차량은 동하중부하 차량, 계기설치 시험차량, 열차탑재 하중부하시스템 및 검사시스템으로 구성된다. 동하중부하 차량의 구동장치는 **그림 14.16**에 나타낸 것처럼 궤도 하중부하(유압 하중부하)를 위한 차체중앙의 하중부하 차륜과 함께, 기관차의 3축 대차를 적용한다. 계기설치 시험차량은 25T 객차의 차체와 구동장치를 적용하며, 견고한 검사시스템을 갖춘다.

하중부하 시험차량(loading test car)은 궤도의 정적과 동적 역학 특성(mechanical property)을 밝히기 위하여 궤도의 어떤 지점에서의 정하중, 또는 서로 다른 주파수나 파장의 동하중, 랜덤 하중이나 주기적인 동하중을 가하도록 주어진 지점에 위치할 수 있다. 고정 하중부하 용량(stationary loading capacity) : 최대 수직 하중부하 힘(단일 차륜) 200kN; 최대 수직하중부하 주파수 50Hz; 최대 횡 하중부하 힘(단일 차륜) 150kN; 최대 횡 하중부하 주파수 15Hz.

그림 14.14 레일 파상마모의 확인

그림 14.15 무도상궤도에 대한 결함과 손상의 확인

(A)

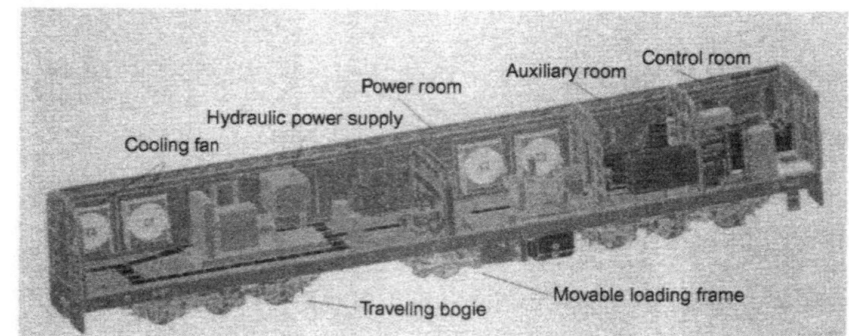

(B)

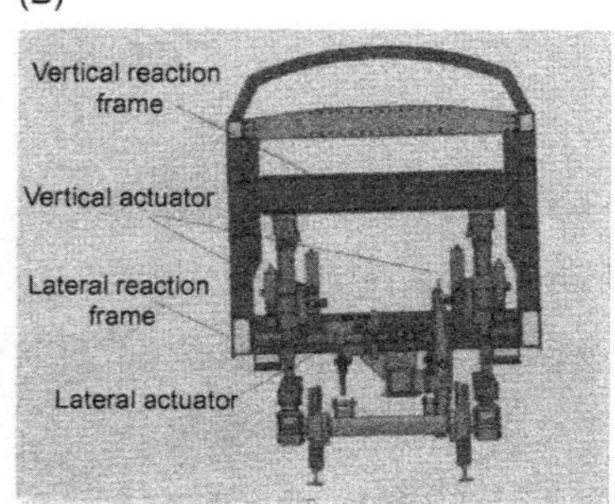

그림 14.16 (A) 동하중부하 차량, (B) 유압 하중부하 시스템

하중부하 시험차량은 선로차단이 없이(track without interruption) 궤도의 동응력 특성을 측정하도록 움직이는 동안에 횡으로 및/또는 수직으로 궤도에 일정한 하중을 가할 수 있다. 동하중부하 용량 : 최대 수직하중부하 힘(단일 차륜) 150kN; 및 최대 횡 하중부하 힘(단일 차륜) 100kN.

하중부하 시험차량의 차륜-레일 힘 측정시스템과 레일변위(rail displacement) 측정시스템으로 하중부하 힘 하에서의 변형이 측정될 수 있으며, 궤도 총체 강성(track integral stiffness)이 구해질 수 있다. 궤도의 탄성변형은 레이저 삼각측량 측정센서를 이용하여 3점 현 기준법에 따라 측정된다. 하중부하 시험차량은 또한 교량-성토 과도구간의 균질성과 분기기 구간의 궤도 강성도 검사할 수 있다.

14.2.2 분기기 레일의 검사

1. 검사주기(inspection period)

레일검사는 탐상 및 외관과 표면손상(surface damage)의 검사를 포함한다.

탐상의 경우에, 본선과 분기기의 레일은 주로 탐상차(flaw detection car), 또는 만일 필요하다면 탐상기(flaw detector)로 주기적으로 검사될 것이다. 탐상기는 탐상차로 발견된 모든 손상(damage이나 결함(defect)을 확인하기 위한 것이다. 탐상차를 이용한 검사는 겨울철의 더 짧은 탐상기간과 함께 적어도 1년에 일곱 번 수행될 것이다. 레일탐상기를 이용한 검사는 본선의 레일에 대하여 1년 단위로, 분기기 레일에 대하여 월간 단위로 수행될 것이다. 용접탐상기(weld flaw detector)는 본선과 분기기의 장대레일 궤도의 용접에 대한 전단면 탐상을 수행하는 데 이용될 수 있다. 탐상주기에 관하여, 공장용접은 5년마다 한 번, 현장 플래시 용접은 1년에 한 번, 테르밋용접은 6개월에 한 번 검사될 것이다.

레일의 외관(appearance)은 검사기구와 인력 검사(manual inspection)의 결합으로 검사될 것이다. 인력 검사는 적어도 1년에 한 번 수행될 것이다. 사소한 마모가 있는 레일, 분기기 및 신축이음매에 대해서는 적어도 분기에 한 번 레일 프로파일메타(profilometer, 마모 테스터)를 이용한 검사가 수행될 것이다.

박리(剝離, spall) 균열, 표면균열 및 긁힘은 분기에 한 번 검사될 것이며, 또는 만일 필요하다면 와류(渦流)탐상(eddy detection)이나 자분(磁粉)탐상(magnetic particle inspection)이 제공될 것이다. 와류탐상은 곡선

구간에서 레일의 표면이나 표면 근처의 결함, 특히 표면의 비스듬한 균열을 검사하기 위한 것이다. 자분탐상은 용접 이음부 및 분기기 레일의 표면이나 표면 근처의 결함을 검사하기 위한 것이다. 분기기 구간에서의 자분탐상은 주로 텅레일의 전체 길이를 따라 레일 상면, 레일복부의 횡 표면 및 레일저부의 상부표면, 노스레일의 상부표면, 게다가 고망간강 주조 윙레일의 상부표면과 레일복부의 횡 표면에서 수행된다.

현장용접의 평탄성은 평탄성 측정기(flatness gauge)를 사용하여 적어도 1년에 한 번 검사된다. 작은 손상에 이를 정도의 낮은 부위가 있는 용접부는 적어도 분기(分期)에 한 번 검사되어야 한다.

검사에서 발견된 모든 레일파손이나 주요한 결함은 관련 선로작업장과 공무단에 즉시 통보될 것이다. 레일파손의 경우에, 철도선로는 보수를 위하여 차단(blocked)될 것이다. 레일의 주요한 결함의 경우에 즉시 160km/h의 속도제한이 시행될 것이며, 그에 따라 긴급, 임시, 또는 영구 조치가 취해질 것이다.

2. 고속철도 레일탐상기(flaw detector for high-speed railway rails)

중국의 고속철도에 대한 탐상은 주로 대형 레일탐상차와 더 작은 다-채널(multi-channel) 탐상기로 수행된다. 대형 레일탐상차는 기술적으로 정교하고, 효율적이며, 적용성이 높지만, 융통성이 없으며(inflexible), 그것은 인력 검사로 보충될 것이다. 소형 다-채널 탐상기는 크게 민감하고 적용 가능하지만, 인적 요인(예를 들어, 조작자)의 영향을 받을 수 있으므로 불안정하다. 초음파는 레일의 전파(傳播) 특성(spreading nature)에 기인하는 피로균열이나 그 외의 내부 결함을 탐지함에 있어 높게 민감하고, 효율적이며, 정밀하다. 그러므로 초음파 탐상기술(ultrasonic flaw detection technology)은 세계적으로 레일탐상에 널리 채용된다.

중국은 1989년 이후 대형 레일탐상차를 도입하기 시작하였다. 처음의 차량은 오스트레일리아의 GEMCO 제이다. 1993년에는 40km/h의 작업속도를 가진 SYS-1000 탐상차를 미국의 Pandrol Jackson회사에서 구매하였다. 2000년 이후에 SPERRY는 SYS-1000 탐상시스템에 기초하여 60km/h의 작업속도를 가진 변경 탐상시스템을 개발하였다. SPERRY는 근년에 중국철도용 1900-형 검사시스템을 개발하였으며, 그것은 중국철도에 대한 레일 탐상의 기술특징을 참고로 하였으며, 레일두부의 합성의 길게 갈라진 틈의 탐지 가능성을 향상하기 위하여 70°의 탐지각도를 가진 초음파 탐침이 설치되었다. 게다가, 차륜 탐침의 직경은 차륜의

그림 14.17 레일탐상차

그림 14.18 레일탐상기

초음파 경로를 줄이도록 6.5인치(165.1mm)에서 9인치(228.6mm)로 변경되었다. 현재, 중국에 26량의 레일 탐상차가 있으며, 4량은 20km/h용, 22량은 60km/h용이다. 4량은 SYS-1000시스템을, 17량은 Frontier 시스템을, 5량은 **그림 14.17**에 나타낸 것처럼 1900시스템을 갖추고 있다.

중국은 **그림 14.18**에 나타낸 것처럼, 모델 JGT-5, DGT-90, SB-1, HT-1 및 CGT-3을 포함하여 일련의 수동식 초음파탐상기를 개발하였다.

14.2.3 분기기 모니터링 시스템

분기기는 궤도구조의 취약개소이다. 텅레일과 노스레일은 레일체결장치로 억누르지 않으므로, 레일파손이 발생했는데도 감지되지 않으면 탈선으로 이어질 수 있다. 각종 구성요소의 방해와 레일저부의 가려짐 때문에 텅레일과 노스레일의 균열은 쉽게 발견되지 않으며, 전술의 탐상 수단으로조차도 그렇다. 궤도회로는 타이플레이트의 전도성 때문에 이들 레일 절단을 제시간에 쉽게 발견할 수 없다. 따라서 고속분기기기의 레일파손은 안전위험 근원으로 간주해야 한다. 중국에서 고속분기기의 실질적인 운용 동안, Wuhan~Guangzhou선의 Leiyang역과 Beijing~Shanghai선의 Danyang북(北)역의 18번 분기기에서와 같이 몇몇의 레일균열이 발견되었다. 이 때문에 중국은 분기기 레일균열에 대한 모니터링 시스템을 추구하는 데 몰두하였다. 독일과 프랑스 분기기 모니터링 시스템은 전환 불충분을 피하도록 동력전철기의 작동을 모니터링 하는 데 주로 적용된다. 중국에서는 상태 모니터링보다 안전 모니터링에 더 많은 주의를 기울인다. 현재, 모니터링은 주로 분기기 레일균열, 전환 힘(switching force), 전철(轉轍, shunting) 동안 분기기 스플릿(turnout split, 역주 : 열차가 분기기를 통과할 때 텅레일 위치가 올바르지 않음으로 인해 텅레일이 기본레일에 밀착되지 않아 차륜이 누르고 지나가면서 텅레일이 기본레일에서 밀려나는 과정을 말하며, 정위도 아니고 반위도 아닌 상태로 됨), 텅레일과 노스레일의 밀착, 동력전철기의 틈 표시(indication of the gap), 전환전류(switching current) 및 전압에 대해 수행된다. 이 모니터링 시스템은 Shanghai~Nanjing선 Changzhou북(北)역의 #8 분기기에 적용되어 왔다[179].

음향 방출(acoustic emission, AE) 기술은 분기기 레일균열의 모니터링에 적용된다. 1960년대에 개발된 AE나 응력파(應力波) 방출(stress wave emission)은 일반적인 초음파탐상과는 다르다. 이 기술의 경우에, 외부하중부하는 고체 재료의 국부적인 소스 에너지(local source energy)를 즉시 방출하고 순간적인 탄성파를 일으키기 위하여 사용된다. 수신된 음향신호로 재료의 내부 결함이 분석될 수 있고, 재료의 완전성과 특징이 평가될 수 있다. PZT(티탄산 지르콘산 연) 압전(壓電) 세라믹스는 레일균열이 발생될 때 표면파를 모니터하기 위하여 사용되다. 이 시스템은 진동에너지 스펙트럼을 분석함으로써 어떠한 레일균열도 탐지될 수 있다. 카이저(Kaiser) 효과는 AE의 비가역성(irreversilbility)과 관련 있다. 즉, AE는 이전에 가해진 최대하중보다 작은 하중이 반복하여 가해질 때 일어난다. **그림 14.19**는 현장 압전 센서를 나타낸다. **그림 14.20**은 Chengdu의 북(北)조차장에서 탐지된 텅레일 상면의 박리(spall)를 보여준다. **그림 4.21**은 정상적인 텅레일과 결함이 있는 텅레일의 에너지 스펙트럼을 보여준다.

텅레일의 모니터링에서 전철간(轉轍桿)의 핀 축(pin shaft)은 힘 측정 핀으로 대체된다. 레일 밀착은 와전류

그림 14.19 압전 센서의 설치

그림 14.20 텅레일 상면의 박리(spall)

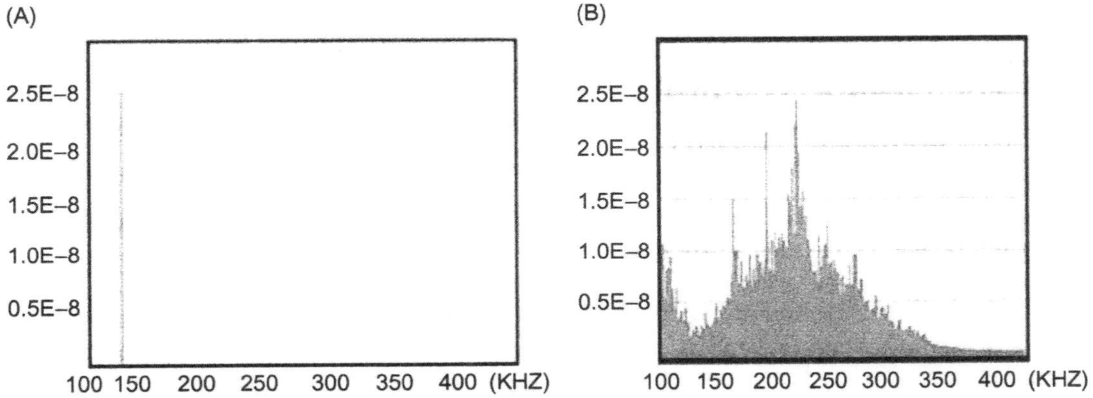

그림 14.21 (A) 정상적인 레일의 에너지스펙트럼, (B) 결함이 있는 레일의 에너지스펙트럼

센서로 측정된다. 윤축 센서(**그림 14.22**)는 분기기 구간에서 전철(轉轍) 작동(shunting operation) 동안 차량의 주행 방향을 모니터하기 위하여, 그리고 분기기의 정위와 반위를 비교함으로써 분기기 스플릿(turnout spit,

그림 14.22 윤축 센서

그림 14.23 표시봉의 빈틈 모니터링

※ 전술 참조) 상태를 파악하기 위하여 설치된다. 카메라는 전철기 표시봉 빈틈(gap)의 동적 편측(片側) 이동량(offset)을 파악하고, 간격이나 변위를 측정하며, **그림 14.23**에 나타낸 것처럼 검사봉이 표시봉 빈틈에 있는지를 모니터하고, 빈틈의 간격에 따라 텅레일과 노스레일의 밀착상태를 알아낼 수 있다.

14.3 고속분기기의 유지보수 기술

14.3.1 레일연마[180, 181]

1. 일반적인 요건(general requirements)

레일(본선, 분기기 및 신축이음매 포함) 연마(grinding)는 사전연마(pre-grinding), 예방연마(preventive grinding) 및 보수연마를(maintenance grinding) 포함한다.

사전연마는 궤광을 정밀조정한 후에 행하며, 레일표면의 탈탄을 목표로 하고, 레일의 횡단면을 조정하며, 시공 차량이 초래한 레일 손상을 제거한다. 예방연마의 빈도는 총 통과톤수와 레일 상태로 결정되며, 원칙적으로 30~50Mt의 통과톤수 당 한 번이지만, 2년보다 더 길지 않아야 한다. 분기기 레일의 연마주기는 본선 레일과 동일하다. 보수연마는 레일이 파상마모, 피시 스케일(fish scale) 균열, 또는 그 외의 결함에 노출되었을 때 취해진다. 예방연마 윤곽(프로파일)은 레일표면 상태와 차륜-레일접촉의 결합으로 결정된다. 연마 프로파일 설계가 이루어지지 않은 경우, 레일연마는 선로에서 주행하는 EMU 열차의 유형에 따라, 그리고 예

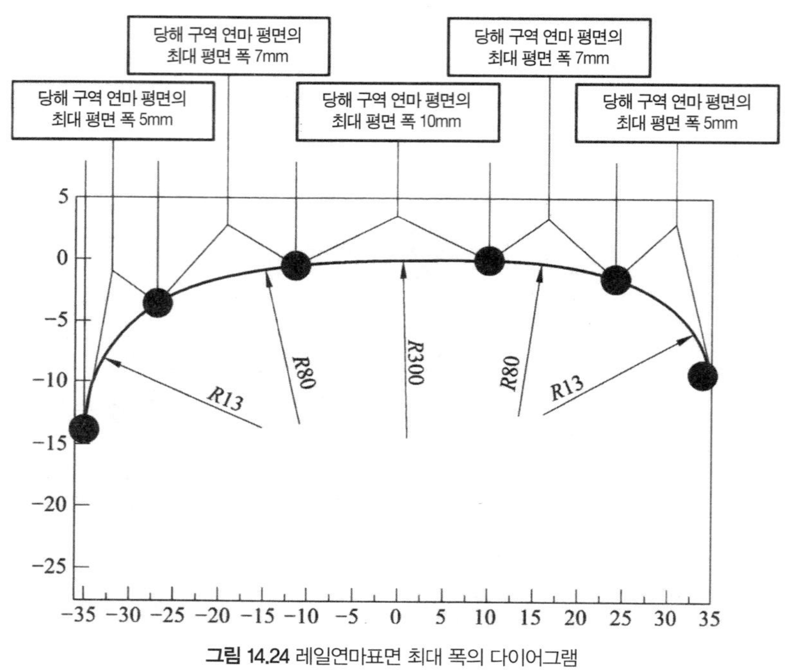

그림 14.24 레일연마표면 최대 폭의 다이어그램

방연마와 관련하여 수행될 수 있다. 보수연마 계획은 표면결함(레일 파상마모, 피시 스케일 균열)으로 결정되며, 그러한 결함들을 효과적으로 제거할 수 있어야 한다.

레일은 레일연마열차, 분기기연마열차, 또는 밀링연마(milling)열차로 연마되거나 밀링 연마될 수 있다. 레일용접은 소형 레일연마기로 연마될 수 있다.

연마 면의 최대 폭(**그림 12.24** 참조)은 R13 부분에서 5mm이고, R80 부분에서 7mm이며, R300 부분에서 10mm이다. 레일 100mm의 길이 범위 내에서 연마 면 폭의 최대변화량은 연마 면의 최대 폭을 25% 이상 넘지 않아야 한다. 접촉 부분의 광택 띠(contact light band)는 연마 후에 중앙에 있어야 하며, 폭이 약 20~30mm이다. 레일의 연마 면에 남색(藍色) 띠가 연속하여 나타나지 않아야 한다.

면 거칠기는 10mm 이내의 한 연마 면(grinding surface)에 대한 연마경로에 수직으로 포터블 러프미터(roughometer, 휴대식 거칠기 검측기)로 측정된다. 적어도 여섯 개의 연이은 지점을 측정하여 연마 면의 거칠기가 10μm보다 크지 않아야 한다(※ 역자가 문구 조정).

연마 윤곽(grinding profile)은 설계요건을 충족시켜야 하며 형판(template)이나 프로파일미터(profilometer, 마모테스터)로 측정될 것이다. 레일연마작업은 **표 14.7**과 **14.8**을 충족시켜야 한다.

표 14.7 레일연마에 대한 검수(檢收)기준

항목	검수표준(mm)	측정방법	설명
레일 모재의 레일두부 안쪽작용면	+0.2/0	1m 자로 종거(縱距, rise)를 측정	+는 우묵함을 의미
레일 모재의 레일 상면 마모나 U자형 마모	+0.2/0		+는 볼록함을 의미
용접부의 상면	+0.2/0		+는 볼록함을 의미
용접부의 안쪽작용면	+0.2/0		+는 우묵함을 의미

표 14.8 레일 파상마모의 연마에 대한 검수(檢收)기준

항목	검수기준				측정방법	비고
파장 (mm)	10~30	30~100	100~300	300~1,000		
표본추출 윈도우의 길이 (mm)	600	600	1,000	5,000		
평균 골 깊이 (mm)	0.02	0.02	0.03	0.15	테스트 정확도 0.01mm 이상, 테스트 길이는 표본추출 창의 길이보다 작지 않음	연마 후 8일 이내 또는 연마 후 30만 t의 총 통과톤수 전에 측정
과도함의 허용 백분율	5 %	5 %	5 %	5 %	연속측정에 대하여 100m(열차탑재 검사) 또는 30m(수동식 검사) 이내	

2. 고속분기기의 연마(grinding of high-speed turnout)

중국은 두 가지 유형의 분기기 연마열차(grinding train)를 도입하였다. 즉, **그림 14.25**에 나타낸 것과 같은 스위스 SPENO의 CMG16(또는 PR16MS)과 미국 HARSCO회사의 RCH20C. 분기기 연마열차의 유압구동 연마헤드는 편향 각도를 더 쉽게 제어할 수 있게 한다. 더 작은 지름의 연마 휠(grinding wheel)은 분기기의

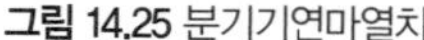

그림 14.25 분기기연마열차

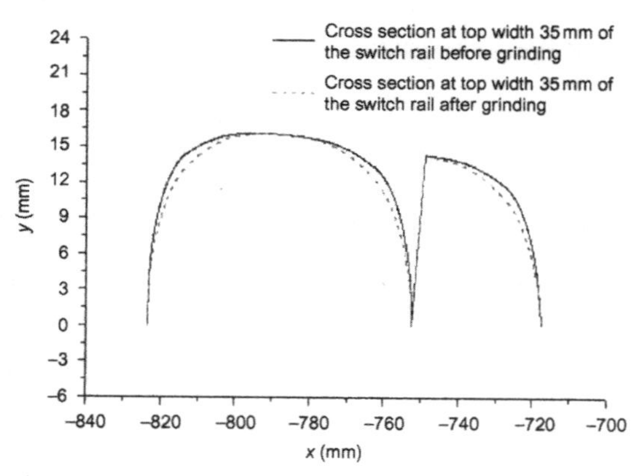

그림 14.26 권고된 레일 상면 윤곽(프로파일)

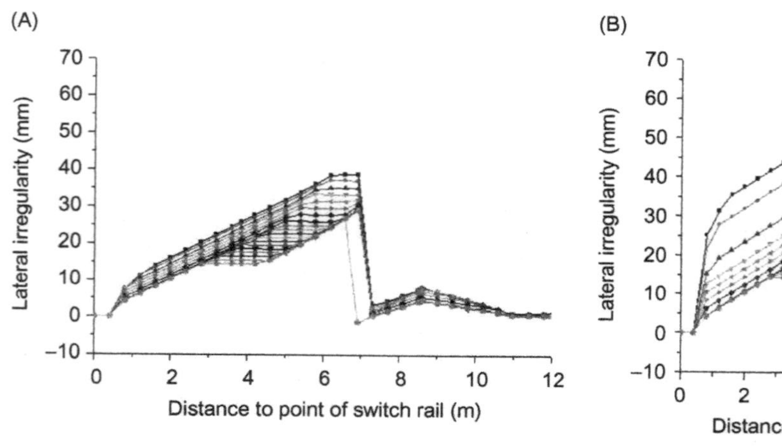

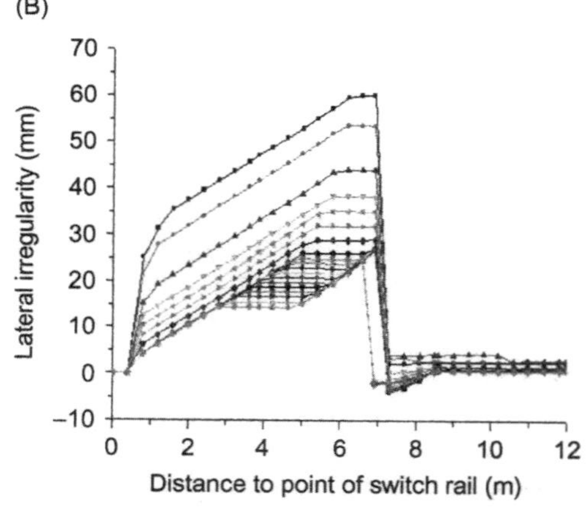

그림 14.27 (A) 연마 후 윤축 횡 변위에 따른 틀림의 변화, (B) 연마 전 윤축 횡 변위에 따른 틀림의 변화

좁은 구역에서의 적응성을 향상한다. 진공 집진기는 분기기와 환경의 작업 오염을 완화한다. 고속분기기 연마의 기본원리는 구조적 틀림을 낮추고, 안정성을 향상하며, 차륜-레일접촉 응력을 줄이고, 레일의 사용수명을 연장하는 것이다. 예를 들어, 텅레일의 상면 폭 35mm에서 횡단면을 취해보자. 텅레일과 기본레일 상면의 권고된 연마 윤곽(프로파일)은 **그림 14.26**에 나타낸다. 연마 전후에, 텅레일의 횡 방향 구조적 틀림과 횡 윤축 변위를 비교하면, **그림 14.27**에 나타낸 것처럼, 연마 후에 횡 방향 구조적 틀림이 상당히 줄어든다고 결론지을 수 있다. 따라서 연마는 분기기에서 EMU 열차의 안정성에 크게 도움이 된다.

RCH20C 분기기연마열차의 경우에, 먼저 **그림 14.28**에 따라 연마 구역이 나뉘어야 한다. 그림에서, 작업은 지점 A에서 지점 B까지 걸친다. 지점 B에서, 철차(轍叉, frog) 뒤의 기준선과 분기선에서 두 인접 레일들 사이의 순 간격은 100mm이다. 지점 C는 철차의 상면 폭 20mm에 있고, 지점 D는 협로(throat, 윙레일 굽힘점)에서 100mm이다. 지점 E에서, 텅레일과 기본레일 간의 순 간격은 100mm이다. 지점 F는 텅레일의 상면 폭 20mm에 있다. 지점 G는 기본레일의 상면 폭 20mm에 있다. H는 작업 종료 지점이다.

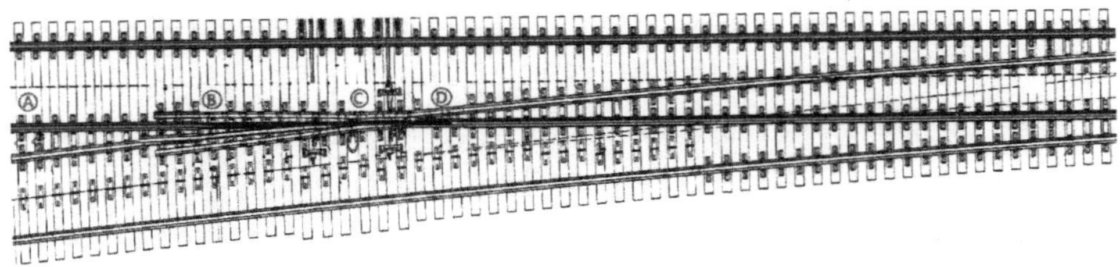

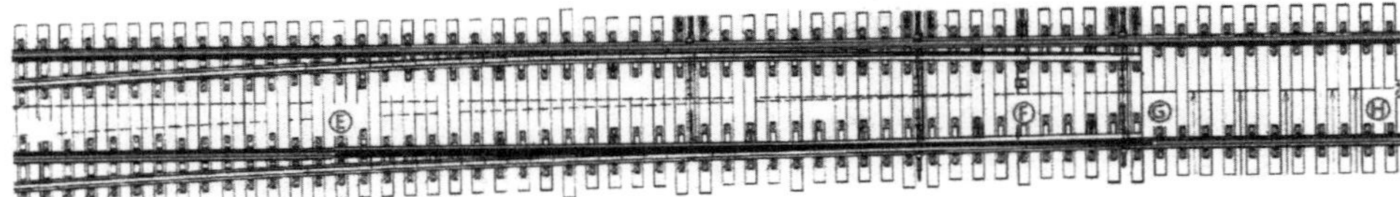

Notes:
Point A: Origin of operation
Point B: The place where the clearance between straight and curved rails is 100mm in rear of the frog
Point C: Frog (top width=20mm)
Point D: 100mm in front of the throat
Point E: The place where the clearance between switch rail and stock rail is 100mm
Point F: Switch rail (top width=20mm)
Point G: Point of switch rail
Point H: End of operation
Gray: Normal grinding zone
Red: Restricted grinding zone
White: Zone not to be ground

그림 14.28 분기기에서 연마 구역의 구분

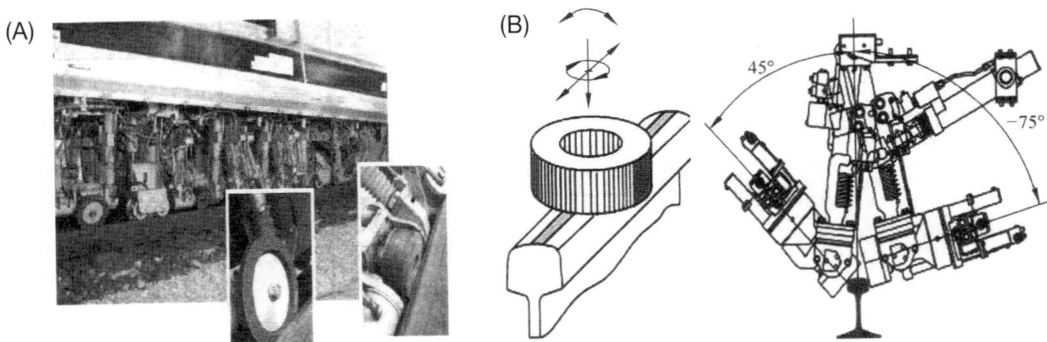

그림 14.29 (A) 연마 유닛, (B) 연마의 각도 범위

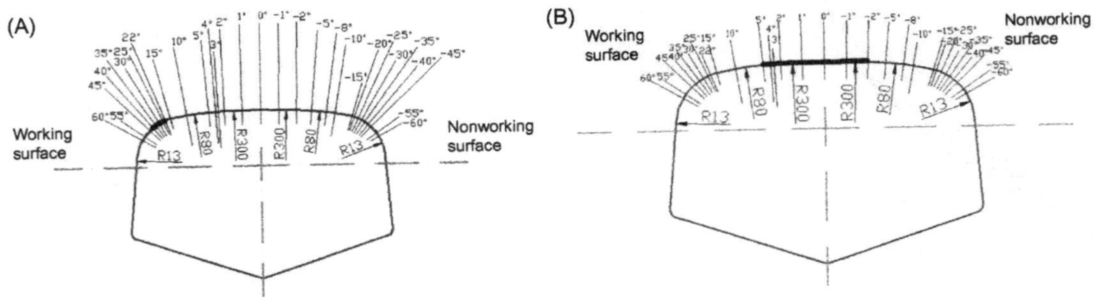

그림 14.30 (A) 게이지코너에서 큰 각도범위, (B) 레일 상면에서 작은 각도범위

RCH20C 분기기 연마차(turnout grinding car)는 연마 휠(grinding wheel)들을 이용한다. 그것은 레일 안쪽 75°로부터 레일바깥쪽 45°까지의 범위를 적용할 수 있는 연마각도와 함께, 두 대의 동일한 연마시스템(각각의 시스템은 10개의 연마유닛을 가진다)으로 구성된다. 레일 단면(프로파일)은 **그림 14.29**에 나타낸 것처럼 연마각도로 조정될 수 있다. 레일 프로파일은 14각형으로 모델링될 수 있다. 작업동안에 연마각도, 횡방향의 위치 및 설치 위치는 **표 14.9**에 정리된 연마순서에 따라 설정될 것이다. 연마속도는 7km/h이며, 레일은 12번 연마될 것이다. **그림 14.30**에 묘사된 모든 레일 상면 구역은 세 번 연마될 것이다. 연마차 능력의 제약으로 인해, 세그먼트 B~D와 E~G와 같은 분기기 구간의 일부 세그먼트는 중단없이 연속적으로 연마할 수 없다. 이 경우에, 그러한 세그먼트는 더 좋은 연마 효과를 달성하도록 공무단이 프로파일연마기로 사전에 연마할 수 있다.

표 14.9 분기기 연마 유형과 순서

횟수	유형	각도	연마 구역						
			A~B	B~C	C~D	D~E	E~F	F~G	G~H
1	1	45°–31°	정상	정상	제한	정상	정상	제한	정상
2	13	22°–29°	정상	정상	제한	정상	정상	제한	정상
3	3	29°–22°	정상	정상	제한	정상	정상	제한	정상
4	15	14°–21°	정상	정상	정상	정상	정상	정상	정상
5	5	21°–14°	정상	정상	정상	정상	정상	정상	정상
6	17	6°–13°	정상	정상	정상	정상	정상	정상	정상
7	7	13°–6°	정상	정상	정상	정상	정상	정상	정상
8	19	2°–5°	정상	정상	정상	정상	정상	정상	정상
9	6	–2° 내지 1°	정상	제한	제한	정상	제한	제한	정상
10	14	1° 내지 –2°	정상	제한	제한	정상	제한	제한	정상
11	10	–9° 내지 –2°	정상	제한	제한	정상	제한	제한	정상
12	20	–2° 내지 –9°	정상	제한	제한	정상	제한	제한	정상

Hainan East Ring 도시 간 철도를 예로 든다. 연마 전에는 레일 상면 윤곽(프로파일)이 완전하지 못했다.

그림 14.31 이중의 광택 스트립(light strip)

그림 14.32 연마 후의 광택 스트립(light strip)

차륜-레일접촉에 기인하는 답면에 대한 광택 띠(light band)는 30~40mm 폭이며 레일 상면의 중앙에 집중되는 대신에 고르지 않게 분포된다. 어떤 광택 띠는 레일 상면이나 레일 안쪽에 생긴다. 이것은 차륜과 레일 간에 두 개의 접점(contact point)을 유발하며, **그림 14.31**에 나타낸 것처럼 이중의 광택 띠로 이어진다. 연마 후에, 광택 띠는 **그림 14.32**에 나타낸 것처럼 어떠한 이중의 광택 띠도 없이 약 20~30mm 폭으로 레일 상면의 중앙에 집중된다. 게다가, 분기기에서 안정성이 크게 향상되며, 레일연마 목적에 도달한다.

3. 고속연마열차(high-speed grinding train)

독일의 Vossloh회사는 **그림 14.33**에 나타낸 것과 같은 80km/h에 이르기까지의 작업속도를 가진 고속연마열차를 개발했다. 매회(每回)의 연마량은 0.05mm이다. 이 연마열차는 주로 전동(轉動)접촉으로 유발된 레일 피로(fatigue)와 주름(fold)을 방지하기 위하여 이용된다. 다양한 각도로 선회할 수 있는 일련의 연마 휠들은 **그림 14.34**에 나타낸 것처럼 레일 상면을 완전히 연마하는 데 이용된다. 이 연마열차는 Beijing~Shanghai 선의 레일을 **그림 14.35**와 같이 연마하기 위하여 중국이 임대하였다. 거칠기는 연마 후에 0.008mm보다 크지 않으며, 답면 윤곽(프로파일)을 변경함이 없이 레일표면을 더 매끈하게 만든다. **그림 14.36**은 이 연마열차의 연마효과를 보여준다.

그림 14.33 독일의 고속연마열차

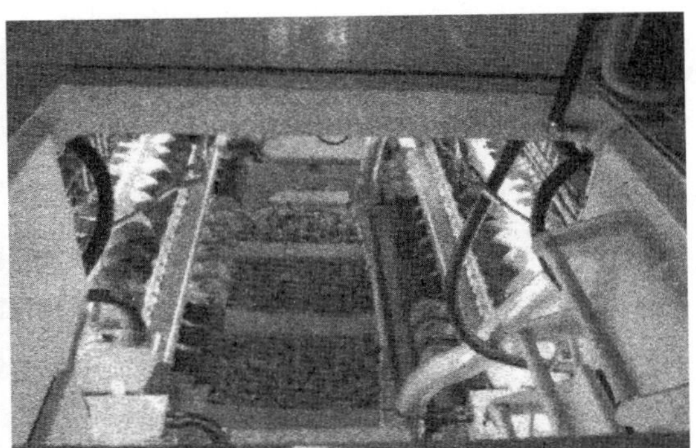
그림 14.34 다양한 각도의 연마 휠 세트

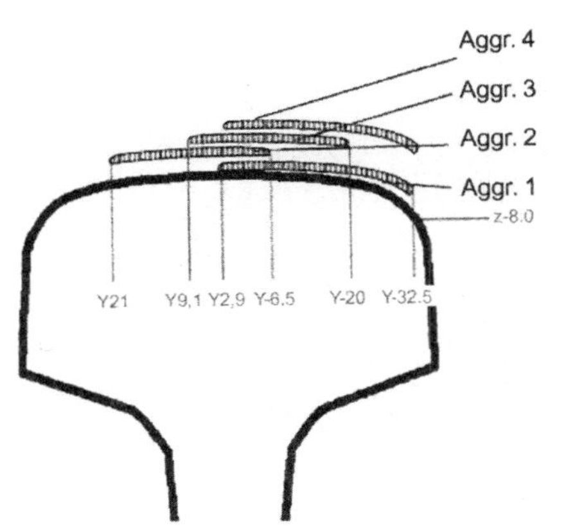

그림 14.35 레일 상면의 연마영역

그림 14.36 연마된 레일 상면 윤곽(프로파일)

14.3.2 자갈분기기의 유지보수

1. 중국의 대형 보선장비

대형 보선장비(large track maintenance machine)는 철도의 고속, 장거리 교통 및 무거운 궤도구조의 개발 추세 하에서 점점 더 많은 나라에서 선호된다. 고속철도의 빠른 발전은 보선장비의 기술 진전을 가속화하였다. 대형 보선장비는 서양 선진국에서 오래 전부터 보편화되어 왔다. 게다가, 그들의 국가에서 고속철도의 유지보수는 정교한 기계, 우수한 작업능력 및 자동 지능적 제어를 특징으로 한다.

중국 고속철도의 건설과 운영에 따라 대형 보선장비는 고속철도의 신선 개통과 궤도보수에서 불가결한 중요수단이다. 대형 보선장비는 자갈궤도에 대한 연마, 다짐(탬핑) 및 보수작업에 사용된다. 그들은 또한 궤도의 주기적인 보수와 구간의 보수 동안 궤도 방향(줄) 맞춤, 다짐 및 안정화에 사용된다. 이들 장비를 이용한 다짐과 보수작업 전에 작업 구간의 궤도평면과 종단면을 전면적으로 측정하고 최적화하며, 정적과 동적 검사데이터를 분석하고, 유지보수 설계를 개발하며, 작업량을 계산하고 결정하며, CP III에 기초하여 합리적인 작업계획을 만들어내는 노력이 요구된다.

중국에서 대형 보선장비의 개발은 늦게 시작하여 빠른 성장을 나타내었다. 1980년대 초에 작은 수의 장비만이 수입되었다. 그러나 1980년대 후반에 Kunming(China) 대형 보선장비주식회사는 Plasser & Theurer(오스트리아)로부터 08−30 다짐장비의 생산기술을 도입하고, 자체 QQS−300 밸러스트 클리닝 장비(1987), SPX200 도상분배와 정리장비(1988) 및 WD320 동적궤도안정기(1993)를 개발하였다. 따라서 완전한 세트의 대형 보선장비들이 정착됐다. 1990년대에 DCL−32 연속다짐장비와 CDC−16 분기기다짐장비(**그림 14.37**)가 Plasser & Theurer에서 도입되고, 전단면 자갈도상 재분배 장비, 분기기 교체 유닛 및 원형(原型) 대형 보선장비가 개발됐다. 21세기 초에, Xiangfan 철도차량공장(Gemac토목기계주식회사의 예전이름), Beijing Eeb. 제7철도수송설비주식회사 및 Baoji CSR Timesm토목기계주식회사는 SPZ−350 4축 도상분배와 정리장비, WY−100 재료수송차량, QQS−450 II 도상클리닝장비, YHG−1200 레일용접차량, QQS−550

그림 14.37 CDC−16 분기기다짐장비

그림 14.38 QQS−550 분기기 전단면도상하부굴착클리너

궤도 전단면 도상클리닝장비(**그림 14.38**), YHGQ-720 디지털 컨트롤 압축공기 용접차량 QJC-190 교량-터널 검사차량을 포함하여 일련의 새로운 제품을 독자적으로 출시하였다. 이들의 장비는 도상클리닝, 다짐(탬핑), 도상분배, 안정화, 재료수송 및 용접을 포함하여 여섯 가지 부류로 나뉜다. 이들 장비의 개발은 작업품질과 효율성을 크게 향상시키고 중국의 여섯 속도향상 철도와 고속철도의 건설을 가속화하였다.

2. 장파장 틀림의 보수기술(improvement technology)

장파장 궤도틀림(long-wavelength track irregularity)은 고속주행 동안 주행안전과 승차감에 영향을 주는 주된 요인이다. 궤도의 장파장틀림은 고속철도의 부정확한 기하구조(선형) 파라미터로 이어질 수 있다. 그러나 이들의 틀림은 종래의 현(弦, chord) 검측기술과 궤도 면 맞춤(레벨링) 방식으로는 거의 제거할 수 없다. 근년에 고속철도에 대한 보수방책은 종래의 면 맞춤(레벨링) 방식에서 궤도의 절대 기하구조(선형) 파라미터로 바뀌었다.

EM-SAT 120 고정밀 자동측정차량시스템(automatic measurement vehicle system, **그림 4.39**)은 중국이 Plasser & Theurer에서 수입하였다. 3D 측정시스템과 고정밀 다짐 장비를 통합한 이 시스템은 고정말뚝(anchor stake) 시스템을 이용하여 궤도의 보수에 적용할 수 있고, 다짐(탬핑), 양로(리프팅) 및 방향(줄)맞춤(라이닝) 후에 궤도의 설계표준을 회복시킬 수 있으며 게다가 장파장틀림을 제거할 수 있다. 이 시스템을 위한 고정 기준지점은 표시 말뚝(marking stake)이나 전차선 전주에 배치되고, 레이저 장(長) 현(弦)은 지거(支距)를 측정하기 위해 측정 차량(EM)과 새털라이트 선두 차량(SAT) 사이에 배치되며, 절대 좌표 기준(absolute coordinate datum)은 GPS로 설정될 것이다. 그러나 측정 정밀도는 불충분하다.

중국의 속도향상철도에서 대형 다짐장비는 모두 레이저 정렬 시스템을 갖추고 있다. 이들 장비 중에서 08-32와 09-32 다짐 장비는 1차원 레이저 정렬시스템(**그림 14.40**)이 설치되고, ±2mm에 이르는 작업 후 궤도선형의 정밀도로 자동적이고 효과적으로 궤도를 방향(줄)맞춤할 수 있다. 08-475 대형 분기기 다짐장비와 09-X 결합형 다짐장비는 2D 레이저 정렬시스템이 갖추어지며, 150m의 최대 정렬거리로 자동적이고 효

그림 14.39 EM-SAT 120 고정밀 자동측정차량

그림 14.40 레이저 정렬 트롤리

과적으로 궤도를 방향(줄)맞춤하고 양로(리프팅)할 수 있고, 궤도 방향(줄)맞춤의 정밀도 요구를 충족시킬 수 있으며, 장파장 고저(면) 틀림을 제거한다. 다짐장비의 궤도 양로, 또는 양로와 방향 맞춤(라이닝) 작업을 안내하는 레이저 정렬시스템은 장(長) 현(弦) 측정으로 주목받는다. 그러나 그것은 CP III의 장점을 충분히 반영하지 못하며, 작업효과는 여전히 불충분하다.

중국은 최근에 조작자, 장비 및 측량 망을 통합하여 대규모 장비, 정밀한 측정 및 정밀한 다짐을 특징으로 하는 CP III기반 다짐(탬핑) 기술을 개발하였다. 작업 동안, 조작자는 CP III 데이터를 다짐장비나 다짐-안정화장비로 인식 가능한 다짐파라미터로 변환시키고 그들을 설계 값과 비교할 것이다. 그들은 그다음에 정밀한 다짐을 보장하고 궤도 선형 편차를 제거하도록 다짐장비에 대한 양로와 라이닝의 결과로 생긴 량을 다짐장비의 컴퓨터(ALC)에 입력할 것이다. 실행결과는 다짐-안정화장비의 적용이 효율을 1.1에서 1.8km/h로 향상시킬 수 있음과 70~120m 고저(면)틀림을 효과적으로 제거할 수 있음을 보여준다.

14.3.3 분기기 구간의 무도상궤도 기초 침하의 보수

무도상궤도는 안정된 기초와 적은 유지보수작업으로 특징지어지며, 250km/h 이상 중국 고속철도의 주된 궤도구조 유형이다. 이 궤도 유형은 CRTS I과 II 이중-블록 유형; CRTS I, II 및 II 슬래브 유형; 매설된 장(長)침목유형; 매설된 장(長)침목유형; 및 분기기 슬래브유형을 포함한다. 그러나 무도상궤도는 손상(damage)과 침하가 발생하면 복구 작업이 더 어렵다. 그러므로 지반처리, 성토, 교량설계, 터널 굴착, 콘크리트 타설, 충전 층의 설치 및 분리 층의 부설을 망라하여 중국 고속철도의 건설동안 보다 엄격한 품질요구조건이 체계화되어 왔다. 중국은 복잡한 지질과 기후조건과 함께 광대한 영토를 갖고 있다. 심한 지질조건(예를 들어 느슨한 흙, 깊은 연약지반, 약한 황토 및 국지적 침하)은 무도상궤도의 건설에서 주요 도전이다. 기존의 고속철도 일부 구간에서 많은 침하가 발생됐다. 예를 들어, Shanghai~Hangzhou선의 Jinshan 북(北)역에서 기초 침하는 분기기 구간의 궤도침하가 90mm에 이르고, 궤도중심선으로부터의 편향(offset)이 70mm에 달하였다. CARS와 Shanghai철도국은 분석과 논의 후에 다음과 같은 몇 가지 해결책을 제안하였다.

1. 조정능력이 큰 레일체결장치(fastener with large adjustment capability)

중국에서 개발한 WJ-7 레일체결장치(fastening)는 볼트가 있고 어깨받이(shoulder, 턱)가 없는 형식이다. 설계 수직조절능력(vertical adjustment capacity)은 -4 내지 +26mm이며, 레일이나 타이플레이트 밑에 높이 조정 블록(riser block)을 배치함으로써 실현된다. 설계 횡 조정능력은 ±6mm이며, 타이플레이트에 슬롯 구멍(slotted hole)들을 배치하고 타이플레이트를 횡으로 이동시킴으로써 무(無)단계로(steplessly) 실현된다. 큰 조절능력의 요구에 관하여, 높이 조정 강(鋼) 블록을 배치하거나 높이 조정 강 블록 밑에 쿠션 패드를 배치함, 또는 앵커볼트를 늘림과 같은 일련의 기술적 수단이 적용될 수 있으며, **그림 14.41**에 나타낸 것처럼 -4 내지 +70mm의 수직조절능력을 가진다. 타이플레이트에 대한 슬롯 구멍을 늘림으로써, 단일 레일에 대하여 ±6mm의 횡 조절능력이 실현될 수 있다.

중국에서 개발한 WJ-8 레일체결장치는 볼트가 있고 어깨받이가 있는 형식이다. 설계 수직조절능력은 -4

내지 +26mm이며, 레일이나 타이플레이트 밑에 높이 조정 블록(riser block)을 배치함으로써 실현된다. 설계 횡 조정능력(lateral adjustment capacity)은 ±7mm이며, 서로 다른 번호를 가진 절연 처리된 게이지블록과 게이지 에이프런(apron)을 바꿈으로써 실현된다. 큰 조절능력의 요구에 관하여, 타이플레이트 아래에 높이 조정 강(鋼) 블록이나 높이 조정 플라스틱 블록을 배치함, 또는 나사 스파이크를 길게 함과 같은 기술적인 수단이 적용될 수 있으며, **그림 14.42**에 나타낸 것처럼 −4 내지 +60mm의 수직조절능력을 가진다. 게이지 블록이나 에이프런의 배치로 8mm의 횡 조절능력이 실현될 수 있다.

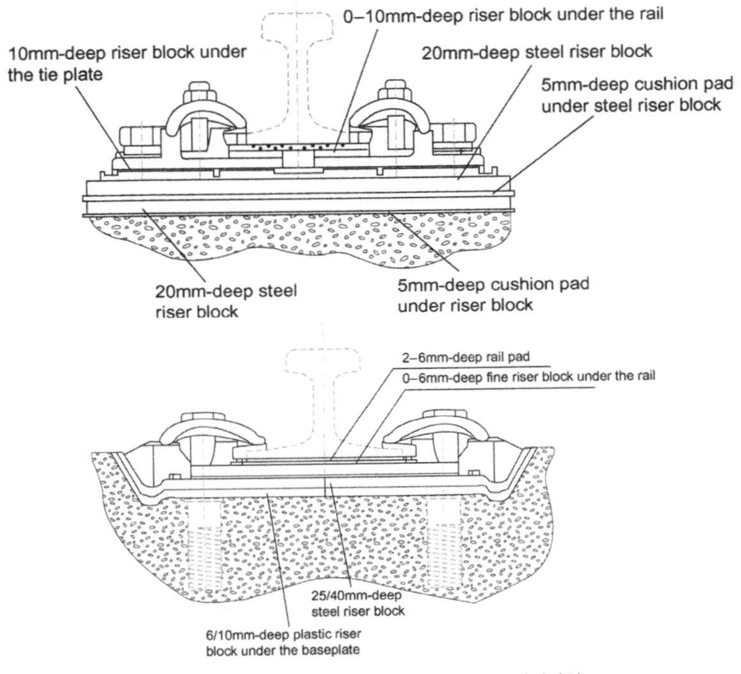

그림 14.42 큰 조절능력을 가진 WJ-8 레일체결장치

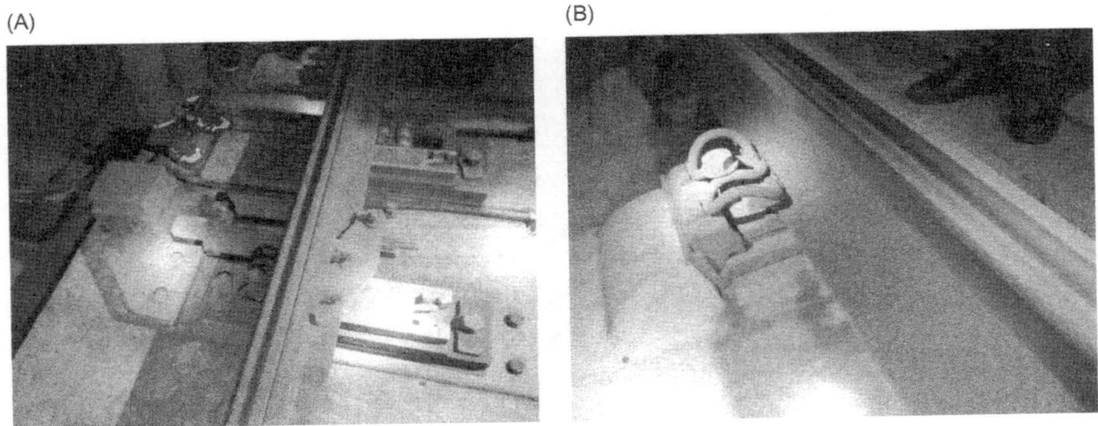

그림 14.43 (A) 분기기에서 큰 조절능력을 가진 레일체결장치, (B) 일반선로구간에서 큰 조절능력을 가진 레일체결장치

분기기 레일체결장치도 더 두꺼운 타이플레이트를 사용하거나 높이 조정 강 블록을 배치함으로써 수직으로 조절될 수 있으며, −4 내지 +60mm의 수직조절 능력이 있다. Jinshan 북(北)역 분기기 구간의 노반침하(subgrade settlement)의 초기에, 레일체결장치를 **그림 14.43**와 같은 큰 조절능력을 가진 레일체결장치로 교체함으로써 분기기 구간의 고저(면) 틀림이 정비되었다.

2. 노반(subgrade)에 대한 HP 분사 그라우팅 파일(jet grouting file)의 조절

Shanghai~Hangzhou선 Jinshan 북(北)역의 K45 구간은 분기기 구간이다. 그 구간은 **그림 14,44**에서 적색 선으로 묘사된 것처럼 노반침하에 기인하는 궤도중심선의 처짐 양이 70mm 이상이다. Shanghai철도국은 **그림 14.45**에 나타낸 것처럼 어깨에 HP 분사 그라우팅 파일(grouting pile)을 박고 성토 아래에 그라우팅을 함으로써 이 결함을 제거하려고 시도하였다. 처리 공정 동안, 분사 그라우팅 파일 박기, 응력완화 홈(stress relief grooves)의 굴착, 응력완화 구멍(opening), 경사 측정 구멍(deviational survey opening) 및 공극수압과 같은 다양한 파라미터와 흙덩이(soil mass) 변형 간의 관계를 밝히기 위하여 노반 흙덩이의 변화가 모니터 되었다. 현장 운영을 위한 가이드라인을 마련하기 위하여 이론과 실험실 모델과의 비교가 수행되었다. 이 처리 후의 궤도편차(track deviation, 처짐량)는 **그림 14.44**에 묘사된 것처럼 67.4mm만큼 바로잡혔다.

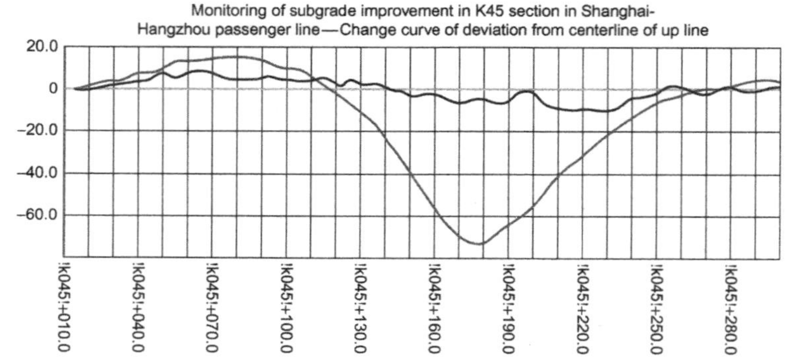

그림 14.44 분사 그라우팅 파일의 조절 전후 궤도중심선의 처짐 양의 비교

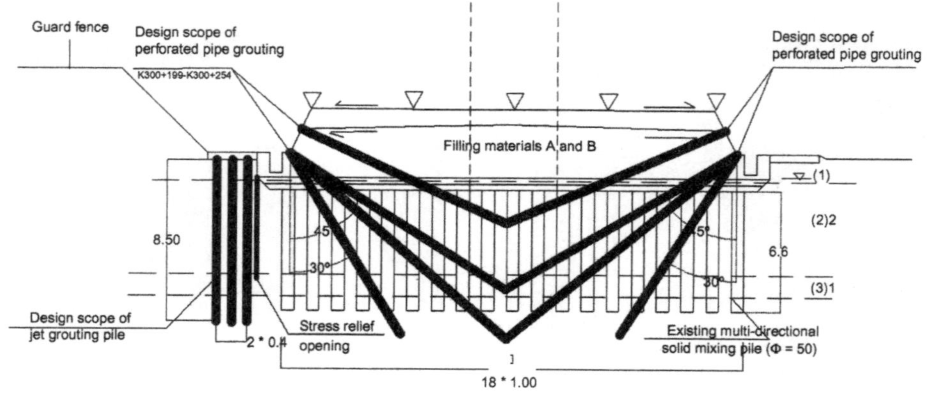

그림 14.45 HP 분사 그라우팅 파일과 그라우팅 개요

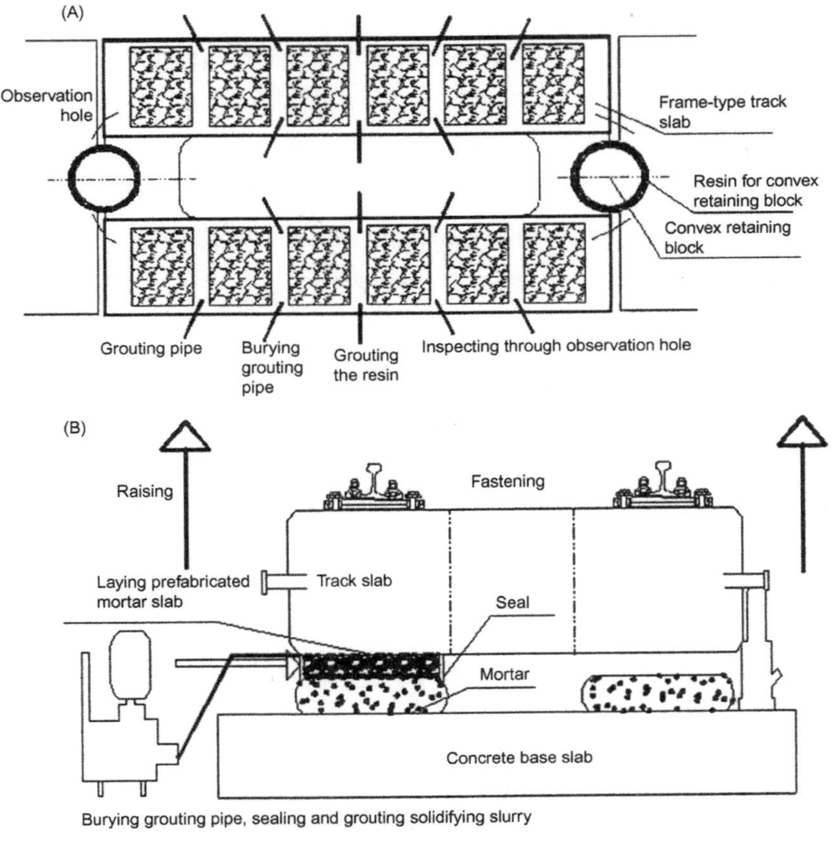

그림 14.46 (A) 혼합 모르터 슬래브 부설(laying), (B) 그라우팅 수지 충전

3. 궤도슬래브 충전 층(filler course)의 보수(repairing)와 높이기(raising)

궤도슬래브(track slab)와 기초슬래브(base slab) 사이의 충전 층은 일반적으로 시멘트 유화(乳化, emulsified) 아스팔트나 자기 충전 콘크리트(self-compacting concrete)로 만들며, 지지와 조정 수단 및 적절한 탄성 작용(elastic source)의 역할을 한다. 이 층은 상대적으로 얇으며 열차하중, 온도, 물 및 기초침하의 작용 하에서 균열, 박리(剝離, spalling) 및 부서짐(chipping)이 생기기 쉽다. 현재 충전 층에 대한 주된 보수기술은 주로 폴리머 채움이나 화학적 그라우팅으로 손상된 모서리나 국지적 틈을 보수함을 포함한다. 그러나 만일 기초의 침하가 레일체결장치의 조절능력을 넘는다면, 궤도슬래브 높임(raising) 기술이 적용될 수 있다.

중국은 빠른 보수를 위하여 폴리머(polymer) 시멘트 모르터와 비닐-아크릴 수지를 개발하였으며 **그림 14.46**에 나타낸 것처럼 유기-무기 복합 모르터 슬래브를 사전 제작함과 수지 모르터로 자유공간을 채움으로써 단위 궤도슬래브를 높이는 방법을 제안하였다. 무도상궤도의 큰 침하를 더욱 개선하기 위한 기술 참조를 마련하는 슬래브 높이기 시험이 Shanghai철도국의 Changzhou 기지에 수행되었다.

4. 폴리머 그라우팅(polymer grouting)을 이용한 기초 높이기(base raising)

폴리머 그라우팅은 기술의 단순한 특성, 높은 효율 및 좋은 내구성(durability) 때문에 고속도로 지반 보강과 콘크리트 노면의 올림(리프팅)에 널리 이용된다. 그것은 지반침하(subgrade settlement)가 유발한 콘크리트 노면의 침하와 매달림(떠 있음)과 같은 결함의 처리에 유효한 해결책이다.

무도상궤도 그라우팅용 폴리머는 물과 반응하지 않는 두 가지 성분의 경질 폴리우레탄 폼이며, 카르밤산염(酸塩, carbamate) 성분은 이소시아네이트(isocyanate)와 히드록시 화합물(hydroxy compound)의 결과물이다. 폴리머는 시멘트 밀도의 1/20의 밀도를 가지며 자유팽창비율은 20:1이다. 그것은 15분에 최종 밀도의 90%에 달할 수 있다. 게다가 그것은 좋은 유동성, 물 불(不)투과성 및 환경 친화의 장점이 있다. 노반으로의 그라우팅 후에, 산출물은 급속히 팽창되고 반응에 기인하여 발포 고체를 형성할 것이다. 그때 무도상궤도는 그라우팅 압력과 그라우트(grout)의 팽창력에 의하여 들려질 것이다. 게다가, 그라우트가 빨리 굳어지고 입도조정쇄석과 조밀한 혼합물을 형성함에 따라 **그림 14.47**에 나타낸 것처럼 무도상궤도를 효과적으로 지지할 수 있다.

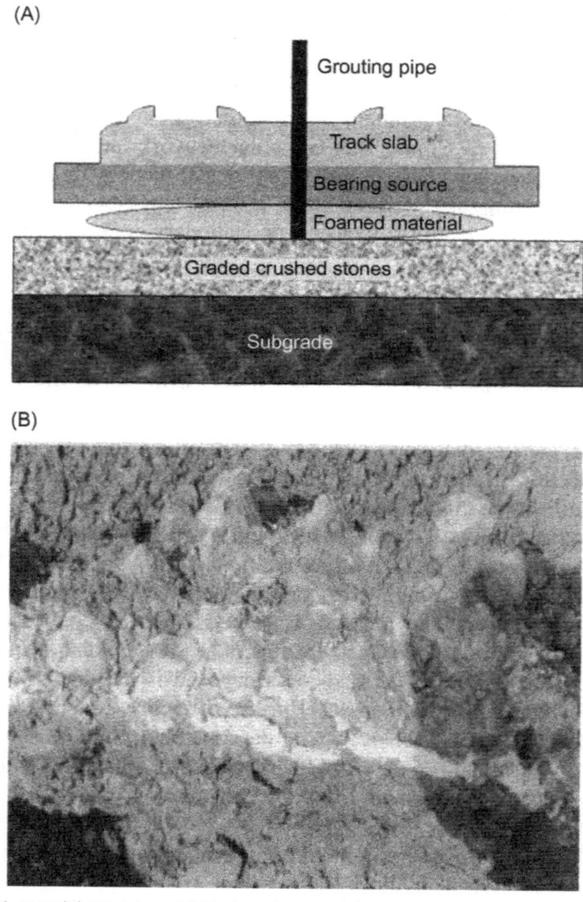

그림 14.47 (A) 폴리머 그라우팅의 다이어그램, (B) 폴리머와 입도조정쇄석의 혼합

CARS와 Beijing철도국은 2012년에 Beijing~Shanghai선의 Langfang역, Beijing~Tianjin 도시 간 철도의 Wuqing역, Tianjin~Qinhuangdao선의 Binhai역에서 수입품 그라우팅 폴리머를 이용한 무도상궤도 올림(리프팅) 시험을 수행하였다. CARS와 Shanghai철도국은 2013년에 건설 중인 Hangzhou~Changsha선의 직선과 곡선 구간에서 CARS II 슬래브궤도의 올림 시험을 수행하였다. 결과는 공정과 재료 성질을 최적화함으로써 궤도 올림 높이를 효과적으로 제어하고 올림 후에 공간을 채우는 효과를 얻을 수 있음을 보여준다. 그러므로 이 기술은 무도상궤도의 큰 침하를 보수하는 데 이용될 수 있다.

14.4 고속분기기의 관리

14.4.1 선로유지관리 정보시스템

선로유지관리 정보시스템(permanent way management information system, PWMIS)은 중국의 예전 철도부가 지시한 대로 1999년 이후에 개발되어왔다. 이 컴퓨터망 정보관리시스템은 세 레벨의 토목부서, 즉 중국철도총공사(China Railway Cooperation), 철도국 및 공무단에 적용된다. 게다가, 그것은 정태(靜態) 설비와 그래픽 정보관리에 초점을 맞춘 선로관리 정보적용시스템(permanent management information application system)과 네트워크 플랫폼을 형성한다.

1. 시스템의 구성과 기능(composition and function of the system)

PWMIS는 모든 토목 분야의 정보를 공유하며, 정태(靜態) 설비와 그래픽 정보의 관리에 초점을 맞춘다. 그것은 궤도설비, 교량과 터널 설비, 노반설비, 가을의 궤도검사, 가을의 교량과 터널검사, 토목 신속처리, 홍수제어, 종합도(綜合圖), 속도도(速度圖), 배선도(配線圖), 교량 약도(略圖) 및 레일 탐상 등 13가지 업무 서브시스템(business subsystem)을 포함한다. 그것은 또한 두 가지 유지보수 서브 시스템으로 구성된다. 즉, 데이터 동기화(synchronizing)와 시스템관리(system anagement). 2008년에는 고속철도 설비관리의 기능이 포함되었으며, 궤도설비, 교량/터널 설비, 종합도(綜合圖) 및 속도도(速度圖)와 같은 서브 시스템이 개선되었다. 2011년에는 대형 보선장비 관리정보시스템이 개발되었으며, 설비관리, 시공, 유지보수 및 대형장비 적용의 기능 모듈로 구성된다.

PWMIS는 데이터 획득, 전송, 데이터베이스 창조, 조사, 탐색 및 보고와 같은 데이터관리기능이 부여되며, 궤도, 교량과 터널, 노반 및 신속처리에 관하여 토목부서의 업무관리에 관한 요건을 충족시킬 수 있다. 게다가 정보통합, 보고, 통계, 조사, 프린팅, 그래픽 디스플레이 및 데이터 전송과 관리의 기능으로 토목설비의 건설, 갱신, 유지관리를 위하여 신속하고 정확한 정보를 제공한다.

2. 입수된 검사와 모니터링 정보(inspection and monitoring inform)의 관리

궤도검측차, 종합검측열차, 열차탑재 궤도검측장치, 우량계, 강풍 모니터링 및 장대레일궤도의 레일 온도 모니터링과 같은 토목검사와 모니터링 데이터는 철도안전 플랫폼(railway security platform)을 통하여 철도 인트라넷에서 이용될 수 있다. 이런 식으로, 모든 검사와 모니터링 데이터는 중앙집중식으로 철도인트라넷의 PWMIS 데이터베이스에서 관리된다. 이것은 설비상태의 관리를 용이하게 하고 궤도결함의 시의적절한 처리를 가능하게 한다.

3. 선로영상정보조회시스템(inquiry system of track video information)

중국의 철도토목 비디오 정보조사시스템은 토목설비 사고나 재해의 경우에 긴급보수의 지휘능력을 높이기 위해 개발되었으며, 실시간으로 사고현장의 지질과 지형의 정보를 입수할 수 있다. 시스템은 철도 전자지도(electronic map), 궤도설비의 일반도 및 정거장의 배선도와 궤도 비디오를 통합한다. 이런 식으로 선로를 따른 궤도토목설비에 관한 종합 정보가 직접 반영될 수 있으며, 의사결정과 관련 당국의 지휘를 위한 데이터 지원을 제공한다.

4. 토목설비(engineering equipment)에 대한 안전과 생산관리정보시스템(safety and production management information system)

중국은 공무단, 작업장 및 공구(工區)의 레벨에서 안전한 생산을 위하여 PWMIS의 역할을 확대하도록 토목안전생산관리 정보시스템도 개발하였다. 지질정보시스템(GIS), 설비, 생산, 안전명령, 통합관리 및 시스템관리의 관리모듈들로 구성되는 시스템은 검사, 운영, 유지보수, 설비 및 공간의 지질정보를 위한 통합 데이터 플랫폼을 제공한다. 설비, 생산 및 안전의 관리모듈은 생애주기를 통하여 폐 루프 관리(closed-loop management)를 제공한다. 설비관리는 '설비 이용 → 손상(고장) → 정정 → 교체 → 폐기'의 과정 흐름을 따른다. 생산관리는 '검사와 모니터일 → 상태 분석과 예측 → 유지보수 계획 → 정정 → 품질 평가 → 검사와 모니터링'의 공정 흐름을 따른다. 안전관리는 '설비 손상(고장) → 개선 → 추적 → 안전 평가 → 설비 손상(고장)'의 과정 흐름을 따른다.

14.4.2 토목설비의 디지털 관리

'디지털 철도(digital railway)'의 개념(槪念)은 점차적으로 개발되고 있다. 공간 정보(spatial information)의 디지털화에 기초한 정보화는 디지털 사이버 공간에서 철도의 재현을 실현할 수 있다. '디지털 토목'은 디지털 철도의 핵심이다. 중국은 현재 고속철도 토목설비에 대한 디지털화된 관리시스템의 개발과 구성을 위해 많은 노력을 기울이고 있다.

토목설비의 디지털화 관리플랫폼(management platform)은 철도 전자지질지도, 항공측량, 선로를 따른 지형지도, 통합 토목 주제별 지도, 철도 실황비디오(live video), 사진, 건설기간 동안의 측량과 설계데이터, 완료 데이터, 설비에 대한 기본데이터, 설비에 대한 동적 검사와 모니터링 데이터, 설비에 대한 보수량, 교통량, 속도 및 GIS, GPS의 기술을 사용함에 따른 안전문제, 나침반 내비게이션 새털라이트 시스템(CNSS), 리모트 센싱(RS), 사물인터넷(IOT), 3D 시각데이터를 기반으로 개발된다. 이 플랫폼은 토목 데이터의 통합되고 집중화된 효율적인 관리와 정보공유를 가능하게 하고, 토목설비의 안전한 제공을 위한 기술적 지원을 제공한다.

고속철도 토목설비(engineering equipment)에 대한 디지털화된 관리시스템은 여러 분야에 걸친(multidisciplinary) 다(多) 영역(multi-field) 시스템이다. 시스템과 재해예방, 안전모니터링 시스템, 운영과 신속처리 시스템, 프로젝트 사이에 큰 양의 데이터 교환과 공유(data exchange and sharing)가 수반된다. 관심 있는 다른 인터페이스 시스템은 재해예방과 안전모니터링 시스템(자연재해), EMU 모니터링 시스템(차량운영), EMU 유지보수 시스템(설비상태), 동력자원 관리시스템(설비이용), 결함 정보 신속처리 운영관리 시스템 및 결함 정보 응급 플랫폼을 포함한다.

고속철도(high-speed railway) 토목설비에 대한 디지털화된 관리시스템(digitalized management system)은 측량, 설계, 건설, 관리, 검사, 모니터링, 분석 및 유지보수의 면에서 전체생애주기(entire life cycle)에 걸쳐 고속철도 토목설비의 IT기반 관리에 도움이 된다. 디지털화된 토목설비 플랫폼은 정보의 통합과 지능적인 분석을 가능하게 하고, 설비에 대한 과학적인 관리 제안을 마련하며, 전방위로 토목설비의 관리에 대한 의사결정을 위하여 종합적인 정보서비스를 제공한다.

14.4.3 고속분기기의 RAMS 관리

RAMS는 '신뢰성(reliability), 가용성(availability), 유지보수 가능성(maintainability) 및 안전성(safety)'의 두문자이다. 유럽에서 EN 50126(역주 : EN은 European Standards을 의미함)은 철도산업에서 이미 오래 전에 보급되었다. 이 규칙(code)은 IEC 63378 : 2002 이후로 정의된다(역주 : IEC는 International Electrotechnical Commission의 약칭). 2008년에 규칙은 GB/T221562-2008로 번호를 다시 매기고 '철도적용 : 신뢰성, 가용성, 유지보수 가능성 및 안전성(RAMS)의 시방서 및 설명'으로 개명하여 중국에 적용되었다. RAMS의 적용은 중국 고속철도용 고속분기기 제품의 설계, 제작, 작동 및 유지보수에서 점차적으로 향상되고 있다 [182].

1. RAMS의 정의와 파라미터(definition and parameter)

신뢰성(reliability)은 주어진 조건 하에서 주어진 시간에 관련 기능을 수행하기 위한 제품, 설비, 또는 시스템의 능력을 나타낸다. 신뢰성은 두 가지 부류로 나뉜다. 즉, 고유 신뢰성과 운행 신뢰성. 고유 신뢰성은 설계와 제작의 결과이다. 운행 신뢰성은 실제의 사용에서 제품의 고유 신뢰성의 성능수준을 명시한다.

유지보수 가능성(maintainability)은 주어진 조건에서 주어진 시간에 명시된 과정이나 방법에 따라 유지 보수된 후에 관련 기능을 유지하거나 회복하기 위한 설비나 제품의 능력을 나타낸다. 이 특징은 설비나 제품에 제공된 유지보수 어려움의 정도를 포함한다. 그것은 설계에서 명시된 본질적인 성질이다.

가용성(availability)은 사용이 필요할 때, 어떤 시스템이 항상 정상 작동상태에 있을 가능성의 크기를 나타낸다. 이 특징은 시스템의 신뢰성과 유지보수 가능성을 포함한다. 그것은 (성능. 가용성 및 신뢰성과 함께) 시스템 효율을 위한 주된 특징이다.

안전성(safety)은 인적 피해, 시스템 파손 또는 중대한 재산손실을 방지하고 사람과 환경에 대한 위험요소(hazard)를 방지하기 위한 시스템이나 생산품의 능력을 나타낸다. 특징은 신뢰성, 가용성 및 유지보수 가능성에 기초한다.

예를 들어, 분기기 제품(turnout product)들의 생애주기(life cycle)를 취하여 RAMS 파라미터들 간의 관계를 **표 14.10**에 나타낸다.

표 14.10 분기기의 RAMS 파라미터

항목	파라미터	설명	방정식	비고
신뢰성	고장 간의 평균시간 ($MTBF$)	주어진 조건과 시간에서 결함 총 수에 대한 제품의 순수명의 비율과 같은, 유지가능 제품의 신뢰성파라미터	$MTBM=\frac{\sum_{i=1}^{n} T_i}{r_a}$	T_i는 총 시동시간, r_a는 주어진 기간에 제품 실패의 총 수, n은 그 시간 동안 제품의 총 수이다.
유지 보수 가능성	평균수리시간 ($MTTR$)	주어진 보수수준에서, 주어진 조건과 시간에서 수리된 제품의 결함 총 수에 대한 수리보수 전체시간의 비율	$MTTR=\frac{\sum_{i=1}^{r_a} T_{ri}}{r_a}$	T_{ri}는 결함이 있는 제품의 총 보수시간(예 : 보수와 물류지연시간), r_a은 그 시간의 제품결함 총 수이다.
	보수 간의 평균시간 ($MTBM$)	보수들 간의 평균시간(예방과 수리보수)	$MTBF=\frac{\sum_{i=1}^{n} T_i}{r_a}$	T_i는 총 시동시간, r_a는 유지보수 총 수, n은 그 시간 동안 제품의 총 수.
	평균유지 보수시간 ($MTTM$)	예방과 수리보수를 위한 평균시간	$MTTM=\frac{\sum_{i=1}^{r_a} T_r}{r_a}$	T_r는 보수와 수리시간, r_a은 그 시간의 보수(예 : 예방과 수리보수) 총 수
가용성	고유 가용도(A_i)	수리보수만 포함될 때 제품의 가용도	$A_i=\frac{MTBF}{MTBF+MTTR}$	
	접근 가능한 가용도(A_a)	수리와 예방보수 포함 시 제품의 가용도	$A_a=\frac{MTBM}{MTBM+MTTM}$	
	사용 가용도 (A_o)	예방과 수리보수 및 수리와 보수지연 우려 시 제품의 가용도	$A_o=\frac{MUT}{MUT+MDT}$	MUT는 평균 가동시간, MDT는 평균 비가동시간이다.
안전성	평균위험고장 시간 ($MTBCF$)	주어진 조건과 시간에서 대단히 중대한 실패에 대한 제품의 전제수명의 비율	$MTBCF=\frac{\sum_{i=1}^{n} T_i}{r_a}$	T_i는 총 시동시간, r_a는 제품의 매우 중대한 실패의 총 수, n은 그 시간 동안 제품의 총 수이다.

2. RAMS의 기술 요건(technical requirements)

a. 양적 요건(quantitative requirements)

분기기는 철도수송용 제품이다. 분기기에 대한 RAMS의 양적 요건은 RAMS 파라미터와 그것의 관련 요건으로 나타낸다. RAM은 EN50126-1과 EN51026-3에 따라 철도수송산업의 안전 파라미터들로부터 분리될 수 있다. **표 14.11**은 고속분기기의 기본 RAM 파라미터를 나타낸다.

안전의 양적 요건에 대하여 두 가지 개념이 EN50126-2에서 언급된다. 즉, 허용 가능한 위험 발생률(tolerable hazard rate, THR)과 안전 완전성(무결성) 등급(safety integrity level, SIL). 두 파라미터는 열차자동방호장치와 같은 안전관련 시스템에서 이용된다. THR은 안전관련 시스템의 고장률(fault rate)의 면에서의 요건을 규정한다. SIL은 안전관련 시스템의 안전등급에 대한 요건을 규정한다(SIL4는 가장 높은 요건). 두 파라미터는 **표 4.12**에 나타낸 것처럼 다소 연관성이 있다. 철도수송당국은 안전관련 시스템의 중요성에 따라 관련 SIL을 명시할 것이다. 서로 다른 SIL들은 서로 다른 RAMS 관리방법, 설계와 분석방법, 설계에서 채용하려는 확인 방법과 일치한다. **표 14.13**에 나타낸 것처럼 여러 가지 레벨에서 시스템의 신뢰성 목적이 충족되어야 한다.

표 14.11 고속분기기 RAM의 기본 파라미터

파라미터의 유형		설명	적용범위			검증 시기	확인방식
			전체 세트	시스템	설비		
신뢰성	기본 신뢰성	고장 간의 평균시간($MTBF$)	√	√	√	설계 마무리	현장시험
		평균 고장시간($MTTF$)			√	설계 마무리	현장시험
		기본 신뢰성 $R(t)$	√	√		설계 마무리	공정계산
		고장률 λ			√	설계 마무리	실험실이나 현장시험
	임무 신뢰성	중대 고장 간의 평균시간($MTBCF$)	√	√		초기 사용	현장시험
		임무 신뢰성 $Rm(tm)$	√	√	√	초기 사용	현장시험
보수성	보수시간 파라미터	평균 보수시간($MTTR$)	√	√	√	설계 마무리	현장시험이나 시연(試演) 검증
		최대 보수시간	√	√		설계 마무리	현장시험
	보수人時파라미터	보수-시간 비율	√	√	√	초기 사용	현장시험
가용성	가용성	고유가용도(A_i)	√			설계 마무리	공정계산
		접근 가능한 가용도(A_a)	√			초기 사용	현장시험
		사용 가용도(A_o)	√			초기 사용	시뮬레이션 검증
	물류 보장	평균 물류지연시간($MLDT$)	√			초기 사용	현장시험
		예비 부품 만족도	√			초기 사용	현장시험

표 14.12 THR과 SIL 간의 관계

THR	SIL
$10^{-9} \leq \text{THR} < 10^{-8}$	4
$10^{-8} \leq \text{THR} < 10^{-7}$	3
$10^{-7} \leq \text{THR} < 10^{-6}$	2
$10^{-6} \leq \text{THR} < 10^{-5}$	1

표 14.13 시스템 등급의 목표 신뢰성

고장의 유형	운행에 대한 영향으로 정해진 목표 신뢰성	고장들 사이의 평균시간 ($MTBF$)/h	신뢰성의 검증방법
중대(significant)	2시간 이상의 운행중단을 초래하는, 운행 중 중대 고장	> 3,750,000	분석
엄중(major)	15분~2시간의 운행중단을 초래하는, 고장구역에서의 중단	> 750,000	분석
이차적(minor)	2~15분의 운행중단	> 54,000	분석
사소(insignificant)	2분 미만의 운행지연을 초래하는 고장이나 열차운행에 영향을 미치지 않는 기타 고장	> 9,000	분석

b. 질적 요건(qualitative requirements)

RAMS의 질적 요건은 비(非) 정량적인 방법으로 제품의 RAMS 요건을 규정한다. 그들은 RAMS 기술 요건의 중요한 부분이다.

신뢰성(reliability)에 대한 질적 요건 : 정량적 지표(quantifiable indexes)로 설명할 수 없는 신뢰성 요건; 단순화된 설계, 여유(redundancy) 설계, 감액(derating) 설계와 허용량 설계, 환경보호 설계, 열(熱) 설계, 전자 환경 적합성 설계, 인체공학 설계 및 완전히 발달된 기술의 적용과 구성품/부품의 선택과 컨트롤; 및 시스템을 위태롭게 하려고 하는, 또는 위태롭게 할 수 있는 고장에 대한 보호나 방지 조치와 요건.

유지보수성(maintainability)에 대한 질적 요건 : 정량적 지표로 설명할 수 없는 유지보수성 요건-예를 들어 빈번한 조정, 청소 및 교체가 필요한 부품은 조립과 분해가 쉬워야 하거나 현장 유지보수에 이용할 수 있어야 한다; 접근성, 해체, 모듈 방식으로 조립함, 조작, 쉬운 청소, 표준화, 교환성 및 시험가능성과 같은 구체적인 제품에 대한 유지보수 요건.

안전성(safety)에 대한 질적 요건 : 관련 신뢰성을 향상시키면서, 고장안전 설계(fault safety design), 연동 설계, 실수방지 설계 등을 이용하여 시스템 파손의 경우에 대해 처참한 사고를 방지하는 능력

c. 과업내용에 대한 요건(requirements for work content)

RAMS 과업 내용에 대한 요건은 생산품이 RAMS와 관련된 양적 요건과 질적 요건(quantitative and qualitative requirements)을 충족시키도록 하기 위한 것이다. 사용자는 R&D의 과정 동안과 생산품의 제작 동안 RAMS와 관련된 양적과 질적 요건의 이행을 보장하도록 분기기에 대한 조달계약에 필수의 RAMS 과업내용을 명기함으로써 공급자를 감독하고 관리할 수 있다.

분기기 공급자(turnout supplier)는 공정을 모니터하도록, 유형, 이행 기간 및 공정들 간의 관련성을 합리적으로 정리하고 규정하는 관련 RAMS 과업수행 계획에 그들의 RAMS 과업 내용(work content)을 포함시켜야 한다. **표 14.14**는 분기기에 대한 보통의 RAMS 과업내용의 리스트를 나타내며, 이것은 토목 적용을 위한 참조로 볼 수 있다.

표 14.14 고속분기기에 대한 RAMS 과업내용 리스트

일련번호	과업	유형	특성	책임	
				사용자	공급자
1	RAMS에 관한 기술 요건을 규정함	관리	RAMS	√	
2	시스템 보증 계획	관리	RAMS	√	√
3	RAMS 과업수행 계획	관리	RAMS		√
4	하청공급자에 대한 RAMS 요건	관리	RAMS		√
5	고장보고, 분석 및 시정조치시스템(FRACAS)	관리	RAM		√
6	위험요소 기록	관리	안전		√
7	RAMS의 설계기준 수립	설계와 분석	RAMS		√
8	신뢰성 할당	설계와 분석	RAM		√
9	신뢰성의 모델링과 예측	설계와 분석	RAM		√
10	고장모드, 영향 및 위험상태 분석(FMECA)	설계와 분석	RAM		√
11	결함 트리(fault tree) 분석(FTA)	설계와 분석	RAM		√
12	유지보수 할당	설계와 분석	RAM		√
13	유지보수의 예측	설계와 분석	RAM		√
14	신뢰성 중심의 유지보수 분석(RCMA)	설계와 분석	RAM		√
15	예비 위험 리스트(PHL)	설계와 분석	안전		√
16	예비 위험 분석(PHA)	설계와 분석	안전		√
17	서브시스템 위험분석(SSHA)	설계와 분석	안전		√
18	시스템 위험분석(SHA)	설계와 분석	안전		√
19	운영과 지원 위험 분석(O&SHA)	설계와 분석	안전		√
20	환경스트레스 검사시험	시험과 분석	RAM		√
21	신뢰성 증가 시험	시험과 분석	RAM		√
22	신뢰성 능력 시험	시험과 분석	RAM	√	√
23	수명 시험	시험과 분석	RAM	√	
24	RAMS 평가	시험과 분석	RAM	√	√
25	안전 평가	시험과 분석	안전	√	√
26	RAMS 검토와 검증	시험과 분석	RAMS	√	

3. 고속분기기의 LCC 분석(LCC analysis of high-speed turnouts)[183]

예전에는 중국철도 궤도구조의 유지보수에 있어 신뢰성과 위험성의 과학적 분석에 의존하는 대신에 경험적 보수방식인 계획적 예방보수가 사용되었다. 이 보수방식은 경제적 요율성보다 궤도 부품의 운행 안전에 더 중요성을 두었다. 그러나 중국 철도관리시스템의 시장화 개혁과 고속철도 건설의 막대한 부채에 직면하여, 철도 기반시설의 관리는 확실한 안전수준을 유지하면서 토목 운용과 유지보수의 비용을 최소화하도록 해결책을 찾아야만 했으며, 신뢰성에 기초하고 위험정보제공 안전관리로 안내되는 철도 토목유지보수기술(engineering maintenance technology)을 최적화하여 업무운영과 유지보수의 비용을 줄이려고 시도하였다.

생애주기비용(life cycle cost, LCC)은 생산품의 유효사용 동안 생산품의 총비용이다. 그것은 생산품 설계, 제작, 조달, 사용, 유지보수 및 폐기를 포함한다. 생산품 조달과 사용 등에 대한 비용들의 종합평가는 생산품

의 성능과 RAMS 요건을 업그레이드하고 나중의 사용비용을 절감하는 데 좋다.

LCC는 RAMS의 영향을 크게 받는다. 높은 신뢰성과 유지보수성은 높은 구입비에 관련될 수 있지만, 사용 중에 설비의 상대적으로 더 낮은 고장률에서 유지보수비를 줄인다. 반대로, 낮은 신뢰성과 유지보수성은 낮은 구입비에 관련될 수 있지만, 사용 중에 설비의 높은 유지보수비에 관련된다. 그러므로 설비의 신뢰성과 유지보수성의 선택은 그 외의 조건이 같은 경우에 조달과 유지보수의 비용, 즉 LCC를 최소화하도록 노력해야 한다. RAMS/LCC 평가 모델(assessment model)은 효율과 LCC로 설비 시스템을 평가하기 위한 것이다.

고속분기기(high-speed turnouts)의 운용과 유지보수 중의 LCC는 **그림 14.48**에 주어진 절차에 따라 분석될 수 있다.

LCC의 개념은 스웨덴철도시스템에서 시작되었다. 분기기의 운용과 유지보수비는 예로서 스웨덴철도 분기기를 취하여 LCC 기술로 평가되었다. 결과는 (설비, 노동 및 예비의 비용을 포함하여) 주기적인 예방보수비가 정정 보수비보다 비중이 더 크고 훨씬 더 많다. 주기적 유지보수의 활동을 더욱 세분하면, **그림 14.49**에 나타낸 것처럼 대부분의 비용은 주기적인 교체, 검사 및 조정에서 발생되며 나머지는 다짐(탬핑), 연마 및 용접두부의 수리에 대한 것임을 알 수 있다.

논문에서, 본선 15번 분기기의 세 가지 유형의 연간비용(annuity cost)은 **그림 14.50**에 나타낸 것처럼 LCC 기술로 연구되었다. 특히;

- EV-UIC60-760-1:15 : 15번 분기기, UIC60 레일, 고정 크로싱, 리드곡선(transition lead curve)의 반경 = 760m
- EV-BV50-600-1:15 : 스웨덴이 개발한 15번 분기기, UIC60 레일, 고정 크로싱, 리드곡선의 반경 = 600m
- EVR-UIC60-760-1:15 : 15번 분기기, UIC60 레일, 가동 노스 크로싱, 리드곡선의 반경 = 760m

분석에 따르면, EV-BV50-600-1:15 분기기는 EV-UIC60-760-1:15 분기기보다 구입비(purchase cost)가 더 낮지만(8%만큼 더 낮다), 상대적으로 유지보수비(management cost)가 더 들고 수명이 더 짧다; 그러므로 그것의 연간비용(annuity cost)은 후자보다 11%만큼 더 높다. EVR-UIC60-760-1:15 분기기는 구입비가 약 43%만큼 더 높다(셋 중에서 가장 높다); 더 크게 줄어든 유지보수비와 연장된 수명에도 불구하고, 연간비용은 가장 크다.

LCC 이론(life cycle cost theory)은 중국에서 30년에 걸쳐 뿌리를 내렸다. 처음에, 이론은 주로 설비상태에 대한 평가와 검사방침을 체계화하는 데 이용되었다. 현재 그것의 적용은 다양한 산업(예를 들어, 전력산업)으로 확대되었다. 그러나 분기기와 같은 궤도설비에 대한 적용은 드물다. 고속철도 토목설비에 대한 폐쇄루프(closed loop) 유지보수 시스템의 지속적 개선, 자산관리(asset management)에 대한 기본(basic) 데이터의 수집과 축적 및 디지털화된 토목설비관리 플랫폼(engineering equipment management platform)의 확립으로, 중국 고속분기기에서 RAMS와 LCC의 적용은 점차적으로 확대될 것이다.

Input	Process	Output
Track design parameters, track geometry, average gross tonnage per year, frequency of trains	Start of LCC analysis of track selection	
	Harmonization	
Track design parameters, track geometry, vehicle types, environmental conditions	Defining per unit length of track	Standardized per unit length of track
	Field data/degradation model	
Million gross tonne, axle load, vehicle speed, age of infrastructure	Estimating track deterioration	Track failure modes probabilities
	RAM/risk analysis	
Reference time table, cost of material and machine, cost of labour	Estimating track maintenance volume	Preventive/corrective maintenance costs, renewal costs
	Simulation	
Reference time table, track failure modes	Estimating track possession time	Track availability, train speed restriction hours, train delay cost
	Modeling/Simulation	
Track failure modes, vehicle speed	Estimating derailment probabilities	Derailment cost
Construction cost, maintenance and renewal cost, delay cost, derailment cost, disposal cost	Estimating total cost (LCC)	Cost breakdown structure (CBS)
	Uncertainity analysis	
RAM variables	Estimating risk in LCC	Variable cost in LCC
	Discounting rate	
	Estimating total present value (TPV)	

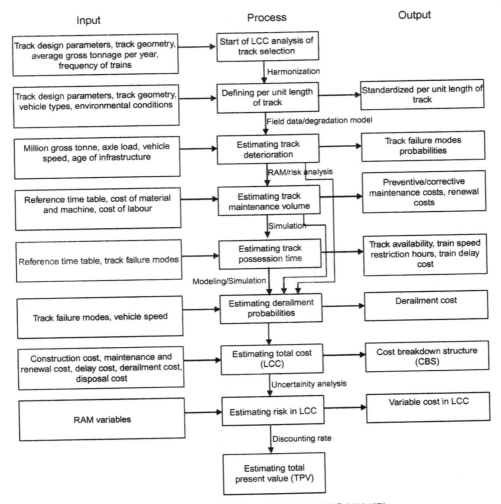

그림 14.48 운용과 유지보수 기간 동안의 생애주기비용 분석 과정

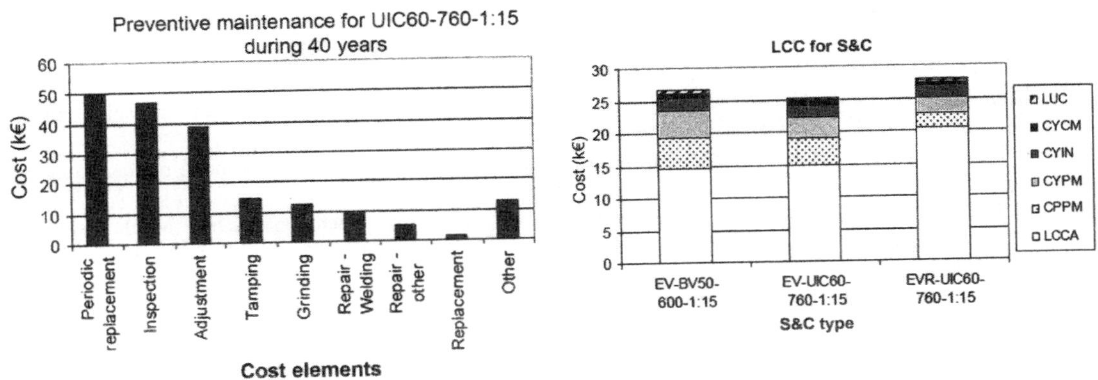

그림 14.49 분기기 주기적인 보수비의 구성

그림 14.50 세 가지 유형의 분기기에 대한 LCC(연간비용)

참고문헌

[1] W. Ping, Design Theory and Practice of High-Speed Railway Turnouts, Southwest Jiaotong University Press, Chengdu, 2011.
[2] C. Esveld, Modern Railway Track, second ed., MRT-Productions, Zaltbommel, 2001.
[3] Y. Sirong, Railway Engineering, second ed., China Railway Publishing House, Beijing, 2009.
[4] L. Chenghui, Railway Track, China Railway Publishing House, Beijing, 2010.
[5] W. Ping, L. Xueyi, C. Rong, Progress of turnout technology for Chinese high speed railway, High Speed Railway Technol. 1 (2) (2010) 6–13.
[6] W. Ping, C. Rong, C. Xiaoping, Key technologies in high-speed railway turnout design, J. Southwest Jiaotong Univ. 45 (1) (2010) 28–33.
[7] Y. Weiping, Technical characteristics of French high-speed railway turnouts, Chin. Railways 8 (2006) 40–41.
[8] F. Weizhou, Major technical characteristics of high-speed turnout in France, J. Railway Eng. Soc. 9 (2009) 18–35.
[9] H. Qimeng, Introduction of railway turnouts in France, Railway Stand. Des. 11 (1995) 1–4.
[10] L. Bernhard, Track Compendium, Eurail Press, Germany, 2005.
[11] L. Zuwen, Status and development of Chinese railway turnout, Chin. Railways 4 (2005) 11–14.
[12] Z. Zhifang, Analysis on the status quo of existing railway turnouts and the strategy of simplifying universal models, Railway Eng. 6 (2014) 1–3.
[13] S. Yujie, New research development of railway turnout, Chin. Railways 11 (2003) 24–28.
[14] W. Shuguo, G. Peixiong, A study on technologies of turnout in PDL, Chin. Railways 8 (2007) 21–28.
[15] G. Fu'an, Turnout design of foreign high-speed railway, Chin. Railways 2 (2006) 48–50.
[16] H. Huawu, Studies on technologies of high-speed railway turnouts in China, Eng. Sci. 11 (5) (2009) 23–30.
[17] S. Changyao, New stage of overall technology development of Chinese railway turnouts, J. Railway Eng. Soc. 85 (1) (2005) 51–60.
[18] G. Fu'an, Technological system for China's high-speed railways turnout, Chin. Railways 4 (2011) 1–5.
[19] L. Yubing, Discussion on standard technology of China's high-speed railway turnouts, Railway Stand. Des. 2 (2000) 7–10.
[20] S. Yujie, Study on plane design parameters of turnouts for Qinhuangdao-Shenyang PDL, J. China Railway Soc. 23 (4) (2001) 94–97.
[21] L. Jianxin, C. Chengbiao, Dynamic study on parameters of turnout plane design in passenger-dedicated railway, Railway Eng. 5 (2007) 86–89.
[22] The Third Railway Survey and Design Institute Group Corporation, Turnout Design Manual [M], People's Railway Publishing House, Beijing, 1975.
[23] X. Guoping, L. Qiuyi, Comparison and analysis on the types of the high-speed railway transition curves and their operative performance, Railway Invest. Surv. 5 (2005) 58–62.
[24] F. Xiao, L. Min, Y. Jia, Z. Ming, A general method of direct and inverse coordinate computation for different types of transition curves, Bull. Surv. Mapp. 6 (2008) 10–13.
[25] M.R. Bugarin, J.-M.G. Diaz-de-Villegas, Improvements in railway switches, Proc. Inst. Mech. Eng. Part F-J. Rail Rapid Transit 216 (4) (2002) 275–286.
[26] S. JiaLin, X. Yan, W. Shuguo, Simulation study on setting of rational line type for railway large number turnout, Railway Eng. 8 (2010) 125–127.
[27] China Railway Baoji Bridge Group Co. Ltd., Railway Turnout Parameter Manual, China Railway Publishing House, Beijing, 2009.
[28] Shenyang Railway Bureau Maintenance Department, Turnouts, China Railway Publishing House, Beijing, 1987.
[29] X. Shiru, Railway Track Theory, China Railway Publishing House, Beijing, 1997.

[30] C. Yang, Study on dynamic analysis and design methods of turnout layout geometry (Doctor Degree dissertation), Southwest Jiaotong University, Chengdu, 2013.
[31] H. Sugiyama, Y. Tanii, R. Matsumura, Analysis of wheel/rail contact geometry on railroad turnout using longitudinal interpolation of rail profiles, J. Comput. Nonlin. Dyn. 6 (2) (2011) 024501-1-024501-5.
[32] T. Rongchang, Structure and material of high-speed railway turnout, China Acad. Railway Sci. 19 (1) (1999) 95–108.
[33] W. Shuguo, Research on 60 kg/m rail No. 18 turnouts in passenger dedicated line, Railway Eng. 1 (2008) 81–83.
[34] Y. Xi, Development of railway turnouts in passenger dedicated lines, Railway Stand. Des. S1 (2006) 173–176.
[35] W. Shuguo, G. Jing, Study on the selection of AT rails for turnouts in passenger dedicated line, China Railway Sci. 29 (3) (2008) 63–67.
[36] Z. Qingyue, Z. Yinhua, C. Zhaoyang, Issues on rails for high speed railway, Railway Constr. Technol. 2 (2004) 54–57 62.
[37] J. Zhiwu, Recommendations on design and laying of turnouts in high speed railway, Railway Constr. Technol. 1 (2005) 12–13.
[38] Z. Qingyue, Z. Yinhua, C. Zhaoyang, Research and application of high speed rail, Chin. Railways 7 (2010) 16–19.
[39] W. Kaiwen, The track of wheel contact points and the calculation of wheel/rail gemetric contact parameters, J. Southwest Jiaotong Univ. 2 (1984) 9–99.
[40] Y. Juanmao, W. Kaiwen, Calculation of wheel rail contact geometry relationship of arbitrary shape, Roll. Stock 2 (1984) 24–28.
[41] Y. Guozhen, Geometrical parameters of wheel/rail contact with worn profile wheel tread, China Railway Sci. 2 (1982) 83–95.
[42] X. Jingmang, Study on rail wear damage mechanism and its simulation analysis of high-speed turnout (Doctor Degree dissertation), Southwest Jiaotong University, Chengdu (2015).
[43] H. Hertz, On the contact of elastic solids, Reine J. Angew. Math. (1882) 156–171.
[44] F.W. Carter, On the action of locomotive driving wheel, Proc. R. Soc. Lond. (1926) 151–157.
[45] K.L. Johnson, The effect of a tangential contact force upon the rolling motion of an elastic sphere on a plane, J. Appl. Mech. 25 (1958) 339–346.
[46] J.J. Kalker, On the rolling contact of two elastic bodies in the presence of dry friction (Doctoral thesis), TU Delft, 1967.
[47] Z.Y. Shen, J.K. Herdrick, J.A. Elkins, A comparison of alternative creep-force models for rail vehicles dynamic analysis, in: Proceeding of 8th IAVSD Symposium, 1984, pp. 591–605.
[48] J.J. Kalker, A fast algorithm for the simplified theory of rolling contact, Vehicle Syst. Dyn. 11 (1) (1982) 1–13.
[49] J.J. Kalker, Three Dimensional Elastic Bodies in Rolling Contact, Kluwer Academic Publisher, Dordrecht, 1990.
[50] X. Zhao, Z. Li, The solution of frictional wheel-rail rolling contact with a 3D transient finite element model-validation and error analysis, Wear 271 (1–2) (2011) 444–452.
[51] Z. Wen, L. Wu, W. Li, Three-dimensional elastic-plastic stress analysis of wheel-rail rolling contact, Wear 271 (1–2) (2011) 426–436.
[52] J.B. Ayasse, H. Chollet, Determination of the wheel rail contact patch in semi-hertzian conditions, Vehicle Syst. Dyn. 43 (3) (2005) 161–172.
[53] X. Quost, M. Sebes, A. Eddhahak, J.B. Ayasse, H. Chollet, P.E. Gautier, et al., Assessment of a semi-Hertzian method for determination of wheel-rail contact patch, Vehicle Syst. Dyn. 44 (10) (2006) 789–814.
[54] M. Sebes, J.B. Ayasse, H. Chollet, P. Pouligny, B. Pirat, Application of a semi-Hertzian method to the simulation of vehicles in high-speed switches, Vehicle Syst. Dyn. 44 (Suppl.) (2006) 341–348.
[55] X. Jingmang, W. Ping, Optimisation design method for rigid frog based on wheel/rail profile type, China Railway Sci. 2 (2014) 1–6.
[56] W. Ping, Study on the dynamics of railway turnouts (Doctor Degree dissertation), Southwest Jiaotong University, Chengdu, 1998.

[57] W. Ping, A study on variation regularity of load on switch of turnout, J. Southwest Jiaotong Univ. 34 (5) (1999) 550–553.

[58] W. Ping, Analysis of mechanical characteristic of switch of turnout, J. China Railway Soc. 22 (1) (2000) 79–82.

[59] W. Ping, W. Fuguang, Study on the coupling vibration between train and swing-nose turnout and simulation analysis, China Railway Sci. 20 (3) (1999) 20–30.

[60] W. Ping, A spatial coupling model for railway turnouts and its application, J. Southwest Jiaotong Univ. 33 (3) (1998) 284–289.

[61] Z. Guo-tang, Method for determining the rigidity of railway track, China Railway Sci. 26 (1) (2005) 1–6.

[62] L. Li-bo, W. Wu-sheng, L. Weixing, Experimental study of static stiffness of ballast, J. Shanghai Railway Univ. 21 (4) (2000) 1–6.

[63] G. Quanmei, Z. Da-shi, Reasonable foundation stiffness range of high speed railway, J. Tongji Univ. (Natural Science) 32 (10) (2004) 390–1393.

[64] D. Guiping, L. Song-liang, L. Yang, Research on reasonable stiffness of the fast-speed railway track, J. East China Jiaotong Univ. 23 Suppl. (2006) 58–62.

[65] C. Xiaoping, W. Ping, Distribution regularity and homogenisation of track rigidity for ballastless turnout, J. Southwest Jiaotong Univ. 41 (4) (2006) 447–451.

[66] W. Ping, L. Xueyi, K. Zhonghou, A study on variation of the vertical rigidity of turnout along the longitudinal direction of track, J. Southwest Jiaotong Univ. 34 (2) (1999) 143–147.

[67] X. Jingmang, W. Ping, X. Dazhen, Study on reasonable fastener stiffness of ballastless turnout's vibration decrease and noise reduction of 350 km/h passenger dedicated line, Appl. Mech. Mater. 105–107 (2011).

[68] L. Xiaoyan, Effects of abrupt changes in track foundation stiffness on track vibration under moving loads, J. Vib. Eng. 19 (2) (2006) 195–199.

[69] H. Dan, X. Jun, Z. Qingyuan, Analysis of effect of track stiffness change on vibration response of high speed train and slab track system, J. Xi'an Univ. Arch. Tech., Natural Science ed. 38 (4) (2006) 559–563.

[70] Z. Wan-ming, C. Cheng-biao, W. Kai-yun, Effect of track stiffness on train Running Behaviour, J. China Railway Soc. 22 (6) (2000) 80–83.

[71] C. Xiaoping, Theories of track rigidity of railway turnouts and their application (Doctor Degree dissertation), Southwest Jiaotong University, Chengdu, 2008.

[72] L. Xiao-yan, Influences of track transition on track vibration due to the abrupt change of track rigidity, China Railway Sci. 27 (5) (2006) 42–45.

[73] C. Cheng-biao, Z. Wan-ming, W. Qi-chang, Research on dynamic performance of train and track at the junction of two different kinds of track structures, J. China Railway Soc. 24 (2) (2002) 79–82.

[74] W. Ping, L. Xueyi, Computing Theories and Design Methods of CWR Turnout, Southwest Jiaotong University Press, Chengdu, 2007.

[75] W. Ping, L. Xue-yi, Analysis of the influences of some parameters on the longitudinal force and rail displacement of CWR turnout, China Railway Sci. 24 (2) (2003) 58–65.

[76] W. Ping, Mechanism of longitudinal force transmission of welded turnouts with different structures, J. Southwest Jiaotong Univ. 38 (4) (2003) 372–374.

[77] W. Ping, H. Shi-shou, Study on the nonlinear theory of welded turnout with swing nose, China Railway Sci. 22 (1) (2001) 84–91.

[78] M. Zhan-guo, Analysis of Longitudinal Forces and Displacement of Rails in Turnouts, China Academy of Railway Sciences, Beijing, 1997.

[79] W. Shu-guo, L. Ji-sheng, Analysis on the temperature force and deformation of large-size continuously welded turnout with finite element method, China Railway Sci. 26 (3) (2005) 68–72.

[80] W. Ping, Study on influences of welded turnout group on displacements and longitudinal forces of rails, J. China Railway Soc. 24 (2) (2002) 74–78.

[81] W. Dan, W. Ping, Effects of stress-free temperature difference on force and displacement of welded turnouts, J. Southwest Jiaotong Univ. 41 (1) (2006) 80–84.

[82] W. Bin, C. Rong, W. Ping, Effects of longitudinal resistance changes of ballast bed on force and displacement of welded turnouts, Railway Eng. 5 (2010) 102–104.

[83] W. Ping, Y. Rong-shan, L. Xue-yi, Analysis on the influence of seamless turnout on large continuous beam bridge, J. Transp. Eng. Inf. 2 (3) (2004) 16–21.
[84] Y. Rong-Shan, Calculation theories and experimental study of longitudinal force of welded turnout on bridge (Doctor Degree dissertation), Southwest Jiaotong University, Chengdu, 2008.
[85] Y. Rong-shan, L. Xue-yi, W. Ping, Analysis of factors influencing longitudinal force of welded turnout on simply supported beam bridge, J. Southwest Jiaotong Univ. 43 (5) (2008) 666–672.
[86] X. Hao, X. Jingmang, D. Xiangyuan, W. Ping, Analysis of influences of the structure of ballastless track on bridge on ballastless turnout, China Railway 3 (2011) 62–64.
[87] X. Hao, W. Ping, Analysis of influence of the support position of simply supported beam bridge of ballast track on welded turnout, Railway Eng. 3 (2011) 90–92.
[88] X. Guihong, X. Hao, W. Ping, D. Feng, Study on regularity of longitudinal interactions between continuous beam bridge on ballastless track and turnout, Railway Eng. 5 (2011) 119–123.
[89] X. Jingmang, C. Rong, Calculating study on longitudinal force of welded turnout on bridge, Railway Eng. 3 (2011) 93–95.
[90] J. Guo, W. Ping, Influences of pier longitudinal stiffness on welded turnout on bridge, Railway Eng. 4 (2011) 27–29.
[91] C. Rong, Coupled vibrations theory of vehicle-turnout-bridge of high-speed railway and its application (Doctor Degree dissertation), Southwest Jiaotong University, Chengdu, 2009.
[92] K.H. Chu, V.K. Garg, A. Wiriyachai, Dynamic interaction of railway train and bridges, Vehicle Syst. Dyn. 9 (4) (1980) 207–236.
[93] M.H. Bhatti, Vertical and Lateral Dynamic Response' of Railway Bridges Due to Nonlinear Vehicle and Track Irregularities, Illinois Institute of Technology, Chicago, IL, 1982.
[94] M.F. Green, D. Cebon, Dynamic response of highway bridges to heavy vehicle loads: theory and experimental validation, J. Sound Vib. 170 (1) (1994) 51–78.
[95] Y.S. Cheng, F.T.K. Au, Y.K. Cheung, Vibration of railway bridges under a moving train by using bridge-track-vehicle element, Eng. Struct. 23 (12) (2001) 1597–1606.
[96] C. Andersson, T. Dahlberg, Wheel/rail impacts at a railway turnout crossing, Proc. Inst. Mech. Eng. Part F-J. Rail Rapid Transit 212 (2) (1998) 123–134.
[97] E. Kassa, C. Andersson, J.C.O. Nielsen, Simulation of dynamic interaction between train and railway turnout, Vehicle Syst. Dyn. 44 (3) (2006) 247–258.
[98] E. Kassa, J.C.O. Nielsen, Dynamic interaction between train and railway turnout: full-scale field test and validation of simulation models, Vehicle Syst. Dyn. 46 (S1) (2008) 521–534.
[99] E. Kassa, J.C.O. Nielsen, Stochastic analysis of dynamic interaction between train and railway turnout, Vehicle Syst. Dyn. 46 (5) (2008) 429–449.
[100] E. Kassa, J.C.O. Nielsen, Dynamic train-turnout interaction in an extended frequency range using a detailed model of track dynamics, J. Sound Vib. 320 (4–5) (2009) 893–914.
[101] G. Schupp, C. Weidemann, L. Mauer, Modelling the contact between wheel and rail within multibody system simulation, Vehicle Syst. Dyn. 41 (5) (2004) 349–364.
[102] C. Xiaoping, W. Ping, C. Rong, G. Likang, Spatial coupling vibration properties of high-speed vehicle-turnout, Sch. Civil Eng., Southwest Jiaotong Univ. 43 (4) (2008) 453–458.
[103] X. Jing-mang, W. Ping, C. Rong, X. Hao, Mechanical properties of high-speed turnout switching and locking device, J. Southwest Jiaotong Univ. 48 (4) (2013) 702–707.
[104] W. Ping, C. Rong, Control circuit analysis and conversion calculation of electric switch, Przegl. Elektrotech. (2012) 53–57 ISSN 0033-2097, R. 88 NR 1b.
[105] X. Jingmang, W. Ping, X. Hao, Improvement and lock calculation of electric switch machine of railway turnout, in: 2nd International Conference on Civil, Architectural and Hydraulic Engineering, 2013, pp. 409–410, 1496–1501.
[106] C. Xiaopei, A study on the switching and its controlling of the switch and nose rails in high-speed turnout (Doctor Degree dissertation), Southwest Jiaotong University, Chengdu, 2008.
[107] M. Xiao-chuan, W. Ping, Analysis on switching force influenced by different forms of rear end of switch rail of turnout No.6 on tramway track, Railway Stand. Des. 58 (7) (2014) 38–40.
[108] P.G.M. Fausto, A digital filter-based approach to the remote condition monitoring of railway turnouts, Reliab. Eng. Syst. Saf. 92 (2007) 830–840.

[109] I. Cedomir, Modeling the turnout switch for calculation the overturning force, Arch. Civ. Eng. 1 (5) (1998) 585–592.
[110] W. Ping, Computation and analysis of the switching force by multipoint traction, Railway Stand. Des. 2 (2002) 22–25.
[111] X. Jingmang, W. Ping, X. Kaize, S. Xiaoyong, Analysis on the dynamic characteristics of turnout switching equipment, J. Railway Sci. Eng. 11 (1) (2014) 29–35.
[112] M. Xiao-chuan, W. Ping, Z. Mengnan, X. Jingmang, Small number rail transformation based on the theory of the finite element analysis, Railway Eng. 3 (2014) 103–106.
[113] C. Xiaopei, L. Chenghui, W. Ping, Effect on the scant displacement of switch rail induced by friction of slide plate, China Railway Sci. 28 (1) (2007) 8–12.
[114] C. Xiao-pei, L. Cheng-hui, Study on controlling the switching force and scant displacement of the point rail of the high speed turnout, J. China Railway Soc. 30 (2) (2008).
[115] Z. Jianyue, Numerical analysis on dynamic behaviour of articulated turnout sleeper in turnout system under wheel load drop, J. Tongji Univ. (Natural Science) 39 (8) (2011) 1155–1160.
[116] X. Wei, L. Liangyu, C. Xiaoping, Composite casing strength analysis of concrete turnout sleeper in speed-raising turnout, Sichuan Constr. 2 (2008).
[117] R. Zun-song, S. Shou-guang, Z. Wan-ming, Analysis of acting force and vibrating characteristics of turnout sleeper in turnout system, J. China Railway Soc. 24 (1) (2002) 65–69.
[118] C. Xiaoping, W. Ping, Y. Yi-nong, The finite element analysis of scissors crossings' hinged concrete turnout sleeper, Railway Eng. 3 (2004) 52–54.
[119] W. Yingying, Analysis of steel turnout sleeper's vibration performance and study of parameter (Master Degree thesis), Southwest Jiaotong University, Chengdu, 2007.
[120] X. Juanjuan, L. Wei, The finite-element analysis of prestressed concrete short turnout sleeper's strength, Railway Eng. 7 (2008) 95–97.
[121] L. Yahang, D. Feng, J. Guo, W. Ping, Design and analysis of a new type of solid guardrail plate, Railway Stand. Des. 5 (2011) 11–13.
[122] L. Liangyu, H. Lihong, X. Wei, Design and research of high-speed rail guardrail plate, Sichuan Constr. 2 (2008).
[123] L. Xincheng, S. Jiang, Simulation on guardrail plate strength of No. 18 turnout of 60 kg/m rail in passenger dedicated line, Railway Eng. 3 (2012) 121–122.
[124] X. Xue-zhong, W. Ke-jian, Exploration on rail fastening for ballastless track of passenger dedicated line, J. Railway Eng. Soc. 2 (2006) 1–4.
[125] Z. Cai-you, W. Ping, Z. Ying, Z. Wei-hua, X. Jie-ling, Theoretical analysis and test for vibration damping fastenings, J. Vib. Shock 31 (23) (2012) 191–196.
[126] China Academy of Railway Sciences, etc. Dynamic Measurement Test Report on No. 18 Ballast Turnout for 250 km/h in Qingdao-Ji'nan Line, 2006.
[127] China Academy of Railway Science, etc. Dynamic Measurement Test Report on No. 18 Ballastless Turnout for 250 km/h in Suining-Chongqing Line, 2007.
[128] China Academy of Railway Science, etc. Dynamic Measurement Test Report on No. 18 Ballastless Turnout for 350 km/h in Comprehensive Test Section in Wuhan-Guangzhou Passenger Dedicated Line, 2009.
[129] W. Ping, C. Rong, Q. Shunxi, Development and application of wheel-set lateral displacement test system in high speed railway turnout zone, Przegl. Elektrotech. (2012) 69–73 ISSN 0033-2097, R. 88 NR 1b.
[130] Y. Wan, Research and design of continuous welded turnout model on bridge (Master Degree thesis), Southwest Jiaotong University, Chengdu, 2006.
[131] Z. Guodong, S. Yang, Z. Xinyang, Y. Rongshan, Experimental design of the model of CWR turnout on bridge in passenger dedicated line, Railway Eng. 1 (2011) 103–105.
[132] Z. Liping, L. Yonggang, Y. Rongshan, Test and simulation on the temperature force of the model of CWR turnout on bridge in passenger dedicated line, Railway Eng. 11 (2010) 135–138.
[133] Z. Xinyang, The model test on temperature force of CWR turnout on bridge (Master Degree thesis), Southwest Jiaotong University, Chengdu, 2010.
[134] Y. Rong-shan, L. Xue-yi, W. Ping, Research on longitudinal force computation theory and experiment of welded turnout on bridge, J. China Railway Soc. 32 (4) (2010) 134–140.

[135] China Academy of Railway Science, etc. Dynamic Measurement Test Report on No. 18 Ballastless Turnout for 350 km/h in Comprehensive Test Section in Zhengzhou-Xi'an Passenger Dedicated Line, 2006.

[136] China Academy of Railway Science, etc. Dynamic Measurement Test Report on Ballast CWR Turnout for 200 km/h on Bridge, 2006.

[137] High-speed Rail Joint Research. Development Report on No. 18 Ballastless Turnout for 250 km/h, 2007.

[138] High-speed Rail Joint Research. Development Report on No. 42 Ballastless Turnout for 350 km/h, 2008.

[139] J. Rongguo, Study on manufacturing technologies of switch rail of high-speed turnout (Master Degree thesis), Southwest Jiaotong University, Chengdu, 2012.

[140] J. Hong-liang, Residual stress tests at rail foot of turnout switch rail in passenger dedicated line, Heat Treat. Met. 36 (10) (2011) 113–115.

[141] J. Hong-liang, Heat treatment process of switch rail for PDL and equipment optimisation, Heat Treat. Met. 36 (10) (2011) 48–54.

[142] W. Shu-qing, Z. Xin-wei, Properties of U74, U71Mn, U75V and U76NbRE rails after slack quenching, Heat Treat. Met. 29 (3) (2004) 12–16.

[143] Z. Yueqing, The Material Performance and Related Technology of Rail, China Railway Publishing House, Beijing, 2005, pp. 83–91.

[144] J. Rongguo, Research on end surface hardness homogenisation in railway turnout of 60 AT rail, Hea Treat. 21 (2011) 36–38.

[145] G. Schleinzer, F.D. Fischer, Residual stress formation during the roller straightening of railway rails Int. J. Mech. Sci. 43 (10) (2001) 2281–2295.

[146] Z. Wen, Study on theory and application of straightening switch rail of high speed turnout (Docto Degree dissertation), Southwest Jiaotong University, Chengdu, 2008.

[147] B.E. Varney, T.N. Farris, Mechanics of roller straightening, in: Mechanical Working and Stee Processing Conference Proceedings, 1997, pp. 1111–1121.

[148] Z. Xuebin, Study on rail straightening process for passenger dedicated line, Sichuan Metall. 30 (2) (2008) 23–25.

[149] Z. Nai-hong, Analysis on the mechanical behaviour of the combined vertical-horizontal roller of rai straightener with ANSYS, Sci. Technol. Baotou Steel (Group) Corp. 34 (3) (2008) 15–17.

[150] Z. Chang-qing, Study on transport scheme of Number 42 turnout in PDL, Railway Transp. Econ. 6 (2012) 74–77.

[151] Y. Hong-wei, New laying technology for ballast turnout in high- speed railway, J. Railway Eng. Soc. 1 (2011) 25–30.

[152] Q. Lixiang, Construction management of laying of ballastless turnout in passenger dedicated line, Railway Eng. 8 (2010) 119–121.

[153] X. Shuzhi, Fuzhou-Xiamen railway passenger dedicated line No.42 ballasted turnout laying technology, Railway Eng. 12 (2010) 108–111.

[154] Z. Yong, Research on the control theory and method of construction process quality for ballastless turnout (Doctor Degree dissertation), Southwest Jiaotong University, Chengdu, 2012.

[155] X. Dongzhu, Research on the precise adjustment techniques for double-block ballastless track, J. Railway Sci. Eng. 4 (2009) 51–54.

[156] L. Shihai, G. Jiangang, W. Bo, Static and dynamic adjustment technology for CRTS I double-block ballastless track, Railway Stand. Des. 1 (2010) 80–84.

[157] W. Lin, Study on precision adjustment technology for CRTS I double-block ballastless track, Railway Stand. Des. 1 (2010) 74–79.

[158] W. Weijun, Research on key technology of 3D measurement of track (Master Degree thesis), Nanchang University, 2009.

[159] A. Guodong, Study on technical standard for precise engineering surveying of high-speed railway and its applications, J. China Railway Soc. 32 (2) (2010) 98–104.

[160] B. Ripke, K. Knothe, Simulation of high frequency vehicle-track interactions, Vehicle Syst. Dyn. 24 (Suppl. 1) (1995) 72–85.

[161] J. Oscarsson, T. Dahlberg, Dynamic train/track/ballast interaction computer models and full-scale experiments, Vehicle Syst. Dyn. 28 (Suppl. 1) (1998) 73–84.
[162] Q. Shunxi, W. Pin, W. Zeng, Research and application of fine adjustment system for ballastless track turnouts in passenger dedicated line, Railway Stand. Des. 2 (2010) 36–38.
[163] Q. Shunxi, Study on dynamic analysis and control methods of the geometric irregularity in high-speed turnout (Doctor Degree dissertation), Southwest Jiaotong University, Chengdu, 2012.
[164] L. Lin, Z. Geming, W. Qingwang, C. Xuesong, Control of Track Irregularity of the Wheel-Rail System, Chinese Railway Publishing House, Beijing, 2006.
[165] Shanghai Railway Administration, etc., Jerking of 2# Turnout in Huangdu Station in Beijing-Shanghai High-speed Railway and Preliminary Improvement, 2010.
[166] X. Rui, S. Cheng, Fast pseudo-excitation method in structural non-stationary stochastic response analysis, Chin. J. Comput. Mech. 5 (2010) 822–827.
[167] J.H. Lin, Y.H. Zhang, Chapter 30: "Seismic random vibration of long-span structure" Vibration and Shock Handbook, CRC Press, Boca Raton, USA, 2005.
[168] F. Lu, Q. Gao, J.H. Lin, F.W. Williams, Non-stationary random ground vibration due to loads moving along a railway track, J. Sound Vib. 298 (1–2) (2006) 30–42.
[169] Shanghai Railway Administration, etc., Report on the Investigation and Improvement of Main line Turnout Defects in Hangzhou-Ningbo Passenger Dedicated Line, 2006.
[170] Z. Jiangtao, Theoretical research of three-dimensional plastic flow in rail universal rolling process (Master dissertation), Yanshan University, Qinhuangdao, 2013.
[171] L. Xiubo, W. Weixin, PSD analysis of shortwave irregularity on welded joints, China Acad. Railway Sci. 2 (2002) 26–34.
[172] H.L. Hasslinger, P. Mittermayr, G. Presle, Dynamic behaviours of various track constructions due to traveling loads, Eisenbahningenieur 5 (1994) 42–47.
[173] Z. Jian, W. Changhua, X. Xinbiao, W. Zefeng, J. Xuesong, Effect of unsupported sleepers on sleeper dynamic response, J. Southwest Jiaotong Univ. 2 (2010) 203–208.
[174] A. Lundqvist, Dynamic train/track interaction hanging sleeper, Track Stiffness Variations and Track Settlement, 2005.
[175] J.C.O. Nielsen, A. Igeland, Vertical dynamic interaction between train and track—influence of wheel and track imperfections, J. Sound Vib. (1995).
[176] Ministry of Railways of the People's Republic of China, Specification for Repair of Railway Line, Chinese Railway Publishing House, Beijing, 2004.
[177] F. Lu, D. Kennedy, F.W. Willams, J.H. Lin, Simplistic analysis of vertical random vibration for coupled vehicle-track systems, J. Sound Vib. 317 (2008) 236–249.
[178] C.F. Zhao, W.M. Zhai, Maglev vehicle/guideway vertical random response and ride quality, Vehicle Syst. Dyn. 38 (3) (2002) 185–210.
[179] Z. Caiyou, W. Ping, Q. Shunxi, C. Yang, H. Guoxiang, Detection method for broken rail based on rate of change of strain mode, J. Vib. Meas. Diagn. 32 (5) (2012) 723–729.
[180] Y. Satoh, K. Iwafuchi, Effect of rail grinding on rolling contact fatigue in railway rail used in conventional line in Japan, Wear 9 (2008).
[181] E. Eric, J.K. Magel, The application of contact mechanics to rail profile design and rail grinding, Wear 1 (2002).
[182] A.P. Patra, Maintenance decision support models for railway infrastructure using RAMS & LCC analyses (Doctoral thesis), Luleå University of Technology.
[183] A. Nissen, LCC-Analysis for Switches and Crossings—A Case Study from the Swedish Railway Network, Luleå University of Technology.

찾아보기

원저자 소개

Ping Wang(王平)

1969년생

중국 Chengdu(成都, ※ 四川省의 省都) 소재 西南交通大学校(Southwest Jiaotong University) 토목공학과 教授 겸 고속철도공학 핵심연구소(Key Laboratory of High-Speed Railway Engineering)
MOE 이사(director of the MOE) : (高速鉄路线路工程教育部重点实验室主任)
中国鉄道学会轨道交通工程分会副主任(Associate Director, Rail Transit Engineering Branch of China Railway Society)

서남교통대학교 토목공학부 도로 및 철도공학 학과장, 고속철도 선로공정 교육부 중점실험실 주임, 미국기계엔지니어협회(ASME) 회원, 철도 건설, 〈서남교통대학저널〉과 〈철도저널〉, 〈철도 과학 및 공학 저널〉 및 기타 저널의 검토 전문가

Wang 교수는 중국에서 고속분기기의 선두적인 연구자이며 개발자이다. 그는 최근에 거의 20년 동안 고속철도 궤도구조의 분야에서 교육과 연구 업무에 참여했으며, 중국의 고속철도를 설계하고 운용하며 유지보수하는 과정에서 직면한 많은 기술적인 난제를 성공적으로 해결했다.

교수이자 박사 학위 지도교수인 王平(Wang Ping)은 국무원의 특별 수당 전문가이다. 1969년 7월 7일에 후베이(湖北)성 이창(宜昌)에서 태어났다. 1991년 서남교통대학교 철도공학과에서 공학학사 학위를, 1994년 서남교통대학교 철도공학석사, 같은 해 서남교통대학교 토목공학부 조교, 1996년 강사로 승진, 1998년 서남교통대학교 도로철도공학과에서 공학박사 학위를 받았으며, 같은 해 부교수로 파격적으로 승진했다. 2001년에는 교수로 파격적으로 승진했다.

사천성(四川省) 학술 및 기술 리더, 고속철도궤도사천성과학연구 혁신팀의 책임자이며, 사천성 제10회 청소년 과학 기술상과 과학기술교육기금 철도과학기술상을 수상했다. 2005년에는 교육부의 '신세기 우수 인재 지원계획'에 선정됐다. 지난 5년 동안 사천성, 교육부, 중국철도학회에서 과학기술진보상 3개를 수상했으며, 출판 저서 5권을 발간하고 총 100개 이상의 논문을 발표했다(SCI 및 EI 논문 82편 발표). 30개 이상의 국가 및 지방 과학 연구과제를 수행했다, 80명 이상의 석사 및 박사 과정 학생을 지도했으며, 그중의 1명은 사천성에서 우수 박사 학위 논문을 수상했다.

역자 소개

徐士範

- 1950년(단기 4283년, 庚寅년) 생, 공학박사(충북대학교), 철도기술사(출제위원 역임)
- 1970년 2월에 국립 철도고등학교를 졸업(제1회)하고부터 반세기에 걸쳐 철도청 등의 철도기관(한국철도시설공단 2009. 3. 명예퇴직)과 업계에서 궤도기술업무에 종사
- 전 철도청 순천지방철도청 호남보선사무소장, 철도기술연구소 궤도연구관
- 전 고속전철사업기획단 궤도구조담임
- 전 한국고속철도건설공단 · 한국철도시설공단(현 국가철도공단) 궤도처장, 중앙궤도기술단장
- 전 삼표이앤씨(주) · (주)서현기술단 근무
- 전 우송대학교 겸임교수, 충남대학교 · 한밭대학교 · 배재대학교 · 한국철도대학 강사
- 현 삼안측지기술공사 재직

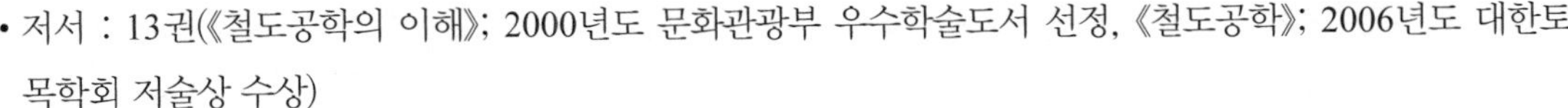

- 저서 : 13권(《철도공학의 이해》; 2000년도 문화관광부 우수학술도서 선정, 《철도공학》; 2006년도 대한토목학회 저술상 수상)
- 역서 : 4권, • 편저 · 편역 : 7권, • 공저 : 2권
- 궤도인생 반세기(고희기념회고록, 2019년), 회갑기념논문집(2010년) 저술 · 발간
- 연구논문 · 학술기사 등 : 2020년 5월 현재 총 333편 집필